ÉLÉMENS

D'ALGÈBRE;

PAR M. BOURDON,

MEMBRE DE LA LÉGION D'HONNEUR, INSPECTEUR GÉNÉRAL DES ÉTUDES, EXAMINATEUR D'ADMISSION A L'ÉCOLE POLYTECHNIQUE, MEMBRE DE LA SOCIÉTÉ PHILOMATIQUE DE PARIS, DE LA SOCIÉTÉ ROYALE DES SCIENCES, DE L'AGRICULTURE ET DES ARTS DE LILLE, ETC.

OUVRAGE ADOPTÉ PAR L'UNIVERSITÉ.

HUITIÈME ÉDITION.

PARIS,

BACHELIER, IMPRIMEUR-LIBRAIRE

DE L'ÉCOLE POLYTECHNIQUE ET DU BUREAU DES LONGITUDES,

QUAI DES AUGUSTINS, N° 55.

1837

Tout exemplaire du présent ouvrage qui ne porterait pas, comme ci-dessous, la signature de l'auteur et celle du libraire, sera contrefait. Les mesures nécessaires seront prises pour atteindre, conformément à la loi, les fabricateurs et les débitans de ces exemplaires.

ÉLÉMENS
D'ALGÈBRE.

On trouve chez le même Libraire les Ouvrages suivans du même auteur.

Élémens d'Arithmétique, 15e édition, 1837, 5 francs.
Application de l'Algèbre à la Géométrie, 4e édit., 1837, 7 f. 50.

Précis de Géométrie élémentaire; par A.-J.-H. VINCENT, Professeur de Mathématiques au Collége royal de Saint-Louis. EXTRAIT *du Cours de Géométrie* du même auteur, adopté par l'Université; augmenté de la Trigonométrie, par M. BOURDON, 1 vol. in-8°, 1837. 6 fr.

Se trouvent aussi,

A BORDEAUX,

Chez GASSIOT FILS AINÉ, Libraire, fossés de l'Intendance, n° 61.

IMPRIMERIE DE BACHELIER,
rue du Jardinet, n° 12.

PRÉFACE.

Deux notes sur l'ÉLIMINATION, l'une de M. Gérono, l'autre de M. Vincent, et faisant partie de l'édition précédente, ont donné lieu à une nouvelle théorie de cette partie importante de l'analyse algébrique. Elle remplace, dans le huitième chapitre, le 4ème paragraphe intitulé : *Suite de l'élimination.*

Cette théorie, qui offre quelque analogie avec celle de M. Sarrus, professeur à la Faculté des Sciences de Strasbourg, est due en grande partie à mon gendre, M. Vincent. Elle m'a paru plus simple; et elle est aussi complète puisqu'elle fournit le moyen d'obtenir une équation renfermant exclusivement toutes les valeurs convenables de l'une des inconnues, sans exiger d'autres opérations que de simples divisions algébriques. C'est le seul changement un peu notable que renferme cette nouvelle édition.

Errata.

Pages.	Lignes.
24,	5 en remontant, $64ab^4b^6$ *lisez* $64a^4b^6$
142,	2, $(5a^2 - 4abc\ldots$, *lisez* $(5a^2b - 4abc\ldots$
147,	6 en remontant, $5a\sqrt{b} : 2b\sqrt{b}$, *lisez* $5a\sqrt{b} : 2b\sqrt{c}$
238,	8, $y = 26 - 57t$, *lisez* $y = 26 - 5t$
247,	6 en remontant, des valeurs, *lisez* des valeurs entières
271,	5 en remontant, $\frac{a^n}{p^n}$, *lisez* $\frac{r^n}{p^n}$
281,	8, au radical $\sqrt[3]{}$, *lisez* au radical $\sqrt[2]{}$
307,	12, *supprimez* le facteur x dans tous les termes
315,	8, $\frac{b'}{a'}x$, *lisez* $-\frac{b'}{a'}x$; et ligne dernière, $+c$, *lisez* $-c$
349,	18, 1,2,3,5,8,... *lisez* 1,2,3,5,7,...
378 et 381,	dernière ligne, au chapitre précédent, *lisez* à la fin de ce chapitre.
380,	7, $A^2 = 2A$, *lisez* $A^2 = 2B$
411,	12, $x - x$, $a - b$, *lisez* $x - a$, $x - b$,
421,	avant-dernière ligne, c'^r, *lisez* d'^p
434,	ligne avant-dernière, $-22x$, *lisez* $+22x$
489,	11 en remontant, $S_1 + B = 0$, *lisez* $S_1 + P = 0$.
502,	7, Y, *lisez* $Y = 0$; et 6 en remontant, $\gtrless 0$, *lisez* $\lessgtr 0$
506,	13, favorable, *lisez* défavorable
530,	3 en remontaut, 3147, *lisez* 2147
542,	11, à 0,0001 près, *lisez* à 0,00001 près.
550,	12, $x - 2{,}4 + u$, *lisez* $x = 2{,}4 + u$.
551,	15, à 0,001 près, *lisez* à 0,0001 près.
592,	13 en remontant, $\frac{n'''}{\zeta\zeta'}$, *lisez* $\frac{n'''}{\gamma\gamma'}$
593,	4, $[n''' = 0,\ r'' = 0]$, *lisez* $[n'''_3 = 0,\ r'' = 0]$
594,	2, $\alpha n' m''{}_1 q'''$, *lisez* $\alpha n'{}_1 m''{}_1 q'''$
595,	3, entre m'' et n''_1, *lisez* entre m' et n''_1.
611,	dernière ligne, $[y = -2,\ x = -1]$, *lisez* $[y = +2,\ x = -1]$
625,	14, $b^3 - b^2c$, *lisez* $b^3 - bc^2$; et $b^2 - bc$, *lisez* $-b^2 - bc$
650,	11, $\frac{m-1}{2}$, *lisez* $\frac{m-2}{2}$
661,	10, $\frac{m-n}{2}\sqrt{3}$, *lisez* $\frac{m-n}{2}\sqrt{-3}$.
699,	2, $\frac{1}{S'} =$, *lisez* $\frac{1}{S} =$

TABLE DES MATIÈRES.

(Les articles que l'on a marqués d'un * ne font pas partie du Programme d'admission à l'École Polytechnique.)

INTRODUCTION.

CHAP. Ier. *Des opérations algébriques.*

PARAGRAPHE PREMIER.

PARAGRAPHE II.

CHAP. II. *Des Problèmes et des Équations du premier degré.*

PARAGRAPHE PREMIER.

PARAGRAPHE II.

PARAGRAPHE III.

PARAGRAPHE IV.

CHAP. III. *Des Problèmes et des Équations du second degré.*

PARAGRAPHE PREMIER.

PARAGRAPHE II.

PARAGRAPHE III.

CHAP. IV. *Analyse indéterminée du premier et du second degré.*

PARAGRAPHE PREMIER.

PARAGRAPHE II.

CHAP. V. *Formation des puissances et extraction des racines d'un degré quelconque.*

PARAGRAPHE PREMIER.

PARAGRAPHE II.

PARAGRAPHE III.

PARAGRAPHE IV.

CHAP. VI. *Théorie des Progressions et des Logarithmes.*

PARAGRAPHE PREMIER.

PARAGRAPHE II.

PARAGRAPHE III.

PARAGRAPHE IV.

CHAP. VII. *Théorie générale des Équations.*

PARAGRAPHE PREMIER.

PARAGRAPHE II.

PARAGRAPHE III.

PARAGRAPHE IV.

CHAP. VIII. *Résolution des Équations numériques à une ou plusieurs inconnues.*

PARAGRAPHE PREMIER.

PARAGRAPHE II.

PARAGRAPHE III.

CHAP. X. *Complément de la théorie des suites.*

PARAGRAPHE PREMIER.

PARAGRAPHE II.

PARAGRAPHE III.

FIN DE LA TABLE DES MATIÈRES.

ALGÈBRE.

INTRODUCTION.

1. L'Algèbre est la partie des Mathématiques où l'on emploie des signes propres à abréger et à généraliser les raisonnemens que comporte la résolution des questions relatives aux nombres.

On distingue deux espèces principales de questions :

Le *théorème*, qui a pour but de démontrer l'existence de certaines propriétés dont jouissent des nombres connus et donnés ; et le *problème*, dont l'objet est de déterminer certains nombres d'après la connaissance d'autres nombres qui ont avec les premiers des relations indiquées par l'énoncé.

2. Les élémens principaux dont on fait usage en Algèbre, pour parvenir à ce double but, sont :

1°. — Les lettres de l'alphabet, qui servent à désigner les nombres sur lesquels on doit raisonner. Leur usage est nécessaire, soit pour abréger les raisonnemens, soit pour les généraliser, en ce que l'on sent mieux, par l'emploi de ces lettres, que telle ou telle propriété appartient à plusieurs nombres à la fois ; ou bien, s'il s'agit d'un problème, que la *manière* de satisfaire à son énoncé est indépendante de toute valeur particulière attribuée aux nombres compris dans cet énoncé.

2°. — Le signe $+$, dont on se sert pour marquer l'addition de deux ou plusieurs nombres, et qui s'énonce *plus*.

Ainsi, $25 + 36$ s'énonce 25 *plus* 36, ou 25 *augmenté de* 36. De même, $a + b$ s'énonce *a plus b*, ou le nombre désigné par a, augmenté du nombre désigné par b.

3°. — Le signe $-$, qui s'énonce *moins*, et dont on fait usage pour marquer la soustraction de deux nombres l'un de l'autre.

Ainsi, $45 - 24$ s'énonce 45 *moins* 24, ou 45 *diminué de* 24, ou bien encore, *l'excès de* 45 *sur* 24.

$a - b$ s'énonce *a moins b*, ou *a diminué de b*.

4°. — Le signe de la multiplication, qui est $\times$, ou un point que l'on place entre les deux quantités.

Ainsi, 36×25, ou $36 . 25$, s'énonce 36 *multiplié par* 25; ou *le produit de* 36 *par* 25.

Lorsque les nombres dont on veut indiquer la multiplication sont désignés par des lettres, on convient encore de les écrire les uns à la suite des autres sans interposition de signe.

Ainsi, ab signifie la même chose que $a \times b$ ou $a . b$; abc signifie la même chose que $a \times b \times c$, ou $a . b . c$.

Il est bien entendu que la notation ab ou abc, qui est plus simple que celle $a \times b$ ou $a \times b \times c$, ne peut être employée que lorsque les nombres sont désignés par des lettres; car si l'on voulait, par exemple, représenter le produit de 5 par 6, et qu'on écrivît, pour abréger, 56, on confondrait cette notation avec le nombre *cinquante-six* écrit dans le système décimal. Cette remarque est importante pour les commençans.

5°. — Le signe de la division qui consiste en deux points : que l'on place entre le dividende et le diviseur, ou bien encore en une barre —, au-dessus et au-dessous de laquelle on place respectivement le dividende et le diviseur.

Ainsi, $24 : 6$, ou $\frac{24}{6}$, s'énonce 24 *divisé par* 6, ou le *quotient de* 24 *par* 6.

$\frac{a}{b}$ ou $a : b$ s'énonce *a divisé par b*. On dit encore *a sur b*.

La notation $\frac{a}{b}$ est la plus usitée.

6°. — Le *coefficient*, signe que l'on emploie pour indiquer l'addition de plusieurs nombres égaux. Ainsi, au lieu d'écrire $a + a + a + a + a$ qui représente l'addition de 5 nombres égaux à a, on écrit $5a$. De même, $11a$ exprime l'addition de 11 nombres égaux à a; $12ab$, l'addition de 12 nombres égaux au produit de a par b.

Le coefficient est donc un nombre particulier écrit à la gauche d'un autre nombre exprimé par une ou plusieurs lettres, et qui marque combien de fois on doit prendre la lettre ou le produit que représentent les lettres.

7°.—L'*exposant*, signe dont on se sert lorsqu'un nombre désigné par une lettre, doit entrer plusieurs fois comme facteur dans un produit. Ainsi, au lieu d'écrire $a \times a \times a \times a \times a$ ou $a.a.a.a.a$, on écrit plus simplement a^5 que l'on prononce *a cinq*; ou plutôt *a* 5ième *puissance*.

On appelle *puissance*, le résultat de la multiplication de plusieurs nombres égaux, et *degré* de la puissance, la *quotité* des nombres égaux multipliés entre eux.

L'*exposant* est le signe de ce degré. *Il s'écrit à la droite et un peu au-dessus d'une lettre, et il marque combien de fois la quantité exprimée par cette lettre doit entrer comme facteur dans un produit.*

Pour faire sentir toute l'importance de l'exposant et du coefficient en Algèbre, supposons qu'on veuille exprimer un produit composé de 4 facteurs égaux à a, de 3 facteurs égaux à b, et de 2 facteurs égaux à c; on écrira $a^4b^3c^2$, au lieu de *aaaabbbcc*.

Veut-on ensuite exprimer que ce dernier résultat doit être pris 7 fois, ou doit être multiplié par 7; on écrira $7a^4b^3c^2$. Ceci donne une idée du *laconisme* de la langue algébrique.

8°. — Le signe $\sqrt{\ }$, dont on fait précéder un nombre, lorsqu'on veut indiquer que l'on a à extraire de ce nombre une racine d'un certain degré. Ainsi, $\sqrt[3]{a}$ s'énonce *racine troisième* ou *cubique de a....* $\sqrt[4]{b}$ s'énonce *racine quatrième de b*.

On appelle *racine* 2e, 3e, 4e... d'un nombre, un second nombre qui, étant élevé à la 2e, 3e, 4e... puissance reproduit le premier nombre.

Nous ne ferons usage du signe $\sqrt{\ }$ qu'à partir du troisième chapitre.

9°. — Le signe au moyen duquel on exprime que deux

quantités sont égales. Ce signe est $=$, et s'énonce *est égal à*, ou *égale*.

Ainsi, pour exprimer brièvement que l'excès de 36 sur 25 est égal à 11, on écrit $36 - 25 = 11$.

C'est-à-dire 36 *moins* 25 *est égal à* 11, ou *égale* 11.

10°.—Le signe d'inégalité $>$, dont on se sert pour exprimer qu'une quantité est plus grande ou plus petite qu'une autre.

Ainsi, $a > b$ signifie *a plus grand que b* ou *supérieur à b*, $a < b$ signifie *a moindre que b* ou *inférieur à b*; c'est-à-dire que l'ouverture du signe doit être tournée du côté de la plus grande quantité.

D'après l'exposé précédent, on voit que l'on peut regarder l'Algèbre comme une espèce de langue qui se compose de signes à l'aide desquels on suit avec plus de facilité l'enchaînement des idées dans les raisonnemens qu'on est obligé de faire, soit pour démontrer l'existence d'une propriété, soit pour trouver la solution d'un problème.

On concevra mieux encore l'utilité des signes algébriques, par les questions suivantes :

PREMIÈRE QUESTION.

3. *La somme de deux nombre est* 67 ; *leur différence est* 19 ; *quels sont ces deux nombres ?*

Solution.

Tâchons d'abord d'établir, à l'aide des signes dont nous sommes convenus, une liaison entre les nombres donnés et les nombres inconnus de l'énoncé :

Si le plus petit des deux nombres cherchés était connu, on aurait le plus grand en ajoutant 19 au plus petit. Cela posé, désignons le plus petit nombre par x; le plus grand peut alors être désigné par $x + 19$, et leur somme par $x + x + 19$, ou $2x + 19$. Mais, d'après l'énoncé, cette somme doit être 67; ainsi, l'on a l'égalité ou l'*équation*.... $2x + 19 = 67$.

Or, si $2x$ augmenté de 19 donne 67 pour résultat, $2x$ seul est égal à 67 moins 19, ou $2x = 67 - 19$, ou, en effectuant la soustraction, $2x = 48$.

Donc enfin, x est égal à la moitié de 48, c'est-à-dire

$$x = \frac{48}{2} = 24.$$

Le plus petit nombre étant 24, le plus grand $x + 19$ est $24 + 19$, ou 43.

En effet, on a $43 + 24 = 67$, et $43 - 24 = 19$.

Voici le tableau des calculs algébriques :

Soit x..... le plus petit nombre,
$x + 19$ est le plus grand.

Éq... $2x + 19 = 67$, d'où $2x = 67 - 19 = 48$; donc $x = \frac{48}{2} = 24$,

et par conséquent, $x + 19 = 24 + 19 = 43$.

En effet, $43 + 24 = 67$, $43 - 24 = 19$.

Autre solution.

Soit x le plus grand nombre,
$x - 19$ est le plus petit.

Éq... $2x - 19 = 67$, d'où $2x = 67 + 19 = 86$; donc $x = \frac{86}{2} = 43$,

et par conséquent, $x - 19 = 43 - 19 = 24$.

On voit par là comment, à l'aide des signes algébriques, on parvient à comprendre dans un cadre très resserré les raisonnemens qu'on est obligé de faire pour résoudre un problème; raisonnemens qui, écrits en langage ordinaire, exigeraient souvent une ou plusieurs pages.

SOLUTION GÉNÉRALE DE CE PROBLÈME.

4. *La somme de deux nombres est* a, *leur différence est* b. *On demande de trouver les deux nombres?*

Soit x.... le plus petit nombre,
$x+b$ désigne alors le plus grand.

Éq... $2x+b=a$, d'où $2x=a-b$; donc $x=\frac{a-b}{2}=\frac{a}{2}-\frac{b}{2}$,

et par conséquent, $x+b=\frac{a}{2}-\frac{b}{2}+b=\frac{a}{2}+\frac{b}{2}$.

Comme la forme de ces deux résultats est indépendante de toute valeur particulière attribuée aux lettres a et b, il s'ensuit que, *connaissant la somme de deux nombres et leur différence, on obtiendra le plus grand nombre en ajoutant la demi-somme à la demi-différence, et le plus petit, en retranchant de la demi-somme la demi-différence.*

Ainsi, que la somme donnée soit 237, et la différence 99; le plus grand est $\frac{237}{2}+\frac{99}{2}$, ou $\frac{237+99}{2}=\frac{336}{2}=168$,

et le plus petit, $\frac{237}{2}-\frac{99}{2}$, ou $\frac{138}{2}=69$.

En effet, $168+69=237$, $168-69=99$.
On conçoit, d'après la question précédente, l'utilité des lettres pour représenter les données d'un problème. Comme on ne peut qu'indiquer sur ces lettres les opérations de l'Arithmétique, le résultat auquel on parvient conserve la trace des opérations qu'il faut effectuer sur les quantités connues pour obtenir les valeurs des quantités que l'on cherche.

Les expressions $\frac{a}{2}+\frac{b}{2}$ et $\frac{a}{2}-\frac{b}{2}$, auxquelles on est parvenu dans le problème précédent, s'appellent, en Algèbre, des *formules*, parce qu'elles peuvent être regardées comme comprenant les solutions de toutes les questions de même nature, dans l'énoncé desquelles on fait seulement varier les valeurs numériques des données.

DEUXIÈME QUESTION. — THÉORÈME.

5. *La somme de deux nombres multipliée par leur différence donne pour produit la différence des carrés ou des secondes puissances de ces deux nombres.*

Ainsi, soient 12 et 9 ces deux nombres; leur somme est 21, et leur différence 3. On reconnaît que le produit 21×3 ou 63, est égal à 144 qui est le carré de 12, diminué de 81 qui est le carré de 9.

Mais, pour mettre en évidence cette propriété, quels que soient les deux nombres, représentons ces nombres par les lettres a et b. La somme sera exprimée par $a+b$, et la différence par $a-b$.

Pour former le produit de ces deux expressions, on supposera d'abord que l'on ait à multiplier la somme $a+b$ par a, et le produit sera $a \times a + b \times a$, ou plus simplement, a^2+ab: car il faut prendre chacune des deux parties dont $a+b$ est composé, autant de fois qu'il y a d'unités dans a, et ajouter les deux produits. Mais ce n'est point par a tout entier qu'il fallait multiplier, c'est par a diminué de b; ainsi, le produit a^2+ab est trop fort du produit de $a+b$ par b, c'est-à-dire de $ab+b^2$. Il faut donc retrancher $ab+b^2$ du produit précédent a^2+ab; ce qu'on indiquera algébriquement de cette manière: $a^2+ab-ab-b^2$. Comme d'ailleurs les deux produits $+ab$, $-ab$, se détruisent réciproquement, il vient enfin a^2-b^2 pour le produit demandé.

Ce résultat a^2-b^2 ayant été obtenu indépendamment de toute valeur particulière attribuée à a et b, il s'ensuit que le théorème énoncé est vrai pour deux nombres quelconques.

TROISIÈME QUESTION. — THÉORÈME.

6. *Si, aux deux termes d'une fraction proprement dite, ou d'un nombre plus petit que l'unité, on ajoute un même nombre entier, la nouvelle fraction qui en résulte est plus grande que la première.*

Soit $\frac{5}{12}$ la fraction proposée; ajoutant 3 à chacun de ses deux termes, on obtient $\frac{8}{15}$. Ces deux fractions, réduites au même dénominateur, deviennent $\frac{75}{180}$, $\frac{96}{180}$; or, la 2e fraction est évidemment plus grande que la première.

Pour reconnaître si le théorème énoncé est vrai, quelle que soit la fraction proposée, désignons cette fraction par $\frac{a}{b}$, en supposant $a < b$.

Soit m le nombre ajouté aux deux termes de cette fraction; il en résulte.... $\frac{a+m}{b+m}$.

Afin de comparer les deux fractions, il faut les réduire au même dénominateur; il suffit pour cela de multiplier les deux termes a et b de la première fraction par $b+m$, et les deux termes de la seconde par b. Or, multiplier a par $b+m$, revient à prendre a autant de fois qu'il y a d'unités dans b, plus autant de fois qu'il y a d'unités dans m; ce qui donne $ab+am$. On prouverait de même que le produit de b par $b+m$ est b^2+bm, ce qui donne $\frac{ab+am}{b^2+bm}$ pour la première fraction. De même, si l'on multiplie les deux termes de la seconde $\frac{a+m}{b+m}$ par b, comme on l'a vu (n° 5), elle devient $\frac{ab+bm}{b^2+bm}$.

Les deux numérateurs $ab+am$, $ab+bm$, ont une partie commune ab; et la partie bm du second numérateur est plus grande que la partie am du premier numérateur, puisqu'on a supposé $b > a$. Donc aussi la seconde fraction est plus grande que la première; ce qu'il fallait démontrer.

On voit d'ailleurs, par le raisonnement précédent, qu'il faut que $\frac{a}{b}$ soit une fraction proprement dite, pour que le théorème soit vrai; car autrement, la seconde fraction serait moindre que la première, puisque alors on aurait $ab+bm < ab+am$.

7. En réfléchissant sur les moyens de résolution des questions précédentes, on sentira que l'emploi des signes algébriques doit donner lieu à des règles communes à plusieurs

questions. C'est ainsi, par exemple, que dans la seconde et la troisième, on a été conduit à effectuer la multiplication d'une somme $a + b$ par un nombre a, d'une somme $a + b$ par b, d'un nombre a par une somme $b + m$. D'où il résulte qu'en établissant des préceptes généraux pour trouver les résultats des opérations qu'on peut avoir à effectuer sur les quantités algébriques, on aurait des moyens fixes de résoudre par les symboles algébriques toutes les questions relatives aux nombres.

Cette partie de l'Algèbre a pour titre : *La manière d'effectuer les opérations de l'Arithmétique sur les quantités algébriques ou littérales*; c'est-à-dire sur les nombres représentés par des signes algébriques.

On ne peut se dissimuler que cette partie ne soit un peu aride, peut-être même rebutante pour les commençans; mais il est indispensable de la bien posséder, si l'on veut avancer rapidement dans le champ vaste et fécond de l'Algèbre.

CHAPITRE PREMIER.

§ Ier. *Des Opérations algébriques.*

Définitions préliminaires.

8. Toute quantité écrite en langage algébrique, c'est-à-dire à l'aide des signes de l'Algèbre, s'appelle *quantité algébrique* ou *quantité littérale*; on dit encore que c'est *l'expression algébrique de la quantité proposée.*

Ainsi, $3a$ est l'expression algébrique du triple du nombre a; $5a^2$ est l'expression algébrique du quintuple du carré de a; $7a^3b^2$ est l'expression algébrique de sept fois le produit du cube de a, multiplié par le carré de b.

$3a - 5b$ est l'expression algébrique de la différence entre le triple de a et le quintuple de b.

$2a^2 - 3ab + 4b^2$ est l'expression algébrique du double du carré de a, diminué du triple produit de a par b, et augmenté du quadruple du carré de b.

On appelle *monome*, ou quantité à un seul terme, ou simplement *terme*, une quantité algébrique qui n'est réunie à aucune autre par le signe de l'addition ou de la soustraction; et *polynome*, ou quantité à plusieurs termes, une expression algébrique composée de plusieurs parties séparées les unes des autres par les signes $+$ ou $-$. Ainsi, $3a$, $5a^2$, $7a^3b^2$, sont des monomes; $3a - 5b$, $2a^2 - 3ab + 4b^2$, sont des polynomes. La première de ces deux expressions est dite un *binome*, parce qu'elle est composée de deux termes. La seconde est dite un *trinome*, comme étant composée de trois termes....

9. La *valeur numérique* d'une expression algébrique est le nombre qu'on obtiendrait, si, en donnant des valeurs particulières aux lettres qui y entrent, on effectuait toutes les opérations de l'Arithmétique que comporte cette expression. Cette

valeur numérique dépend évidemment des valeurs particulières attribuées aux lettres, et doit généralement varier avec elles. Ainsi, $2a^3$ a pour valeur numérique 54, lorsque l'on fait $a=3$; car le cube de 3 est 27, et 2 fois 27 donne 54. La valeur numérique de cette même expression est 250, lorsque l'on fait $a=5$; car le cube de 5 est 125, et 2 fois 125 donne 250.

Je dis généralement, car, dans quelques cas, la valeur numérique d'une expression algébrique reste *constante*, quoiqu'on fasse varier les valeurs des lettres qui y entrent. Ainsi, dans l'expression $a-b$, tant qu'on donnera à a et à b des valeurs croissant chacune de la même quantité, l'expression ne changera pas.

Soit, par exemple, $a=7, b=4$; il en résulte $a-b=3$.

Soit maintenant $a=12$ ou $7+5$, et $b=9$ ou $4+5$; il en résulte $a-b=12-9=3$, etc.

La *valeur numérique* d'un polynome ne change point lorsqu'on intervertit l'ordre de ses termes, pourvu que l'on ait soin de conserver à tous, leurs signes respectifs. Ainsi, les polynomes $4a^3-3a^2b+5ac^2$, $5ac^2-3a^2b+4a^3$, $4a^3+5ac^2-3a^2b$, ont la même valeur numérique. C'est une conséquence évidente de la nature de l'addition et de la soustraction arithmétiques. Mais cette observation sera très utile par la suite.

10. Des différens termes qui composent un polynome donné, les uns sont précédés du signe $+$, les autres du signe $-$. Les premiers portent le nom de *termes additifs*, les autres s'appellent *termes soustractifs*. On appelle aussi les premiers, *termes positifs*, et les autres, *termes négatifs*; dénominations assez impropres, que l'usage seul a consacrées.

Le premier terme d'un polynome n'est ordinairement précédé d'aucun signe; mais alors il est censé précédé du signe $+$.

11. On appelle *dimension* d'un terme, chacun des facteurs littéraux qui composent ce terme, et *degré* le nombre de ces facteurs ou dimensions. Le coefficient ne compte pas pour une dimension. Ainsi, $3a$ est dit un terme à une dimension, ou du premier degré, ou *linéaire*; $5ab$ est dit un terme à deux dimensions, ou du second degré; $7a^3bc^2$ étant la même chose que $7aaabcc$, est dit à six dimensions ou du sixième degré.

En général, *le degré* ou *le nombre des dimensions d'un terme s'estime par la somme des exposans des lettres qui entrent dans ce terme*. A ce sujet, nous remarquerons que, d'après la définition même de l'exposant (n° 2), une lettre qui n'a pas d'exposant est censée avoir 1 pour exposant. Ainsi, le degré du terme $8a^2bcd^3$ est $2+1+1+3$, ou 7.

Un polynome est dit *homogène*, lorsque tous ses termes sont de même degré: $3a-2b+c$, $3a^2-4ab+b^2$, $5a^2c-4c^3+2c^2d$, sont des polynomes homogènes; $8a^3-4ab+c$ n'est pas homogène.

12. On appelle *termes semblables* des termes qui sont composés des mêmes lettres affectées des mêmes exposans.

Ainsi $7ab$ et $3ab$, $4a^3b^2$ et $5a^3b^2$, sont des termes semblables. $8a^2b$ et $7ab^2$ ne sont pas des termes semblables; car ils sont bien composés des mêmes lettres, mais les mêmes exposans n'affectent pas les mêmes lettres.

Il arrive souvent qu'un polynome renferme, dans son expression, plusieurs termes semblables, et alors il est susceptible de simplification.

Soit le polynome $4a^2b-3a^2c+9ac^2-2a^2b+7a^2c-6b^3$: on peut (n° 9) l'écrire ainsi: $4a^2b-2a^2b+7a^2c-3a^2c+9ac^2-6b^3$; or, $4a^2b-2a^2b$ se réduit évidemment à $2a^2b$; $7a^2c-3a^2c$ se réduit à $4a^2c$; donc le polynome lui-même revient à $2a^2b+4a^2c+9ac^2-6b^3$.

Que l'on ait dans un polynome quelconque, les termes

$$+2a^3bc^2,\ -4a^3bc^2,\ +6a^3bc^2,\ -8a^3bc^2,\ +11a^3bc^2.$$

D'abord, la somme des termes additifs $+2a^3bc^2+6a^3bc^2+11a^3bc^2$ est égale à $+19a^3bc^2$; la somme des termes soustractifs $-4a^3bc^2-8a^3bc^2$ est égale à $-12a^3bc^2$. Donc l'ensemble des cinq termes proposés se réduit à $+19a^3bc^2-12a^3bc^2$, ou à $+7a^3bc^2$.

Il peut se faire que la somme des termes soustractifs soit plus forte que celle des termes additifs. Dans ce cas, on soustrait le coefficient positif du coefficient négatif, et l'on affecte le résultat du signe —. Ainsi, que l'on ait $+5a^2b$ pour la somme des termes positifs, et $-8a^2b$ pour la somme des termes négatifs; comme $-8a^2b$ revient à $-5a^2b-3a^2b$, il s'ensuit que $+5a^2b-8a^2b$ équivaut à $+5a^2b-5a^2b-3a^2b$, ou à $-3a^2b$.

D'où l'on peut conclure cette règle : *Pour opérer la réduction des termes semblables, formez un seul terme additif de tous les termes semblables précédés du signe — : ce qui se fait en ajoutant les coefficiens de ces termes, et en donnant leur somme pour coefficient à la partie littérale commune. Formez, par le même moyen, un seul terme soustractif de tous les termes précédés du signe —; retranchez ensuite la plus petite somme de la plus grande, et donnez au résultat le signe de la plus grande.*

(Il est bien essentiel de remarquer que la réduction ne doit porter que sur les coefficiens et jamais sur les exposans.)

On trouvera, d'après cette règle, que

$6a^2b-8a^2b-9a^2b+15a^2b-a^2b$ se réduit à $+3a^2b$,

$7abc^2-abc^2-7abc^2-8abc^2+4abc^2$ se réduit à $-5abc^2$.

La réduction des termes semblables est une espèce d'opération, toute particulière à l'Algèbre, qui se rencontre dans l'*addition*, la *soustraction*, la *multiplication* et la *division algébriques*, opérations que nous allons maintenant développer.

Remarque. — Comme celles-ci doivent offrir à l'esprit des élèves la même idée que les opérations analogues de l'Arithmétique, nous nous dispenserons d'en répéter les définitions, qui doivent être suffisamment connues de tous ceux qui ont vu l'Arithmétique avec soin. On conçoit toutefois que les procédés ne peuvent plus être les mêmes, puisque les symboles sont différens. Tantôt ces opérations se réduisent à de simples indications, tantôt il y a lieu réellement à les effectuer, et alors il faut des règles correspondantes aux symboles que l'on emploie.

De l'Addition algébrique,

13. Soit d'abord à ajouter les expressions $3a$, $5b$, $2c$; on a pour le résultat de cette addition, $3a + 5b + 2c$, expression que l'on ne peut simplifier davantage.

Soit encore à ajouter les monomes $4a^2b^3$, $2a^2b^3$, $7a^2b^3$; le résultat est $4a^2b^3 + 2a^2b^3 + 7a^2b^3$, ou réduisant (n° 12),.. $13a^2b^3$.

Proposons-nous maintenant d'ajouter les polynômes

$$3a^2 - 4ab, \quad 2a^2 - 3ab + b^2, \quad 2ab - 5b^2.$$

Pour former un seul polynome qui exprime la somme de ceux-ci, observons qu'ajouter au nombre exprimé par..... $3a^2 - 4ab$, le nombre exprimé par $2a^2 - 3ab + b^2$, c'est y ajouter la différence entre le nombre d'unités exprimé par $2a^2 + b^2$, et le nombre d'unités exprimé par $3ab$, opération que l'on ferait aisément, si l'on attribuait des valeurs particulières à a et b; mais, comme on ne saurait l'exécuter dans l'état actuel des quantités, on remarque qu'il revient au même d'ajouter d'abord $2a^2 + b^2$ à $3a^2 - 4ab$, et de retrancher ensuite $3ab$; ce qui donne $3a^2 - 4ab + 2a^2 + b^2 - 3ab$, ou en changeant l'ordre des termes (n° 7),... $3a^2 - 4ab + 2a^2 - 3ab + b^2$. De même, pour ajouter $2ab - 5b^2$ à cette dernière expression, il suffit d'écrire $3a^2 - 4ab + 2a^2 - 3ab + b^2 + 2ab - 5b^2$; il ne s'agit plus actuellement que de faire (n° 12) la réduction des termes semblables, et il vient enfin $5a^2 - 5ab - 4b^2$ pour le résultat demandé.

Comme des raisonnemens analogues pourraient s'appliquer à d'autres polynomes, on est en droit de conclure cette règle générale pour l'addition de deux ou plusieurs polynomes: *Écrivez les polynomes proposés les uns à la suite des autres, en conservant aux termes qui les composent leurs signes respectifs, et faites la réduction des termes semblables, s'il y a lieu.*

Voici quelques exemples :

$$
1^{\circ}.\quad \begin{array}{l} 3a^2-4ab-2b^2 \\ +5a^2+2ab-\ b^2 \\ +3ab-2b^2-3c^2 \\ \hline 8a^2+\ ab-5b^2-3c^2; \end{array}
\qquad
2^{\circ}.\quad \begin{array}{l} 7a^2b-3abc-8b^2c-9c^3\ +cd^2 \\ +8abc-5a^2b+3c^3\ -4b^2c+cd^2 \\ +4a^2b-8c^3\ +9b^2c-3d^3 \\ \hline 6a^2b+5abc-3b^2c-14c^3+2cd^2-3d^3. \end{array}
$$

Dans la pratique, *on dispose ordinairement les quantités proposées, les unes sous les autres, comme on le voit dans ces deux exemples ; on fait la réduction des termes semblables, et l'on écrit avec leurs signes respectifs les résultats de la réduction.* Ainsi, dans le premier exemple, en considérant le terme $3a^2$, comme ce terme est semblable au terme $5a^2$ qui se trouve sur la seconde ligne, on écrit $8a^2$ pour le résultat de la réduction de ces deux termes qu'on a soin de barrer légèrement (comme on le voit pour le premier terme). Passant ensuite au terme $-4ab$, on le réduit avec les termes $+2ab$ et $3ab$, ce qui donne $+ab$, qu'on écrit à la droite de $8a^2$, et l'on barre les nouveaux termes qu'on vient de réduire. On continue ainsi l'opération jusqu'à ce que tous les termes soient barrés et réduits.

Le léger trait qu'on passe sur les termes sert à prévenir l'omission de quelques termes dans le résultat ; les termes non barrés sont encore à réduire.

De la Soustraction algébrique.

14. Soit à retrancher $4b$ de $5a$; le résultat algébrique est $5a-4b$. De même, la différence entre $7a^3b$ et $4a^3b$ est $7a^3b-4a^3b$, ou $3a^3b$.

Soit maintenant $2b-3c$ à retrancher de $4a$; on peut d'abord présenter le résultat de cette manière, $4a-(2b-3c)$, en mettant la quantité à soustraire entre deux parenthèses et l'écrivant à la suite de la première quantité avec le signe $-$. Mais les questions exigent souvent que l'on forme un seul polynome de cette expression : *et c'est en cela que consiste principalement la règle de la soustraction algébrique.*

Pour parvenir à ce but, on observera que si a, b, c, étaient donnés numériquement, on ferait la soustraction indiquée par $2b-3c$, puis on retrancherait le résultat obtenu, de $4a$; comme cette soustraction ne peut être effectuée dans l'état actuel des quantités, on commence par retrancher $2b$ de $4a$, ce qui donne $4a-2b$; mais en retranchant $2b$ unités, on a soustrait un nombre trop fort de $3c$ unités; il faut donc rectifier le résultat en y ajoutant $3c$. Ainsi, l'on a $4a-2b+3c$ pour le résultat de la soustraction proposée.

Soit encore $5a^2-4ab+3bc-b^2$ à soustraire de $8a^2-2ab$; cette opération peut être indiquée ainsi :

$$8a^2-2ab-(5a^2-4ab+3bc-b^2).$$

Mais, pour réduire cette expression à un seul polynome, observons que retrancher $5a^2-4ab+3bc-b^2$ revient à retrancher la différence entre la somme $5a^2+3bc$ des termes additifs, et la somme $4ab+b^2$ des termes soustractifs. On peut d'abord retrancher $5a^2+3bc$, ce qui donne $8a^2-2ab-5a^2-3bc$; et comme ce résultat est nécessairement trop faible de $4ab+b^2$, il faut y ajouter cette dernière quantité, et il vient

$$8a^2-2ab-5a^2-3bc+4ab+b^2,$$

ou $$8a^2-2ab-5a^2+4ab-3bc+b^2,$$

en rétablissant l'ordre des termes; ou bien enfin, en réduisant,

$$3a^2+2ab-3bc+b^2.$$

D'où l'on peut conclure cette règle générale :

Pour soustraire deux polynomes l'un de l'autre, écrivez à la suite du polynome dont il faut soustraire, l'autre polynome en changeant les signes de celui-ci, et faites la réduction du polynome résultant, s'il y a lieu.

On trouvera, d'après cette règle,

1°. $$\left.\begin{array}{l} 5a^3-4a^2b+3b^3c \\ -(3a^2b-2a^3-8b^2c) \end{array}\right\} = 7a^3-7a^2b+11b^2c.$$

2°. $$\left.\begin{array}{l} 4ab-cd-2b^2+3a^2 \\ -(5ab-4cd+3b^2+3a^2) \end{array}\right\} = -ab+3cd-5b^2.$$

15. On peut aussi, d'après cette même règle, faire subir à certains polynomes quelques transformations.

Par exemple, $6a^2 - 3ab + 2b^2 - 2bc$,
revient à $6a^2 - (3ab - 2b^2 + 2bc)$.
De même $7a^3 - 8a^2b - 4b^2c + 6b^3$,
revient à $7a^3 - (8a^2b + 4b^2c - 6b^3)$,
ou bien encore, à $7a^3 - 8a^2b - (4b^2c - 6b^3)$.

Ces transformations, qui consistent à décomposer un polynome en deux parties séparées l'une de l'autre par le signe —, sont très utiles en Algèbre.

Multiplication algébrique.

16. Nous regarderons comme démontré un principe qui est généralement admis dans tous les Traités d'Arithmétique (*voyez* pour la démonstration mes *Élémens d'Arithmétique*, 15e édit., n°s 25 et suivans), c'est que le produit de deux ou plusieurs nombres reste le même dans quelque ordre qu'on les multiplie.

Cela posé, considérons d'abord le cas où l'on a un monome à multiplier par un monome ; soit $7a^3b^2$ à multiplier par $4a^2b$.

L'expression de ce produit peut d'abord s'écrire ainsi : .... $7a^3b^2 \times 4a^2b$. Mais on peut la simplifier, en observant que, d'après le principe précédent et la signification des symboles algébriques (n° 2), elle revient à $7 \times 4 \times aaaaabbb$. Or, comme les coefficiens sont des nombres particuliers, rien n'empêche d'en former un seul en les multipliant entre eux : ce qui donne 28 pour coefficient du produit. Quant aux lettres, le produit $aaaaa$ équivaut à a^5, et le produit bbb, à b^3; ainsi, l'on obtient pour résultat final, $28a^5b^3$.

Soit encore $12a^2b^4c^2$ à multiplier par $8a^3b^2d^2$; ce produit revient à $12 \times 8 \times aaaaabbbbbbccdd$, ou $96a^5b^6c^2d^2$. D'où l'on voit que, pour multiplier deux monomes l'un par l'autre, il faut, 1°. *multiplier les deux coefficiens entre eux ;* 2°. *écrire à la suite de ce produit toutes les lettres qui entrent à la fois dans le multiplicande et le multiplicateur, en affectant chaque lettre d'un exposant égal à la somme des deux exposans dont cette même lettre est affectée dans les deux facteurs;* 3°. *si une lettre n'entre que dans l'un des facteurs, l'écrire au produit avec l'exposant dont elle est affectée dans ce facteur.*

La règle relative aux coefficiens n'offre aucune difficulté.

Mais pour se rendre compte de la règle des exposans, il faut observer qu'en général, un nombre a doit se trouver autant de fois facteur dans le produit, qu'il l'est, tant dans le multiplicande que dans le multiplicateur. Or (n° 2) les exposans des lettres marquent le nombre de fois qu'elles entrent comme facteurs; donc la somme des deux exposans d'une même lettre marque le nombre de fois qu'elle doit être facteur dans le produit demandé.

On trouvera, d'après la règle précédente, que

$$8a^2bc^2 \times 7abcd^2 = 56a^3b^2c^3d^2,$$
$$21a^3b^2cd \times 8abc^3 = 168a^4b^3c^4d,$$
$$4abc \times 7df = 28abcdf.$$

17. Passons à la multiplication des polynomes.

Soient d'abord deux polynomes $a+b+c$ et $d+f$, composés de termes tous additifs; on peut présenter le produit sous la forme $(a+b+c)(d+f)$. Mais on a souvent besoin de former un seul polynome de ce produit indiqué; et *c'est en cela que consiste la multiplication de deux polynomes.*

Or, il est évident que multiplier la somme $a+b+c$ par $d+f$, revient à prendre $a+b+c$ autant de fois qu'il y a d'unités dans d, plus autant de fois qu'il y a d'unités dans f, et à ajouter les deux produits. Mais multiplier $a+b+c$ par d, c'est prendre d fois chacune des parties du multiplicande, et réunir les produits partiels, ce qui donne $ad+bd+cd$. De même, multiplier $a+b+c$ par f, c'est prendre f fois chacune des parties du multiplicande, et réunir les produits partiels. Donc enfin $(a+b+c)(d+f)=ad+bd+cd+af+bf+cf.$

Ainsi, *pour multiplier deux polynomes composés de termes tous additifs, il faut multiplier séparément chacun des termes du multiplicande par chacun des termes du multiplicateur, et ajouter tous les produits.*

Si les termes sont affectés de coefficiens et d'exposans, on suit les règles prescrites (n° 16) pour la multiplication des monomes. Par exemple, $(3a^2+4ab+b^2)(2a+5b)$ donne pour produit, $6a^3+8a^2b+2ab^2+15a^2b+20ab^2+5b^3$, ou réduisant, $6a^3+23a^2b+22ab^2+5b^3$.

Pour nous rendre compte du cas le plus général, commençons par remarquer que, si le multiplicande renferme des termes additifs et des termes soustractifs, ce facteur exprime une différence entre le nombre d'unités marqué par la somme des termes additifs et le nombre d'unités marqué par la somme des termes soustractifs. Même raisonnement par rapport au multiplicateur. D'où il suit que la multiplication de deux polynomes quelconques est ramenée à la multiplication de deux binomes tels que $a-b$, $c-d$; a désignant la somme des termes additifs, et $-b$ la somme des termes soustractifs du multiplicande; il en est de même de c et de $-d$, par rapport au multiplicateur. Voyons donc comment on peut effectuer la multiplication exprimée par $(a-b)(c-d)$.

Or, multiplier $a-b$ par $c-d$ revient évidemment à prendre $a-b$ autant de fois qu'il y a d'unités dans c, *moins* autant de fois qu'il y a d'unités dans d, ou bien, à multiplier $a-b$ par c, et à retrancher du produit celui de $a-b$ par d. Mais multiplier $a-b$ par c, revient à multiplier c par $a-b$ (en vertu du principe énoncé n° 16), ce qui donne $ca-cb$, ou $ac-bc$. De même, le produit de $a-b$ par d est $ad-bd$; et comme on vient de voir que ce dernier produit doit être retranché du précédent $ac-bc$, il faut (n° 14), changer les signes de $ad-bd$, et l'écrire à la suite de $ac-bc$, ce qui donne enfin

$$(a-b)(c-d)=ac-bc-ad+bd.$$

Pour peu qu'on réfléchisse sur la manière dont ce produit vient d'être formé, on verra que, *dans toute multiplication, si l'on considère tous les termes additifs du multiplicateur, il faut multiplier chacun des termes du multiplicande, tant additifs que soustractifs, par ces termes, et affecter les produits partiels de signes semblables à ceux dont les termes du multiplicande sont affectés; et en considérant les termes soustractifs du multiplicateur, multiplier de même chacun des termes du multiplicande, tant additifs que soustractifs, par ces termes; mais affecter les produits partiels de signes contraires à ceux dont les termes du multiplicande sont affectés. Quant à la multiplication partielle d'un terme du multiplicande par un terme du multiplicateur, on suit les règles établies pour les monomes* (n° **16**).

Soient, par exemple, les deux polynomes

$$\begin{array}{lrrrrrr} & 4a^3 - & 5a^2b - & 8ab^2 + & 2b^3, & & \\ \text{et} & 2a^2 - & 3ab - & 4b^2, & & & \\ \hline & 8a^5 - & 10a^4b - & 16a^3b^2 + & 4a^2b^3 & & \\ & - & 12a^4b + & 15a^3b^2 + & 24a^2b^3 - & 6ab^4 & \\ & & - & 16a^3b^2 + & 20a^2b^3 + & 32ab^4 - & 8b^5 \\ \hline & 8a^5 - & 22a^4b - & 17a^3b^2 + & 48a^2b^3 + & 26ab^4 - & 8b^5. \end{array}$$

Après avoir disposé les polynomes l'un au-dessous de l'autre, on multiplie chacun des termes du premier par le terme $2a^2$ du second, ce qui donne $8a^5-10a^4b-16a^3b^2+4a^2b^3$, polynome dont les signes sont les mêmes que ceux du multiplicande. Passant ensuite au terme $3ab$ du multiplicateur, comme ce terme est affecté du signe $-$; on multiplie chacun des termes du multiplicande par ce terme, en ayant soin d'affecter chaque produit d'un signe contraire à celui du terme correspondant du multiplicande, ce qui donne $-12a^4b+15a^3b^2+24a^2b^3-6ab^4$, produit que l'on écrit au-dessous du premier.

On fait la même opération par rapport au terme $4b^2$, qui est aussi soustractif, ce qui donne $-16a^3b^2+20a^2b^3+32ab^4-8b^5$. On fait ensuite la réduction des termes semblables, et l'on obtient enfin pour l'expression la plus simple du produit,

$$8a^5-22a^4b-17a^3b^2+48a^2b^3+26ab^4-8b^5.$$

La règle des signes, qui est la plus importante à retenir dans la multiplication de deux polynomes, peut s'énoncer ainsi : *Toutes les fois que les deux termes du multiplicande et du multiplicateur sont affectés du même signe, le produit correspondant est affecté du signe +, et lorsque les deux termes sont affectés de signes contraires, le produit est affecté du signe —.*

On dit encore, en langage algébrique, que + multiplié par +, ou — multiplié par —, donne +, et que — multiplié par +, ou + multiplié par —, donne —. Mais ce dernier énoncé, qui n'offre aucun sens raisonnable en lui-même (puisqu'on ne sait ce que signifie : multiplier entre eux des symboles, non de quantités, mais d'opérations arithmétiques), ce dernier énoncé, dis-je, doit être seulement regardé comme une abréviation du précédent.

Ce n'est pas la seule circonstance où les algébristes, pour abréger le discours, emploient des expressions incorrectes, mais qui ont l'avantage de mieux graver les règles dans la mémoire.

Nous proposerons pour exercices les exemples suivans :

1er *Exemple.* $3a^2-5bd+cf$

$$\underline{-5a^2+4bd-8cf}$$

Prod. simp. $-15a^4+37a^2bd-29a^2cf-20b^2d^2+44bcdf-8c^2f^2.$

2e *Exemple.* $4a^3b^2-5a^2b^2c+8a^2bc^2-3a^2c^3-7abc^3$

$$\underline{2ab^2-4abc-2bc^2+c^3}$$

Produit simplifié. $\begin{cases} 8a^4b^4-10a^3b^4c+28a^3b^3c^2-34a^3b^2c^3 \\ -4a^2b^3c^3-16a^4b^3c+12a^3bc^4+7a^2b^2c^4 \\ +14a^2bc^5+14ab^2c^5-3a^2c^6-7abc^6. \end{cases}$

18. Nous ferons sur la multiplication algébrique plusieurs remarques fort importantes.

Premièrement. — Si les polynomes qu'on se propose de multiplier l'un par l'autre sont homogènes (n° 11), (et la plupart des questions qu'on cherche à résoudre par le secours de l'Algèbre, les questions de Géométrie principalement, conduisent à de semblables expressions), *le produit de ces deux polynomes est aussi homogène;* c'est une conséquence évidente des règles relatives aux lettres et aux exposans dans la multiplication des quantités monomes. En outre, *le degré de chaque terme du produit doit être égal à la somme des degrés de deux termes quelconques du multiplicande et du multiplicateur.* Ainsi, dans le premier des deux exemples précédens, tous les termes du multiplicande étant du deuxième degré, ainsi que ceux du multiplicateur, tous les termes du produit sont du quatrième degré. Dans le second, le multiplicande étant du cinquième degré, et le multiplicateur du troisième degré, le produit est du huitième degré. Cette remarque sert, dans la pratique, à reconnaître des erreurs de calcul par rapport aux exposans. Par exemple, si l'on trouve que, dans l'un des termes d'un produit qui doit être homogène, la somme des exposans est égale à 6, tandis qu'elle est égale à 7 dans tous les autres termes, il y a erreur manifeste dans l'addition des exposans; et alors on reprend la multiplication des deux termes qui ont formé ce produit partiel.

Secondement. — Lorsque, dans la multiplication de deux polynomes, le produit n'offre aucune réduction de termes semblables, *le nombre total des termes du produit est égal au produit du nombre des termes du multiplicande, multiplié par le nombre des termes du multiplicateur;* c'est une conséquence de la règle (nº 17). Ainsi, que l'on ait 5 termes dans le multiplicande et 4 dans le multiplicateur, il y en a 5×4 ou 20 dans le produit. En général, si le multiplicande se compose de m termes et le multiplicateur de n termes, le produit en renferme $m \times n$.

Troisièmement. — Lorsqu'il y a des termes semblables, le nombre total des termes du produit simplifié peut être beaucoup moins grand. Mais on remarquera que, parmi les différens termes du produit, il en est qui ne peuvent se réduire avec aucun autre : ce sont, 1º, *le terme provenant de la multiplication du terme du multiplicande affecté du plus haut exposant d'une quelconque des lettres, par le terme du multipli-*

cateur affecté du plus haut exposant de la même lettre; 2°. *le terme provenant de la multiplication des deux termes affectés du plus faible exposant de la même lettre*. En effet, ces deux produits partiels doivent renfermer cette lettre avec un plus haut ou un plus faible exposant que chacun des autres produits partiels; par conséquent, ils ne peuvent être semblables aux autres produits. Cette remarque, dont la vérité se déduit de la règle des exposans, sera d'une très grande utilité dans la division.

19. Pour terminer ce qui a rapport à la multiplication algébrique, nous ferons connaître différens résultats de multiplication, d'un usage fréquent en Algèbre.

1°. — Soit proposé de former le carré ou la seconde puissance d'un binome $a+b$. On a, d'après les principes connus,

$$(a+b)^2 = (a+b)(a+b) = a^2 + 2ab + b^2;$$

c'est-à-dire que le *carré de la somme de deux quantités se compose du carré de la première quantité, plus le carré de la seconde, plus le double produit de la première par la seconde.*

Ainsi, soit à former le carré de $5a^3 + 8a^2b$; on a, d'après ce qui vient d'être dit, $(5a^3+8a^2b)^2 = 25a^6 + 80a^5b + 64a^4b^2$.

2°. — Soit à former le carré d'une différence $a-b$.

On a $(a-b)^2 = (a-b)(a-b) = a^2 - 2ab + b^2$;

c'est-à-dire que le *carré de la différence de deux quantités se compose du carré de la première, plus le carré de la seconde, moins le double produit de la première par la seconde.*

Ainsi $(7a^2b^2 - 12ab^3)^2 = 49a^4b^4 - 168a^3b^5 + 144a^2b^6$.

4°. — Soit proposé de multiplier $a+b$ par $a-b$.

On a $(a+b)(a-b) = a^2 - b^2$. Donc *la somme de deux quantités, multipliée par leur différence, donne pour produit la différence de leurs carrés*. (C'est le théorème démontré n° 5.)

Ainsi $(8a^3 + 7ab^2)(8a^3 - 7ab^2) = 64a^6 - 49a^2b^4$.

On peut, en combinant ces différens résultats, trouver les produits de certains polynomes plus promptement que par le procédé ordinaire. Soit, par exemple, à multiplier........ $5a^2 - 4ab + 3b^2$ par $5a^2 - 4ab - 3b^2$; si l'on remarque que la première de ces deux expressions est la somme de deux quantités $5a^2 - 4ab$ et $3b^2$, que la seconde est la différence de ces deux mêmes quantités, on trouve de suite pour le produit,

$$(5a^2 - 4ab)^2 - (3b^2)^2 = 25a^4 - 40a^3b + 16a^2b^2 - 9b^4.$$

20. En réfléchissant sur les résultats de multiplication que l'on vient d'obtenir, on voit que leur composition, ou la manière dont ils se forment à l'aide du multiplicande et du multiplicateur, est tout-à-fait indépendante des valeurs particulières qu'on peut attribuer aux lettres a et b qui entrent dans les deux facteurs.

En principe, *la manière dont un produit algébrique se forme à l'aide de ses deux facteurs, s'appelle la* loi *de ce produit; et cette loi reste toujours la même, quelles que soient les valeurs attribuées aux lettres qui entrent dans les deux facteurs.*

21. Enfin, un polynome étant donné, on peut quelquefois, d'après son inspection, le décomposer en facteurs, ce qui est souvent utile.

Soit le polycome $25a^4 - 30a^3b + 15a^2b^2$: il est évident que les facteurs 5 et a^2 entrent dans chacun de ses termes. Ainsi, on peut mettre le polynome sous la forme $5a^2 (5a^2 - 6ab + 3b^2)$. De même, $64a^4b^6 - 25a^2b^8$ se transforme en

$$(8a^2b^3 + 5ab^4)(8a^2b^3 - 5ab^4).$$

En effet, $64ab^4b^6$ et $25a^2b^8$ étant les *carrés de* $8a^2b^3$ et $5ab^4$, il s'ensuit que l'expression proposée est la différence de deux carrés, et qu'elle est (nº **19**) décomposable dans la somme des racines de ces carrés, multipliée par la différence des mêmes racines.

De la Division algébrique.

22. La division algébrique, comme la division arithmétique, a pour but, *étant donné un produit et l'un de ses facteurs, de trouver le second facteur.*

Considérons d'abord le cas de deux monomes.

Soit à diviser $72a^5$ par $8a^3$, ce que l'on indique ainsi : $\frac{72a^5}{8a^3}$.

On demande une troisième quantité monome qui, multipliée par la seconde, reproduise la première. Or, d'après les règles établies pour la multiplication des monomes, la quantité cherchée doit être telle que son coëfficient, multiplié par 8, donne pour produit 72, et que l'exposant de la lettre a dans cette quantité, ajouté à 3, exposant de la lettre a dans le diviseur, donne pour somme 5, exposant du dividende. Ainsi, l'on obtiendra cette quantité en divisant 72 par 8, et retranchant de l'exposant 5 l'exposant 3, ce qui donne $\frac{72a^5}{8a^3} = 9a^2$; et en effet on a $8a^3 \times 9a^2 = 72a^5$.

On a, d'après les mêmes remarques,

$$\frac{35a^3b^2c}{7ab} = 5a^2bc \text{ ; et en effet, } 7ab \times 5a^2bc = 35a^3b^2c \text{ ;}$$

d'où l'on voit que, pour diviser deux monomes l'un par l'autre, il faut, 1°.—*diviser les deux coefficiens l'un par l'autre ;* 2°.—*pour les lettres communes au dividende et au diviseur, écrire chacune d'elles à la suite du coefficient, en l'affectant d'un exposant égal à l'excès de l'exposant du dividende sur celui du diviseur ;* 3°.—*écrire à la suite et avec leurs exposans respectifs, les lettres qui entrent dans le dividende sans entrer dans le diviseur.*

On trouvera, d'après cette règle,

$$\frac{48a^3b^3c^2d}{12ab^2c} = 4a^2bcd, \quad \frac{150a^5b^8cd^3}{30a^3b^5d^2} = 5a^2b^3cd.$$

(*Voyez* le n° **24**, pour le cas où les exposans d'une même lettre sont égaux dans le dividende et le diviseur.)

23. Il résulte de la règle précédente que la division des monomes est impossible, *premièrement*, si les coefficiens ne sont pas divisibles l'un par l'autre; *en second lieu*, si certains exposans sont plus forts au diviseur qu'au dividende; *en troisième lieu*, si le diviseur renferme une ou plusieurs lettres qui ne se trouvent pas dans le dividende. Dès qu'une ou plusieurs de ces trois circonstances se rencontrent, le quotient reste sous la forme d'un *monome fractionnaire*, c'est-à-dire d'une expression monome dans laquelle entre nécessairement le signe algébrique de la division, mais qu'on peut souvent simplifier.

Soit, par exemple, $12a^4b^2cd$ à diviser par $8a^2bc^2$.

On ne peut trouver ici pour quotient un *monome entier*, c'est-à-dire un monome débarrassé du signe de la division, parce que 12 n'est pas divisible exactement par 8, et qu'en outre l'exposant de c est moins grand au dividende qu'au diviseur. Ainsi, on présentera le quotient demandé sous la forme... $\frac{12a^4b^2cd}{8a^2bc^2}$; mais on peut simplifier cette expression, en remarquant que les facteurs 4, a^2, b, et c, étant communs aux deux termes de cette fraction, rien n'empêche de les supprimer; et l'on a pour résultat $\frac{3a^2bd}{2c}$.

En général, pour simplifier un monome fractionnaire, il faut, 1°.—*supprimer le plus grand facteur commun aux deux coefficiens*; 2°. — *retrancher le plus petit des deux exposans d'une même lettre, du plus grand, et écrire la lettre affectée de cette différence d'exposans, dans celui des deux termes de la fraction où l'exposant était le plus grand*; 3°. — *écrire les lettres non communes, avec leurs exposans respectifs, dans celui des deux termes de la fraction où ces lettres entraient.*

On trouvera d'après cette nouvelle règle,

$$\frac{48a^3b^2cd^3}{36a^2b^3c^2de}=\frac{4ad^2}{3bce},\quad \frac{37ab^3c^5d}{6a^3bc^4d^2}=\frac{37b^2c}{6a^2d},\quad \frac{7a^2b}{14a^3b^2}=\frac{1}{2ab}.$$

Dans le dernier exemple, comme tous les facteurs du dividende se trouvent au diviseur, le numérateur se réduit à l'*unité*, parce que cela revient à diviser les deux termes de la fraction par le numérateur.

24. Il arrive souvent que les exposans de certaines lettres sont les mêmes au dividende qu'au diviseur.

Soit, par exemple, à diviser $24a^3b^2$ par $8a^2b^2$; comme la lettre b est affectée du même exposant, le quotient ne doit pas la renfermer, et l'on a $\frac{24a^3b^2}{8a^2b^2} = 3a$. Mais on remarque que ce résultat $3a$ peut être mis sous une forme propre à conserver la trace de la lettre b qui a disparu par l'effet de la réduction.

En effet, si l'on applique, *par convention*, à l'expression $\frac{b^2}{b^2}$ la règle des exposans (n° 22), il vient $\frac{b^2}{b^2} = b^0$. Ce nouveau symbole b^0 indique (n° 2) que la lettre entre 0 fois comme facteur dans le quotient, ou, ce qui revient au même, qu'elle ne doit pas y entrer; mais il indique en même temps qu'elle entrait dans le dividende et le diviseur, et qu'elle a disparu par l'effet de l'opération. Ce symbole a l'avantage de conserver la trace d'un nombre qui faisait partie de la question que l'on avait en vue de résoudre, sans changer pour cela en rien le résultat; car, puisque b^0 provient de $\frac{b^2}{b^2}$, qui, d'ailleurs est égal à 1, il s'ensuit que $3ab^0$ équivaut à $3a \times 1$ ou $3a$. De même

$$\frac{15a^2b^3c^2}{3a^2bc^2} = 5a^0b^2c^0 = 5b^2.$$

Comme il importe d'avoir des notions exactes sur l'origine et la signification des symboles employés en Algèbre, nous nous proposerons de faire voir qu'*en général, toute quantité* a, *affectée de l'exposant* 0, *équivaut à* 1, *c'est-à-dire que l'on a*

$$a^0 = 1.$$

En effet, cette expression provient, comme nous venons de le dire, de ce que a est affecté du même exposant au dividende et au diviseur d'une division indiquée. Ainsi l'on a $a^0 = \frac{a^m}{a^m}$ (m désignant pour plus de généralité le nombre entier qui sert d'exposant à a). Mais le quotient de toute quantité divisée par elle-même est 1; donc $\frac{a^m}{a^m} = 1$; donc aussi l'on a $a^0 = 1$.

Le symbole a^0 n'est, nous le répétons, employé, par convention, que pour conserver dans le calcul la trace d'une lettre qui entrait dans l'énoncé d'une question, mais qui doit disparaître par l'effet d'une division; et il est souvent nécessaire de conserver cette trace.

DIVISION DE DEUX POLYNOMES.

23. Soit à diviser $51a^2b^2 + 10a^4 - 48a^3b - 15b^4 + 4ab^3$, par $4ab - 5a^2 + 3b^2$.

Pour suivre plus facilement les calculs, on peut les disposer ainsi :

$$
\begin{array}{l|l}
51a^2b^2 + 10a^4 - 48a^3b - 15b^4 + 4ab^3 & 4ab - 5a^2 + 3b^2 \\
+ 8a^3b - 10a^4 + 6a^2b^2 & \overline{-2a^2 + 8ab - 5b^2} \\
\hline
57a^2b^2 - 40a^3b - 15b^4 + 4ab^3 & \\
- 32a^2b^2 + 40a^3b - 24ab^3 & \\
\hline
25a^2b^2 - 15b^4 - 20ab^3 & \\
+ 20ab^3 - 25a^2b^2 + 15b^4 & \\
\hline
0 &
\end{array}
$$

Le but de cette opération est, comme nous l'avons déjà dit (n° **22**), *de trouver un troisième polynome qui, multiplié par le second, reproduise le premier.*

Il résulte de cette définition et de la règle établie (n° **17**) pour la multiplication des polynomes, que le dividende est l'assemblage, *par addition et après réduction*, des produits partiels de chacun des termes du diviseur, multipliés par chacun des termes du quotient cherché. Cela posé, si l'on pouvait découvrir dans le dividende, un terme qui provînt, *sans réduction*, de la multiplication de l'un des termes du diviseur par l'un des termes du quotient, alors, en divisant l'un par l'autre ces deux termes du dividende et du diviseur, on serait sûr d'obtenir un terme du quotient cherché.

Or, d'après la troisième remarque du n° 18, le terme $10a^4$ affecté du plus haut exposant de la lettre a, provient sans réduction, de la multiplication des deux termes du diviseur et du quotient, affectés respectivement du plus haut exposant de la même lettre. Donc, en divisant le terme $10a^4$ par le terme $-5a^2$ du diviseur, on sera certain d'avoir un terme du quotient cherché. Mais il se présente ici une difficulté, c'est de déterminer le signe dont le terme du quotient doit être affecté. Pour ne pas être arrêté dorénavant à ce sujet, nous allons établir une règle qui sera *la règle des signes de la division*.

Comme, dans la multiplication, le produit de deux termes de même signe est affecté du signe $+$, et que le produit de deux termes de signes contraires est affecté du signe $-$, on peut conclure, 1°. que, si le terme du dividende a le signe $+$, et celui du diviseur le signe $+$, le terme du quotient doit avoir le signe $+$; 2°. que si le terme du dividende a le signe $+$ et le terme du diviseur le signe $-$, le terme du quotient doit avoir le signe $-$, parce qu'il n'y a que le signe $-$ qui, combiné par multiplication avec le signe $-$ du diviseur, puisse reproduire le signe $+$ du dividende; 3°. que si le terme du dividende a le signe $-$ et le terme du diviseur le signe $+$, le quotient doit avoir le signe $-$; 4°. enfin, si le dividende a le signe $-$ et le diviseur le signe $-$, le quotient doit avoir le signe $+$.

En résumant, on voit que cela revient à dire :

Si les deux termes du dividende et du diviseur sont de même signe, le quotient doit être affecté du signé $+$*; et s'ils* *sont affectés de signes contraires, le quotient doit être affecté du signe* —. On dit encore, par abréviation,

$+$ divisé par $+$; et $-$ divisé par $-$, donnent $+$;
$-$ divisé par $+$, et $+$ divisé par $-$, donnent $-$.

Revenons à notre objet.

Dans l'exemple proposé, $10a^4$ et $-5a^2$ étant affectés de signes contraires, leur quotient doit avoir le signe — ; d'ailleurs $10a^4$ divisé par $5a^2$ donne $2a^2$ (nº 22); donc $-2a^2$ est un terme du quotient cherché. Après l'avoir écrit au-dessous du diviseur, on multiplie chacun des termes du diviseur par ce terme, puis on soustrait le produit $-8a^3b+10a^4-6a^2b^2$, du dividende, ce qui se fait en écrivant ce produit, avec des signes contraires, au-dessous du dividende, et en opérant la réduction. Il vient ainsi pour résultat de la première opération partielle,

$$57a^2b^2-40a^3b-15b^4+4ab^3.$$

Ce résultat se compose des produits partiels de chacun des termes du diviseur par chacun des termes qui restent à déterminer au quotient. On peut donc le regarder comme un nouveau dividende, et raisonner sur lui comme sur le dividende proposé. On est ainsi conduit à prendre, dans ce résultat, le terme $-40a^3b$, affecté du plus haut exposant de a, et à le diviser par le même terme $-5a^2$ du diviseur. Or, d'après les principes précédens, $-40a^3b$ divisé par $-5a^2$, donne pour quotient $+8ab$, nouveau terme qu'on écrit à la droite du premier. Multipliant chacun des termes du diviseur par ce terme, et écrivant les produits avec des signes contraires, au-dessous du second dividende, puis faisant la réduction, on trouve pour résultat de la seconde opération,

$$25a^2b^2-15b^4-20ab^3;$$

divisant encore $25a^2b^2$ par $-5a^2$, on a pour quotient, $-5b^2$

qui forme le troisième terme du quotient. Multipliant le diviseur par ce terme, et écrivant les termes du produit, avec des signes contraires, au-dessous du troisième dividende, puis faisant la réduction, on obtient pour résultat o. Donc $-2a^2+8ab-5b^2$, ou $8ab-2a^2-5b^2$, est le quotient demandé; ce qu'on peut d'ailleurs vérifier en multipliant le diviseur par ce polynome: le produit effectué doit être égal au dividende.

En réfléchissant sur les raisonnemens précédens, on voit que, comme, dans chaque opération partielle, on est obligé de rechercher le terme du dividende affecté du plus haut exposant de l'une des lettres, et de le diviser par le terme du diviseur affecté du plus haut exposant de la même lettre, on éviterait cette recherche, si on avait le soin *d'écrire* A PRIORI *les termes du dividende et du diviseur, de manière que les exposans d'une même lettre allassent en décroissant de gauche à droite*. C'est ce qu'on appelle ORDONNER le dividende et le diviseur par rapport à une même lettre. Au moyen de cette préparation, le premier terme à gauche du dividende, et le premier terme à gauche du diviseur, sont toujours les deux termes qu'il faut diviser l'un par l'autre, pour avoir un des termes du quotient; et il en est de même dans toutes les opérations suivantes, parce que les quotiens partiels et les produits du diviseur par ces quotiens sont continuellement *ordonnés*.

Voici le tableau des calculs de l'exemple précédent, après que l'on a ordonné les deux polynomes:

$$
\begin{array}{rrrrr|l}
10a^4 & -48a^3b & +51a^2b^2 & +4ab^3 & -15b^4 & -5a^2+4ab+3b^2 \\
-10a^4 & +8a^3b & +6a^2b^2 & & & \overline{-2a^2+8ab-5b^2} \\
\hline
 & -40a^3b & +57a^2b^2 & +4ab^3 & -15b^4 & \\
 & +40a^3b & -32a^2b^2 & -24ab^3 & & \\
\hline
 & & +25a^2b^2 & -20ab^3 & -15b^4 & \\
 & & -25a^2b^2 & +20ab^3 & +15b^4 & \\
\hline
 & & & 0. & &
\end{array}
$$

26. De là on peut conclure la règle suivante pour diviser deux polynomes l'un par l'autre : *Après avoir ordonné le dividende et le diviseur par rapport à une même lettre, divisez le premier terme à gauche du dividende par le premier terme à gauche du diviseur, vous obtenez ainsi le premier terme du quotient; multipliez le diviseur par ce terme, et retranchez le produit du dividende proposé. Divisez ensuite le premier terme du reste par le premier terme du diviseur, vous obtenez ainsi le second terme du quotient; multipliez le diviseur par ce second terme, et retranchez le produit, du résultat de la première opération. Continuez ainsi les opérations, jusqu'à ce qu'enfin vous obteniez pour résultat* 0 : AUQUEL CAS, LA DIVISION EST DITE EXACTE.

Lorsque le premier terme du dividende ordonné n'est pas exactement divisible (n° 25) par le premier terme du diviseur aussi ordonné, c'est un signe que la division totale est impossible, c'est-à-dire qu'il n'y a pas de polynome entier qui, multiplié par le diviseur, puisse reproduire le dividende. Et, en général, on reconnaît qu'*une division est impossible, lorsque le premier terme de l'un des dividendes partiels n'est pas divisible par le premier terme du diviseur.*

27. Nous remarquerons, en passant, que, s'il y a quelque analogie entre la division arithmétique et la division algébrique, par rapport à la manière dont les calculs sont disposés et effectués, elles ont entre elles cette différence essentielle, que, dans la division arithmétique, les chiffres du quotient s'obtiennent par tâtonnement, tandis que, dans la division algébrique, le quotient que l'on obtient en divisant le premier terme d'un dividende partiel par le premier terme du diviseur, est toujours un des termes du quotient cherché. Si cette division partielle ne peut s'effectuer, on doit conclure tout de suite que la division totale est impossible. Sous ce rapport, la division algébrique est plus simple que la division arithmétique.

En outre, rien n'empêcherait de commencer l'opération par

la droite, au lieu de la commencer par la gauche, puisque alors ce serait opérer sur les termes affectés des plus faibles exposans de la lettre par rapport à laquelle on a ordonné. Dans la division arithmétique, on ne peut trouver le quotient qu'en commençant par la gauche.

Enfin, telle est l'indépendance des opérations partielles que comporte le procédé, qu'après avoir soustrait du dividende total le produit du diviseur par le premier terme trouvé au quotient, *soustraction indispensable*, on peut, à la seconde opération, diviser l'un par l'autre les deux termes du nouveau dividende et du diviseur, affectés du plus haut exposant d'une lettre différente de celle que l'on avait considérée d'abord; et l'on obtiendra encore un des termes du quotient, qui restent à déterminer. Si l'on conserve la même lettre, c'est parce qu'il n'y a pas de raison pour en changer, et que les deux polynomes étant déjà ordonnés par rapport à la première lettre, les premiers termes à gauche dans le dividende et le diviseur sont propres à donner un terme du quotient, tandis que, si l'on changeait de lettre, il faudrait chercher de nouveau les termes affectés du plus haut exposant de cette lettre.

Second exemple.

28. Diviser $21x^3y^2+25x^2y^3+68xy^4-40y^5-56x^5-18x^4y$
par $5y^2-8x^2-6xy$.

Voici le tableau des calculs, en ordonnant par rapport à y:

$$40y^5+68xy^4+25x^2y^3+21x^3y^2-18x^4y-56x^5 \quad \Big\}\ \frac{5y^2-6xy-8x^2}{-8y^3+4xy^2-3x^2y+7x^3}$$

$$40y^5-48xy^4-64x^2y^3$$

$$\text{reste. } 20xy^4-39x^2y^3+21x^3y^2-18x^4y-56x^5$$

$$-20xy^4+24x^2y^3+32x^3y^2$$

$$2^{e}\text{ reste} \ldots -15x^2y^3+53x^3y^2-18x^4y-56x^5$$

$$+15x^2y^3-18x^3y^2-24x^4y$$

$$3^{e}\text{ reste} \ldots\ldots\ldots +35x^3y^2-42x^4y-56x^5$$

$$-35x^3y^2+42x^4y+56x^5$$

$$\text{reste final} \ldots\ 0$$

Comme il importe aux commençans de se familiariser avec les opérations algébriques, et surtout de calculer promptement, nous allons traiter de nouveau le dernier exemple, en indiquant les simplifications qu'il est à propos d'introduire.

Elles consistent, comme en Arithmétique, à soustraire du dividende chaque produit partiel, immédiatement après avoir formé ce produit.

$$\begin{array}{ll|l}
 & -40y^5+68xy^4+25x^2y^3+21x^3y^2-18x^4y-56x^5 & 5y^2-6xy-8x^2 \\
\text{1}^{\text{er}}\text{ reste..} & +20xy^4-39x^2y^3+21x^3y^2-18x^4y-56x^5 & -8y^3+4xy^2-3x^2y \\
\text{2}^{\text{e}}\text{ reste...} & -15x^2y^3+53x^3y^2-18x^4y-56x^5 & \\
\text{3}^{\text{e}}\text{ reste...} & +35x^3y^2-42x^4y-56x^5 & \\
\text{reste final....} & 0 &
\end{array}$$

Si l'on divise d'abord $-40y^5$ par $5y^2$, il vient pour quotient, $-8y^3$. Multipliant $5y^2$ par $-8y^3$, on a $-40y^5$, qui, changé de signe, donne $+40y^5$; et ce terme détruit le premier terme du dividende.

De même, $-6xy\times-8y^3$ donne $+$, et pour la soustraction, $-48xy^4$, qui, réduit avec $+68xy^4$, donne pour reste $+20xy^4$. Enfin, $-8x^2\times-8y^3$ donne $+$, et pour la soustraction, $-64x^2y^3$ qui, réduit avec $+25x^2y^3$, donne $-39x^2y^3$. Le résultat de la première opération est donc $+20xy^4-39x^2y^3$ suivi des autres termes du dividende qui n'ont pas été réduits avec les produits partiels déjà obtenus.

On opère sur le nouveau dividende comme on a opéré sur le dividende primitif; et ainsi de suite.

Troisième exemple.

Soit à diviser $95a-73a^2+56a^4-25-59a^3$
par $-3a^2+5-11a+7a^3$.

$$\begin{array}{ll|l}
 & 56a^4-59a^3-73a^2+95a-25 & 7a^3-3a^2-11a+5 \\
\text{1}^{\text{er}}\text{ reste...} & -35a^3+15a^2+55a-25 & 8a-5 \\
\text{2}^{\text{e}}\text{ reste...} & 0 &
\end{array}$$

29. Il peut arriver que l'un des polynomes proposés, ou tous les deux, renferment plusieurs termes affectés d'une même puissance de la lettre par rapport à laquelle on veut ordonner.

Comment doit-on, dans ce cas, disposer les polynomes et effectuer la division?

Soit à diviser

$$11a^2b - 19abc + 10a^3 - 15a^2c + 3ab^2 + 15bc^2 - 5b^2c$$

par
$$5a^2 + 3ab - 5bc.$$

On remarque que les deux termes $11a^2b - 15a^2c$ peuvent être mis sous la forme

$$(11b - 15c)\,a^2, \quad \text{ou} \quad \left.\begin{matrix} 11b \\ -15c \end{matrix}\right| a^2,$$

en écrivant une seule fois la puissance a^2, et plaçant à gauche, dans une même colonne verticale, l'ensemble des quantités qui multiplient cette puissance; ce polynome multiplicateur s'appelle alors, par extension (n° 2), le coefficient de a^2.

[Cette seconde manière de réunir les termes affectés d'une même puissance est préférable à la première, sous deux rapports : 1°. parce que, s'il y a beaucoup de termes dans le dividende et le diviseur, on a de la peine à les faire tous tenir sur une même ligne horizontale; 2°. parce que, comme le coefficient de chaque puissance doit être lui-même *ordonné* par rapport à une seconde lettre, on est obligé, si le premier terme est soustractif, de faire éprouver aux termes une modification qui peut induire en erreur lorsqu'on emploie la première manière. Soit, par exemple, l'expression $-15b^2a^2 + 7bca^2 - 8c^2a^2$; la modification consiste à mettre cette expression sous la forme

$$-(15b^2 - 7bc + 8c^2)\,a^2 \ldots \quad (\text{n}^\circ\ 15);$$

au lieu que par la seconde, on l'écrit ainsi : $\left.\begin{matrix} -15b^2 \\ +7bc \\ -8c^2 \end{matrix}\right| a^2$; et de cette manière, on a l'avantage de conserver à chaque terme le signe dont il était d'abord affecté.]

Pareillement, $-19abc+3ab^2$ s'écrira $\left.\begin{array}{r} +\ \ 3b^2 \\ -\ 19bc \end{array}\right| a.$

Cela posé, voici comment on effectuera l'opération :

$$
\begin{array}{l|l|l|l}
 & 10a^3+11b & a^2+\ \ 3b^2 & a-5b^2c+15bc^2 \left.\right\} \ 5a^2+3ba-5bc \\
 & \quad\ -15c & \quad\ -19bc & \qquad\qquad\qquad\quad\ \ 2a+b-3c \\
\hline
1^{\text{er}}\ \text{reste.} & +\ 5b & a^2+\ \ 3b^2 & a-5b^2c+15bc^2 \\
 & -15c & \quad\ -\ 9bc & \\
\hline
2^{\text{e}}\ \text{reste}\ldots & & \quad\ \ 0 &
\end{array}
$$

Divisant d'abord $10a^3$ par $5a^2$, on a $2a$ pour quotient.

Retranchant le produit du diviseur par $2a$, on obtient un premier reste. Divisant la partie affectée de a^2 dans ce reste par $5a^2$, on a pour quotient $b-3c$. Multipliant successivement chaque partie du diviseur par $b-3c$, et retranchant chaque produit, on trouve pour résultat o. Donc $2a+b-3c$ est le quotient demandé.

Pour nous rendre compte d'une manière générale du cas précédent, qui est le plus compliqué de la division, désignons le dividende par $Aa^4+Ba^3+Ca^2+Da+E$, et le diviseur par $A'a^2+B'a+C'$.

[C'est un usage en Algèbre, lorsqu'il doit entrer dans une question un grand nombre de quantités, d'en désigner d'abord un certain nombre par des lettres différentes ; et, pour ne pas trop multiplier le nombre de lettres, de désigner les autres par les mêmes lettres accentuées. Les accens $'\ldots''\ldots'''$ se prononcent *prime, seconde, tierce.*]

Dans ces deux polynomes, chacun des coefficiens A, B, C, D, E, A′, B′, C′, désigne l'assemblage de plusieurs termes. Ainsi, Aa^4 représente toute la partie du dividende affectée de a^4, et ainsi des autres. Cela posé, puisque le plus haut exposant de a est 4 dans le dividende et 2 dans le diviseur, il doit aussi être égal à 2 dans le quotient, qui est alors de la forme $A''a^2 + B''a + C''$. Pour déterminer la partie de ce quotient affectée de la plus haute puissance, on remarque que le produit des deux parties $A'a^2$ et $A''a^2$, ne peut éprouver aucune réduction avec les autres produits du diviseur par le quotient, et par conséquent doit être égal à la partie Aa^4 du dividende, affectée de la plus haute puissance. Donc réciproquement, si l'on divise Aa^4 par $A'a^2$, on doit avoir la partie $A''a^2$ du quotient; cela revient à diviser A par A′, puisque a^4 divisé par a^2 donne a^2. Si A et A′ sont eux-mêmes des polynomes composés d'une ou plusieurs lettres, on agit sur eux ainsi qu'il a été dit précédemment, ce qui exige qu'on ordonne d'abord les deux polynomes par rapport à l'une des lettres qui y entrent. Voilà pourquoi nous avons dit plus haut qu'en écrivant les termes affectés d'une même puissance dans une colonne, il faut avoir soin de les ordonner par rapport à une seconde lettre; on les ordonnerait même par rapport à une troisième lettre, si plusieurs termes d'une colonne renfermaient un même exposant de la seconde lettre.

La partie $A''a^2$ étant obtenue, on multiplie chacune des parties du diviseur par $A''a^2$, et l'on retranche au fur et à mesure les produits partiels qu'on obtient, ce qui donne un premier reste sur lequel on opère comme sur le dividende proposé.

Voici deux nouveaux exemples du cas qui nous occupe. (On a eu soin d'y joindre les divisions partielles que nécessite l'opération principale.)

1°.. $12b^2$	$a^3 + 23b^3$	$a^2 + 10b^4$	a
$-29bc$	$-31b^2c$	$-6b^2c^2$	
$+15c^2$	$-9bc^2$		
	$+15c^3$		
	$+15b^3$	$a^2 + 10b^4$	a
	$-25b^2c$	$-6b^2c^2$	
	$-9bc^2$		
	$+15c^3$		
		0	

$3b$	$a + 2b^2$	
$-5c$		
$4b$	$a^2 + 5b^2$	a
$-3c$	$-3c^2$	

Première division partielle.

$$\begin{array}{r|l} 12b^2 - 29bc + 15c^2 & 3b - 5c \\ \hline -\ 9bc + 15c^2 & 4b - 3c \\ \hline 0 & \end{array}$$

Deuxième division partielle.

$$\begin{array}{r|l} 15b^3 - 25b^2c - 9bc^2 + 15c^3 & 3b - 5c \\ \hline -9bc^2 + 15c^3 & 5b^2 - 3c^2 \\ \hline 0 & \end{array}$$

2°...

$$\begin{array}{l|l} \left.\begin{array}{r} 6b \\ -10 \end{array}\right| a^4 \left.\begin{array}{r} -7b^2 \\ +23b \\ -20 \end{array}\right| a^3 \left.\begin{array}{r} -3b^3 \\ +22b^2 \\ -31b \\ +5 \end{array}\right| a^2 \left.\begin{array}{r} +4b^3 \\ -9b^2 \\ +5b \\ -5 \end{array}\right| a + b^2 - 2b & \left.\begin{array}{r} 3b \\ -5 \end{array}\right| a + b^2 - 2b \\ & \overline{2a^3 \left.\begin{array}{r} -3b \\ +4 \end{array}\right| a^2 \left.\begin{array}{r} +4b \\ -1 \end{array}\right| a + 1} \\ \quad \left.\begin{array}{r} -9b^2 \\ +27b \\ -20 \end{array}\right| a^3 & \\ \qquad \left.\begin{array}{r} +12b^2 \\ -23b \\ +5 \end{array}\right| a^2 & \\ \qquad\qquad \left.\begin{array}{r} +3b \\ -5 \end{array}\right| a + b^2 - 2b & \\ \qquad\qquad\qquad 0 & \end{array}$$

Première division partielle.

$$\begin{array}{r|l} 6b - 10 & 3b - 5 \\ \hline 0 & 2 \end{array}$$

Deuxième division partielle.

$$\begin{array}{r|l} -\ 9b^2 + 27b - 20 & 3b - 5 \\ \hline +\ 12b - 20 & -\ 3b + 4 \\ \hline 0 & \end{array}$$

Troisième division partielle.

$$\begin{array}{r|l} 12b^2 - 23b + 5 & 3b - 5 \\ \hline - 3b + 5 & 4b - 1 \\ \hline 0 & \end{array}$$

Quatrième division partielle.

$$\begin{array}{r|l} 3b - 5 & 3b - 5 \\ \hline & 1 \end{array}$$

30. Il existe un autre cas assez important dans la division algébrique : *c'est celui où le polynome dividende contient une ou plusieurs lettres que ne renferme pas le diviseur.* On pourrait ordonner les deux polynomes par rapport à l'une des lettres communes, et faire la division comme à l'ordinaire. Mais il y a un moyen beaucoup plus simple d'obtenir le quotient.

Supposons, par exemple, que le dividende contienne diverses puissances de la lettre a, et que cette lettre n'entre pas dans le diviseur (on dit alors que celui-ci est *indépendant* de a). En ordonnant le dividende par rapport à a, on peut le mettre sous la forme $Aa^4 + Ba^3 + Ca^2 + Da + E$, 4 étant supposé le plus haut exposant de a dans ce polynome ; A, B, C, D, E, sont des monomes ou polynomes qui ne renferment pas a. Soit d'ailleurs M le polynome diviseur, indépendant de a.

Cela posé, puisque le diviseur multiplié par le quotient doit reproduire le dividende, et que le diviseur M ne contient pas a, il est clair que le quotient doit être un polynome affecté des mêmes puissances de la lettre a, que celles qui se trouvent dans le dividende. Ainsi ce quotient est nécessairement de la forme $A'a^4 + B'a^3 + C'a^2 + D'a + E'$. Or, si l'on conçoit que ce quotient soit trouvé, et qu'on ait multiplié successivement le diviseur tout entier par chacune des parties $A'a^4$, $B'a^3$, $C'a^2 \ldots$, les produits seront $A'Ma^4$, $B'Ma^3$, $C'Ma^2 \ldots$; et comme ils ne peuvent éprouver entre eux aucune réduction puisque la lettre ordonnatrice y est affectée d'un exposant différent, ils doivent être respectivement égaux aux termes Aa^4, Ba^3, Ca^2...., du dividende.

Ainsi l'on a

$$\begin{array}{llll} A'M = A, & \text{d'où} & A' = A : M, \\ B'M = B, & \text{d'où} & B' = B : M, \\ C'M = C, & \text{d'où} & C' = C : M, \end{array}$$

et ainsi de suite; d'où l'on déduit cette proposition générale:

Pour qu'un polynome ordonné par rapport à une certaine lettre, soit exactement divisible par un polynome INDÉPENDANT *de cette lettre, il faut que chacun des coefficiens des diverses puissances du premier polynome soit exactement divisible par le second. Les coefficiens des diverses puissances de la lettre dans le quotient, ne sont autre chose que les quotiens successifs de la division des coefficiens du polynome dividende par le polynome diviseur.*

Soit à diviser le polynome

$$3a^2b^3 - 3abc^3 - 2b^3c^2 + b^5 - 3a^2bc^2 + 3ab^3c - a^2c^3 + bc^4 + a^2b^2c$$

par $b^2 - c^2$.

Le dividende ordonné par rapport à a, peut être mis sous la forme $(3b^3 + b^2c - 3bc^2 - c^3)a^2 + (3b^3c - 3bc^3)a + b^5 - 2b^3c^2 + bc^4$; effectuant les trois divisions partielles marquées par

$$\frac{3b^3 + b^2c - 3bc^2 - c^3}{b^2 - c^2},\quad \frac{3b^3c - 3bc^3}{b^2 - c^2},\quad \frac{b^5 - 2b^3c^2 + bc^4}{b^2 - c^2},$$

on trouve pour quotiens, $3b + c$, $3bc$, $b^3 - bc^2$; ainsi l'on a pour le quotient total, $(3b + c)a^2 + 3bca + b^3 - bc^2$.

Les deux derniers quotiens $3bc$ et $b^3 - bc^2$ peuvent s'obtenir plus aisément que par le procédé ordinaire si l'on observe, 1°. que $3b^3c - 3bc^3$ équivaut (n° 21) à $3bc(b^2 - c^2)$; 2°. que $b^5 - 2b^3c^2 + bc^4$ équivaut à $b(b^4 - 2b^2c^2 + c^4)$, ou $b(b^2 - c^2)^2$, (n° 19).

Nous observerons, à ce sujet, que, s'il existe des règles générales pour effectuer toutes les opérations, ces règles peuvent souvent être simplifiées ; et il ne faut jamais négliger d'employer ces simplifications lorsque l'occasion s'en présente. On ne s'en conforme que mieux à l'esprit du langage algébrique.

31. Parmi les différens exemples de division algébrique, il en est un remarquable par ses applications, et qui se rencontre si souvent dans la résolution des questions, que les algébristes en ont fait une espèce de *théorème*. On a vu (nos 5 et 19) que $(a+b)(a-b)$ donne pour produit a^2-b^2; donc, réciproquement a^2-b^2 divisé par $a-b$, donne $a+b$ pour quotient.

En divisant également a^3-b^3 par $a-b$, on trouve un quotient exact et égal à a^2+ab+b^2.

De même, a^4-b^4 divisé par $a-b$, donne pour quotient $a^3+a^2b+ab^2+b^3$.

Ce sont des résultats qu'on peut obtenir en suivant le procédé ordinaire de la division ; et l'analogie porte à conclure que, quelque grand que soit l'exposant qui affecte les deux lettres a et b, la division se fait encore exactement ; mais l'analogie n'est pas une certitude rigoureuse. Pour acquérir cette certitude, désignons par m l'exposant, et essayons la division de a^m-b^m par $a-b$.

$$\begin{array}{lr|l} & a^m-b^m & a-b \\ \hline 1^{\text{er}} \text{ reste}\ldots\ldots & +a^{m-1}b-b^m & a^{m-1}, \\ \text{ou bien,} & b(a^{m-1}-b^{m-1}). & \end{array}$$

Divisant d'abord a^m par a, on a pour quotient a^{m-1}, d'après la règle des exposans (n° 22). Le produit de $a-b$ par a^{m-1} étant soustrait du dividende, on a pour premier reste... $a^{m-1}b-b^m$, expression qu'on peut mettre sous la forme... $b(a^{m-1}-b^{m-1})$. D'où l'on voit que, si l'on suppose $a^{m-1}-b^{m-1}$ divisible exactement par $a-b$, il en est de même de a^m-b^m ; ce qui veut dire que, si la différence des puissances semblables *d'un certain degré* de deux quantités, est divisible exactement par la différence de ces mêmes quantités, la différence des puissances d'un degré plus grand d'une unité est aussi divisible. Or,

$\frac{a^2-b^2}{a-b}$ donne un quotient exact et égal à $a+b$; donc $\frac{a^3-b^3}{a-b}$ donne un quotient exact et égal à $a^2+b\,\frac{(a^2-b^2)}{a-b}$,

ou $\quad a^2+b\,(a+b)$, ou bien encore, a^2+ab+b^2.

Pareillement, $\frac{(a^4-b^4)}{a-b}$ donne un quotient exact et égal à $a^3+b\,\frac{(a^3-b^3)}{a-b}$, ou $a^3+b\,(a^2+ab+b^2)$, ou $a^3+a^2b+ab^2+b^3$;

et en général, $\frac{a^m-b^m}{a-b}$ donne un quotient exact et égal à $a^{m-1}+a^{m-2}b+a^{m-3}b^2+\ldots\ldots+ab^{m-2}+b^{m-1}$.

L'exactitude de cette proposition se vérifie *à posteriori*, en effectuant la multiplication

$$(a^{m-1}+a^{m-2}b+a^{m-3}b^2+\ldots\ldots+ab^{m-2}+b^{m-1})\,(a-b).$$

On reconnaît que les produits partiels a^m et $-b^m$ sont les seuls qui ne se détruisent pas dans la réduction. Par exemple, en multipliant $a^{m-2}b$ par a, on trouve pour produit $a^{m-1}b$; mais si l'on multiplie a^{m-1} par $-b$, il vient pour produit $-a^{m-1}b$, terme qui détruit le précédent. Il en est de même des autres termes.

Nous engageons les commençans à réfléchir sur le moyen de démonstration précédent, qui est assez souvent employé en Algèbre.

32. Nous avons établi (nº 25, 26) les caractères principaux auxquels on reconnaît qu'une division de quantités monomes ou polynomes n'est pas exacte ; ce qui veut dire qu'il n'existe pas de troisième quantité algébrique entière qui, multipliée par la seconde, reproduise la première.

Nous ajouterons, quant aux polynomes, que souvent on reconnaît, à leur inspection seule, qu'ils ne peuvent être divisibles l'un par l'autre. Lorsque ces polynomes renferment deux ou plusieurs lettres, il faut, avant d'ordonner par rapport à l'une d'elles en particulier, jeter un coup d'œil sur les deux termes du dividende et du diviseur, affectés respectivement du plus haut exposant de chacune des lettres. Si, pour une de ces lettres, les termes du plus haut exposant ne sont pas divisibles l'un par l'autre, on peut conclure que la division totale est impossible. Cette remarque doit se répéter dans chacune des opérations que comporte le procédé.

Soit, par exemple, $12a^3 - 5a^2b + 7ab^2 - 11b^3$ à diviser par $4a^2 - 8ab + 3b^2$. Si l'on a égard à la lettre a, la division paraît possible; mais eu égard à la lettre b, la division est impossible, puisque $-11b^3$ n'est pas divisible par $3b^2$.

Nous terminerons par les considérations suivantes :

1°. — Un polynome ne peut jamais être divisible par un autre polynome renfermant une lettre qui ne se trouve pas dans le dividende; car il est impossible qu'une troisième quantité, multipliée par une seconde dépendant d'une lettre, donne un produit indépendant de cette lettre.

2°. — Un monome n'est jamais divisible par un polynome, parce que (n° 18) tout polynome multiplié par un autre, donne au produit au moins deux termes qui ne se réduisent pas.

3°. — Un polynome ne peut être divisible par un monome, qu'autant que celui-ci divise exactement chacun des termes du dividende ; et le quotient s'obtient en mettant en évidence le facteur commun à tous les termes.

§ II. *Des fractions algébriques ou littérales.*

Du plus grand commun diviseur.

33. Les fractions algébriques doivent offrir à l'esprit la même acception que les fractions arithmétiques, telles que $\frac{3}{4}, \frac{11}{12} \ldots$; c'est-à-dire qu'il faut concevoir qu'on ait divisé l'unité en autant de parties égales qu'il y a d'unités dans le dénominateur (le dénominateur pouvant d'ailleurs être un monome ou un polynome), et qu'on prenne une de ces parties autant de fois qu'il y a d'unités dans le numérateur. Dès lors, l'addition, la soustraction, la multiplication et la division doivent s'effectuer suivant les règles établies en Arithmétique pour le calcul des fractions. Toutefois, on doit se conformer, dans les applications de ces règles, aux procédés indiqués précédemment pour le calcul des quantités algébriques entières, monomes ou polynomes. Ainsi, il serait superflu de s'y arrêter; nous aurons, par la suite, assez d'occasions de nous familiariser avec ces règles.

La réduction des fractions algébriques à leur plus simple expression mérite néanmoins quelques développemens particuliers.

Lorsqu'une division de quantités monomes ne peut s'effectuer exactement, on l'indique à l'aide du signe connu; et dans ce cas, le quotient se présente sous la forme d'une fraction que nous avons déjà appris à simplifier (n° 25). Quant aux expressions fractionnaires polynomes, voici quelques cas dans lesquels il est aisé de les réduire :

Soit, pour premier exemple, l'expression $\frac{a^2 - b^2}{a^2 - 2ab + b^2}$.

On remarque que cette fraction peut (n° 19) être mise sous la forme $\frac{(a+b)(a-b)}{(a-b)^2}$; supprimant le facteur $a-b$ commun aux deux termes, on obtient pour résultat.... $\frac{a+b}{a-b}$.

Soit encore l'expression $\frac{5a^3 - 10a^2b + 5ab^2}{8a^3 - 8a^2b}$.

Cette expression se décompose ainsi :

$$\frac{5a(a^2 - 2ab + b^2)}{8a^2(a-b)}, \text{ ou bien, } \frac{5a(a-b)^2}{8a^2(a-b)};$$

supprimant le facteur commun $a(a-b)$, on trouve pour résultat.... $\frac{5(a-b)}{8a}$.

Les cas particuliers que nous venons d'examiner sont ceux

où les deux termes de la fraction sont décomposables dans le produit de la somme par la différence de deux quantités, dans le carré de la somme ou de la différence de deux quantités ; et l'habitude du calcul apprend à opérer ces décompositions lorsqu'elles sont possibles.

Mais les deux termes de la fraction peuvent être des polynomes plus compliqués ; et alors leur décomposition en facteurs n'étant plus aussi facile, on doit avoir recours au procédé *du plus grand commun diviseur.*

Cette théorie, intimement liée à celle des équations, ne laisse pas que de présenter quelques difficultés. Aussi notre intention est-elle de n'en donner ici qu'une partie, sauf à y revenir plus loin, et lorsque nous aurons acquis les matériaux nécessaires pour l'établir d'une manière complète.

Théorie élémentaire du plus grand commun Diviseur algébrique.

34. *Le plus grand commun diviseur de deux polynomes est le polynome le plus grand par rapport aux exposans et aux coefficiens, qui divise exactement les deux polynomes proposés.*

La propriété caractéristique du plus grand commun diviseur est que, si l'on divise les deux polynomes proposés par leur plus grand commun diviseur, les quotiens qui en résultent sont *premiers entre eux*, c'est-à-dire ne renferment plus aucun facteur commun.

Cette proposition est évidente ; car soient A et B les polynomes donnés, D leur plus grand commun diviseur, A' et B' les quotiens ; on a nécessairement

$$A = A' \times D \quad \text{et} \quad B = B' \times D.$$

Or, si A' et B' avaient encore un facteur commun d, il s'ensuivrait que $d \times D$ serait un diviseur commun aux deux polynomes et plus grand que D, soit par rapport aux exposans, soit par rapport aux coefficiens ; ce qui serait contre la définition de D.

35. On a vu en Arithmétique, 1°. — *Que le plus grand commun diviseur de deux nombres entiers contient comme facteurs tous les diviseurs particuliers communs aux deux nombres, et ne peut pas renfermer d'autres facteurs ;*

2°. — *Que le plus grand commun diviseur de deux nombres entiers est le même que celui qui existe entre le plus petit nombre et le reste de leur division.*

La théorie du plus grand commun diviseur algébrique repose également sur ces deux principes, pour la démonstration desquels nous renvoyons au septième chapitre.

Ceci admis, supposons d'abord qu'il s'agisse de trouver le plus grand commun diviseur entre les deux polynomes

$$a^3 - a^2b + 3ab^2 - 3b^3 \quad \text{et} \quad a^2 - 5ab + 4b^2.$$

Première opération.

$$\begin{array}{r|l} a^3 - a^2b + 3ab^2 - 3b^3 & a^2 - 5ab + 4b^2 \\ \hline + 4a^2b - ab^2 - 3b^3 & a + 4b \ldots\ldots \\ \hline + 19ab^2 - 19b^3 & \end{array}$$

ou bien, $+ 19b^2(a - b)$.

Deuxième opération.

$$\begin{array}{r|l} a^2 - 5ab + 4b^2 & a - b \\ \hline - 4ab + 4b^2 & a - 4b \\ \hline 0 & \end{array}$$

ce qui donne $a - b$ pour le plus grand commun diviseur.

Commençons par diviser le polynome du plus haut degré par le polynome du plus faible degré ; le quotient est, comme on le voit dans le tableau ci-dessus, $a + 4b$; et l'on obtient pour reste.... $19ab^2 - 19b^3$.

Il résulte du second principe, que le plus grand commun

diviseur cherché est le même que celui qui existe entre ce reste et le polynome qui a servi de diviseur.

Mais $19ab^2-19b^3$ pouvant être mis sous la forme $19b^2(a-b)$, on voit que le facteur $19b^2$ divise ce reste sans diviser... $a^2-5ab+4b^2$; donc, en vertu du premier principe, ce facteur ne peut entrer dans le plus grand commun diviseur; ce qui veut dire que le plus grand commun diviseur entre les quantités $a^2-5ab+4b^2$, $19b^2(a-b)$, et par conséquent entre les deux quantités proposées, est le même que celui qui existe entre $a^2-5ab+4b^2$ et $a-b$. Ainsi l'on peut, sans inconvénient, supprimer ce facteur; et la question est ramenée à chercher le plus grand commun diviseur entre $a^2-5ab+b^2$ et $a-b$.

Divisant maintenant le premier de ces deux polynomes par le second, on a pour quotient exact, $a-4b$; donc $a-b$ est leur plus grand commun diviseur, et par conséquent, c'est aussi le plus grand commun diviseur des deux polynomes proposés.

Reprenons le même exemple, en ordonnant les deux polynomes par rapport à b.

$$-3b^3+3ab^2-a^2b+a^3 \quad \text{et} \quad 4b^2-5ab+a^2.$$

Première opération.

$$\begin{array}{rl}
-12b^3+12ab^2-4a^2b+4a^3 & \Big| \; 4b^2-5ab+a^2 \\
-3ab^2-a^2b+4a^3 & \Big| \; -3b \;,\; -3a \\
-12ab^2-4a^2b+16a^3 & \\
\hline
-19a^2b+19a^3 & \\
\text{ou bien,}\quad +19a^2(-b+a). &
\end{array}$$

Deuxième opération.

$$\begin{array}{rl}
4b^2-5ab+a^2 & \Big| \; -b+a \\
-ab+a^2 & \Big| \; -4b+a \\
\hline
0. &
\end{array}$$

ce qui donne $-b+a$ ou $a-b$ pour le plus grand commun diviseur.

Au premier abord, on est embarrassé pour faire la division des deux polynomes, parce que le premier terme $-3b^3$ du dividende n'est pas divisible par le premier terme $4b^2$ du diviseur. Mais si l'on observe que le coefficient 4 de celui-ci n'est pas facteur de tous les termes de $4b^2-5ab+a^2$, et qu'ainsi, en vertu du premier principe, 4 ne saurait faire partie du plus grand commun diviseur, on peut, sans aucun inconvénient, introduire ce facteur dans le dividende, ce qui donne $-12b^3+12ab^2-4a^2b+4a^3$; et alors la division des deux premiers termes devient possible.

Effectuant cette division, on trouve pour quotient $-3b$, et pour reste, $-3ab^2-a^2b+4a^3$.

Comme, dans ce reste, l'exposant de b est encore égal à celui du diviseur, rien n'empêche de continuer la division, en multipliant de nouveau ce reste par 4, afin de rendre possible la division des deux premiers termes.

Cette préparation faite, il vient $-12ab^2-4a^2b+16a^3$ qui, divisé par $4b^2-5ab+a^2$, donne pour quotient $-3a$ (qu'on séparera du premier par une virgule, comme n'ayant aucune liaison avec lui), et pour reste, $-19a^2b+19a^3$.

Ce dernier reste pouvant se mettre sous la forme...... $19a^2(-b+a)$, on supprime le facteur $19a^2$, comme ne faisant pas partie du plus grand commun diviseur; et la question est ramenée à chercher le plus grand commun diviseur entre $5b^2-5ab+a^2$ et $-b+a$.

Divisant ces deux polynomes l'un par l'autre, on trouve pour quotient exact, $-4b+a$; donc $-b+a$ ou $a-b$ est le plus grand commun diviseur cherché.

36. Dans ce même exemple, comme dans tous ceux où l'exposant de la lettre principale est plus grand d'une unité dans le dividende que dans le diviseur, on peut abréger l'opération en multipliant tout de suite le dividende par le carré du coefficient du premier terme du diviseur. On conçoit en effet

que, par ce moyen, le premier quotient partiel qu'on obtient doit renfermer ce coefficient à la première puissance. Multipliant le diviseur par le quotient, et faisant la réduction avec le dividende ainsi préparé, on a un résultat qui doit encore contenir le coefficient comme facteur; et la division pouvant se continuer, donne un reste de plus faible degré que le diviseur, par rapport à la lettre principale.

Voici le tableau des opérations :

Première opération.

Multiplication par 16, ou par le carré de 4.

$$\begin{array}{r|l} -48b^3+48ab^2-16a^2b+16a^3 & 4b^2-5ab+a^2 \\ \hline -12ab^2-4a^2b+16a^3 & -12b-3a \\ \hline \text{1}^{\text{er}}\text{ reste.... } -19a^2b+19a^3 & \\ \text{ou bien, } 19a^2(-b+a). & \end{array}$$

Deuxième opération.

$$\begin{array}{r|l} 4b^2-5ab+a^2 & -b+a \\ \hline -ab+a^2 & -4b+a \\ \hline 0 & \end{array}$$

N. B. Si l'exposant de la lettre principale dans le dividende surpassait de deux, de trois unités...., l'exposant de la même lettre dans le diviseur, il faudrait multiplier le dividende par la troisième ou la quatrième puissance du coefficient du premier terme du diviseur : cela est aisé à concevoir.

37. Soient, pour second exemple,

$$15a^5+10a^4b+4a^3b^2+6a^2b^3-3ab^4$$

et

$$12a^3b^2+38a^2b^3+16ab^4-10b^5.$$

Avant de procéder à la division de ces deux polynomes, commençons par observer que le premier contient a comme facteur commun dans tous ses termes; et puisque ce facteur n'entre pas dans le second polynome, on peut le supprimer, comme ne faisant pas partie du commun diviseur.

Par la même raison, le facteur $2b^2$, étant commun à tous les termes du second polynome et n'entrant pas dans le premier, peut être supprimé. Ainsi la question est ramenée à rechercher le plus grand commun diviseur entre les polynomes

$$15a^4+10a^3b+4a^2b^2+6ab^3-3b^4$$

et

$$6a^3+19a^2b+8ab^2-5b^3.$$

Première opération.

$$\begin{array}{rrrrr|l}
30a^4+ & 20a^3b+ & 8a^2b^2+ & 12ab^3- & 6b^4 & 6a^3+19a^2b+8ab^2-5b^3 \\ \hline
 & -75a^3b- & 32a^2b^2+ & 37ab^3- & 6b^4 & 5a, \quad -25b \\
 & -150a^3b- & 64a^2b^2+ & 74ab^3- & 12b^4 & \\ \hline
 & & +411a^2b^2+ & 274ab^3- & 137b^4 &
\end{array}$$

ou bien $137b^2(3a^2+2ab-b^2)$.

Deuxième opération.

$$\begin{array}{rrrr|l}
6a^3+ & 19a^2b+ & 8ab^2- & 5b^3 & 3a^2+2ab-b^2 \\ \hline
 & +15a^2b+ & 10ab^2- & 5b^3 & 2a+5b \\ \hline
 & & 0 & &
\end{array}$$

Donc $3a^2+2ab-b^2$ est le plus grand commun diviseur.

En suivant la même méthode que dans l'exemple précédent, il faudrait multiplier tout le dividende par le coefficient 6 du premier terme du diviseur, ou plutôt par le carré de 6; mais comme 16 et 6 ont un facteur commun 3, il suffit évidemment de multiplier tout le dividende par 2, facteur de 6, qui n'entre pas dans 15.

Cette préparation faite, on effectue la division, ce qui donne d'abord un reste dont le 1er terme est $-75a^3b$. Comme 75 contient encore le facteur 3 qui entre dans 6, il suffit de multiplier ce reste par 2 pour continuer la division qui, étant effectuée, donne pour 1er *reste principal*, $411a^2b^2+274ab^3-137b^4$.

Or, il est facile de reconnaître que, dans ce reste, il existe un facteur commun $137b^2$; mais puisque ce facteur n'entre pas dans le second polynome, on peut le supprimer, comme ne faisant pas partie du commun diviseur; et la question est ramenée à rechercher le plus grand commun diviseur entre les polynomes

$$6a^3+19a^2b+8ab^2-5b^3$$

et

$$3a^2+2ab-b^2.$$

Effectuant la division de ces deux polynomes, on trouve pour quotient exact, $2a+5b$; ainsi le reste $3a^2+2ab-b^2$ est le plus grand commun diviseur cherché.

38. *Remarque.* On pourrait demander si les suppressions qu'on opère dans le cours du calcul, de facteurs communs à tous les termes de l'un des restes, n'ont pour objet que de simplifier les calculs, ou bien si ce sont des *opérations indispensables*. Or, on peut aisément reconnaître que ces suppressions sont nécessaires; car si, dans l'exemple précédent, on ne supprimait pas le facteur $137b^2$, il faudrait, pour rendre possible la division du premier terme du nouveau dividende par le premier terme du diviseur, multiplier tout le dividende par $137b^2$; mais alors on introduirait dans le dividende un facteur qui se trouverait aussi dans le diviseur; d'où il résulterait que le plus grand commun diviseur cherché se compliquerait du facteur $137b^2$ qui ne devait pas d'abord en faire partie.

L'exemple suivant est propre à confirmer ce qui vient d'être dit.

39. Soit à trouver le plus grand commun diviseur entre les deux polynomes

$$ab+2a^2-3b^2-4bc-ac-c^2$$

et

$$9ac+2a^2-5ab+4c^2+8bc-12b^2.$$

Première opération.

$$\left.\begin{array}{r|l} 2a^2 + b & a - 3b^2 \\ - c & \quad - 4bc \\ & \quad - c^2 \end{array}\right\} \begin{array}{r|l} 2a^2 - 5b & a - 12b^2 \\ + 9c & \quad + 8bc \\ & \quad + 4c^2 \\ \hline \multicolumn{2}{l}{1} \end{array}$$

$$\begin{array}{r|l} 6b & a + 9b^2 \\ - 10c & \quad - 12bc \\ & \quad - 5c^2 ; \end{array}$$

ou bien, $(3b - 5c)(2a + 3b + c)$.

Deuxième opération.

$$\begin{array}{r|l} 2a^2 - 5b & a - 12b^2 \\ + 9c & \quad + 8bc \\ & \quad + 4c^2 \\ \hline - 8b & a - 12b^2 \\ + 8c & \quad + 8bc \\ & \quad + 4c^2 \\ \hline & 0 \end{array} \left\{ \begin{array}{l} 2a + 3b + c \\ \hline a - 4b \\ \quad + 4c \end{array}\right.$$

Donc $2a + 3b + c$ est le plus grand commun diviseur.

Après avoir ordonné les deux polynomes, on peut, sans aucune préparation, effectuer leur division, ce qui donne pour premier reste

$$\begin{array}{r|l} 6b & a + 9b^2 \\ - 10c & \quad - 12b^2 \\ & \quad - 5c^2. \end{array}$$

Pour continuer l'opération, il faudrait, en prenant le second polynome pour dividende et ce reste pour diviseur, multiplier le nouveau dividende par $6b - 10c$, ou simplement, par $3b - 5c$, parce que le facteur 2 entre déjà dans le 1er terme du dividende; mais avant d'effectuer cette multiplication, voyons si ce facteur $3b - 5c$ ne diviserait pas le second terme du reste, savoir, $9b^2 - 12bc - 5c^2$. Or, cette division réussit et donne pour quotient exact, $3b + c$; d'où il suit que le reste peut se mettre sous la forme.... $(3b - 5c)(2a + 3b + c)$.

Comme le facteur $3b - 5c$ se trouve dans ce reste, et n'entre pas dans le nouveau dividende [puisque ce facteur étant indépendant de la lettre a, devrait (nº 30) exister entre les coefficiens des diverses puissances de cette lettre, ce qui n'est pas], on peut, sans aucun inconvénient, le supprimer.

Cette suppression est d'ailleurs indispensable, parce qu'autrement on devrait introduire ce facteur dans le dividende; et alors, les deux polynomes contenant un facteur commun qu'ils n'avaient pas auparavant, le plus grand commun diviseur serait changé; il se compliquerait du facteur $3b - 5c$ qui ne devait pas en faire partie.

La suppression faite, on effectue la nouvelle division, ce qui donne un quotient exact; donc $2a + 3b + c$ est le plus grand commun diviseur.

40. Nous proposerons, pour dernier exemple, de trouver le plus grand commun diviseur entre le polynome

$$a^4 + 3a^3b + 4a^2b^2 - 6ab^3 + 2b^4$$

et le polynome $\quad 4a^2b + 2ab^2 - 2b^3$.

ou simplement, $2a^2 + ab - b^2$, puisque le facteur $2b$ peut être supprimé dans le second.

Première opération.

$$
\begin{array}{r|l}
8a^4+24a^3b+32a^2b^2-48ab^3+16b^4 & 2a^2+ab-b^2 \\ \hline
+20a^3b+36a^2b^2-48ab^3+16b^4 & 4a^2+10ab+13b^2 \\ \hline
+26a^2b^2-38ab^3+16b^4 & \\ \hline
-51ab^3+29b^4, &
\end{array}
$$

ou bien $\qquad -b^3(51a-29b).$

Deuxième opération.

Multiplication par 2601, carré de 51.

$$
\begin{array}{r|l}
5202a^2+2601ab-2601b^2 & 51a-29b \\ \hline
-5202a^2+2958ab & 102a+109b \\ \hline
+5559ab-2601b^2 & \\
-5559ab-3161b^2 & \\ \hline
+560b^2. &
\end{array}
$$

2e reste $\quad +560b^2.$

L'exposant de la lettre a dans le dividende, surpassant de *deux* unités celui de la même lettre dans le diviseur, on multiplie tout le dividende par le cube de 2, c'est-à-dire par 8. Cette préparation faite, on effectue trois divisions consécutives, et l'on obtient pour premier reste principal, $-51ab^3+29b^4$. Supprimant le facteur b^3 dans ce reste, on a pour nouveau diviseur, $-51a+29b$, ou changeant les signes, ce qui est permis, $51a-29b$; le nouveau dividende est d'ailleurs $2a^2+ab-b^2$.

Multipliant ce dividende par le carré de 51, ou par 2601, puis effectuant la division, on obtient pour 2e reste principal, $+560b^2$; ce qui démontre que les deux polynomes proposés sont *premiers entre eux*, c'est-à-dire n'ont aucun facteur commun. En effet, il résulte du second principe (n° 38), que le plus grand commun diviseur doit se trouver comme facteur dans le reste de chaque opération; ainsi il devrait diviser le reste $560b^2$; mais ce reste est indépendant de la lettre principale a; donc, si les deux polynomes pouvaient avoir un commun diviseur, il devrait être *indépendant* de a, et par conséquent (n° 30) se trouver comme facteur dans les coefficiens des diverses puissances de cette lettre, que renferme chacun des deux polynomes proposés, ce qui n'a évidemment pas lieu.

Ces exemples suffisent pour mettre les commençans au fait de la marche qu'il faut suivre pour trouver le plus grand commun diviseur des deux polynomes.

41. Règle générale. — *On commence par supprimer dans les deux polynomes les facteurs monomes communs à tous les termes de chacun d'eux.* (Il peut arriver que le facteur monome qui se trouve dans le dividende, et celui que renferme le diviseur, aient eux-mêmes un diviseur commun; dans ce cas on le met à part comme devant faire partie du commun diviseur cherché.) *Cette suppression faite, on prépare le dividende de manière à rendre possible la division de son premier terme par celui du diviseur* (voyez nos 35 et 36); *puis on effectue la division, ce qui donne un certain reste de degré moindre que le diviseur, et dans lequel on supprime les facteurs monomes ou polynomes que peuvent renfermer les coefficiens des diverses puissances de la lettre principale. On prend ensuite ce reste pour diviseur, le second polynome pour dividende, et l'on opère sur les deux polynomes comme sur les précédens. On continue cette série d'opérations jusqu'à ce qu'on obtienne un reste qui divise exactement le reste précédent, auquel cas le reste diviseur est le plus grand commun diviseur;* ou bien, *jusqu'à ce qu'on obtienne un reste* INDÉPENDANT *de la lettre principale*, ce qui indique (n° 40) que les deux polynomes proposés sont PREMIERS ENTRE EUX, à moins qu'ils n'aient un facteur commun indépendant de la lettre, lequel facteur n'aurait pas été découvert dès le commencement de l'opération.

N. B. — Il existe des cas où ce procédé n'est pas suffisant; mais nous y reviendrons par la suite.

Voici de nouveaux exemples auxquels on peut appliquer le procédé tel que nous venons de l'indiquer :

1°. $qnp^3 + 3np^2q^2 - 2npq^3 - 2nq^4,$
et $2mp^2q^2 - 4mp^4 - mp^3q + 3mpq^3.$

Le p. g. c. d. est $p - q$.

2°. $36a^6 - 18a^5 - 27a^4 + 9a^3,$
et $27a^5b^2 - 18a^4b^2 - 9a^3b^2.$

Le p. g. c. d. est $9a^3(a - 1)$.

La théorie des quatre premières opérations de l'Algèbre et celle du plus grand commun diviseur suffisent pour la résolution d'un très grand nombre de questions. Nous nous réservons d'établir plus loin de nouvelles règles, à mesure que nous en sentirons la nécessité; et nous allons passer de suite à la résolution des problèmes du premier degré.

CHAPITRE II.

Des Problèmes du premier degré.

Notions préliminaires sur les équations.

42. On ne considère ordinairement en Algèbre que les problèmes dont les énoncés, traduits algébriquement, donnent lieu à des *équations*. En réfléchissant sur la résolution du problème (n° 3), on peut voir que cette résolution se compose de deux parties distinctes:—Dans la première, on écrit algébriquement les relations que l'énoncé de la question établit entre les quantités connues et les quantités inconnues. On parvient ainsi à l'expression de deux quantités égales, que l'on appelle *équation*. Telle est (n°. 3) l'expression $2x+b=a$. — Dans la seconde partie, on déduit de l'équation du problème une suite d'autres équations, dont la dernière donne enfin la valeur de l'inconnue au moyen des quantités connues : tel est le résultat $x=\frac{a-b}{2}$ auquel on est parvenu. C'est ce qu'on appelle *résoudre l'équation*.

Comme les règles à suivre pour mettre un problème en équation sont un peu vagues, nous commencerons par nous occuper de la seconde partie, qui est soumise à des règles fixes et invariables.

D'après la définition d'une *équation*, toute équation se compose de deux parties séparées l'une de l'autre par le signe $=$. La partie à gauche se nomme *le premier membre*, et la partie à droite, *le second membre*.

On considère plusieurs espèces d'égalités :

1°. — L'égalité qui existe entre des nombres connus et donnés *à priori*, mais représentés par des lettres : telles sont les égalités $a-b=c-d$, $\frac{a}{b}=\frac{c}{d}$, qui se vérifieraient immédiatement si l'on mettait à la place de a, b, c, d, les nombres particuliers pour lesquels on suppose que ces égalités existent. Elles conservent le nom d'*égalités*.

2°. — L'égalité évidente d'elle-même, celle qui se vérifie dans son état actuel ; telles sont les égalités

$$25=12+13,\quad 3a-5b=a-b+2a-4b.$$

On les appelle *identités* ou *égalités vérifiées*.

3°. — Enfin, l'égalité qui ne se vérifie qu'après qu'on y a substitué à la place d'une ou de quelques-unes des lettres désignant des inconnues, certains nombres dont les valeurs dépendent des nombres connus et donnés qui entrent déjà dans l'égalité.

Pour la distinguer des autres égalités, on la nomme ÉQUATION, et c'est celle dont nous avons à nous occuper.

Il est encore une autre espèce d'égalité dont nous parlerons plus loin, c'est l'*équation identique*.

On partage les équations à une seule inconnue en différentes classes : celles où l'inconnue n'entre qu'à la première puissance sont dites du *premier degré*; telles sont les équations $3x+5=17-5x$, $ax+b=cx+d$.

L'équation $2x^2-3x=5-2x^2$ est dite du 2e degré.

L'équation $4x^3-9x^2+x=2x^2+11$, est dite du 3e degré. En général, le *degré* d'une équation est le plus grand des exposans dont l'inconnue est affectée dans l'équation.

On distingue aussi les équations *en équations numériques* et en *équations littérales*. Les premières sont celles qui ne renferment que des nombres particuliers, à l'exception de l'inconnue, qui est toujours désignée par une lettre. Ainsi $4x-3=2x+5$, $3x^2-x=8$, sont des équations numériques. Elles sont la traduction algébrique de problèmes dont les données sont des nombres particuliers.

Les équations $ax+b=cx+d$, $ax^2+bx=c$, sont des équations littérales. Les données du problème sont représentées par des lettres. Il est d'usage, pour distinguer dans une équation les quantités connues des inconnues, de désigner celles-ci par les dernières lettres de l'alphabet, x, y, z, etc.

Ces notions établies, voyons comment une équation du premier degré à une seule inconnue étant donnée, on peut parvenir à la *résoudre*, c'est-à-dire à *trouver pour l'inconnue un nombre qui, substitué à la place de cette inconnue dans l'équation, y satisfasse, ou bien, rende le premier membre identiquement égal au second.*

§ Ier. — *Équations du premier degré à une seule inconnue.*

43. On doit regarder comme un *principe* commun à toutes les équations, qu'on peut, sans troubler une équation,

1°. — *ajouter* à ses deux membres, ou en *retrancher* un même nombre ; 2°. — *multiplier* ou *diviser* ses deux membres par un même nombre ; ce qui veut dire que, s'il y a d'abord égalité entre les deux membres, il y aura encore égalité après les opérations dont on vient de parler.

Cela posé, voici deux transformations d'un usage continuel dans la résolution des équations :

Première transformation. — Lorsque les deux membres d'une équation sont des polynomes entiers, il est souvent nécessaire de transposer certains termes d'un membre dans un autre.

Soit l'équation $5x - 6 = 8 + 2x$. Pour dégager x de cette équation, il faut tâcher de l'avoir seule dans le premier membre. Or, si l'on retranche, en premier lieu, $2x$ des deux membres, l'égalité n'est pas troublée (d'après le principe précédent), et l'on a $5x - 6 - 2x = 8$. D'où l'on voit que le terme $2x$, qui était additif dans le second membre, devient soustractif dans le premier.

En second lieu, si l'on ajoute 6 aux deux membres, l'égalité n'est pas troublée, et l'on a

$$5x - 6 - 2x + 6 = 8 + 6,$$

ou, comme les deux termes -6, $+6$, se détruisent,

$$5x - 2x = 8 + 6.$$

Donc le terme qui était soustractif dans le premier membre, passe dans le second membre avec le signe de l'addition.

Soit encore l'équation $ax + b = d - cx$. Si l'on ajoute aux deux membres cx, et qu'on en retranche b, il vient

$$ax + b + cx - b = d - cx + cx - b,$$

ou réduisant, $\quad ax + cx = d - b.$

Donc, en général, *lorsqu'on fait passer un terme d'un membre dans un autre, il faut changer son signe.*

44. *Deuxième transformation.*—Souvent encore, les termes d'une équation sont fractionnaires, et il faut la ramener à une autre qui n'ait que des termes entiers. Soit l'équation

$$\frac{2x}{3}-\frac{3}{4}=11+\frac{x}{5}.$$

Réduisons d'abord toutes les fractions à un même dénominateur, d'après le procédé connu ; il vient $\frac{40x}{60}-\frac{45}{60}=11+\frac{12x}{60}$; et, puisqu'on peut (n° 43) multiplier les deux membres par un même nombre, multiplions-les par 60, ce qui revient évidemment à supprimer le dénominateur 60 dans les termes fractionnaires, et à multiplier chaque terme entier par 60 ; on obtient

$$40x - 45 = 660 + 12x.$$

Remarquons, pour la pratique de cette opération, qu'on peut passer immédiatement de l'équation proposée à celle qu'on vient d'obtenir, en se dispensant d'écrire le dénominateur commun, et ayant soin toutefois de multiplier chacun des termes entiers par ce dénominateur.

Soit, pour second exemple, l'équation

$$\frac{5x}{12}-\frac{4x}{3}-13=\frac{7}{8}-\frac{13x}{6}.$$

Les dénominateurs ont évidemment des facteurs communs, et le plus petit nombre, *multiple de ces dénominateurs*, est 24. (Voy. *Arith.*, 15e édition, n° 148.) C'est donc à ce dénominateur qu'il faut réduire toutes les fractions.

Effectuant cette opération, et omettant le dénominateur commun 24, on trouve $10x - 32x - 312 = 21 - 52x$. (On a eu soin de multiplier le terme entier — 12, par 24.)

La nouvelle équation est exacte, puisque, après avoir réduit les fractions au même dénominateur, on a multiplié les deux membres par le même nombre 24.

Nous pouvons déduire de là cette règle générale : *Pour faire disparaître les dénominateurs d'une équation, commencez par former le multiple le plus simple possible de tous les dénominateurs.* (Ce nombre est le produit de tous les dénominateurs, s'ils n'ont pas de facteurs communs.) *Multipliez ensuite chaque terme, s'il est entier, par ce multiple, et, s'il est fractionnaire, par le quotient de ce multiple divisé par le dénominateur de ce terme.*

Nous engageons les commençans à se bien pénétrer de la règle que nous venons d'établir, parce qu'elle donne l'équation la plus simple possible.

Soit, pour nouvelle application, l'équation littérale

$$\frac{ax}{b}-\frac{2c^2x}{ab}+4a=\frac{4bc^2x}{a^3}-\frac{5a^3}{b^2}+\frac{2c^2}{a}-3b.$$

Le multiple le plus simple de tous les dénominateurs est évidemment a^3b^2. Ainsi, multiplions chaque terme entier par a^3b^2, et chaque terme fractionnaire par le quotient de a^3b^2 divisé par le dénominateur de ce terme. Il vient, après ces opérations,

$$a^4bx-2a^2bc^2x+4a^4b^2=4b^3c^2x-5a^6+2a^2b^2c^2-3a^3b^3.$$

45. Appliquons les principes précédens à la résolution de l'équation $4x-3=2x+5$.

Elle devient d'abord, par la transposition des termes -3 et $2x$,

$$4x-2x=5+3,\quad \text{ou réduisant,}\quad 2x=8.$$

Divisant les deux membres par 2, on trouve enfin $x=\frac{8}{2}=4$.

Et en effet, si l'on substitue 4 à la place de x dans l'équation, il vient

$$4\times 4-3=2\times 4+5\quad \text{ou}\quad 13=13.$$

Soit, pour second exemple, l'équation traitée (n° 44),

$$\frac{5x}{12}-\frac{4x}{3}-13=\frac{7}{8}-\frac{13x}{6}.$$

On obtient d'abord, en chassant les dénominateurs,

$$10x - 32x - 312 = 21 - 52x.$$

Transposons les termes en x dans le premier membre, et les termes connus dans le second; l'équation devient

$$10x - 32x + 52x = 21 + 312, \text{ ou en réduisant, } 30x = 333.$$

Divisant les deux membres par 30, on obtient $x = \frac{333}{30} = \frac{111}{10}$, résultat qu'on vérifierait en remplaçant x par cette valeur dans l'équation proposée.

Soit encore l'équation $(3a - x)(a - b) + 2ax = 4b(x + a)$; il faut d'abord effectuer les multiplications indiquées, afin de réduire les deux membres à des polynomes, et de pouvoir ainsi dégager l'inconnue x. Or, si l'on applique la règle établie (n° **17**) pour la multiplication des polynomes, il vient $3a^2 - ax - 3ab + bx + 2ax = 4bx + 4ab$; d'où, transposant et réduisant, $ax - 3bx = 7ab - 3a^2$. Observons maintenant que $ax - 3bx$ est la même chose que $(a - 3b)x$, ce qui donne $(a - 3b)x = 7ab - 3a^2$. Divisant enfin les deux membres par $a - 3b$, on trouve

$$x = \frac{7ab - 3a^2}{a - 3b}.$$

En général, pour résoudre une équation du premier degré, quelque compliquée qu'elle soit, il faut, 1°.— *commencer par chasser les dénominateurs, s'il y en a, et effectuer, dans les deux membres de l'équation, toutes les opérations algébriques qui se présentent; on parvient ainsi à une équation dont les deux membres sont des polynomes entiers;* 2°. — *transposer dans un même membre* (c'est ordinairement le premier) *tous les termes affectés de l'inconnue, et dans l'autre membre, les termes connus;* 3°.—*réduire à un seul terme tous les termes affectés de* x, *si l'équation est numérique; et si l'équation est algébrique, former de tous ces termes un seul produit composé de deux facteurs, dont l'un soit* x, *et l'autre l'ensemble des quantités qui multiplient* x, *réunis avec leurs signes respectifs ; 4°. — enfin, diviser les deux membres de l'équation par le nombre ou le polynome qui multiplie l'inconnue, et effectuer la division s'il est possible.*

Voici un exemple où la règle précédente doit être appliquée dans toutes ses parties : — Résoudre l'équation

$$\frac{(a+b)\ (x-b)}{a-b}-3a=\frac{4ab-b^2}{a+b}-2x+\frac{a^2-bx}{b}.$$

En faisant d'abord disparaître les dénominateurs, on a

$$b(a+b)^2(x-b)-3ab(a^2-b^2)=b(a-b)(4ab-b^2)-2b(a^2-b^2)x$$
$$+(a^2-b^2)\ (a^2-bx);$$

effectuant les multiplications indiquées,

$$a^2bx+2ab^2x+b^3x-a^2b^2-2ab^3-b^4-3a^3b+3ab^3=$$
$$4a^2b^2-ab^3-4ab^3+b^4-2a^2bx+2b^3x+a^4-a^2b^2-a^2bx+b^3x;$$

transposant et réduisant,

$$4a^2bx+2ab^2x-2b^3x=4a^2b^2-6ab^3+2b^4+3a^3b+a^4;$$

réunissant en un seul tous les termes affectés de x,

$$b(4a^2+2ab-2b^2)\ x=4a^2b^2-6ab^3+2b^4+3a^3b+a^4;$$

donc enfin,
$$x=\frac{a^4+3a^3b+4a^2b^2-6ab^3+2b^4}{b\ (4a^2+2ab-2b^2)},$$

expression qui ne peut se réduire à un polynome entier (n° 32).

46. Si l'on avait une équation telle que $3x-2=4x-7$, à résoudre, en transposant les termes affectés de x dans le premier membre, et les termes connus dans le second, on trouverait $3x-4x=2-7$, ou réduisant, $-x=-5$. Pour interpréter ce résultat, il suffit d'observer qu'on peut intervertir l'ordre de la transposition, c'est-à-dire faire passer au contraire les termes affectés de x dans le second membre ; ce qui donne $7-2=4x-3x$, d'où $5=x$, ou bien enfin, $x=5$; c'est-à-dire que, toutes les fois qu'on parvient à un résultat tel que $-x=-5$, il n'y a qu'à changer les signes des deux membres.

Cela revient évidemment à transposer les termes affectés de l'inconnue dans le second membre, et les termes connus dans premier, et réciproquement.

Nous pouvons maintenant passer à la résolution des problèmes.

47. Nous avons déjà dit que la première partie de la résolution algébrique d'un problème n'est soumise à aucune règle bien fixe. Tantôt l'énoncé du problème fournit sur-le-champ l'équation, tantôt on est obligé de démêler dans l'énoncé les conditions qui sont de nature à former l'équation ; tantôt enfin, ce ne sont pas les conditions elles-mêmes de l'énoncé qu'il faut traduire algébriquement, mais bien des conditions que l'on peut regarder comme conséquences des premières. On appelle alors celles-ci, *conditions explicites*, et celles qu'on en déduit, *conditions implicites*. Cependant nous donnerons, avec M. Lacroix, un précepte dont l'application bien entendue conduit toujours à l'équation. En voici l'énoncé : *Regarder le problème comme résolu, et indiquer, à l'aide des signes algébriques sur les quantités connues, représentées, soit par des nombres, soit par des lettres, et sur l'inconnue toujours représentée par une lettre, les mêmes raisonnemens et les mêmes opérations qu'il faudrait effectuer pour vérifier la valeur de l'inconnue, si cette valeur était donnée.*

On obtient, par ce moyen, deux expressions algébriques différentes d'une même quantité, qui renferment le caractère de l'inconnue ; on les égale entre elles, et l'on a l'*équation* du problème.

Appliquons ce précepte aux problèmes suivans :

Premier problème. — *Trouver un nombre dont la moitié, le tiers, et le quart, augmentés de* 45, *donnent pour somme* 448?

Soit x le nombre cherché ; $\frac{x}{2}$, $\frac{x}{3}$, $\frac{x}{4}$, désigneront la moitié, le tiers, et le quart de ce nombre. Or, il faut, d'après l'énoncé, que ces trois parties, plus 45, donnent en somme 448 ; on a donc, pour l'équation du problème,

$$\frac{x}{2}+\frac{x}{3}+\frac{x}{4}+45=448,$$

ou, retranchant 45 des deux membres,

$$\frac{x}{2}+\frac{x}{3}+\frac{x}{4}=403;$$

d'où, chassant les dénominateurs, $6x+4x+3x=4836$,

ou réduisant, $13x=4836$; donc $x=\frac{4836}{13}=372$.

En effet,

$$\frac{372}{2}+\frac{372}{3}+\frac{372}{4}+45=186+124+93+45=448.$$

Cette question est du genre de celles qui, en Arithmétique, se résolvent par la *règle de fausse position ;* et l'on voit avec quelle facilité l'algèbre fait connaître la réponse à la question.

Second problème. — *Quelqu'un engage un ouvrier pour 48 jours. Chaque jour qu'il travaille, il reçoit 24 sous, et à chaque jour d'oisiveté, on lui retient 12 sous (pour sa nourriture); au bout de 48 jours, il reçoit pour solde de son compte, 25*^{tt} *4*^{s}*, ou 504 sous. On demande le nombre de jours de travail et le nombre de jours d'oisiveté.*

Si nous connaissions ces deux nombres, en les multipliant respectivement par 24 et 12, puis retranchant le dernier produit du premier, on devrait trouver 504 pour résultat ; indiquons ces opérations à l'aide des signes algébriques.

Soit x le nombre de jours de travail ; $48-x$ représente alors le nombre de jours d'oisiveté; $24 \times x$, ou $24x$ désigne la somme que l'ouvrier gagne; et $12 (48 - x)$ la somme qu'on doit lui retenir; on a donc pour l'équation du problème,

$$24x - 12 (48 - x) = 504;$$

effectuant les calculs, $24x - 576 + 12x = 504$;

donc $$36x = 504 + 576 = 1080;$$

et $$x = \frac{1080}{36} = 30;$$

d'où $$48 - x = 48 - 30 = 18.$$

Ainsi l'ouvrier a travaillé pendant 30 jours, et s'est reposé pendant 18 jours. En effet, pour 30 jours de travail, il aurait dû recevoir 24×30, ou 720 sous; mais il s'est reposé 18 jours, pour lesquels on a dû lui retenir 12×18, ou 216 sous; or on a

$$720 - 216 = 504.$$

On peut généraliser ce problème, en désignant par n le nombre total des jours tant de travail que d'oisiveté, par a la somme que l'ouvrier doit recevoir pour chaque jour de travail, par b la somme qu'on doit lui retenir pour chaque jour d'oisiveté, enfin par c le résultat du décompte. Soit toujours x le nombre de jours de travail; $n - x$ exprime alors le nombre de jours d'oisiveté; donc ax et $b (n - x)$ désignent la somme que l'ouvrier doit recevoir et celle qu'on doit lui retenir. Ainsi, on a pour l'équation du problème,

$$ax - b (n - x) = c,$$

d'où $$ax - bn + bx = c,$$

$$(a + b) x = c + bn;$$

donc $$x = \frac{c + bn}{a + b},$$

et par conséquent, $n-x=n-\frac{(c+bn)}{a+b}=\frac{an+bn-c-bn}{a+b}$,

ou, réduisant, $n-x=\frac{an-c}{a+b}$.

Troisième problème. — *Un renard poursuivi par un levrier a 60 sauts d'avance. Il en fait 9 pendant que le levrier n'en fait que 6; mais 3 sauts du levrier en valent 7 du renard. Combien le levrier fera-t-il de sauts pour atteindre le renard?*

Il est clair d'après l'énoncé, que le chemin à parcourir par le levrier se compose des 60 sauts d'avance du renard, plus du chemin que celui-ci parcourt à partir du moment où le levrier se met à sa poursuite. Donc si l'on pouvait trouver les expressions de ces deux chemins au moyen d'une même inconnue, il serait facile de former l'équation du problème.

Soit x le nombre de sauts faits par le levrier. Puisque le renard fait 9 sauts pendant que le levrier en fait 6, il s'ensuit que le renard fait $\frac{9}{6}$, ou $\frac{3}{2}$ sauts, pendant que le levrier en fait 1, et par conséquent, qu'il en fait un nombre exprimé par $\frac{3x}{2}$ pendant que le levrier en fait un nombre marqué par x. On pourrait croire que, pour obtenir l'équation, il suffirait d'égaler x à $60+\frac{3}{2}x$; mais en agissant ainsi, on commettrait une erreur manifeste; car les sauts du levrier sont plus grands que ceux du renard, et l'on égalerait alors des nombres hétérogènes, c'est-à-dire des nombres rapportés à une unité différente. Il faut donc, pour lever la difficulté, exprimer les sauts du renard en sauts du levrier, ou réciproquement. Or, suivant l'énoncé, 3 sauts du levrier valent 7 sauts du renard; donc 1 saut du levrier vaut $\frac{7}{3}$ sauts du renard, et par conséquent, x sauts du levrier en valent $\frac{7x}{3}$ du renard.

Donc enfin, on a l'équation $$\frac{7x}{3}=60+\frac{3}{2}x,$$

ou, chassant les dénominateurs, ... $14x=360+9x$,

d'où $5x=360$ et $x=72$.

Ainsi, le levrier fera 72 sauts pour atteindre le renard; pendant ce temps, le renard en fera $72\times\frac{3}{2}$, ou 108.

Vérification.

Les 72 sauts du levrier valent $\frac{72\times 7}{3}$, ou 168 sauts du renard, et l'on a évidemment $168=60+108$.

Les deux problèmes suivans méritent toute l'attention des élèves, en ce qu'ils offrent des exercices de calcul.

48. Quatrième problème. — *Un père qui a trois enfans, ordonne par son testament que son bien soit partagé de la manière suivante : — le premier doit avoir une somme* a, *plus la* $n^{ième}$ *partie de ce qui reste; — le second une somme* 2a, *plus la* $n^{ième}$ *partie de ce qui reste après qu'on a soustrait la* 1

et 2a; — *le troisième enfin doit avoir une somme* 3a, *plus la* $n^{ième}$ *partie de ce qui reste après qu'on a soustrait les deux premières parts et* 3a. *Le bien est entièrement partagé; on demande la valeur du bien?*

Désignons par x le bien du père. Si, à l'aide de cette quantité, nous pouvions former les expressions algébriques des trois parts, nous retrancherions leur somme du bien total x, et le reste égalé à zéro, donnerait l'équation du problème. Tâchons donc de déterminer successivement ces trois parts.

Puisque x désigne le bien du père, $x-a$ est ce qui reste après qu'on a retranché a ; ainsi l'on a pour la part du premier enfant, $a+\frac{x-a}{n}$, ou réduisant en fraction, $\frac{an+x-a}{n}$.... 1re part.

Pour former la seconde part, il faut retrancher de x cette première part et $2a$, ce qui donne $x-2a-\frac{(an+x-a)}{n}$, ou, réduisant les entiers en fraction et effectuant la soustraction,

$$\frac{nx-3an-x+a}{n} \ldots\ldots\ 1^{\text{er}} \text{ reste.}$$

Or, la seconde part se compose de $2a$ plus la $n^{\text{ième}}$ partie de ce reste ; on a donc pour cette seconde part, $2a+\frac{nx-3an-x+a}{n^2}$, ou, réduisant l'entier en fraction,

$$\frac{2an^2+nx-3an-x+a}{n^2} \ldots\ldots\ 2^{\text{e}} \text{ part.}$$

Si l'on retranche de x les deux premières parts et $3a$, il vient

$$x-3a-\frac{(an+x-a)}{n}-\frac{(2an^2+nx-3an-x+a)}{n^2},$$

ou, réduisant au même dénominateur et simplifiant,

$$\frac{n^2x-6an^2-2nx+4an+x-a}{n^2} \ldots\ 2^{\text{e}} \text{ reste.}$$

La 3e part est donc $3a+\frac{n^2x-6an^2-2nx+4an+x-a}{n^3}$,

ou, réduisant l'entier en fraction,

$$\frac{3an^3+n^2x-6an^2-2nx+4an+x-a}{n^3} \ldots\ 3^{\text{e}} \text{ part.}$$

Mais, d'après l'énoncé, le bien du père se trouve entièrement partagé. Donc, la différence entre x et la somme des trois parts doit être égale à zéro ; ce qui donne l'équation

$$\left.\begin{aligned} x-\frac{(an+x-a)}{n}-\frac{(2an^2+nx-3an-x+a)}{n^2} \\ -\frac{(3an^3+n^2x-6an^2-2nx+4an+x-a)}{n^3} \end{aligned}\right\}=0.$$

Chassant les dénominateurs, effectuant les soustractions et réduisant, on obtient

$$n^3x-6an^3-3n^2x+10an^2+3nx-5an-x+a=0;$$

$$\text{d'où } x=\frac{6an^3-10an^2+5an-a}{n^3-3n^2+3n-1}=\frac{a(6n^3-10n^2+5n-1)}{n^3-3n^2+3n-1}.$$

On peut obtenir une équation et un résultat plus simples, d'après la remarque suivante : Dire que la part du troisième enfant se compose de $3a$, plus la $n^{ième}$ partie de ce qui reste, et que le bien est alors entièrement partagé, c'est dire que le troisième enfant n'a que la somme $3a$, et que le reste dont on vient de parler est nul.

Or, on a obtenu pour l'expression de ce reste,

$$\frac{n^2x-6an^2-2nx+4an+x-a}{n^2}.$$

En égalant à zéro et chassant le dénominateur, on trouve

$$n^2x-6an^2-2nx+4an+x-a=0;$$

$$\text{d'où}\qquad x=\frac{6an^2-4an+a}{n^2-2n+1}=\frac{a(6n^2-4n+1)}{n^2-2n+1}.$$

Pour prouver l'*identité numérique* de cette expression avec la précédente, il suffirait de faire voir que la seconde provient de la première dans les deux termes de laquelle on aurait supprimé un facteur commun. Or, si l'on applique aux deux polynomes... $a(6n^3-10n^2+5n-1)$ et n^3-3n^2+3n-1, le procédé du plus grand commun diviseur (n° 41), on reconnaît que

$n-1$ est facteur commun, et en divisant les deux termes de la première expression par ce facteur commun, on retrouve la seconde.

Ce problème est propre à faire voir aux commençans l'importance qu'ils doivent attacher à saisir dans l'énoncé d'une question toutes les circonstances qui peuvent faciliter la formation de l'équation; autrement, ils courent le risque de parvenir à des résultats plus compliqués que ne le comporte la question.

Les conditions qui ont servi à former successivement les expressions des trois parts, sont les *conditions explicites* du problème proposé; et la condition qui a servi à déterminer l'équation la plus simple du problème, est *une condition implicite*, qu'un peu d'attention a suffi pour faire reconnaître comme comprise dans l'énoncé.

Pour obtenir les valeurs des trois parts, il suffirait de mettre pour x sa valeur dans les expressions que l'on a obtenues ci-dessus.

Appliquons à un exemple la formule $x=\frac{a(6n^2-4n+1)}{n^2-2n+1}$.

Soit $a=10000,\ n=5;$

il vient

$$x=\frac{10000(6\times25-4\times5+1)}{25-10+1}=\frac{10000\times131}{16}=\frac{1310000}{16}=81875.$$

Vérifions l'énoncé sur cet exemple.

Le premier enfant doit avoir $10000+\frac{81875-10000}{5}$, ou 24375.

Il reste donc $81875-24375$, ou 57500 à partager entre les deux autres enfans.

Le second doit avoir $20000+\frac{57500-20000}{5}$, ou 27500.

Il reste donc $57500-27500$, ou 30000, pour le troisième

enfant. Or 30000 est le triple de 10000; donc le problème est vérifié.

On peut donner de ce même problème une solution moins directe, mais plus simple et plus élégante. Elle est encore fondée sur cette remarque, qu'après que l'on a soustrait $3a$ des deux premières parts, il ne doit rien rester.

Désignons par r, r', r'', les trois restes dont il est question dans l'énoncé; les expressions algébriques des trois parts sont

$$a+\frac{r}{n},\quad 2a+\frac{r'}{n},\quad 3a+\frac{r''}{n}.$$

Or, 1°. — d'après l'énoncé, on a évidemment $r''=0$.
Ainsi la troisième part est $3a$.

2°. — Ce qui reste, lorsqu'on a donné au second enfant, $2a+\frac{r'}{n}$, peut être représenté par $r'-\frac{r'}{n}$, ou $\frac{(n-1)r'}{n}$.

D'ailleurs ce reste forme aussi la troisième part; ainsi l'on a

$$\frac{(n-1)r'}{n}=3a;\ \text{d'où}\ r'=\frac{3an}{n-1}.$$

Donc, la part du second est $2a+\frac{3an}{n-1}:n=2a+\frac{3a}{n-1}$ (*), ou, réduisant l'entier en fraction et simplifiant, $\frac{2an+a}{n-1}$.

3°. — Ce qui reste, lorsqu'on a donné au premier, $a+\frac{r}{n}$, peut être exprimé par $r-\frac{r}{n}$ ou $\frac{(n-1)r}{n}$. D'ailleurs, ce reste doit former les deux autres parts, ou $3a+\frac{2an+a}{n-1}$.

(*) Les deux points : employés ici, marquent la division de $\frac{3an}{n-1}$ par n (voyez n° 2).

Ainsi l'on a $\frac{(n-1)r}{n} = 3a + \frac{2an+a}{n-1} = \frac{5an-2a}{n-1}$.

Donc $r = \frac{5an-2a}{n-1} \times \frac{n}{n-1} = \frac{5an^2-2an}{(n-1)^2}$;

et par conséquent, on obtient pour la première part,

$$a + \frac{5an^2-2an}{(n-1)^2} : n = a + \frac{5an-2a}{(n-1)^2}$$
$$= a + \frac{5an-2a}{n^2-2n+1} = \frac{an^2+3an-a}{n^2-2n+1}.$$

Le bien total est donc enfin

$$3a + \frac{2an+a}{n-1} + \frac{an^2+3an-a}{n^2-2n+1},$$

ou, réduisant l'entier et les fractions au même dénominateur,

$$\frac{3a(n^2-2n+1)+(2an+a)(n-1)+an^2+3an-a}{n^2-2n+1},$$

puis, effectuant les calculs et réduisant,

$$\frac{6an^2-4an+a}{n^2-2n+1} = \frac{a(6n^2-4n+1)}{(n-1)^2},$$

résultat obtenu ci-dessus.

Cette solution est d'ailleurs plus complète que la précédente, puisque l'on a obtenu en même temps et le bien du père et les expressions des trois parts.

49. Cinquième problème. — *Un père ordonne par son testament que l'aîné de ses enfans aura une somme a sur son bien, plus la $n^{ième}$ partie du reste; que le second aura une somme 2a, plus la $n^{ième}$ partie de ce qui restera après qu'on aura retranché la première part et 2a; que le troisième aura une somme 3a, plus la $n^{ième}$ partie du nouveau reste; et* *ainsi de suite. On suppose d'ailleurs que tous les enfans soient également partagés. On demande le bien du père, la part de chacun des enfans, et le nombre des enfans ?*

Ce problème a cela de remarquable que son énoncé renferme plus de conditions qu'il n'en faut pour trouver les valeurs des inconnues.

Soit x le bien du père ; $x-a$ exprime ce qui reste après qu'on a prélevé la somme a. Ainsi la part de l'aîné est

$$a+\frac{x-a}{n}, \text{ ou } \frac{an+x-a}{n} \ldots\ldots 1^{\text{re}} \text{ part.}$$

Retranchant cette première part et $2a$ de x, on obtient

$$x-2a-\frac{(an+x-a)}{n}, \text{ ou } \frac{nx-3an-x+a}{n},$$

dont la $n^{\text{ième}}$ partie est $\dfrac{nx-3an-x+a}{n^2}$.

Donc la part du second enfant est

$$2a+\frac{nx-3an-x+a}{n^2}, \text{ou bien } \frac{2an^2+nx-3an-x+a}{n^2} \ldots 2^{\text{e}} \text{ part.}$$

On pourrait former de la même manière les autres parts ; mais, puisque toutes les parts doivent être égales, il suffit, pour former l'équation du problème, d'égaler les deux premières parts, ce qui donne l'équation

$$\frac{an+x-a}{n}=\frac{2an^2+nx-3an-x+a}{n^2},$$

10

d'où l'on tire $\qquad x=an^2-2an+a.$

Substituant cette valeur de x dans l'expression de la première part, on trouve $\dfrac{an+an^2-2an+a-a}{n}$,

ou réduisant, $\dfrac{an^2-an}{n}=an-a=a(n-1)$;

et comme toutes les parts doivent être égales, en divisant le bien total par la première, on doit obtenir pour quotient le nombre des enfans ; ainsi, $\frac{an^2 - 2an + a}{an - a}$, ou $n - 1$, désigne le nombre des enfans.

Bien du père.... $an^2 - 2an + a$ ou $a(n-1)^2$;
Part de l'aîné et de chaque enfant... $a(n-1)$;
Nombre total des enfants.......... $n-1$.

Il reste maintenant à savoir si les autres conditions du problème sont satisfaites ; c'est-à-dire si, lorsqu'on donne au second $2a$ plus la $n^{ième}$ partie de ce qui reste, au troisième $3a$ plus la $n^{ième}$ partie de ce qui reste....., la part de chaque enfant est en effet $a(n-1)$.

Or, la différence entre le bien du père et la première part étant $a(n-1)^2 - a(n-1)$, la part du second doit être

$$2a + \frac{a(n-1)^2 - a(n-1) - 2a}{n} \text{ ou } \frac{2a(n-1) + a(n-1)^2 - a(n-1)}{n},$$

ou réduisant, $\frac{a(n-1)+a(n-1)^2}{n}$, ou bien, $\frac{a(n-1)(1+n-1)}{n}$,

ou bien enfin, $a(n-1)$.

De même, la différence entre $a(n-1)^2$ et les deux premières parts, étant $a(n-1)^2 - 2a(n-1)$, la part du troisième doit être $3a + \frac{a(n-1)^2 - 2a(n-1) - 3a}{n}$, expression qui, étant réduite, devient encore évidemment.......
$\frac{a(n-1) + a(n-1)^2}{n}$, et par conséquent, $a(n-1)$.

En général, on aurait pour la $p^{ième}$ part,

$$pa + \frac{a(n-1)^2 - (p-1)a(n-1) - pa}{n},$$

ou $$\frac{pa(n-1) + a(n-1)^2 - (p-1)a(n-1)}{n},$$

ou $$\frac{a(n-1) + a(n-1)^2}{n}, \text{ ou bien, } a(n-1).$$

Donc enfin, toutes les conditions du problème sont remplies.

§ II. — *Des équations et problèmes du premier degré à deux ou plusieurs inconnues.*

50. Quoique plusieurs questions, résolues précédemment, renfermassent dans leur énoncé plus d'une inconnue, nous sommes parvenus à leur résolution en employant un seul caractère. Cela tient à ce que, d'après les conditions de l'énoncé, nous pouvions facilement exprimer les autres inconnues au moyen de ce caractère; mais il n'en est pas de même dans tous les problèmes où il y a plus d'une inconnue.

Pour savoir comment on doit s'y prendre pour résoudre ces sortes de problèmes, reprenons d'abord quelques-uns de ceux qui ont été déjà résolus à l'aide d'un seul caractère.

Trouver deux nombres dont on connaît la somme a *et la différence* b? (C'est le problème n° 4.)

Désignons les deux nombres cherchés par x et y; on a, d'après l'énoncé, les deux équations $\begin{cases} x+y=a, \\ x-y=b. \end{cases}$

Or, *en principe*, si, à deux nombres égaux A et B, on ajoute respectivement deux autres nombres égaux C et D, les résultats $A+C$ et $B+D$ sont égaux; c'est-à-dire que, si l'on a les équations $A=B$ et $C=D$, il en résulte $A+C=B+D$.

De même, si de deux nombres égaux on retranche deux autres nombres égaux, les restes sont encore égaux; c'est-à-dire que des deux égalités $A=B$ et $C=D$, on déduit encore $A-C=B-D$.

Appliquons ce principe aux deux équations du problème proposé.

On trouve, en les ajoutant, ... $2x=a+b$,
et en retranchant la 2ᵉ de la 1ʳᵉ .... $2y=a-b$.

Chacune de ces équations ne renfermant plus qu'une seule inconnue, on tire de la première, $x = \frac{a+b}{2}$,

et de la seconde, $y = \frac{a-b}{2}$.

En effet, on a $\frac{a+b}{2} + \frac{a-b}{2} = \frac{2a}{2} = a$, et $\frac{a+b}{2} - \frac{(a-b)}{2} = \frac{2b}{2} = b$.

Soit encore repris le problème de l'ouvrier (n° 47), en ne considérant que l'énoncé général.

Soient x le nombre de jours de travail, et y le nombre de jours d'oisiveté; ax et by expriment respectivement la somme que l'ouvrier doit recevoir pour les jours de travail, et celle qu'on doit lui retenir pour les jours d'oisiveté.

On a donc les deux équations $\begin{cases} x + y = n, \\ ax - by = c. \end{cases}$

Or, nous avons déjà vu qu'on peut multiplier les deux membres d'une même équation par un même nombre sans troubler l'égalité; ainsi, l'on peut multiplier les deux membres de la première équation par b, coefficient de y dans la seconde; et il vient.................. $bx + by = bn$, équation qui, combinée avec la seconde $ax - by = c$, donne par addition, $bx + ax = bn + c$; d'où $x = \frac{bn+c}{a+b}$.

Multipliant de même la première par a coefficient de x dans la seconde, on a.......... $ax + ay = an$, équation qui, combinée avec la seconde $ax - by = c$, donne par soustraction, $(a+b)y = an - c$; d'où $y = \frac{an-c}{a+b}$.

L'introduction d'un caractère pour représenter chacune des inconnues dans les deux problèmes précédens, offre sur la solution qui a été donnée précédemment, l'avantage de faire connaître les deux nombres cherchés, indépendamment l'un de l'autre.

ÉLIMINATION.

51. Soient maintenant les deux équations $\begin{cases} 5x+7y=43, \\ 11x+9y=69, \end{cases}$

qu'on peut regarder comme la traduction algébrique de l'énoncé d'un problème à deux inconnues.

Si, dans ces deux équations, l'une des inconnues était affectée du même coefficient, on pourrait, par une simple soustraction former une nouvelle équation qui ne contiendrait plus que l'autre inconnue, et de laquelle on tirerait la valeur de cette inconnue.

Or, si l'on multiplie les deux membres de la première équation par 9, coefficient de y dans la seconde, et les deux membres de la seconde par 7, coefficient de y dans la première, on obtient par cette double multiplication $\begin{cases} 45x+63y=387, \\ 77x+63y=483, \end{cases}$

équations qui peuvent être substituées aux deux premières, et dans lesquelles y est affecté du même coefficient.

Retranchons donc la première de ces deux équations de la seconde; il vient $32x=96$, d'où $x=3$.

Pareillement, si l'on multiplie les deux membres de la première par 11, coefficient de x dans la seconde, et les deux membres de la seconde par 5, coefficient de x dans la première, on forme les deux nouvelles équations $\begin{cases} 55x+77y=473, \\ 55x+45y=345, \end{cases}$

qui peuvent être substituées aux deux équations proposées, et dans lesquelles le coefficient de x est le même.

Retranchant donc la seconde de ces deux équations de la première, on trouve $32y=128$, d'où $y=4$.

Ainsi, $x=3$ et $y=4$ sont les deux valeurs de x et de y

propres à vérifier l'énoncé de la question. En effet, l'on a

$$1^{o}.\ 5\times3+7\times4=15+28=43;\ 2^{o}.\ 11\times3+9\times4=33+36=69.$$

L'opération qui vient d'être exécutée, et au moyen de laquelle on obtient les valeurs des inconnues, propres à satisfaire à des équations données, est connue sous le nom d'*élimination*, parce qu'en effet elle consiste *à chasser* l'une des inconnues par des transformations permises et exécutées sur les équations proposées.

La méthode précédente a beaucoup d'analogie avec la réduction des fractions au même dénominateur ; aussi est-elle, comme cette dernière opération, susceptible de quelques simplifications.

Soient pour nouvel exemple, les deux équations

$$\begin{aligned} 8x - 21y &= 33, \\ 6x + 35y &= 177. \end{aligned}$$

Pour rendre les deux coefficiens de y égaux, remarquons que 21 et 35 ont le facteur commun 7; il suffit donc de multiplier la première équation par 5 et la seconde par 3; ce qui donne les deux nouvelles équations $\left\{\begin{aligned} 40x - 105y &= 165, \\ 18x + 105y &= 531, \end{aligned}\right.$

équations qui, ajoutées entre elles, donnent

$$58x = 696, \quad \text{d'où} \quad x = 12.$$

Pareillement, les deux coefficiens de x renferment le facteur commun 2; ainsi, il suffit, pour rendre ces deux coefficiens égaux, de multiplier la première par 3 et la seconde par 4; ce qui donne $\left\{\begin{aligned} 24x - 63y &= 99, \\ 24x + 140y &= 708. \end{aligned}\right.$

Retranchant la première équation de la deuxième, on trouve

$$203y = 609, \quad \text{d'où} \quad y = 3.$$

N. B.—Il est très important de reconnaître si les coefficiens ont des facteurs communs, puisque, dans ce cas, on a des calculs plus simples à effectuer.

Soient pour troisième exemple, les équations

$$\frac{2x}{3} - 4 + \frac{y}{2} + x = 8 - \frac{3y}{4} + \frac{1}{12},$$
$$\frac{y}{6} - \frac{x}{2} + 2 = \frac{1}{6} - 2x + 6.$$

Il faut d'abord faire disparaître les dénominateurs d'après la règle (nº 44); et l'on obtient ainsi les deux équations

$$8x - 48 + 6y + 12x = 96 - 9y + 1,$$
$$y - 3x + 12 = 1 - 12x + 36;$$

ou réduisant, $\begin{cases} 20x + 15y = 145, \\ 9x + \quad y = \ 25, \end{cases}$ ou bien $\begin{cases} 4x + 3y = 29, \\ 9x + \ y = 25. \end{cases}$

Multipliant la seconde équation par 3, et retranchant la première, du résultat, on trouve $23x = 46$; d'où $x = 2$; mais on a d'ailleurs $y = 25 - 9x$; donc $y = 25 - 9 \times 2 = 7$.

52. Considérons actuellement le cas de trois équations à trois inconnues.

Soient les équations.... $\begin{cases} 5x - 6y + 4z = 15, \\ 7x + 4y - 3z = 19, \\ 2x + \ y + 6z = 46. \end{cases}$

Pour éliminer z entre les deux premières équations, il faut multiplier la première par 3 et la seconde par 4, puis ajouter les deux résultats (puisque les coefficiens de z sont de signes contraires), ce qui donne pour nouvelle équation.......................... $43x - 2y = 121$.

Multipliant la seconde équation par 2, l'un des facteurs du coefficient de z dans la troisième, et ajoutant le résultat avec la troisième, on a.................... $16x + 9y = 84$.

La question est donc ramenée à trouver les valeurs de x et de y, propres à satisfaire à ces nouvelles équations.

Or, si l'on multiplie la première par 9, la seconde par 2, et qu'on ajoute les deux résultats, on trouve

$$419x = 1257,\quad \text{d'où l'on tire}\quad x = 3.$$

On pourrait, à l'aide des deux équations en x et y, déterminer y comme on a déterminé x; mais on parvient plus simplement à la valeur de y, en observant que la dernière de ces deux équations devient, lorsqu'on y met pour x sa valeur,

$$48 + 9y = 84,\quad \text{d'où l'on tire}\quad y = \frac{84 - 48}{9} = 4.$$

De même, la première des trois équations proposées devient, lorsqu'on y remplace x et y par leurs valeurs,

$$15 - 24 + 4z = 15,\quad \text{d'où}\quad z = \frac{24}{4} = 6.$$

En général, soit un nombre m d'équations à pareil nombre d'inconnues. Pour trouver les valeurs des inconnues, *combinez successivement une quelconque des équations avec chacune des* (m—1) *autres, de manière à éliminer la même inconnue; vous obtenez ainsi* (m—1) *nouvelles équations renfermant* (m—1) *inconnues sur lesquelles vous opérez comme sur les équations proposées; c'est-à-dire que vous éliminez une nouvelle inconnue, en combinant l'une de ces nouvelles équations avec les* (m—2) *autres, ce qui donne* (m—2) *équations renfermant* (m—2) *inconnues. Continuez cette suite d'opérations jusqu'à ce qu'enfin vous parveniez à une seule équation qui ne renferme plus qu'une inconnue, et de laquelle vous tirez facilement la valeur de cette inconnue. Après quoi, remontant de proche en proche jusqu'à l'une des équations proposées, vous déterminez successivement les valeurs des autres inconnues.*

33. La méthode d'élimination que nous venons d'exposer est

connue sous le nom de *méthode par addition et soustraction*, parce qu'en effet on parvient à chasser les inconnues par des additions et soustractions, après avoir toutefois préparé les équations de manière qu'une inconnue soit affectée du même coefficient dans toutes les deux.

Il existe encore deux autres méthodes principales d'élimination. La première, appelée *méthode par substitution*, consiste à tirer la valeur d'une inconnue de l'une des équations, comme si les autres inconnues étaient déjà déterminées, et à substituer cette valeur dans les autres équations, ce qui donne lieu à de nouvelles équations qui renferment une inconnue de moins, et sur lesquelles on opère comme sur les équations proposées.

La seconde, appelée *méthode par comparaison*, consiste à tirer les valeurs d'une même inconnue, de toutes les équations, et à égaler ces valeurs deux à deux ; ce qui donne nécessairement lieu à de nouvelles équations renfermant une inconnue de moins, sur lesquelles on opère comme sur les équations proposées.

Mais ces deux méthodes ont un inconvénient que n'offre pas la *méthode par addition et soustraction*, c'est de donner lieu à de nouvelles équations renfermant des dénominateurs qu'il faut ensuite faire disparaître. On emploie toutefois avec avantage la *méthode par substitution*, toutes les fois que l'une des inconnues a un coefficient égal à l'unité dans l'une des équations, parce qu'alors l'inconvénient dont nous venons de parler n'a plus lieu. Nous aurons quelquefois occasion de l'employer. Mais, en général, la *méthode par addition et soustraction* est préférable ; elle présente d'ailleurs cet autre avantage, que, si les coefficiens ne sont pas trop grands, on peut faire l'addition ou la soustraction en même temps que la multiplication qui tend à rendre les coefficiens égaux.

43. Il arrive souvent que les équations proposées ne renferment pas toutes les inconnues à la fois. Dans ce cas, avec un peu d'adresse, l'élimination se fait très promptement.

Soient les quatre équations à quatre inconnues,

$$
\begin{aligned}
2x - 3y + 2z &= 13 \ldots\ldots\ (1),\\
4u - 2x &= 30 \ldots\ldots\ (2),\\
4y + 2z &= 14 \ldots\ldots\ (3),\\
5y + 3u &= 32 \ldots\ldots\ (4).
\end{aligned}
$$

En jetant les yeux sur ces équations, on voit que l'élimination de z entre les équations (1) et (3) donnera une équation en x et y; et si l'on élimine u entre les équations (2) et (4), on obtiendra une seconde équation en x et y; ces deux dernières inconnues peuvent donc être déterminées aisément. D'abord, l'élimination de z entre (1) et (3) donne.......

$$7y - 2x = 1;$$

celle de u, entre (2) et (4), donne... $20y + 6x = 38$.

Multiplions la première de ces deux équations par 3, et

ajoutons; il vient.................. $41y = 41$
d'où.................................. $y = 1$
Substituant cette valeur dans $7y - 2x = 1$,
on trouve............................. $x = 3$
Reportons la valeur de x dans l'équation (2);
il en résulte $4u - 6 = 30$; d'où............ $u = 9$
Enfin, la substitution de la valeur de y dans
l'équation (3) donne...................... $z = 5$

Nous proposerons, pour exercice, les cinq équations suivantes :

$$
\left.
\begin{aligned}
7x - 2z + 3u &= 17\\
4y - 2z + t &= 11\\
5y - 3x - 2u &= 8\\
4y - 3u + 2t &= 9\\
3z + 8u &= 33
\end{aligned}
\right\}
$$

qui donnent pour valeurs des inconnues,
$x = 2$, $y = 4$, $z = 3$, $u = 3$, $t = 1$.

58. Dans tout ce qui précède, nous avons supposé le nombre

des équations égal au nombre des caractères employés pour désigner les inconnues. Il doit en être ainsi de tout problème à plusieurs inconnues, pour qu'il soit *déterminé*, c'est-à-dire pour qu'il n'admette pas une infinité de solutions.

En effet, supposons, par exemple, qu'un problème à deux inconnues x, y, conduise à l'équation unique $5x - 3y = 12$; on en déduit $x = \frac{12 + 3y}{5}$. Or, si l'on fait successivement

$$y = 1,\quad 2,\quad 3,\quad 4,\quad 5,\quad 6\ldots\ldots,$$

il en résulte $x = 3,\ \frac{18}{5},\ \frac{21}{5},\ \frac{24}{5},\ \frac{27}{5},\ 6\ldots\ldots;$

et tous les systèmes de valeurs

$$\left(x=3, y=1\right), \left(x=\frac{18}{5}, y=2\right), \left(x=\frac{21}{5}, y=3\right)\ldots\ldots$$

mis pour x et y dans l'équation, y satisfont également.

Si l'on avait deux équations à trois inconnues, on pourrait d'abord éliminer l'une des inconnues à l'aide des équations proposées, et l'on parviendrait ainsi à une équation, qui, renfermant deux inconnues, pourrait être satisfaite par une infinité de systèmes de valeurs prises pour ces inconnues; d'où l'on conclurait également une infinité de valeurs pour la troisième inconnue. Donc, en général, pour qu'un problème soit *déterminé*, il faut que son énoncé renferme au moins autant de conditions différentes, qu'il y a d'inconnues, et que ces conditions puissent être exprimées chacune par une équation. Nous reviendrons au reste plus loin sur les questions qui donnent lieu à un nombre d'équations *essentiellement différentes*, moindre que celui des inconnues.

56. Passons à la résolution de nouveaux problèmes à deux ou un plus grand nombre d'inconnues.

Sixième problème. — *Une personne possède un capital de* 30000 *fr. qu'elle fait valoir à un certain intérêt; mais elle doit une somme de 20000 fr. dont elle paie un certain intérêt. L'intérêt qu'elle retire surpasse celui qu'elle paie, de 800 fr. Une seconde personne possède 35000 fr. qu'elle fait valoir au second taux d'intérêt ; mais elle doit une somme de 24000 fr. dont elle paie un intérêt au premier taux. L'intérêt qu'elle retire surpasse celui qu'elle paie, de 310 fr. On demande les deux taux d'intérêt ?*

Solution. Soient x et y les deux taux d'intérêt pour 100 fr. Pour obtenir l'intérêt de 30000 fr. au taux désigné par x, il faut établir la proportion $100 : x :: 30000 : \frac{30000x}{100}$ ou $300x$.

On obtiendra de même, pour l'intérêt de 20000 fr. au taux désigné par y, $\frac{20000y}{100}$ ou $200y$. Mais, d'après l'énoncé, la différence de ces deux intérêts est égale à 800 fr.

On a donc pour première équation du problème,

$$300x - 200y = 800.$$

En traduisant algébriquement la seconde condition du problème, on parviendrait à la nouvelle équation

$$350y - 240x = 310.$$

Les deux membres de la première équation étant divisibles par 100, et ceux de la seconde par 10, on peut les remplacer par celles-ci :

$$3x - 2y = 8,$$

$$35y - 24x = 31.$$

Pour éliminer x, multiplions la première équation par 8, et ajoutons ; il vient..... $19y = 95$, d'où $y = 5$.

Remplaçant y par sa valeur dans la première équation, l'on trouve $3x - 10 = 8$, d'où $x = 6$.

Ainsi, le premier taux est 6 pour %, et le second, 5.

En effet,

30000 fr. placés à 6 p. $\frac{0}{0}$, donnent 300×6 ou 1800 fr.
20000........ à 5.... donnent 200×5 ou 1000,
et l'on a $1800 - 1000 = 800$.

On vérifierait de même la seconde condition.

Septième problème.—*On a trois lingots composés de différens métaux fondus ensemble. La livre du premier contient 7 onces d'argent, 3 onces de cuivre, et 6 d'étain. La livre du second contient 12 onces d'argent, 3 onces de cuivre, et 1 once d'étain. Celle du troisième, 4 onces d'argent, 7 onces de cuivre, et 5 d'étain. On demande ce qu'il faut prendre de chacun des trois lingots pour en former un quatrième (du poids d'une livre) qui contienne 8 onces d'argent, 3 $\frac{3}{4}$ de cuivre, et 4 $\frac{1}{2}$ d'étain.*

Solution. Soient x, y, et z, les nombres d'onces qu'il faut prendre respectivement sur les trois lingots, pour former une livre du lingot demandé. Puisque, dans le premier lingot, il y a 7 onces d'argent sur une livre ou 16 onces, il s'ensuit que sur 1 once il y a $\frac{7}{16}$ d'once d'argent, et par conséquent, sur un nombre d'onces marqué par x il doit y avoir $\frac{7x}{16}$ d'onces d'argent. On trouverait de même que $\frac{12y}{16}$, $\frac{4z}{16}$, expriment les nombres d'onces d'argent pris respectivement sur le second et le troisième lorsque le quatrième est formé; mais d'après l'énoncé, ce quatrième lingot doit contenir 8 onces d'argent; on a donc pour première équation, $\frac{7x}{16}+\frac{12y}{16}+\frac{4z}{16}= 8$,

ou, chassant les dénominateurs,..... $7x+12y+4z=128$
On trouverait par rapport au cuivre, $3x+3y+7z=60$
et par rapport à l'étain,............ $6x+y+5z=68$

Comme, dans ces trois équations, les coefficiens de y sont les plus simples, il convient d'éliminer d'abord cette inconnue.

Multiplions la deuxième équation par 4; et retranchons du

produit la première équation; il vient $5x+24z=112$
Multipliant la troisième équation par 3, et retranchant du produit la deuxième, on trouve........................ $15x+8z=144$.

Multipliant cette dernière équation par 3 et retranchant la précédente du produit, on obtient $40x=320$, d'où $x=8$.
Reportons cette valeur de x dans l'équation $15x+8z=144$;

elle devient $120+8z=144$, d'où $z=3$.

Enfin, les deux valeurs $x=8, z=3$, étant substituées dans l'équation $6x+y+5z=68$, donnent $48+y+15=68$, d'où $y=5$.

Ainsi, pour former une livre du quatrième lingot, on doit prendre 8 onces du premier, 5 onces du second, et 3 onces du troisième. En effet, si sur 16 onces du premier lingot il y a 7 onces d'argent, sur 8 onces il doit y en avoir un nombre exprimé par $\frac{7\times8}{16}$. Pareillement, $\frac{12\times5}{16}$ et $\frac{4\times3}{16}$ représentent respectivement les quantités d'argent contenues dans 5 onces du second lingot et 3 onces du troisième. Or, on a

$$\frac{7\times8}{16}+\frac{12\times5}{16}+\frac{4\times3}{16}=\frac{128}{16}=8;$$

ainsi, le quatrième lingot contient 8 onces d'argent, comme l'exige l'énoncé. On vérifierait de même les conditions relatives au cuivre et à l'étain.

57. Voici les énoncés de nouveaux problèmes à une et à plusieurs inconnues, sur lesquels nous engageons les commençans à s'exercer.

Huitième problème.— *Un ouvrier peut faire un certain ouvrage exprimé par* a, *dans un temps exprimé par* b; *un second ouvrier, l'ouvrage* c *dans un temps* d; *un troisième, l'ouvrage* e *dans un temps* f. *On demande quel temps il faut aux trois ouvriers, travaillant ensemble, pour faire l'ouvrage* g?

(*On peut prendre, pour fixer les idées, le mètre pour unité d'ouvrage, et le jour pour unité de temps.*)

Réponse. $$x = \frac{bdfg}{adf + bcf + bde}.$$

Application... $a=27^{\text{mètres}}$; $b=4^{\text{jours}}$; $c=35^{\text{m}}$; $d=6^{\text{j}}$; $e=40^{\text{m}}$; $f=12$; $g=191^{\text{m}}$; *on doit trouver* $x=12^{\text{j}}$.

Neuvième problème. — *On a de l'eau de mer qui, sur 32 livres poids, contient 1 livre de sel. Combien faut-il ajouter d'eau douce à ces 32 livres, pour que, sur 32 livres du nouveau mélange, la quantité de sel soit réduite à 2 onces, ou $\frac{1}{8}$ de livre?.....* (Rép. 224^{l}.)

Dixième problème. — *Une montre marque midi. On demande combien de fois les aiguilles des heures et des minutes se rencontreront depuis midi jusqu'à minuit, et à quelle heure se fera chaque rencontre?* (Rép. NOMBRE *des rencontres*, 11; 1re *rencontre, à* $1^{\text{h}}\ 5'\ \frac{5}{11}$; 2e *rencontre, à* $2^{\text{h}}\ 10'\ \frac{10}{11}$; 3e, *à* $3^{\text{h}}\ 16'\ \frac{4}{11}$.....)

Onzième problème. — *Un nombre est composé de trois chiffres; la somme des chiffres est* 11; *le chiffre des unités est double de celui des centaines; et quand on ajoute* 297 *à ce nombre, on obtient une somme qui est le nombre renversé. Quel est le nombre qui jouit de cette propriété?...* (Rép. 326.)

Douzième problème. — *Une personne qui possède* 100,000 *fr. les fait valoir, une partie à* 5 *pour* $\frac{0}{0}$ *et l'autre partie à* 4 *pour* $\frac{0}{0}$; *elle retire pour le tout* 4640 *fr. d'intérêt. On demande les deux parties?...* (Rép. $64{,}000^{\text{f}}$ et $36{,}000^{\text{f}}$.)

Treizième problème. — *Une personne possède un certain capital qu'elle fait valoir à un certain intérêt. Une autre personne qui possède* 10000 *fr. de plus que la première, et qui fait valoir son bien de* 1 *pour* $\frac{0}{0}$ *plus avantageusement qu'elle, a un revenu plus grand de* 800 *fr. Une troisième personne qui possède* 15,000 *fr. de plus que la première, et qui fait valoir* *son bien de 2 pour $\frac{0}{0}$ plus avantageusement qu'elle, a un revenu plus grand de 1500 fr. On demande les biens des trois personnes et les trois taux d'intérêt?*

(Sommes placées	30000f,	40000f,	45000f.
Taux d'intérêt..	4,	5,	6.)

§ III. — *Problèmes qui donnent lieu à des résultats négatifs. — Théorie des quantités négatives.*

58. L'emploi des signes algébriques pour résoudre les problèmes, donne souvent lieu à des circonstances singulières qui embarrassent au premier abord; mais en y réfléchissant, on parvient à les expliquer, et même à en tirer parti pour généraliser encore davantage *la langue algébrique*.

Proposons-nous cette première question : *Trouver un nombre qui, ajouté au nombre* b, *donne pour somme le nombre* a.

Solution. Soit x le nombre cherché; on a évidemment pour équation,

$$b + x = a, \quad \text{d'où} \quad x = a - b.$$

Cette expression ou *formule* donnera la valeur de x, dans tous les cas particuliers du problème proposé.

Soit, par exemple, $a=47$, $b=29$; il vient $x=47-29=18$.

Soit encore $a = 24$, $b = 31$; il vient $x = 24 - 31$.

Comme 31 est égal à $24 + 7$, cette expression de x peut se mettre sous la forme $x=24-24-7$, ou en réduisant, $x=-7$. Cette valeur obtenue pour x est ce qu'on appelle une *solution négative*. Mais comment l'interpréter?

En remontant à l'énoncé du problème, on voit qu'il est impossible que 31 augmenté d'un autre nombre, donne pour somme 24, nombre plus petit que 31. Ainsi, aucun nombre ne peut vérifier l'énoncé, dans ce cas particulier. Cependant, si, dans l'équation du problème, $31 + x = 24$, on met à la place du terme $+x$ la valeur négative -7, il vient $31-7=24$, équation exacte qui veut dire que le nombre 31 diminué de 7 donne pour différence 24.

La solution négative, $x=-7$, indique donc l'impossibilité de satisfaire à l'énoncé du problème dans le sens où il a été établi; mais en considérant cette solution indépendamment de son signe, c'est-à-dire $x=7$, on voit qu'elle satisfait à l'énoncé modifié ainsi: *Trouver un nombre qui, retranché de* 31, *donne pour différence* 24, énoncé qui ne diffère du premier: *Trouver un nombre qui, ajouté à* 31, *donne pour somme* 24; qu'en ce que le mot *ajouter* se trouve remplacé par le mot *retrancher*, et le mot *somme* par le mot *différence*.

Si l'on veut résoudre la nouvelle question directement, il n'y a qu'à poser l'équation

$$31-x=24, \text{ d'où } 31-24=x, \text{ ou } x=7.$$

Soit encore proposé ce problème: *Un père a un nombre* a *d'années; son fils en a un nombre* b. *On demande dans combien d'années l'âge du fils sera le quart de celui du père?*

Solution.

Désignons par x le nombre d'années cherché; $a+x$ et $b+x$ représentent les âges du père et du fils au bout de ce nombre d'années; ainsi, l'on a l'équation $b+x=\frac{a+x}{4}$; d'où $x=\frac{a-4b}{3}$.

Supposons $a=54$, $b=9$; il vient $x=\frac{54-36}{3}=\frac{18}{3}=6$.

En effet, le père ayant actuellement 54 ans et le fils 9, dans 6 ans le père aura 60 ans et son fils 15; or 15 est égal au quart de 60; donc $x=6$ satisfait à l'énoncé.

Actuellement, supposons $a=45$, $b=15$; il vient $x=\frac{45-60}{3}$.

On réduit cette expression à $x=-5$, en effectuant

autant que possible la soustraction indiquée par $45-60$, ce qui donne -15, et divisant -15 par 3, d'après la règle établie (n° 25) pour la division algébrique. Mais comment interpréter la *solution négative* $x=-5$?

Remontons à l'équation du problème, qui, dans le cas particulier que nous considérons, est $15+x=\frac{45+x}{4}$. Elle renferme une contradiction manifeste; car le second membre revient à $\frac{45}{4}+\frac{x}{4}$; et chacune de ces deux parties est plus petite que chacune des deux parties du premier membre. Mais si l'on remplace dans l'équation, $+x$ par -5, il vient $15-5=\frac{45-5}{4}$, ou $10=\frac{40}{4}$, équation exacte, qui veut dire que si, au lieu d'ajouter un certain nombre d'années aux deux âges, on en retranche 5 ans, l'âge du fils sera le quart de celui du père. Ainsi, la solution que l'on vient de trouver, étant considérée indépendamment de son signe, satisfait à ce nouvel énoncé : *Un père a 45 ans, son fils en a 15; on demande à quelle époque l'âge du fils a été le quart de celui du père?*

L'équation de ce nouvel énoncé serait $15-x=\frac{45-x}{4}$, d'où l'on tirerait $60-4x=45x$, et $x=5$.

On voit en effet, pour peu qu'on réfléchisse sur l'énoncé du problème, que le rapport de l'âge du fils à celui du père étant actuellement $\frac{15}{45}$, ou $\frac{1}{3}$, l'âge du fils ne peut plus devenir le quart de celui du père, mais il l'a été précédemment, parce que, comme on l'a prouvé (n° 6) d'une manière générale, si l'on ajoute aux deux termes d'une fraction un même nombre, la fraction augmente toujours de valeur. Au contraire, elle diminue de valeur quand on retranche un même nombre de chacun de ses deux termes.

59. En nous laissant conduire par l'analogie, nous pouvons établir ce principe général :

1°. — *Toute valeur négative trouvée pour l'inconnue d'un problème du premier degré, indique un vice dans le sens des conditions de l'énoncé, ou, du moins, dans l'équation qui en est la traduction algébrique.* (*Voyez* la remarque qui est à la suite de ce numéro.) 2°. — *Cette valeur, abstraction faite de son signe, peut être regardée comme la réponse à un problème dont l'énoncé ne diffère de celui du problème proposé, qu'en ce que certaines quantités, d'additives qu'elles étaient, sont devenues soustractives, et réciproquement.*

Démonstration.— La première partie de ce principe est facile à démontrer. En effet, si l'on trouve pour x une valeur négative, cela provient nécessairement de ce que, par la nature même de l'équation établie, on a été conduit à soustraire un nombre plus grand d'un nombre plus petit, *opération inexécutable.* C'est ainsi que les valeurs $x = -7, x = -5$, sont provenues (n° 58) des équations $x = 24 - 31, x = \frac{45-60}{3}$. Or, si aucun nombre absolu (*) mis pour x, ne peut vérifier l'équation à laquelle on est parvenu en exécutant sur celle du problème les transformations indiquées (n°s 43....45), il faut que cette première équation ne puisse elle-même être vérifiée dans le sens où elle a été formée; car l'exactitude de ces transformations est bien constatée pour toute équation susceptible d'être vérifiée par un nombre *absolu* qu'on y mettrait pour l'inconnue.

Souvent, l'impossibilité de résoudre la question ou l'équation, dans le sens où elle a été établie, est évidente à la seule inspection, soit de l'énoncé, soit de l'équation; les deux problèmes précédens en sont des exemples. D'autres fois, cette impossibilité est difficile à découvrir; mais la suite des calculs finit toujours par la mettre dans tout son jour.

Passons à la seconde partie du principe.

(*) On appelle *nombre absolu* tout nombre considéré indépendamment du signe de l'addition ou de la soustraction.

Observons d'abord que si, dans l'équation, l'on remplace x par $-x$, tous les termes renfermant x, s'ils sont additifs, deviendront soustractifs, et réciproquement; car si l'on a, par exemple, le terme $+ax$, en mettant $-x$ à la place de x, il deviendra $+a\times -x$, ou $-ax$. De même, si l'on a le terme $-bx$, il deviendra $-b\times -x$, ou $+bx$. Ainsi, en traduisant en langage ordinaire la nouvelle équation, on aura nécessairement un nouvel énoncé qui ne différera du premier qu'en ce que certaines quantités, d'additives qu'elles étaient, seront devenues soustractives, et réciproquement.

Il reste à faire voir maintenant que la substitution de $-x$ à la place de x dans l'équation, donne lieu au résultat $x=p$, si l'on avait d'abord obtenu $x=-p$ (p est ici regardé comme un nombre absolu).

Or, quelle que soit l'équation primitive du problème, on peut toujours, *par des transformations connues*, la supposer ramenée à la forme $ax=-b$ (a et b étant des nombres absolus).

De cette équation, l'on tire $x=\frac{-b}{a}$, ou $x=-\frac{b}{a}$, ou bien enfin, $x=-p$, p exprimant le nombre absolu $\frac{b}{a}$. Mais si l'on met $-x$ à la place de x dans l'équation primitive, on parviendra, en opérant sur la nouvelle équation comme sur la première, à l'équation $-ax=-b$,

d'où $\quad x=\frac{-b}{-a}$, ou $x=\frac{b}{a}$, ou enfin, $x=p$.

— *Ce qu'il fallait démontrer* (*).

On voit, par ce qui précède, de quelle manière on doit interpréter les solutions négatives. Elles peuvent être regar-

(*) L'énoncé du principe précédent et une partie de la démonstration, sont extraits de l'ouvrage intitulé : *Réflexions sur la métaphysique du Calcul différentiel*, seconde édition, par Carnot.

dées, abstraction faite de leur signe, comme des réponses, non aux questions telles qu'elles ont été établies, mais à des questions de même nature, dont certaines conditions ont été modifiées; et, pour obtenir le nouvel énoncé, le moyen le plus sûr est de *remonter à l'équation du problème, d'y changer* x *en* — x, *puis de traduire en langage ordinaire la nouvelle équation.* (*Voyez* le n° **71** pour la démonstration du même principe, dans les équations du premier degré à plusieurs inconnues.)

60. *Remarque.* — Le principe qu'on vient d'établir n'est rigoureusement vrai que pour les équations, et il ne l'est pas toujours pour les énoncés des problèmes; c'est-à-dire que tel problème peut avoir un énoncé exact, lors même qu'en résolvant l'équation établie on parvient à une valeur négative. Cela tient à ce que l'algébriste, dans l'application de sa méthode à la résolution d'un problème, prend souvent certaines conditions dans un sens opposé à celui où elles devraient être prises; et dans ce cas, la solution négative qu'il obtient redresse le point de vue sous lequel il a envisagé ces conditions. Ainsi, l'équation est vicieuse, quoique le problème soit susceptible d'être résolu; et ce n'est que lorsque l'équation est la traduction fidèle de l'énoncé et du sens de toutes ses conditions, que le principe est applicable aux énoncés. Nous en verrons des exemples par la suite; mais c'est principalement dans les applications de l'Algèbre aux questions de Géométrie, que le principe est applicable, moins aux énoncés qu'aux équations.

Au reste, pour peu qu'on réfléchisse sur la démonstration qui en a été donnée, on verra que les raisonnemens portent plutôt sur les équations que sur les énoncés dont ces équations sont regardées comme la traduction algébrique.

61. Dans la démonstration précédente, on a été conduit à multiplier $+a$ par $-x$, à diviser $-b$ par $+a$, $-b$ par $-a$; et l'on est parvenu aux résultats en appliquant aux *monomes* les règles des *signes* établies pour la multiplication et la division des polynomes. Il peut paraître, au premier abord, nécessaire de démontrer ces règles par rapport aux monomes isolés, et c'est en effet ce que font presque tous les auteurs. Mais les démonstrations qu'ils en donnent n'ont que l'apparence de l'exactitude, ou laissent beaucoup de vague dans l'esprit. Nous dirons donc que l'*on a étendu aux quantités monomes les règles des signes établies et démontrées pour les polynomes, afin de donner une interprétation aux résultats singuliers que fournit l'Algèbre. En n'admettant point cette extension, on se priverait d'un des principaux avantages de la langue algébrique, lequel consiste à embrasser dans une seule et même formule les solutions de plusieurs questions de même nature, mais dont les énoncés diffèrent par le sens de certaines conditions, c'est-à-dire en ce que certaines quantités sont additives dans les uns et soustractives dans les autres, et réciproquement.*

L'extension aux quantités monomes, des règles établies pour les polynomes, peut encore être motivée par les considérations suivantes :

La démonstration exposée n° **17**, pour la multiplication d'un binome $a-b$ par un binome $c-d$, suppose évidemment $a>b$ et $c>d$. Si le contraire a lieu, ces raisonnemens n'offrent plus à l'esprit aucun sens rigoureux ; et cependant, la règle des signes une fois établie, on ne songe pas à la révoquer en doute, quels que soient les rapports de grandeur de a, b, c, d.

Cela posé, le produit de $a-b$ par c étant $ac-bc$, il s'ensuit que *le produit d'une expression négative* a — b, (a étant $<b$), *par une quantité positive* c, *est négative.*

De même le produit de b par $c-d$ étant $bc-bd$, il en résulte que *le produit d'une quantité positive* b, *par une expression négative* c — d (c étant $<d$), *est négatif.*

Enfin le produit de $a-b$ par $c-d$ étant, comme on l'a dit, $ac-bc-ad+bd$, expression qui peut se mettre sous la forme $bd-ad-bc+ac$, ou $d(b-a)-c(b-a)$, si l'on suppose $d>c$, et $b>a$ ou $b-a$ positif, il en résulte nécessairement $d(b-a)>c(b-a)$, et par conséquent,

$d(b-a)-c(b-a)$, positif. Donc le produit d'*une expression négative* a — b *par une expression négative* c — d..... (a *étant* $< b$ et $c < d$), *est positif*.

C'est d'ailleurs là ce qui constitue l'un des caractères distinctifs de l'Algèbre. En Arithmétique comme en Géométrie, les raisonnements portent toujours sur des êtres réels que l'esprit peut saisir, tandis qu'en Algèbre, on raisonne et l'on opère le plus souvent sur des êtres *imaginaires*, ou sur des symboles présentant des opérations inexécutables; mais l'exactitude des résultats qu'on obtient par ce moyen, et auxquels on parviendrait également par des procédés plus rigoureux, mais beaucoup plus longs, justifie suffisamment la marche qu'on a suivie.

62. Comme les règles des signes, relatives aux monomes, sont d'un usage continuel en Algèbre, il est à propos d'en présenter ici l'ensemble. D'ailleurs, nous en verrons dériver de nouvelles expressions propres au langage algébrique.

Commençons par l'addition et la soustraction.

Pour ajouter $+b$ ou $-b$ avec une quantité exprimée par a, il faut écrire $a+b$ ou $a-b$, c'est-à-dire *écrire les deux monomes l'un à la suite de l'autre avec leurs signes respectifs*. (*Voyez* n° 13.)

Pour soustraire $+b$ ou $-b$ de a, il faut écrire $a-b$ ou $a+b$, c'est-à-dire changer le signe du monome à soustraire, et l'écrire avec son nouveau signe à la suite de celui dont il faut soustraire (*Voyez* n° 14.)

Quant à la multiplication et à la division :

$$\left.\begin{array}{l} +a\times+b \text{ ou } -a\times-b \text{ donne pour produit } +ab \\ -a\times+b \text{ ou } +a\times-b \text{ donne pour produit } -ab \end{array}\right\} \text{(n° 17).}$$

$$\left.\begin{array}{l} +a : +b \text{ ou } -a : -b \text{ donne pour quotient } +\frac{a}{b} \\ -a : +b \text{ ou } +a : -b \text{ donne pour quotient } -\frac{a}{b} \end{array}\right\} \text{(n° 25).}$$

Ces règles donnent lieu à quelques remarques importantes.

1°.—En Algèbre, le mot *ajouter* et le mot *somme* ne doivent pas toujours, comme en Arithmétique, entraîner avec eux l'idée d'augmentation ; car le résultat, $a-b$, de l'addition de $-b$ avec a, est, à proprement parler, une différence entre le nombre d'unités exprimé par a et le nombre d'unités exprimé par b; par conséquent, ce résultat est moindre que a. Pour distinguer cette espèce de somme, d'une somme arithmétique, on lui donne le nom de *somme algébrique*. Ainsi, un polynome tel que $2a^3-3a^2b+3abc-2a^2c$, est une *somme algébrique*, en tant qu'on le regarde comme le résultat de la réunion des monomes $2a^3$, $-3a^2b$, $+3abc$, $-2a^2c$, avec leurs signes respectifs ; et *son acception propre* est la différence arithmétique entre la somme des unités contenues dans les termes additifs et la somme des unités contenues dans les termes soustractifs.

Il résulte de là qu'une somme algébrique peut, dans les applications numériques, se réduire à un nombre *négatif* (ou affecté du signe $-$).

2°.—Le mot *soustraire* et le mot *différence* n'offrent pas toujours l'idée de diminution ; car la différence entre $+a$ et $-b$, étant $a+b$, surpasse le nombre a; c'est une *différence algébrique*, parce que le résultat peut être mis sous la forme $a-(-b)$.

Au moyen de ces dénominations, les valeurs négatives peuvent être regardées comme des réponses aux questions. Par exemple, dans l'équation $31+x=24$, le résultat $x=-7$ indique qu'il faut ajouter -7 à 31 pour obtenir 24; et en effet, $31+(-7)$, ou $31-7$, est égal à 24.

Pareillement, dans l'équation $15+x=\dfrac{45+x}{4}$, le résultat $x=-5$ indique qu'il faut ajouter -5 aux deux âges, pour que l'âge du fils soit le quart de celui du père. En effet, on a

$$15+(-5) \quad \text{ou} \quad 15-5=10,$$
$$45+(-5) \quad \text{ou} \quad 45-5=40.$$

63. La nécessité d'employer les expressions négatives dans les calculs algébriques, et d'opérer sur elles comme sur les quantités absolues, a conduit les algébristes à deux autres propositions qui seront par la suite d'un usage très fréquent. En voici l'énoncé : *Toute quantité négative*, $-a$, *est plus petite que* o; et *de deux quantités négatives, la plus petite est celle dont la valeur numérique ou absolue est la plus grande.*

Ainsi l'on a : $-a < 0$ et $-a < -b$, si a est numériquement plus grand que b.

Pour nous rendre compte de ces deux propositions, observons qu'en général, si d'un même nombre on retranche une suite de nombres de plus en plus grands, les restes doivent être de plus en plus petits. Cela posé, prenons au hasard un nombre entier, 6 par exemple, et de ce nombre retranchons successivement 1, 2, 3, 4, 5, 6, 7, 8, 9, ...; on trouve, en écrivant les différences sur une même ligne,

$$6-1,\ 6-2,\ 6-3,\ 6-4,\ 6-5,\ 6-6,\ 6-7,\ 6-8,\ 6-9,$$

ou réduisant,

$$5,\quad 4,\quad 3,\quad 2,\quad 1,\quad 0,\quad -1,\quad -2,\quad -3.$$

D'où l'on voit que -1 doit être regardé comme plus petit que o, puisque celui-ci exprime l'excès de 6 sur lui-même; tandis que -1 exprime l'excès de 6 sur un nombre plus grand.

Par la même raison, -1 est plus grand que -2, -3 est plus grand que -4, quoique les valeurs numériques des premières expressions soient moindres que celles des dernières.

Autrement. — Dès que, pour interpréter tous les résultats singuliers que fournit la résolution algébrique d'une question, l'on est convenu de considérer les *expressions négatives* comme des quantités, il faut qu'en les soumettant aux mêmes opérations que les nombres absolus, on puisse parvenir à des résultats exacts. Or, on peut regarder comme un *axiome*, que, si un nombre a est plus grand qu'un autre b, et que l'on ajoute à chacun un même nombre d, le premier résultat, $a+d$, est plus grand que le second, $b+d$.

Cela posé, en admettant les inégalités $0 > -a$, et...... $-a > -(a+m)$, (a et m sont ici des nombres absolus), si l'on ajoute aux deux membres de chacune d'elles, $a+m$, on trouve $a+m > m$ et $m > 0$, ce qui est exact. Au contraire, si l'on posait $0 < -a$ et $-a < -(a+m)$, il en résulterait $a+m < m$ et $m < 0$, ce qui serait absurde.

En général, on doit admettre les deux propositions précédentes si l'on veut opérer sur *les expressions négatives* comme sur les quantités absolues. Ces propositions sont, au reste, une espèce de *locution algébrique* analogue à celles dont nous nous servons souvent dans notre langue. Nous disons tous les jours d'une personne qu'elle a *moins que rien*, pour exprimer qu'elle doit plus qu'elle ne possède; et de deux personnes, qui, ayant la même fortune, doivent plus qu'elles ne possèdent, que *la plus riche est celle qui doit le moins.*

Discussion des problèmes du premier degré à deux ou plusieurs inconnues.

64. Lorsqu'on a résolu un problème généralement, c'est-à-dire en représentant les données par des lettres, on peut se proposer de déterminer ce que deviennent les valeurs des inconnues, pour des hypothèses particulières faites sur les données. La détermination de ces différentes valeurs, et l'interprétation des résultats singuliers auxquels on parvient, forment ce qu'on appelle la *discussion du problème.*

Voici une question dont la discussion offre à peu près toutes les circonstances qui se rencontrent dans les problèmes du premier degré :

Quatorzième problème. — *Deux courriers partent en même temps de deux points différens,* A *et* B, *d'une même ligne* AB *et se dirigent dans le même sens* AB. *Le courrier qui part du point* A *fait* m *lieues par heure, et le courrier qui part du point* B *en fait* n. *On demande à quelles distances des points* A *et* B, *les deux courriers se rencontreront.*

Solution.—Soit R le point de rencontre; appelons x et y les distances inconnues AR et BR, exprimées en lieues, et a la distance AB qui sépare les deux courriers au moment de leur départ. On a évidemment pour première équation,

$$x-y=a\ldots\ (1).$$

Mais m et n exprimant les nombres de lieues faites par heure (ce sont les vitesses respectives des deux courriers), il s'ensuit que les temps employés pour parcourir les espaces x et y sont marqués par $\frac{x}{m}$ et $\frac{y}{n}$; d'ailleurs, ces deux temps sont égaux; ainsi, l'on a pour seconde équation du problème, $\frac{x}{m}=\frac{y}{n}$,

ou bien, $$nx-my=0\ldots\ (2).$$

Combinant les équations (1) et (2) entre elles d'après les méthodes connues d'élimination, on obtient

$$x=\frac{am}{m-n},\ y=\frac{an}{m-n},$$

valeurs qu'il est aisé de vérifier.

Discussion.—Tant que l'on supposera $m>n$, d'où $m-n>0$ ou positif, ces valeurs seront positives, et le problème sera résolu dans le sens propre de son énoncé. En effet, si le courrier A est supposé aller plus vite que le courrier B, on conçoit qu'à chaque instant il gagne du chemin sur celui-ci; l'intervalle qui les séparait d'abord diminue de plus en plus jusqu'à ce qu'enfin il s'anéantisse tout-à-fait; et alors les deux courriers doivent se trouver au même point de la ligne qu'ils parcourent.

Mais si l'on suppose $m<n$, d'où $m-n<0$ ou négatif,

les valeurs sont à la fois négatives et deviennent

$$x = -\frac{am}{n-m}, \quad y = -\frac{an}{n-m}.$$

Pour interpréter ces résultats, observons qu'il est impossible que les deux courriers se rencontrent s'ils sont *partis* en même temps des points A et B, comme on l'a supposé, l'intervalle qui les séparait ne faisant qu'augmenter à chaque instant. Mais cette condition de leur départ simultané n'étant pas de nature à être exprimée algébriquement, n'entre pour rien dans les équations du problème, qui sont restées tout-à-fait indépendantes de cette restriction. Si donc on suppose que les courriers, parvenus en même temps, l'un au point A, l'autre au point B, se meuvent déjà depuis un temps indéfini sur la ligne et dans le sens AB, alors il est clair qu'ils auront dû se rencontrer antérieurement en un point R' du prolongement de BA, qui est précisément celui que déterminent les valeurs de x et de y. En effet, si l'on met le problème en équation d'après la nouvelle hypothèse, ce qui revient à changer les signes de x et de y dans les deux équations, conformément au principe établi n° 59, on obtient

$$y - x = a, \quad \frac{x}{m} = \frac{y}{n},$$

équations qui, résolues, donnent

$$x = \frac{am}{n-m}, \quad y = \frac{an}{n-m}.$$

Ces valeurs vérifient le nouvel énoncé, dans lequel on suppose que les courriers se sont déjà rencontrés avant d'être parvenus aux points A et B.

Soit maintenant $m = n$, d'où $m - n = 0$; les valeurs générales se réduisent à $x = \frac{am}{0}$, $y = \frac{an}{0}$.

Comment interpréter ces nouveaux résultats?

En remontant d'abord à l'énoncé, on voit qu'il y a impossibilité absolue d'y satisfaire, c'est-à-dire qu'il ne peut exister de point de rencontre ; car les deux courriers étant à un intervalle a l'un de l'autre, et allant également vite, doivent toujours conserver entre eux la même distance. On peut donc regarder le résultat $\frac{am}{0}$ comme un nouveau signe d'impossibilité. En effet, si l'on reprend les équations du problème, elles deviennent, dans les cas de $m = n$,

$$\left.\begin{array}{l} x - y = a \\ \frac{x}{m} = \frac{y}{m} \end{array}\right\} \text{ ou } \left\{\begin{array}{l} x - y = a, \\ x - y = 0, \end{array}\right.$$

équations évidemment incompatibles.

Cependant les algébristes regardent les résultats $x = \frac{am}{0}$, $y = \frac{an}{0}$, comme formant une espèce de valeur à laquelle ils donnent le nom de *valeur infinie*. En voici la raison :

Lorsque la différence $m - n$, sans être tout-à-fait nulle, est supposée très petite, les deux résultats, $\frac{am}{m-n}$, $\frac{an}{m-n}$, sont très grands.

Soit, par exemple, $m - n = 0,01$, $m = 3$; d'où ...... $n = 3 - 0,01 = 2,99$. Il vient

$$\frac{am}{m-n} = \frac{3a}{0,01} = 300a, \quad \frac{an}{m-n} = 299a.$$

Soit encore $m - n = 0,0001$, $m = 3$, d'où $n = 2,9999$; il en résulte $\frac{am}{m-m} = 30000a$, $\frac{an}{m-n} = 29999a$.

En un mot, tant que la différence des deux vitesses n'est pas nulle, les deux courriers se rencontrent ; mais les distances du point de rencontre aux deux points de départ deviennent de plus en plus grandes, à mesure que cette différence diminue. Donc, *si l'on suppose cette différence moindre qu'aucune grandeur donnée, les distances* $\frac{am}{m-n}$, $\frac{an}{m-n}$ *sont plus grandes qu'aucune quantité donnée*, ou infinies. On dit alors, pour abréger : soit $m-n=0$, il en résulte $x=\frac{am}{0}$, $y=\frac{an}{0}$, valeurs infinies.

Comme o est moindre que toute grandeur absolue, il s'ensuit que l'on peut prendre ce caractère pour désigner le *dernier état* d'une grandeur qui peut décroître autant que l'on veut. De même, comme un nombre fractionnaire est d'autant plus grand que son numérateur est plus grand par rapport à son dénominateur, il s'ensuit qu'une expression telle que $\frac{A}{0}$ (A étant un nombre absolu quelconque), est très propre à exprimer une quantité *infinie*, c'est-à-dire une quantité plus grande qu'aucune quantité assignable.

L'*infini* s'exprime encore par un *huit* couché, ∞; et par conséquent, une quantité moindre qu'aucune grandeur donnée, ou o, peut aussi s'exprimer par $\frac{A}{\infty}$; car une fraction est d'autant plus petite que son dénominateur est plus grand par rapport à son numérateur. Ainsi o et $\frac{A}{\infty}$ sont des symboles synonymes; il en est de même de $\frac{A}{0}$ et ∞.

Nous avons insisté sur ces dernières notions, parce qu'il y a des questions d'une nature telle, que l'*infini* peut être regardé comme une véritable réponse à l'énoncé. On en voit des exemples fréquens dans l'*application de l'algèbre aux questions de Géométrie*.

En résumant ce que nous venons de dire, dans le cas de $m=n$, on voit qu'il n'y a pas, à proprement parler, de solution du problème, en *nombres finis et déterminés*; mais on trouve des valeurs infinies pour les inconnues.

Si, à l'hypothèse $m=n$, on ajoute celle-ci, $a=0$, les deux valeurs deviennent $x=\frac{0}{0}$, $y=\frac{0}{0}$. Quel sens doit-on attacher à ce nouveau résultat?

Reprenons l'énoncé, et observons que, si les deux courriers partent du même point et vont également vite, ils doivent être toujours ensemble, et par conséquent se rencontrer en tous les points de la ligne qu'ils parcourent. Et en effet, les équations deviennent, dans la double hypothèse de $m=n$, $a=0$,

$$\left.\begin{array}{l} x-y=0 \\ \frac{x}{m}=\frac{y}{m}=0 \end{array}\right\} \quad \text{ou} \quad \left\{\begin{array}{l} x-y=0, \\ x-y=0, \end{array}\right.$$

équations qui rentrent l'une dans l'autre. Ainsi la question est tout-à-fait indéterminée (nº 55), puisqu'on n'a réellement qu'une équation entre deux inconnues.

L'expression $\frac{0}{0}$ est donc, dans ce cas, le *symbole d'une indétermination dans l'énoncé*.

Si les deux courriers ne vont pas également vite, c'est-à-dire que l'on ait $m >$ ou $< n$, mais qu'on suppose $a=0$, on trouve pour valeurs $x=0$, $y=0$.

En effet, les deux courriers partant du même point, et ayant des vitesses différentes, ne peuvent évidemment se trouver ensemble qu'au point de leur départ.

Les hypothèses précédentes sont les seules qui conduisent à des résultats remarquables. Elles suffisent d'ailleurs pour faire voir aux commençans de quelle manière l'Algèbre répond à toutes les circonstances de l'énoncé d'un problème.

Nous généraliserons bientôt la discussion précédente; mais auparavant, nous ferons une remarque de la plus grande importance dans les applications algébriques.

65. Lorsqu'un problème a été résolu généralement, on peut,

au moyen des formules ou valeurs trouvées pour les inconnues, *obtenir par de simples changemens de signe*, celles qui conviennent à de nouveaux problèmes généraux dont les énoncés ne diffèrent de celui du problème proposé, que par le sens de certaines quantités qui, d'additives qu'elles étaient, sont devenues soustractives, et réciproquement.

Prenons pour exemple le problème de l'ouvrier, résolu n° 47. En supposant que l'ouvrier reçoive pour son décompte une somme c, on a les équations

$$\left.\begin{array}{r} x + \ y = n \\ ax - by = c \end{array}\right\}, \quad \text{d'où} \quad x = \frac{bn + c}{a + b}, \quad y = \frac{an - c}{a + b}.$$

Mais, si l'on suppose au contraire que, tout décompte fait, l'ouvrier, au lieu de recevoir, doive une somme c, les équations seront alors $\left.\begin{array}{r} x + \ y = n \\ by - ax = c \end{array}\right\}$ ou $\left\{\begin{array}{r} x + \ y = n \\ ax - by = -c, \end{array}\right.$

(on a changé les signes de la seconde équation).

Or il est visible que, sans résoudre de nouveau ces équations, on peut obtenir sur-le-champ les valeurs de x et de y qui leur correspondent, en changeant simplement le signe de c dans les valeurs précédentes, ce qui donne

$$x = \frac{bn - c}{a + b}, \quad y = \frac{an + c}{a + b}.$$

Afin de le prouver rigoureusement, désignons pour le moment $-c$ par d; les équations deviennent alors $\left\{\begin{array}{r} x + \ y = n, \\ ax - by = d, \end{array}\right.$ équations qui ne diffèrent de celle du premier énoncé qu'en ce que c est changé en d. Ainsi, l'on trouvera nécessairement

$$x = \frac{bn + d}{a + b}, \quad y = \frac{an - d}{a + b}.$$

Actuellement, si l'on remplace d par sa valeur $-c$, il vient

$$x=\frac{bn+(-c)}{a+b},\quad y=\frac{an-(-c)}{a+b};$$

ou bien, en appliquant les règles établies n° 62,

$$x=\frac{bn-c}{a+b},\quad y=\frac{an+c}{a+b}\ldots \text{ C.Q.F.D.}$$

On peut comprendre sous les mêmes formules, les résultats qui conviennent aux deux énoncés, en écrivant

$$x=\frac{bn\pm c}{a+b},\quad y=\frac{an\mp c}{a+b}.$$

(Le double signe $\pm$ s'énonce *plus ou moins*; les signes supérieurs correspondent au cas où l'ouvrier reçoit, et les signes inférieurs à celui où l'ouvrier doit une somme c.)

Ces formules embrassent encore le cas où, tout décompte fait, l'ouvrier et la personne qui l'emploie sont quittes l'un envers l'autre. Il suffit de supposer $c=0$, ce qui donne

$$x=\frac{bn}{a+b},\quad y=\frac{an}{a+b}.$$

Soient encore les deux équations générales $\left\{\begin{array}{l} ax+by=c, \\ dx+fy=g,\end{array}\right.$

provenant de la traduction algébrique d'un problème quelconque. En multipliant la première équation par f, la seconde par b, et soustrayant la seconde de la première, on a

$$(af-bd)\,x=cf-bg,\quad \text{d'où}\quad x=\frac{cf-bg}{af-bd}.$$

On trouverait de même $\qquad y=\dfrac{ag-cd}{af-bd}.$

Cela posé, pour passer de ces formules,

1°.—à celles qui conviennent aux équations $\left\{\begin{array}{l} ax-by=c, \\ dx+fy=g,\end{array}\right.$

il suffit de changer b en $-b$, ce qui donne

$$x = \frac{cf + bg}{af + bd}, \quad y = \frac{ag - cd}{af + bd};$$

2°. — aux formules relatives aux équations $\left\{\begin{array}{l} ax - by = c, \\ dx - fy = g, \end{array}\right.$

il suffit de changer b en $-b$ et f en $-f$, ce qui donne les formules

$$x = \frac{-cf + bg}{-af + bd} = \frac{bg - cf}{bd - af}, \quad y = \frac{ag - cd}{bd - af}.$$

La démonstration est absolument la même que dans l'exemple précédent ; ainsi nous ne la répéterons pas.

§ IV. — *Discussion générale des problèmes et des équations du premier degré.*

66. Afin de pouvoir généraliser la discussion des problèmes du premier degré à une ou plusieurs inconnues, nous allons nous proposer d'établir des formules qui puissent représenter les valeurs des inconnues, pour un système quelconque d'équations renfermant un pareil nombre d'inconnues.

Mais auparavant, nous démontrerons un principe général, applicable aux équations de tous les degrés, et dont le principe du n° **60** n'est qu'un cas particulier.

Si l'on a deux ou plusieurs équations

$$A = B \mid C = D \mid E = F \mid G = H \mid \ldots \quad (1),$$

entre deux ou plusieurs inconnues $x, y, z, u, \ldots$ (le nombre de ces inconnues pouvant être différent de celui des équations),

1°. — *On peut à l'une de ces équations substituer le résultat de la combinaison, par addition ou soustraction, de deux ou plusieurs d'entre elles, pourvu que l'équation remplacée soit une de celles qui ont été combinées.*

Ainsi, à l'équation $A=B$, par exemple, on peut substituer l'une des équations suivantes :

$$A+C=B+D, \text{ ou } A-C=B-D, \text{ ou } A+C-E=B+D-F.. \quad (2).$$

En effet, les équations (1) existant pour un certain système de valeurs de $x, y, z, u...$, il est clair que chacune des équations (2) doit exister pour le même système. Réciproquement, tout système qui vérifie l'une des équations (2), et les équations $C=D$, $E=F$, $G=H$, doit nécessairement vérifier l'équation $A=B$; car si l'on considère les équations $C=D$, $E=F$, $G=H$, en même temps que l'équation........... $A+C-E=B+D-F$, par exemple, on trouve, en retranchant de celle-ci l'équation $C=D$, membre à membre, et ajoutant au résultat l'équation $E=F$, aussi membre à membre, on trouve, dis-je, $A+C-E-C+E=B+D-F-D+F$, ou réduisant... $A=B$.

2°. — *On peut même,* avant de combiner les équations (1) par addition et soustraction, *multiplier d'abord les deux membres d'une ou de plusieurs des équations* (1) *par un nombre connu.*

Car si l'on a $A=B$, $C=D$, $E=F$, on a également..... $mA=mB$, $nC=nD$, $pE=pF$, et réciproquement; ce qui veut dire qu'au système des équations $A=B$, $C=D$, $E=F$, on peut substituer celui-ci : $mA=mB$, $nC=nD$, $pE=pF$; et alors rien n'empêche d'opérer ensuite sur ces dernières équations par addition et soustraction.

67. Venons maintenant à notre objet. D'abord, toute équation du premier degré à une seule inconnue peut, au moyen des transformations usitées, être ramenée à la forme

$$ax=b;$$

a désignant la *somme algébrique* des quantités qui multiplient l'inconnue, et b la somme algébrique des termes tous connus.

Cette équation donne $x = \frac{b}{a}$;

et il est bien évident qu'aucune quantité différente de celle qui est exprimée par $\frac{b}{a}$, ne peut vérifier l'équation proposée.

Observons, en second lieu, que toute équation du premier degré à deux inconnues, peut être représentée par

$$ax + by = c,$$

(a, b, c, étant des quantités entières de signes quelconques).

En effet, si l'équation proposée renferme des dénominateurs, on les fait d'abord disparaître (n° 44); réunissant ensuite tous les termes affectés de x et tous les termes affectés de y dans le premier membre, puis faisant passer tous les termes connus dans le second membre, on peut désigner la *somme algébrique* des premiers par ax, la somme algébrique des seconds par by, et la somme algébrique des derniers par c.

Soient donc proposées les deux équations

$$ax + by = c, \qquad (1)$$
$$a'x + b'y = c'. \qquad (2)$$

On obtient, en multipliant la 1re par b', la seconde par b, et retranchant le second résultat du premier,

$$(ab' - ba')\, x = cb' - bc'; \qquad (3)$$

d'où $$x = \frac{cb' - bc'}{ab' - ba'}.$$

Observons ici qu'en vertu du principe n° 66, les équations (1) et (2) peuvent être remplacées par les équations (1) et (3). Or, cette dernière donne pour x une valeur *unique*, qui, substituée dans l'équation (1), ne peut donner qu'une seule valeur pour y. Donc, les équations proposées ne sauraient admettre qu'un seul système de valeurs pour les deux inconnues.

La valeur de y peut d'ailleurs s'obtenir directement par

l'élimination de x. Il suffit pour cela de multiplier la 1re équation par a', la 2e par a, puis de retrancher le premier résultat du second (afin de conserver pour y le même dénominateur que pour x). Il vient $(ab' - ba')y = ac' - ca'$,

d'où
$$y = \frac{ac' - ca'}{ab' - ba'}.$$

Passons maintenant au cas de trois équations à trois inconnues.

Soient les équations

$$ax + by + cz = d, \qquad (1)$$
$$a'x + b'y + c'z = d', \qquad (2)$$
$$a''x + b''y + c''z = d''. \qquad (3)$$

Pour éliminer z, multiplions la 1re équation par c', la 2e par c, et retranchons le second résultat du premier; il vient

$$(ac' - ca')x + (bc' - cb')y = dc' - cd'. \qquad (4)$$

Combinant de même la seconde équation avec la troisième, on trouve

$$(a'c'' - c'a'')x + (b'c'' - c'b'')y = d'c'' - c'd''; \qquad (5)$$

et l'on doit déjà observer (n° 66) que les équations (1), (2), (3), peuvent être remplacées par les équations (1), (4), (5).

Actuellement, pour éliminer y, il faut multiplier l'équation (4) par $b'c'' - c'b''$, l'équation (5) par $bc' - cb'$, puis retrancher le 2e résultat du 1er, ce qui donne

$$[(ac' - ca')(b'c'' - c'b'') - (a'c'' - c'a'')(bc' - cb')]x$$
$$= (dc' - cd')(b'c'' - c'b'') - (d'c'' - c'd'')(bc' - cb'),$$

ou, effectuant les calculs, réduisant et divisant par c',

$$(ab'c'' - ac'b'' + ca'b'' - ba'c'' + bc'a'' - cb'a'')x$$
$$= db'c'' - dc'b'' + cd'b'' - bd'c'' + bc'd'' - cb'd'', \qquad (6)$$

équation qui donne pour x la valeur unique

$$x = \frac{db'c'' - dc'b'' + cd'b'' - bd'c'' + bc'd'' - cb'd''}{ab'c'' - ac'b'' + ca'b'' - ba'c'' + bc'a'' - cb'a''}.$$

D'ailleurs, comme les équations (1), (4), (5), et par conséquent les équations proposées, peuvent être remplacées par les équations (1), (4), (6), si l'on reporte la valeur *unique* de x dans l'équation (4), on obtiendra une valeur unique pour y; et si l'on substitue le système *unique* des valeurs de x et de y dans l'équation (1), on obtiendra une valeur *unique* pour z. On voit donc que les équations proposées admettent un seul système de valeurs pour x, y, z.

Les valeurs de y et de z peuvent au reste s'obtenir directement en effectuant, pour éliminer x et z, ensuite x et y, des calculs analogues à ceux qu'on a effectués pour éliminer y et z. On trouverait ainsi

$$y = \frac{ad'c'' - ac'd'' + ca'd'' - da'c'' + dc'a'' - cd'a''}{ab'c'' - ac'b'' + ca'b'' - ba'c'' + bc'a'' - cb'a''},$$

$$z = \frac{ab'd'' - ad'b'' + da'b'' - ba'd'' + bd'a'' - db'a''}{ab'c'' - ac'b'' + ca'b'' - ba'c'' + bc'a'' - cb'a''}.$$

On voit assez la marche qu'il faudrait suivre, si l'on avait quatre équations et quatre inconnues, etc.

68. L'emploi des accens, dans les notations des coefficiens, a donné lieu à l'observation d'une *loi* d'après laquelle on peut facilement retrouver les formules précédentes, sans être obligé d'effectuer l'élimination.

Considérons d'abord le cas de deux équations à deux inconnues. On a trouvé, pour les valeurs,

$$x = \frac{cb' - bc'}{ab' - ba'}, \quad y = \frac{ac' - ca'}{ab' - ba'}.$$

1°. — *Pour obtenir le dénominateur commun à ces deux valeurs, formez avec les lettres* a *et* b, *qui désignent les coef-*

ficiens de x *et de* y *dans la première équation, les deux permutations* ab *et* ba, *puis interposez le signe* —, *ce qui donne* ab — ba; *enfin, accentuez dans chaque terme la dernière lettre; il vient*

$$ab' - ba'.$$

2°. — *Pour obtenir le numérateur relatif à chaque inconnue, remplacez, dans le dénominateur, la lettre qui désigne le coefficient de cette inconnue, par la lettre qui désigne la quantité toute connue, en laissant toutefois les accens à la même place. D'après cela,* $ab' - ba'$ *se change en* $cb' - bc'$, *pour la valeur de* x, *et en* $ac' - ca'$ *pour la valeur de* y.

Considérons actuellement le cas de 3 équations à 3 inconnues, *a*, *b*, *c*, désignant les coefficiens de *x*, *y*, *z*, et *d* la quantité toute connue. 1°. — *Pour avoir le dénominateur commun, prenez le dénominateur* ab — ba, *qui convient au cas de deux inconnues (abstraction faite des accens); introduisez la lettre* c *dans chacun des deux termes* ab *et* ba *à toutes les places, savoir, à droite, au milieu, et à gauche; puis interposez des signes alternativement positifs et négatifs; il en résulte* abc — acb + cab — bac + cab — cba. *Mettez ensuite, dans chaque terme, l'accent ' sur la deuxième lettre, et l'accent " sur la troisième lettre; il vient, pour le dénominateur,*

$$ab'c'' - ac'b'' + ca'b'' - ba'c'' + bc'a'' - cb'a''.$$

2°. — *Pour former le numérateur de chaque inconnue, remplacez dans le dénominateur, la lettre qui désigne le coefficient de cette inconnue par la lettre qui désigne la quantité toute connue, en laissant les accens à la même place. Ainsi pour* x, *changez* a *en* d; *pour* y, b *en* d; *et pour* z, c *en* d.

Cette *loi*, qui peut être regardée comme un résultat d'observation pour deux ou trois équations, est susceptible de s'étendre à un nombre quelconque d'équations; mais la démonstration en est très compliquée, et sort tout-à-fait des élémens. Nous renvoyons, pour cet objet, à la seconde partie de l'*Algèbre* de Garnier, et à un ouvrage intitulé: *Complément de la théorie des équations du premier degré*, par M. Desnanot.

69. Voyons l'usage qu'on peut faire de ces formules, dans les applications particulières.

Soient les deux équations $5x-7y=34$, $3x-13y=-6$.

En les comparant aux équations générales,

$$ax \quad by = c, \quad a'x + b'y = c',$$

on a $a=5$, $b=-7$, $c=34$ | $a'=3$, $b'=-13$, $c'=-6$.

Substituons dans les formules $x=\frac{cb'-bc'}{ab'-ba'}$, $y=\frac{ac'-ca'}{ab'-ba'}$,

à la place de a, b, c, a', b', c', ces valeurs ; il vient

$$1^{\circ}.\ x=\frac{34\times-13-(-7)\times-6}{5\times-13-(-7)\times3}=\frac{-34\times13-7\times6}{-5\times13+7\times3}$$

$$=\frac{-442-42}{-65+21}=\frac{-484}{-44}=11\,;$$

$$2^{\circ}.\ y=\frac{5\times-6-34\times3}{5-\times13-(-7)\times3}=\frac{-30-102}{-65+21}=\frac{-132}{-44}=3;$$

et je dis que $x=11$, $y=3$, sont les valeurs propres à satisfaire aux deux équations proposées.

Nous pourrions d'abord nous en assurer en les substituant dans ces équations. Mais, afin que la démonstration soit indépendante de tout exemple particulier, remarquons que, pour passer des formules relatives aux équations $ax+by=c$ et $a'x+b'y=c'$, à celles qui conviennent aux équations $ax-by=c$ et $a'x-b'y=-c'$, il suffit (nº 65) de changer b en $-b$, b' en $-b'$, et c' en $-c'$, ce qui donne $x=\frac{c\times-b'-(-b)\times-c'}{a\times-b'-(-b)\times a'}$,

$y = \frac{a \times -c' - c \times a'}{a \times -b' - (-b) \times a'}$; et, pour déduire de ces nouvelles formules générales, les valeurs qui conviennent aux équations particulières, il faut faire $a=5$, $b=7$, $c=34$, $a'=3$, $b'=13$, $c'=6$.

Donc enfin, pour obtenir les valeurs relatives aux équations proposées, il suffit de faire, dans les formules générales obtenues précédemment, $a=5$, $b=-7$, $c=34$ | $a'=3$, $b'=-13$, $c'=-6$, puis d'effectuer les calculs d'après les règles établies pour les quantités monomes.

La règle consiste, en général, à *substituer à la place des coefficiens* a, b, a′, b′. . ., *leurs valeurs considérées avec les signes dont elles sont affectées dans les équations particulières, et à effectuer toutes les opérations indiquées, d'après les préceptes établis.*

Ces applications justifient de nouveau la nécessité d'étendre aux quantités monomes les règles des signes établies pour les polynomes, puisque c'est le moyen de rendre les formules générales du premier degré, applicables à tout exemple particulier.

Passons à la discussion de ces formules.

70. Il résulte de leur inspection que, dans les applications particulières, on peut obtenir quatre espèces de valeurs pour réponses à des problèmes du premier degré, savoir : *des valeurs positives, des valeurs négatives, des valeurs de la forme* $\frac{A}{0}$, enfin, *des valeurs de la forme* $\frac{0}{0}$. Le problème des courriers a donné lieu à ces quatre résultats que nous nous proposons maintenant d'interpréter d'une manière générale.

D'abord, *les valeurs positives* sont ordinairement des réponses aux questions, dans le sens de leur énoncé. Cependant nous observerons que, pour certains problèmes, toutes les valeurs positives ne satisfont pas à l'énoncé. Si, par exemple, la nature du problème exige que les nombres cherchés soient entiers, et qu'on trouve des nombres fractionnaires, le problème ne peut être résolu. Quelquefois encore, la nature du problème ne permet pas que les nombres inconnus surpassent des nombres connus et donnés *à priori*, ou soient au-dessous d'autres nombres. Si les valeurs obtenues, quoique positives, ne satisfont pas à cette condition que comporte l'énoncé, mais qui ne peut s'exprimer par une équation, le problème ne peut encore être résolu. Ainsi, *les valeurs positives des inconnues sont, à proprement parler, des réponses directes aux équations ; et elles ne sont des solutions de la question qu'autant que leur nature se concilie avec celle qu'exige l'énoncé.* Pour concevoir comment un nombre peut vérifier une équation sans vérifier le problème dont elle est la traduction algébrique, il suffit de remarquer qu'*une même équation est la traduction algébrique d'une infinité de problèmes*, dont les uns admettent tous les nombres absolus possibles pour *solution*, et les autres n'admettent que des nombres d'une certaine nature.

71. Nous savons déjà à quoi nous en tenir sur les *valeurs négatives*, pour les problèmes à une seule inconnue. Afin de ne rien laisser à désirer, nous allons *démontrer le principe* du nº 59 pour un problème à plusieurs inconnues.

Il est évident d'abord que, si l'on obtient des valeurs négatives pour quelques-unes des inconnues, les équations du problème ne peuvent être satisfaites dans le sens où elles ont été établies; car si un système de nombres absolus, mis pour x, y, z.., pouvait les vérifier, les équations qui en ont été déduites par la méthode d'élimination devraient elles-mêmes exister pour ce système. Ainsi l'équation qui ne renferme plus qu'une des inconnues pour lesquelles on a obtenu un résultat négatif, devrait être vérifiée par un nombre absolu, ce qui serait contre l'hypothèse. *Il faut donc rectifier l'énoncé du problème, ou du moins les équations qui en sont la traduction algébrique.*

Actuellement, si, dans les équations, on change les signes des inconnues pour lesquelles on a obtenu des résultats négatifs, les termes affectés de ces inconnues changeront nécessairement de signe, et l'énoncé du problème sera généralement modifié en ce que *certaines quantités, d'additives qu'elles étaient, deviendront soustractives, et réciproquement.*

Je dis enfin que ces modifications une fois faites, *le nouvel énoncé est vérifié par les valeurs obtenues d'abord pour les inconnues, abstraction faite de leurs signes.* Prenons, pour fixer les idées, trois équations à trois inconnues,

$$ax+by+cz=d,\ a'x+b'y+c'z=d',\ a''x+b''y+c''z=d'',$$

et supposons que ces équations aient donné $x=p$, $y=-q$, $z=-r$; changeons dans ces équations, y et z en $-y$ et $-z$, ou bien en y' et z' (en désignant pour le moment, $-y$ et $-z$ par y' et z'). Il vient

$$ax+by'+cz'=d,\ a'x+b'y'+c'z'=d',\ a''x+b''y'+c''z'=d''.$$

Or, ces équations ne différant des précédentes, qu'en ce que y et z sont remplacés par y' et z', donneront nécessairement pour résultats : $x=p$, $y'=-q$, $z'=-r$; d'où, remettant $-y$ et $-z$ à la place de y' et de z'..., $x=p$, $-y=-q$, $-z=-r$, ou bien enfin, $x=p$, $y=q$, $z=r$; *ce qu'il fallait démontrer.*

Ainsi le principe du n° 59 est vrai pour les problèmes du premier degré à plusieurs inconnues.

Nous terminerons par cette observation, que quelquefois l'énoncé d'un problème n'est, par sa nature, susceptible d'aucune modification; dans ce cas, *les valeurs négatives* ne sont que des solutions des équations modifiées, qui peuvent d'ailleurs être regardées comme la traduction algébrique d'autres problèmes susceptibles de modification.

62. Il nous reste maintenant à interpréter les expressions telles que $\frac{A}{o}$, $\frac{o}{o}$.

Soit d'abord l'équation à une inconnue, $ax=b$, d'où $x=\frac{b}{a}$;

1°. — Si, pour une hypothèse particulière faite sur les données de la question, on a $a = 0$, il en résulte $x = \frac{b}{0}$.

Or l'équation devient, dans ce même cas, $0 \times x = b$, et ne peut évidemment être satisfaite par aucun nombre déterminé. Remarquons cependant que, l'équation pouvant aussi se mettre sous la forme $\frac{b}{x} = 0$, si l'on remplace x par des nombres de plus en plus grands, $\frac{b}{x}$ différera de moins en moins de 0, et l'équation approchera de plus en plus d'être exacte; en sorte qu'on peut prendre pour x une valeur assez grande pour que $\frac{b}{x}$ soit moindre qu'aucune quantité assignable.

C'est pour cette raison que les algébristes ont coutume de dire que *l'infini* satisfait, dans ce cas, à l'équation; et il y a des questions pour lesquelles ces sortes de résultats forment une véritable solution; mais du moins, il est certain que l'équation ne peut admettre de solution en nombre *fini*, et c'est tout ce qu'on veut prouver.

2°. — Si l'on a en même temps, $a = 0$, $b = 0$, la valeur de x prend la forme $x = \frac{0}{0}$.

Or, l'équation devient, dans ce cas, $0 \times x = 0$, et *tout nombre fini*, positif ou négatif, peut satisfaire à cette équation.

Ainsi *l'équation* (ou le problème dont elle est la traduction algébrique) *est indéterminée*.

75. C'est ici le lieu de faire une remarque importante sur l'expression $\frac{0}{0}$ qui, quelquefois, est le symbole de l'existence d'un facteur commun aux deux termes de la fraction, lequel facteur devient nul par l'effet d'une hypothèse particulière.

Supposons, par exemple, qu'on ait trouvé pour résultat de la solution d'un problème, ... $x = \frac{a^3 - b^3}{a^2 - b^2}$.

Si l'on fait dans cette formule, $a=b$, il en résulte $x=\frac{0}{0}$.

Mais remarquons que a^3-b^3 peut (n° 31) se mettre sous la forme $(a-b)(a^2+ab+b^2)$, et que a^2-b^2 est égal à $(a-b)(a+b)$; ainsi, la valeur de x revient à

$$x=\frac{(a-b)(a^2+ab+b^2)}{(a-b)(a+b)}.$$

Or, si, avant de faire l'hypothèse $a=b$, on commence par supprimer le facteur commun $a-b$, la valeur de x devient $x=\frac{a^2+ab+b^2}{a+b}$, expression qui se réduit à $x=\frac{3a^2}{2a}$, ou $x=\frac{3a}{2}$, dans l'hypothèse de $a=b$.

Soit, pour second exemple, l'expression

$$\frac{a^2-b^2}{(a-b)^2}=\frac{(a+b)(a-b)}{(a-b)(a-b)}.$$

En faisant $a=b$, on trouve pour valeur de x, $x=\frac{0}{0}$, à cause de l'existence du facteur commun $a-b$; mais si l'on supprime d'abord ce facteur, il vient $x=\frac{a+b}{a-b}$, expression qui se réduit à $x=\frac{2a}{0}$ lorsque l'on fait $a=b$.

Concluons de là que *le symbole $\frac{0}{0}$ est quelquefois en Algèbre l'indice de l'existence d'un facteur commun entre les deux termes de la fraction qui se réduit à cette forme*. Ainsi, avant de rien prononcer sur la vraie valeur de la fraction, il faut s'assurer si ses deux termes ne renferment pas un facteur commun. Dès qu'il n'en existe pas, on conclut que l'équation est réellement *indéterminée*. S'il en existe un, on le supprime, puis on fait de nouveau l'hypothèse particulière, ce qui donne la vraie valeur de la fraction, qui peut encore se présenter sous trois formes, $\frac{A}{B}$ (A pouvant être o), $\frac{A}{o}$, $\frac{o}{o}$; auquel cas l'équation est *déterminée*, *impossible* en nombre fini, ou *indéterminée*.

Cette observation est très utile dans la discussion des problèmes.

74. Revenons à notre sujet, et considérons maintenant les deux équations à deux inconnues $\begin{cases} ax + by = c, \\ a'x + b'y = c'. \end{cases}$

On a trouvé (n° 67) pour les valeurs de x et de y,

$$x = \frac{cb' - bc'}{ab' - ba'}, \quad y = \frac{ac' - ca'}{ab' - ba'}.$$

Supposons que l'on ait $ab' - ba' = o$, les numérateurs $cb' - bc'$, $ac' - ca'$, étant d'ailleurs différens de o; les valeurs se réduisent à

$$x = \frac{A}{o}, \quad y = \frac{B}{o}.$$

Pour interpréter ces résultats, observons que, de l'équation $ab' - ba' = o$, on tire $a' = \frac{ab'}{b}$, d'où, substituant cette valeur dans l'équation $a'x + b'y = c'$, $\frac{ab'}{b}x + b'y = c'$,

ou, chassant le dénominateur et divisant par b',

$$ax + by = \frac{bc'}{b'},$$

équation dont le premier membre est identique avec celui de la première

$$ax + by = c,$$

tandis que le second membre est essentiellement différent; car de l'inégalité $cb' \gtrless bc'$, on déduit $c \gtrless \frac{bc'}{b'}$.

On voit donc que les *deux équations proposées ne peuvent être satisfaites simultanément par aucun système de valeurs finies de* x *et de* y.

Si l'on a en même temps, $ab'-ba'=0$, $cb'-bc'=0$, la valeur de x se réduit à $x=\frac{0}{0}$, valeur qu'il faut interpréter.

Les deux équations proposées peuvent, en vertu de la relation

$ab'-ba'=0$, se mettre sous la forme $\begin{cases} ax+by=c, \\ ax+by=\frac{bc'}{b'}, \end{cases}$

équations qui rentrent nécessairement l'une dans l'autre; car de la relation $cb'-bc'=0$, on déduit $c=\frac{bc'}{b'}$.

Ainsi, pour résoudre le problème, on n'a réellement qu'une seule équation entre deux inconnues. Donc, *la question est indéterminée.*

Comme la relation $ab'-ba'=0$, donne $b'=\frac{ba'}{a}$, d'où, substituant dans la relation $cb'-bc'=0$, $\frac{cba'}{a}-bc'=0$, ou réduisant, $ca'-ac'=0$, on peut conclure que, *si la valeur de* x *est de la forme* $\frac{0}{0}$, *la valeur de* y *est* GÉNÉRALEMENT *de même forme, et réciproquement.*

75. Cette proposition cesse d'être vraie dans *un seul* cas particulier : c'est celui où les coefficiens d'une même inconnue sont *nuls* à la fois dans les deux équations. Examinons cette circonstance qui mérite quelque attention.

Supposons, par exemple, $b=0$, $b'=0$, auquel cas les valeurs de x et de y se réduisent à

$$x=\frac{0}{0}, \quad \text{et} \quad y=\frac{ac'-ca'}{0}.$$

Si nous remontons aux équations, elles deviennent, dans

l'hypothèse que nous considérons,

$$\left.\begin{array}{l} ax = c \\ a'x = c' \end{array}\right\} \text{ d'où l'on déduit } x = \frac{c}{a} \text{ et } x = \frac{c'}{a'}.$$

Or, on a nécessairement de deux choses l'une :

Ou bien $\frac{c}{a} \gtrless \frac{c'}{a'}$; alors les équations sont *incompatibles* ; et la valeur de y est de la forme $\frac{A}{0}$ ou *infinie*, tandis que x est de la forme $\frac{0}{0}$.

Ou bien $\frac{c}{a} = \frac{c'}{a'}$; alors les deux équations s'accordent entre elles. De plus, comme la relation $\frac{c}{a} = \frac{c'}{a'}$ donne $ac' - ca' = 0$, il s'ensuit que la valeur de y prend la forme $\frac{0}{0}$, comme celle de x ; mais il y a cette différence essentielle, que y est réellement *indéterminé*, tandis que x a une valeur *déterminée*, $\frac{c}{a}$.

Au surplus, dans l'hypothèse qui nous occupe, savoir : $b = 0$, $b' = 0$, $ac' - ca' = 0$, il est facile de faire ressortir l'existence d'un facteur commun qui rend *nuls* à la fois les deux termes de la valeur générale de x.

Soit posé, pour cela, $m = \frac{a'}{a} = \frac{c'}{c}$, et $n = \frac{b'}{b}$;

il en résulte $a' = ma$, $c' = mc$, et $b' = nb$,

d'où, substituant ces valeurs de a', c', b', dans la valeur générale de x, $\left(x = \frac{cb' - bc'}{ab' - ba'}\right)$,

$$x = \frac{bcn - cbm}{abn - bam} = \frac{cb(n - m)}{ab(n - m)},$$

expression qui, après la suppression des deux facteurs communs b et $n-m$, se réduit à $x=\frac{c}{a}$.

Quant à la valeur générale de y, $\left(y=\frac{ac'-ca'}{ab'-ba'}\right)$, elle devient, par les mêmes substitutions,

$$y=\frac{acm-cam}{abn-bam}=\frac{ac\,(m-m)}{ab\,(n-m)}=\frac{c\,(m-m)}{b\,(n-m)},$$

expression qui, à cause de $b=0$ et $m-m=0$, se réduit toujours à $\frac{0}{0}$; et nous avons vu qu'en effet, y doit rester indéterminé.

Les conséquences seraient analogues si l'on avait à la fois $a=0$, $a'=0$.

N. B.—Le cas particulier où les coefficiens des deux inconnues dans la même équation, sont *nuls* à la fois, n'infirme pas la proposition établie n° 74.

On trouve 1°.—pour $a=0$, $b=0$,... $x=\frac{cb'}{0}$, $y=\frac{-ca'}{0}$,

2°.—pour $a'=0$, $b'=0$,... $x=\frac{-bc'}{0}$, $y=\frac{ac'}{0}$.

Ce sont là les seules circonstances dignes de remarque.

76. Nous venons de voir que, pour deux équations à deux inconnues, à l'exception d'un seul cas particulier, si l'une des inconnues a une valeur de la forme $\frac{A}{0}$ ou $\frac{0}{0}$, l'autre a nécessairement une valeur de la même forme ; de plus, que, dans l'hypothèse où les valeurs sont toutes deux de la forme $\frac{A}{0}$, les équations sont *incompatibles*, et que, si elles sont de la forme $\frac{0}{0}$, les équations sont *indéterminées*.

On ne peut plus tirer les mêmes conséquences dès que l'on

a plus de *deux* équations. Ainsi, par exemple, quand il s'agit de *trois* équations, si l'on suppose *nul* le dénominateur commun aux valeurs des trois inconnues, il pourra arriver, suivant les circonstances, ou bien, que les numérateurs soient tous trois *différens* de o; ou bien, qu'ils soient tous trois *égaux* à o; ou bien enfin, que l'un des deux étant égal à o, les deux autres soient *différens* de o, ou réciproquement.

Cela s'explique assez bien par l'observation que, pour deux équations, le dénominateur $ab' - ba'$ étant composé de deux termes seulement, ne peut être *nul* que de trois manières principales, savoir : lorsque l'on a

$$1^\circ \ldots \frac{a}{a'} = \frac{b}{b'},$$

$$2^\circ \ldots\ a = 0,\ a' = 0,\quad \text{ou bien},\quad b = 0,\ b' = 0,$$
$$3^\circ \ldots\ a = 0,\ b = 0,\quad \text{ou bien},\quad a' = 0,\ b' = 0;$$

tandis que, pour *trois* équations, le dénominateur D étant

$$ab'c'' - ac'b'' + ca'b'' - ba'c'' + bc'a'' - cb'a'',$$

peut être mis sous différentes formes, telles que

$$a(b'c'' - c'b'') + a'(cb'' - bc'') + a''(bc' - cb'),$$
$$b(c'a'' - a'c'') + b'(ac'' - ca'') + b''(ca' - ac'),$$
$$c(a'b'' - b'a'') + c'(ba'' - ab'') + c''(ab' - ba');$$

et est ainsi susceptible de devenir *nul* d'un très grand nombre de manières, sans que les numérateurs reçoivent des valeurs dépendant les unes des autres.

Par exemple, en supposant qu'aucune des quantités $a, b, c, a', b', c', a'', b'', c'', d, d', d''$, ne soit nulle, admettons que l'on ait les relations

$$b'c'' - c'b'' = 0,\quad cb'' - bc'' = 0,\quad \text{d'où l'on déduit}\quad bc' - cb' = 0;$$

le dénominateur D serait o; et comme le numérateur de la valeur de x se déduit de D (n° 68) en changeant a, a', a'', en d, d', d'', il est clair que ce numérateur serait aussi égal à o ; mais rien ne prouve que les numérateurs qui correspondent à y et à z deviennent *nuls* dans la même circonstance, puisque les *quantités* $b'c'' - c'b''$, $cb'' - bc''$, et $bc' - cb'$, n'entrent pas dans leurs expressions.

Toutefois, dès qu'on obtient pour la valeur de l'une des inconnues une expression de la forme $\frac{A}{0}$, on peut conclure, SANS AUCUNE RESTRICTION, que les équations sont *incompatibles* en nombres finis, au moins pour cette inconnue. En effet, comme il résulte de ce qui a été dit n° 67, que l'une des équations proposées peut être remplacée par l'équation qui ne renferme plus que l'inconnue pour laquelle on a trouvé un résultat de la forme $\frac{A}{0}$, il n'y a que ce résultat qui, combiné avec certaines valeurs des autres inconnues, puisse vérifier les trois équations proposées.

Mais de ce qu'on obtient pour l'une des inconnues un résultat de la forme $\frac{0}{0}$, on ne peut pas conclure que les équations sont *indéterminées* ; car, ainsi que nous l'avons déjà fait observer, les autres inconnues peuvent avoir des valeurs de la forme $\frac{A}{0}$.

Il y a plus, c'est qu'il est possible que les trois valeurs soient de la forme $\frac{0}{0}$, sans que, pour cela, l'on soit en droit de conclure que les équations sont *indéterminées* ; elles peuvent même, dans ce cas, être incompatibles.

Prenons, pour exemple, les trois équations

$$\begin{aligned} ax + by + cz &= d, \\ a'x + b'y + c'z &= d', \\ ma'x + mb'y + mc'z &= md', \end{aligned}$$

dont la dernière résulte de la multiplication des deux membres de la seconde par le facteur m; ce qui revient à supposer dans les équations générales,

$$\frac{a''}{a'} = \frac{b''}{b'} = \frac{c''}{c'} = \frac{d''}{d'} = m; \text{ d'où l'on déduit}$$

$$b'a'' - a'b'' = 0,\quad c'a'' - a'c'' = 0,\quad d'a'' - a'd'' = 0,$$
$$c'b'' - b'c'' = 0,\quad d'b'' - b'd'' = 0,\quad d'c'' - c'd'' = 0.$$

Or si l'on désigne par D le dénominateur commun aux trois valeurs de x, y, z, et par N, N′, N″, leurs numérateurs respectifs, valeurs dont la loi de formation a été établie n° 68, on trouve, en vertu des relations ci-dessus,

$$D = a(b'c'' - c'b'') + b(c'a'' - a'c'') + c(a'b'' - b'a'') = 0,$$
$$N = d(b'c'' - c'b'') + b(c'd'' - d'c'') + c(d'b'' - b'd'') = 0,$$
$$N' = a(d'c'' - c'd'') + d(c'a'' - a'c'') + c(a'd'' - d'a'') = 0,$$
$$N'' = a(b'd'' - d'b'') + b(d'a'' - a'd'') + d(a'b'' - b'a'') = 0.$$

Ainsi, les valeurs de x, y, z, se réduisent toutes les trois à la même forme $\frac{0}{0}$.

Dans le cas que nous considérons, on peut, jusqu'à un certain point, regarder $\frac{0}{0}$ comme un symbole d'*indétermination*, car la troisième équation est une conséquence nécessaire de la seconde; ainsi, l'on n'a que deux équations réellement distinctes entre trois inconnues. Cependant, observons que les résultats obtenus ci-dessus auraient encore lieu, lors même que la seconde équation serait incompatible avec la première, si l'on avait, par exemple, pour cette seconde équation

$$pa.x + pb.y + pc.z = qd \ (p \text{ étant} > \text{ou} < q).$$

On voit donc que les trois résultats $\frac{0}{0}$ peuvent quelquefois correspondre à *une incompatibilité* entre les équations.

L'*absurdité* peut encore se manifester par trois valeurs de la forme $\frac{0}{0}$, bien qu'aucune des trois équations ne puisse être considérée comme rentrant dans l'une des deux autres : c'est ce qui arriverait pour les trois équations suivantes :

$$ax+by+cz=d,\quad ax+by+cz=d',\quad ax+by+cz=d''.$$

En considérant ce système, on reconnaît facilement qu'il ne peut exister en nombres *finis*, à moins que l'on n'ait $d=d'=d''$. Il est vrai que, du moment où cette dernière relation existe, le système des équations devient *indéterminé*, puisqu'il se réduit à une seule équation entre trois inconnues. Mais il n'en est pas moins certain que, dans leur état actuel, les équations sont *incompatibles*, quoique les trois valeurs soient de la forme $\frac{0}{0}$, ainsi qu'on peut s'en assurer en remontant aux valeurs de D, N, N', N'', établies ci-dessus.

Prenons, pour nouvel exemple, les équations

$$\begin{aligned} ax + by + cz &= d, \\ a'x + by + cz &= d', \\ a''x + by + cz &= d'', \end{aligned}$$

que l'on déduit des équations générales en supposant

$$b = b' = b'', \quad \text{et} \quad c = c' = c'';$$

on trouve pour les valeurs de D, N, N', N'',

$$\begin{aligned} D &= a\,(bc - cb) + a'\,(cb - bc) + a''\,(bc - cb) = 0, \\ N &= d\,(bc - cb) + d'\,(cb - bc) + d''\,(bc - cb) = 0, \\ N' &= c\,(ad' - ad'' + da'' - da' + a'd'' - d'a''), \\ N'' &= b\,(ad'' - ad' + da' - a'd'' + da' - d'a''). \end{aligned}$$

Les deux expressions de N', N'', doivent être *généralement* différentes de 0; ainsi, dans le cas qui nous occupe, la valeur de x est de la forme $\frac{0}{0}$, tandis que celles de y et de z sont de la forme $\frac{A}{0}$.

Pour interpréter ces résultats, observons que les équations ne peuvent exister simultanément, à moins que l'on n'ait

$$d - ax = d' - a'x, \quad d - ax = d'' - a''x;$$

d'où l'on tire $x = \frac{d' - d}{a' - a}$, et $x = \frac{d'' - d}{a'' - a}$.

Ici, comme dans le n° 78, il peut se présenter deux cas: *ou bien*, les deux valeurs de x ne s'accordent pas, c'est-à-dire que l'on a

$$\frac{d' - d}{a' - a} - \frac{d'' - d}{a'' - a} \gtrless 0,$$

ou, réduisant les fractions au même dénominateur et supprimant les deux termes $+ad, -ad$, qui se détruisent,

$$d'a'' - da'' - ad' - a'd'' + da' + ad'' \gtrless 0;$$

(il est inutile de tenir compte du dénominateur commun.)

Or le premier membre de cette inégalité n'est autre chose que la quantité entre parenthèses des valeurs de N′ et N″ (au signe près toutefois pour N′). Donc les valeurs de y et de z se présentent sous la forme *infinie*, ou $\frac{A}{0}$, quoique celle de x soit de la forme $\frac{0}{0}$.

Ou bien, les deux valeurs de x s'accordent entre elles, ce qui entraîne la relation $\frac{d' - d}{a' - a} - \frac{d'' - d}{a'' - a} = 0$, ou

$$d'a'' - da'' - ad' - a'd'' + da' + ad' = 0;$$

et alors les deux valeurs de y et de z se réduisent à $\frac{0}{0}$, comme celle de x. Mais tandis que la valeur de x est *déterminée* et égale à $\frac{d'-d}{a'-a}$ ou $\frac{d''-d}{a''-a}$, celles de y et de z sont *indéterminées*, puisque l'on n'a plus entre ces deux inconnues que l'équation unique

$$by + cz = d - ax = \frac{da' - ad'}{a' - a}.$$

Ce cas particulier est analogue à celui du n° 73 pour deux équations à deux inconnues.

Les exemples précédens suffisent pour convaincre que, si le symbole $\frac{A}{0}$ dénote toujours un système d'équations auxquelles il est *impossible* de satisfaire, du moins en nombres *finis*, le symbole $\frac{0}{0}$ est tantôt un caractère d'*indétermination*, tantôt un caractère d'*absurdité*. Quelquefois aussi (n° 73) il annonce la présence d'un facteur commun; et ce qu'on a de mieux à faire pour interpréter de pareils résultats, c'est de remonter à l'équation ou aux équations qui y ont conduit.

77. Lorsqu'on opère directement sur des équations particulières, on parvient à d'autres caractères d'absurdité ou d'indétermination.

Premier exemple. — Soient les trois équations

$$\begin{aligned} 2x + 3y - z &= 16, \\ 5x - 2y + 7z &= 21, \\ 7x + y + 6z &= 37, \end{aligned}$$

dont la dernière résulte de l'addition des deux premières membre à membre. En calculant D, N, N′, N″, d'après les formules générales et conformément aux principes du n° 69, on trouve successivement $D = 0$, $N = 0$, $N' = 0$, $N'' = 0$, ainsi les valeurs de x, y, z, sont toutes trois de la forme $\frac{0}{0}$; mais opérons directement sur ces équations.

Si l'on élimine z entre la première et la seconde équation, puis entre la première et la troisième, d'après les méthodes connues, on parvient aux deux équations

$$19x + 19y = 133,$$
$$19x + 19y = 133,$$

d'où, retranchant de nouveau ces deux équations l'une de l'autre, $\quad 0 = 0,$

égalité qui n'apprend rien ni pour x ni pour y.

En remontant à l'une des deux équations précédentes, qui, toute simplification faite, devient

$$x + y = 7,$$

on pourra donner à x toutes les valeurs imaginables, ce qui fournira pour y des valeurs correspondantes tirées de cette dernière équation. Reportant ces valeurs de x et de y dans l'une des trois équations proposées, on obtiendra autant de valeurs correspondantes pour z.

Soit fait, par exemple, $\quad x = 1,\ 2,\ 3,\ 4 \ldots,$

il en résulte $\quad y = 6,\ 5,\ 4,\ 3 \ldots,$

d'où, substituant dans la première équation du système donné,

$$z = 4,\ 3,\ 2,\ 1 \ldots;$$

et tous ces systèmes, en nombre infini, vérifient les trois équations proposées.

Le symbole $\frac{0}{0}$, obtenu dans cet exemple pour les trois inconnues, correspond donc ici à *une indétermination*, comme l'égalité $0=0$, à laquelle on est parvenu en opérant directement sur les équations.

Second exemple. — Soient les équations

$$2x + 3y - z = 16,$$
$$5x - 2y + 7z = 21,$$
$$3x - 5y + 8z = 12.$$

Pour former la troisième, on a retranché la première de la seconde; mais on a écrit pour le second membre, une quantité plus grande que la différence entre les seconds membres des deux premières équations. Le système est donc absurde; aussi, en calculant les valeurs de D, N, N', N'', au moyen des formules générales, on obtiendrait successivement

$$D = 0,\quad N = 133,\quad N' = -133,\quad N'' = -133,$$

ce qui donnerait pour les trois inconnues des valeurs de la forme $\frac{A}{0}$.

Mais en éliminant directement z entre la première et la seconde équation, puis entre la première et la troisième, on parvient aux équations

$$19x + 19y = 133, \quad \text{et} \quad 19x + 19y = 108;$$

d'où, retranchant de nouveau ces équations l'une de l'autre,

$$0 = 25,$$

égalité absurde qui fait ressortir l'incompatibilité des équations proposées.

Troisième exemple. — Soient les deux systèmes

$$\left.\begin{aligned} x + 9y + 6z &= 16 \\ 2x + 3y + 2z &= 7 \\ 3x + 6y + 4z &= 13 \end{aligned}\right\} (1), \quad \left.\begin{aligned} x + 9y + 6z &= 16 \\ 2x + 3y + 2z &= 7 \\ 3x + 6y + 4z &= 19 \end{aligned}\right\} (2).$$

que l'on peut considérer comme un cas particulier du dernier exemple général discuté n° 76 ; car en divisant les deux membres de la première équation de chaque système par 3, et les deux membres de la troisième équation par 2, on obtient les nouvelles équations

$$\begin{aligned} \frac{1}{3}x + 3y + 2z &= \frac{16}{3}, & \frac{1}{3}x + 3y + 2z &= \frac{16}{3}, \\ 2x + 3y + 2z &= 7 \quad \text{et} & 2x + 3y + 2z &= 7, \\ \frac{3}{2}x + 3y + 2z &= \frac{13}{2}, & \frac{3}{2}x + 3y + 2z &= \frac{19}{2}. \end{aligned}$$

Il y a toutefois entre les deux systèmes cette différence que, pour le premier, la relation $\frac{d'-d}{a'-a} = \frac{d''-d}{a''-a}$ du n° 76 est satisfaite, et qu'elle ne l'est pas pour le second.

Cela posé, l'élimination de z entre la première et la seconde équation, puis entre la seconde et la troisième du système (1), donne les deux résultats identiques $x=1$, $x=1$. Substituant cette valeur dans les trois équations du système (1), on parvient, toute réduction faite, aux équations

$$3y + 2z = 5,\ 3y + 2z = 5,\ 3y + 2z = 5,$$

qui, par l'élimination de y ou de z, donnent lieu à l'égalité

$$0 = 0.$$

Ce résultat correspond aux valeurs de la forme $\frac{0}{0}$, trouvées pour les trois inconnues au moyen des formules générales. Il faut se rappeler toutefois (n° 76) que le symbole $\frac{0}{0}$, obtenu pour x, avait une valeur déterminée qui est ici $x=1$, et que le même symbole obtenu pour y et z, indiquait *une indétermination.*

En répétant les mêmes calculs par rapport au système (2),

on obtient

$$x = 1, \quad \text{et} \quad x = -5.$$

La valeur $x=1$ portée dans la première ou la seconde équation du système (2), donne

$$3y + 2z = 5;$$

et la valeur $x=-5$ portée dans la seconde ou la troisième équation du même système, donne

$$3y + 2z = 17;$$

d'où, retranchant ces deux nouvelles équations l'une de l'autre,

$$0 = 12,$$

égalité absurde qui correspond à la valeur $\frac{0}{0}$ trouvée pour x, et aux valeurs de la forme $\frac{A}{0}$ obtenues pour y et pour z.

Les résultats $0=0$, $0=A$, auxquels on parvient quelquefois en traitant directement des équations particulières, ont donc la même signification que les symboles $\frac{0}{0}$, $\frac{A}{0}$, que l'on obtient en appliquant les formules générales à des exemples particuliers.

78. Nous terminerons la discussion des équations du premier degré par l'examen d'un cas très important. C'est celui où, dans les équations générales, on suppose nulles à la fois toutes les quantités connues qui sont dans le second membre. Dans ce cas, il suit évidemment de la loi de formation des numérateurs pour les valeurs générales des inconnues (n° 68), que ces numérateurs s'anéantissent tous en même temps, c'est-à-dire que l'on a $A=0$, $B=0$... Comme d'ailleurs il n'existe aucune relation particulière entre les coefficiens $a, b, c, a', b', c', \ldots$ des inconnues, D, qui résulte d'une certaine combinaison de ces coefficiens, est généralement différent de o. Ainsi l'on a, *pour valeurs des inconnues*, $x=0$, $y=0$, $z=0$... Ces valeurs vérifient évidemment les équations proposées.

Si cependant, outre l'hypothèse que les quantités connues du second membre soient nulles à la fois, on a encore entre les coefficiens des inconnues, la relation $D=0$, les valeurs générales se réduisent à la forme $x=\frac{0}{0}$, $y=\frac{0}{0}$, etc....

Or je dis que, dans ce cas, les équations sont indéterminées, mais que les rapports des inconnues sont des nombres *déterminés*, qu'on peut obtenir à l'aide des équations proposées.

Soient en effet les trois équations

$$ax+by+cz=0,\quad a'x+b'y+c'z=0,\quad a''x+b''y+c''z=0,$$

dans lesquelles on suppose (n° 67) que l'on ait

$$D \quad \text{ou} \quad ab'c''-ac'b''+ca'b''-ba'c''+bc'a''-cb'a''=0.$$

Elles peuvent être mises sous la forme

$$a\frac{x}{z}+b\frac{y}{z}+c=0,\ a'\frac{x}{z}+b'\frac{y}{z}+c'=0,\ a''\frac{x}{z}+b''\frac{y}{z}+c''=0.$$

Or on tire des deux premières, en traitant $\frac{x}{z}$ et $\frac{y}{z}$ comme deux inconnues,... $\frac{x}{z}=\frac{bc'-cb'}{ab'-ba'}$, $\frac{y}{z}=\frac{ca'-ac'}{ab'-ba'}$.

D'où l'on voit qu'*en donnant à* z *des valeurs entièrement arbitraires, les valeurs de* x *et de* y *s'obtiendront à l'aide de ces deux proportions dont les seconds rapports sont constans et égaux à des quantités connues.*

Mais il reste à savoir si ces valeurs satisfont à la troisième équation, qui devient alors une équation de condition. On trouve, en les substituant dans cette équation,

$$a'' \times \frac{bc' - cb'}{ab' - ba'} + b'' \times \frac{ca' - ac'}{ab' - ba'} + c'' = 0,$$

ou, réduisant et écrivant les termes dans un ordre convenable,

$$ab'c'' - ac'b'' + ca'b'' - ba'c'' + bc'a'' - cb'a'' = 0,$$

condition qui, par hypothèse, est satisfaite.

79. Ceci nous conduit naturellement à l'examen d'une circonstance dont le second problème du testament, résolu n° **49**, nous a offert un exemple : c'est celle où l'énoncé de la question conduit à un nombre d'équations réellement différentes, plus grand qu ecelui des inconnues à déterminer.

Supposons, pour plus de généralité, que la question renferme n inconnues, et donne lieu à m équations différentes, m étant $> n$. *Il faut d'abord combiner entre elles un nombre* n *des équations proposées, pour en tirer les valeurs des* n *inconnues; substituer ensuite ces valeurs dans les* $m - n$ *équations restantes, ce qui donne lieu à autant de relations entre les données; et ces dernières relations doivent être vérifiées pour que le problème soit possible, tel qu'il a été énoncé.* Les $m - n$ relations ainsi obtenues se nomment *équations de condition*.

80. *Récapitulation de la discussion précédente.* Il résulte de cette discussion, 1°. — qu'un système d'équations du premier degré à pareil nombre d'inconnues ne peut être en général satisfait que d'une seule manière (n° **67**);

2°. — Que toute *valeur positive*, trouvée pour une inconnue, répond directement aux équations du problème, sans répondre toujours à l'énoncé (n° **70**);

3°. — Que toute *valeur négative* ne répond qu'indirectement à l'énonce ou aux équations qui en sont la traduction algébrique, mais répond toujours aux équations considérées dans un sens purement algébrique (n^{os} **59** et **71**);

4°. — Que *toute expression de la forme* $\frac{A}{0}$, trouvée pour une ou plusieurs des inconnues, indique une incompatibilité dans le système d'équations proposé, du moins en nombres *finis*, pour toutes les inconnues (nos 72, 74 et 76);

5°. — Que le symbole $\frac{0}{0}$, obtenu pour une ou plusieurs inconnues, correspond, soit à une indétermination, soit à une incompatibilité (nos 72, 74, 75, 76), soit à la présence d'un facteur commun entre les deux termes de la fraction qui s'est réduite à cette forme (n° 73);

6°. — Que, si tous les seconds membres du système d'équations proposé sont *nuls*, les valeurs se réduisent généralement à 0; que si, à cette hypothèse, on ajoute celle que le dénominateur commun des valeurs des inconnues soit 0, le nombre des systèmes de valeurs est *infini*; mais que ces valeurs sont assujetties à avoir entre elles un rapport constant (n° 78);

7°. — Que, lorsque le nombre des équations est plus grand que celui des inconnues, le problème n'est possible qu'autant que les valeurs des inconnues déterminées par un nombre d'équations égal à celui des inconnues, satisfont aux autres équations (n° 79).

81. Voici les énoncés de nouveaux problèmes susceptibles de discussion, ou dont la résolution présente quelque intérêt:

Quinzième problème. — *Un banquier a deux espèces de monnaie; il faut* a *pièces de la première pour faire un écu; il faut* b *pièces de la seconde pour faire la même somme. Quelqu'un vient et demande* c *pièces pour un écu. Combien le banquier lui donnera-t-il de pièces de chaque espèce, pour le satisfaire?*

$$\left(\text{Rép.}\dots\ 1^{\text{re}}\text{ espèce, } \frac{a(c-b)}{a-b};\quad 2^{\text{e}}\text{ espèce, } \frac{b(a-c)}{a-b}.\right)$$

Seizième problème. — *Trouver les deux côtés contigus d'un rectangle, en supposant, 1°. — que ces deux côtés soient entre eux dans un rapport donné* m:n; 2°. — *que, si on augmente ou diminue les côtés de ce rectangle des quantités données* a *et* b, *la surface soit augmentée ou diminuée de la quantité* p.

(En supposant les côtés augmentés, on trouve

$$x = \frac{m(p - ab)}{na + mb}, \quad y = \frac{n(p - ab)}{na + mb}.)$$

Dix-septième problème. — *On demande les biens de trois personnes*, A, B, C, *sachant*, 1°. — *que la somme du bien de* A *et de* l *fois les biens de* B *et* C *est égale à* p; 2°. — *que la somme du bien de* B *et de* m *fois les biens de* A *et* C *est égale à* q; 3°. — *que la somme du bien de* C *et de* n *fois les biens de* A *et* B *est égale à* r.

(Cette question est susceptible d'être résolue assez simplement par l'introduction d'une inconnue auxiliaire dans le cours du calcul : cette inconnue est la somme des trois biens.)

Dix-huitième problème. — *Trouver les biens de* 6 *personnes* A, B, C, D, E, F, *d'après les conditions suivantes :* 1°. — *la somme des biens de* A *et* B *est* a; *celle des biens de* C *et* D *est* b; *la somme des biens de* E *et* F *est* c; 2°. — *le bien de* A *vaut* m *fois le bien de* C; *le bien de* D *vaut* n *fois le bien de* E; *le bien de* F *vaut* p *fois le bien de* B.

(Ce problème peut être résolu par le moyen d'une seule équation à une seule inconnue.)

Ces différens énoncés sont extraits de l'*Algèbre de M. Lhuillier* de Genève, ouvrage recommandable par le choix des questions qu'il propose pour exercices.

CHAPITRE III.

Résolution des Problèmes et Équations du second degré.

82. Introduction. — Lorsque l'énoncé d'un problème conduit à une équation de la forme $ax^2 = b$, dans laquelle l'inconnue est multipliée par elle-même, l'équation est dite du *second degré*, et les principes établis dans les deux chapitres précédens sont insuffisans pour sa résolution ; mais comme, en divisant les deux membres par a, on obtient $x^2 = \frac{b}{a}$, il s'ensuit que la question se réduit à *trouver un nombre qui, multiplié par lui-même, peut produire le nombre exprimé par* $\frac{b}{a}$; c'est l'objet de l'*extraction de la racine carrée*.

Nous avons exposé, dans notre *Arithmétique*, avec tous les détails convenables, les divers procédés de l'extraction de la racine carrée des nombres particuliers, soit entiers, soit fractionnaires ; nous n'avons donc à développer ici que les règles relatives à l'extraction de la racine carrée des nombres exprimés algébriquement.

§ I. — *Formation du carré et extraction de la racine carrée des quantités algébriques.*

83. Considérons d'abord le cas d'une quantité monome ; et pour découvrir le procédé de l'extraction de la racine carrée, voyons comment on forme le carré d'un monome.

On a, d'après les règles de la multiplication des monomes,

(n° 16), $(5a^2b^3c)^2 = 5a^2b^3c \times 5a^2b^3c = 25a^4b^6c^2$;

c'est-à-dire que, pour élever un monome au carré, il faut *élever son coefficient au carré, et doubler chacun des exposans des différentes lettres.* Donc, pour revenir d'un monome carré à sa racine, il faut 1°. — *extraire la racine carrée du coefficient, d'après les règles exposées en Arithmétique;* 2°. — *prendre la moitié de chacun des exposans.*

Ainsi l'on a $\sqrt{64a^6b^4} = 8a^3b^2$; et en effet,

$$(8a^3b^2)^2 = 8a^3b^2 \times 8a^3b^2 = 64a^6b^4.$$

De même $\sqrt{625a^2b^8c^6} = 25ab^4c^3$;

car $$(25ab^4c^3)^2 = 625a^2b^8c^6.$$

Il résulte de la règle précédente, que pour qu'un monome soit le carré d'un autre monome, il faut que *son coefficient soit un carré parfait, et que tous ses exposans soient pairs.* Ainsi $98ab^4$ n'est pas un carré parfait, parce que 98 n'est pas un nombre carré parfait, et que a est affecté d'un exposant impair.

Dans ce cas, on fait entrer la quantité dans les calculs, en l'affectant du signe $\sqrt{}$, et on l'écrit ainsi : $\sqrt{98ab^4}$. On appelle ces sortes d'expressions, des *monomes irrationnels*, ou bien encore, *des radicaux du second degré.*

84. On peut, toutefois, faire subir à ces expressions quelques simplifications fondées sur le principe suivant: *La racine carrée du produit de deux ou plusieurs facteurs est égale au produit des racines carrées de ces facteurs;* ou, en langage algébrique, $\sqrt{abcd\ldots} = \sqrt{a}.\sqrt{b}.\sqrt{c}.\sqrt{d}\ldots$

Pour démontrer ce principe, observons que, d'après la définition de la racine carrée d'un nombre, on a

$$(\sqrt{abcd\ldots})^2 = abcd\ldots$$

D'un autre côté,

$$(\sqrt{a} \times \sqrt{b} \times \sqrt{c}\ldots)^2 = (\sqrt{a})^2.(\sqrt{b})^2.(\sqrt{c})^2\ldots = abc\ldots$$

Donc, puisque les carrés de $\sqrt{abcd\ldots}$ et de $\sqrt{a}.\sqrt{b}.\sqrt{c}.\sqrt{d}\ldots$ sont égaux, ces quantités sont elles-mêmes égales.

Cela posé, l'expression ci-dessus, $\sqrt{98ab^4}$, peut se mettre sous la forme $\sqrt{49b^4 \times 2a} = \sqrt{49b^4} \times \sqrt{2a}$.

Or, $\sqrt{49b^4}$ se réduit (n° 83) à $7b^2$; donc

$$\sqrt{98ab^4} = 7b^2 . \sqrt{2a}.$$

On a de même

$$\sqrt{45a^2b^2c^2d} = \sqrt{9a^2b^2c^2 \times 5bd} = 3abc . \sqrt{5bd}.$$
$$\sqrt{864a^2b^5c^{11}} = \sqrt{144a^2b^4c^{10} \times 6bc} = 12ab^2c^5 . \sqrt{6bc}.$$

En général, pour simplifier un monome irrationnel, *mettez en évidence tous les facteurs carrés parfaits, et extrayez-en la racine* (n° 83); *puis, placez le produit de toutes ces racines en avant du signe radical, sous lequel vous laissez d'ailleurs les facteurs non carrés parfaits.*

Dans les expressions $7b^2\sqrt{2a}$, $3abc\sqrt{5bd}$, $12ab^2c^5\sqrt{6bc}$, les quantités $7b^2$, $3abc$, $12ab^2c^5$, s'appellent les *coefficiens du radical.*

85. Jusqu'à présent nous n'avons pas eu égard au signe dont le monome peut être affecté. Cependant, puisque, dans la résolution des questions, on est conduit à considérer des quantités monomes précédées du signe $+$ ou du signe $-$, il faut savoir comment opérer sur ces sortes de quantités. Or, le carré d'un monome étant le produit de ce monome par lui-même, il s'ensuit (n° 62) que, *quel que soit son signe, le carré de ce monome est positif;* ainsi, le carré de $+5a^2b^3$ ou de $-5a^2b^3$, est $+25a^4b^6$.

D'où l'on peut déjà conclure que, *si un monome est positif, sa racine carrée peut être indifféremment affectée du signe* $+$ *ou du signe* $-$; ainsi, $\sqrt{9a^4} = \pm 3a^2$; car $+3a^2$ ou $-3a^2$, élevé au carré, donne également $+9a^4$. Le double signe $\pm$ dont on affecte la racine, s'énonce *plus ou moins.*

Si le monome proposé est *négatif*, l'extraction de sa racine est impossible, puisqu'on vient de voir que le carré de toute quantité, positive ou négative, est essentiellement positif. Ainsi, $\sqrt{-9}$, $\sqrt{-4a^2}$, $\sqrt{-5}$, sont des symboles algébriques qui représentent des opérations impossibles. On les désigne sous le nom de *quantités* ou plutôt d'*expressions imaginaires*; ce sont des symboles d'absurdité que l'on rencontre souvent dans la résolution des problèmes du second degré.

On fait toutefois, par extension, subir à ces symboles les mêmes simplifications qu'aux expressions irrationnelles qui offrent des opérations exécutables. C'est ainsi que $\sqrt{-9}$ revient (nº 84) à $\sqrt{9}.\sqrt{-1}$, ou $3\sqrt{-1}$;

de même, $\sqrt{-4a^2} = \sqrt{4a^2}.\sqrt{-1} = 2a\sqrt{-1}$,

$$\sqrt{-8a^2b} = \sqrt{4a^2 \times -2b} = 2a\sqrt{-2b} = 2a\sqrt{2b}.\sqrt{-1}.$$

86. Tâchons maintenant de découvrir une *loi de formation* pour le carré d'un polynome quelconque, de laquelle nous puissions déduire un procédé pour l'extraction de la racine carrée.

On a déjà vu (nº 19) que le carré d'un binome, $a+b$, est égal à $a^2+2ab+b^2$.

Soit actuellement à former le carré d'un trinome $a+b+c$. Désignons, pour le moment, $a+b$ par une seule lettre s; il vient

$$(a+b+c)^2 = (s+c)^2 = s^2+2sc+c^2.$$

Or on a

$$s^2 = (a+b)^2 = a^2+2ab+b^2, \quad 2sc = 2(a+b)c = 2ac+2bc.$$

Donc $(a+b+c)^2 = a^2+2ab+b^2+2ac+2bc+c^2$; c'est-à-dire que *le carré d'un trinome se compose de la somme des carrés des trois termes, et des doubles produits de ces termes multipliés deux à deux*.

Je dis que cette *loi de composition* est applicable à un polynome quelconque. En effet, supposons-la vérifiée pour un polynome d'un nombre quelconque de termes, et voyons si elle peut s'étendre à un polynome renfermant un terme de plus.

Afin d'y parvenir, soit $a+b+c+d+\ldots+i+k$, un polynome composé de $m+1$ termes; et désignons par s la somme des m premiers termes, $a+b+c+d+\ldots+i$; $s+k$ représente le polynome proposé, et l'on a $(s+k)^2=s^2+2sk+k^2$, ou, remettant à la place de s sa valeur,

$$(s+k)^2=(a+b+c+d+\ldots+i)^2+2(a+b+c+d\ldots+i)k+k^2.$$

Or, la première partie de cette expression se compose, par hypothèse, *des carrés de tous les termes du premier polynome et des doubles produits de tous ces termes deux à deux*; la seconde partie renferme *tous les doubles produits des termes du premier polynome par le nouveau terme introduit* k; enfin, la troisième partie *est le carré de ce terme*. Donc, *la loi de composition*, énoncée ci-dessus, est encore vraie pour le nouveau polynome. Mais elle a été reconnue vraie pour un trinome; donc elle a lieu pour un polynome de quatre termes; étant vraie pour *quatre*, elle l'est nécessairement pour *cinq*, et ainsi de suite. Donc elle est générale.

On peut énoncer la *loi* d'une autre manière : *Le carré d'un polynome renferme le carré du premier terme, plus le double produit du premier terme par le second, plus le carré du second; plus les doubles produits de chacun des deux premiers termes par le troisième, plus le carré du troisième; plus les doubles produits de chacun des trois premiers termes par le quatrième, plus le carré du quatrième; et ainsi de suite*. Cet énoncé, qui est évidemment compris dans le premier, nous conduira plus aisément au procédé de l'extraction de la racine carrée d'un polynome.

On trouvera, d'après cette loi,

$$(5a^3-4ab^2)^2=25a^6-40a^4b^2+16a^2b^4;$$
$$(3a^2-2ab+4b^2)^2=9a^4-12a^3b+4a^2b^2+24a^2b^2-16ab^3+16b^4,$$

ou, réduisant, $9a^4-12a^3b+28a^2b^2-16ab^3+16b^4$;

$$(5a^2-4abc+6bc^2-3a^2c)^2=25a^4b^2-40a^3b^2c+76a^2b^2c^2$$
$$-48ab^2c^3+36b^2c^4-30a^4bc+24a^3bc^2-36a^2bc^3+9a^4c^2.$$

Passons à l'extraction de la racine carrée.

87. Désignons par N le polynome dont il faut obtenir la racine, et par R cette racine, que nous supposons pour le moment déterminée; concevons en outre que ces deux polynomes soient *ordonnés* par rapport aux puissances descendantes de l'une des lettres qu'ils renferment, a par exemple.

Cela posé, j'observe d'abord que les deux premiers termes de N (en le supposant ordonné), peuvent donner sur-le-champ le premier et le second terme de R; en effet, il résulte évidemment de la loi de formation du carré (n° 86), 1°.—*que le carré du premier terme de* R *renferme un exposant de la lettre* a, *plus grand que dans aucune des autres parties qui entrent dans la composition du carré de* R; 2°.— *que le double produit du premier terme de* R *par le second, renferme aussi un exposant plus élevé que dans les parties suivantes.* Ainsi, les deux parties dont nous venons de parler, n'ayant pu se réduire avec les autres, sont nécessairement les deux termes de N affectés du plus haut exposant de a, et de l'exposant immédiatement inférieur. D'où il suit que, si N est réellement un carré parfait, 1°. — *son premier terme doit être un carré parfait, et sa racine, extraite d'après le procédé du n°* 83, *est le premier terme de* R; 2°. — *son second terme doit être divisible par le double du premier terme de* R; *et, en effectuant cette division, on a pour quotient le second terme de* R.

Afin de pouvoir obtenir les termes suivans, *formons le carré du binome déjà trouvé, et retranchons-le de* N; le reste, que nous désignons par N′, renferme encore les doubles produits du premier terme de R par le troisième, du second terme de R par le troisième, plus une suite d'autres parties. Mais le *double produit du premier terme par le troisième doit renfermer* a *avec un exposant plus grand que dans les parties sui-*

vantes, et ne peut, par conséquent, avoir été réduit avec ces parties. Donc, ce double produit est le premier terme de N′; ainsi, *ce premier terme doit être divisible par le double du premier terme de* R*; et, si l'on effectue cette division, le quotient est le troisième terme de* R.

Pour obtenir de nouveaux termes, *il faut former les doubles produits du premier terme et du second par le troisième, plus le carré du troisième, puis retrancher tous ces produits du reste* N′, ce qui donne un reste N″ qui renferme encore le double produit du premier terme de R par le quatrième, plus une suite d'autres parties. Mais on prouvera, comme précédemment, que *le premier terme de* N″ *est nécessairement le double produit du premier terme de* R *par le quatrième; ainsi, en divisant le premier terme de* N″ *par le double du premier terme de* R*, on a pour quotient le quatrième terme de* R; et ainsi de suite.

N. B. — Il est absolument indispensable, après avoir obtenu les deux premiers termes de la racine, de retrancher le carré du binome trouvé, du polynome N; car ordinairement, le carré du second terme de R renferme *a* avec le même exposant que dans le double produit du premier terme par le troisième; par conséquent, il a dû se réduire avec ce double produit. Ainsi, ce n'est qu'après avoir soustrait ce carré, du polynome N, qu'on peut assurer que le premier terme du reste est égal au double produit du premier terme de R par le troisième. La même remarque s'applique aux trois, quatre.... premiers termes trouvés.

Nous laissons aux jeuns gens le soin de déduire des raisonnemens précédens le procédé général de l'extraction de la racine carrée d'un polynome. Il leur suffit, pour cela, de réunir toutes les parties qui sont en *caractère italique*. Nous allons d'ailleurs en faire l'application à un exemple particulier.

Soit proposé d'extraire la racine carrée du polynome

$$49a^2b^2-24ab^3+25a^4-30a^3b+16b^4.$$

$$\begin{array}{l|l}
25a^4-30a^3b+49a^2b^2-24ab^3+16b^4 & 5a^2-3ab+4b^2 \\
-25a^4+30a^3b-9a^2b^2 & 10a^2 \\
\hline
1^{er}\text{ reste}\ldots\quad 40a^2b^2-24ab^3+16b^4 & \\
\qquad -40a^2b^2+24ab^3-16b^4 & \\
\hline
2^{e}\text{ reste}\ldots\quad 0 &
\end{array}$$

Après avoir ordonné le polynome par rapport à a, on extrait la racine carrée de $25a^4$, ce qui donne $5a^2$ que l'on écrit à la droite du polynome; puis on divise le second terme $-30a^3b$ par $10a^2$, double de $5a^2$ (on écrit $10a^2$ au-dessous de $5a^2$); le quotient est $-3ab$ que l'on place à la droite de $5a^2$. Les deux premiers termes de la racine sont donc $5a^2-3ab$. Carrant ce binome, on trouve $25a^4-30a^3b+9a^2b^2$, qui, retranché du polynome proposé, donne un reste dont le premier terme est $40a^2b^2$. Divisant ce premier terme par $10a^2$, double de $5a^2$, on obtient pour quotient, $+4b^2$; c'est le troisième terme de la racine, que l'on écrit à la droite des deux premiers termes. Formant le double produit de $5a^2-3ab$ par $4b^2$, et le carré de $4b^2$, on trouve $40a^2b^2-24ab^3+16b^4$, polynome qui, retranché du premier reste, donne o pour reste final. Ainsi, $5a^2-3ab+4b^2$ est la racine demandée, ou plutôt (n° 81) l'une des valeurs de la racine demandée. L'autre valeur est $-5a^2+3ab-4b^2$, et on l'obtiendrait en écrivant $-5a^2$ pour la racine carrée de $+25a^4$, puis en divisant $-30a^3b$ par $-10a^2$, et continuant l'opération comme ci-dessus. Mais il est plus simple, dès qu'on a obtenu la première, d'écrire ensuite pour la seconde, $-(5a^2-3ab+4b^2)$.

Les commençans peuvent s'exercer sur les carrés qui ont été développés n° 86.

88. Si le polynome proposé renfermait plusieurs termes affectés de la même puissance de la lettre principale, il faudrait disposer le polynome comme il a été dit dans la division (n° 29), et appliquer le procédé ci-dessus, en regardant comme une seule et même partie, *la somme algébrique* des termes affectés de la même puissance, et en remplaçant, dans l'énoncé de ce procédé, les mots : *premier terme* du polynome, *premier terme* du reste, *premier terme, second terme....* de la racine, par les expressions : *première partie* du polynome, ou *partie affectée de la plus haute puissance, première partie* du reste, *première, seconde.... partie* de la racine. Au surplus, ces sortes d'exemples se présentent fort rarement.

89. Nous terminerons par les remarques suivantes :

1°.—Un binome ne peut jamais être un carré parfait, puisqu'on sait que le carré du polynome le plus simple, c'est-à-dire d'un binome, renferme trois parties distinctes qui ne peuvent éprouver aucune réduction entre elles. Ainsi, l'expression $a^2 + b^2$ n'est pas un carré ; il lui manque le terme $\pm 2ab$ pour qu'elle soit le carré de $a \pm b$.

2°.— Pour qu'un trinome ordonné soit un carré parfait, il faut que les deux termes extrêmes soient des carrés, et que celui du milieu soit le double produit des racines carrées des deux autres. Alors la racine du trinome peut s'obtenir immédiatement. *Extrayez les racines des deux termes extrêmes, et affectez les deux racines du même signe ou de signes contraires, suivant que le terme moyen est positif ou négatif. Vérifiez ensuite si le double produit de ces deux racines donne le terme moyen du trinome.* Ainsi, $9a^6 - 48a^4b^2 + 64a^2b^4$ a pour racine carrée, $\sqrt{9a^6} - \sqrt{64a^2b^4}$, c'est-à-dire $3a^3 - 8ab^2$; car $3a^3 \times -16ab^2 = -48a^4b^2$.

$4a^2 + 12ab - 9b^2$ ne peut être un carré parfait, quoique $4a^2$ et $9b^2$ soient les carrés de $2a$ et de $3b$, et que $12ab = 2a \times 6b$; mais $-9b^2$ n'est pas un carré.

3°. — Lorsque, dans la série d'opérations que comporte le procédé général, le premier terme de l'un des restes n'est pas exactement divisible par le double du premier terme de la racine, on peut conclure que le polynome proposé n'est pas un carré parfait. C'est une conséquence évidente des raisonnemens que nous avons faits pour parvenir à ce procédé.

4°. — Enfin, on peut appliquer aux racines carrées des polynomes *non carrés parfaits*, les simplifications du n° 84.

Soit, par exemple, l'expression $\sqrt{a^3b+4a^2b^2+4ab^3}$.

La quantité sous le radical n'est pas un carré parfait ; mais elle peut se mettre sous la forme $ab\,(a^2+4ab+4b^2)$. Or le facteur entre parenthèses est évidemment le carré de $a+2b$; d'où l'on peut conclure (n° 84)

$$\sqrt{a^3b+4a^2b^2+4ab^3}=(a+2b)\sqrt{ab}.$$

90. *Calcul des radicaux du second degré.* — L'extraction de la racine carrée donnant naissance à de nouvelles expressions algébriques, telles que $\sqrt{a}$, $3\sqrt{b}$, $7\sqrt{2}$, connues sous le nom de *quantités irrationnelles* ou *radicaux du second degré*, il faut établir des règles pour effectuer sur ces expressions les quatre opérations fondamentales.

Définition. — Deux radicaux du second degré sont dits *semblables* lorsque la quantité qui est sous le radical est la même dans les deux radicaux. Ainsi, $3a\sqrt{b}$ et $5c\sqrt{b}$, $9\sqrt{2}$ et $7\sqrt{2}$, sont dits des *radicaux semblables*.

Addition et soustraction. — Pour ajouter ou soustraire des radicaux semblables, *on ajoute ou l'on soustrait les deux coefficiens, puis on affecte la somme ou la différence du radical commun*; ainsi, l'on a

$$3a\sqrt{b}+5c\sqrt{b}=(3a+5c)\sqrt{b},\quad 3a\sqrt{b}-5c\sqrt{b}=(3a-5c)\sqrt{b};$$

de même

$$7\sqrt{2a}+3\sqrt{2a}=10\sqrt{2a},\quad 7\sqrt{2a}-3\sqrt{2a}=4\sqrt{2a}.$$

Deux radicaux peuvent, au premier abord, n'être pas semblables, et le devenir par les simplifications du n° 84.

Par exemple,

$$\sqrt{48ab^2}+b\sqrt{75a}=4b\sqrt{3a}+5b\sqrt{3a}=9b\sqrt{3a};$$
$$2\sqrt{45}-3\sqrt{5}=6\sqrt{5}-3\sqrt{5}=3\sqrt{5}.$$

Si les radicaux ne sont pas semblables, on ne fait qu'indiquer l'addition ou la soustraction. Ainsi, pour ajouter $3\sqrt{b}$ à $5\sqrt{a}$, on écrit simplement, $5\sqrt{a}+3\sqrt{b}$.

Multiplication. — Pour multiplier deux radicaux entre eux, *on multiplie l'une par l'autre les deux quantités comprises sous le signe radical; et l'on affecte le produit, du signe radical commun.* Ainsi $\sqrt{a}\times\sqrt{b}=\sqrt{a\times b}$: c'est le principe du n° 84, énoncé dans un ordre inverse.

S'il y a des coefficiens, *on commence par les multiplier entre eux, et l'on écrit leur produit en avant du radical.*

Par exemple, $3\sqrt{5ab}\times 4\sqrt{20a}=12\sqrt{100a^2b}=120a\sqrt{b}$,

$$2a\sqrt{bc}\times 3a\sqrt{bc}=6a^2\sqrt{b^2c^2}=6a^2bc,$$

$$2a\sqrt{a^2+b^2}\times -3a\sqrt{a^2+b^2}=-6a^2(a^2+b^2).$$

Division. — Pour diviser deux radicaux l'un par l'autre, *divisez les deux quantités comprises sous le signe, l'une par l'autre, et affectez le quotient, du signe radical commun;* ainsi $\frac{\sqrt{a}}{\sqrt{b}}=\sqrt{\frac{a}{b}}$.

En effet, les carrés de ces deux expressions sont égaux à la même quantité $\frac{a}{b}$; donc, ces deux expressions sont égales. S'il y a des coefficiens, *on écrit leur quotient comme coefficient du radical.*

Par exemple,

$$5a\sqrt{b} : 2b\sqrt{b}=\frac{5a}{2b}\sqrt{\frac{b}{c}},$$

$$12ac\sqrt{6bc} : 4c\sqrt{2b}=3a\sqrt{\frac{6bc}{2b}}=3a\sqrt{3c}.$$

91. Il existe *deux transformations* d'un usage fréquent dans l'évaluation numérique des radicaux.

La première consiste à faire passer sous le radical le coefficient de ce radical. Soit, par exemple, l'expression $3a\sqrt{5b}$; on observe qu'elle revient à $\sqrt{9a^2} \times \sqrt{5b}$, ou $\sqrt{9a^2.5b} = \sqrt{45a^2b}$ (en appliquant la règle de la multiplication des deux radicaux); ainsi, *pour faire passer sous le signe d'un radical* le coefficient *de ce radical, il suffit d'élever le coefficient au carré.*

Voici l'usage principal de cette transformation : — Que l'on ait à évaluer, *à une unité près*, l'expression $6\sqrt{13}$; comme 13 n'est pas un carré parfait (*Arith.*, 15e édit., n° 181), on ne peut obtenir qu'une valeur approchée de sa racine. Cette racine est égale à 3 plus une certaine fraction; mais, en la multipliant par 6, on a 18, plus le produit de la fraction par 6; et le résultat total peut avoir une partie entière plus grande que 18. Afin de déterminer exactement cette partie entière, on met $6\sqrt{13}$ sous la forme $\sqrt{6^2.13} = \sqrt{36 \times 13} = \sqrt{468}$. Or la racine carrée de 468 a 21 pour partie entière; donc $6\sqrt{13}$ est égal à 21 plus une fraction.

On trouvera de même que $12\sqrt{7} = 31$ plus une fraction.

La seconde transformation a pour but de rendre rationnels les dénominateurs d'expressions telles que $\frac{a}{p+\sqrt{q}}$, $\frac{a}{p-\sqrt{q}}$, a, p étant des nombres entiers quelconques, ainsi que q, qui est d'ailleurs supposé *non carré parfait*. On parvient souvent à ces sortes d'expressions dans la résolution des problèmes du second degré.

Or on atteint ce but en multipliant les deux termes de la fraction, par $p - \sqrt{q}$ si le dénominateur est $p + \sqrt{q}$, et par $p + \sqrt{q}$ si le dénominateur est $p - \sqrt{q}$. En effet, la somme de deux quantités multipliée par leur différence donnant pour produit la différence des carrés, on a (n° 5) par la multiplication indiquée,

$$\frac{a}{p+\sqrt{q}} = \frac{a(p-\sqrt{q})}{(p+\sqrt{q})(p-\sqrt{q})} = \frac{a(p-\sqrt{q})}{p^2-q} = \frac{ap-a\sqrt{q}}{p^2-q},$$

$$\frac{a}{p-\sqrt{q}} = \frac{a(p+\sqrt{q})}{(p-\sqrt{q})(p+\sqrt{q})} = \frac{a(p+\sqrt{q})}{p^2-q} = \frac{ap+a\sqrt{q}}{p^2-q}$$

expressions dont le dénominateur est rationnel.

Pour donner une idée de l'utilité de cette transformation, supposons que l'on ait à évaluer approximativement l'expression $\frac{7}{3-\sqrt{5}}$. Elle revient à $\frac{7(3+\sqrt{5})}{9-5}$, ou bien à $\frac{21+7\sqrt{5}}{4}$. Or $7\sqrt{5}$ est la même chose que $\sqrt{49\times 5}$, ou $\sqrt{245}$, quantité dont la valeur est 15, *à une unité près* (*). Ainsi l'on a.....

$$\frac{7}{3-\sqrt{5}}=\frac{21+15+\text{une fraction}}{4}=\frac{36}{4}=9,$$ à une fraction près marquée par $\frac{1}{4}$, c'est-à-dire *à un quart près*.

Si l'on voulait avoir une valeur plus exacte de cette expression, *il suffirait de calculer* $\sqrt{245}$ *avec un certain degré d'approximation, d'ajouter* 21 *à la racine obtenue, puis de diviser la somme par* 4, *ou d'en prendre le quart*.

Prenons pour second exemple, l'expression $\frac{7\sqrt{5}}{\sqrt{11}+\sqrt{3}}$; et proposons-nous de l'évaluer à 0,01 près.

On a $$\frac{7\sqrt{5}}{\sqrt{11}+\sqrt{3}}=\frac{7\sqrt{5}(\sqrt{11}-\sqrt{3})}{11-3}=\frac{7\sqrt{55}-7\sqrt{15}}{8};$$

or, $$7\sqrt{55}=\sqrt{55\times 49}=\sqrt{2695}=51,91,$$ à 0,01 près;

$$7\sqrt{15}=\sqrt{15\times 49}=\sqrt{735}=27,11;$$

ainsi, $$\frac{7\sqrt{5}}{\sqrt{11}+\sqrt{3}}=\frac{51,91-27,11}{8}=\frac{24,80}{8}=3,10;$$

on a donc 3,10 pour le résultat demandé; ce résultat est même exact à $\frac{1}{800}$ près, comme il est aisé de le voir.

On trouverait, par un procédé analogue,

$$\frac{3+2\sqrt{7}}{5\sqrt{12}-6\sqrt{6}}=3,16,$$ à 0,01 près.

(*) *Voyez* la note au bas de la page 133, n° 93, *Arith.*, 15e édition.

N. B. — On pourrait bien calculer ces sortes d'expressions en évaluant approximativement chacun des radicaux qui entrent tant au numérateur qu'au dénominateur. Mais comme on n'aurait pas une valeur exacte du dénominateur, on ne se formerait pas une idée bien précise du degré d'approximation qu'on aurait obtenu; tandis que, par le moyen qui vient d'être indiqué, le dénominateur est rendu *rationnel*, et l'on sait toujours à quoi s'en tenir sur le degré d'approximation.

Les principes de l'extraction de la racine carrée des nombres particuliers et des quantités algébriques étant établis, nous pouvons passer à la résolution des problèmes du second degré.

§ II. — *Résolution des Équations du second degré.*

92. On distingue deux espèces d'équations du second degré, les équations à *deux termes* ou *incomplètes*, et les équations à *trois termes* ou *complètes*.

Les premières sont celles qui ne renferment que des termes affectés du carré de l'inconnue, et des termes tout connus; telles sont les équations

$$3x^2=5,\ 4x^2-7=3x^2+9,\ \frac{1}{3}x^2-3+\frac{5}{12}x^2=\frac{7}{24}-x^2+\frac{299}{24}.$$

On les appelle équations *à deux termes*, parce qu'au moyen des deux transformations générales (n°s 43 et 44), on peut toujours les ramener à la forme $ax^2=b$. En effet, considérons la troisième équation, qui est la plus compliquée ; on a d'abord, en chassant les dénominateurs, $8x^2-72+10x^2=7-24x^2+299$, ou, transposant et réduisant,

$$42x^2 = 378.$$

Les équations à trois termes ou complètes sont celles qui, outre le carré de l'inconnue, renferment la première puissance de cette inconnue. Telles sont les équations

$$5x^2 - 7x = 34, \quad \frac{5}{6}x^2 - \frac{1}{2}x + \frac{3}{4} = 8 - \frac{2}{3}x - x^2 + \frac{273}{12};$$

elles peuvent toujours être ramenées à la forme $ax^2 + bx = c$, au moyen des deux transformations déjà citées.

Remarque. — Souvent une équation, du premier degré en apparence, devient du second degré après la disparition des dénominateurs.

Soit, par exemple, l'équation $\frac{5-2x}{3+x} = \frac{4x}{2-x}$; si l'on chasse les dénominateurs, elle devient

$$(5-2x)(2-x) = 4x(3+x),$$

ou, effectuant les calculs et réduisant,

$$2x^2 + 21x = 10.$$

En général, toutes les fois que x entre dans les dénominateurs d'une équation, l'on ne peut juger du degré de cette équation qu'après avoir fait disparaître les dénominateurs (n° 44), et opéré toutes les réductions.

93. *Équation à deux termes.....* $ax^2 = b$.

La résolution de cette équation n'offre aucune difficulté. On en déduit d'abord

$$x^2 = \frac{b}{a}. \qquad (2)$$

Cela posé, si $\frac{b}{a}$ est un nombre positif, entier ou fractionnaire, on pourra en obtenir la racine carrée, soit exactement, soit par approximation, d'après les procédés exposés en Arithmétique; et si $\frac{b}{a}$ est algébrique, on lui appliquera les procédés de la racine carrée des quantités algébriques. Le résultat obtenu dans chaque cas, exprimera une valeur de x propre à vérifier l'équation (2).

Mais si l'on observe que, le carré de $+m$ ou de $-m$ étant également $+m^2$ (n° 85), on peut prendre indifféremment le résultat dont nous venons de parler, soit avec le signe $+$, soit avec le signe $-$, on doit conclure que l'équation (2) a réellement deux solutions représentées par

$$x = \pm\sqrt{\frac{b}{a}}$$

(le double signe $\pm$ se prononçant *plus* ou *moins*). En effet, substituons séparément dans l'équation (1), à la place de x, chacune des valeurs $+\sqrt{\frac{b}{a}}, -\sqrt{\frac{b}{a}}$; il vient

$$a\times\left(+\sqrt{\frac{b}{a}}\right)^2 = b, \quad \text{ou} \quad a\times\frac{b}{a} = b, \quad \text{ou} \quad b = b,$$

$$\text{et} \quad a\times\left(-\sqrt{\frac{b}{a}}\right)^2 = b, \quad \text{ou} \quad a\times\frac{b}{a} = b, \quad \text{ou} \quad b = b.$$

Il est d'ailleurs évident que ces valeurs sont les seules qui puissent vérifier l'équation (2), et par conséquent l'équation (1).

N. B. — Lorsque $\frac{b}{a}$ est une quantité essentiellement négative, les deux valeurs de x sont imaginaires (n° 85); ce qui veut dire que l'équation, ou le problème dont elle est la traduction algébrique, ne peut être satisfaite par aucun nombre, soit exactement, soit approximativement.

Soit, pour premier exemple, l'équation

$$4x^2 - 7 = 3x^2 + 9.$$

On trouve d'abord, par la transposition,

$$x^2 = 16; \quad \text{d'où} \quad x = \pm\sqrt{16} = \pm 4.$$

Prenons pour second exemple l'équation

$$\frac{1}{3}x^2 - 3 + \frac{5}{12}x^2 = \frac{7}{24} - x^2 + \frac{299}{24};$$

on a déjà reconnu (n° 92) que cette équation se réduit à $42x^2=378$, d'où, en divisant par 42, $x^2=\frac{378}{42}=9$; donc $x=\pm 3$.

Soit enfin l'équation $3x^2=5$; on en tire

$$x=\pm\sqrt{\frac{5}{3}}=\pm\frac{1}{3}\sqrt{15}.$$

Comme 15 n'est pas un carré parfait, on ne peut déterminer ces deux valeurs de x que par approximation.

94. *Équation complète*,...... $ax^2+bx=c$.

Pour résoudre cette équation, divisons les deux membres par le coefficient de x^2, et posons, pour plus de simplicité, $\frac{b}{a}=p$, $\frac{c}{a}=q$; il vient

$$x^2+px=q\ldots\quad(1)$$

Cela posé, observons que, si l'on pouvait ramener le premier membre x^2+px au carré d'un binome, une simple extraction de racine carrée réduirait l'équation à une équation du premier degré. Or, en comparant ce premier membre au carré du binome $(x+a)$, c'est-à-dire à $x^2+2ax+a^2$, on voit que x^2+px se compose du carré d'un premier terme x, plus du double produit de ce premier terme x par un second, qui est alors $\frac{p}{2}$ (car on a $px=2.\frac{p}{2}.x$); d'où il suit que, si l'on ajoute à x^2+px le carré de $\frac{p}{2}$, ou $\frac{p^2}{4}$; le premier membre de l'équation deviendra le carré de $x+\frac{p}{2}$; mais pour ne pas troubler l'égalité, il faut aussi ajouter $\frac{p^2}{4}$ au second membre.

Il vient, par cette transformation,

$$\left(x+\frac{p}{2}\right)^2=\frac{p^2}{4}+q\ldots (2);$$

d'où, extrayant la racine carrée,

$$x+\frac{p}{2}=\pm\sqrt{\frac{p^2}{4}+q}.$$

(On met ici le double signe $\pm$, par la raison que le carré de $+\sqrt{\frac{p^2}{4}+q}$, ou de $-\sqrt{\frac{p^2}{4}+q}$, est également $\frac{p^2}{4}+q$.) Tirant enfin la valeur de x, on obtient

$$x=-\frac{p}{2}\pm\sqrt{\frac{p^2}{4}+q}.$$

Comme il est d'ailleurs évident, d'après l'équation (2), qu'il n'y a que $+\sqrt{\frac{p^2}{4}+q}$, ou $-\sqrt{\frac{p^2}{4}+q}$, qui puisse représenter la valeur de $x+\frac{p}{2}$, il s'ensuit nécessairement que... $-\frac{p}{2}+\sqrt{\frac{p^2}{4}+q}$ et $-\frac{p}{2}-\sqrt{\frac{p^2}{4}+q}$, sont les seules valeurs de x qui puissent vérifier l'équation (2), et par conséquent la proposée (1).

Ainsi, *l'inconnue de toute équation du second degré a deux valeurs et ne peut en avoir davantage.*

On peut d'ailleurs établir cette règle générale, pour résoudre une équation complète du second degré : — *Après avoir ramené l'équation à la forme* $x^2+px=q$, *ajoutez aux deux membres le carré de la moitié du coefficient de* x *ou du second terme ; extrayez la racine carrée des deux membres en ayant soin d'affecter la racine du second membre, du double signe* $\pm$; *tirez enfin la valeur de* x *de cette nouvelle équation.*

La double valeur de x, à laquelle on parvient par ce moyen, peut s'énoncer ainsi, en langage ordinaire : *la moitié du coef-*

ficient de x, *pris en signe contraire, plus ou moins la racine carrée du terme tout connu, augmenté du carré de la moitié du coefficient de* x.

Soit, pour premier exemple, l'équation

$$\frac{5}{6}x^2-\frac{1}{2}x+\frac{3}{4}=8-\frac{2}{3}x-x^2+\frac{273}{12}.$$

On trouve d'abord, en chassant les dénominateurs,

$$10x^2-6x+9=96-8x-12x^2+273,$$

ou, transposant et réduisant,

$$22x^2+2x=360,$$

ou bien enfin, divisant les deux membres par 22,

$$x^2+\frac{2}{22}x=\frac{360}{22}.$$

Ajoutons maintenant aux deux membres $\left(\frac{1}{22}\right)^2$; l'équation devient $x^2+\frac{2}{22}x+\left(\frac{1}{22}\right)^2=\frac{360}{22}+\left(\frac{1}{22}\right)^2$; d'où, extrayant la racine carrée, $x+\frac{1}{22}=\pm\sqrt{\frac{360}{22}+\left(\frac{1}{22}\right)^2}$,

et par conséquent $x=-\frac{1}{22}\pm\sqrt{\frac{360}{22}+\left(\frac{1}{22}\right)^2}$,

résultat conforme à l'énoncé donné ci-dessus pour la double valeur de x.

Il reste maintenant à effectuer les calculs numériques. D'abord, il faut réduire $\frac{360}{22}+\left(\frac{1}{22}\right)^2$ à un seul nombre qui ait $(22)^2$ pour dénominateur commun.

Or on a $\frac{360}{22}+\left(\frac{1}{22}\right)^2=\frac{360\times 22+1}{(22)^2}=\frac{7921}{(22)^2}$;

extrayant la racine carrée de 7921, on trouve 89 pour racine exacte; ainsi, $\sqrt{\frac{360}{22}+\left(\frac{1}{22}\right)^2}=\frac{89}{22}$.

On a donc $$x=-\frac{1}{22}\pm\frac{89}{22}.$$

Séparons chacune des valeurs; il vient

$$x=-\frac{1}{22}+\frac{89}{22}=\frac{88}{22}=4,$$
$$x=-\frac{1}{22}-\frac{89}{22}=-\frac{90}{22}=-\frac{45}{11}.$$

Ainsi, des deux valeurs propres à satisfaire à l'équation proposée, l'une est un nombre entier absolu, et l'autre un nombre fractionnaire négatif.

Soit, pour second exemple, l'équation

$$6x^2-37x=-57,$$

qui revient à $$x^2-\frac{37}{6}x=-\frac{57}{6}.$$

Si l'on ajoute aux deux membres $\left(\frac{37}{12}\right)^2$, il vient

$$x^2-\frac{37}{6}x+\left(\frac{37}{12}\right)^2=-\frac{57}{6}+\left(\frac{37}{12}\right)^2;$$

d'où, extrayant la racine carrée,

$$x-\frac{37}{12}=\pm\sqrt{-\frac{57}{6}+\left(\frac{37}{12}\right)^2};$$

donc $$x=\frac{37}{12}\pm\sqrt{-\frac{57}{6}+\left(\frac{37}{12}\right)^2}.$$

Pour réduire $\left(\frac{37}{12}\right)^2-\frac{57}{6}$ à un seul nombre, observons que

$(12)^2 = 12 \times 12 = 6 \times 24$; ainsi, il suffit de multiplier 57 par 24, puis 37 par lui-même, et de diviser l'excès du second produit sur le premier par $(12)^2$.

Or, $37 \times 37 = 1369$, $57 \times 24 = 1368$;

donc $$\left(\frac{37}{12}\right)^2 - \frac{57}{6} = \frac{1}{(12)^2},$$

expression dont la racine carrée est $\frac{1}{12}$.

Donc, $x = \frac{37}{12} \pm \frac{1}{12}$, ou bien $\begin{cases} x = \frac{37}{12} + \frac{1}{12} = \frac{38}{12} = \frac{19}{6}, \\ x = \frac{37}{12} - \frac{1}{12} = \frac{36}{12} = 3. \end{cases}$

On remarquera, dans cet exemple, que chacune des deux valeurs est positive et répond directement à l'énoncé de la question, dont l'équation proposée peut être considérée comme la traduction algébrique.

Soit maintenant l'équation littérale

$$4a^2 - 2x^2 + 2ax = 18ab - 18b^2;$$

on a d'abord, en transposant, changeant les signes, puis divisant par 2, $x^2 - ax = 2a^2 - 9ab + 9b^2$; d'où, complétant le carré, $x^2 - ax + \frac{a^2}{4} = \frac{9a^2}{4} - 9ab + 9b^2$;

extrayant la racine, $x = \frac{a}{2} \pm \sqrt{\frac{9a^2}{4} - 9ab + 9b^2}$.

Or $\frac{9a^2}{4} - 9ab + 9b^2$ a évidemment pour racine, $\frac{3a}{2} - 3b$;

donc, $x = \frac{a}{2} \pm \left(\frac{3a}{2} - 3b\right)$, d'où $\begin{cases} x = 2a - 3b, \\ x = -a + 3b. \end{cases}$

Ces deux valeurs seront positives à la fois si l'on a $2a > 3b$ et $3b > a$, c'est-à-dire si, a et b étant tous deux positifs, on a b plus grand que $\frac{a}{3}$, mais plus petit que $\frac{2a}{3}$.

Nous proposerons pour exercices les équations

$$x^2 - 7x + 10 = 0 \ldots \text{ valeurs } \left\{ \begin{array}{l} x = 2 \\ x = 5 \end{array} \right\};$$

$$\frac{1}{3}x - 4 - x^2 + 2x - \frac{4}{5}x^2 = 45 - 3x^2 + 4x \left\{ \begin{array}{l} x = 7,12 \\ x = -5,73 \end{array} \right\} \text{à } 0,01 \text{ près};$$

$$\left\{ \begin{array}{l} a^2 + b^2 - 2bx + x^2 = \dfrac{m^2x^2}{n^2} \ldots, \text{ donne} \\ x = \dfrac{n}{n^2 - m^2}\left(bn \pm \sqrt{a^2m^2 + b^2m^2 - a^2n^2}\right) \end{array} \right\}$$

95. On peut résoudre l'équation $ax^2 + bx = c$ sans faire disparaître le coefficient de x^2; mais les transformations sont plus compliquées.

Le terme ax^2 peut être mis sous la forme $(x\sqrt{a})^2$, et le terme bx sous celle-ci : $2x\sqrt{a} \times \frac{b}{2\sqrt{a}}$; d'où il suit que $ax^2 + bx$ représente les deux premiers termes du carré de $x\sqrt{a} + \frac{b}{2\sqrt{a}}$; ainsi, en ajoutant aux deux membres $\left(\frac{b}{2\sqrt{a}}\right)^2$ ou $\frac{b^2}{4a}$, on rendra le premier membre un carré parfait.

Effectuons cette transformation; l'équation devient

$$ax^2 + bx + \frac{b^2}{4a} = c + \frac{b^2}{4a};$$

extrayant la racine, $\quad x\sqrt{a} + \dfrac{b}{2\sqrt{a}} = \pm \sqrt{c + \dfrac{b^2}{4a}};$

transposant, $\quad x\sqrt{a} = -\dfrac{b}{2\sqrt{a}} \pm \sqrt{c + \dfrac{b^2}{4a}}.$

Divisant les deux membres par $\sqrt{a}$, et observant

$$1°. \text{ que } \quad -\frac{b}{2\sqrt{a}} : \sqrt{a} = -\frac{b}{2(\sqrt{a})^2} = -\frac{b}{2a},$$

$$2°. \text{ que } \sqrt{c+\frac{b^2}{4a}} : \sqrt{a} = \sqrt{\frac{c}{a}+\frac{b^2}{4a^2}} \text{ (n° 90)},$$

on obtient enfin
$$x = -\frac{b}{2a} \pm \sqrt{\frac{c}{a}+\frac{b^2}{4a^2}},$$

ou bien encore,
$$x = \frac{-b \pm \sqrt{4ac+b^2}}{2a},$$

résultat auquel on parvient plus aisément en mettant l'équation sous la forme $x^2 + \frac{b}{a}x = \frac{c}{a}$; et nous n'avons exposé la méthode précédente que comme un simple exercice de calcul sur les radicaux du second degré.

96. Appliquons ces principes à la résolution de quelques problèmes.

Premier problème. — *Trouver un nombre tel, que le double de son carré, augmenté du triple de ce nombre, donne pour somme* 65.

Soit x le nombre inconnu; on a pour l'équation du problème,

$$2x^2 + 3x = 65,$$

d'où
$$x = -\frac{3}{4} \pm \sqrt{\frac{65}{2}+\frac{9}{16}} = -\frac{3}{4} \pm \frac{23}{4};$$

donc
$$x = -\frac{3}{4} + \frac{23}{4} = 5, \text{ et } x = -\frac{3}{4} - \frac{23}{4} = -\frac{13}{2}.$$

La première valeur satisfait à la question dans le sens de son énoncé. En effet,

$$2 \times (5)^2 + 3 \times 5 = 2 \times 25 + 15 = 65.$$

Pour interpréter la seconde, observons d'abord que, si l'on

remplace x par $-x$ dans l'équation $2x^2+3x=65$, il n'y a que le coefficient de $3x$ qui change de signe, car $(-x)^2=x^2$. Ainsi, au lieu d'obtenir $x=-\frac{3}{4}\pm\frac{23}{4}$, on trouvera...... $x=\frac{3}{4}\pm\frac{23}{4}$, ou $x=\frac{13}{2}$ et $x=-5$, valeurs qui ne diffèrent des précédentes que par le signe. Ainsi, l'on peut dire que la solution négative $-\frac{13}{2}$, considérée indépendamment de son signe, satisfait au nouvel énoncé : *Trouver un nombre tel, que le double de son carré, diminué du triple de ce même nombre, donne* 65 *pour différence.* En effet, on a

$$2\times\left(\frac{13}{2}\right)^2-3\times\frac{13}{2}=\frac{169}{2}-\frac{39}{2}=65.$$

Second problème. — *Une personne a acheté un certain nombre d'aunes de drap pour* 240 *fr. Si, avec la même somme, elle avait eu* 3 *aunes de moins du même drap, l'aune lui aurait coûté* 4 *fr. de plus. On demande le nombre d'aunes acheté.*

Soit x ce nombre ; $\frac{240}{x}$ exprime alors le prix d'une aune. Si, pour 240 fr., elle avait 3 aunes de moins, c'est-à-dire $x-3$ aunes, le prix de l'aune serait, dans cette hypothèse, représenté par $\frac{240}{x-3}$. Mais, d'après l'énoncé, ce dernier prix surpasse le premier de 4 ; on a donc l'équation

$$\frac{240}{x-3}-\frac{240}{x}=4,$$

d'où l'on tire, en chassant le dénominateur et réduisant,

$$x^2-3x=180.$$

Donc $$x=\frac{3}{2}\pm\sqrt{\frac{9}{4}+180}=\frac{3\pm27}{2};$$

ce qui donne $x=15$ et $x=-12$.

La valeur $x = 15$ satisfait à l'énoncé ; car 15 aunes pour 240 fr. donnent $\frac{240}{15}$ ou 16 fr. pour le prix de l'aune; et 12 aunes pour 240 fr. donnent pour le prix de l'aune 20 fr., nombre qui surpasse 16 de 4.

Quant à la seconde solution, on peut former un nouvel énoncé auquel elle convienne. En effet, remontons à l'équation, et changeons x en $-x$; il vient

$$\frac{240}{-x-3} - \frac{240}{-x} = 4, \quad \text{ou bien } \frac{240}{x} - \frac{240}{x+3} = 4,$$

équation qui peut être traduite en langage ordinaire de deux manières différentes : 1°. — *Une personne a acheté un certain nombre d'aunes de drap pour 240 fr.; si elle avait payé la même somme pour 3 aunes de plus, l'aune lui aurait coûté 4 fr. de moins. — On demande le nombre d'aunes acheté?*

2°. — *Une personne a vendu un certain nombre d'aunes de drap pour 240 fr.; si, pour la même somme, elle en avait vendu 3 aunes de plus, l'aune lui aurait été payée 4 fr. de moins. On demande le nombre d'aunes vendu?*

Ce dernier énoncé se rapporte peut-être plus immédiatement au changement de signe de x, puisqu'un achat négatif peut être considéré comme une vente.

En résolvant d'ailleurs l'équation de l'un de ces énoncés, on trouverait évidemment $x = 12$, $x = -15$; car l'équation réduite deviendrait $x^2 + 3x = 180$, au lieu de $x^2 - 3x = 180$.

N. B. — Les deux problèmes précédens offrent une nouvelle confirmation du principe établi n° 59 pour les problèmes du premier degré ; et nous en donnerons (n° 99) une démonstration complète pour toutes les équations du second degré.

Troisième problème. — *Un négociant escompte deux billets, l'un de 8776 fr. payable dans 9 mois, l'autre de 7488 fr., payable dans 8 mois ; il paie pour le premier, de plus que pour le second, 1200 fr. — On demande le taux d'intérêt d'après lequel il a dû escompter?*

Solution. Pour rendre les calculs plus simples, désignons par x l'intérêt de 100 fr. pour un mois, ou par $12x$ l'intérêt pour un an; $9x$ et $8x$ sont les intérêts pour 9 mois et 8 mois; donc, $100+9x$ et $100+8x$ représentent ce que doit devenir le capital 100 fr. au bout de 9 mois et de 8 mois. Ainsi, pour déterminer les *valeurs actuelles* des deux billets de 8776 fr. et 7488 fr., il faut établir les proportions

$$100 + 9x : 100 :: 8776 : \frac{877600}{100+9x},$$

$$100 + 8x : 100 :: 7488 : \frac{748800}{100+8x};$$

et les quatrièmes termes de ces proportions expriment ce que le négociant a payé pour chacun des billets. Donc, en vertu de l'énoncé, on a l'équation $\frac{877600}{100+9x}-\frac{748800}{100+8x}=1200$; ou, observant que les deux membres sont divisibles par 400,

$$\frac{2194}{100+9x}-\frac{1872}{100+8x}=3.$$

Chassant les dénominateurs et réduisant, on trouve

$$216x^2 + 4396x = 2200;$$

d'où $$x=-\frac{2198}{216}\pm\sqrt{\frac{2200}{216}+\frac{(2198)^2}{(216)^2}}.$$

Réduisant les deux termes sous le radical au même dénominateur, $$x=\frac{-2198\pm\sqrt{5306404}}{216},$$

ou, multipliant par 12, $$12x=\frac{-2198\pm\sqrt{5306404}}{18}.$$

Pour obtenir la valeur de $12x$ à 0,01 près, il suffit d'extraire la racine carrée de 5306404 à 0,1 près, puisque cette racine doit être ensuite divisée par 18.

La racine carrée de 5306404 est 2303,5;

donc $$12x = \frac{-2198 \pm 2303,5}{18};$$

par conséquent, $$12x = \frac{105,5}{18} = 5,86,$$

et $$12x = \frac{-4501,5}{18} = -250,08.$$

La valeur positive, $12x = 5,86$, représente donc le taux d'intérêt cherché.

Quant à la solution négative, elle ne peut être regardée que comme liée à la première par une même équation du second degré. En remontant à l'équation, et changeant x en $-x$, on traduirait difficilement la nouvelle équation dans un énoncé analogue à celui du problème proposé.

Quatrième problème. — *Un homme achète un cheval qu'il vend au bout de quelque temps pour 24 louis. A cette vente, il perd autant pour 100, du prix de son achat, que le cheval lui avait coûté. — On demande le prix de l'achat?*

Solution. Soit x le nombre des louis que le cheval lui a coûtés, $x - 24$ est une première expression de la perte qu'il a faite. Mais puisque, d'après l'énoncé, il perd autant de louis sur 100 qu'il y a d'unités dans x, sur 1 louis il perd $\frac{x}{100}$, et sur x louis il perd $\frac{x^2}{100}$. On a donc l'équation

$$\frac{x^2}{100} = x - 24,$$

d'où $$x^2 - 100x = -2400,$$

et $$x = 50 \pm \sqrt{2500 - 2400} = 50 \pm 10.$$

Donc $$x = 60 \quad \text{et} \quad x = 40.$$

Ces deux valeurs satisfont également à la question.

En effet, supposons d'abord que 60 soit le prix de l'achat; comme 24 est le prix de la vente, 36 est la perte que l'homme éprouve. D'un autre côté, il doit, en vertu de l'énoncé, perdre 60 pour 100 de 60, c'est-à-dire les $\frac{60}{100}$ de 60, ou $\frac{60 \times 60}{100}$, nombre qui se réduit à 36; ainsi, 60 satisfait à l'énoncé.

Soit maintenant 40 le prix de l'achat; 16 est la perte qu'il éprouve. D'ailleurs, il doit perdre 40 pour 100 de 40, ou $40 \times \frac{40}{100}$, nombre qui se réduit à 16; ainsi, 40 vérifie encore l'énoncé.

Discussion générale de l'équation du second degré.

Jusqu'à présent, nous n'avons résolu que des problèmes du second degré, dont les données étaient exprimées par des nombres particuliers. Mais pour nous mettre en état de résoudre des problèmes généraux, et d'interpréter tous les résultats auxquels on peut parvenir en attribuant aux données des valeurs particulières, il est nécessaire que nous reprenions l'équation la plus générale du second degré, afin d'examiner les circonstances qui résultent de toutes les hypothèses possibles, faites sur les coefficiens. Tel est l'objet de la *discussion de l'équation du second degré.*

97. Avant de passer à cette discussion, nous ferons connaître un fait analytique qui n'est, du reste, qu'un cas particulier d'une proposition qui sera démontrée par la suite pour toute équation d'un degré quelconque à une seule inconnue.

Reprenons l'équation générale

$$x^2 + px = q, \quad \text{ou plutôt} \quad x^2 + px - q = 0,$$

ainsi que les deux valeurs de x correspondantes, savoir :

$$x = -\frac{p}{2} + \sqrt{\frac{p^2}{4} + q}, \quad x = -\frac{p}{2} - \sqrt{\frac{p^2}{4} + q}.$$

Transportons dans le premier membre tous les termes de ces deux dernières égalités, ce qui donne

$$x + \frac{p}{2} - \sqrt{\frac{p^2}{4} + q} = 0, \quad x + \frac{p}{2} + \sqrt{\frac{p^2}{4} + q} = 0,$$

et multiplions ces nouvelles égalités, membre à membre, en observant que les premiers membres peuvent être considérés, l'un comme la différence des deux quantités $x + \frac{p}{2}$ et $\sqrt{\frac{p^2}{4} + q}$, l'autre, comme la somme de ces mêmes quantités ; nous obtenons (n° 5)

$$\left(x + \frac{p}{2}\right)^2 - \left(\frac{p^2}{4} + q\right) = 0,$$

ou réduisant, $\qquad x^2 + px - q = 0.$

D'où l'on voit que *le premier membre de toute équation du second degré*, ramenée préalablement à la forme......... $x^2 + px - q = 0$, *est le produit de deux facteurs du* 1er *degré en* x, *qui ont pour partie commune* x, *et pour partie non commune chacune des deux valeurs de* x *prises en signes contraires ;* en sorte que, si l'on désigne par x', x'', ces deux valeurs, on a l'identité

$$x^2 + px - q = (x - x')(x - x'').$$

C'est probablement cette propriété qui a fait donner le nom de *racines* aux valeurs de l'inconnue, parce que ces valeurs étant obtenues, on peut recomposer l'équation.

En général, on appelle RACINE d'une équation, toute expression numérique ou algébrique, réelle ou imaginaire, qui, *substituée à la place de l'inconnue dans l'équation, rend le premier membre identiquement égal au second.* Ce mot est pris ici dans une acception différente de celle qu'on lui avait attribuée jusqu'alors par rapport aux nombres.

98. La propriété précédente peut encore être démontrée par un moyen susceptible de conduire à des conséquences assez importantes.

Appelons a une quantité de nature quelconque, et divisons par $x - a$ le premier membre de l'équation $x^2 + px - q = 0$.

$$x^2 + px - q \quad \left\} \frac{x - a}{x + a + p} \right.$$

1er reste... $+ (a + p)\, x - q$;

2e reste... $+ a^2 + pa - q$.

La division du premier terme x^2 du dividende par le premier terme x du diviseur donne pour quotient x, et pour 1er reste $(a + p)\, x - q$; la division du 1er terme $(a + p)\, x$ de ce reste par x, donne pour nouveau quotient $a + p$, et pour nouveau reste $a^2 + pa - q$, quantité indépendante de x.

Cela posé, si a est racine de l'équation $x^2 + px - q = 0$, on a nécessairement $a^2 + pa - q = 0$; ainsi le 2e reste de la division ci-dessus étant nul, la division totale est exacte, et *le premier membre de l'équation proposée est divisible par* x — a.

Réciproquement, si la division de $x^2 + px - q$ par $x - a$, est exacte, on a nécessairement $a^2 + pa - q = 0$, c'est-à-dire que a est racine de l'équation.

Comme, dans le cas où a est racine, $x - a$ divise exactement $x^2 + px - q$, et donne pour quotient $x + a + p$, réciproquement $x + a + p$ divise exactement $x^2 + px + q$, et donne pour quotient $x - a$; d'où l'on peut conclure que la quantité $- a - p$ est elle-même une racine de la proposée.

Ainsi, l'identité $x^2 + px - q = (x - a)\,(x + a + p)$ démontre la propriété du n° 97.

Voici maintenant les conséquences :

On vient de voir que, si a est racine de l'équation....... $x^2 + px - q = 0$, $-a-p$ est la seconde racine de cette équation.

Or, 1°. — si l'on ajoute les deux quantités $a, -a-p$, il vient pour résultat $-p$.

2°. — La relation $a^2 + pa - q = 0$ revient à celle-ci.... $a(-a-p) = -q$.

D'où l'on voit que, *dans toute équation du second degré, ramenée à la forme* $x^2 + px - q = 0$, *le coefficient* p *du second terme, pris en signe contraire, est égal à la somme algébrique des racines ; et le dernier terme* $-$q *est égal au produit de ces mêmes racines.*

C'est au reste ce qu'on peut vérifier directement sur les valeurs obtenues n° 93.

$$x' = -\frac{p}{2} + \sqrt{\frac{p^2}{4} + q}, \quad x'' = -\frac{p}{2} - \sqrt{\frac{p^2}{4} + q}.$$

En ajoutant ces deux égalités membre à membre, on trouve

$$x' + x'' = -p;$$

et en les multipliant,

$$x'x'' = \frac{p^2}{4} - \left(\frac{p^2}{4} + q\right) = -q.$$

N. B. — Il ne faut pas perdre de vue que toutes ces propriétés supposent que l'équation soit ramenée à la forme... $x^2 + px - q = 0$; c'est-à-dire, 1° — qu'on ait d'abord divisé toute l'équation par le coefficient de x^2 ; 2°. — que tous les termes soient transposés et ordonnés dans le premier membre.

Discussion.

99. Reprenons l'équation générale $x^2 + px = q$, qui, étant résolue, donne $x = -\frac{p}{2} \pm \sqrt{q + \frac{p^2}{4}}$.

Pour que cette expression, qui renferme un radical, puisse être évaluée, soit exactement, soit par approximation, il faut (n° 85) que la quantité soumise au signe radical, c'est-à-dire $q+\frac{p^2}{4}$, soit positive. Or, $\frac{p^2}{4}$ étant nécessairement positif, quel que soit le signe de p, il s'ensuit que le signe de la quantité $q+\frac{p^2}{4}$ dépend principalement de celui de q, ou de la quantité toute connue.

Cela posé, *soit d'abord* q *positif*, auquel cas l'équation est de la forme $x^2 \pm px = +q$ (on met ici les signes des coefficiens en évidence); on en déduit

$$x = \mp \frac{p}{2} \pm \sqrt{q+\frac{p^2}{4}};$$

or il est visible que les deux valeurs de x seront réelles et pourront être déterminées, soit exactement si $q+\frac{p^2}{4}$ est un carré parfait, soit avec tel degré d'approximation que l'on voudra.

Toutefois, de ces deux valeurs, *la première sera positive* et répondra directement à l'équation, ou au problème dont cette équation est la traduction algébrique; car le radical $\sqrt{q+\frac{p^2}{4}}$ étant numériquement plus grand que $\frac{p}{2}$, l'expression $\mp \frac{p}{2} + \sqrt{q+\frac{p^2}{4}}$, est nécessairement de même signe que le radical.

La seconde valeur est, par la même raison, *essentiellement négative*, puisqu'elle doit avoir le même signe que celui dont le radical est affecté. Considérée indépendamment de son signe, elle répond, non plus à l'équation telle qu'elle a été établie, mais à cette équation dans laquelle on aurait remplacé x par $-x$, c'est-à-dire à $x^2 \mp px = q$.

En effet, celle-ci donne $x = \pm \frac{p}{2} \pm \sqrt{q + \frac{p^2}{4}}$, valeurs qui ne diffèrent des précédentes que par le signe.

Il est d'ailleurs remarquable que la même équation lie entre elles deux questions dont les énoncés diffèrent néanmoins par le sens de certaines conditions. (*Voyez* les deux premiers problèmes du n° 96.)

Soit *actuellement* q *négatif*, auquel cas l'équation est de la forme $x^2 \pm px = -q$, et les valeurs de x sont

$$x = \mp \frac{p}{2} \mp \sqrt{\frac{p^2}{4} - q}.$$

Pour que l'extraction de la racine puisse s'effectuer, *il faut que l'on ait* $q < \frac{p^2}{4}$. Cette condition étant satisfaite, les deux valeurs sont *réelles*.

Comme d'ailleurs, $\sqrt{\frac{p^2}{4} - q}$ est numériquement plus petit que $\frac{p}{2}$, il s'ensuit que ces valeurs sont *toutes deux négatives* si p est positif dans l'équation, c'est-à-dire si cette équation est de la forme $x^2 + px = -q$; et elles sont *toutes deux positives* si p est négatif, c'est-à-dire si l'équation est de la forme $x^2 - px = -q$.

Les propriétés du n° 98 conduisent au même résultat. En effet, soient a et b les deux racines de l'équation du second degré $x^2 + px = q$; on a entre ces racines et les coefficiens les relations

$$a + b = -p, \quad ab = -q.$$

Cela posé, si q est *positif* dans le second membre, et par conséquent *négatif* dans le premier, il s'ensuit que les deux racines sont de *signes contraires*, puisque leur produit est négatif. D'ailleurs, leur somme algébrique est *négative* ou *positive,* suivant que p est positif ou négatif; ce qui veut dire que, des deux racines, la plus grande *numériquement* est de signe contraire au coefficient p.

Si au contraire, q est *négatif* dans le second membre, et par conséquent *positif* dans le premier, comme le produit des deux racines est alors positif, il faut nécessairement qu'elles soient *de même signe*, savoir : toutes les deux *négatives* quand p est positif, et toutes les deux *positives* quand p est négatif.

100. Le cas où les deux racines sont positives mérite une attention particulière.

L'équation étant alors de la forme $x^2-px=-q$, devient, par un simple changement de signe,

$$px - x^2 = q, \quad \text{ou} \quad x(p-x) = q,$$

et peut être considérée comme la traduction algébrique de ce problème : *Partager un nombre donné* p *en deux parties dont le produit soit égal à un autre nombre donné* q; (p et q sont supposés ici des nombres absolus).

Car x désignant l'une des parties, $p-x$ est l'expression de l'autre partie, et $x(p-x)$ l'expression de leur produit, qui, par hypothèse, doit être égal à q.

Remarquons maintenant que l'équation est toujours la même, soit que l'on désigne par x la plus grande partie, soit que x représente la plus petite; ainsi, l'équation résolue ne doit pas donner l'une plutôt que l'autre; elle doit donc les donner toutes les deux à la fois. Ceci explique pourquoi l'équation admet *deux solutions directes*.

Toutefois, pour que les deux valeurs de x soient réelles, c'est-à-dire pour que le problème soit possible, il faut que l'on ait

$$q < \frac{p^2}{4}.$$

Et en effet, quelles que soient les deux parties cherchées,

on peut toujours désigner leur différence par d; et comme leur somme est p, on aura (n° 4) pour les expressions de ces deux parties,

$$\frac{p}{2}+\frac{d}{2} \quad \text{et} \quad \frac{p}{2}-\frac{d}{2}.$$

Effectuant le produit de ces expressions, on trouve (n° 8)

$$\frac{p^2}{4}-\frac{d^2}{4},$$

quantité essentiellement moindre que $\frac{p^2}{4}$, à moins que l'on ne suppose $d=0$, auquel cas les deux parties sont égales, et leur produit est $\frac{p^2}{4}$. Il est donc absurde d'exiger que le produit, qu'on avait d'ailleurs représenté par q, soit plus grand que $\frac{p^2}{4}$.

De là résulte cette conséquence que *le plus grand produit qu'on puisse obtenir en décomposant un nombre absolu en deux parties, et multipliant ces deux parties entre elles, est le carré de la moitié du nombre.*

Soit, par exemple, 56 le nombre à partager.

On a

$$\begin{aligned} 56 &= 36 + 20; \quad \text{et} \quad 36 \times 20 = 720 \\ 56 &= 31 + 25; \quad \text{et} \quad 31 \times 25 = 775 \\ 56 &= 29 + 27; \quad \text{et} \quad 29 \times 27 = 783 \\ 56 &= 28 + 28; \quad \text{et} \quad 28 \times 28 = 784. \end{aligned}$$

On voit ici que, plus la différence des deux parties est petite, plus leur produit est grand; et ce produit atteint son *maximum* quand les deux parties sont égales.

Examen de quelques cas particuliers.

101. 1°:—Si, lorsque q est négatif, c'est-à-dire lorsque l'équation est de la forme $x^2+px=-q$ (p étant de signe quelconque), on suppose q égal à $\frac{p^2}{4}$, le radical, $\sqrt{\frac{p^2}{4}-q}$, des deux valeurs de x, devient nul, et ces valeurs se réduisent l'une et l'autre à $x=-\frac{p}{2}$; on dit alors que *les deux racines sont égales*.

En effet, si l'on remonte à l'équation, et qu'on y remplace q par $\frac{p^2}{4}$, elle devient $x^2+px=-\frac{p^2}{4}$, d'où l'on tire

$$x^2+px+\frac{p^2}{4}=0, \quad \text{ou} \quad \left(x+\frac{p}{2}\right)^2=0.$$

Dans ce cas, le premier membre est le *produit de deux facteurs égaux*. On peut donc dire aussi que les racines de l'équation sont égales, puisque alors les deux facteurs égalés à zéro donnent la même valeur pour x.

2°. — Si, dans l'équation générale $x^2+px=q$, on suppose $q=0$, les deux valeurs de x se réduisent à $x=-\frac{p}{2}+\frac{p}{2}$,

ou $x=0$, et à $x=-\frac{p}{2}-\frac{p}{2}$, ou $x=-p$.

En effet, l'équation est alors de la forme $x^2+px=0$, ou $x(x+p)=0$, équation que l'on peut vérifier, soit en posant $x=0$, soit en posant $x+p=0$, d'où $x=-p$.

3°. — Si, dans l'équation générale $x^2+px=q$, on suppose $p=0$, il en résulte $x^2=q$, d'où $x=\pm\sqrt{q}$; c'est-à-dire que, dans ce cas, *les deux valeurs de* x *sont égales et de signes contraires, réelles si* q est positif, et *imaginaires si* q est négatif. L'équation rentre alors dans la classe des équations à deux termes, traitées n° 93.

4°. — Supposons à la fois $p=0$, $q=0$; l'équation se réduit à $x^2=0$, et donne deux valeurs de x égales à 0.

102. Il nous reste à examiner un cas singulier qui se

rencontre souvent dans la résolution des problèmes du second degré.

Pour cela, il faut reprendre l'équation $ax^2+bx=c$. Cette équation résolue donne $x=\frac{-b\pm\sqrt{b^2+4ac}}{2a}$.

Supposons maintenant que, d'après une hypothèse particulière faite sur les données de la question, on ait $a=0$; l'expression de x devient $x=\frac{-b\pm b}{0}$, d'où $\begin{cases} x=\frac{0}{0}, \\ x=-\frac{2b}{0}. \end{cases}$

La seconde valeur se présente sous la forme de l'*infini*, et peut être regardée comme une réponse, si toutefois la question proposée est susceptible d'admettre des solutions infinies (nº 72).

Quant à la première $\frac{0}{0}$, il faut tâcher de l'interpréter.

D'abord, si l'on remonte à l'équation, on voit que l'hypothèse $a=0$ la réduit à $bx=c$; d'où l'on tire $x=\frac{c}{b}$, expression *finie* et *déterminée* qui doit être regardée comme représentant la vraie valeur de $\frac{0}{0}$ dans le cas qui nous occupe.

Cette valeur $\frac{c}{b}$ peut être déduite de l'expression

$$\frac{-b+\sqrt{b^2+4ac}}{2a},$$

au moyen d'une transformation convenable. Multiplions en effet les deux termes de cette expression par $-b-\sqrt{b^2+4ac}$; elle devient

$$\frac{b^2-(b^2+4ac)}{2a(-b-\sqrt{b^2+4ac})},\quad \text{ou}\quad \frac{-4ac}{2a(-b-\sqrt{b^2+4ac})},$$

ou, en supprimant le facteur $2a$ commun aux deux termes,

$$\frac{-2c}{-b-\sqrt{b^2-4ac}}.$$

Actuellement, l'hypothèse $a=0$ introduite dans cette dernière expression, la réduit à $\frac{-2c}{-2b}$, ou $\frac{c}{b}$, résultat trouvé ci-dessus.

[Cette transformation a eu pour objet de faire ressortir dans les deux termes, le facteur $2a$, dont la présence avait réduit l'expression à la forme $\frac{0}{0}$.]

Soit supposé à la fois $a=0$, $b=0$. Les deux valeurs de x deviennent l'une et l'autre de la forme $\frac{0}{0}$.

Or, si l'on remonte à l'équation elle-même, on reconnaît qu'elle se réduit à $c=0$, et qu'elle ne peut être satisfaite par aucune valeur de x; mais on peut prouver aisément que, dans ce cas, les deux valeurs de x sont *infinies*.

En effet, la première $x=\frac{-b+\sqrt{b^2+4ac}}{2a}$, se réduisant d'abord à $\frac{c}{b}$ par l'hypothèse $a=0$, devient $\frac{c}{0}$ lorsqu'on y joint l'hypothèse $b=0$.

Quant à la seconde $x=\frac{-b-\sqrt{b^2+4ac}}{2a}$, en faisant subir à cette expression la même transformation qu'à la première, c'est-à-dire en multipliant les deux termes par

$-b+\sqrt{b^2+4ac}$, et supprimant ensuite le facteur $2a$ commun aux deux termes, on la change en celle-ci :

$$\frac{-2c}{-b+\sqrt{b^2+4ac}},$$

expression qui se réduit à $-\frac{2c}{0}$, par la double hypothèse $a=0$, $b=0$.

Enfin, lorsqu'on suppose en même temps $a=0$, $b=0$, $c=0$, les deux valeurs de x se présentent sous la forme $\frac{0}{0}$, sans qu'aucune transformation puisse conduire à des valeurs déterminées de x. Et en effet, l'équation se réduit, dans ce cas, à $0=0$, et est tout-à-fait *indéterminée*.

C'est le seul cas d'indétermination que présente l'équation du second degré.

On peut parvenir aux conséquences précédentes au moyen d'une analyse beaucoup plus simple, qui aura d'ailleurs l'avantage de s'appliquer par la suite à des équations d'un degré quelconque.

Reprenons l'équation $ax^2+bx=c$,

et posons $x=\frac{1}{y}$; il en résulte

$$\frac{a}{y^2}+\frac{b}{y}=c, \quad \text{ou bien} \quad cy^2-by-a=0$$

(en chassant les dénominateurs et transposant).

Cela posé, soit d'abord $a=0$; cette dernière équation devient $$cy^2-by=0,$$

et donne deux valeurs $y=0$, $y=\frac{b}{c}$.

Substituant ces valeurs dans la relation $x=\frac{1}{y}$, on en déduit $$x=\frac{1}{0}, \quad y=\frac{c}{b}.$$

Si, outre l'hypothèse $a=0$, on a encore $b=0$, la valeur $x=\frac{c}{b}$ devient elle-même $\frac{c}{0}$.

Et en effet, l'équation $cy^2-by-a=0$, se réduit, dans cette double hypothèse, à $cy^2=0$, équation dont les deux racines sont égales à o. Ainsi les valeurs de x correspondantes sont toutes les deux *infinies*.

Quant au cas où l'on a en même temps $a=0$, $b=0$, $c=0$, l'équation $cy^2-by-a=0$ se réduit à $0=0$, comme l'équation $ax^2+bx=c$, et admet *une infinité* de valeurs pour y, d'où il résulte une infinité de valeurs pour x.

Nous allons maintenant appliquer les principes de cette discussion générale à divers problèmes qui donneront lieu à toutes les circonstances qu'on peut rencontrer dans les problèmes du second degré.

PROBLÈME DES LUMIÈRES.

103. Cinquième problème. — *Trouver sur la ligne qui joint deux lumières* A *et* B *d'intensités différentes, le point où elles éclairent également.*

(On suppose connu ce principe de Physique, que *les intensités d'une même lumière à deux distances différentes, sont en raison inverse des carrés de ces distances.*)

Solution. — Soient a la distance AB des deux lumières, b l'intensité de la lumière A à l'unité de distance, c l'intensité de la lumière B à la même distance. Soit C le point cherché; faisons $AC=x$, d'où $BC=a-x$.

Puisqu'en vertu du principe de Physique, l'intensité de A à la distance 1 étant b, son intensité aux distances 2, 3, 4,... est $\frac{b}{4}$, $\frac{b}{9}$, $\frac{b}{16}$...., il s'ensuit qu'à la distance x elle doit être exprimée par $\frac{b}{x^2}$. On a de même, pour l'intensité de B à la distance $a-x$, $\frac{c}{(a-x)^2}$; mais, d'après l'énoncé, ces deux intensités doivent être égales; ainsi l'on a l'équation

$$\frac{b}{x^2}=\frac{c}{(a-x)^2};$$

d'où l'on tire, en développant et réduisant,

$$(b-c)\,x^2-2abx=-a^2b.$$

Cette équation donne $x=\frac{ab}{b-c}\pm\sqrt{\frac{a^2b^2}{(b-c)^2}-\frac{a^2b}{b-c}}$,

ou, réduction faite, $x=\frac{a(b\pm\sqrt{bc})}{b-c}$,

expression qui se simplifie si l'on observe 1°. — que $b\pm\sqrt{bc}$ peut se mettre sous la forme $\sqrt{b}\,.\,\sqrt{b}\pm\sqrt{b}\,.\,\sqrt{c}$, ou $\sqrt{b}\,.(\sqrt{b}\pm\sqrt{c})$; 2°. — que $b-c=(\sqrt{b})^2-(\sqrt{c})^2=(\sqrt{b}+\sqrt{c})(\sqrt{b}-\sqrt{c})$. Ainsi, en considérant d'abord le signe supérieur de l'expression ci-dessus, on a

$$x=\frac{a\sqrt{b}.(\sqrt{b}+\sqrt{c})}{(\sqrt{b}+\sqrt{c})(\sqrt{b}-\sqrt{c})}=\frac{a\sqrt{b}}{\sqrt{b}-\sqrt{c}}.$$

On obtient de même pour la seconde valeur,

$$x=\frac{a\sqrt{b}(\sqrt{b}-\sqrt{c})}{(\sqrt{b}+\sqrt{c})(\sqrt{b}-\sqrt{c})}=\frac{a\sqrt{b}}{\sqrt{b}+\sqrt{c}}.$$

Au reste, ces valeurs simplifiées pouvaient s'obtenir immédiatement d'après l'équation proposée. En effet, l'équation

$$\frac{b}{x^2}=\frac{c}{(a-x)^2} \text{ revient à } \frac{(a-x)^2}{x^2}=\frac{c}{b}.$$

Or, si l'on extrait la racine carrée des deux membres, il vient

$$\frac{a-x}{x} = \pm\sqrt{\frac{c}{b}} = \frac{\pm\sqrt{c}}{\sqrt{b}};$$

d'où, en chassant les dénominateurs et transposant,

$$a\sqrt{b} - x\sqrt{b} = \pm x\sqrt{c}; \quad \text{donc} \quad x = \frac{a\sqrt{b}}{\sqrt{b}\pm\sqrt{c}}.$$

N. B. — On a d'abord obtenu les valeurs sous une forme plus compliquée, parce qu'on a résolu l'équation du second degré par la méthode générale, méthode moins simple que la précédente.

Discutons maintenant les deux valeurs simplifiées. On a

$$\left.\begin{array}{l} 1^\circ \ldots\ x = \dfrac{a\sqrt{b}}{\sqrt{b}+\sqrt{c}}, \\ 2^\circ \ldots\ x = \dfrac{a\sqrt{b}}{\sqrt{b}-\sqrt{c}}, \end{array}\right\} \text{d'où l'on tire} \left\{\begin{array}{l} a - x = \dfrac{a\sqrt{c}}{\sqrt{b}+\sqrt{c}}, \\ a - x = \dfrac{-a\sqrt{c}}{\sqrt{b}-\sqrt{c}}. \end{array}\right.$$

Soit d'abord $b > c$.

La première valeur de x, $\dfrac{a\sqrt{b}}{\sqrt{b}+\sqrt{c}}$, est positive et plus petite que a, car $\dfrac{\sqrt{b}}{\sqrt{b}+\sqrt{c}}$ est une fraction; ainsi cette valeur donne pour le point également éclairé, un point C situé entre les points A et B. On voit en outre que ce point est plus voisin de B que de A; car, à cause de $b > c$, on a, $\sqrt{b}+\sqrt{b}$, ou $2\sqrt{b} > \sqrt{b}+\sqrt{c}$, d'où $\dfrac{\sqrt{b}}{\sqrt{b}+\sqrt{c}} > \dfrac{1}{2}$, et par conséquent $\dfrac{a\sqrt{b}}{\sqrt{b}+\sqrt{c}} > \dfrac{a}{2}$. Cela doit être en effet, puisqu'on suppose l'intensité de A plus forte que celle de B.

La valeur de $a - x$ correspondante, $\dfrac{a\sqrt{c}}{\sqrt{b}+\sqrt{c}}$, est positive et plus petite que $\dfrac{a}{2}$, comme il est aisé de le vérifier.

La seconde valeur de x, $\frac{a\sqrt{b}}{\sqrt{b}-\sqrt{c}}$, est encore positive, mais plus grande que a; car on a $\frac{\sqrt{b}}{\sqrt{b}-\sqrt{c}} > 1$. Cette seconde valeur donne donc un second point C′ situé sur le prolongement de AB, et à la droite des deux lumières. On conçoit en effet que les deux lumières se répandant en tous sens, il peut y avoir sur le prolongement de AB, un autre point également éclairé; et ce point doit être plus voisin de la lumière B dont l'intensité est la moins forte.

On peut reconnaître *à posteriori* pourquoi ces deux valeurs sont liées par la même équation. Si, au lieu de prendre AC pour l'inconnue x, on prend AC′, il en résulte $BC' = x - a$; ainsi l'on a l'équation $\frac{b}{x^2} = \frac{c}{(x-a)^2}$: or, comme $(x-a)^2$ est identique avec $(a-x)^2$, la nouvelle équation est la même que l'équation déjà établie, qui, par conséquent, ne doit pas plutôt donner AC que AC′.

La seconde valeur de $a-x$, $\frac{-a\sqrt{c}}{\sqrt{b}-\sqrt{c}}$, est négative, ce qui doit être, puisque l'on a $x > a$; mais, en changeant les signes de l'équation $a - x = \frac{-a\sqrt{c}}{\sqrt{b}-\sqrt{c}}$, on trouve.....
$x - a = \frac{a\sqrt{c}}{\sqrt{b}-\sqrt{c}}$; et cette valeur de $x-a$ représente la valeur absolue de BC′.

Soit $b < c$.

La première valeur de x, $\frac{a\sqrt{b}}{\sqrt{b}+\sqrt{c}}$, est toujours positive, mais plus petite que $\frac{a}{2}$, puisque l'on a

$$\sqrt{b}+\sqrt{c} > \sqrt{b}+\sqrt{b} > 2\sqrt{b}.$$

La valeur de $a-x$ correspondante, ou $\frac{a\sqrt{c}}{\sqrt{b}+\sqrt{c}}$, est positive et plus grande que $\frac{a}{2}$.

Ainsi, dans l'hypothèse que l'on considère, le point C, situé entre les points A et B, doit être plus voisin de A que de B.

La seconde valeur de x, $\frac{a\sqrt{b}}{\sqrt{b}-\sqrt{c}}$, ou $\frac{-a\sqrt{b}}{\sqrt{b}-\sqrt{c}}$, est essentiellement négative. Pour l'interpréter, remontons à l'équation, qui devient, lorsqu'on remplace x par $-x$, $\frac{b}{x^2}=\frac{c}{(a+x)^2}$. Or, $a-x$ exprimant d'abord la distance de B au point cherché, $a+x$ doit maintenant exprimer cette même distance; ce qui exige que le point cherché soit à la gauche de A, en C'' par exemple. Et en effet, puisque l'intensité de la lumière B est, par hypothèse, plus forte que celle de A, le second point cherché doit être plus voisin de A que de B.

La valeur de $a-x$ correspondante, $\frac{-a\sqrt{c}}{\sqrt{b}-\sqrt{c}}$, ou $\frac{a\sqrt{c}}{\sqrt{c}-\sqrt{b}}$, est positive; et cela tient à ce que, x étant négatif, $a-x$ exprime réellement une *somme arithmétique.*

Soit b = c.

Les deux premières valeurs de x et de $a-x$ se réduisent à $\frac{a}{2}$; ce qui donne le milieu de AB pour le premier point également éclairé. Ce résultat est conforme à l'hypothèse.

Les deux autres valeurs se réduisent à $\frac{a\sqrt{b}}{0}$, ou deviennent *infinies;* c'est-à-dire que le second point également éclairé est situé à une distance des points A et B plus grande qu'aucune quantité assignable. Ce résultat répond parfaitement à l'hypothèse présente; car, si l'on suppose que la différence $b-c$, sans être tout-à-fait nulle, soit extrêmement petite, le second point également éclairé existe, mais à une distance très grande des deux lumières ; c'est ce qu'indique l'expression $\frac{a\sqrt{b}}{\sqrt{b}-\sqrt{c}}$ dont le dénominateur est extrêmement petit par rapport au numérateur ; et lorsqu'on suppose enfin $b=c$, ou $\sqrt{b}-\sqrt{c}=0$, le point cherché ne peut plus exister, ou doit se trouver situé à une distance *infinie*.

Observons, en passant, que, dans le cas de $b=c$, si l'on considérait les valeurs non simplifiées,

$$x=\frac{a(b+\sqrt{bc})}{b-c} \quad \text{et} \quad x=\frac{a(b-\sqrt{bc})}{b-c},$$

la première, qui correspond à $x=\frac{a\sqrt{b}}{\sqrt{b}-\sqrt{c}}$, deviendrait $\frac{2ab}{0}$, et la seconde, qui correspond à $x=\frac{a\sqrt{b}}{\sqrt{b}+\sqrt{c}}$, deviendrait $\frac{0}{0}$. Mais on n'obtient $\frac{0}{0}$ qu'à cause de l'existence d'un facteur commun, $\sqrt{b}-\sqrt{c}$, entre les deux termes de la valeur de x. (*Voyez* ce qui a été dit nos 73 et 102.)

Les deux termes de la première comprennent bien aussi le facteur commun $\sqrt{b}+\sqrt{c}$; mais en le supprimant, on trouve $x=\frac{a\sqrt{b}}{\sqrt{b}-\sqrt{c}}$, expression qui se réduit encore à $\frac{a\sqrt{b}}{0}$ dans l'hypothèse de $b=c$.

Soient b = c *et* a = o.

Le premier système de valeurs de x et de $a-x$ se réduit à o, et le second système à $\frac{0}{0}$. Ce dernier caractère est ici le symbole de l'*indétermination* ; car si l'on remonte à l'équation du problème, $(b-c)x^2-2abx=-a^2b$, elle se réduit, dans l'hypothèse actuelle, à $0.x^2-0.x=0$, équation qui peut être satisfaite par un nombre quelconque mis pour x. En effet, puisque les deux lumières ont la même intensité et sont placées au même point, *elles doivent éclairer également chacun des points de la ligne* AB.

La solution o que donne le premier système, est une de ces solutions, *en nombre infini*, dont on vient de parler.

Soit enfin a = o, b *étant différent de* c.

Chacun des deux systèmes se réduit à o; ce qui prouve qu'il n'y a, dans ce cas, qu'un seul point également éclairé : *c'est celui où les deux lumières sont placées.*

L'équation se réduit alors à $(b-c)x^2 = 0$, et donne les deux valeurs égales, $x = 0$, $x = 0$.

La discussion précédente offre un nouvel exemple de la précision avec laquelle l'Algèbre répond à toutes les circonstances de l'énoncé d'un problème.

104. Sixième problème. — *Trouver deux nombres tels que la différence de leurs produits par les nombres respectifs* a *et* b *soit égale à un nombre donné* s, *et que la différence de leurs carrés soit égale à un autre nombre donné* q.

Solution. — Soient x et y les nombres cherchés ; on a évidemment les deux équations $\left\{\begin{array}{l} ax - by = s, \\ x^2 - y^2 = q. \end{array}\right.$

De la première on tire $x = \dfrac{by+s}{a}$, valeur qui, substituée, dans la seconde, donne

$$(a^2 - b^2)\,y^2 - 2bsy = s^2 - a^2q \ldots \quad (1);$$

donc
$$y = \frac{bs \pm a\sqrt{s^2 - q\,(a^2 - b^2)}}{a^2 - b^2}.$$

Reportant cette valeur dans l'expression de x en y, on trouve

$$x = \frac{b\left(\dfrac{bs \pm a\sqrt{s^2 - q\,(a^2 - b^2)}}{a^2 - b^2}\right) + s}{a},$$

d'où $$x = \frac{as \pm b\sqrt{s^2 - q(a^2 - b^2)}}{a^2 - b^2}.$$

(Il est nécessaire d'observer que, dans ces valeurs de y et de x, les deux signes supérieurs se correspondent, ainsi que les signes inférieurs.)

Discussion.—Nous supposerons, dans tout ce qui va suivre, que a, b, q, s, soient des nombres absolus ; s'il en était autrement, certains termes des valeurs de x et de y changeraient de signe, et il faudrait opérer ces changemens avant de discuter.

Soit $a > b$, *d'où* $a^2 - b^2$ *positif.*

D'abord, pour que les deux valeurs de x et de y soient réelles, il faut que l'on ait

$$q(a^2 - b^2) < s^2, \quad \text{d'où} \quad q < \frac{s^2}{a^2 - b^2}.$$

Supposons cette dernière condition remplie, et déterminons les signes dont les deux systèmes de valeurs sont affectés.

LE PREMIER SYSTÈME EST $$\left\{ \begin{aligned} x &= \frac{as + b\sqrt{s^2 - q(a^2 - b^2)}}{a^2 - b^2}, \\ y &= \frac{bs + \sqrt{s^2 - q(a^2 - b^2)}}{a^2 - b^2}. \end{aligned} \right.$$

Les deux valeurs de ce système sont nécessairement positives et forment par conséquent une *solution directe* du problème, tel qu'il a été établi.

LE SECOND SYSTÈME EST $$\left\{ \begin{aligned} x &= \frac{as - b\sqrt{s^2 - q(a^2 - b^2)}}{a^2 - b^2}, \\ y &= \frac{bs - a\sqrt{s^2 - q(a^2 - b^2)}}{a^4 - b^2}. \end{aligned} \right.$$

La valeur de x est essentiellement positive; car de $a>b$ on tire $as>bs$, et *à fortiori*, $as>b\sqrt{s^2-q(a^2-b^2)}$, puisque le radical est plus petit que s.

Quant à celle de y, elle peut être positive ou négative.

Pour qu'elle soit positive, il faut que l'on ait

$$bs>a\sqrt{s^2-q(a^2-b^2)};$$

d'où, en élevant au carré, $b^2s^2>a^2s^2-a^2q(a^2-b^2)$;

ou, en ajoutant aux deux membres $a^2q(a^2-b^2)$, et retranchant b^2s^2, $a^2q(a^2-b^2)>s^2(a^2-b^2)$,

d'où, en divisant par $a^2(a^2-b^2)$, $q>\frac{s^2}{a^2}$.

Ainsi, pour que le second système soit encore *une solution réelle et directe*, il faut que l'on ait $q<\frac{s^2}{a^2-b^2}$, mais $q>\frac{s^2}{a^2}$; c'est-à-dire que q soit compris entre les deux nombres $\frac{s^2}{a^2}$ et $\frac{s^2}{a^2-b^2}$.

(Observons, en passant, que la condition $q>\frac{s^2}{a^2}$ pouvait être obtenue plus facilement au moyen de l'équation en y. Cette équation étant $(a^2-b^2)y^2-2bsy^2=s^2-a^2q$, on voit que, dans l'hypothèse de $a>b$, elle est de la forme.... $x^2-px=-q$, si l'on a $a^2q>s^2$, ou $q>\frac{s^2}{a^2}$; et l'on sait (n° 100) qu'alors les deux racines sont à la fois positives.

Si l'on avait au contraire $q<\frac{s^2}{a^2}$, auquel cas on aurait, à plus forte raison, $q<\frac{s^2}{a^2-b^2}$, la valeur de y du second système serait *négative;* et ce système (abstraction faite du signe de y) ne serait plus *une solution* de l'énoncé tel qu'il a été établi, mais bien de celui dont les équations seraient $\left\{\begin{array}{l} ax+by=s \\ x^2-y^2=q \end{array}\right\}$, et qui ne différerait du précédent qu'en ce que s exprimerait une *somme* au lieu d'*une différence*.

Ainsi, dans le cas de $a>b$, le problème admet *deux solutions réelles et directes* toutes les fois que l'on a

$$q>\frac{s^2}{a^2}, \text{ mais } \quad q<\frac{s^2}{a^2-b^2};$$

et elle n'en admet qu'*une seule* si l'on a $q<\frac{s^2}{a^2}$.

En prenant pour a, b, s, des nombres absolus quelconques, pourvu toutefois que a soit $>b$, et choisissant ensuite pour q un nombre compris entre les deux limites $\frac{s^2}{a^2}$ et $\frac{s^2}{a^2-b^2}$, on sera certain d'obtenir *deux solutions directes*.

Soient, par exemple, $a=6$, $b=4$, $s=15$, d'où l'on déduit

$$\frac{s^2}{a^2}=\frac{225}{36}=6\frac{1}{4}, \quad \frac{s^2}{a^2-b^2}=\frac{225}{20}=11\frac{1}{4}.$$

On pourra supposer $q=10$, par exemple, et il viendra

$$x=\frac{6\times 15\pm 4\sqrt{225-20\times 10}}{20}=\frac{90\pm 20}{20}=\frac{11}{2} \text{ et } \frac{7}{2},$$

$$y=\frac{4\times 15\pm 6\sqrt{225-20\times 10}}{20}=\frac{60\pm 30}{20}=\frac{9}{2} \text{ et } \frac{3}{2}.$$

Les solutions $\left[x=\frac{11}{2}, y=\frac{9}{2}\right]$, et $\left[x=\frac{7}{2}, y=\frac{3}{2}\right]$, forment évidemment *deux solutions directes* des équations

$$6x-4y=15,$$
$$x^2-y^2=10.$$

Mais si l'on supposait $a=6$, $b=4$, $s=15$, $q=5$, il serait facile de reconnaître que, des deux systèmes, le premier seul donnerait une solution directe.

Cas particuliers qui se rapportent à l'hypothèse de $a>b$.

Soit $q=\frac{s^2}{a^2-b^2}$, d'où $q(a^2-b^2)=s^2$.

Les deux systèmes de valeurs de x et de y se réduisent à $x=\frac{as}{a^2-b^2}$, $y=\frac{bs}{a^2-b^2}$. Ainsi, dans cette hypothèse, il n'y a qu'une solution du problème; et elle est *directe*.

Soit encore $q=\frac{s^2}{a^2}$; d'où $s^2=a^2q$ et $s=a\sqrt{q}$;

le premier système devient.. $\left\{\begin{array}{l} x=\frac{as+b\sqrt{b^2q}}{a^2-b^2}=\frac{a^2+b^2}{a^2-b^2}\sqrt{q}, \\ y=\frac{bs+a\sqrt{b^2q}}{a^2-b^2}=\frac{2ab}{a^2-b^2}\sqrt{q}; \end{array}\right.$

le second.................. $\left\{\begin{array}{l} x=\frac{as-b\sqrt{b^2q}}{a^2-b^2}=\sqrt{q}, \\ y=\frac{bs-a\sqrt{b^2q}}{a^2-b^2}=0. \end{array}\right.$

Et en effet, supposons $s^2=a^2q$ dans l'équation en y; elle se réduit à $(a^2-b^2)y^2-2bsy=0$; d'où l'on déduit

$$y=0,\ y=\frac{2bs}{a^2-b^2}=\frac{2ab}{a^2-b^2}.\sqrt{q}.$$

Reportons chacune de ces valeurs dans $x=\frac{by+s}{a}$;

il en résulte $x=\frac{s}{a}=\sqrt{q}$, $x=\frac{a^2+b^2}{a^2-b^2}.\sqrt{q}$.

Soit maintenant $a<b$; *d'où* a^2-b^2 *négatif*.

Les expressions de x et de y peuvent se mettre sous

forme

$$x = \frac{-as \mp b\sqrt{s^2 + q(b^2 - a^2)}}{b^2 - a^2},$$

$$y = \frac{-bs \mp b\sqrt{s^2 + q(b^2 - a^2)}}{b^2 - a^2}.$$

Ces valeurs sont toujours réelles, puisque la quantité sous le radical est essentiellement positive.

Quant aux signes, la première valeur de x est essentiellement négative, et il en est de même de la première valeur de y. Ainsi ces valeurs, abstraction faite de leur signe, répondent, non aux équations proposées, mais aux équations $by - ax = s$, $x^2 - y^2 = q$, dans la première desquelles *l'ordre de la différence entre les produits* ax *et* by *est renversé*.

La seconde valeur de x est nécessairement positive; car de $b > a$, on déduit $b\sqrt{s^2 + q(b^2 - a^2)} > as$, puisque le radical est numériquement plus grand que s.

Mais la seconde valeur de y n'est pas toujours positive. Pour qu'elle le soit, il faut qu'on ait la relation

$$a\sqrt{s^2 + q(b^2 - a^2)} > bs,$$

d'où, en élevant au carré, $a^2s^2 + a^2q(b^2 - a^2) > b^2s^2$,

ou, transposant a^2s^2, $a^2q(b^2 - a^2) > (b^2 - a^2)s^2$,

et divisant par $a^2(b^2 - a^2)$, $q > \frac{s^2}{a^2}$.

En donnant à a, b, s, q, des valeurs particulières, telles que l'on ait $b > a$, et $q > \frac{s^2}{a^2}$, le problème sera encore susceptible d'*une solution directe*.

Soit enfin $a = b$; *d'où* $a^2 - b^2 = 0$.

Le premier système de valeurs devient, dans cette hypothèse

$$x = \frac{2as}{0}, \quad y = \frac{2as}{0},$$

et le second, $x=\frac{0}{0}$, $y=\frac{0}{0}$.

Mais si l'on remonte à l'équation $(a^2-b^2)y^2-2bsy=s^2-a^2q$, qui, lorsqu'on fait $a=b$, se réduit à $-2asy=s^2-a^2q$, on en déduit.......................... $y=\frac{a^2q-s^2}{2as}$;

et l'expression de x en y, $x=\frac{by+s}{a}$, donne $x=\frac{a^2q+s^2}{2as}$.

(On parviendrait aux mêmes résultats en imitant l'un des procédés suivis n° **102**, c'est-à-dire en faisant dans l'équation en y, $y=\frac{1}{z}$, ou bien, en mettant en évidence le facteur commun a^2-b^2 dans celles des expressions de y et de x, qui se sont réduites à la forme $\frac{0}{0}$).

Pour que la solution $x=\frac{a^2q+s^2}{2as}$, $y=\frac{a^2q-s^2}{2as}$, soit *directe*, il faut qu'on ait $q>\frac{s^2}{a^2}$.

Des Transformations qu'on peut faire subir aux inégalités.

103. Dans le cours de la discussion des deux problèmes précédens, nous avons eu occasion de poser plusieurs *inégalités*, sur lesquelles nous avons exécuté des transformations analogues à celles qu'on exécute sur les *égalités*. C'est en effet ce qu'on est souvent obligé de faire, lorsqu'en discutant un problème, on veut établir entre les données, les relations nécessaires pour que le problème soit susceptible d'une solution directe ou du moins réelle, et fixer, à l'aide de ces relations, les limites entre lesquelles doivent se trouver les valeurs particulières de certaines données pour que l'énoncé tombe dans telle ou telle circonstance. Or, quoique les principes établis pour les équations soient en général applicables aux inégalités, il y a néanmoins quelques exceptions dont il est nécessaire de parler, afin de mettre les commençans en garde contre des erreurs qu'ils pourraient commettre en faisant usage des signes d'inégalité. Ces exceptions proviennent de l'introduction des *expressions négatives* comme *quantités*, dans les calculs.

Pour plus de clarté, nous allons passer en revue les diverses transformations que l'on peut avoir à faire subir aux inégalités, en ayant soin de faire ressortir les exceptions dont ces transformations sont susceptibles.

TRANSFORMATION PAR ADDITION ET SOUSTRACTION. — *On peut, sans aucune exception, ajouter aux deux membres d'une inégalité quelconque, ou en retrancher une même quantité; l'inégalité subsiste toujours dans le même sens.*

Ainsi, soit $8 > 3$; on a encore $8+5 > 3+5$, et $8-5 > 3-5$. Soit de même $-3 < -2$; on a encore $-3+6 < -2+6$, et $-3-6 < -2-6$. Ceci est évident, d'après ce qui a été dit (n° 63).

Ce principe sert, comme dans les équations, à transposer certains termes d'un membre de l'inégalité dans l'autre; soit, par exemple, l'inégalité, $a^2+b^2 > 3b^2-2a^2$; il en résulte $a^2+2a^2 > 3b^2-b^2$, ou $3a^2 > 2b^2$.

On peut, sans exception, ajouter membre à membre deux ou plusieurs inégalités établies dans le même sens; et l'inégalité résultante subsiste dans le même sens que les proposées. Ainsi de $a > b$, $c > d$, $e > f$...., il résulte $a+c+e > b+d+f$.

Mais *il n'en est pas toujours de même si l'on soustrait membre à membre deux ou plusieurs inégalités établies dans le même sens.*

Soient les inégalités $4 < 7$ et $2 < 3$, on a bien......... $4-2$, ou $2 < 7-3$, ou 4.

Mais soient les inégalités $9 < 10$, et $6 < 8$; il vient, par la soustraction, $9-6$, ou $3 < 10-8$, ou 2.

On doit donc éviter autant que possible cette transformation; ou, lorsqu'on l'emploie, s'assurer dans quel sens l'inégalité résultante existe.

TRANSFORMATION PAR MULTIPLICATION ET DIVISION. — *On peut multiplier les deux membres d'une inégalité par un nombre* positif *ou* absolu; *et l'inégalité résultante subsiste dans le même sens.*

Ainsi de $a < b$, on tire $3a < 3b$; de $-a < -b$, on déduit $-3a < -3b$.

Ce principe sert à faire disparaître les dénominateurs.

Que l'on ait l'inégalité $\frac{a^2 - b^2}{2d} > \frac{c^2 - d^2}{3a}$; on en déduit, en multipliant les deux membres par $6ad$,

$$3a(a^2 - b^2) > 2d(c^2 - d^2).$$

Même principe pour la division.

Mais *lorsqu'on multiplie ou divise les deux membres d'une inégalité par une quantité négative, l'inégalité existe en sens contraire.*

Soit, par exemple, $8 > 7$; en multipliant les deux membres par -3, on a, au contraire, $-24 < -21$.

De même, $8 > 7$ donne $\frac{8}{-3}$, ou $-\frac{8}{3} < \frac{7}{-3}$, ou $-\frac{7}{3}$.

Ainsi, lorsqu'on multiplie ou divise les deux membres d'une inégalité, par un nombre exprimé algébriquement, il faut s'assurer si le *multiplicateur* ou le *diviseur* n'est pas négatif; car, dans ce dernier cas, l'inégalité existerait dans un sens contraire.

Dans le problème du n° **104**, de l'inégalité

$$a^2q(a^2 - b^2) > s^2(a^2 - b^2),$$

on a pu déduire $q > \frac{s^2}{a^2}$, en divisant par $a^2(a^2 - b^2)$, parce que l'on avait supposé $a > b$, ou $a^2 - b^2$ positif.

Il n'est pas permis de changer les signes des deux membres d'une inégalité, à moins qu'on n'établisse l'inégalité résul-

tante en sens contraire; car cette transformation revient évidemment *à multiplier les deux membres par* -1.

TRANSFORMATION PAR ÉLÉVATION AU CARRÉ. — *On peut élever au carré les deux membres d'une inégalité entre des nombres absolus, et l'inégalité subsistera dans le même sens.*

Ainsi, de $5 > 3$, on déduit $25 > 9$. De $a + b > c$, on tire $(a + b)^2 > c^2$.

Mais *si les deux membres de l'inégalité sont de signes quelconques, on ne peut pas assurer d'avance dans quel sens l'inégalité résultante subsistera.*

Par exemple, $-2 < 3$ donne $(-2)^2$ ou $4 < 9$; mais $-3 > -5$ donne, au contraire, $(-3)^2$ ou $9 < (-5)^2$ ou 25.

On doit donc, avant d'élever au carré, s'assurer si les deux membres peuvent être regardés comme des *nombres absolus*.

TRANSFORMATION PAR EXTRACTION DE RACINE CARRÉE. — *On peut extraire la racine carrée des deux membres d'une inégalité entre des nombres absolus; et l'inégalité subsiste dans le même sens, entre les valeurs numériques de ces racines carrées.*

Observons d'abord qu'on ne peut proposer d'extraire la racine carrée des deux membres d'une inégalité, qu'*autant qu'ils sont essentiellement positifs;* car autrement, on serait conduit à *des expressions imaginaires* qu'on ne pourrait comparer.

Mais que l'on ait $9 < 25$; on en déduit $\sqrt{9}$ ou $3 < \sqrt{25}$ ou 5.

De $a^2 > b^2$, on déduit $a > b$, si a et b expriment des nombres absolus.

De même, l'inégalité $a^2 > (c - b)^2$ donne $a > c - b$ si l'on suppose déjà c plus grand que b; et $a > b - c$ si, au contraire, b est plus grand que c.

En un mot, lorsque les deux membres d'une inégalité sont composés de termes additifs et de termes soustractifs, *on doit avoir soin d'écrire, pour la racine carrée de chaque membre, un polynome dans lequel les soustractions soient possibles.*

106. Voici les énoncés de nouveaux problèmes :

Septième problème. — *Deux marchands vendent chacun d'une même étoffe, à des prix différens; le second en vend 3 aunes de plus que le premier, et ils en retirent ensemble 35 écus. Le premier dit au second : J'aurais retiré de votre étoffe 24 écus; l'autre répond : Et moi j'aurais retiré de la vôtre 12 écus $\frac{1}{2}$. Combien d'aunes ont-ils vendu chacun?*

(*Rép.* 1er marchand $x = 15$ ou bien $x = 5$; 2e......... $y = 18$ ou bien $y = 8$).

Huitième problème. — *Un négociant doit un billet de 6240 fr. payable dans 8 mois, et un autre billet de 7632 fr. payable dans 9 mois. Il retire ces deux billets, et remet à leur place un billet de 14256 fr. payable dans un an. On demande le taux de l'intérêt.* (*Rép.* 10 fr. 33 c. pour $\frac{0}{0}$ par an.)

On suppose ici que chacun des trois billets ait été réduit à sa véritable valeur (voy. *Arithm.*, n° **228**, 15e édition) à l'instant même de l'échange des billets; car il est bon d'observer que la question peut être traitée de diverses manières, et donne lieu à des résultats tout-à-fait différens, suivant les époques auxquelles on ramène les valeurs des billets.

Neuvième problème. — *Une personne possède 13000 fr., qu'elle partage en deux portions placées à intérêt, de manière qu'elle en retire des revenus égaux. Si elle faisait valoir la première portion sur le même pied que la seconde, elle retirerait pour cette partie 360 fr. d'intérêt; et si elle faisait valoir la seconde portion au même taux que la première, elle retirerait 490 fr. d'intérêt. On demande les deux taux d'intérêt?* (Rép. 7 et 6.)

N. B. — L'équation de ce problème peut être résolue plus simplement que par la méthode générale.

Dixième problème. — *Trouver deux rectangles dont on connaît la somme* q *des surfaces, la somme* a *des bases, et dont on connaît les surfaces* p *et* p′, *quand à la base de chacun d'eux on donne la hauteur de l'autre; c'est-à-dire quand on alterne les hauteurs?*

Résoudre et discuter ce problème.

(*Rép.* Base du premier, $x = \dfrac{a\left[2p+q\pm\sqrt{q^2-4pp'}\right]}{2(p+p'+q)}$.)

Onzième problème.—*Partager deux nombres* a *et* b, *l'un et l'autre en deux parties, de manière que le produit d'une partie de* a *par une partie de* b *soit égal à un nombre donné* p, *et que le produit des parties restantes de* a *et* b *soit aussi égal à un nombre donné* p'? Résoudre et discuter ce problème.

Douzième problème. — *Trouver un nombre tel, que son carré soit au produit des différences entre ce nombre et deux autres nombres donnés* a *et* b, *dans un rapport connu*, p : q? Résoudre et discuter ce problème.

Nous recommandons ce dernier problème aux élèves, non-seulement parce que sa discussion offre de nouvelles applications des principes sur les inégalités, mais encore parce que les formules auxquelles on parvient renferment implicitement les solutions d'une foule de questions analogues, dont les énoncés ne diffèrent que par le sens de certaines conditions.

Questions sur les maximums *et* minimums.—*Propriétés des Trinomes du second degré.*

107. Il est une certaine classe de problèmes qu'on rencontre surtout dans la *Géométrie analytique*, et qu'il est souvent possible de résoudre à l'aide des théories précédentes. Ce sont ceux qui ont pour objet de *déterminer la plus grande ou la plus petite valeur que puisse recevoir le résultat de certaines opérations arithmétiques effectuées sur des nombres.*

Soit proposée cette première question : — *Partager un nombre donné* 2a *en deux parties dont le produit soit le plus grand possible, ou un* MAXIMUM.

Désignons par x l'une des parties, l'autre sera $2a - x$, et leur produit, $x(2a-x)$. Si l'on donne à x différentes valeurs, ce produit passera par différens *états de grandeur;* et il s'agit d'assigner à x la valeur qui doit rendre ce produit *le plus grand possible*.

Désignons par y ce plus grand produit dont la valeur est inconnue pour le moment; on aura, d'après l'énoncé, l'équation

$$x(2a-x)=y.$$

Regardant y comme connu, et tirant de cette équation la valeur de x, on trouve $x=a\pm\sqrt{a^2-y}$.

Or, ce résultat fait voir que les deux valeurs de x ne peuvent être réelles qu'autant que l'on aura $y<a^2$, ou, tout au plus, $y=a^2$; d'où l'on peut conclure que la plus grande valeur que puisse recevoir y ou le produit des deux parties, est a^2. Mais si l'on fait $y=a^2$, il en résulte $x=a$.

Ainsi, *pour obtenir le plus grand produit, il faut diviser le nombre donné* 2a *en deux parties égales*, et le MAXIMUM *qu'on obtient est le carré de la moitié du nombre*; résultat auquel on est déjà parvenu par un autre moyen (n° **100**).

Solution plus simple. —Appelons $2x$ la différence qui existe entre les deux parties; puisque leur somme est déjà exprimée par $2a$, la plus grande de ces parties sera (n° 4) représentée par $\frac{2a+2x}{2}$, ou $a+x$, la plus petite par $a-x$; et l'on aura pour l'équation, $(a+x)(a-x)=y$, ou, effectuant les calculs, $a^2-x^2=y$; d'où $x=\pm\sqrt{a^2-y}$.

Pour que cette valeur de x soit réelle, il faut que y soit tout au plus égal à a^2; et en faisant $y=a^2$, on obtient $x=0$, ce qui prouve *que les deux parties doivent être égales*.

Ce moyen de résolution a l'avantage de conduire à une équation du second degré à deux termes.

108. *N. B.* — Dans les équations $x(2a-x)=y$, et.... $(a+x)(a-x)=y$, établies ci-dessus, la quantité x est ce qu'on appelle une *variable*, et l'expression $x(2a-x)$ ou

$(a+x)(a-x)$, est dite une certaine FONCTION de la variable. Cette fonction, représentée par y, est elle-même une autre *variable*, dont la valeur dépend de celle qu'on attribue à la première. C'est pour cela que les analystes désignent quelquefois celle-ci sous le nom de *variable indépendante*, tandis que la seconde, ou y, reçoit des valeurs dépendantes de celles qu'on attribue à x.

En résolvant les deux équations $x(2a-x)=y$, et.... $(a+x)(a-x)=y$, par rapport à x, ce qui donne

$$x=a\pm\sqrt{a^2-y},$$

et

$$x=\pm\sqrt{a^2-y},$$

on peut regarder, à son tour, y comme une *variable indépendante*, et x comme une certaine *fonction* de cette variable.

109. Proposons-nous, pour seconde question, de *diviser un nombre* 2a *en deux parties, telles que la somme des racines carrées de ces deux parties soit un maximum.*

Appelons x^2 l'une des parties; $2a-x^2$ sera l'autre partie, et la somme de leurs racines carrées aura pour expression, $x+\sqrt{2a-x^2}$: c'est cette expression dont il faut déterminer le *maximum*.

Posons $$x+\sqrt{2a-x^2}=y.$$

Pour résoudre cette équation, il faut chasser le radical. On a d'abord, en transposant le terme x dans le second membre,

$$\sqrt{2a-x^2}=y-x,$$

d'où, élevant au carré, $2a-x^2=y^2-2xy+x^2$,

ou, ordonnant par rapport à x, $2x^2-2xy=2a-y^2$,

équation d'où l'on tire $x=\frac{y}{2}\pm\sqrt{\frac{y^2}{4}+\frac{2a-y^2}{2}}$,

ou, simplifiant, $x=\frac{y}{2}\pm\frac{1}{2}\sqrt{4a-y^2}$.

Pour que les deux valeurs de x soient réelles, il faut que y^2 soit tout au plus égal à $4a$; donc $2\sqrt{a}$ est la *plus grande valeur* que puisse recevoir y.

Si l'on fait $y = 2\sqrt{a}$, il en résulte $x = \sqrt{a}$, d'où l'on déduit $x^2 = a$, et $2a - x^2 = a$.

Ainsi, *le nombre donné* 2a *doit être divisé en deux parties égales pour que la somme des racines carrées de ces deux parties soit un* MAXIMUM. Ce maximum est d'ailleurs égal à $2\sqrt{a}$.

Soit, par exemple, 72 le nombre proposé; on a $72 = 36 + 36$; d'où $\sqrt{36} + \sqrt{36} = 12$; c'est le *maximum* de valeur qu'on puisse obtenir pour la somme des racines carrées des deux parties de 72.

Et en effet, décomposons 72 en $64 + 8$; on a $\sqrt{64} = 8$, $\sqrt{8} = 2 +$ une fract.; d'où $\sqrt{64} + \sqrt{8} = 10 +$ une fract.; soit encore $72 = 49 + 23$; on a $\sqrt{49} = 7$, $\sqrt{23} = 4 +$ une fract.; donc, $\sqrt{49} + \sqrt{23} = 11 +$ une fract.

Considérons, pour 3e exemple, *l'expression* $\dfrac{m^2x^2 + n^2}{(m^2 - n^2)x}$, *qu'il s'agit de rendre un* MINIMUM (m étant supposé $> n$).

Posons $\dfrac{m^2x^2 + n^2}{(m^2 - n^2)x} = y$, d'où $m^2x^2 - (m^2 - n^2)y \cdot x = -n^2$;

on en déduit $x = \dfrac{(m^2 - n^2)y}{2m^2} \pm \dfrac{1}{2m^2}\sqrt{(m^2 - n^2)^2y^2 - 4m^2n^2}$.

Or, pour que les deux valeurs de x, correspondant à une valeur de y, soient réelles, il faut évidemment que $(m^2 - n^2)^2y^2$ soit *au moins* égal à $4m^2n^2$, et, par conséquent, que y soit au moins égal à $\dfrac{2mn}{m^2 - n^2}$. Ainsi, $\dfrac{2mn}{m^2 - n^2}$ est le *minimum* de valeur que puisse recevoir la fonction y.

Si l'on fait $y = \dfrac{2mn}{m^2 - n^2}$ dans l'expression de x, le radical disparaît, et la valeur de x devient

$$x = \frac{m^2 - n^2}{2m^2} \times \frac{2mn}{m^2 - n^2} = \frac{n}{m}.$$

Cette valeur, $x=\frac{n}{m}$, est donc celle qui rend l'expression proposée un *minimum*.

110. Ces exemples suffisent pour mettre au fait de la marche qu'il faut suivre dans la résolution de ces sortes de questions.

Après avoir formé l'expression algébrique de la quantité susceptible de devenir, SOIT UN MAXIMUM, SOIT UN MINIMUM, *on l'égale à une lettre quelconque* y. *Si l'équation que l'on obtient ainsi est du second degré en* x (x *désignant la quantité variable qui entre dans l'expression algébrique*), *on la résout par rapport à* x; *puis on égale à zéro la quantité soumise au radical, et l'on tire de cette dernière équation une valeur de* y, *qui représente alors le maximum ou le minimum cherché. Substituant enfin cette valeur de* y *dans l'expression de* x, *on a la valeur de cette dernière variable, propre à satisfaire à l'énoncé.*

N. B.—S'il arrivait que la quantité sous le radical restât essentiellement positive, quelle que fût la valeur de y, on en conclurait que *l'expression proposée pourrait passer par tous les états de grandeur possibles*, en d'autres termes, *qu'elle aurait l'infini pour* MAXIMUM et o *pour* MINIMUM.

Soit, pour nouvel exemple, l'expression $\frac{4x^2+4x-3}{6(2x+1)}$; on demande si cette expression est susceptible d'un *maximum* ou d'un *minimum*?

Posons
$$\frac{4x^2+4x-3}{6(2x+1)}=y.$$

Il en résulte l'équation $4x^2-4(3y-1)x=6y+3$, d'où l'on déduit $x=\frac{3y-1}{2}\pm\frac{1}{2}\sqrt{9y^2+4}$. Or, quelque valeur qu'on donne à y, la quantité sous le radical sera toujours positive. Ainsi, y ou l'expression proposée peut passer par tous les états de grandeur.

Dans les exemples précédens, la quantité sous le radical de la valeur de x ne renfermait que deux parties, l'une affectée de y ou y^2, l'autre toute connue ; et il a été facile d'obtenir le *maximum* ou le *minimum* dont la fonction était susceptible. Mais il peut arriver que la quantité soumise au radical soit un trinome du second degré de la forme....... my^2+ny+p. Dans ce cas, la question devient plus difficile ; et pour mettre en état de la résoudre complétement, il est nécessaire de démontrer plusieurs propriétés relatives à ces trinomes.

Propriétés des trinomes du second degré.

111. On appelle *trniome du second degré* toute expression algébrique qui peut être ramenée à la forme my^2+ny+p, m, n et p, étant des *quantités connues* de signes quelconques, y désignant d'ailleurs une *variable*, c'est-à-dire une quantité que l'on fait passer par différens états de grandeur.

Ainsi $$3y^2-5y+7 \mid -9y^2+2y+5,$$
$$(a-b+2c)y^2+4b^2y-2ac^2+3a^2b,$$

sont dits des trinomes du second degré en y.

Si l'on égale à o le trinome my^2+ny+p, ce qui donne

$$my^2+ny+p=0, \quad \text{d'où} \quad y=-\frac{n}{2m}\pm\frac{1}{2m}\sqrt{n^2-4mp},$$

on peut faire trois hypothèses principales par rapport à la nature des valeurs de y qu'on vient d'obtenir :

On peut avoir $n^2-4mp>0$, ou *positif*; dans ce cas, les deux racines sont *réelles et inégales* (de signes quelconques); ou bien, $n^2-4mp=0$, auquel cas les deux racines sont *réelles* et *égales*.

Ou bien enfin, $n^2-4mp<0$, ou *négatif*; alors les deux racines sont *imaginaires*.

Cela posé, voici les propriétés relatives à ces différens cas :

Premièrement. — Toutes les fois qu'un trinome du second degré est tel qu'en l'égalant à o et résolvant l'équation qui en résulte, on obtient deux racines réelles et inégales, *toute quantité* (positive ou négative) *comprise entre les deux racines, et substituée à la place de* y *dans le trinome, donne nécessairement un résultat de signe contraire à celui dont le coefficient de* y^2 *est affecté; mais toute quantité non comprise entre les deux racines, substituée à la place de* y, *donne un résultat de même signe que le coefficient de* y^2.

En effet, désignons par y' et y'' les deux racines (supposées *réelles*) de l'équation $$my^2+ny+p=0,$$

ou $$m\left(y^2+\frac{n}{m}y+\frac{p}{m}\right)=0;$$

le premier membre peut (n° 97) se mettre sous la forme $m(y-y')(y-y'')$; ainsi l'on a l'identité

$$my^2+ny+p=m(y-y')(y-y'');$$

c'est-à-dire (n° 42) que cette égalité doit exister quelque valeur qu'on donne à y.

Cela posé, soit α une quantité comprise entre y' et y'', c'est-à-dire telle que l'on ait $\alpha >$ ou $< y'$, mais $\alpha <$ ou $> y''$; il en résulte $\alpha - y' >$ ou < 0, mais $\alpha - y'' <$ ou > 0; d'où l'on voit que les facteurs $\alpha - y'$, $\alpha - y''$, sont de *signes contraires*; ainsi leur produit, $(\alpha - y')(\alpha - y'')$, est *négatif*. Donc, $m(\alpha - y')(\alpha - y'')$, ou sa valeur $m\alpha^2+n\alpha+p$, est de signe contraire à celui dont m est affecté.

Si, au contraire, on suppose en même temps $\alpha >$ ou $< y'$ et $\alpha >$ ou $< y''$, d'où l'on déduit $\alpha - y' >$ ou < 0 et $\alpha - y'' >$ ou < 0, les deux facteurs sont de même signe; donc, leur produit $(\alpha - y')(\alpha - y'')$ est positif; par conséquent, $m(\alpha - y')(\alpha - y'')$ ou $m\alpha^2+n\alpha+p$ est de même signe que m. C.Q.F.D.

Secondement. — Si les deux racines sont réelles et égales, *toute quantité différente de celle qui réduit le trinome à* o, *substituée dans ce trinome, donne un résultat de même signe que le coefficient de* y^2.

En effet, puisque les deux racines sont égales, on a la relation $n^2 - 4mp = 0$, d'où l'on tire $p = \frac{n^2}{4m}$; dès-lors, le trinome $my^2 + ny + p$ ou $m\left(y^2 + \frac{n}{m}y + \frac{p}{m}\right)$ peut se mettre sous la forme $m\left(y^2 + \frac{n}{m}y + \frac{n^2}{4m^2}\right)$ ou $m\left(y + \frac{n}{2m}\right)^2$. Or, il est évident que pour toute valeur de y, autre que $-\frac{n}{2m}$, la quantité $\left(y + \frac{n}{2m}\right)^2$ sera positive. Ainsi, $m\left(y + \frac{n}{2m}\right)^2$ ou........ $my^2 + ny + p$ sera de même signe que m. C.Q.F.D.

Troisièmement. — Enfin, si les deux racines sont imaginaires, *toute quantité réelle*, positive ou négative, *substituée à la place de* y, *donnera un résultat de même signe que le coefficient de* y^2.

Car, puisque les deux racines sont imaginaires, on a la relation $n^2 - 4mp < 0$, d'où $4mp > n^2$; ou bien (n° 105), divisant par $4m^2$,......... $\frac{p}{m} > \frac{n^2}{4m^2}$.

Soit donc $\frac{p}{m} = \frac{n^2}{4m^2} + k^2$, k^2 désignant une quantité essentiellement positive; il en résulte

$$my^2 + ny + p = m\left(y^2 + \frac{n}{m}y + \frac{n^2}{4m^2} + k^2\right) = m\left(y + \frac{n}{2m}\right)^2 + mk^2,$$

quantité qui restera toujours de même signe que m, quelque valeur que l'on y substitue pour y.

112. La seconde propriété nous conduit naturellement à parler d'une proposition qui est d'un fréquent usage dans l'analyse.

Toutes les fois qu'un trinome du 2ᵉ *degré*, $my^2 + ny + p$, *est un carré parfait, on a entre ses coefficiens la relation* $n^2 - 4mp = 0$.

En effet, si ce trinome est un carré parfait et de la forme $(m'y + n')^2$, les deux racines de l'équation $my^2 + ny + p = 0$ doivent être *égales*. Or, pour qu'elles soient égales, il faut que la quantité sous le radical, ou $n^2 - 4mp$, soit *nulle*. On a donc la relation $n^2 - 4mp = 0$.

Réciproquement :— Si l'on a entre les coefficiens la relation $n^2 - 4mp = 0$, le trinome est un carré parfait; car on déduit de cette relation, $p = \frac{n^2}{4m}$; d'où

$$my^2 + ny + p = my^2 + ny + \frac{n^2}{4m} = \left(y\sqrt{m} + \frac{n}{2\sqrt{m}}\right)^2.$$

113. Voyons actuellement l'usage de ces propriétés, dans la résolution des questions *sur les maximums et minimums*.

Soit proposé de déterminer si, lorsqu'on fait varier x, la fonction $\frac{x^2 - 2x + 21}{6x - 14}$ peut passer par tous les états de grandeur.

Posons $\frac{x^2 - 2x + 21}{6x - 14} = y$; d'où $x^2 - 2(3y + 1)x = -21 - 14y$.

Il en résulte $x = 3y + 1 \pm \sqrt{9y^2 - 8y - 20}$.

Pour que x soit réel, il faut que $9y^2 - 8y - 20$ soit positif. Or, si l'on égale cette quantité à 0, il vient

$$y^2 - \frac{8}{9}y - \frac{20}{9} = 0, \quad \text{d'où} \quad y = 2 \quad \text{et} \quad y = -\frac{10}{9}.$$

Ces deux valeurs de y étant réelles, il suit de la première des propriétés ci-dessus, que, dès qu'on donnera à y des valeurs comprises entre 2 et $-\frac{10}{9}$, telles que 1, 0, -1, ...

la valeur du trinome sera *négative*, puisque le coefficient de y^2 est positif. Mais en donnant à y des valeurs non comprises entre 2 et $-\frac{10}{9}$, comme 3, 4,....... ou -2, -3, -4...., on obtiendra un résultat *positif*. On voit donc que 2 est, *en nombres absolus*, le MINIMUM des valeurs que doit recevoir y, pour que x soit réel. Si, dans l'expression de x ci-dessus, on fait $y=2$, le radical disparaît, et l'on trouve $x=7$.

En effet, l'expression $\frac{x^2-2x+21}{6x-14}$ devient, dans l'hypothèse de $x=7$,... $\frac{49-14+21}{42-14}=\frac{56}{28}=2$.

La racine $y=-\frac{10}{9}$ est, *en nombres négatifs*, le MAXIMUM des valeurs que y peut recevoir, et la valeur de x correspondant à ce *maximum*, est $x=3\times-\frac{10}{9}+1=-\frac{7}{3}$.

N. B.—Lorsque, x étant exprimé en y, le coefficient de y^2 sous le radical, est négatif, et que les deux valeurs de y, déduites du trinome égalé à zéro, sont, l'une positive, l'autre négative, *la valeur positive est un maximum*, puisque toute valeur plus grande donnerait un résultat de même signe que le coefficient de y^2, et par conséquent négatif; *la valeur négative est un minimum* parmi les valeurs négatives que y peut recevoir.

Nous laissons aux élèves le soin d'examiner les autres circonstances qui peuvent se présenter : par exemple, le cas où, le coefficient de y^2 étant positif, les deux valeurs de y sont positives; celui où, ce même coefficient étant positif, les deux valeurs sont imaginaires. Ils pourront d'ailleurs s'exercer sur les questions suivantes :

1°.—*Partager un nombre donné* 2a *en deux parties, de manière que la somme des quotiens qu'on obtient quand on divise mutuellement ces deux parties l'une par l'autre, soit un* MINIMUM.

(Rép. Les deux parties doivent être égales, et le *minimum* est 2.)

2°.— *Soient* a *et* b *deux nombres absolus ; on demande pour* x *une valeur telle que l'expression* $\frac{(x+a)(x-b)}{x^2}$ *soit un* MAXIMUM?

$\left(\text{Rép. } x=\frac{2ab}{a-b}\right.$; et le *maximum* correspondant est.....
$\left. y=\frac{(a+b)^2}{4ab}\right)$.

3°. — *Soient* a *et* b *deux nombres absolus ; on demande pour* x *une valeur telle que l'expression* $\frac{(a+x)(b+x)}{x}$ *soit un* MINIMUM?

[Rép. On trouve ici deux valeurs, savoir :

$x=+\sqrt{ab}$, à laquelle correspond un *minimum* $y=(\sqrt{a}+\sqrt{b})^2$,

et

$x=-\sqrt{ab}$, à laquelle correspond un *maximum* $y=(\sqrt{a}-\sqrt{b})^2$.]

§ III. — *Des équations et problèmes du second degré à deux ou plusieurs inconnues. — Nouvelles opérations sur les radicaux du second degré, réels ou imaginaires.*

114. Nous ne pouvons donner ici une théorie complète ; car nous ferons voir bientôt que la résolution de deux équations du second degré à deux inconnues dépend en général de la résolution d'une équation du quatrième degré à une seule inconnue ; mais nous allons nous proposer quelques questions qui ne dépendent, en dernière analyse, que de la résolution d'une équation du second degré à une inconnue.

Premier problème. — *Trouver deux nombres tels, que la*

somme de leurs produits par les nombres respectifs a *et* b, *soit égale à* 2s, *et que leur produit soit égal à* p.

Soient x et y les deux nombres cherchés ; on a les équations

$$ax + by = 2s,$$
$$xy = p.$$

De la première on tire $y = \frac{2s - ax}{b}$; d'où, substituant dans la seconde et réduisant, $ax^2 - 2sx = -bp$.

Donc $$x = \frac{s}{a} \pm \frac{1}{a}\sqrt{s^2 - abp},$$

et par conséquent, $$y = \frac{s}{b} \mp \frac{1}{b}\sqrt{s^2 - abp}.$$

Comme a, b, p, sont supposés ici des nombres absolus, le problème est susceptible de deux solutions directes, car s est évidemment $> \sqrt{s^2 - abp}$; mais pour qu'elles soient réelles, il faut que l'on ait $s^2 >$ ou $= abp$.

Soit $a = b = 1$; les valeurs de x et de y se réduisent à

$$x = s \pm \sqrt{s^2 - p} \quad \text{et} \quad y = s \mp \sqrt{s^2 - p}.$$

D'où l'on voit que les deux valeurs de y sont égales à celles de x prises dans un ordre inverse ; ce qui veut dire que, si $s + \sqrt{s^2 - p}$ représente la valeur de x, $s - \sqrt{s^2 - p}$ représente la valeur correspondante de y, et réciproquement.

On interprète cette circonstance en observant que les équations se réduisent, dans ce cas particulier, à $\left\{ \begin{array}{r} x + y = 2s, \\ xy = p ; \end{array} \right.$

et alors, la question revient à *trouver deux nombres dont la somme soit 2s et dont le produit soit* p, ou, en d'autres termes, *à partager un nombre* 2s *en deux parties dont le produit soit égal à un nombre donné* p.

Or, on a vu (nº 100) que les deux parties sont nécessairement liées entre elles par une même équation du second degré $x^2 - 2sx + p = 0$, *dont le coefficient du second terme est la somme* 2s *prise en signe contraire, et le dernier terme est le produit* p *des deux parties.*

115. Second problème. — *Trouver quatre nombres en proportion géométrique, connaissant la somme* 2s *des extrêmes, la somme* 2s′ *des moyens, et la somme* $4c^2$ *des carrés.*

Désignons par u, x, y, z, les quatre termes de la proportion; on a, pour les équations du problème, en vertu des données et de la propriété fondamentale des proportions,

$$u + z = 2s,$$
$$x + y = 2s',$$
$$uz = xy,$$
$$u^2 + x^2 + y^2 + z^2 = 4c^2.$$

Au premier abord, il peut paraître difficile de trouver les valeurs des inconnues; mais, à l'aide d'une *inconnue auxiliaire*, on parvient à les déterminer simplement.

En effet, soit p le produit inconnu des extrêmes ou des moyens; on a

1°.—les équations $\begin{cases} u+z=2s, \\ uz=p, \end{cases}$ qui donnent $\begin{cases} u=s+\sqrt{s^2-p}, \\ z=s-\sqrt{s^2-p}; \end{cases}$

(*Voyez* le problème précédent.)

2°.—les équations $\begin{cases} x+y=2s', \\ xy=p, \end{cases}$ qui donnent $\begin{cases} x=s'+\sqrt{s'^2-p}, \\ y=s'-\sqrt{s'^2-p}. \end{cases}$

On voit donc déjà que la détermination des quatre inconnues ne dépend plus que de celle du produit p.

Or, si l'on substitue ces valeurs de u, x, y, z, dans la dernière des équations du problème, il vient

$$(s+\sqrt{s^2-p})^2+(s-\sqrt{s^2-p})^2$$
$$+(s'+\sqrt{s'^2-p})^2+(s'-\sqrt{s'^2-p})^2=4c^2,$$

ou, développant et faisant les réductions,

$$4s^2+4s'^2-4p=4c^2;\quad \text{donc}\quad p=s^2+s'^2-c^2.$$

Reportant cette valeur de p dans les expressions de $u, x, y, z,$

on trouve enfin $\begin{cases} u=s+\sqrt{c^2-s'^2}, & x=s'+\sqrt{c^2-s^2}, \\ z=s-\sqrt{c^2-s'^2}, & y=s'-\sqrt{c^2-s^2}. \end{cases}$

Ces quatre nombres constituent évidemment une proportion; car on a

$$uz=(s+\sqrt{c^2-s'^2})(s-\sqrt{c^2-s'^2})=s^2-c^2+s'^2.$$
$$xy=(s'+\sqrt{c^2-s^2})(s'-\sqrt{c^2-s^2})=s'^2-c^2+s^2.$$

N. B. —Ce problème, que nous avons extrait de l'*Algèbre* de M. Lhuilier, est propre à faire voir combien l'introduction d'une *inconnue auxiliaire* dans un calcul, peut faciliter la détermination des inconnues principales. On trouve, dans l'ouvrage que nous venons de citer, d'autres problèmes du même genre, qui conduisent à des équations d'un degré supérieur au second, et que néanmoins, on peut résoudre à l'aide d'équations du premier et du second degré, en introduisant des *inconnues auxiliaires*.

116. Considérons maintenant le cas où un problème donnerait lieu à deux équations quelconques du second degré à deux inconnues.

Une équation à deux inconnues est dite du *second degré*, lorsqu'elle renferme des termes dans lesquels *la somme des exposans des deux inconnues est égale à 2 et ne surpasse pas 2.*

Ainsi, $3x^2-4x+y^2-xy-5y+6=0$, $7xy-4x+y=0$, sont des équations du second degré (*).

Il suit de là que toute équation du second degré à deux inconnues, est de la forme $ay^2+bxy+cx^2+dy+fx+g=0$, a, b, c,... représentant des quantités connues, soit numériques, soit algébriques.

Soient donc proposées les équations

$$ay^2+bxy+cx^2+dy+fx+g=0,$$
$$a'y^2+b'xy+c'x^2+d'y+f'x+g'=0.$$

On peut ordonner ces deux équations par rapport à x; et il vient

$$cx^2+(by+f)x+ay^2+dy+g=0,$$
$$c'x^2+(b'y+f')x+a'y^2+d'y+g'=0.$$

Cela posé, si les deux coefficiens de x^2 étaient les mêmes dans les deux équations, on obtiendrait, en retranchant ces deux équations l'une de l'autre, une équation du premier degré en x qui pourrait être substituée à l'une des équations proposées; de cette équation, l'on tirerait la valeur de x en y, et reportant cette valeur dans une des équations proposées, on parviendrait à une équation qui ne renfermerait plus que l'inconnue y.

Or, si l'on multiplie la première équation par c', et la seconde par c, il vient

$$cc'x^2+(by+f)c'x+(ay^2+dy+g)c'=0,$$
$$cc'x^2+(b'y+f')cx+(a'y^2+d'y+g')c=0,$$

équations qui peuvent remplacer les précédentes, et dans lesquelles le coefficient de x^2 est le même.

(*) On sous-entend ici que, si l'équation a des dénominateurs, x et y n'entrent pas dans ces dénominateurs. *Voyez* la remarque du n° 92.

En soustrayant la seconde de la première, on trouve

$$[(bc'-cb')y+fc'-cf']x+(ac'-ca')y^2+(dc'-cd')y+gc'-cg'=0,$$

équation qui donne $x=\frac{(ca'-ac')y^2+(cd'-dc')y+cg'-gc'}{(bc'-cb')y+fc'-cf'}$.

Cette expression de x, substituée dans l'une des équations proposées, donnerait une *équation finale* en y.

Mais, sans effectuer cette substitution qui conduirait à un résultat très compliqué, il est facile de reconnaître que l'équation en y doit être en général du quatrième degré; car le numérateur de l'expression de x étant de la forme my^2+ny+p, son carré, ou l'expression de x^2, est du quatrième degré; or, ce carré forme l'une des parties du résultat de la substitution.

Donc, en général, *la résolution de deux équations du second degré à deux inconnues dépend de celle d'une équation du quatrième degré à une seule inconnue.*

117. Il est une classe d'équations du quatrième degré dont on peut ramener la résolution à celle des équations du second degré; ce sont les équations de la forme $x^4+px^2+q=0$. On les appelle *équations trinomes* ou *bicarrées*, parce qu'elles ne contiennent que trois espèces de termes : des termes en x^4, des termes en x^2, et des termes tout connus.

Pour résoudre l'équation $x^4+px^2+q=0$, on pose, pour le moment, $x^2=y$, ce qui réduit l'équation à

$$y^2+py+q=0,\quad \text{d'où l'on tire } y=-\frac{p}{2}\pm\sqrt{\frac{p^2}{4}-q};$$

mais l'équation $x^2=y$ donne $x=\pm\sqrt{y}$.

$$\text{Donc}\qquad x=\pm\sqrt{-\frac{p}{2}\pm\sqrt{\frac{p^2}{4}-q}}.$$

On reconnaît, par le fait même de la résolution de l'équation, que l'inconnue a quatre valeurs, puisque chacun des signes $+$ et $-$, qui affectent le premier radical, peut être successivement combiné avec chacun des deux signes qui affectent le second; *mais ces valeurs sont égales et de signes contraires deux à deux.*

Soit, par exemple, l'équation $x^4 - 25x^2 = -144$;
si l'on pose $x^2 = y$, il vient $y^2 - 25y = -144$,
d'où l'on tire $y = 16$, $y = 9$.

Substituant ces valeurs dans l'équation $x^2 = y$, on obtient

$$1^\circ.\ x^2 = 16, \text{ d'où } x = \pm 4;\quad 2^\circ.\ x^2 = 9, \text{ d'où } x = \pm 3.$$

Ainsi, les quatre valeurs sont $+4$, -4, $+3$ et -3.

Soit encore l'équation $x^4 - 7x^2 = 8$. Posons $x^2 = y$; l'équation devient $y^2 - 7y = 8$, d'où $y = 8$ et $y = -1$.

Donc $1^\circ.\ x^2 = 8$, d'où $x = \pm 2\sqrt{2}$;

$2^\circ.\ x^2 = -1$, d'où $x = \pm\sqrt{-1}$;

les deux dernières valeurs de x sont imaginaires.

Soit l'équation algébrique $x^4 - (2bc + 4a^2)x^2 = -b^2c^2$;
posons $x^2 = y$; l'équation devient $y^2 - (2bc + 4a^2)y = -b^2c^2$;
d'où l'on déduit $y = bc + 2a^2 \pm 2a\sqrt{bc + a^2}$,

et par conséquent, $x = \pm\sqrt{bc + 2a^2 \pm 2a\sqrt{bc + a^2}}$.

118. La résolution de l'équation trinome du 4e degré donne naissance à une nouvelle espèce d'opération algébrique; c'est *l'extraction de la racine carrée d'une quantité de la forme* $A \pm \sqrt{B}$, A et B désignant des quantités commensurables de signes quelconques.

Soit l'expression $3 \pm \sqrt{5}$ à élever au carré.

On a (n° 19) $(3 \pm \sqrt{5})^2 = 9 \pm 6\sqrt{5} + 5 = 14 \pm 6\sqrt{5}$;

donc réciproquement, $\sqrt{14 \pm 6\sqrt{5}} = 3 \pm \sqrt{5}$.

De même, $(\sqrt{7}\pm\sqrt{11})^2=7\pm2\sqrt{77}+11=18\pm2\sqrt{77}$;

donc réciproquement, $\sqrt{18\pm2\sqrt{77}}=\sqrt{7}\pm\sqrt{11}$.

D'où l'on voit qu'une expression telle que $\sqrt{A\pm\sqrt{B}}$, peut quelquefois être ramenée à la forme $A'\pm\sqrt{B'}$, ou $\sqrt{A'}\pm\sqrt{B'}$; et lorsque cette transformation est possible, il est important de l'effectuer, puisqu'on n'a plus alors qu'une ou deux racines carrées simples à extraire, tandis que l'expression $\sqrt{A\pm\sqrt{B}}$ exige qu'on extraie une racine carrée de racine carrée.

Nous nous proposerons donc cette question :

Une quantité de la forme $A+\sqrt{B}$ *étant donnée* (il est inutile de considérer ici le double signe $\pm$, parce qu'il est implicitement renfermé dans l'indice du radical $\sqrt{\ }$), *reconnaître si elle est le carré d'une autre quantité de la forme* $A'+\sqrt{B'}$, ou $\sqrt{A'}+\sqrt{B'}$, et *déterminer cette dernière quantité* lorsqu'elle existe.

Cette recherche est fondée sur un principe qui trouvera par la suite de fréquentes applications; c'est que, toutes les fois que l'on a une égalité de la forme

$$m+\sqrt{n}=m'+\sqrt{n'},$$

m, m' étant rationnels, et $\sqrt{n}$, $\sqrt{n'}$, deux nombres incommensurables du second degré, on doit avoir séparément

$$m=m' \quad \text{et} \quad \sqrt{n}=\sqrt{n'}.$$

En effet, on déduit de l'égalité hypothétique,

$$\sqrt{n}=m'-m+\sqrt{n'};$$

d'où, élevant au carré, $n=(m'-m)^2+n'+2(m'-m)\sqrt{n'}$,

ou bien, $\quad n-n'-(m'-m)^2=2(m'-m)\sqrt{n'}$.

Or le premier membre de cette dernière égalité est un nombre commensurable; donc il doit en être de même du second; mais $\sqrt{n'}$ étant, par hypothèse, incommensurable, $2(m'-m)\sqrt{n'}$ l'est aussi. Ainsi, pour que l'égalité subsiste, il faut que cette irrationnelle disparaisse, ce qui exige que l'on ait $m'-m=0$, d'où $m'=m$, et par conséquent, $\sqrt{n}=\sqrt{n'}$. C.Q.F.D.

Cela posé, désignons par p et q les deux parties dont se compose la racine carrée de $A+\sqrt{B}$ lorsqu'elle existe; p et q sont alors deux monomes *irrationnels*, ou bien, l'un une quantité *rationnelle*, l'autre un monome *irrationnel* du second degré, en sorte que p^2 et q^2 sont nécessairement *rationnels*. On a l'équation

$$p+q=\sqrt{A+\sqrt{B}}\ldots \quad (1),$$

d'où, élevant au carré,

$$p^2+q^2+2pq=A+\sqrt{B}.$$

Le second membre de cette dernière équation étant irrationnel, il doit en être de même du premier. Or, puisque p^2 et q^2 sont nécessairement rationnels, p^2+q^2 l'est aussi; donc $2pq$ exprime la partie irrationnelle du premier membre; et en vertu du principe démontré ci-dessus, l'équation précédente se partage dans ces deux-ci :

$$p^2+q^2=A\ldots. \quad (2)$$
$$2pq=\sqrt{B}\ldots. \quad (3).$$

On pourrait tirer de l'équation (3) la valeur de q et la substituer dans l'équation (2), ce qui conduirait à une équation trinome du 4e degré en p qu'on résoudrait facilement; et l'on parviendrait ainsi aux valeurs de p et de q. Mais il est plus simple d'opérer de la manière suivante :

Retranchons (3) de (2) membre à membre; il vient

$$(p-q)^2=A-\sqrt{B},$$

d'où

$$p-q=\sqrt{A-\sqrt{B}},$$

équation qui, combinée avec (1) par voie de multiplication, donne

$$p^2 - q^2 = \sqrt{A^2 - B}.$$

Ce résultat nous apprend déjà que, p^2 et q^2 étant rationnels, $p^2 - q^2$ l'est aussi. Par conséquent, $A + \sqrt{B}$ ne peut être un carré parfait de la forme indiquée par l'énoncé de la question, qu'autant que la quantité $A^2 - B$ est elle-même UN CARRÉ PARFAIT : *tel est le caractère auquel on reconnaît la possibilité de l'opération proposée.*

$A^2 - B$ devant être un carré parfait, désignons par C la valeur numérique de sa racine, il vient

$$p^2 - q^2 = \pm C \ldots \quad (4).$$

Actuellement, si l'on combine les équations (2) et (4) par addition et soustraction, l'on obtient successivement

$$p^2 = \frac{A \pm C}{2}, \quad \text{d'où} \quad p = \pm\sqrt{\frac{A \pm C}{2}},$$

$$q^2 = \frac{A \mp C}{2}, \quad \text{d'où} \quad q = \pm\sqrt{\frac{A \mp C}{2}};$$

ce qui donne enfin pour la racine demandée,

$$p + q \quad \text{ou} \quad \sqrt{A + \sqrt{B}} = \pm\sqrt{\frac{A + C}{2}} \pm \sqrt{\frac{A - C}{2}}.$$

On s'est dispensé ici de tenir compte du signe inférieur de C dans les expressions de p et q, parce qu'il est évident qu'il donnerait la même valeur pour $p + q$. Mais il n'en doit pas être de même du double signe dont chacune des valeurs de p et de q est affectée. La combinaison des deux doubles signes $\pm$ donne lieu à *quatre* valeurs représentant celles que comporte en elle-même l'expression $\sqrt{A + \sqrt{B}}$, qui, lorsqu'on met les signes en évidence, revient à $\pm\sqrt{A \pm \sqrt{B}}$; en sorte que la véritable formule à établir pour les applications, est celle-ci :

$$\pm\sqrt{A \pm \sqrt{B}} = \pm\sqrt{\frac{A + C}{2}} \pm \sqrt{\frac{A - C}{2}} \ldots \quad (5);$$

et les signes qu'il convient de combiner entre eux dans les deux membres pour avoir une égalité exacte, sont déterminés par l'équation (3) qui indique que p et q doivent être de *même signe* ou de *signes contraires* suivant que $\sqrt{B}$ est affecté du signe $+$ ou du signe $-$.

119. Appliquons cette formule à quelques exemples.

Soit, *en premier lieu*, l'expression numérique

$$94 \pm 42\sqrt{5}, \quad \text{ou} \quad 94 \pm \sqrt{8820};$$

on a
$$A = 94, \quad B = 8820,$$

d'où $A^2 - B = 8836 - 8820 = 16$, *carré parfait*; donc $C = 4$;

et par conséquent, $p = \sqrt{\dfrac{94+4}{2}} = \pm 7, q = \sqrt{\dfrac{94-4}{2}} = \pm 3\sqrt{5}$.

Ainsi
$$\sqrt{94 \pm 42\sqrt{5}} = \pm 7 \pm 3\sqrt{5},$$

ou plus clairement,

$$\sqrt{94 + 42\sqrt{5}} = \pm (7 + 3\sqrt{5}),$$
$$\sqrt{94 - 42\sqrt{5}} = \pm (7 - 3\sqrt{5}).$$

Soit, *en second lieu*, l'expression algébrique obtenue à la fin du n° **117**, savoir :

$$x = \pm \sqrt{bc + 2a^2 \pm 2a\sqrt{bc + a^2}}.$$

On a. $\quad A = bc + 2a^2, \qquad B = 4a^2bc + 4a^4;$

d'où $\quad A^2 - B = b^2c^2$, *carré parfait*; donc $C = bc$,

et $\quad p = \pm \sqrt{\dfrac{bc + 2a^2 + bc}{2}} = \pm \sqrt{bc + a^2}, q = \pm a.$

Ainsi $\quad \sqrt{bc + 2a^2 \pm 2a\sqrt{bc + a^2}} = \pm \sqrt{bc + a^2} \pm a,$

ou plutôt, $\sqrt{bc + 2a^2 + 2a\sqrt{bc + a^2}} = \pm(\sqrt{bc + a^2} + a)$

$$\sqrt{bc + 2a^2 - 2a\sqrt{bc + a^2}} = \pm(\sqrt{bc + a^2} - a).$$

On trouvera pareillement

$$\sqrt{3+\sqrt{5}}=\pm\left(\frac{1}{2}\sqrt{10}+\frac{1}{2}\sqrt{2}\right);$$

$$\sqrt{3-\sqrt{5}}=\pm\left(\frac{1}{2}\sqrt{10}-\frac{1}{2}\sqrt{2}\right);$$

$$\sqrt{bc+2b\sqrt{bc-b^2}}+\sqrt{bc-2b\sqrt{bc-b^2}}$$
$$=2\sqrt{bc-b^2},\text{ ou } 2b,\text{ suivant que l'on a } c > \text{ ou } < 2b.$$

$$\sqrt{1+4\sqrt{-3}}=\pm(2+\sqrt{-3});$$

$$\sqrt{1-4\sqrt{-3}}=\pm(2-\sqrt{-3});$$

$$\sqrt{-1+4\sqrt{-3}}=\pm(\sqrt{3}+2\sqrt{-1});$$

$$\sqrt{-1-4\sqrt{-3}}=\pm(\sqrt{3}-2\sqrt{-1});$$

$$\sqrt{16+30\sqrt{-1}}+\sqrt{16-30\sqrt{-1}}=10,$$

$$\sqrt{16+30\sqrt{-1}}-\sqrt{16-30\sqrt{-1}}=6\sqrt{-1}$$

120. L'exactitude de la formule (5) peut être vérifiée *à posteriori*. En effet, élevons les deux membres au carré; il vient

$$A\pm\sqrt{B}=\frac{A+C}{2}+\frac{A-C}{2}\pm 2\sqrt{\frac{A^2-C^2}{4}},$$

ou, observant que $C^2=A^2-B$ donne $B=A^2-C^2$,

$$A\pm\sqrt{B}=A\pm\sqrt{B}.$$

On voit donc que, lors même que A^2-B n'est pas un carré parfait, on peut encore remplacer l'expression $\sqrt{A\pm\sqrt{B}}$ par le second membre de la formule (5); mais alors, on serait loin d'avoir simplifié la question, puisque les quantités p et q seraient de même forme que l'expression proposée.

121. C'est surtout par rapport aux expressions imaginaires de la forme $\sqrt{a\pm b\sqrt{-1}}$, que l'emploi de la formule (5) est avantageux.

Déjà les derniers exemples proposés pour exercice, n° 119, prouvent que, dans le cas où la condition $A^2 - B$ *carré parfait*, est satisfaite, ces sortes d'expressions peuvent être ramenées à la forme $a' \pm b'\sqrt{-1}$, a' et b' étant des quantités réelles, commensurables ou incommensurables. Or, je dis que cela a lieu lors même que $A^2 - B$ n'est pas un carré parfait.

En effet, si l'on applique la formule (5) à l'expression $\sqrt{a + b\sqrt{-1}}$, on a

$$A = a, \quad B = -b^2; \quad \text{d'où} \quad A^2 - B = a^2 + b^2,$$

et $$p = \pm\sqrt{\frac{a + \sqrt{a^2 + b^2}}{2}}, \quad q = \pm\sqrt{\frac{a - \sqrt{a^2 + b^2}}{2}};$$

ou, posant pour plus de simplicité, $c = \sqrt{a^2 + b^2}$, quantité généralement *irrationnelle*, mais nécessairement *réelle*, *positive*, et *plus grande que* a,

$$p = \pm\sqrt{\frac{a + c}{2}}, \quad q = \pm\sqrt{\frac{a - c}{2}} = \pm\sqrt{\frac{c - a}{2}}.\sqrt{-1};$$

donc

$$\sqrt{a + b\sqrt{-1}} = \pm\left(\sqrt{\frac{c + a}{2}} + \sqrt{\frac{c - a}{2}}.\sqrt{-1}\right) \ldots\ldots \quad (M)$$

On obtiendrait pareillement

$$\sqrt{a - b\sqrt{-1}} = \pm\left(\sqrt{\frac{c + a}{2}} - \sqrt{\frac{c - a}{2}}.\sqrt{-1}\right) \ldots\ldots \quad (N)$$

Or les quantités $\sqrt{\frac{c + a}{2}}$, $\sqrt{\frac{c - a}{2}}$, sont essentiellement réelles, quels que soient a et b, puisque c ou $\sqrt{a^2 + b^2}$ est plus grand numériquement que a.

Donc enfin, toute expression de la forme

$$\sqrt{a \pm b\sqrt{-1}}$$

peut être ramenée à la forme ordinaire des imaginaires du second degré, $a' \pm b' \sqrt{-1}$, a' et b' étant des quantités réelles quelconques.

Faisons ressortir par un nouvel exemple l'utilité de ces sortes de transformations.

Soit proposé de simplifier, s'il y a lieu, l'expression

$$x = \sqrt{3 + 2\sqrt{-1}} + \sqrt{3 - 2\sqrt{-1}}.$$

En appliquant les formules (M) et (N) on trouve

$$a = 3, \quad b = 2; \quad \text{d'où} \quad c = \sqrt{a^2 + b^2} = \sqrt{13};$$

donc

$$1^{\circ}. \ \sqrt{3+2\sqrt{-1}} = \pm\left(\sqrt{\frac{\sqrt{13}+3}{2}} + \sqrt{\frac{\sqrt{13}-3}{2}}.\sqrt{-1}\right)$$

$$2^{\circ}. \ \sqrt{3-2\sqrt{-1}} = \pm\left(\sqrt{\frac{\sqrt{13}+3}{2}} - \sqrt{\frac{\sqrt{13}-3}{2}}.\sqrt{-1}\right)$$

d'où, ajoutant et observant que x est censé représenter ici la somme *arithmétique* de deux radicaux,

$$x = \sqrt{3 + 2\sqrt{-1}} + \sqrt{3 - 2\sqrt{-1}}$$

$$= \pm 2\sqrt{\frac{\sqrt{13} + 3}{2}} = \pm \sqrt{2\,(\sqrt{13} + 3)}.$$

Cet exemple prouve, ainsi que l'avant-dernier du n° **119**, que certaines *expressions imaginaires*, combinées entre elles, peuvent donner lieu à des résultats réels, et même *rationnels*.

CHAPITRE IV.

Analyse indéterminée du premier et du second degré.

Introduction. — Lorsque l'énoncé d'un problème fournit moins d'équations qu'il n'y a d'inconnues, le problème est dit *indéterminé*, en ce sens que (n° 55) ses équations peuvent être satisfaites par une infinité de systèmes de valeurs attribuées aux inconnues. Mais il arrive souvent que la nature de la question exige que les valeurs des inconnues soient exprimées en *nombres entiers*; dans ce cas, l'une des inconnues, à laquelle on pouvait d'abord donner une valeur tout-à-fait arbitraire, ne doit plus recevoir que des valeurs entières et telles que la valeur correspondante de l'autre inconnue ou de chacune des autres inconnues, soit aussi exprimée en nombres entiers. Or cette condition restreint beaucoup le nombre des *solutions*, surtout si l'on ne veut tenir compte que des *solutions directes*, c'est-à-dire des solutions en nombres entiers et positifs pour toutes les inconnues.

*L'objet de l'*ANALYSE INDÉTERMINÉE DU PREMIER DEGRÉ *est de résoudre les questions indéterminées du premier degré en nombres entiers*. Nous verrons plus loin le but que l'on se propose dans l'analyse indéterminée du second degré.

§ Ier. — *Équations et problèmes du premier degré à deux inconnues.*

122. Toute équation du premier degré à deux inconnues peut (n° 67) être ramenée à la forme $ax+by=c$; a, b, c, désignant des nombres entiers, positifs ou négatifs.

Nous commencerons par faire observer que, *si les coefficiens* a *et* b *ont un facteur* h *commun qui ne divise pas le second membre* c, *l'équation ne peut être satisfaite par des nombres entiers.*

Car soit $a=ha'$, $b=hb'$, l'équation devient $ha'x+hb'y=c$, d'où l'on tire $a'x+b'y=\frac{c}{h}$, équation qui ne peut être satisfaite par *aucun système de valeurs entières* de x et de y, tant que c n'est pas divisible par h.

Nous supposerons, dans tout ce qui va suivre, que a et b soient des nombres *premiers entre eux*; puisque, s'ils avaient un facteur commun, il faudrait que c renfermât aussi ce facteur, auquel cas on pourrait le supprimer dans l'équation.

123. Pour plus de clarté, nous traiterons d'abord des équations particulières, et nous généraliserons ensuite.

PREMIÈRE QUESTION. — *Partager* 159 *en deux parties dont l'une soit divisible par* 8 *et l'autre par* 13?

Désignons par x et y les quotiens respectifs de la division des deux parties cherchées par les nombres 8 et 13; il est clair que $8x$ et $13y$ expriment ces deux parties, et l'on a l'équation

$$8x+13y=159\ldots\ (1),$$

qui, d'après l'énoncé, doit être résolue *en nombres entiers et positifs* pour x et pour y.

On déduit d'abord de cette équation, ... $x=\frac{159-13y}{8}$,

ou, effectuant la division autant que possible, $x=19-y+\frac{7-5y}{8}$.

Observons maintenant que la valeur de x sera entière si l'on donne à y une valeur telle que $\frac{7-5y}{6}$ soit un nombre entier; d'ailleurs cette condition est nécessaire; ainsi, *il faut et il suffit* que $\frac{7-5y}{8}$ soit égal à un nombre entier quelconque. Soit t ce nombre entier (t est dit une *indéterminée*); il en résulte........ $\frac{7-5y}{8}=t$, d'où $5y+8t=7$... (2),

et la valeur de x devient $x=19-y+t$.

Toute valeur entière de t, qui, substituée dans l'équation (2), en donnera une semblable pour y, satisfera à la condition que $\frac{7-5y}{8}$ soit *entier*; ainsi, les deux valeurs de x et de y correspondantes seront entières et satisferont d'ailleurs (n° 66) à l'équation proposée, qui résulte évidemment de l'élimination de t entre les deux équations $\frac{7-5y}{8}=t$, $x=19-y+t$.

La question est donc ramenée à résoudre en nombres entiers l'équation (2), dont les coefficiens sont plus simples que ceux de l'équation (1).

On tire de l'équation (2)........ $y=\frac{7-8t}{5}$,

ou, effectuant la division en partie, $y=1-t+\frac{2-3t}{5}$.

Toute valeur entière de t, qui rendra $2-3t$ un multiple de 5, donnera aussi pour y un nombre entier, et sera par conséquent convenable; d'ailleurs, la condition que $2-3t$ soit un multiple de 5 est nécessaire. Ainsi il faut poser $\frac{2-3t}{5}=t'$, t' étant une nouvelle indéterminée; ce qui donne $3t+5t'=2$...(3); et la valeur de y se réduit à $y=1-t+t'$.

[L'équation (2) résulte d'ailleurs de l'élimination de t' entre ces deux dernières.]

La question est encore ramenée à résoudre en nombres entiers l'équation (3), de laquelle on tire

$$t=\frac{2-5t'}{3}=-t'+\frac{2-2t'}{3}.$$

Posons $\frac{2-2t'}{3}=t''$; il en résulte $2t'+3t''=2$... (4),

et par conséquent $t=-t'+t''$.

De l'équation (4) on déduit $t' = \frac{2 - 3t''}{2} = 1 - t'' - \frac{t''}{2}$;

et posant $\frac{t''}{2} = t'''$, on en tire $t'' = 2t''' \ldots$ (5),

et par conséquent $t' = 1 - t'' - t'''$.

Comme, dans l'équation (5), le coefficient de t'' est égal à l'*unité*, il s'ensuit que toute valeur entière attribuée à t''' en donnera une semblable pour t''. D'ailleurs, les deux inconnues principales x et y, et les indéterminées t, t', t'', et t''', sont liées entre elles par les cinq équations

$$
\begin{aligned}
x &= 19 - y + t,\\
y &= 1 \quad - t + t',\\
t &= \quad\;\; - t' + t'',\\
t' &= 1 \quad - t'' - t''',\\
t'' &= 2t'''.
\end{aligned}
$$

Ainsi, en donnant à t''' une valeur entière quelconque, et remontant de la dernière de ces équations aux deux premières, on obtiendra pour x et y des valeurs entières correspondantes qui vérifieront nécessairement l'équation proposée; car, d'après les raisonnemens qui ont été faits plus haut, cette équation résulte de l'élimination de t, t', t'', t''', entre les cinq équations que l'on vient d'établir.

Mais afin de n'attribuer à t''' que des valeurs auxquelles correspondent des valeurs entières et positives pour x et y, il convient d'exprimer x et y en *fonction immédiate* (n° 108) de l'indéterminée t''', à l'aide des cinq équations ci-dessus.

Or, l'expression de t' devient, lorsqu'on remplace t'' par sa valeur en t''', $t' = 1 - 2t''' - t'''$, ou $t' = 1 - 3t'''$;

remontant à l'expression de t... $t = -t' + t'' = -1 + 3t''' + 2t'''$;

donc $t = -1 + 5t'''$.

On trouvera de même $y = 1 - (-1 + 5t''') + 1 - 3t'''$,

d'où $y = 3 - 8t'''$.

Enfin, $x = 19 - (3 - 8t''') + (-1 + 5t''')$, ou $x = 15 + 13t'''$.

Il est facile de vérifier que ces deux dernières équations reproduisent l'équation proposée, par l'élimination de t'''. En effet, si l'on multiplie la première équation par 13, et la seconde par 8, et qu'on ajoute les résultats, il vient

$$13y + 8x = 159.$$

Faisons successivement $t''' = 0, 1, 2, 3 \ldots$, ou bien $t''' = -1, -2, -3 \ldots$; les formules précédentes donneront toutes les valeurs de x et de y en nombres entiers, soit positifs, soit négatifs, propres à vérifier la proposée; mais si, comme l'exige l'énoncé, on ne doit tenir compte que des *solutions entières et positives*, t''' ne peut recevoir que des valeurs qui rendent $3 - 8t'''$ et $15 + 13t'''$ positifs. Or, il n'y a évidemment que $t''' = 0$ et $t''' = -1$, qui satisfassent à cette condition : car toute valeur positive de t''' rend y négatif, et toute valeur négative, *numériquement* plus grande que 1, rend x négatif.

Si l'on fait successivement $t''' = 0$, $t''' = -1$,

il en résulte $\left\{\begin{array}{ll} y = 3, & y = 11, \\ x = 15, & x = 2. \end{array}\right\}$

Donc les deux systèmes $x = 15$ et $y = 3$, $x = 2$ et $y = 11$, sont les seuls qui vérifient l'équation $8x + 13y = 159$.

Quant à la question dont cette équation est la traduction algébrique, puisque $8x$ et $13y$ représentent les deux parties cherchées, il s'ensuit que 8×15 ou 120, et 13×3 ou 39, forment *une première solution;* que 8×2 ou 16, et 13×11 ou 143, forment *une seconde solution;* c'est-à-dire que 159 peut être partagé, soit en $120 + 39$, soit en $16 + 143$.

124. Soit, pour second exemple, l'équation

$$17x - 49y = -8 \ldots (1).$$

On en déduit d'abord $x = \dfrac{49y - 8}{17} = 2y + \dfrac{15y - 8}{17}.$

Pour qu'à une valeur entière de y il corresponde une valeur entière de x, *il faut et il suffit* que $15y-8$ soit un multiple de 17. Soit donc $\frac{15y-8}{17}=t$, t étant une indéterminée ; il en résulte $$15y-17=8\ldots\ (2),$$
et $$x=2y+t.$$

[L'élimination de t entre ces deux équations reproduirait l'équation (1).]

On déduit de l'équation (2), $y=\frac{8+17t}{15}=t+\frac{8+2t}{15}$;

et la nouvelle expression, $\frac{8+2t}{15}$, doit être un nombre entier; (c'est d'ailleurs une condition suffisante).

Posant $\frac{8+2t}{15}=t'$, on obtient $2t-15t'=-8\ldots$ (3),

et par conséquent $$y=t+t'.$$

L'équation (3) donne $t=\frac{15t'-8}{2}=7t'-4+\frac{t'}{2}$;

et si l'on pose $\frac{t'}{2}=t''$, il vient $$t'=2t'',$$

d'où $$t=7t'-4+t''.$$

Maintenant, pour exprimer x et y en fonction de l'indéterminée t'', rapprochons les quatre équations

$$\begin{aligned} x &= 2y+t, \\ y &= t+t', \\ t &= 7t'-4+t'', \\ t' &= 2t''. \end{aligned}$$

L'avant-dernière devient $t=7\times2t''-4+t''$, ou $t=15t''-4$; remontant à la seconde, on a $y=15t''-4+2t''$, ou $y=17t''-4$; enfin, la première devient

$$x=2(17t''-4)+15t''-4,\ \ldots\ldots\ \text{ou } x=49t''-12.$$

Ces deux formules reproduisent l'équation proposée, par l'élimination de t''; car, si l'on multiplie la première par 49, la seconde par 17, et qu'on retranche les deux résultats l'un de l'autre, il vient

$$17x - 49y = -204 + 196 = -8.$$

On voit d'ailleurs qu'en donnant à t'' des valeurs positives quelconques, on obtiendra pour x et y des valeurs positives; mais on ne peut supposer t'' négatif.

Soit	$t'' =$	1,	2,	3,	4....;
on trouve	$y =$	13,	30,	47,	64....,
	$x =$	37,	86,	135,	184.....

Le nombre des *solutions entières et positives* de l'équation proposée est donc infini; et le système des plus petites est

$$x = 37, \quad y = 13.$$

Ce système vérifie l'équation, car on a

$$17 \times 37 - 49 \times 13 = 629 - 637 = -8.$$

Nous nous sommes dispensé, dans cet exemple, de reprendre tous les raisonnemens qui avaient été faits dans le premier, pour rendre compte de toutes les opérations; mais il est facile aux commençans de les reproduire, en suivant pas à pas les transformations.

125. On peut résumer ainsi la méthode précédente:

Soit $ax + by = c$... (1), l'équation qu'il s'agit de résoudre. *Tirez de cette équation la valeur de l'inconnue qui a le plus petit coefficient, de* x, par exemple, *et effectuez la division autant que possible;* vous obtenez une expression de x en y, composée d'une partie entière et d'une partie de forme fractionnaire qu'il faut tâcher de rendre entière. *Égalez cette seconde partie à une première indéterminée* t*; il en résulte* *une nouvelle équation en* y *et* t, que l'on peut nommer l'équation (2), et dont les coefficiens sont plus simples que ceux de l'équation (1); *la valeur de* x *se trouve d'ailleurs exprimée en fonction entière de* y *et* t, *et l'équation proposée résulte de l'élimination de* t *entre l'équation* (2) *et l'équation qui donne la valeur de* x *en* y *et* t.

Tirez de l'équation (2) *la valeur de* y, *et effectuez la division autant que possible. Égalez la partie fractionnaire à une seconde indéterminée* t'; *d'où il résulte une équation* (3) *en* t *et* t', *plus simple que les équations* (1) *et* (2). *La valeur de* y *se trouve ainsi exprimée en fonction entière de* t *et* t'; *et la proposée résulte de l'élimination de* t *et* t' *entre l'équation* (3) *et les deux équations qui donnent* x *en fonction entière de* y *et* t, *puis* y *en fonction entière de* t *et* t'.

Opérez sur l'équation (3) *comme sur les équations* (1) *et* (2), *et continuez cette série d'opérations jusqu'à ce qu'enfin vous parveniez à une dernière équation entre deux indéterminées dont l'une ait pour coefficient l'*UNITÉ.

Remontez ensuite de cette dernière équation aux précédentes; et cherchez, par des substitutions successives, à exprimer x *et* y *en fonction de la dernière indéterminée.*

Vous obtenez ainsi deux formules à l'aide desquelles, en donnant à l'indéterminée restante des valeurs entières quelconques, vous trouvez tous les systèmes de *valeurs entières, tant positives que négatives*, propres à vérifier l'équation $ax + by = c$.

Si l'on ne veut que des valeurs entières et positives pour x et y, les deux formules indiquent, par leur composition, *entre quelles limites doivent être comprises les valeurs de la dernière indéterminée*, pour que cette condition soit remplie.

Remarques. — 1°. — Le procédé qui vient d'être indiqué doit toujours conduire à une dernière équation dans laquelle le coefficient d'une des indéterminées est égal à l'*unité*.

En effet, dans la première opération, on est amené à diviser le plus grand coefficient des deux inconnues par le plus petit;

dans la seconde, le plus petit coefficient par le reste de leur division; dans la troisième, le premier reste par le second reste, et ainsi de suite, c'est-à-dire que l'on applique aux deux coefficiens le procédé du plus grand commun diviseur. Donc, puisque, par hypothèse, les deux coefficiens sont premiers entre eux (nº **122**), on parviendra finalement à un reste égal à 1, qui servira de coefficient à l'avant-dernière des *indéterminées* que l'on aura introduites dans le cours du calcul.

2°.—Lorsqu'on applique le procédé à une équation dans laquelle les coefficiens des deux inconnues renferment un facteur commun que l'on n'a pas d'abord aperçu, et qui ne se trouve pas dans le second membre, auquel cas l'équation est *impossible* en nombres entiers, la suite des calculs fait reconnaître cette impossibilité.

Soit, par exemple, l'équation $49x - 35y = 11$.

(Le facteur 7 est commun aux coefficiens de x et y, et n'entre pas dans le second membre.)

On en déduit $y = \dfrac{49x - 11}{35} = x + \dfrac{14x - 11}{35}$.

Posant $\dfrac{14x - 11}{35} = t$, d'où $y = x + t$,

on a $x = \dfrac{35t + 11}{14} = 2t + \dfrac{7t + 11}{14}$.

Posant $\dfrac{7t + 11}{14} = t'$, d'où $x = 2t + t'$,

on trouve $t = \dfrac{14t' - 11}{7} = 2t' - 1 - \dfrac{4}{7}$.

Cette dernière équation est évidemment *impossible en nombres entiers pour* t *et* t', puisque $\dfrac{4}{7}$ est une fraction. Donc aussi l'équation proposée est impossible en nombres entiers pour x et y.

126. Au reste, le procédé ci-dessus est susceptible de plusieurs *simplifications* qu'il est important d'introduire dans la pratique.

Reprenons l'équation déjà traitée, $17x - 49y = -8$;

on en déduit d'abord $$x = \frac{49y - 8}{17}.$$

Observons actuellement que 49 est égal à $17 \times 2 + 15$, ou bien encore, égal à $17 \times 3 - 2$; donc, $\frac{49y}{17} = 3y - \frac{2y}{17}$;

ainsi la valeur de x prend la forme $x = 3y - \frac{(2y + 8)}{17}$;

et la question est ramenée à trouver pour y un nombre entier qui rende entière l'expression $\frac{2y + 8}{17}$. Or cette expression revient à $\frac{2(y+4)}{17}$; mais les deux nombres 17 et 2 sont *premiers entre eux*. Ainsi, pour que $\frac{2(y+4)}{17}$ soit un nombre entier, *il faut et il suffit* (*Arith.*, 15ᵉ édit., nº 128) que $y + 4$ soit divisible par 17.

Posons donc $\frac{y+4}{17} = t$, t étant un nombre entier tout-à-fait arbitraire; il en résulte....... $y = 17t - 4$,

et la valeur de x devient....... $x = 3y - 2t$,

ou, remettant pour y sa valeur en t, $x = 49t - 12$.

Ces formules donnent également toutes les solutions entières de la proposée; car l'élimination de t entre ces deux équations reproduit l'équation $17x - 49y = -8$.

En faisant $t = 1, 2, 3, 4\ldots$, on trouverait des valeurs entières et positives pour x et y; mais on ne peut supposer t négatif ou égal à 0.

On doit sentir de quelle importance sont les modifications précédentes, puisque, par leur moyen, on n'a introduit qu'*une seule indéterminée* dans le cours du calcul.

Ces modifications se rencontrent dans presque tous les exemples, mais on ne peut les expliquer que sur des équations particulières ; c'est pourquoi nous traiterons encore les questions suivantes :

127. Seconde question. — *Payer 78 fr. avec des pièces de 5 fr. et de 3 fr., sans aucune autre monnaie?*

Soient x le nombre de pièces de 5 fr., et y celui des pièces de 3 fr. ; on a l'équation $5x+3y=78$, qui n'admet que des valeurs entières et positives comme solutions de la question.

Cette équation, résolue par rapport à y, donne $y=\frac{78-5x}{3}$,

ou, effectuant la division, ... $y=26-x-\frac{2x}{3}$,

ou bien encore.................... $y=26-2x+\frac{x}{3}$.

En considérant la première forme de la valeur de y, on voit que la valeur de y correspondant à une valeur entière de x, ne peut être elle-même entière qu'autant que l'on aura $\frac{2x}{3}$ égal à un nombre entier ; et comme 2 est premier avec 3, il faut et il suffit (*Arith.*, nº **128**) que x soit divisible par 3.

Soit donc........................... $x=3t$;

il en résulte $y=26-x-2t$, ou bien... $y=26-5t$.

Si l'on considère la seconde valeur, on voit de suite que x doit être un multiple de 3, ce qui donne $x=3t$,

d'où résulte encore $y=26-2x+t$, ou $y=26-5t$.

Ces deux formules montrent que t doit être positif et ne peut avoir une valeur plus grande que $\frac{26}{5}$, ou $5\frac{1}{5}$.

Soit donc	$t =$	0,	1,	2,	3,	4,	5;
il en résulte	$x =$	0,	3,	6,	9,	12,	15,
	$y =$	26,	21,	16,	11,	6,	1.

Ainsi, l'on peut satisfaire à la question de six manières différentes, savoir, avec 26 pièces de 3 fr., sans aucune pièce de 5 fr.; avec 21 pièces de 3 fr. et 3 pièces de 5 fr.; avec 16 pièces de 3 fr. et 6 pièces de 5 fr.;... et ainsi de suite.

TROISIÈME PROBLÈME. — *Trouver un nombre qui, étant divisé par* 39, *donne le reste* 16, *et divisé par* 56, *donne le reste* 27.

Soit N le nombre cherché. Appelons d'ailleurs x et y les quotiens entiers de N divisé successivement par 39 et 56. On a les deux équations

$$N = 39x + 16 \quad \text{et} \quad N = 56y + 27;$$

ce qui donne $\quad 39x + 16 = 56y + 27,$

ou, réduisant, $\quad 39x - 56y = 11 \ldots (1);$

et la question est ramenée à résoudre cette équation en nombres entiers.

On en déduit $x = \dfrac{56y + 11}{39} = y + \dfrac{17y + 11}{39},$

ou bien encore, $x = 2y - \dfrac{(22y - 11)}{39} = 2y - \dfrac{11(2y-1)}{39}.$

(On prend ici le quotient par excès, parce qu'on s'aperçoit que le facteur 11 peut être mis en évidence dans le numérateur de la fraction.)

Comme, dans l'expression $\dfrac{11(2y-1)}{39}$, le facteur 11 est premier avec 39, pour que cette expression soit un nombre entier, il faut et il suffit que $2y - 1$ soit divisible par 39.

Posons donc $\dfrac{2y-1}{39} = t$, il en résulte $2y - 39t = 1 \ldots (2),$

et par conséquent.................... $x = 2y - 11t.$

L'équation (2) donne $y = \frac{39t + 1}{2} = 19t + \frac{t + 1}{2}$;

posant $\frac{t + 1}{2} = t'$, on obtient l'équation $t = 2t' - 1$,

et $y = 19t + t'$, d'où $y = 39t' - 19$.

En reportant cette valeur de y et celle de t dans l'expression de x, on trouverait $x = 56t' - 27$. Mais cette substitution est inutile; car puisque N est l'inconnue principale du problème (x et y ne sont ici que des *inconnues auxiliaires*) et que l'on a $N = 56y + 27$, il suffit de remplacer dans cette équation, y par sa valeur ; ce qui donne

$N = 56(39t' - 19) + 27$, ou, réduisant, $N = 2184t' - 1037$.

On reconnaît, à l'inspection de cette formule, que t' peut avoir une valeur positive quelconque; mais il ne peut être négatif.

Soit $t' = 1$; il en résulte $N = 2184 - 1037 = 1147$.

Ce nombre 1147 est le plus petit de tous les nombres entiers positifs susceptibles de satisfaire à l'énoncé.

Observons d'ailleurs que, du moment où l'on a reconnu que 1147 satisfait à l'énoncé, on est certain que toutes les autres valeurs de N, correspondant à $t' = 2, 3, 4, \ldots$ y satisfont également. En effet, dans la formule $N = 2184t' - 1037$, le nombre 2184 étant égal à 39×56, les hypothèses $t' = 2, 3, 4, \ldots$ donneront pour N des multiples de 2184, ou de 39 et de 56, augmentés de 1147; d'où il suit que ces valeurs de N, divisées respectivement par 39 et 56 doivent donner les mêmes restes que 1147.

N. B. — Les artifices de calcul auxquels nous avons eu recours dans la résolution des questions précédentes, supposent de l'habitude; mais nous ne saurions trop en recommander l'usage, parce qu'ils abrégent beaucoup la détermination des valeurs de x et de y.

128. Si l'on compare les formules propres à donner tous les systèmes de valeurs de x et de y, dans les diverses questions que nous avons traitées jusqu'à présent, aux équations de ces problèmes, on peut facilement reconnaître qu'elles jouissent de cette propriété commune : *Les coefficiens de l'indéterminée qui entre dans ces formules, sont* réciproquement *les mêmes* (au signe près pour l'un des deux) *que les coefficiens dont les inconnues* x *et* y *sont affectées dans l'équation proposée;* c'est-à-dire que, dans la valeur de x, le coefficient de l'indéterminée est égal *au coefficient dont* y *est affecté dans l'équation*, et dans la valeur de y, le coefficient de l'indéterminée est égal *au coefficient de* x *dans l'équation, pris en signe contraire;* ou *réciproquement* (quant aux signes des deux coefficiens).

Pour démontrer cette propriété, reprenons l'équation générale

$$ax + by = c \ldots. \text{ (1)},$$

et supposons qu'après avoir appliqué la méthode, on soit parvenu aux deux formules

$$x = mt + \text{A} \ldots \text{ (2)}, \quad y = nt + \text{B} \ldots \text{ (3)}.$$

Nous observerons d'abord que, dans ces formules, les coefficiens m et n doivent être premiers entre eux ; car s'ils avaient un facteur commun, et que l'on eût, par exemple, $m = m'k$, $n = n'k$, les formules deviendraient

$$x = m'k.t + \text{A}, \quad y = n'k.t + \text{B};$$

et en posant $t = \frac{t'}{k}$, on obtiendrait

$$x = m't' + \text{A}, \quad y = n't' + \text{B};$$

d'où il suivrait qu'à une valeur fractionnaire $\frac{t'}{k}$ de t, il correspondrait des valeurs entières de x et de y, tandis que, d'après la nature de la méthode, toutes les indéterminées introduites dans le cours du calcul ne peuvent recevoir que des valeurs entières.

Cela posé, les valeurs (2) et (3) devant vérifier l'équation (1), quelque valeur entière qu'on donne à t, on a nécessairement

$$a(mt + A) + b(nt + B) = c,$$

ou, en développant et ordonnant par rapport à t,

$$(am + bn)t + aA + bB = c.$$

Mais, comme la supposition de $t = 0$ dans les formules (2) et (3), donne $x = A$ et $y = B$, ces valeurs doivent former un système particulier; ainsi l'on a séparément $aA + bB = c$; donc l'égalité précédente se réduit à

$$(am + bn)t = 0.$$

Or, pour que cette égalité soit satisfaite pour toute valeur *entière* attribuée à t, il faut que l'on ait

$$am + bn = 0, \quad \text{d'où} \quad \frac{n}{m} = -\frac{a}{b};$$

et puisqu'on a déjà reconnu que m et n sont premiers entre eux, aussi bien que a et b, on doit avoir (*Arith.*, n° **154**)

$$n = a, \qquad m = -b,$$

ou bien, $$n = -a, \qquad m = b.$$

129. On peut, au reste, donner de cette propriété une démonstration qui soit tout-à-fait indépendante de la méthode qu'on a suivie pour obtenir les valeurs de x et de y.

Soit toujours l'équation proposée

$$ax + by = c \ldots \ (1);$$

et supposons que, par un moyen quelconque, on ait trouvé

$$y = \beta, \quad x = \alpha,$$

pour *une première solution* en nombres entiers (positifs ou négatifs); je dis que toutes les autres solutions sont comprises dans les deux formules

$$\left.\begin{array}{l} y = \beta + at \\ x = \alpha - bt \end{array}\right\} \text{ ou bien } \left\{\begin{array}{l} y = \beta + at, \\ x = \alpha + bt; \end{array}\right.$$

t désignant un nombre entier tout-à-fait arbitraire.

En effet, puisque α et β forment un premier système de valeurs de x et de y, en nombres entiers, on a l'égalité

$$a\alpha + b\beta = c \ldots \quad (2).$$

Retranchant cette égalité, membre à membre, de l'équation (1), ce qui revient à mettre pour c sa valeur $a\alpha + b\beta = c$, on obtient

$$a(x - \alpha) + b(y - \beta) = 0 \ldots \quad (3),$$

équation qui peut remplacer la proposée.

Or, l'équation (3) revient à celle-ci :

$$x - \alpha = -\frac{b(y - \beta)}{a};$$

et pour que la valeur de x correspondant à une valeur entière de y, soit elle-même entière, il faut et il suffit que $b(y - \beta)$ soit divisible par a; mais on sait (n° 122) que les coefficiens a et b sont premiers entre eux (autrement l'équation ne serait pas résoluble en nombres entiers); donc, en vertu du principe établi en *Arithmétique* (n° 128), il faut et il suffit que $y - \beta$ soit un multiple de a.

Posons donc............. $y - \beta = at$,

il en résulte................ $x - \alpha = -bt$;

et de ces deux équations on déduit évidemment

$$y = \beta + at, \quad x = \alpha - bt.$$

Comme le signe de t est tout-à-fait indéterminé, on peut changer t en $-t$ dans ces formules, et il vient encore

$$y = \beta - at, \quad x = \alpha + bt.$$

Il est aisé de vérifier que, quelle que soit la valeur de t, en nombres entiers, les valeurs $y = \beta + at$, $x = \alpha - bt$, satisfont à la proposée.

En effet, si on les substitue dans cette équation, on trouve

$$a(\alpha - bt) + b(\beta + at) = c, \quad \text{ou réduisant,} \quad a\alpha + b\beta = c,$$

égalité vérifiée, puisque α et β forment, par hypothèse, une solution de la proposée.

130. *Conséquence.* Si, dans les formules

$$y = \beta + at, \quad x = \alpha - bt,$$

on fait successivement

$$t = 0,\ 1,\ 2,\ 3,\ 4\ldots \quad \text{et} \quad t = -1, -2, -3\ldots,$$

elles deviennent

$$\left.\begin{array}{l} y = \beta, \beta + a, \beta + 2a, \beta + 3a\ldots \\ x = \alpha, \alpha - b, \alpha - 2b, \alpha - 3b\ldots \end{array}\right\} \text{ et } \left\{\begin{array}{l} y = \beta - a, \beta - 2a, \beta - 3a\ldots, \\ x = \alpha + b, \alpha + 2b, \alpha + 3b\ldots. \end{array}\right.$$

D'où l'on voit que toutes les solutions entières, positives ou négatives, de la proposée, forment *deux progressions par différence, dont la raison est, pour les valeurs de* x, *le coefficient dont* y *est affecté dans l'équation, et pour les valeurs de* y, *le coefficient dont* x *est affecté dans la même équation.*

131. Autre méthode pour résoudre l'équation

$$ax + by = c.$$

Il résulte de l'analyse du nº **129**, que toute la difficulté, pour résoudre complétement cette équation, consiste à trouver *une première solution*, puisqu'on obtient ensuite toutes les autres au moyen des formules

$$y = \beta + at, \quad x = \alpha - bt.$$

Or on peut toujours obtenir une première solution en s'appuyant sur les propriétés élémentaires des fractions continues.

Soit, pour premier exemple, l'équation (déjà traitée nº **124**)

$$17x - 49y = -8.$$

Si l'on convertit $\frac{17}{49}$ en fraction continue (*Arith.*, nº **164**), et qu'on forme les réduites (*Arith.*, nº **166**), on obtient les fractions

$$\frac{0}{1}, \frac{1}{2}, \frac{1}{3}, \frac{8}{23}, \frac{17}{49}.$$

Mais on sait (*Arith.*, nº **168**) que *le numérateur de la différence entre deux réduites consécutives est égal à* $+1$ *si la réduite de laquelle on retranche est de rang pair, et à* -1 *si cette réduite est de rang impair.*

Donc, comme $\frac{17}{49}$ est de rang impair, on doit avoir

$$\frac{17}{49} - \frac{8}{23} = \frac{-1}{49 \times 23}; \quad \text{d'où} \quad 17 \times 23 - 49 \times 8 = -1,$$

(égalité qui peut d'ailleurs se vérifier immédiatement).

Cela posé, multiplions les deux membres de cette égalité vérifiée, par 8, c'est-à-dire par le second membre de la proposée, *pris en signe contraire;* il vient

$$17 \times (23 \times 8) - 49 \times (8 \times 8) = -8,$$

ou $$17 \times 184 \qquad - 49 \times 64 \qquad = -8,$$

égalité qui est encore exacte, et qui ne diffère de la proposée qu'en ce que 184 remplace x, et 64 remplace y; d'où l'on voit que la proposée est nécessairement satisfaite par

$$y = 64 \quad \text{et} \quad x = 184.$$

Cette première solution étant trouvée, on a (n° **129**), pour déterminer les autres, les formules

$$y = 64 + 17t, \quad x = 184 + 49t.$$

Si l'on ne veut que des valeurs entières et positives, il faut supposer t positif, ou égal à 0, -1, -2, -3. L'hypothèse $t = -3$ donne $x = 37$, $y = 13$; c'est le plus petit système trouvé n° **124**.

132. Pour généraliser, supposons que l'équation à résoudre soit

$$ax - by = c \ldots \quad (1),$$

a et b étant deux nombres absolus, mais c pouvant être positif ou négatif.

Convertissons en fraction continue $\frac{a}{b}$, qui, par sa nature, doit être irréductible (n° **122**), et formons les réduites consécutives; la dernière est $\frac{a}{b}$, et l'avant-dernière peut être représentée par $\frac{m}{m'}$; ce qui donne la relation

$$a \times m' - b \times m = \pm 1;$$

savoir : $+1$ si la réduite $\frac{a}{b}$ est de rang pair, et -1 si cette réduite est de rang impair.

Admettons, pour un instant, qu'elle soit de rang pair; on a *l'égalité vérifiée*.................... $a \times m' - b \times m = +1$;
multiplions ses deux membres par c; il vient.................... $a \times m'c - b \times mc = c$,
résultat qui ne diffère de l'équation $ax - by = c$,

qu'en ce que x et y sont remplacés par $m'c$ et mc; donc $x = m'c$, $y = mc$ forment *une solution* de l'équation.

Si la réduite $\frac{a}{b}$ est de rang impair, on a $a \times m' - b \times m = -1$;

d'où, multipliant par $-c$, $a \times (-m'c) - b \times (-mc) = c$.

Comparant cette égalité vérifiée avec l'équation $ax - by = c$, on en conclut $x = -m'c$, $y = -mc$, pour *solution*.

Si l'équation est de la forme $ax + by = c$, c'est-à-dire si les deux coefficiens a et b sont de même signe, on peut la modifier et l'écrire ainsi.............................. $ax - b \times (-y) = c$,

Dès-lors, en formant, comme ci-dessus, l'égalité............ $a \times m'c - b \times mc = c$,

ou bien celle-ci :.............. $a \times (-m'c) - b \times (mc) = c$,

on pourra conclure que $x = m'c$, $y = -mc$, ou

$x = -m'c$, $y = mc$, forment une solution de l'équation.

Ainsi, quelle que soit l'équation proposée, on peut toujours, au moyen des fractions continues, obtenir une *première solution* de cette équation; et les formules $y = \beta + at$, $x = \alpha - bt$, donnent ensuite toutes les autres.

133. Appliquons cette méthode à un nouvel exemple.

Soit à résoudre l'équation

$$29x + 17y = 250.$$

La fraction $\frac{29}{17}$, convertie en fraction continue, donne pour les réduites consécutives, $\frac{1}{1}$, $\frac{2}{1}$, $\frac{5}{3}$, $\frac{12}{7}$, $\frac{29}{17}$.

D'où résulte l'*égalité vérifiée* $29 \times 7 - 17 \times 12 = -1$,

(ici la réduite $\frac{29}{17}$ est de rang impair.)

Multiplions les deux membres de cette égalité par -250; il vient

$$29 \times (-1750) - 17 \times (-3000) = 250;$$

mais la proposée peut être écrite ainsi :

$$29 \times x - 17 \times (-y) = 250.$$

D'où l'on voit que $x = -1750$, $y = 3000$, forment une *solution*.

Les formules deviennent alors $\begin{cases} y = 3000 + 29t, \\ x = -1750 - 17t. \end{cases}$

Si l'on ne veut tenir compte que des solutions en nombres entiers et positifs, il faut supposer t négatif; ainsi, changeant le signe de t, on a $y = 3000 - 29t$, $x = -1750 + 17t$; et il est évident que les valeurs de x et de y ne seront positives

qu'autant que l'on aura $\begin{cases} 17t > 1750, \\ 29t < 3000, \end{cases}$ d'où $\begin{cases} t > \dfrac{1750}{17} \\ t < \dfrac{3000}{29}, \end{cases}$

ou, effectuant les divisions, $t > 102\,\dfrac{16}{17}$, mais $< 103\,\dfrac{13}{29}$.

Donc $t = 103$ est la seule valeur de l'indéterminée qui rende x et y positifs.

Pour $t = 103$, on trouve $x = 1$, $y = 13$, valeurs qui, substituées dans l'équation, donnent

$$29 \times 1 + 17 \times 13 = 29 + 221 = 250.$$

On voit avec quelle précision la méthode précédente donne toutes les solutions de l'équation.

134. Dans quelques circonstances, la *première solution* peut s'obtenir sans que l'on soit obligé de convertir $\frac{a}{b}$ *en fraction* *continue*. 1°.—Si l'un des deux coefficiens a et b est un *sous-multiple exact* de la quantité toute connue c, l'équation donne sur-le-champ une première solution.

Soit, par exemple, l'équation $5x+3y=78$; le coefficient 3 divise 78 et donne pour quotient 26.

Donc, si l'on pose $x=0$ et $y=26$, l'équation est satisfaite;

car elle devient $5\times 0+3\times 26=78$;

les autres solutions se trouvent dans les formules $\begin{cases} x=3t, \\ y=26-5t. \end{cases}$

Soit encore l'équation $12x+35y=156$.

Le nombre 156 est divisible par 12, et donne pour quotient 13, ainsi, $y=0$, $x=13$, forment *un premier système;* et l'on a pour les autres, $y=12t$, $x=13-35t$.

2°. — Toutes les fois que, d'après l'inspection de l'équation, on reconnaît que la somme ou la différence des coefficiens a et b, multipliés respectivement par deux nombres entiers convenables, donne un sous-multiple du second membre, la première solution s'obtient encore sur-le-champ.

Soit, par exemple, l'équation $25x-16y=12$.

Comme en faisant $x=2$, $y=3$, on trouve $25\times 2-16\times 3=2$,

multiplions les deux membres de cette égalité vérifiée, par 6, quotient de 12 par 2; il vient $25\times 12-16\times 18=12$. D'où l'on peut conclure que $x=12$, $y=18$, satisfont à la proposée.

Soit encore l'équation $13x-47y=0$;

elle est évidemment satisfaite par $x=0$, $y=0$.

Ainsi, les formules générales sont $y=47t, y=13t$.

Au reste, ces moyens de trouver une première solution ne sont que des moyens particuliers à certaines équations; tandis que la conversion en fraction continue est un moyen toujours certain pour y parvenir.

Nous engageons les commençans à se familiariser également

avec les deux méthodes que nous venons d'exposer, pour résoudre l'équation $ax + by = c$.

138. A la seule inspection des signes de l'équation $ax+by=c$, on reconnaît si le nombre des solutions en *nombres entiers et positifs* est limité ou infini.

1°. — Toutes les fois que b est positif (a peut toujours être supposé tel), le nombre des solutions est *limité*.

En effet, on déduit de l'équation, $x = \frac{c - by}{a}$.

Cela posé, si c est négatif, quelque valeur positive que l'on donne à y, la valeur de x correspondante sera négative ; ainsi, dans ce cas, l'équation *n'admet aucune solution*.

Si c est positif, on ne peut donner à y des valeurs positives plus grandes que $\frac{c}{b}$, autrement x serait négatif ; d'ailleurs, à la plus grande valeur de y correspond la plus petite pour x, et réciproquement ; donc, etc.

2°. — Toutes les fois que b est négatif, quel que soit le signe de c, le nombre des solutions est *illimité*.

En effet, les formules $x = \alpha - bt$, $y = \beta + at$ deviennent, lorsqu'on met le signe de b en évidence, $\begin{cases} x = \alpha + bt, \\ y = \beta + at. \end{cases}$

Or, en admettant le cas le plus défavorable, celui où α et β sont deux nombres négatifs, il suffit, pour que x et y soient positifs, de supposer à t des valeurs positives, numériquement plus grandes que celles de $\frac{\alpha}{b}$ et $\frac{\beta}{a}$. Ainsi, l'on peut donner à t des valeurs entières quelconques au-dessus de ces deux quotiens.

Dans l'hypothèse où a, b, c, sont positifs à la fois, on peut toujours fixer les limites entre lesquelles doivent être comprises les valeurs de l'indéterminée t. Il suffit, pour cela, de poser, dans les deux formules qui sont alors

$$y = \beta + at, \quad x = \alpha - bt,$$

les inégalités $\beta + at > 0, \quad \alpha - bt > 0,$

d'ou l'on déduit (n° 105) $t > -\frac{\beta}{a}$, mais $t < \frac{\alpha}{b}$.

Lorsque ces deux inégalités ne s'accordent pas, c'est une preuve que l'équation n'admet aucune solution en *nombres entiers et positifs;* mais si elles s'accordent, le nombre des valeurs entières qu'on peut attribuer à t entre les deux limites $-\frac{\beta}{a}$ et $\frac{\alpha}{b}$, exprime le *nombre total* des solutions.

N. B. — Comme la différence entre la limite supérieure $\frac{\alpha}{b}$ et la limite inférieure $-\frac{\beta}{a}$, est $\frac{a\alpha + b\beta}{ab}$ ou $\frac{c}{ab}$ (à cause de la relation $a\alpha + b\beta = c$), il s'ensuit que $\frac{c}{ab}$ ou $q+1$ (q exprimant la partie entière du quotient de c par ab), est le MAXIMUM du nombre total des solutions.

§ II. *Des Équations et problèmes à trois ou un plus grand nombre d'inconnues.*

136. Considérons d'abord le cas de *deux équations à trois inconnues.*

Soit, pour premier exemple, le système de deux équations

$$5x + 4y + z = 272 \ldots (1),$$
$$8x + 9y + 3z = 656 \ldots (2),$$

dans l'une desquelles l'inconnue z est affectée d'un coefficient égal à l'unité. Commençons par l'éliminer.

Pour cela, multiplions la première équation par 3, et retranchons la seconde du résultat; il vient $7x + 3y = 160 \ldots$ (3), équation qui peut remplacer l'équation (2).

Appliquant à l'équation (3) la première méthode, on trouve

les deux formules.......................... $\begin{cases} x = 1 - 3t, \\ y = 51 + 7t. \end{cases}$

Reportant ces deux expressions de x et de y dans la première équation, on obtient $5(1 - 3t) + 4(51 + 7t) + z = 272$, ou réduisant,.......................... $z = 63 - 13t.$

Les trois inconnues se trouvent actuellement exprimées en *fonction entière* de l'indéterminée t. Ainsi, en donnant à t des valeurs entières quelconques, on en obtiendra de semblables pour x, y, z; et ces valeurs satisferont aux deux équations proposées; car, d'après ce qui vient d'être dit, le système des trois formules *équivaut aux deux équations.*

Si l'on demande des valeurs entières et positives pour x, y, z, il est évident que t ne peut être positif, car x serait négatif; mais on peut supposer $t = 0, -1, -2\ldots$, jusqu'à $t = -\frac{51}{7}$ ou $-7\frac{2}{7}$.

Faisant donc $t = 0, -1, -2, -3, -4, -5, -6, -7,$

on trouve... $\begin{cases} x = 1, & 4, & 7, & 10, & 13, & 16, & 19, & 22; \\ y = 51, & 44, & 37, & 30, & 23, & 16, & 9, & 2; \\ z = 63, & 76, & 89, & 102, & 115, & 128, & 141, & 154; \end{cases}$

d'où l'on voit que le problème est susceptible de *huit solutions* différentes.

137. Soient, pour nouvel exemple, les équations

$$6x + 7y + 4z = 122 \ldots (1),$$
$$11x + 8y - 6z = 145 \ldots (2).$$

Pour éliminer z entre ces deux équations, multiplions la première par 3 et la seconde par 2, puis ajoutons les résultats membre à membre; il vient..... $40x + 37y = 656 \ldots (3),$

équation pour laquelle on trouve, d'après la première méthode, ... $\begin{cases} x = 37t + 9, \\ y = 8 - 40t. \end{cases}$

Reportant ces expressions de x et de y dans l'équation (1), on obtient............ $6(37t+9) + 7(8-40t) + 4z = 122$, ou, effectuant les calculs et réduisant, $2z - 29t = 6$... (4).

Ici l'inconnue z n'est pas, comme les deux autres x et y, exprimée en fonction entière de l'indéterminée t. Ainsi, il faut encore appliquer à l'équation (4) l'une des deux méthodes connues.

On a pour les formules relatives à cette équation, $\begin{cases} t = 2t' \\ z = 29t' + 3. \end{cases}$

Comme d'ailleurs, toute valeur entière de t, substituée dans les expressions de x et de y, en donnera de semblables pour ces inconnues, il s'ensuit que, si l'on y met $2t'$ à la place de t,

on obtiendra les deux formules....... $\begin{cases} x = 74t' + 9, \\ y = 8 - 80t', \end{cases}$

qui, réunies à la suivante............ $z = 29t' + 3$,

comprendront tous les *systèmes de valeurs entières* de x, y, z, propres à vérifier les équations proposées.

Si l'on ne veut que des solutions *directes*, il est visible que t' ne peut être positif, puisque alors y serait négatif; et t' ne peut être négatif, puisque z et x seraient négatifs. Mais l'hypothèse $t' = 0$ donne $x = 9$, $y = 8$, $z = 3$; donc ce système est le seul qui satisfasse aux deux équations.

En résumant la marche précédente, on en conclut cette règle générale : *Éliminez l'une des inconnues entre les équations proposées, et cherchez pour l'équation résultant de cette élimination, les formules qui donnent les deux inconnues qui y entrent, en* FONCTION ENTIÈRE *d'une indéterminée* t. *Substituez ces expressions dans l'une des équations proposées, ce qui donne une nouvelle équation ne renfermant plus que* t *et l'in-*

connue que l'on avait d'abord éliminée. Déterminez, pour cette nouvelle équation; les deux formules qui donnent les expressions des deux inconnues qui y entrent, *en* FONCTION ENTIÈRE *d'une seconde indéterminée* t'. *Substituez enfin l'expression de* t *dans celles des deux premières inconnues*. Les valeurs des trois inconnues se trouvent ainsi exprimées en fonction entière de t'; et il ne s'agit plus, après cela, que de déterminer pour t' les limites entre lesquelles ces valeurs doivent ~~se~~ trouver pour que celles des inconnues principales soient entières et positives.

N. B.—Toutes les fois que l'une des inconnues a pour coefficient l'unité dans l'une des équations, il est plus simple d'éliminer cette inconnue, parce qu'après avoir exprimé les deux autres *en fonction entière* d'une même indéterminée, si l'on reporte ces valeurs dans l'équation où la troisième inconnue est affectée d'un coefficient égal à l'unité, on obtient immédiatement cette troisième inconnue en *fonction entière* de la même indéterminée; ainsi, dans ce cas, une seule opération est suffisante. Les deux équations du n° **156** en ont offert un exemple.

158. Voici la marche qu'il faut suivre pour trois équations à quatre inconnues : *Après avoir éliminé l'une des inconnues, on exprime, à l'aide des deux équations résultantes, et d'après ce qui vient d'être dit, les trois autres inconnues en* FONCTION ENTIÈRE *d'une même indéterminée; et l'on substitue ces valeurs dans l'une des équations proposées. Si, dans la nouvelle équation, les coefficiens des deux inconnues qui y entrent sont différens de l'unité, on établit deux formules qui donnent ces inconnues* EN FONCTION ENTIÈRE *d'une seconde indéterminée; puis on remplace, dans les expressions des trois premières inconnues, la valeur de la première indéterminée en fonction de la seconde, et l'on obtient ainsi les quatre inconnues primitives en* FONCTION ENTIÈRE *de la seconde indéterminée.*

Même raisonnement pour quatre équations à cinq inconnues, etc.

Nous proposerons, pour exercice, les questions suivantes :

Première question.—*Un monnayeur a trois sortes d'argent. Sur* 8 *onces ou* 1 *marc, la première contient* 7 *onces d'argent fin, la seconde* $5^o \frac{1}{2}$, *et la troisième* $4^o \frac{1}{2}$. *Il veut faire un alliage de* 30 *marcs pesant, qui contienne* 6 *onces d'argent sur* 8. *Combien* (en nombres entiers) *doit-il prendre de marcs de chaque sorte?*

(*Réponse.* $\begin{cases} x = 10, & 12, & 14, & 16, & 18, \\ y = 20, & 15, & 10, & 5, & 0, \\ z = 0, & 3, & 6, & 9, & 12, \end{cases}$
c'est-à-dire *cinq* solutions, en admettant 0 pour valeurs de y et de z.)

Seconde question.—*Trouver trois nombres entiers tels, que la somme de leurs produits respectifs par les nombres* 3, 5, 7, *soit égale à* 560, *et que la somme de leurs produits par les carrés* 9, 25, 49, *soit égale à* 2920?

(*Réponse.* $\begin{cases} x = 15, & 50, \\ y = 82, & 40, \\ z = 15, & 30, \end{cases}$, c'est-à-dire deux solutions.)

Troisième question.—*Trouver un nombre entier* N *qui, étant divisé par* 11, *donne le reste* 3; *divisé par* 19, *donne le reste* 5; *et divisé par* 29, *donne le reste* 10?

(*Rép.* $N = 4128 + 6061t$, t étant entier; en sorte que 4128 est le plus petit nombre entier absolu qui satisfait à l'énoncé.)

Quatrième question.—*Trouver pour* x *un nombre tel, que les expressions* $\frac{3x-10}{7}$, $\frac{11x+8}{17}$, $\frac{16x-1}{5}$, *soient des nombres entiers?*

(*Rép.* $x = 211 + 595t$.)

139. Si, dans la dernière question, on désigne par y, z, et v, les

quotiens $\frac{3x-10}{7}$, $\frac{11x+8}{17}$, $\frac{16x-1}{5}$, on a pour les équations du problème, $3x-10=7y$, $11x+8=17z$, $16x-1=5v$;
ou bien, ... $3x-7y=10$, $11x-17z=-8$, $16x-5v=1$.

Il faudrait donc appliquer à ces équations la marche indiquée dans le numéro précédent pour trois équations à quatre inconnues. Mais nous allons développer un moyen beaucoup plus simple de déterminer la valeur de x qui est ici l'inconnue principale. Ce moyen est d'ailleurs applicable à toutes les questions du même genre.

D'abord, si nous considérons la troisième expression, $\frac{16x-1}{5}$, elle revient à $3x+\frac{x-1}{5}$; ainsi, pour qu'elle soit entière, il faut et il suffit que $x-1$ soit un multiple de 5.

Posons donc $\frac{x-1}{5}=t$; il en résulte $x=1+5t$.

Toute valeur entière de t, substituée dans cette formule, donnera pour x un nombre qui satisfera à la troisième condition de l'énoncé.

Substituons maintenant cette valeur de x dans la première expression, $\frac{3x-10}{7}$; il vient $\frac{15t-7}{7}$, ou $2t-1+\frac{t}{7}$; d'où l'on voit que cette nouvelle expression sera entière si l'on suppose $t=7t'$; d'ailleurs, cette condition est nécessaire. Ainsi, pour que la première et la troisième des expressions proposées soient entières, il faut et il suffit que l'on ait $x=1+5t$, t étant de la forme $t=7t'$, ce qui donne... $x=1+35t'$.

Portons cette nouvelle valeur dans la seconde expression, $\frac{11x+8}{17}$; il vient $\frac{385t'+19}{17}$, ou $23t'+1+\frac{2(1-3t')}{17}$.

Or, 2 est premier avec 17 ; donc, pour que la seconde expression soit un nombre entier, il faut et il suffit que $1-3t'$ soit divisible par 17.

Posant $\frac{1-3t'}{17}=t''$, on en tire........ $t'=\frac{1-17t''}{3}$,

ou, effectuant la division,............ $t'=-6t''+\frac{t''+1}{3}$.

Soit $\frac{t''+1}{3}=t'''$, on obtient........ $t''=3t'''-1$,

d'où l'on déduit $t'=-6(3t'''-1)+t'''$, ou $t'=-17t'''+6$.

Reportant cette valeur dans l'expression $x=1+35t'$, on obtient, toute réduction faite,

$$x=211-595t'''.$$

Telle est la formule propre à donner toutes les valeurs de x, susceptibles de satisfaire à l'énoncé.

Soit $t'''=0$, on trouve $x=211$: c'est le plus petit de tous les nombres cherchés. En supposant à t''' des valeurs négatives quelconques, on obtiendrait les autres solutions.

N. B.—Nous remarquerons que 595, coefficient de t''' dans la formule, est le produit $7\times17\times5$ des dénominateurs des trois expressions proposées. Il serait aisé de se rendre compte de cette propriété qui se modifie lorsque les dénominateurs ne sont pas premiers entre eux ; car, dans ce cas, le coefficient est égal au *multiple le plus simple des dénominateurs.*

140. Il nous reste encore à parler des problèmes dits *plus qu'indéterminés*, c'est-à-dire pour lesquels le nombre des équations est moindre de *deux* ou de *plusieurs unités*, que le nombre des inconnues.

Soit d'abord l'équation à trois inconnues; $ax+by+cz=d$. Si l'on fait passer le terme cz dans le second membre, il vient

$$ax+by=d-cz, \quad \text{ou} \quad ax+by=c',$$

(c' désignant la quantité $d - cz$, qu'on regarde pour le moment comme connue).

Cela posé, l'on *établit pour l'équation* $ax + by = c'$, *les deux formules* $x = \alpha - bt$, $y = 6 + at$. Après quoi, l'*on remplace dans* α *et* 6, c' *par sa valeur* $d - cz$; alors x et y se trouvent exprimés en *fonction entière de l'indéterminée* t, et de la *troisième inconnue* z.

Soit proposé, par exemple, de *payer* 187 *francs avec des pièces* de 5 fr., 6 fr., et 20 fr., *sans aucune autre monnaie.*

Désignons par x, y, z, les trois nombres de pièces qu'il faut donner de chaque sorte; on a l'équation

$$5x + 6y + 20z = 187,$$

qui revient à $\qquad 5x + 6y = 187 - 20z = c'.$

Tirant de cette équation la valeur de x,

on a.................... $x = \dfrac{c' - 6y}{5}$,

ou bien,................. $x = -y + \dfrac{c' - y}{5}$.

Posant $\dfrac{c' - y}{5} = t$, l'on en déduit $\quad y = c' - 5t$,

d'où.................... $x = -c' + 6t$.

Remplaçant, dans ces deux formules, c' par sa valeur $187 - 20z$,

on trouve enfin.............. $\begin{cases} y = 187 - 20z - 5t, \\ x = -187 + 20z + 6t. \end{cases}$

Tant que l'on admettra pour x et y des nombres entiers positifs ou négatifs, on pourra donner à z et à t des valeurs tout-à-fait arbitraires; mais si l'on veut satisfaire directement à l'énoncé, la forme même de l'équation proposée, $5x + 6y + 20z = 187$, prouve que z ne doit pas recevoir de valeurs au-dessus de $\dfrac{187}{20}$ ou $9\dfrac{7}{20}$; car autrement, x ou y serait négatif.

Posons donc successivement $z = 0, 1, 2, 3, \ldots\ldots 8, 9$.
Si l'on fait $z = 0$, les valeurs de x et de y

deviennent........................ $\begin{cases} x = -187 + 6t, \\ y = 187 - 5t; \end{cases}$

formules qui prouvent que t doit être $> \frac{187}{6}$, mais $< \frac{187}{5}$,

ou $> 31\frac{1}{6}$, mais $< 37\frac{2}{5}$. Donc t peut recevoir six valeurs, savoir : 32, 33, 34, 35, 36, et 37.

Ainsi, pour $z = 0$, on a... $\begin{cases} t = 32, 33, 34, 35, 36, 37, \\ x = 5, 11, 17, 23, 29, 35, \\ y = 27, 22, 17, 12, 7, 2. \end{cases}$

Soit $z = 1$; on trouve......... $\begin{cases} x = -167 + 6t, \\ y = 167 - 5t; \end{cases}$

d'où $t > \frac{167}{6}$ ou $27\frac{5}{6}$, mais $< \frac{167}{5}$ ou $33\frac{2}{5}$, ce qui donne encore les six valeurs 28, 29, 30, 31, 32, et 33.

Ainsi, pour $z = 1$, on a... $\begin{cases} t = 28, 29, 30, 31, 32, 33, \\ x = 1, 7, 13, 19, 25, 31, \\ y = 27, 22, 17, 12, 7, 2, \end{cases}$

Pour $z = 2$, on trouverait.... $\begin{cases} t = 25, 26, 27, 28, 29, \\ x = 3, 9, 15, 21, 27, \\ y = 22, 17, 12, 7, 2, \end{cases}$

Pour $z = 3$................ $\begin{cases} t = 22, 23, 24, 25, \\ x = 5, 11, 17, 23, \\ y = 17, 12, 7, 2. \end{cases}$

....

....

Pour $z = 8$, les formules seraient................. $\begin{cases} x = -27 + 6t, \\ y = 27 - 5t. \end{cases}$

d'où $t > \frac{27}{5}$ ou $4\frac{1}{2}$, mais $< \frac{27}{5}$ ou $5\frac{2}{5}$. Alors t ne peut recevoir que la valeur $t = 5$; ce qui donne $x = 3, y = 2$.

Enfin, à l'hypothèse $z=9$, il ne correspond *aucune solution;* car les formules deviennent $x=-7+6t$, $y=7-5t$, d'où $t>\frac{7}{6}$ ou $1\frac{1}{6}$, mais $t<\frac{7}{5}$ ou $1\frac{1}{5}$; résultats contradictoires.

141. On voit assez ce qu'il faudrait faire pour deux équations à quatre inconnues, trois équations à cinq inconnues. Cependant, nous donnerons encore la résolution complète d'une question de ce genre, pour faire voir comment, à l'aide de quelques considérations particulières, on parvient souvent à simplifier les calculs.

CINQUIÈME QUESTION. — *Un fermier achète* 100 *pièces de bétail pour* 100 *louis, savoir : des bœufs à* 10 *louis la pièce, des vaches à* 5 *louis, des veaux à* 2 *louis, et des moutons à un demi-louis. Combien a-t-il acheté d'animaux de chaque espèce ?*

Soient x, y, z, u, les nombres cherchés ; on a les équations

$$\left.\begin{aligned} x+y+z+u&=100 \\ 10x+5y+2z+\tfrac{1}{2}u&=100 \end{aligned}\right\} \quad \text{ou} \quad \left\{\begin{aligned} x+y+z+u&=100 \\ 20x+10y+4z+u&=200. \end{aligned}\right.$$

En retranchant la première équation de la seconde, on obtient.......... $19x+9y+3z=100$,

équation qu'il faudrait traiter comme dans le n° précédent. Mais avant tout, observons qu'il est préférable d'exprimer y et z en *fonction entière* de x; 1° — parce qu'il est évident que x ne doit pas avoir de valeurs au-dessus de $\frac{100}{19}$ ou $5\frac{5}{19}$; 2°. — parce que les coefficiens de y et de z ont un facteur commun ; ce qui entraînera nécessairement une condition propre à déterminer les valeurs convenables de x.

D'après ces considérations, transposons le terme $19x$; il vient $9y+3z=100-19x$, ou bien, $3y+z=\frac{100-19x}{3}$.

Or, puisque l'on demande pour x, y, z, u, des nombres entiers et positifs, il faut que $\frac{100-19x}{3}$ soit entier et positif; mais il n'y a évidemment que $x=1$ et $x=4$, qui puissent satisfaire à cette double condition. Ainsi déjà, x ne peut avoir pour valeurs que $x=1$ et $x=4$.

Soit $x=1$, il en résulte $3y+z=27$, ou... $z=27-3y$.

Substituant ces valeurs de x et de z dans la première des équations proposées, on trouve............ $u=72+2y$.

La 1re de ces deux formules montre que y ne peut pas être >9; ainsi

$$\text{pour } x=1\text{, on a}\left\{\begin{array}{l} y = 0,\ 1,\ 2,\ 3,\ 4,\ 5,\ 6,\ 7,\ 8,\ 9, \\ z = 27, 24, 21, 18, 15, 12,\ 9,\ 6,\ 3,\ 0, \\ u = 72, 74, 76, 78, 80, 82, 84, 86, 88, 90. \end{array}\right.$$

Soit $x=4$; il vient $3y+z=8$, d'où $z = 8-3y$,

et $u = 88+2y$.

L'expression de z prouve que y ne peut pas être >2;

$$\text{ainsi pour } x=4\text{, on trouve}\left\{\begin{array}{l} y = 0,\ 1,\ 2, \\ z = 8,\ 5,\ 2, \\ u = 88,\ 90,\ 92. \end{array}\right.$$

D'où l'on voit que la question proposée n'est susceptible que de *treize* solutions, et de *dix*, si l'on excepte les solutions 0.

N. B. — Le moyen de simplification qui vient d'être indiqué devient quelquefois une modification indispensable à la méthode exposée n° **140**.

C'est ce qui aurait lieu, par exemple, pour l'équation

$$6x + 10y - 15z = 11,$$

dans laquelle on reconnaît que les trois coefficiens considérés deux à deux, ont un facteur commun.

142. Le but de l'*Analyse indéterminée du second degré* est, comme celle du premier degré, de résoudre en nombres entiers les problèmes qui donnent lieu à un nombre d'équations moindre que celui des inconnues. Mais comme, en général, une équation du second degré à deux inconnues donne l'une d'elles en *fonction irrationnelle* de l'autre, il s'ensuit que la question consiste, 1°. — à déterminer, pour l'une des inconnues, des valeurs rationnelles, qui aient la propriété d'en donner de semblables pour la seconde; 2°. — à choisir parmi les valeurs de la première inconnue, les valeurs entières qui en donnent de semblables pour la seconde. On conçoit, d'après cela, que l'Analyse indéterminée du second degré doit offrir de plus grandes difficultés que celle du premier degré. C'est en effet une des théories les plus difficiles de l'Analyse algébrique; et elle sort tout-à-fait des élémens. Nous renvoyons, pour cet objet, à la *Théorie des nombres* de M. Legendre, et à l'*Algèbre* de M. Lhuillier, ouvrage dans lequel nous avons déjà puisé les énoncés d'un grand nombre de problèmes, et où se trouve traitée une série de questions du second degré à deux inconnues, dont les équations ne renferment que le rectangle ou produit des inconnues.

CHAPITRE V.

Formation des Puissances et extraction des Racines d'un degré quelconque.

Introduction. — De même que la résolution des équations du second degré suppose connus les procédés de l'extraction de la racine carrée, de même, la résolution des équations du troisième, quatrième... degré, exige qu'on sache extraire la racine troisième, quatrième.... d'une quantité, soit numérique, soit algébrique. (*Voyez* le n° 2, pour la définition du mot *puissance* et du mot *racine.*)

L'élévation aux puissances, l'extraction des racines de degré quelconque, et le calcul des radicaux, feront l'objet principal de ce nouveau chapitre, qui, avec le premier et une partie du troisième, constitue l'ensemble des opérations que l'on peut avoir à effectuer sur des nombres exprimés algébriquement.

Quoiqu'une puissance quelconque d'un nombre puisse s'obtenir d'après les règles de la multiplication, soit arithmétique, soit algébrique, cependant cette puissance est assujettie à une *loi de composition* qu'il faut connaître lorsqu'on veut *revenir de la puissance à la racine*. Or, comme la loi de composition du carré d'une quantité numérique ou algébrique est fondée (nº 86) sur l'expression du carré d'un binome, de même la loi relative à une puissance de degré quelconque se déduit de l'expression d'une puissance de même degré d'un binome. C'est donc par la détermination du *développement d'une puissance quelconque d'un binome* que nous devons commencer cette nouvelle théorie.

§ Ier. — *Binome de Newton, et conséquences qui en dérivent.*

143. Si l'on fait le produit de plusieurs binomes égaux à $x+a$, on parvient aux résultats suivans :

$$(x+a)^1 = x + a,$$
$$(x+a)^2 = x^2 + 2ax + a^2,$$
$$(x+a)^3 = x^3 + 3ax^2 + 3a^2x + a^3,$$
$$(x+a)^4 = x^4 + 4ax^3 + 6a^2x^2 + 4a^3x + a^4,$$
$$(x+a)^5 = x^5 + 5ax^4 + 10a^2x^3 + 10a^3x^2 + 5a^4x + a^5.$$

En jetant les yeux sur ces différens développemens, on reconnaît aisément *une loi* suivant laquelle ils procèdent, quant aux exposans de x et de a ; il n'en est pas de même pour les coefficiens. Cependant Newton, célèbre géomètre anglais, est parvenu à en découvrir une au moyen de laquelle, le degré d'une puissance d'un binome étant donné, on peut former cette puissance sans être obligé de passer d'abord par toutes les puissances inférieures. Il n'a laissé aucune trace des raisonnemens qui avaient pu l'y conduire; mais depuis, on a constaté d'une manière rigoureuse l'existence de cette loi. De toutes les démonstrations connues, la plus élémentaire est celle qui se trouve fondée sur la *Théorie des combinaisons*. Toutefois, comme elle est encore assez compliquée, nous commencerons, pour en simplifier l'exposition, par résoudre quelques problèmes relatifs aux combinaisons; d'où il sera facile ensuite de déduire *la formule du binome*, ou le développement d'une puissance quelconque d'un binome.

144. *Notions préliminaires.* — On sait déjà (*Arithm.*, 15e édit., n° **28**) que le produit d'un nombre n de facteurs a, b, c, d..., ne change pas, dans quelque ordre qu'on effectue leur multiplication. Or on peut se proposer de déterminer le *nombre total* des manières dont ces différentes lettres sont susceptibles d'être disposées les unes à la suite des autres. Les résultats qui correspondent à chaque disposition que l'on fait subir à ces lettres, se nomment *permutations*.

C'est ainsi que deux lettres a et b donnent un produit unique ab, mais fournissent les deux permutations ab et ba.

De même, les trois lettres a, b, c, donnent un produit unique abc, mais fournissent les six permutations abc, acb, cab, bac, bca, cba.

Soit maintenant un nombre m de lettres a, b, c, d, e...; si on les dispose les unes à la suite des autres, 2 à 2, 3 à 3, 4 à 4..., dans tous les ordres possibles, de manière toutefois que, dans chaque résultat, le nombre des lettres soit moindre que celui des lettres données, on peut demander l'expression *du nombre total* des résultats que l'on obtient ainsi. Ces résultats sont ce qu'on appelle des *arrangemens*.

Ainsi, ab, ac, ad,.. ba, bc, bd,... ca, cb, cd,.. sont des arrangemens 2 à 2 des m lettres.

De même, *abc*, *abd*,.. *bac*, *bad*,.. *acb*, *acd*,.. sont des arrangemens 3 à 3...

Enfin, lorsqu'on dispose ainsi les lettres les unes à la suite des autres; 2 à 2, 3 à 3, 4 à 4..., on peut exiger que deux quelconques des résultats que l'on forme ne soient pas composés des mêmes lettres, c'est-à-dire qu'ils diffèrent entre eux au moins par l'une des lettres; et l'on peut demander alors le nombre total des résultats qu'on obtient ainsi. Dans ce cas, les résultats prennent le nom de *combinaisons*.

Ainsi, *ab*, *ac*, *bc*,.. *ad*, *bd*,.. sont des combinaisons 2 à 2, en tant que deux quelconques des résultats diffèrent au moins par l'une des lettres.

De même, *abc*, *abd*,.. *acd*, *bcd*,.. sont des combinaisons 3 à 3....

Il existe donc une différence essentielle dans la signification des mots *permutation*, *arrangement*, et *combinaison*.

On donne le nom de PERMUTATIONS *aux résultats qu'on obtient en disposant les unes à la suite des autres, et dans tous les ordres possibles, un nombre déterminé de lettres, de manière que toutes les lettres entrent dans chaque résultat, et que chacune n'y entre qu'une fois.*

Le nom d'ARRANGEMENS *s'applique aux résultats qu'on obtient en disposant les unes à la suite des autres, et dans tous les ordres possibles*, 2 à 2, 3 à 3, 4 à 4.... n à n, un nombre m de lettres, m étant $>n$, c'est-à-dire le nombre des lettres qui entrent dans chaque résultat étant moindre que le nombre total des lettres considérées. On peut toutefois supposer $n=m$; auquel cas, les arrangemens n à n deviennent de simples permutations.

Enfin, on appelle COMBINAISONS *les arrangemens dont deux quelconques diffèrent entre eux au moins par l'une des lettres qui y entrent.*

Il est important que les élèves se pénètrent bien de ces définitions, pour entendre la résolution des problèmes suivans.

145. PREMIER PROBLÈME. — *Déterminer le nombre total des* PERMUTATIONS *dont* n *lettres sont susceptibles.*

D'abord, deux lettres *a* et *b* donnent évidemment les deux permutations *ab* et *ba*. Ainsi, *le nombre des permutations de deux lettres est* 2, *ou* 1×2.

Soient actuellement 3 lettres, *a*, *b*, *c*. Mettons à part une quelconque de ces lettres, *c* par exemple, et écrivons à la droite des deux arrangemens *ab* et *ba* que donnent les deux autres, la lettre *c*; il en résulte les deux permutations de trois lettres, *abc*, *bac*. Or, comme on peut ainsi mettre à part chacune des trois lettres, il s'ensuit que *le nombre total des permutations de trois lettres est égal à* 2×3, ou $1 \times 2 \times 3$ (*).

En général, soit un nombre *n* de lettres, *a*, *b*, *c*, *d*..., et supposons déjà connu le *nombre total des permutations de* (n — 1) *lettres*, nombre que nous désignerons par Q.

Considérons à part une des *n* lettres, et écrivons cette lettre à la droite de chacune des Q permutations que donnent les $(n-1)$ autres lettres, il en résulte Q permutations de *n* lettres, terminées par la lettre que l'on avait d'abord isolée. Or, comme on peut ainsi mettre à part chacune des *n* lettres, il s'ensuit que le *nombre total des permutations de* n *lettres* est égal à........... $Q \times n$.

Soit $n = 2$; Q désigne alors le nombre des permutations qu'une seule lettre peut donner; donc $Q = 1$, et il vient, dans ce cas particulier, $Q \times n = 1 \times 2$.

Soit $n = 3$; Q exprime alors le nombre des permutations de $(3 - 1)$, ou de 2 lettres, et est égal à 1×2. Ainsi, $Q \times n$ se réduit à $1 \times 2 \times 3$.

Soit encore $n = 4$; Q désigne, dans ce cas, le nombre des

(*) La place que nous avons assignée à la lettre *c* par rapport aux arrangemens *ab*, *ba*, est de *pure convention*. Nous aurions pu également convenir de faire occuper à la lettre *c* la première place à gauche, ou même de l'écrire entre les lettres *a* et *b* ou *b* et *a*; mais cette place une fois assignée, elle doit rester *invariable* pour toutes les permutations à exécuter; sans quoi il en résulterait des répétitions.

permutations de 3 lettres, et est égal à $1\times2\times3$. Donc $Q\times n$ devient $1\times2\times3\times4$.

On voit donc que la formule $Q\times n$ renferme tous les cas particuliers du problème proposé. Ainsi, en reprenant les raisonnemens ci-dessus, on peut résoudre immédiatement le cas général, sauf à en déduire ensuite tous les cas particuliers.

146. SECOND PROBLÈME. — *Un nombre* m *de lettres* a, b, c, d,... *étant donné, déterminer le nombre total des* ARRANGEMENS n *à* n, *que l'on peut former avec ces* m *lettres,* m *étant supposé plus grand que* n?

Pour résoudre sur-le-champ cette question générale, supposons déjà connu le nombre total des *arrangemens* $(n-1)$ à $(n-1)$ que l'on peut faire avec les m lettres; et désignons ce nombre par P.

Considérons un quelconque de ces arrangemens et écrivons à sa droite chacune des lettres qui n'y entrent pas et dont le nombre est nécessairement $m-(n-1)$ ou $m-n+1$; il est évident que l'on formera ainsi un nombre $m-n+1$ d'arrangemens de n lettres, différant tous entre eux par la dernière lettre.

Considérons un nouvel arrangement de $n-1$ lettres, et écrivons à sa droite les $m-n+1$ lettres qui n'en font pas partie; nous obtiendrons encore un nombre $m-n+1$ d'arrangemens de n lettres, différant tous entre eux et différant des précédens, au moins par la disposition d'une des $n-1$ premières lettres. Comme d'ailleurs on peut considérer à part chacun des P arrangemens $(n-1)$ à $(n-1)$, et écrire successivement à sa droite les $m-n+1$ autres lettres, il s'ensuit que le nombre total des arrangemens de m lettres n à n, est exprimé par

$$P(m-n+1).$$

Veut-on maintenant trouver, comme cas particulier, le nombre total des arrangemens de m lettres 2 à 2, 3 à 3, 4 à 4....?

Faisons $n=2$, d'où $m-n+1=m-1$; P exprime dans ce cas le nombre total des arrangemens $(2-1)$ à $(2-1)$, ou 1 à 1, et est, par conséquent, égal à m; donc, la formule devient $m(m-1)$.

Soit $n=3$, d'où $m-n+1=m-2$; P exprime alors le nombre des arrangemens 2 à 2, et est égal à $m(m-1)$; donc, la formule devient $m(m-1)(m-2)$.

Soit encore $n=4$, d'où $m-n+1=m-3$; P exprime le nombre des arrangemens 3 à 3, ou est égal à $m(m-1)(m-2)$; donc la formule devient $m(m-1)(m-2)(m-3)$.

Et ainsi de suite.

N. B. — D'après la manière dont les cas particuliers ont été déduits de la formule générale $P(m-n+1)$, on peut conclure que cette formule développée revient à

$$m(m-1)(m-2)(m-3)\dots(m-n+1);$$

c'est-à-dire qu'*elle se compose du produit des* n *nombres consécutifs et décroissans, qui se trouvent compris depuis* m *inclusivement jusqu'à* m — (n — 1), *ou* m — n + 1, *aussi inclusivement.*

Cela posé, il est facile de déduire de cette formule développée, la formule du n° précédent, c'est-à-dire la valeur de $Q\times n$ aussi développée.

En effet, on a vu (n° **144**) que les *arrangemens* deviennent des permutations lorsqu'on suppose le nombre des lettres qui entrent dans chaque arrangement, égal au nombre total des lettres considérées.

Ainsi, pour passer du nombre total des arrangemens de m lettres n à n, au nombre de permutations de n lettres, il n'y a qu'à faire dans le développement ci-dessus, $m=n$; ce qui donne

$$n(n-1)(n-2)(n-3)\dots 1.$$

Renversant l'ordre des facteurs et observant que le dernier facteur étant 1, l'avant-dernier est 2, le précédent 3..., on obtient, pour le développement de $Q \times n$,

$$1.2.3.4\ldots\ldots(n-2)(n-1)n,$$

expression dont les facteurs ne sont autre chose que les nombres entiers consécutifs, compris depuis 1 inclusivement jusqu'à n inclusivement.

147. Troisième problème. — *Déterminer le nombre total des combinaisons différentes que l'on peut former avec* m *lettres prises* n *à* n.

Désignons par X le nombre total des *arrangemens* n à n que l'on peut former avec m lettres, par Y le nombre des *permutations* dont n lettres sont susceptibles, enfin, par Z le nombre total des *combinaisons différentes* n à n, nombre qu'il s'agit de déterminer.

Il est évident que, pour obtenir tous les arrangemens possibles de m lettres n à n, il suffirait de faire subir aux n lettres de chacune des Z *combinaisons*, toutes les permutations dont ces lettres sont susceptibles. Or une seule combinaison de n lettres donne, par hypothèse, Y permutations; donc, Z combinaisons de n lettres doivent donner $Y \times Z$ arrangemens n à n; et comme on a d'ailleurs désigné par X le nombre total des arrangemens, il s'ensuit que les trois quantités X, Y, Z, sont liées entre elles par la relation $X = Y \times Z$; d'où l'on déduit $Z = \frac{X}{Y}$.

Mais on a trouvé (n° 146)

$$X = P(m-n+1),$$

et (n° 145)

$$Y = Q \times n.$$

Donc enfin, $$Z = \frac{P(m-n+1)}{Q \times n} = \frac{P}{Q} \times \frac{m-n+1}{n}.$$

Comme P exprime le nombre total des arrangemens $(n-1)$ à $(n-1)$, que Q exprime le nombre total des permutations de

$(n-1)$ lettres, il s'ensuit que $\frac{P}{Q}$ exprime le nombre des combinaisons différentes de m lettres $(n-1)$ à $(n-1)$.

D'après cela, soient demandés, comme cas particuliers, les nombres de combinaisons 2 à 2, 3 à 3, 4 à 4...

Faisons $n=2$, auquel cas $\frac{P}{Q}$ exprimant le nombre des combinaisons $(2-1)$ à $(2-1)$, ou 1 à 1, est égal à m; la formule ci-dessus devient $m \times \frac{m-1}{2}$ ou $\frac{m(m-1)}{1.2}$.

Faisons $n=3$, auquel cas $\frac{P}{Q}$ exprime le nombre des combinaisons 2 à 2, ou est égal à $\frac{m(m-1)}{2}$; la formule devient $\frac{m(m-1)(m-2)}{1.2.3}$.

On trouverait de même $\frac{m(m-1)(m-2)(m-3)}{1.2.3.4}$ pour le nombre des combinaisons 4 à 4, etc...; et en général, pour le nombre des combinaisons n à n, on a

$$\frac{m(m-1)(m-2)(m-3)\ldots(m-n+1)}{1.2.3.4.5\ldots(n-1)n};$$

c'est l'expression $\frac{P(m-n+1)}{Q \times n}$ développée.

N. B. — Cette dernière expression n'a aucune signification lorsqu'on y suppose $n=1$; et cela tient à ce qu'elle ne donne un certain nombre de combinaisons inconnu, qu'en *fonction* d'un autre nombre de combinaisons déjà déterminé; or les combinaisons les plus simples sont les combinaisons *une* à *une* dont le nombre est m. Ce n'est donc qu'à partir de $n=2$ que la formule est applicable.

148. *Démonstration de la formule du binome.* — Pour découvrir plus aisément la loi du développement de la puissance $m^{ième}$ du binome $x+a$, nous commencerons par obser-

ver la loi du produit de plusieurs binomes $x+a$, $x+b$, $x+c$, $x+d$..., ayant un premier terme commun, et dont les seconds termes sont différens. (Cet artifice a pour but d'empêcher la réduction des termes semblables.)

	$x+a$			
	$x+b$			
1er produit...	x^2+a	$x+ab$		
	$\quad\ \ b$			
	$x+c$			
2me........	x^3+a	x^2+ab	$x+abc$	
	$\quad+b$	$\quad+ac$		
	$\quad+c$	$\quad+bc$		
	$x+d$			
3me........	x^4+a	x^3+ab	x^2+abc	$x+abcd.$
	$\quad+b$	$\quad+ac$	$\quad+abd$	
	$\quad+c$	$\quad+ad$	$\quad+acd$	
	$\quad+d$	$\quad+bc$	$\quad+bcd$	
		$\quad+bd$		
		$\quad+cd$		

Ces multiplications étant effectuées d'après les règles ordinaires de la multiplication algébrique, on reconnaît sur les trois produits qui précèdent, la loi suivante :

1°.— Par rapport aux exposans, l'exposant de x est d'abord égal au nombre des binomes multipliés. Cet exposant diminue ensuite d'une unité d'un terme au suivant, jusqu'au dernier terme, où il est égal à zéro.

2°. — Par rapport aux coefficiens des diverses puissances de x, le coefficient du premier terme est l'unité; le coefficient du second terme est égal à la somme des seconds termes des binomes ; le coefficient du troisième terme est égal à la somme des produits différens de ces mêmes seconds termes, multipliés deux à deux ; le coefficient du quatrième terme est égal à la somme des produits différens trois à trois. En nous laissant conduire par l'*analogie*, nous pouvons dire que le coefficient d'un terme qui en a n avant lui est égal à la somme des produits différens n à n des seconds termes des binomes. Enfin, le dernier terme est égal au produit des seconds termes des binomes.

Pour nous assurer si cette loi de composition est générale, supposons qu'elle soit déjà reconnue vraie pour le produit d'un nombre m de binomes, et voyons si elle a lieu lorsqu'on introduit un nouveau facteur dans le produit.

Soit donc

$$x^m + Ax^{m-1} + Bx^{m-2} + Cx^{m-3} + \ldots Mx^{m-n+1} + Nx^{m-n} + \ldots + U,$$

le produit de m facteurs binomes (Nx^{m-n} représente un terme qui en a n avant lui, et Mx^{m-n+1} celui qui le précède immédiatement).

Soit d'ailleurs $x + K$ le nouveau facteur introduit; on a pour le produit ordonné

$$x^{m+1} \begin{array}{l|l|l|l|l} + A & x^m + B & x^{m-1} + C & x^{m-2} + \ldots + N & x^{m-n+1} + \ldots \\ + K & \quad + AK & \quad + BK & \quad\quad + MK & \quad\quad + UK. \end{array}$$

Déjà, *la loi des exposans* est évidemment la même.

Quant aux coefficiens, — 1°... celui du premier terme *est l'unité;*

2°... $A + K$, ou le coefficient de x^m, est aussi *la somme des seconds termes des* ($m + 1$) *binomes.*

3°... B est, par hypothèse, égal à la somme des produits différens 2 à 2 des seconds termes des m premiers binomes; AK exprime la somme des produits de chacun des seconds termes des m premiers binomes, multiplié par le nouveau second terme K; donc, $B + AK$ est encore *la somme des produits différens deux à deux des seconds termes des* ($m + 1$) *binomes.*

En général, puisque N exprime la somme des produits n à n des seconds termes des m premiers binomes, et que MK représente la somme des produits ($n-1$) à ($n-1$) de ces seconds termes, multipliés par *le nouveau second terme* K, il s'ensuit que N+MK, ou le coefficient qui, dans le polynome de degré $(m+1)$, en a n avant lui, est égal à *la somme des produits différens* n *à* n *des seconds termes des* (m + 1) *binomes*. Le dernier terme UK est d'ailleurs égal au produit des $(m+1)$ seconds termes.

Ainsi la loi de composition, supposée vraie pour le produit d'un nombre m de binomes, l'est aussi pour un nombre $(m+1)$; donc, elle est générale.

Concevons actuellement, que, dans le produit effectué de m facteurs binomes, $x+a$, $x+b$, $x+c$, $x+d$, ..., on fasse $a=b=c=d$....., l'expression indiquée de ce produit $(x+a)(x+b)(x+c)(x+d)$... se change en $(x+a)^m$. Quant à son développement, les coefficiens étant.......... $a+b+c+d+\ldots, ab+ac+ad+\ldots, abc+abd+acd+\ldots$,

1°. — le coefficient de x^{m-1}, ou $a+b+c+\ldots\ldots$, devient $a+a+a+\ldots$, c'est-à-dire a pris autant de fois qu'il y a de lettres a, b, c..., et se réduit, par conséquent, à ma.

2°. — Le coefficient de x^{m-2}, ou $ab+ac+\ldots$, se réduit à $a^2+a^2+a^2\ldots$ ou bien, à autant de fois a^2 que l'on peut former de combinaisons différentes avec m lettres multipliées 2 à 2, ou bien enfin (n° **147**), à $m.\dfrac{m-1}{2}a^2$.

3°. — Le coefficient de x^{m-3} se réduit au produit de a^3 multiplié par le nombre de combinaisons différentes de m lettres prises 3 à 3, ou bien, à $m.\dfrac{m-1}{2}.\dfrac{m-2}{3}a^3$; et ainsi de suite.

En général, si l'on désigne par Nx^{m-n} le terme qui en a un nombre n avant lui, le coefficient N qui, dans l'hypothèse où les seconds termes des binomes sont différens, est égal à la somme de leurs produits n à n, se réduit, lorsqu'on les suppose tous égaux, à a^n multiplié par le nombre des combinaisons différentes que peuvent donner m lettres prises n à n. Ainsi, (n° **147**)

$$N=\frac{P(m-n+1)}{Q\times n}a^n.$$

Donc enfin, l'on a la formule

$$(x+a)^m = x^m + max^{m-1} + m\,\frac{m-1}{2}\,a^2x^{m-2}$$

$$+ m\,\frac{m-1}{2}\cdot\frac{m-2}{2}\,a^3x^{m-3}\ldots + \frac{P(m-n+1)}{Q.n}\,a^nx^{m-n}\ldots + a^m.$$

149. Pour peu que l'on jette les yeux sur les différens termes de ce développement, on reconnaît une *loi simple* d'après laquelle un coefficient de rang quelconque se forme au moyen du coefficient précédent.

Le coefficient d'un terme de rang quelconque se forme en multipliant le coefficient du terme précédent par l'exposant de x *dans ce terme, et divisant le produit par le nombre des termes qui précèdent celui que l'on considère.*

En effet, prenons le *terme général*, $\frac{P(m-n+1)}{Q.n}\,a^nx^{m-n}$ (on l'appelle *terme général*, parce qu'en faisant successivement $n=2,3.4\ldots$ on peut en déduire tous les autres) ; le terme qui le précède d'un rang est évidemment $\frac{P}{Q}\,a^{n-1}x^{m-n+1}$, puisque (n° 147) $\frac{P}{Q}$ exprime le nombre des combinaisons $(n-1)$ à $(n-1)$.

Or on voit que le coefficient $\frac{P(m-n+1)}{Q.n}$ est égal au coefficient $\frac{P}{Q}$ qui le précède, multiplié par $(m-n+1)$, exposant de a dans ce terme, et divisé par n, nombre des termes qui précèdent celui que l'on considère. C'est dans cette loi, due à Newton, que consiste principalement la *formule du binome*. Elle sert à développer une puissance particulière, sans qu'on soit obligé d'avoir recours à la formule générale.

Soit, par exemple, proposé de développer $(x+a)^6$. On trouvera, d'après cette loi,

$$(x+a)^6 = x^6 + 6ax^5 + 15a^2x^4 + 20a^3x^3 + 15a^4x^2 + 6a^5x + a^6.$$

Après avoir formé les deux premiers termes, ce qui n'offre aucune difficulté, d'après les termes de la formule générale $x^m + max^{m-1} + \ldots$, on multiplie 6, coefficient du second terme, par 5, exposant de x dans ce terme, puis on divise le produit par 2, ce qui donne 15 pour coefficient du troisième terme. Pour obtenir celui du quatrième, on multiplie 15 par 4, exposant de x dans le troisième terme, et l'on divise le produit par 3, nombre des termes qui précèdent le quatrième, ce qui donne 20; et ainsi de suite pour tous les autres termes.

On trouverait pareillement

$$(x+a)^{10} = x^{10} + 10ax^9 + 45a^2x^8 + 120a^3x^7 + 210a^4x^6 + 252a^5x^5 + 210a^6x^4 + 120a^7x^3 + 45a^8x^2 + 10a^9x + a^{10}.$$

Nous reviendrons plus loin sur la manière de développer les puissances des expressions algébriques.

Conséquences de la formule du binome et de la théorie des combinaisons.

150. *Première conséquence.* — L'expression $(x+a)^m$ étant composée de la même manière en a et en x, la même chose doit avoir lieu pour son développement; donc, si ce développement renferme un terme de la forme $\mathrm{K}a^nx^{m-n}$, il doit en avoir un autre égal à $\mathrm{K}x^na^{m-n}$ ou $\mathrm{K}a^{m-n}x^n$. Ces deux termes y sont évidemment à égale distance des deux extrêmes; car le nombre des termes qui précèdent un terme quelconque étant marqué par l'exposant de a dans ce terme, il s'ensuit que le terme $\mathrm{K}a^nx^{m-n}$ en a n avant lui, et que le terme $\mathrm{K}a^{m-n}x^n$ en a $m-n$ avant lui, par conséquent n après lui (puisque le nombre total des termes est $m+1$).

Ainsi, *dans le développement de toute puissance d'un binome, les coefficiens à égale distance des deux extrêmes sont égaux entre eux.*

N. B. — Dans les termes $\mathrm{K}a^nx^{m-n}$, $\mathrm{K}a^{m-n}x^n$, les deux coefficiens expriment les nombres de combinaisons différentes n à n et $m-n$ à $m-n$, que l'on peut former avec m quantités ; ainsi, l'on peut encore conclure que *le nombre des combinaisons différentes de* m *quantités* n *à* n, *est égal au nombre de combinaisons* (m — n) *de ces mêmes quantités.*

Par exemple, *douze* quantités combinées 5 à 5 donnent le *même nombre* de combinaisons que ces *douze* quantités combinées (12—5) à (12—5), ou 7 à 7. *Cinq* quantités combinées 2 à 2, donnent le même nombre de combinaisons que *cinq* quantités combinées (5—2) à (5—2), ou 3 à 3.

151. *Seconde conséquence.*—Si, dans la formule générale

$$(x+a)^m = x^m + max^{m-1} + m\frac{m-1}{2}a^2x^{m-2} + \text{etc.},$$

on suppose $x=1$, $a=1$, elle devient

$$(1+1)^m \text{ ou } 2^m = 1 + m + m\frac{m-1}{2} + m\frac{m-1}{2}.\frac{m-2}{3} + \text{etc.};$$

c'est-à-dire que *la somme des coefficiens des différens termes de la formule du binome est égale à une puissance de* 2, *d'un degré marqué par* m.

Ainsi, dans la formule particulière

$$(x+a)^5 = x^5 + 5ax^4 + 10a^2x^3 + 10a^3x^2 + 5a^4x + a^5,$$

la somme $1+5+10+10+5+1$ des coefficiens, est égale à 2^5 ou 32. Dans la dixième puissance développée n° **149**, la somme des coefficiens est égale à 2^{10} ou 1024.

152. Troisième conséquence. — *Si l'on a une suite de nombres décroissant d'une unité d'un terme à l'autre, dont le premier soit* m *et le dernier* m — p (m et p sont des nombres entiers), *et que l'on fasse un seul produit de tous ces nombres, ce produit est divisible par le produit de tous les nombres entiers depuis* 1 *jusqu'à* $p+1$; c'est-à-dire que l'on a

$$\frac{m(m-1)(m-2)(m-3)\ldots.(m-p)}{1\;.\;2\;.\;3\;.\;4\ldots\ldots.(p+1)}$$

égal à un nombre entier. En effet, il résulte de ce qui a été dit au numéro **147**, que cette expression représente le nombre des combinaisons différentes $(p+1)$ à $(p+1)$, qu'on peut former avec m lettres. Or, ce nombre de combinaisons doit être, par sa nature, un nombre entier; donc l'expression ci-dessus est nécessairement un nombre entier.

Nous engageons les élèves à rechercher, de cette propriété, une démonstration indépendante de la Théorie des combinaisons ou de la formule du binome, en les prévenant toutefois que la question, assez facile à traiter pour les premières expressions $\frac{m(m-1)}{1.2}$, $\frac{m(m-1)(m-2)}{1.2.3}$, offre plus de difficulté dans le cas général.

§ II. — *Extraction des racines des nombres particuliers.*

Les procédés particuliers de l'extraction de la racine carrée et de la racine cubique d'un nombre ayant été exposés avec détail dans notre *Arithmétique*, nous nous contenterons de développer ici le procédé de l'extraction des racines en général, procédé qu'il sera ensuite facile d'appliquer aux cas particuliers de l'extraction de la racine 4ᵉ, 5ᵉ, ...

153. *Procédé de la racine $n^{ième}$ d'un nombre entier* (*).

Désignons par N un nombre entier quelconque, et par n le degré de la racine qu'on veut en extraire.

D'abord, comme la $n^{ième}$ puissance de 10, ou 10^n, est exprimée par l'unité suivie de n zéros et représente le plus petit nombre de $n+1$ chiffres, il s'ensuit que, si N n'a pas plus de n chiffres, sa racine n'a qu'*un seul* chiffre; et pour l'obtenir, il suffit de former les $n^{ièmes}$ puissances des *dix* premiers nombres 1, 2, 3, ..., 9, 10; le plus petit des deux nombres

(*) Pour bien comprendre ce procédé, il faut s'être déjà rendu compte des deux procédés de la racine carrée et de la racine cubique.

dont les $n^{ièmes}$ puissances comprendront N, sera la racine demandée.

Mais lorsque N est composé de plus de n chiffres, sa racine a plus d'un chiffre et peut alors être regardée comme renfermant des dixaines et des unités. Or, en représentant par a les dixaines et par b les unités, on a (nº 148)

$$N = (a+b)^n = a^n + na^{n-1}b + n\frac{n-1}{2}a^{n-2}b^2 + \ldots,$$

c'est-à-dire que le nombre proposé contient *la* $\text{n}^{ième}$ *puissance des dixaines, plus* n *fois le produit de la* $(\text{n}-1)^{ième}$ *puissance des dixaines par les unités,* plus une suite d'autres parties qu'il est inutile d'énumérer.

Cela posé, la $n^{ième}$ puissance des dixaines ne pouvant donner d'unités d'un ordre inférieur à l'unité suivie de n zéros, les n derniers chiffres à droite n'en peuvent faire partie ; il faut donc *les séparer, et extraire la racine de la plus grande* $\text{n}^{ième}$ *puissance contenue dans la partie à gauche :* cette racine exprime les DIXAINES de la racine cherchée (*).

Si cette partie à gauche renfermait encore plus de n chiffres, on serait conduit à *en séparer les* n *derniers chiffres à droite, et à extraire la racine de la plus grande* $\text{n}^{ième}$ *puissance contenue dans la nouvelle partie à gauche ;* et ainsi de suite.

Après avoir partagé ainsi le nombre N *en tranches de* n *chiffres* (la tranche la plus à gauche pouvant cependant avoir moins de n chiffres), *on extrait la racine de la plus grande* $\text{n}^{ième}$ *puissance contenue dans cette première tranche à gauche,* ce qui donne le chiffre des unités de l'ordre le plus élevé de la racine totale, ou le chiffre des dixaines de la racine du nombre formé par les deux premières tranches à gauche. *Retranchant la* $\text{n}^{ième}$ *puissance de ce chiffre, de la première tranche à gauche,* on obtient un

---

(*) *Voyez* la démonstration de ce principe, pour la racine carrée et la racine cubique (*Arith.* nºs 178, 191, 15ᵉ édition) ; vous généraliserez ensuite.

reste qui, suivi de la seconde tranche, contient encore n fois le produit de la $(n-1)^{ième}$ puissance du chiffre trouvé (lequel est censé exprimer des dixaines) par le chiffre suivant, plus une suite d'autres produits. Mais ce premier produit ne peut évidemment donner d'unités d'un ordre inférieur à 10^{n-1}; ainsi les $(n-1)$ derniers chiffres de la seconde tranche n'en sauraient faire partie. Il suffit donc d'*abaisser à côté du reste correspondant à la première tranche, le premier chiffre de la seconde; et si, après avoir formé* n *fois la* $(n-1)^{ième}$ *puissance du premier chiffre de la racine, on divise par ce résultat, le reste suivi du premier chiffre de la seconde tranche*, le quotient exprimera le second chiffre de la racine, ou un nombre plus grand. Pour éprouver ce chiffre, *on l'écrira à la droite du premier, puis on élèvera l'ensemble de ces deux chiffres à la* $n^{ième}$ *puissance, et l'on retranchera*, si cela est possible, *la puissance obtenue, de l'ensemble des deux premières tranches* (*), ce qui donnera un nouveau reste *à côté duquel on abaissera le premier chiffre de la troisième tranche, puis on divisera le nombre ainsi formé par* n *fois la* $(n-1)^{ième}$ *puissance de l'ensemble des deux chiffres déjà trouvés à la racine*; ce qui donnera le troisième chiffre de la racine.

On continuera cette série d'opérations jusqu'à ce qu'on ait abaissé toutes les tranches.

154. *Soit proposé*, pour exemple, *d'extraire la racine cinquième* de 550731776.

$$\begin{array}{r|l} 5507.31776 & 5 \\ 3125 & \overline{3125} \\ \hline 23823 & \end{array}$$

Après avoir séparé les cinq derniers chiffres à droite, du

(*) Nous n'avons pas besoin de dire que, si la soustraction ne peut se faire, c'est que le second chiffre trouvé à la racine est trop fort; et alors *on le diminue d'une ou de plusieurs unités*, jusqu'à ce que la soustraction puisse s'effectuer.

nombre proposé, on reconnaît que $(5)^5$, ou 3125, et $(6)^5$, ou 7776, comprennent 5507; donc 5 exprime les dixaines de la racine cherchée.

Retranchant 3125 de 5507, on obtient le nombre 2382 pour reste, à côté duquel on abaisse le chiffre 3 de la première tranche à droite, ce qui donne 23823, nombre que l'on divise par 5 fois la 4e puissance de 5, ou par 3125. Le quotient est 7; mais en élevant 57 à la 5e puissance, on obtient 601692057, nombre plus fort que le nombre proposé. Essayant 56, on trouve

$$(56)^5 = 550731776;$$

ainsi 56 est la racine demandée.

On obtiendrait pareillement

$$\sqrt[5]{924055} = 18, \text{ avec le reste } 200887\,;$$
$$\sqrt[5]{11167913618807} = 407 \text{ exactement};$$
$$\sqrt[7]{94931877133} = 37 \text{ exactement}.$$

155. *Remarque.* — Toutes les fois que le degré de la racine à extraire est un nombre multiple de deux ou de plusieurs autres, comme 4, 6...., *la racine peut s'obtenir par une suite d'extractions de racines de degrés plus simples.*

Pour nous rendre compte de ces modifications, observons que

$$(a^3)^4 = a^3 \times a^3 \times a^3 \times a^3 = a^{3+3+3+3} = a^{3\times 4} = a^{12},$$

et qu'en général, $(a^m)^n = a^m \times a^m \times a^m \times a^m ... = a^{m\times n}$ (n° **16**). Donc, *la* $n^{ième}$ *puissance de la* $m^{ième}$ *puissance d'un nombre est égale à la* $mn^{ième}$ *puissance de ce nombre.*

Réciproquement, *la racine* $mn^{ième}$ *d'un nombre est égale à la racine* $n^{ième}$ *de la racine* $m^{ième}$ *de ce nombre,* ou algébriquement, je dis que l'on a.............. $\sqrt[mn]{a} = \sqrt[n]{\sqrt[m]{a}}$.

En effet, soit.................... $\sqrt[n]{\sqrt[m]{a}} = a'$;
élevons les deux membres à la $n^{ième}$ puissance; il vient..................... $\sqrt[m]{a} = a'^n$;
[car, d'après la définition d'une racine (n° 2), on a $(\sqrt[n]{K})^n = K$].

Élevant de nouveau les deux membres à la $m^{ième}$ puissance, on obtient........ $a = (a'^n)^m = a'^{mn}$;

d'où, extrayant la racine $mn^{ième}$ des deux membres, $\sqrt[mn]{a} = a'$;

mais on a déjà $\sqrt[n]{\sqrt[m]{a}} = a'$; donc.... $\sqrt[mn]{a} = \sqrt[n]{\sqrt[m]{a}}$.

N. B. — Comme $(a^m)^n$ et $(a^n)^m$ donnent également a^{mn}, on peut en conclure que $\sqrt[m]{\sqrt[n]{a}} = \sqrt[n]{\sqrt[m]{a}}$.

On trouvera, d'après ce principe,

$$\sqrt[4]{256} = \sqrt{\sqrt{256}} = \sqrt{16} = 4;$$
$$\sqrt[6]{2985984} = \sqrt[3]{\sqrt{2985984}} = \sqrt[3]{1728} = 12;$$
$$\sqrt[6]{1771561} = \sqrt[3]{\sqrt{1771561}} = 11;$$
$$\sqrt[8]{1679616} = \sqrt{\sqrt{\sqrt{1679716}}} = \sqrt{\sqrt{1296}} = \sqrt{36} = 6.$$

N. B. — Quoique les racines successives puissent s'extraire dans un ordre quelconque, il est préférable d'extraire d'abord la racine du degré le plus faible, parce qu'alors l'extraction de la racine du degré le plus fort, qui est une opération plus compliquée, porte sur un nombre ayant beaucoup moins de chiffres que le nombre proposé. C'est ce que nous avons fait dans le second et le troisième des exemples ci-dessus. (*Voyez* d'ailleurs le premier *N. B.* de ce numéro.)

Extraction des racines par approximation.

186. Lorsque le nombre entier dont on demande la racine $n^{ième}$ n'est pas une *puissance parfaite*, le procédé du n° **183** ne donne que la partie entière de la racine, ou la racine à une unité près. Quant à la fraction qui doit compléter la racine, elle ne peut être obtenue exactement; car on sait (*Arithmétique*, n° **130**, 15ᵉ édition) que, a et b désignant les deux termes d'une fraction irréductible $\frac{a}{b}$, a^n et b^n sont aussi premiers entre eux; ainsi $\left(\frac{a}{b}\right)^n$ ou $\frac{a^n}{b^n}$, ne peut produire un nombre entier N, c'est-à-dire que $\sqrt[n]{N}$ ne saurait être exprimée par un nombre fractionnaire exact $\frac{a}{b}$. Mais on peut déterminer la racine avec tel degré d'approximation que l'on veut.

Soit, en général, proposé d'extraire la racine $n^{ième}$ d'un nombre quelconque, entier ou fractionnaire, a, à une fraction près, $\frac{1}{p}$, c'est-à-dire de manière que l'erreur commise soit moindre que $\frac{1}{p}$.

Observons que a peut se mettre sous la forme $\frac{a \times p^n}{p^n}$. Si l'on désigne par r la racine de ap^n obtenue à une unité près, le nombre $\frac{a\times p^n}{p^n}$, ou a, est alors compris entre $\frac{a^n}{p^n}$ et $\frac{(r+1)^n}{p^n}$; donc aussi, $\sqrt[n]{a}$ est compris entre les racines de ces deux derniers nombres, c'est-à-dire entre $\frac{r}{p}$ et $\frac{r+1}{p}$. Donc enfin, $\frac{r}{p}$ est la racine demandée, à une fraction près $\frac{1}{p}$.

Règle générale. — *Pour extraire la racine* n^{ième} *d'un nom-*

bre quelconque à une fraction près, $\frac{1}{p}$, *multipliez le nombre par* p^n; *extrayez du produit la racine* $n^{ième}$ *à une unité près; puis divisez le résultat par* p.

Nous renvoyons pour les applications de cette règle générale, à notre *Arithmétique*, où nous avons exposé avec tous les détails convenables, les différens modes d'approximation, tant pour la racine carrée que pour la racine cubique.

Mais il nous paraît utile de donner ici quelques développemens sur la manière d'évaluer en décimales les expressions renfermant des radicaux qui se recouvrent, tels que $\sqrt[m]{\sqrt[n]{a}}$, $\sqrt[n]{a+\sqrt{b}}$, etc.

137. Soit d'abord proposé d'*extraire la racine sixième de* 23, à 0,01 près.

En appliquant à cet exemple la règle du n° **156**, il faut multiplier 23 par $(100)^6$, ou écrire *douze* zéros à la droite de 23, puis extraire la racine sixième du nombre résultant, à une unité près, et diviser cette racine par 100, ou séparer 2 chiffres décimaux vers la droite.

Mais on a (n° **155**) $\sqrt[6]{23\times(100)^6}=\sqrt[3]{\sqrt{23\times(100)^6}}$; ainsi, après avoir extrait la racine carrée de 23 $\times(100)^6$ à une unité près, on extraira la racine cubique du résultat; puis on divisera le nouveau résultat par 100, ou l'on séparera deux chiffres décimaux vers la droite.

On trouve ainsi $\sqrt[6]{23}=1,68$, à 0,01 près.

Prenons, pour second exemple, l'expression $\sqrt[4]{29,437}$ ou $\sqrt{\sqrt{29,437}}$, dont on demande la valeur à 0,001 près?

Comme, d'après la règle du n° **156**, on doit multiplier 29,437 par $(1000)^4$, cela revient à supprimer d'abord la virgule, puis à écrire *neuf* zéros à la droite, ce qui donne 29437000000000.

Extrayant maintenant la racine carrée de ce résultat à une

unité près, on trouve 5425587, nombre dont il faut extraire de nouveau la racine carrée ; et l'on obtient 2329.

Donc enfin $\sqrt[4]{29,437}=2,329$ à 0,001 près.

Autrement. — Extrayons d'abord la racine carrée de 29,437 à 0,000001 près ; il vient 5,425887.

Extrayant encore là racine carrée de ce résultat, on obtient 2,329 ; donc $\sqrt[4]{29,437}=2,329$ à 0,001 près.

Soit maintenant proposé d'évaluer $\sqrt[3]{5+3\sqrt{2}}$ à 0,01 près?

On pourrait 1°.— multiplier $5+3\sqrt{2}$ par $(100)^3$, 2°.— évaluer le produit à une unité près (nº 91), 3°.— extraire la racine cubique du résultat à une unité près, 4°. enfin, — diviser ce nouveau résultat par 100.

Mais il est plus simple d'opérer de la manière suivante :

D'abord $3\sqrt{2}$ ou $\sqrt{18}$ évalué en décimales et à 0,000001 près, donne pour résultat, 4,242640 ;

d'où $$5+3\sqrt{2}=9,242640.$$

Mais $$\sqrt[3]{9,242640}=2,09;$$

donc enfin

$$\sqrt[3]{5+3\sqrt{2}}=2,09 \quad \text{à } 0,01 \text{ près.}$$

Prenons pour dernier exemple, l'expression $\sqrt[3]{\frac{5\sqrt{3}}{4-\sqrt{2}}}$ dont on demande la valeur à 0,1 près?

D'abord $\frac{5\sqrt{3}}{4-\sqrt{2}}$ revient (nº 91) à $\frac{20\sqrt{3}+5\sqrt{6}}{14}$;

Or, 1°. $20\sqrt{3}$, ou $\sqrt{1200}=34,641$ à 0,001 près ;

2°. $5\sqrt{6}$, ou $\sqrt{150}=12,247$ à 0,001 près.

Ce qui donne $\frac{20\sqrt{3}+5\sqrt{6}}{14}=\frac{46,888}{14}=3,349.$

Donc $\sqrt[3]{\frac{5\sqrt{3}}{4-\sqrt{2}}}=\sqrt[3]{3,349}=$ 1,6 à 0,1 près.

(La valeur est ici en *plus*.)

§ III. — *Formation des puissances et extraction des racines des quantités algébriques. — Calcul des radicaux.*

Considérons d'abord les quantités monomes.

158. Soit à former la cinquième puissance de $2a^3b^2$; on a (n° 2)

$$(2a^3b^2)^5=2a^3b^2\times 2a^3b^2\times 2a^3b^2\times 2a^3b^2\times 2a^3b^2;$$

d'où l'on voit, 1°. — que le coefficient 2 doit être 5 fois facteur dans le produit, ou doit y être élevé à la 5ième puissance; 2°. — que chacun des exposans des lettres doit être pris 5 fois, ou multiplié par 5.

Donc enfin, $(2a^3b^2)^5=2^5.a^{3\times 5}b^{2\times 5}=32a^{15}b^{10}$.

De même, $(8a^2b^3c)^3=8^3.a^{2\times 3}b^{3\times 3}c^3=512a^6b^9c^3$.

Ainsi, pour élever un monome à une puissance donnée, *il faut élever le coefficient à cette puissance, puis multiplier chacun des exposans des lettres par l'exposant de la puissance.*

Donc réciproquement, pour extraire une racine de degré quelconque d'une quantité monome, il faut, 1°. — *extraire la racine du coefficient*, 2° — *diviser l'exposant de chaque lettre par l'indice de la racine.*

Ainsi, $\sqrt[3]{64a^9b^3c^6}=4a^3bc^2$, $\sqrt[4]{16a^8b^{12}c^4}=2a^2b^3c$.

On voit d'après cette règle, que, pour qu'un monome soit une puissance parfaite du degré de la racine à extraire, il faut que son coefficient soit une puissance parfaite de ce degré, et que les exposans des lettres soient divisibles par l'exposant ou l'*indice* de la racine à extraire. Nous verrons plus loin comment on simplifie l'expression de la racine d'une quantité qui n'est pas une puissance parfaite.

159. Jusqu'à présent, nous n'avons pas eu égard au signe dont peut être affecté le monome; mais si l'on observe que *le carré d'un monome est toujours positif*, quel que soit le signe de ce monome, et que toute puissance de degré pair $2n$, peut être regardée comme égale à la $n^{ième}$ puissance du carré, c'est-à-dire que $a^{2n}=(a^2)^n$, on peut conclure que *toute puissance de degré pair d'une quantité, soit positive, soit négative, est essentiellement positive.*

Ainsi $$(\pm 2a^2b^3c)^4 = +16a^8b^{12}c^4.$$

Comme d'ailleurs, une puissance de degré impair $(2n+1)$, est le produit d'une puissance de degré pair $2n$, par la première puissance, il s'ensuit que *toute puissance de degré impair d'un monome est affectée du même signe que le monome.*

Donc, $$(+4a^2b)^3=+64a^6b^3,\quad (-4a^2b)^3=-64a^6b^3.$$

Il est évident d'après cela, 1°. — que *toute racine de degré impair d'une quantité monome doit être affectée du même signe que la quantité.*

Ainsi $$\sqrt[3]{+8a^3}=+2a;\ \sqrt[3]{-8a^3}=-2a,\ \sqrt[5]{-32a^{10}b^5}=-2a^2b.$$

2°. — *Que toute racine de degré pair d'un monome positif peut être affectée indifféremment du signe + ou du signe —.*

Ainsi, $$\sqrt[4]{81a^4b^{12}}=\pm 3ab^3,\quad \sqrt[6]{64a^{18}}=\pm 2a^3.$$

3°. — *Que toute racine de degré pair d'un monome négatif est une racine impossible;* car il n'existe aucune quantité qui, élevée à une puissance de degré pair, puisse donner un résultat négatif. Ainsi, $\sqrt[4]{-a}$, $\sqrt[6]{-b}$, $\sqrt[8]{-c}$, sont des symboles d'opérations inexécutables ; ce sont des *expressions imaginaires* comme $\sqrt{-a}$, $\sqrt{-b}$... (*Voyez* n° 85.)

Considérons actuellement les polynomes.

160. Nous avons déjà vu comment on élève un binome $x+a$ à une puissance de degré quelconque ; mais il peut arriver que les termes du binome soient affectés de coefficiens et d'exposans.

Soit proposé, pour exemple, de développer $(2a^2+3ab)^3$; posons pour le moment, $2a^2=x$, $3ab=y$; il vient

$$(2a^2+3ab)^3=(x+y)^3=x^3+3x^2y+3xy^2+y^3.$$

Remettant actuellement $2a^2$ et $3ab$ au lieu de x et de y ;

$$(2a^2+3ab)^3=(2a^2)^3+3(2a^2)^2.(3ab)+3(2a^2).(3ab)^2+(3ab)^3;$$

ou, effectuant les calculs d'après les règles du n° 158 et de la multiplication des monomes,

$$(2a^2+3ab)^3=8a^6+36a^5b+54a^4b^2+27a^3b^3.$$

On trouvera de même

$$(4a^2b-3abc)^4=(x+y)^4=x^4+4x^3y+6x^2y^2+4xy^3+y^4$$
$$=(4a^2b)^4+4(4a^2b)^3(-3abc)+6(4a^2b)^2(-3abc)^2$$
$$+4(4a^2b)(-3abc)^3+(-3abc)^4.$$
$$=256a^8b^4-768a^7b^4c+864a^6b^4c^2-432a^5b^4c^3+81a^4b^4c^4.$$

(Les signes sont alternativement positifs et négatifs.)

Soit maintenant à développer $(x+y+z)^3$; posons d'abord $x+y=u$; il vient

$$(u+z)^3=u^3+3zu^2+3z^2u+z^3,$$

ou, remplaçant u par sa valeur $x+y$,

$$(x+y+z)^3=(x+y)^3+3z(x+y)^2+3z^2(x+y)+z^3,$$

ou, développant de nouveau les calculs indiqués,

$$(x+y+z)^3 = x^3 + 3x^2y + 3xy^2 + y^3 + 3x^2z + 6xyz + 3y^2z$$
$$+ 3xz^2 + 3yz^2 + z^3,$$

Cette expression se compose des *cubes des trois termes, plus des triples produits des carrés de chaque terme par les premières puissances des deux autres, plus du sextuple produit des trois termes*. Cette *loi* serait (n° 86) facile à vérifier pour tout polynome.

Pour appliquer la formule précédente au développement du cube d'un trinome dont les termes auraient des coefficiens et des exposans, il faudrait, comme pour les binomes, *désigner chaque terme par une seule lettre, développer, puis remplacer par leurs valeurs les lettres introduites, et effectuer tous les calculs indiqués.*

On trouvera par ce moyen, tout calcul fait,

$$(2a^2 - 4ab + 3b^2)^3 = 8a^6 - 48a^5b + 132a^4b^2 - 208a^3b^3 + 198a^2b^4$$
$$- 108ab^5 + 27b^6.$$

On développerait par des procédés analogues, la puissance quatrième, cinquième, etc., d'un polynome quelconque.

161. Passons à l'*extraction des racines* de degré quelconque des polynomes.

Appelons P le polynome proposé; et concevons ce polynome ordonné par rapport aux puissances descendantes d'une même lettre a. Désignons d'ailleurs par $x+y+z+\ldots$ la racine cherchée, que l'on peut également supposer ordonnée par rapport à a.

En élevant $x+y+z+\ldots.$ à la $m^{ième}$ puissance, et regardant pour le moment, $y+z+\ldots..$ comme ne formant qu'un seul terme, on aura

$$\text{P, ou } (x+\overline{y+z+\ldots})^m = x^m + mx^{m-1}(y+z+\ldots)$$
$$+ m\frac{m-1}{2}x^{m-2}(y+z+\ldots)^2$$
$$+\ldots\ldots$$
$$+\ldots\ldots$$

Or, il est bien évident d'abord, d'après les principes de la multiplication algébrique, que le terme x^m du second membre de cette égalité doit renfermer un exposant de a plus élevé qu'aucun des autres termes de ce second membre, et ne peut se réduire avec ceux-ci. Donc x^m est égal au terme de P, affecté de la plus haute puissance de a ; et par conséquent, si l'on extrait la racine $m^{ième}$ du premier terme de P, on obtiendra nécessairement le premier terme x de la racine.

Retranchant x^m de P, et appelant R le reste, on trouve

$$\begin{aligned} \text{R, ou P} - x^m = & \; mx^{m-1}(y+z+u+\ldots) \\ & + m\frac{m-1}{2}x^{m-2}(y+z+\ldots)^2 \\ & + \ldots \\ & + \ldots \end{aligned}$$

nouvelle égalité dans le second membre de laquelle le terme $mx^{m-1}y$ ne pourra subir de réduction avec les autres.

En effet, les termes $y, y^2, y^3, \ldots.$ qui font partie des expressions affectées de parenthèses, renfermant respectivement un exposant de la lettre a plus fort que les autres termes des expressions correspondantes, il suffit de faire voir que le terme $mx^{m-1}y$ contient un exposant de la lettre a plus élevé que le terme général $x^{m-n}y^n$ (dont il est d'ailleurs inutile de considérer ici le coefficient).

Mais en comparant les deux quantités

$$x^{m-1}y \quad \text{et} \quad x^{m-n}y^n,$$

que l'on peut mettre sous la forme

$$x^{m-n}y \cdot x^{n-1} \quad \text{et} \quad x^{m-n}y \cdot y^{n-1},$$

on voit qu'elles ont un facteur commun, et que des deux facteurs non communs x^{n-1}, y^{n-1}, le premier contient a avec un plus haut exposant que le second. Donc le terme $mx^{m-1}y$ ne peut se réduire avec le terme en $x^{m-n}y^n$, et, à plus forte raison, avec les autres termes.

Ainsi le terme $mx^{m-1}y$ est égal, sans réduction, au terme de R affecté de l'exposant le plus élevé de la lettre a; et si l'on divise le premier terme de R par mx^{m-1}, on aura nécessairement pour quotient, le second terme y de la racine.

Retranchant de P la $m^{ème}$ puissance de $x+y$, et désignant par R′ le reste de cette soustraction, on démontrera, comme précédemment, que le premier terme de R′, ou de $P-(x+y)^m$, représente la valeur de $mx^{m-1}z$; ainsi, en divisant ce premier terme par mx^{m-1}, on aura le troisième terme de la racine; et ainsi de suite.

De là résulte le procédé suivant :

Après avoir *ordonné* le polynome P par rapport à l'une des lettres qui y entrent, *extrayez la racine* $m^{ième}$ du premier terme *de ce polynome;* vous obtenez ainsi le premier terme de la racine. *Retranchez de* P *la* $m^{ième}$ *puissance de ce premier terme*. Puis *écrivez au-dessous de la racine trouvée,* m *fois la* $(m-1)^{ième}$ *puissance de cette racine.*

Divisez ensuite par cette dernière expression le premier terme du reste obtenu; vous obtenez ainsi le second terme de la racine.

Formez la $m^{ième}$ *puissance de la somme des deux termes déjà trouvés à la racine,* puis *soustrayez de* P *cette* $m^{ième}$ *puissance.*

Divisez le premier terme du nouveau reste par m *fois la* $(m-1)^{ième}$ *puissance du premier terme de la racine;* vous obtenez ainsi le troisième terme de la racine; et ainsi de suite.

Il est facile d'appliquer ce procédé aux cas particuliers de l'extraction de la racine 3ᵉ, 4ᵉ, 5ᵉ.

Calcul des radicaux.

162. Lorsque la quantité monome ou polynome dont on demande une racine d'un certain degré, n'est pas une puissance parfaite, on ne peut qu'indiquer l'opération, en faisant (n° 2) précéder du signe $\sqrt{}$ la quantité proposée, et plaçant en dedans de ce signe le nombre qui marque le degré de la racine à extraire. Ce nombre s'appelle l'*indice du radical*.

Souvent, on peut faire subir à l'*expression radicale* quelques simplifications fondées sur un principe analogue à celui du n° **84**; c'est que *la racine* n^{ième} *d'un produit est égale au produit des racines* n^{ièmes} *des différens facteurs*.

En termes algébriques,

$$\sqrt[n]{abcd\ldots} = \sqrt[n]{a} \times \sqrt[n]{b} \times \sqrt[n]{c} \times \sqrt[n]{d}\ldots$$

En effet, élevant chacune de ces deux expressions à la $n^{\text{ième}}$ puissance, on trouve pour la première,

$$(\sqrt[n]{abcd\ldots\ldots})^n = abcd,$$

et pour la seconde,

$$(\sqrt[n]{a} \times \sqrt[n]{b} \times \sqrt[n]{c}\ldots)^n = (\sqrt[n]{a})^n.(\sqrt[n]{b})^n.(\sqrt[n]{c})^n\ldots = abcd\ldots$$

Donc, puisque les $n^{\text{ièmes}}$ puissances de ces expressions sont égales, les expressions doivent l'être elles-mêmes. (*Voyez* n° **167**.)

Cela posé, soit l'expression $\sqrt[3]{54a^4b^3c^2}$, qui ne peut être remplacée par un monome rationnel, puisque 54 n'est pas un cube parfait, et que d'ailleurs les exposans de a et c ne sont pas divisibles par 3; on a

$$\sqrt[3]{54a^4b^3c^2} = \sqrt[3]{27a^3b^3}.\sqrt[3]{2ac^2} = 3ab\sqrt[3]{2ac^2}.$$

De même, $\sqrt[3]{8a^2} = 2\sqrt[3]{a^2}$; $\sqrt[4]{48a^5b^8c^6} = 2ab^2c\sqrt[4]{3ac^2}$;

$$\sqrt[6]{192a^7bc^{12}} = \sqrt[6]{64a^6c^{12}} \times \sqrt[6]{3ab} = 2ac^2\sqrt[6]{3ab}.$$

Dans les expressions $3ab\sqrt[3]{2ac^2}$, $2\sqrt[3]{a^2}$, $2ab^2c\sqrt[4]{3ac^2}$, les quantités qui sont en avant du radical, auquel elles servent de multiplicateurs, sont appelées les *coefficiens* du radical.

163. Le principe démontré n° **155** donne lieu à une autre espèce de simplification.

Que l'on ait, par exemple, l'expression radicale $\sqrt[6]{4a^2}$; comme, en vertu de ce principe, $\sqrt[6]{4a^2}=\sqrt[3]{\sqrt[2]{4a^2}}$ et que la quantité soumise au radical $\sqrt[3]{}$, est un carré parfait, on peut effectuer cette extraction de racine carrée, ce qui donne

$$\sqrt[6]{4a^2}=\sqrt[3]{2a}.$$

De même, $$\sqrt[4]{36a^2b^2}=\sqrt{\sqrt{36a^2b^2}}=\sqrt{6ab}.$$

En général, $\sqrt[mn]{a^n}=\sqrt[m]{\sqrt[n]{a^n}}=\sqrt[m]{a}$; c'est-à-dire que, lorsque l'indice d'un radical est multiple d'un certain nombre n, et que la quantité sous le signe radical est une puissance $n^{ième}$ exacte, *on peut, sans changer la valeur du radical, diviser son indice par* n, *et extraire la racine* n^{ième} *de la quantité sous le signe.*

Cette proposition est l'inverse d'une autre non moins importante, qui consiste en ce que l'on peut *multiplier l'indice d'un radical par un certain nombre, pourvu que l'on élève la quantité sous le signe à une puissance d'un degré marqué par ce nombre.*

Ainsi, $\sqrt[m]{a}=\sqrt[mn]{a^n}$. En effet, a est la même chose que $\sqrt[n]{a^n}$;

donc $$\sqrt[m]{a}=\sqrt[m]{\sqrt[n]{a^n}}=\sqrt[mn]{a^n}.$$

Ce dernier principe sert à ramener deux ou plusieurs radicaux à avoir le même indice, ce qui est souvent utile.

Soient, par exemple, les deux radicaux $\sqrt[3]{2a}$ et $\sqrt[4]{a+b}$, que l'on veut réduire au même indice.

Si l'on multiplie l'indice du premier par 4, indice du second, et que l'on élève la quantité $2a$ à la quatrième puissance; si, de même, on multiplie l'indice du second par 3, indice du premier, et que l'on élève $a+b$ au cube, on ne changera pas les valeurs des deux radicaux; et il viendra, par ces opérations,

$$\sqrt[3]{2a}=\sqrt[12]{2^4a^4}=\sqrt[12]{16a^4},\ \sqrt[4]{a+b}=\sqrt[12]{(a+b)^3}.$$

Règle générale. — *Pour réduire deux ou plusieurs radicaux au même indice, multipliez l'indice de chaque radical par le produit de tous les autres indices, et élevez la quantité sous le signe à une puissance d'un degré marqué par ce produit.*

Cette règle, qui a beaucoup d'analogie avec la réduction des fractions au même dénominateur, est susceptible des mêmes modifications.

Soient, par exemple, les radicaux $\sqrt[4]{a}$, $\sqrt[6]{5b}$, $\sqrt[8]{a^2+b^2}$, que l'on veut ramener au même indice.

Comme les nombres 4, 6, 8, ont des facteurs communs, et que 24 est le multiple le plus simple de ces trois nombres, il suffit évidemment de multiplier le premier par 6, le second par 4, et le troisième par 3, pourvu que l'on élève les quantités sous chaque signe radical, aux puissances de degrés marqués respectivement par 6, 4, et 3, ce qui donne

$$\sqrt[4]{a}=\sqrt[24]{a^6},\ \sqrt[6]{5b}=\sqrt[24]{5^4b^4},\ \sqrt[8]{a^2+b^2}=\sqrt[24]{(a^2+b^2)^3}.$$

Ces notions établies, proposons-nous d'exécuter sur les radicaux, les opérations de l'Arithmétique qui sont maintenant au nombre de *six*, en y comprenant la formation des puissances et l'extraction des racines.

164. *Addition et soustraction des radicaux.* — Deux radi-

caux sont dits *semblables* lorsqu'ils ont le même indice, et que la quantité sous le signe est aussi la même.

Cela posé, pour ajouter deux radicaux semblables ou pour les soustraire l'un de l'autre, il faut *opérer* simplement *sur leurs coefficiens, et placer la somme ou la différence, comme coefficient, en avant du signe radical commun.*

Ainsi, $3\sqrt[3]{b}+2\sqrt[3]{b}=5\sqrt[3]{b}$, $3\sqrt[3]{b}-2\sqrt[3]{b}=\sqrt[3]{b}$,

$$3a\sqrt[4]{b}\pm 2c\sqrt[4]{b}=(3a\pm 2c)\sqrt[4]{b}.$$

Souvent, deux radicaux ne sont pas d'abord semblables ; mais ils le deviennent lorsqu'on leur a fait subir les simplifications des nos **162** et **163**. Par exemple,

$$\sqrt[2]{48ab^2}+b\sqrt[2]{75a}=4b\sqrt[2]{3a}+5b\sqrt[2]{3a}=9b\sqrt[2]{3a};$$

$$\sqrt[3]{8a^3b+16a^4}-\sqrt[3]{b^4+2ab^3}=2a\sqrt[3]{b+2a}-b\sqrt[3]{b+2a}$$
$$=(2a-b)\sqrt[3]{b+2a};$$

$$3\sqrt[6]{4a^2}+2\sqrt[3]{2a}=3\sqrt[3]{2a}+2\sqrt[3]{2a}=5\sqrt[3]{2a}.$$

Si les radicaux ne sont pas semblables, on ne peut qu'indiquer l'addition et la soustraction, en interposant les signes $+$ et $-$.

165. *Multiplication et division.* — Considérons d'abord le cas où les radicaux ont le même indice.

Soit $\sqrt[n]{a}$ à multiplier ou à diviser par $\sqrt[n]{b}$. Je dis que l'on a

$$\sqrt[n]{a}\times\sqrt[n]{b}=\sqrt[n]{ab},\ \text{et}\ \sqrt[n]{a}:\sqrt[n]{b}=\sqrt[n]{\frac{a}{b}}.$$

En effet (no **162**), si l'on élève $\sqrt[n]{a}.\sqrt[n]{b}$ et $\sqrt[n]{ab}$ à la $n^{ième}$ puissance, on trouve également pour résultat, ab; donc ces deux expressions sont égales.

De même, $\frac{\sqrt[n]{a}}{\sqrt[n]{b}}$ et $\sqrt[n]{\frac{a}{b}}$ élevés à la $n^{ième}$ puissance, donnent $\frac{a}{b}$; ainsi ces deux expressions sont égales.

D'où l'on voit que, *pour multiplier ou diviser l'un par l'autre deux radicaux de même indice, il faut multiplier ou diviser l'une par l'autre les deux quantités sous le signe, et affecter le résultat du signe radical commun.* S'il y a des coefficiens, on commence par les multiplier ou les diviser séparément.

Ainsi,

$$2a\sqrt[3]{\frac{a^2+b^2}{c}} \times -3a\sqrt[3]{\frac{(a^2+b^2)^2}{d}} = -6a^2\sqrt[3]{\frac{(a^2+b^2)^3}{cd}},$$

ou simplifiant, $= \frac{-6a^2(a^2+b^2)}{\sqrt[3]{cd}}$.

$$3a\sqrt[4]{8a^2} \times 2b\sqrt[4]{4a^2c} = 6ab\sqrt[4]{32a^4c} = 12a^2b\sqrt[4]{2c}.$$

$$\frac{\sqrt[3]{a^2b^2+b^4}}{\sqrt[3]{\frac{a^2-b^2}{8b}}} = \sqrt[3]{\frac{8b(a^2b^2+b^4)}{a^2-b^2}} = 2b\sqrt[3]{\frac{a^2+b^2}{a^2-b^2}}.$$

Si les radicaux ne sont pas de même indice, il faut les y réduire (n° **163**), et opérer comme il vient d'être dit.

Par exemple, $3a\sqrt[6]{b} \times 5b\sqrt[8]{2c} = 15ab\sqrt[24]{8b^4c^3}$.

166. *Formation des puissances et extraction des racines.*— Comme on a $(\sqrt[m]{a})^n = \sqrt[m]{a} \times \sqrt[m]{a} \times \sqrt[m]{a} \ldots = \sqrt[m]{a^n}$, d'après la règle qui vient d'être établie pour la multiplication, il s'ensuit que, *pour élever une quantité radicale à une* *puissance donnée, il faut élever à cette puissance, la quantité sous le signe, et affecter le résultat, du signe radical avec son indice primitif.* S'il y a un coefficient, on élève séparément ce coefficient, à la puissance donnée.

Ainsi $(\sqrt[4]{4a^3})^2 = \sqrt[4]{(4a^3)^2} = \sqrt[4]{16a^6} = 2a\sqrt[4]{a^2}$;

$$(3\sqrt[3]{2a})^5 = 3^5.\sqrt[3]{(2a)^5} = 243\sqrt[3]{32a^5} = 486a\sqrt[3]{4a^2}.$$

Lorsque l'indice du radical est un multiple de l'exposant de la puissance que l'on a à former, on peut simplifier.

Soit, par exemple, $\sqrt[4]{2a}$ à élever au carré; remarquons que (nº 155) $\sqrt[4]{2a} = \sqrt{\sqrt{2a}}$. Or, pour élever cette quantité au carré, il suffit de supprimer le premier signe radical, ainsi l'on a $(\sqrt[4]{2a})^2 = \sqrt{2a}$.

Soit encore $\sqrt[6]{3b}$ à élever au carré; cette expression revient à $\sqrt[2]{\sqrt[3]{3b}}$; donc $(\sqrt[6]{3b})^2 = \sqrt[3]{3b}$. C'est-à-dire que, *si l'indice du radical est divisible par l'exposant de la puissance, on peut effectuer cette division, en laissant la quantité sous le radical telle qu'elle était.*

Quant à l'extraction des racines, *il faut multiplier l'indice du radical par l'indice de la racine à extraire, et laisser la quantité sous le signe telle qu'elle était.*

Ainsi $\sqrt[3]{\sqrt[4]{3c}} = \sqrt[12]{3c}$; $\sqrt[2]{\sqrt[3]{5c}} = \sqrt[6]{5c}$.

Cette règle n'est autre chose que le principe du nº 155, énoncé dans un ordre inverse.

Si la quantité sous le signe est une puissance parfaite, de même degré que la racine à extraire, il y a lieu à simplification.

Ainsi $\sqrt[3]{\sqrt[4]{8a^3}}$ étant (n° 155) égal à $\sqrt[4]{\sqrt[3]{8a^3}}$, se réduit à $\sqrt[4]{2a}$.

De même, $\sqrt[2]{\sqrt[5]{9a^2}}=\sqrt[5]{\sqrt[2]{9a^2}}=\sqrt[5]{3a}$.

Remarques sur les valeurs algébriques des radicaux. — Conséquences qui en résultent dans le calcul de ces expressions.

167. Les règles qui viennent d'être établies pour le calcul des radicaux, sont fondées principalement sur le principe, que la racine $n^{ième}$ d'un produit de plusieurs facteurs est égale au produit des racines $n^{ièmes}$ de ces différens facteurs; et la démonstration de ce principe repose (n° 162) sur ce que, *si les puissances de même degré de deux expressions sont égales, les expressions sont aussi égales.* Or cette dernière proposition, qui est vraie en tant que l'on ne considère que des nombres absolus, ne l'est pas toujours pour diverses expressions auxquelles peut conduire l'Algèbre.

Pour vérifier l'exactitude de cette assertion, nous prouverons qu'un même nombre peut avoir, *algébriquement*, plusieurs *racines carrées*, plusieurs *racines cubiques*, plusieurs *racines quatrièmes*, etc.

Désignons en effet par x l'expression générale de la racine carrée d'un nombre a, et par p la *valeur numérique* ou *arithmétique* de cette racine carrée; on a l'équation $x^2=a$, ou $x^2=p^2$, de laquelle on tire $x=\pm p$. D'où l'on voit que, de quelque signe qu'on affecte la valeur arithmétique p de la racine carrée de a, son carré donne également a, résultat conforme à ce qui a été dit au n° 85.

Soit, en second lieu, x l'expression générale de la racine cubique de a, et désignons par p la valeur numérique de cette racine cubique; on a l'équation $x^3=a$ ou $x^3=p^3$.

Cette équation est d'abord satisfaite par $x=p$.

Observons maintenant que l'on peut mettre $x^3=p^3$ sous la forme $x^3-p^3=0$.

Or, on a vu (n° 31) que l'expression x^3-p^3 est divisible par $x-p$, et donne pour quotient exact, $x^2+px=p^2$; l'équation ci-dessus peut donc être transformée ainsi :

$$(x-p)\ (x^2+px+p^2)=0,$$

équation à laquelle on satisfait,

soit en posant $\quad x-p=0, \quad$ d'où $\quad x=p,$

soit en posant $x^2+px+p^2=0$, d'où $x=-\frac{p}{2}\pm\frac{p}{2}\sqrt{-3},$

ou bien, ... $x=p\left(-1\pm\sqrt{-3}\right).$

On voit donc que *la racine cubique de* a *admet trois valeurs algébriques différentes*, savoir :

$$p,\ p\left(\frac{-1+\sqrt{-3}}{2}\right),\ \text{et}\ \ p\left(\frac{-1-\sqrt{-3}}{2}\right).$$

Soit encore à résoudre l'équation $\quad x^4=a \quad$ ou $\quad x^4=p^4,$

(p désignant la valeur arithmétique de $\sqrt[4]{a}$).

Cette équation peut se mettre sous la forme $x^4-p^4=0$;

or l'expression x^4-p^4 revient (n° 19) à $(x^2-p^2)\ (x^2+p^2)$;

donc l'équation revient elle-même à $(x^2-p^2)\ (x^2+p^2)=0$;

et l'on peut y satisfaire,

soit en posant $\quad x^2-p^2=0, \quad$ d'où $\quad x=\pm p,$

soit en posant $x^2+p^2=0$, d'où $x=\pm\sqrt{-p^2}=\pm p\sqrt{-1}.$

On obtient donc ainsi pour la racine quatrième du nombre a, quatre expressions *algébriques différentes.*

Proposons-nous de résoudre la nouvelle équation $x^6 = p^6$,

qui peut se mettre sous la forme $x^6 - p^6 = 0$.

Or $x^6 - p^6$ revient (n°19) à $(x^3 - p^3)(x^3 + p^3)$;

ainsi l'équation devient $(x^3 - p^3)(x^3 + p^3) = 0$.

Déjà, l'équation $x^3 - p^3 = 0$, résolue précédemment, a donné

$$x = p \quad \text{et} \quad x = p\left(\frac{-1 \pm \sqrt{-3}}{2}\right).$$

Considérons actuellement l'équation $x^3 + p^3 = 0$, et observons que, si l'on remplace, pour le moment, p par $-p'$, elle devient

$x^3 - p'^3 = 0$, d'où l'on déduit $x = p'$ et $x = p'\left(\frac{-1 \pm \sqrt{-3}}{2}\right)$,

ou, remettant à la place de p' sa valeur $-p$,

$$x = -p \quad \text{et} \quad x = -p\left(\frac{-1 \pm \sqrt{-3}}{2}\right).$$

Ainsi, l'équation $x^6 - p^6 = 0$, et par conséquent la racine 6ième de a, admet *six* valeurs : p, αp, $\alpha' p$, $-p$, $-\alpha p$, $-\alpha' p$, en posant, pour simplifier,

$$\alpha = \frac{-1 + \sqrt{-3}}{2}, \quad \alpha' = \frac{-1 - \sqrt{-3}}{2}.$$

Nous pouvons conclure, par analogie (ce qui sera d'ailleurs démontré par la suite, d'une manière plus complète), que toute équation de la forme $x^m - a = 0$, ou $x^m - p^m = 0$, est susceptible de m solutions différentes; c'est-à-dire que la racine $m$ième d'un nombre admet m valeurs *algébriques différentes.*

168. *Première remarque.* — Si, dans les équations précédentes et les résultats qui leur correspondent, on suppose comme cas particulier, $a=1$, d'où $p=1$, on obtiendra les racines carrées, cubiques, quatrièmes, etc., de l'unité. Ainsi, $+1$ et -1 sont les deux *racines carrées de l'unité* : car l'équation $x^2-1=0$ donne $x=\pm 1$.

De même, $+1$, $\frac{-1+\sqrt{-3}}{2}$, $\frac{-1-\sqrt{-3}}{2}$, sont les trois racines cubiques de l'unité, ou les racines de $x^3-1=0$.

$+1$, -1, $+\sqrt{-1}$, $-\sqrt{-1}$, sont les quatre racines quatrièmes de l'unité, ou les racines de $x^4-1=0$.

169. *Seconde remarque.* — Soit, en général, l'équation $x^m\mp a=0$.

Désignons par p la *valeur arithmétique* de la racine $m^{ième}$ de a, ce qui donne $p^m=a$; l'équation ci-dessus devient

$$x^m\mp p^m=0;$$

et si l'on pose $x=py$, y étant une nouvelle inconnue, il en résulte $p^my^m\mp p^m=0$; ou, en divisant par p^m,

$$y^m\mp 1=0.$$

Ce qui prouve que, connaissant toutes les valeurs de $\sqrt[m]{1}$ ou de $\sqrt[m]{-1}$, on obtiendra celle de $\sqrt[m]{a}$ ou de $\sqrt[m]{-a}$, en multipliant p par les différentes racines $m^{ièmes}$ de $+1$ ou de -1.

170. Il résulte de l'analyse précédente, que les règles du calcul des radicaux, qui sont exactes en tant que l'on opère sur des nombres absolus, peuvent être susceptibles de quelques *modifications* lorsqu'on opère sur des *expressions ou symboles purement algébriques*. C'est surtout quand on applique ces règles *aux expressions imaginaires*, que ces modifications sont nécessaires, comme étant une suite de ce qui a été dit au numéro **167**.

On demande, par exemple, le produit de $\sqrt{-a}$ par $\sqrt{-a}$;

la règle du numéro 165 donne

$$\sqrt{-a} \times \sqrt{-a} = \sqrt{+a^2} = \pm a.$$

Cette double valeur du produit est une réponse exacte tant que, dans l'expression $\sqrt{-a} \times \sqrt{-a}$, les deux radicaux comportent le double signe $\pm$; mais si l'on admet que les radicaux soient de même signe, comme alors $\sqrt{-a} \times \sqrt{-a}$ revient à $(\sqrt{-a})^2$, et que, pour élever $\sqrt{m}$ au carré, il suffit de supprimer le radical, on a nécessairement

$$\sqrt{-a} \times \sqrt{-a} = -a.$$

Soit, en second lieu, à former le produit $\sqrt{-a} \times \sqrt{-b}$; on aurait, d'après la règle du n° 165,

$$\sqrt{-a} \times \sqrt{-b} = \sqrt{+ab}.$$

Or $\sqrt{ab} = \pm p$ (n° 167), p désignant la valeur arithmétique de la racine carrée de ab; mais je dis que le véritable résultat doit être $-p$ ou $-\sqrt{ab}$, en tant que l'on considère les deux radicaux $\sqrt{-a}$ et $\sqrt{-b}$ comme précédés l'un et l'autre du signe $+$.

En effet, on a

$$\sqrt{-a} = \sqrt{a}.\sqrt{-1} \quad \text{et} \quad \sqrt{-b} = \sqrt{b}.\sqrt{-1};$$

donc

$$\sqrt{-a} \times \sqrt{-b} = \sqrt{a}\sqrt{-1} \times \sqrt{b}.\sqrt{-1} = \sqrt{ab}\,.\,(\sqrt{-1})^2$$
$$= \sqrt{ab} \times -1 = -\sqrt{ab}.$$

On trouvera, d'après ces principes, pour les diverses puissances de $\sqrt{-1}$,

$$(\sqrt{-1})^1 = \sqrt{-1},$$

$$(\sqrt{-1})^2 = -1,$$

$$(\sqrt{-1})^3 = (\sqrt{-1})^2 . \sqrt{-1} = -\sqrt{-1},$$

$$(\sqrt{-1})^4 = (\sqrt{-1})^2 . (\sqrt{-1})^2 = -1 \times -1 = +1.$$

Comme les quatre puissances suivantes s'obtiendraient en multipliant la quatrième, $+1$, respectivement par la première, par la seconde, la troisième, et la quatrième, on retrouverait encore pour ces quatre nouvelles puissances,

$$+\sqrt{-1}, -1, -\sqrt{-1}, +1;$$

donc toutes les puissances de $\sqrt{-1}$ forment des périodes de *quatre termes*.

Soit encore proposé de déterminer le produit de $\sqrt[4]{-a}$ par $\sqrt[4]{-b}$, qui, d'après la règle, serait $\sqrt[4]{+ab}$, et par conséquent (nº 167) donnerait les quatre valeurs

$$+\sqrt[4]{ab}, \quad -\sqrt[4]{ab}, \quad +\sqrt[4]{ab}.\sqrt{-1}, \quad -\sqrt[4]{ab}.\sqrt{-1}.$$

Pour déterminer le véritable produit, observons que

$$\sqrt[4]{-a} = \sqrt[4]{a}.\sqrt[4]{-1}, \quad \sqrt[4]{-b} = \sqrt[4]{b}.\sqrt[4]{-1};$$

mais $\sqrt[4]{-1} \times \sqrt[4]{-1} = (\sqrt[4]{-1})^2 = (\sqrt{\sqrt{-1}})^2 = \sqrt{-1};$

donc $\sqrt[4]{-a} \times \sqrt[4]{-b} = \sqrt[4]{ab}.\sqrt{-1}.$

Appliquons les calculs précédens à la vérification de l'expression $\frac{-1+\sqrt{-3}}{2}$, considérée comme racine de l'équation $x^3 - 1 = 0$, c'est-à-dire comme *racine cubique* de 1. (*Voyez* nº 168.)

D'après la formule $(a+b)^3 = a^3 + 3a^2b + 3ab^2 + b^3$,

on a $\left(\frac{-1+\sqrt{-3}}{2}\right)^3$

$$= \frac{(-1)^3 + 3(-1)^2 . \sqrt{-3} + 3(-1) . (\sqrt{-3})^2 + (\sqrt{-3})^3}{8}$$

$$= \frac{-1 + 3\sqrt{-3} - 3 \times -3 - 3\sqrt{-3}}{8} = \frac{8}{8} = 1.$$

On vérifierait de même la seconde valeur, $\frac{-1-\sqrt{-3}}{2}$.

§ IV. — *Théorie des exposans de nature quelconque. — Notions générales sur les séries.*

171. C'est ici le lieu de faire connaître deux nouvelles notations d'un usage très-commode dans les calculs algébriques : ce sont les exposans fractionnaires et les exposans négatifs ; ils tirent leur origine des règles établies pour l'extraction des racines et la division des monomes.

Que l'on ait à extraire la racine $n^{ième}$ d'une quantité telle que a^m. On a vu (n° **158**) que, si m est multiple de n, il faut diviser l'exposant m par l'indice n de la racine. Mais si m n'est pas divisible par n, auquel cas l'extraction de la racine n'est pas possible algébriquement, on peut convenir d'indiquer cette opération, en indiquant la division des deux exposans. Donc $\sqrt[n]{a^m} = a^{\frac{m}{n}}$, d'après une convention fondée sur la règle des exposans pour l'extraction des racines des quantités monomes.

Ainsi, $\sqrt[4]{a^3} = a^{\frac{3}{4}}$; $\sqrt[4]{a^7} = a^{\frac{7}{4}}$.

De même, que l'on ait à diviser a^m par a^n. On sait qu'il faut (n° **23**) retrancher l'exposant du diviseur de celui du dividende toutes les fois que l'on a $m > n$, ce qui donne $\frac{a^m}{a^n} = a^{m-n}$.

Mais si m est $< n$, auquel cas la division n'est pas possible algébriquement, on peut convenir d'indiquer cette division en soustrayant toujours l'exposant du diviseur de celui du dividende. Soit p la différence absolue entre n et m; on a alors $n = m + p$, d'où $\frac{a^m}{a^{m+p}} = a^{-p}$; d'ailleurs, $\frac{a^m}{a^{m+p}}$ se réduit à $\frac{1}{a^p}$ par la suppression du facteur a^m commun aux deux termes; donc

$$a^{-p} = \frac{1}{a^p}.$$

L'*expression* a^{-p} est donc le symbole d'une division qui n'a pu s'effectuer; et *sa vraie valeur est le quotient de l'unité divisée par la même lettre* a, *affectée de l'exposant* p *pris positivement*. Ainsi $a^{-3} = \frac{1}{a^3}$, $a^{-5} = \frac{1}{a^5}$.

La notation de l'exposant négatif a l'avantage de conserver une forme entière aux expressions fractionnaires.

De la combinaison d'une extraction de racine et d'une division, impossibles à effectuer sur des quantités monomes, résulte une autre notation, celle de l'*exposant fractionnaire négatif*.

Soit à extraire la racine $n^{\text{ième}}$ de $\frac{1}{a^m}$.

D'abord, on a $\frac{1}{a^m} = a^{-m}$; donc $\sqrt[n]{\frac{1}{a^m}} = \sqrt[n]{a^{-m}} = a^{-\frac{m}{n}}$, en remplaçant le signe ordinaire du radical par un exposant fractionnaire.

Les expressions $a^{\frac{m}{n}}$, a^{-p}, $a^{-\frac{m}{n}}$, sont donc, d'après *des conventions fondées sur les règles précédemment établies*, des notations équivalentes à $\sqrt[n]{a^m}$, $\frac{1}{a^p}$, $\sqrt[n]{\frac{1}{a^m}}$. Ainsi, l'on peut, suivant les circonstances, remplacer les premières par celles-ci, et réciproquement.

Comme, dans le discours, a^p s'énonce a puissance p, p étant un nombre entier positif, de même, par analogie, $a^{\frac{m}{n}}$, a^{-p}, $a^{-\frac{m}{n}}$, s'énoncent a puissance $\frac{m}{n}$, a puissance $-p$, a puissance $-\frac{m}{n}$; ce qui a engagé les algébristes à généraliser le mot *puissance*. [Mais il serait peut-être plus convenable de n'employer que les dénominations a exposant $\frac{m}{n}$, exposant $-p$, exposant $-\frac{m}{n}$, en consacrant uniquement le mot *puissance* à désigner le produit de plusieurs facteurs égaux à un nombre donné. (*Voyez* n° 2.)]

172. Ces notions sur l'origine et la signification des quantités affectées d'exposans quelconques étant établies, nous allons démontrer que le calcul de ces sortes de quantités est soumis aux mêmes règles que celui des quantités affectées d'exposans entiers et positifs.

Multiplication. — Soit d'abord $a^{\frac{3}{5}}$ à multiplier par $a^{\frac{2}{3}}$; je dis qu'il suffit d'*ajouter les deux exposans*, et que l'on a

$$a^{\frac{3}{5}} \times a^{\frac{2}{3}} = a^{\frac{3}{5}+\frac{2}{3}} = a^{\frac{19}{15}}.$$

En effet, on a vu (n° 171) que

$$a^{\frac{3}{5}} = \sqrt[5]{a^3}, \quad a^{\frac{2}{3}} = \sqrt[3]{a^2};$$

donc

$$a^{\frac{3}{5}} \times a^{\frac{2}{3}} = \sqrt[5]{a^3} \times \sqrt[3]{a^2};$$

ou bien, effectuant la multiplication d'après la règle du n° 165,

$$a^{\frac{3}{5}} \times a^{\frac{2}{3}} = \sqrt[15]{a^{19}} = a^{\frac{19}{15}}.$$

Soit encore à multiplier $a^{-\frac{3}{4}}$ par $a^{\frac{5}{6}}$; je dis que l'on a

$$a^{-\frac{3}{4}} \times a^{\frac{5}{6}} = a^{-\frac{3}{4}+\frac{5}{6}} = a^{-\frac{9}{12}+\frac{10}{12}} = a^{\frac{1}{12}};$$

en effet, $a^{-\frac{3}{4}}=\sqrt[4]{\frac{1}{a^3}}$, $a^{\frac{5}{6}}=\sqrt[6]{a^5}$; donc

$$a^{-\frac{3}{4}}\times a^{\frac{5}{6}}=\sqrt[4]{\frac{1}{a^3}}\times\sqrt[6]{a^5}=\sqrt[12]{\frac{1}{a^9}}\times\sqrt[12]{a^{10}}=\sqrt[12]{\frac{a^{10}}{a^9}}=\sqrt[12]{a}=a^{\frac{1}{12}}.$$

Soit, plus généralement, $a^{-\frac{m}{n}}$ à multiplier par $a^{\frac{p}{q}}$; on a

$$a^{-\frac{m}{n}}\times a^{\frac{p}{q}}=a^{-\frac{m}{n}+\frac{p}{q}}=a^{\frac{np-mq}{nq}};$$

car $a^{-\frac{m}{n}}=\sqrt[n]{\frac{1}{a^m}}$, $a^{\frac{p}{q}}=\sqrt[q]{a^p}$; donc

$$a^{-\frac{m}{n}}\times a^{\frac{q}{p}}=\sqrt[n]{\frac{1}{a^m}}\times\sqrt[q]{a^p}=\sqrt[nq]{\frac{a^{np}}{a^{mq}}}=\sqrt[nq]{a^{np-mq}}=a^{\frac{np-mq}{nq}}.$$

Donc, *règle générale*, pour multiplier l'un par l'autre deux monomes affectés d'exposans quelconques, il faut *ajouter les deux exposans d'une même lettre*; c'est la règle déjà établie n° 16, pour les quantités affectées d'exposans entiers et positifs.

On trouvera, d'après cette règle,

$$a^{\frac{3}{4}}b^{-\frac{1}{2}}c^{-1}\times a^2b^{\frac{2}{3}}c^{\frac{3}{5}}=a^{\frac{11}{4}}b^{\frac{1}{6}}c^{-\frac{2}{5}},$$

$$3a^{-2}b^{\frac{2}{3}}\times 2a^{-\frac{4}{5}}b^{\frac{1}{2}}c^2=6a^{-\frac{14}{5}}b^{\frac{7}{6}}c^2.$$

Division. — Pour diviser l'une par l'autre deux quantités monomes affectées d'exposans quelconques, il faut suivre la règle qui a été établie (n° 22) pour les quantités affectées d'exposans entiers et positifs; c'est-à-dire qu'il faut, pour chaque lettre, *retrancher l'exposant du diviseur de celui du dividende*.

En effet, l'exposant de chaque lettre dans le quotient doit

être tel, qu'ajouté à celui de la même lettre dans le diviseur, la somme soit égale à l'exposant du dividende; donc l'exposant du quotient est égal à l'excès de l'exposant du dividende sur celui du diviseur.

On trouvera, d'après cette règle,

$$a^{\frac{2}{3}} : a^{-\frac{3}{4}} = a^{\frac{2}{3}-\left(-\frac{3}{4}\right)} = a^{\frac{17}{12}},$$

$$a^{\frac{3}{4}} : a^{\frac{4}{5}} = a^{\frac{3}{4}-\frac{4}{5}} = a^{-\frac{1}{20}}, \qquad a^{\frac{2}{3}} : a^{\frac{1}{2}} = a^{\frac{1}{6}},$$

$$a^{\frac{2}{5}} b^{\frac{3}{4}} : a^{-\frac{1}{2}} b^{\frac{7}{8}} = a^{\frac{9}{10}} b^{-\frac{1}{8}}.$$

Formation des puissances. — Pour élever à la $m^{ième}$ puissance un monome affecté d'exposans quelconques, il faut, conformément à la règle du n° 158, *multiplier l'exposant de chaque lettre par l'exposant* m *de la puissance;* car élever ce monome à la $m^{ième}$ puissance, c'est former le produit de m facteurs égaux à ce monome; donc, d'après la règle de la multiplication, il faut faire la somme de m exposans égaux à celui de chaque lettre, ou multiplier chacun des exposans par m.

Ainsi,
$$\left(a^{\frac{3}{4}}\right)^5 = a^{\frac{15}{4}}, \quad \left(a^{\frac{2}{3}}\right)^3 = a^{\frac{6}{3}} = a^2;$$

$$\left(2a^{-\frac{1}{2}} b^{\frac{3}{4}}\right)^6 = 64a^{-3}b^{\frac{9}{2}}, \quad \left(a^{-\frac{5}{6}}\right)^{12} = a^{-10}.$$

Extraction des racines. — Pour extraire la racine $n^{ième}$ d'un monome, il faut, en suivant la règle du n° 158, *diviser l'exposant de chaque lettre par l'indice* n *de la racine.*

En effet, l'exposant de chaque lettre, dans le résultat, doit être tel que, multiplié par l'indice n de la racine à extraire, il reproduise l'exposant dont la lettre est affectée dans le monome proposé; donc les exposans, dans le résultat, doivent être respectivement égaux aux quotiens de la division des exposans, dans le monome proposé, par l'indice n de la racine.

Ainsi, $\sqrt[3]{a^{\frac{2}{3}}}=a^{\frac{2}{9}}$, $\sqrt[4]{a^{\frac{8}{11}}}=a^{\frac{2}{11}}$, $\sqrt[2]{a^{-\frac{3}{4}}}=a^{-\frac{3}{8}}$,

$\sqrt[3]{a^{\frac{3}{5}}b^{-1}}=a^{\frac{1}{5}}b^{-\frac{1}{3}}\dots$

Les trois dernières règles ont été facilement déduites de la règle relative à la multiplication ; mais on pourrait les démontrer directement en remontant à l'origine des quantités affectées d'exposans quelconques.

Nous terminerons par une opération qui renferme implicitement les deux précédentes, quant à la démonstration.

Soit $a^{\frac{m}{n}}$ à élever à la puissance $-\frac{r}{s}$, il faut prouver que l'on a

$$\left(a^{\frac{m}{n}}\right)^{-\frac{r}{s}}=a^{\frac{m}{n}\times-\frac{r}{s}}=a^{-\frac{mr}{ns}}.$$

En effet, si l'on remonte à l'origine de ces notations, on trouve que

$$\left(a^{\frac{m}{n}}\right)^{-\frac{r}{s}}=\sqrt[s]{\frac{1}{\left(a^{\frac{m}{n}}\right)^r}}=\sqrt[s]{\frac{1}{(\sqrt[n]{a^m})^r}}=\sqrt[s]{\frac{1}{\sqrt[n]{a^{mr}}}}$$

$$=\sqrt[s]{\sqrt[n]{\frac{1}{a^{mr}}}}=\sqrt[ns]{a^{-mr}}=a^{-\frac{mr}{ns}}.$$

L'avantage que présente l'emploi des exposans de nature quelconque, consiste principalement en ce que le calcul de ces sortes d'expressions n'exige pas d'autres règles que celles qui ont été établies pour le calcul des quantités affectées d'exposans entiers. En outre, ces calculs se réduisent à de simples opérations sur les fractions, opérations avec lesquelles nous sommes déjà familiarisés.

173. *Remarque.* — Nous serons, dans la suite, conduits par la résolution de certaines questions, à considérer des quantités affectées d'*exposans incommensurables*. Or, les règles que nous venons d'établir pour le cas où les exposans sont commensurables, sembleraient devoir être aussi démontrées dans le cas d'exposans incommensurables; mais observons qu'un nombre incommensurable, tel que $\sqrt{3}$, $\sqrt[3]{11}$, est, par sa nature, composé d'une partie entière et d'une fraction qui ne peut être exprimée exactement, mais *dont il est possible d'approcher autant que l'on veut;* en sorte que l'on peut toujours concevoir le nombre incommensurable remplacé par un nombre fractionnaire exact qui n'en diffère que d'une quantité moindre que toute grandeur donnée; et en appliquant les règles au symbole qui désigne le nombre incommensurable, il faut sous-entendre qu'on les applique au nombre fractionnaire exact qui le représente approximativement. En définitive, dans les applications numériques, on ne peut se former l'idée d'un nombre incommensurable, qu'en le supposant remplacé par un nombre fractionnaire exact qui en exprime une valeur plus ou moins approchée.

Ainsi, nous pouvons conclure que les règles précédentes sont applicables au cas où *les exposans sont incommensurables.* Elles le sont même, *par extension*, aux exposans *imaginaires.*

Application de la formule du binome à l'extraction des racines par approximation.

174. Puisque l'on doit étendre au calcul des exposans quelconques les règles du calcul des exposans entiers et positifs, il est assez naturel de penser que la formule du binome, qui sert à développer la $m^{ième}$ puissance d'un binome (m étant un exposant entier et positif), peut également servir lorsque m est un exposant fractionnaire, positif ou négatif. C'est, en effet, ce que les analystes ont reconnu; et ils ont déduit de là des conséquences importantes, tant *pour l'extraction des racines par*

approximation, que pour le développement des expressions algébriques en séries.

Nous renvoyons, pour la démonstration de cette formule dans le cas d'un exposant quelconque, au numéro 182 de ce chapitre ; et nous allons dès à présent en montrer l'usage dans l'évaluation approchée des racines de degré quelconque des nombres particuliers.

Mais avant tout, il est nécessaire de lui faire subir une transformation.

Reprenons cette formule

$$(x+a)^m = x^m + max^{m-1} + m\frac{m-1}{2}a^2x^{m-2} + \ldots,$$

et mettons le facteur x^m en évidence dans le second membre.

On obtient

$$(x+a)^m = x^m\left(1 + m.\frac{a}{x} + m\frac{m-1}{2}.\frac{a^2}{x^2} + \ldots\right),$$

ou, posant $m = \frac{1}{n}$,

$$(x+a)^{\frac{1}{n}} = \sqrt[n]{x+a} =$$

$$x^{\frac{1}{n}}\left(1 + \frac{1}{n}.\frac{a}{x} + \frac{1}{n}.\frac{\frac{1}{n}-1}{2}.\frac{a^2}{x^2} + \frac{1}{n}.\frac{\frac{1}{n}-1}{2}.\frac{\frac{1}{n}-2}{3}.\frac{a^3}{x^3} + \ldots\right),$$

ou bien encore,

$$\sqrt[n]{x+a} =$$

$$x^{\frac{1}{n}}\left(1 + \frac{1}{n}.\frac{a}{x} - \frac{1}{n}.\frac{n-1}{2n}.\frac{a^2}{x^2} + \frac{1}{n}.\frac{n-1}{2n}.\frac{2n-1}{3n}.\frac{a^3}{x^3} + \ldots\right) \ldots \text{(1)}.$$

Si l'on voulait former un nouveau terme, il suffirait évidemment de multiplier le quatrième par $\frac{3n-1}{4n}$ et par $\frac{a}{x}$, puis de changer le signe, et ainsi de suite.

178. Cela posé, soit à extraire la racine cubique de 31. Le

plus grand cube contenu dans 31 étant 27, faisons, dans la formule (1), $n=3$, $x=27$, et $a=4$, ce qui donne

$$\sqrt[3]{31}=\sqrt[3]{27+4}=27^{\frac{1}{3}}\left(1+\frac{4}{27}\right)^{\frac{1}{3}};$$

il vient

$$\sqrt[3]{31}=3\left(1+\frac{1}{3}\cdot\frac{4}{27}-\frac{1}{3}\cdot\frac{1}{3}\cdot\frac{16}{729}+\frac{1}{3}\cdot\frac{1}{3}\cdot\frac{5}{9}\cdot\frac{64}{19683}-\text{etc.}\ldots\right),$$

ou bien, en effectuant les calculs,

$$\sqrt[3]{31}=3+\frac{4}{27}-\frac{16}{2187}+\frac{320}{531441}-\ldots$$

Le terme suivant s'obtiendrait, d'après ce qui a été dit ci-dessus, en multipliant $\frac{320}{531441}$ par $\frac{3n-1}{4n}\cdot\frac{a}{x}$, ou par $\frac{2}{3}\cdot\frac{4}{27}$, et changeant le signe, ce qui donnerait $-\frac{2560}{43046721}$.

On trouverait de même pour le terme qui suit ce dernier.

$$+\frac{2560}{43046721}\times\frac{4n-1}{5n}\cdot\frac{a}{x}=\frac{2560}{43046721}\times\frac{11}{15}\times\frac{4}{27}=\frac{112640}{17433922005};$$

et ainsi de suite.

Mais ne considérons que les cinq premiers termes de la série ; et réduisons en décimales. Nous obtenons d'abord, pour les termes additifs,

$$\left.\begin{aligned}3&=3,00000\\ \frac{4}{27}&=0,14815\\ \frac{320}{531441}&=0,00060\end{aligned}\right\}=\quad 3,14875,$$

et pour la somme des termes soustractifs,

$$\left.\begin{aligned}-\frac{16}{2187}&=-0,00731\\ -\frac{2560}{43046721}&=-0,00006\end{aligned}\right\}=-0,00737.$$

Donc $\qquad \sqrt[3]{31}=\quad 3,14138.$

[nous prouverons tout à l'heure que ce résultat est exact à 0,00001 près].

176. *Remarque.* — Lorsque l'expression d'un nombre est développée en une suite de termes dont les valeurs numériques vont en décroissant indéfiniment, on conçoit qu'en général, plus on prend de termes dans la série, plus on approche de la vraie valeur du nombre proposé. Si, en outre, on suppose que les termes soient *alternativement positifs et négatifs*, on peut, en s'arrêtant à un terme de rang quelconque, déterminer d'une manière précise *le degré d'approximation obtenu.*

En effet, soit une suite indéfinie de termes, $a-b+c-d+e-f+\ldots$, dans laquelle on suppose que $a, b, c, d\ldots$ sont des quantités absolues de plus en plus petites ; et désignons par x le nombre représenté par cette série.

Je dis d'abord que la valeur numérique de x est comprise entre deux sommes consécutives quelconques de termes de la série. Car, prenons au hasard les deux sommes consécutives

$$a-b+c-d+e-f, \text{ et } a-b+c-d+e-f+g;$$

considérons la première, et observons que les termes qui suivent $-f$, sont $+\overline{g-h}, +\overline{k-l}, +\ldots$; mais puisque la série est décroissante, les différences $g-h, k-l\ldots$ sont des nombres positifs; d'où il suit que, pour obtenir la valeur complète de x, il faut ajouter à la somme $a-b+c-d+e-f$, un certain nombre positif. On a donc déjà

$$a-b+c-d+e-f<x.$$

Quant à la seconde, les termes qui suivent $+g$, sont.... $\overline{-h+k}, \overline{-l+m}\ldots$; or, les différences $-h+k$, $-l+m,\ldots$ sont négatives ; d'où l'on voit que, pour avoir la vraie valeur de x, il faut ajouter à la somme $a-b+c-d+e-f+g$ une quantité négative, c'est-à-dire diminuer cette somme. On a donc

$$a-b+c-d+e-f+g>x.$$

Donc x *est compris entre ces deux sommes.*

Conséquences. — Comme la valeur numérique de la différence entre ces deux sommes est évidemment g, il s'ensuit que *l'erreur commise lorsqu'on prend un certain nombre de termes* a — b + c — d + e — f, *pour la valeur de* x, *est* NUMÉRIQUEMENT *moindre que le terme qui suit immédiatement celui auquel on s'est arrêté.*

Ainsi, dans l'application du numéro précédent, tous les termes étant alternativement positifs et négatifs, et allant en diminuant à partir du second, on peut conclure que la valeur numérique de la somme des cinq premiers termes,

$$3+\frac{4}{27}-\frac{16}{2187}+\frac{320}{531441}-\frac{2560}{43046721},$$

diffère de $\sqrt[3]{31}$ d'une quantité moindre que la valeur du 6ᵉ terme, que l'on a trouvé (nº 175) égal à $\frac{112640}{17433922005}$; or, cette fraction est, d'après sa seule inspection, au-dessous de $\frac{1}{100000}$; donc $\sqrt[3]{31}=3,14138$ à 0,00001 près ; ce que l'on pourrait vérifier par le procédé ordinaire, mais par des calculs plus laborieux que les précédens.

177. Voici en quoi consiste le procédé pour extraire approximativement la racine $n^{ième}$ d'un nombre N par le moyen des séries : — *Décomposez* N *en deux parties* p^n+q, p *étant la racine de* N *obtenue à une unité près* (nº 155), *et faites dans le développement de* $\sqrt[n]{x+a}$ (nº 175), $x=p^n$, $a=q$. *Effectuez les calculs, en vous arrêtant au terme dont le suivant soit, d'après son inspection, au-dessous de l'unité de l'ordre décimal qui détermine l'approximation; convertissez en décimales tous* *les termes dont vous avez tenu compte; et opérez la réduction des termes tant additifs que soustractifs.*

Cette méthode n'est bien avantageuse qu'autant que $\frac{q}{p^n}$ est une fraction assez petite; car autrement, les termes de la série ne diminueraient pas très rapidement; et il faudrait un grand nombre de termes pour donner le degré d'approximation désiré, ce qui entraînerait dans des calculs extrêmement laborieux.

On est même obligé de modifier la marche précédente toutes les fois que l'on a $p^n < q$; car alors $\frac{a}{x}$ ou $\frac{q}{p^n}$ est plus grand que l'unité, ainsi que toutes les puissances de $\frac{a}{x}$, qui augmentent de plus en plus, numériquement, à mesure que le degré de la puissance augmente.

Soit, par exemple, 56 le nombre dont on demande la racine 3ème; 27 étant le plus grand cube contenu dans 56, on aurait

$$x = 27, \quad a = 29; \quad \text{d'où} \quad \frac{a}{x} = \frac{29}{27};$$

et les termes de la série augmenteraient au lieu de diminuer (nous ne parlons pas des coefficiens, qui sont des fractions peu différentes de l'unité). Mais observons que l'on peut aussi décomposer 56 en 64—8, ou $4^3 - 8$; or, $\frac{8}{64}$ ou $\frac{1}{8}$ est une très petite fraction. D'un autre côté, si, dans l'expression de $\sqrt[n]{x+a}$ (n° **174**), on remplace a par $-a$, il vient

$$\sqrt[n]{x-a} = x^{\frac{1}{n}}\left(1 - \frac{1}{n}\cdot\frac{a}{x} - \frac{1}{n}\cdot\frac{n-1}{2n}\cdot\frac{a^2}{x^2} - \frac{1}{n}\cdot\frac{n-1}{2n}\cdot\frac{2n-1}{3n}\cdot\frac{a^3}{x^3} - \ldots\right).$$

Posant donc $x = 64$, $a = 8$, on obtiendra une série de termes qui décroîtront très rapidement.

A la vérité, tous les termes, à l'exception du premier, sont négatifs; et l'on ne peut appliquer à la série ce qui a été dit (nº 176) sur la manière de fixer le degré d'approximation que donne la somme d'un certain nombre de termes. Mais alors, on tient compte d'un nombre de termes assez grand pour qu'on soit bien assuré que l'ensemble des termes négligés n'influe pas sur l'ordre décimal auquel on veut arrêter l'approximation.

On pourra s'exercer sur les exemples suivans :

$$\sqrt[5]{39} = \sqrt[5]{32 + 7} = 2,0807 \text{ à } 0,0001 \text{ près};$$
$$\sqrt[3]{65} = \sqrt[3]{64 + 1} = 4,02073 \text{ à } 0,00001 \text{ près};$$
$$\sqrt[4]{260} = \sqrt[4]{256 + 4} = 4,01553 \text{ à } 0,00001 \text{ près};$$
$$\sqrt[7]{108} = \sqrt[7]{128 - 20} = 1,95204 \text{ à } 0,00001 \text{ près}; (*).$$

178. *Autres applications de la formule du binome.* — Cette formule sert aussi à développer les expressions algébriques en séries.

Soit, pour premier exemple, l'expression $\frac{1}{1-z}$; on a

$$\frac{1}{1-z} = (1-z)^{-1}.$$

Posons, dans la formule $(x+a)^m = x^m + max^{m-1} + \ldots$, $x = 1$, $a = -z$, $m = -1$; il vient

$$(1-z)^{-1} = 1 - 1.(-z) - 1.\frac{-1-1}{2}.(-z)^2$$
$$-1.\frac{-1-1}{2}.\frac{-1-2}{3}.(-z)^3\ldots,$$

ou, effectuant les calculs et observant que chaque terme se compose d'un nombre pair de facteurs affectés du signe —,

$$(1-z)^{-1} = \frac{1}{1-z} = 1 + z + z^2 + z^3 + z^4 + z^5 \ldots\ldots$$

(*) *Voyez* le nº 5 de la première note placée à la fin du 6ᵉ chapitre.

On parviendrait au même résultat en appliquant le procédé de la division algébrique (n° 26).

Soit encore l'expression $\frac{2}{(1-z)^3}$ ou $2(1-z)^{-3}$.

On a, en développant $(1-z)^{-3}$,

$$2(1-z)^{-3} =$$

$$2\left[1-3.(-z)-3.\frac{-3-1}{2}.(-z)^2-3.\frac{-3-1}{2}.\frac{-3-2}{3}.(-z)^3-\ldots\right];$$

ou, effectuant les calculs et réduisant,

$$2(1-z)^{-3}=2(1+3z+6z^2+10z^3+15z^4+\ldots).$$

Prenons pour dernier exemple, la quantité $\sqrt[3]{2z-z^2}$, qui revient à $\sqrt[3]{2z}\left(1-\frac{z}{2}\right)^{\frac{1}{3}}$, et développons $\left(1-\frac{z}{2}\right)^{\frac{1}{3}}$.

En posant dans la formule $(x+a)^m=x^m+max^{m-1}+\ldots$,

$x=1$, $a=-\frac{z}{2}$, $m=\frac{1}{3}$, on a

$$\left(1-\frac{z}{2}\right)^{\frac{1}{3}}=$$

$$1+\frac{1}{3}\left(-\frac{z}{2}\right)+\frac{1}{3}.\frac{\frac{1}{3}-1}{2}.\left(-\frac{z}{2}\right)^2+\ldots\ldots\ldots\ldots\ldots\ldots=$$

$$1-\frac{1}{6}z-\frac{1}{36}z^2-\frac{5}{648}z^3-\text{etc.};$$

donc, $$\sqrt[3]{2z-z^2}=\sqrt[3]{2z}\left(1-\frac{1}{6}z-\frac{1}{36}z^2-\frac{5}{648}z^3-\text{etc.}\right).$$

Méthode des coefficiens indéterminés. — Notions sur les séries récurrentes.

179. Les algébristes ont inventé, pour le développement des expressions algébriques en séries, une autre méthode qui est en général plus simple que celles dont nous venons de parler, et qui d'ailleurs est beaucoup plus féconde, en ce qu'elle s'applique à des expressions algébriques d'une nature quelconque.

Pour donner une première idée de cette méthode, nous nous proposerons de développer l'expression $\frac{a}{a'+b'x}$, en une série qui procède suivant les puissances entières et positives de x. Il est visible que ce développement est possible ; car $\frac{a}{a'+b'x}$ revient à $a(a'+b'x)^{-1}$; et, en appliquant la formule du binome, on obtiendrait évidemment une suite de termes procédant suivant les puissances ascendantes, entières, et positives de x. Posons donc

$$\frac{a}{a'+b'x} = \text{A} + \text{B}x + \text{C}x^2 + \text{D}x^3 + \text{E}x^4 + \text{F}x^5 + \ldots\ldots \quad (1),$$

A, B, C, D... étant des coefficiens, fonctions de a, a' b', mais indépendans de x; coefficiens qu'il s'agit d'ailleurs de déterminer, et que, par cette raison, l'on appelle *coefficiens indéterminés*. (Cette dénomination est impropre : d'après le sens attribué jusqu'ici au mot *indéterminé*, il vaudrait mieux dire *coefficiens à déterminer;* mais nous nous conformerons à l'usage.)

Pour parvenir à la détermination de ces coefficiens, multiplions les deux membres de l'équation (1) par $a'+b'x$; nous trouverons, en ordonnant par rapport à x, et transposant le terme a,

$$0 = \left\{ \begin{array}{l|l|l|l|l} \text{A}a' + \text{B}a' & x + \text{C}a' & x^2 + \text{D}a' & x^3 + \text{E}a' & x^4 + \ldots \\ -a + \text{A}b' & + \text{B}b' & + \text{C}b' & + \text{D}b' & \end{array} \right. \quad (2).$$

Remarquons maintenant que, si l'on suppose les valeurs de A, B, C, D... convenablement déterminées, l'équation (1) doit se vérifier, quel que valeur que l'on donne à x; ainsi il en est de même de l'équation (2).

Or, lorsqu'on suppose $x = 0$, celle-ci devient $0 = Aa' - a$, d'où l'on déduit la valeur de A, $A = \dfrac{a}{a'}$.

A étant égal à $\dfrac{a}{a'}$ quand on a $x = 0$, doit conserver la même valeur lorsque x est quelconque, puisque, par hypothèse, A est indépendant de x; ainsi, quel que soit x, l'équation (2) se réduit à

$$0 = \left\{\begin{array}{c|c|c|l} Ba' & x + Ca' & x^2 + Da' & x^3 + \ldots, \\ +Ab' & +Bb' & +Cb' & \end{array}\right.$$ ou, divisant par x,

$$0 = \left\{\begin{array}{c|c|c|l} Ba' & x + Ca' & x^2 + Da' & x^3 + \ldots\ldots \\ +Ab' & +Bb' & +Cb' & \end{array}\right. \quad (3).$$

Cette équation devant encore se vérifier pour toute valeur de x, faisons $x = 0$; il en résulte $Ba' + Ab' = 0$;
d'où l'on tire

$$B = -\frac{Ab'}{a}, \quad \text{ou bien,} \quad B = \frac{a}{a'} \times -\frac{b'}{a'} = -\frac{ab'}{a'^2}.$$

Comme B doit conserver cette même valeur, quel que soit x, supprimons dans (3) le premier terme $Ba' + Ab'$ qui s'anéantit par cette valeur de B, et divisons par x; il vient

$$0 = \left\{\begin{array}{c|c|l} Ca' + Da' & x + Ea' & x^2 + \ldots\ldots \\ +Bb' + Cb' & +Db' & \end{array}\right.$$

Faisons de nouveau $x = 0$; il en résulte $Ca' + Bb' = 0$, d'où l'on déduit $C = -\dfrac{Bb'}{a'^2}$, ou bien $C = -\dfrac{ab'}{a'^2} \times -\dfrac{b'}{a'} = \dfrac{ab'^2}{a'^3}$.

On trouverait de même......... $Da' + Cb' = 0$,

d'où $D = -\frac{Cb'}{a'}$, ou $D = \frac{ab'^2}{a'^3} \times -\frac{b'}{a'} = -\frac{ab'^3}{a'^4}$;

et ainsi de suite.

Il est aisé de reconnaître qu'un coefficient quelconque se forme au moyen du coefficient qui précède, en multipliant celui-ci par $-\frac{b'}{a'}$; ainsi l'on a

$$\frac{a}{a' + b'x} = \frac{a}{a'} - \frac{ab'}{a'^2}x + \frac{ab'^2}{a'^3}x^2 - \frac{ab'^3}{a'^4}x^3 + \frac{ab'^4}{a'^5}x^4 - \ldots\ldots$$

180. En réfléchissant sur les raisonnemens qui précèdent, on voit que le principe fondamendal de la méthode des coefficiens indéterminés consiste en ce que, *si une équation de la forme* $0 = M + Nx + Px^2 + Qx^3 + \ldots$ (M, N, P.... étant des coefficiens indépendans de x), *doit se vérifier quelque valeur que l'on donne à* x, *il est nécessaire que chacun des coefficiens soit séparément égal à* o.

En effet, puisque ces coefficiens sont indépendans de x, si l'on parvient à les déterminer d'après des hypothèses particulières faites sur x, ces valeurs seront celles qui leur conviennent lorsqu'on suppose x quelconque. Or, en faisant $x = 0$, on trouve $M = 0$; et l'équation se réduit, après la division par x, à

$$0 = N + Px + Qx^2 + \ldots\ldots;$$

faisant, dans cette nouvelle équation, $x = 0$, on trouve $N = 0$; et l'équation se réduit, lorsqu'on a divisé par x, à $0 = P + Qx + \ldots$; et ainsi de suite. On a donc séparément

$$M = 0, \quad N = 0, \quad P = 0, \quad Q = 0\ldots\ldots;$$

on obtient par ce moyen autant d'équations qu'il y a de coefficiens A, B, C, D,... à déterminer.

Ce principe s'énonce encore d'une autre manière:

Si une équation de la forme

$$a + bx + cx^2 + dx^3 + \ldots = a' + b'x + c'x^2 + d'x^3 \ldots$$

doit être vérifiée quelque valeur que l'on donne à x, *les termes affectés d'une même puissance dans les deux membres, sont respectivement égaux;* car, après la transposition de tous les termes dans le second membre, l'équation est de même forme que ci-dessus; d'où l'on peut ensuite conclure

$$a' - a = 0, \quad b' - b = 0, \quad c' - c = 0 \ldots,$$

et par conséquent,

$$a' = a, \quad b' = b, \quad c' = c, \quad d' = d \ldots$$

On donne (n° 42) le nom d'*équation identique* à toute équation dont les termes sont ordonnés par rapport à une certaine lettre, et qui doit se vérifier pour toutes les valeurs attribuées à cette lettre, afin de la distinguer d'une *équation ordinaire*, c'est-à-dire d'une équation qui ne peut être satisfaite que par certaines valeurs attribuées à cette lettre.

181. La méthode des *coefficiens indéterminés* exige encore que l'on connaisse *à priori* la forme du développement par rapport aux exposans de x. Ordinairement, on suppose que le développement procède suivant les diverses puissances ascendantes, entières et positives de x, à partir de la puissance x^0; mais quelquefois cette forme n'est pas convenable, et la suite des calculs le fait reconnaître.

Soit, par exemple, à développer l'expression $\dfrac{1}{3x - x^2}$.

Posons $$\frac{1}{3x - x^2} = A + Bx + Cx^2 + Dx^3 + \ldots;$$

en chassant les dénominateurs et ordonnant, on trouve

$$0 = -1 + 3Ax + \left.\begin{matrix}3B \\ -A\end{matrix}\right| x^2 + \left.\begin{matrix}3C \\ -B\end{matrix}\right| x^3 + \left.\begin{matrix}3D \\ -C\end{matrix}\right| x^4 + \ldots,$$

d'où l'on devrait conclure (n° 180)

$$-1=0, \quad 3A=0, \quad 3B-A=0\ldots.$$

Or la première équation $-1=0$, est absurde, et indique que la forme ci-dessus ne convient pas à l'expression $\frac{1}{3x-x^2}$; mais si l'on met cette expression sous la forme $\frac{1}{x}\times\frac{1}{3-x}$, et que l'on pose

$$\frac{1}{x}\times\frac{1}{3-x}=\frac{1}{x}(A+Bx+Cx^2+Dx^3+\ldots),$$

il viendra, toute réduction faite,

$$0=\left\{\begin{array}{c|c|c|l} 3A+3B & x+3C & x^2+3D & x^3+\ldots; \\ -1-A & -B & -C & \end{array}\right.$$

ce qui donne les équations

$$3A-1=0, \quad 3B-A=0, \quad 3C-B=0\ldots,$$

d'où l'on tire successivement

$$A=\frac{1}{3}, \quad B=\frac{1}{9}, \quad C=\frac{1}{27}, \quad D=\frac{1}{81}\ldots.$$

Donc $\frac{1}{3x-x^2}=\frac{1}{x}\left(\frac{1}{3}+\frac{1}{9}x+\frac{1}{27}x^2+\frac{1}{81}x^3+\ldots\right)$,

ou bien, $\frac{1}{3x-x^2}=\frac{1}{3}x^{-1}+\frac{1}{9}x^0+\frac{1}{27}x^1+\frac{1}{81}x^2+\ldots$,

c'est-à-dire que le développement renferme dans son expression un terme affecté d'un exposant négatif.

182. *Démonstration de la formule du binome par la méthode des coefficiens indéterminés.*

Pour faire apprécier la fécondité de la méthode des coefficiens indéterminés, nous allons donner une démonstration complète de la formule du binome, fondée sur cette méthode.

Afin de simplifier les calculs, nous remarquerons d'abord que $(x+a)^m$ peut se mettre sous la forme $x^m\left(1+\frac{a}{x}\right)^m$.

Si l'on pose $\frac{a}{x}=y$, et qu'on développe $(1+y)^m$, il suffira ensuite de multiplier ce développement par x^m, puis de remplacer y par $\frac{a}{x}$; et l'on obtiendra le développement de $(x+a)^m$.

(Cette transformation a pour objet d'éviter dans le calcul les puissances x^m, x^{m-1}... du premier terme x.)

Ceci admis, soit d'abord m égal à un nombre positif $\frac{p}{q}$ (q pouvant être égal à 1, auquel cas l'exposant serait entier.)

Posons $(1+y)^{\frac{p}{q}}=1+Ay+By^2+Cy^3+Dy^4+\ldots(1)$.

[On est conduit à donner cette forme au développement, par la formation des premières puissances entières, et en observant que pour $y=0$, le premier membre se réduit à 1; d'où il suit que la partie indépendante de y, dans le second membre, doit être égale à 1.]

Pour déterminer les coefficiens A, B, C, D...., remplaçons, dans l'équation (1), y par z; il vient

$$(1+z)^{\frac{p}{q}}=1+Az+Bz^2+Cz^3+Dz^4+\ldots\ (2),$$

A, B, C... ayant ici évidemment les mêmes valeurs que ci-dessus, puisqu'ils sont indépendans de toute valeur attribuée à y.

Retranchant ces deux équations l'une de l'autre, on obtient

$$(1+y)^{\frac{p}{q}}-(1+z)^{\frac{p}{q}}=A(y-z)+B(y^2-z^2)+C(y^3-z^3)$$
$$+D(y^4-z^4)+\ldots\ (3).$$

Faisons pour le moment $(1+y)^{\frac{1}{q}}=u$, $(1+z)^{\frac{1}{q}}=v$; il en résulte $1+y=u^q$, $1+z=v^q$; d'où $y-z=u^q-v^q$; et l'équation (3) devient

$$u^p-v^p=A(y-z)+B(y^2-z^2)+C(y^3-z^3)+D(y^4-z^4)+\ldots(4),$$

ou, divisant le premier membre par u^q-v^q, et le second par $y-z$, qui est égal à u^q-v^q,

$$\frac{u^p-v^p}{u^q-v^q}=\frac{A(y-z)+B(y^2-z^2)+C(y^3-z^3)+D(y^4-z^4)+\ldots}{y-z}.$$

Or, d'après le théorème (n° 31), u^p-v^p est divisible par $u-v$, et donne pour quotient,

$$u^{p-1}+vu^{p-2}+v^2u^{p-3}+\ldots+v^{p-1}.$$

De même, $u^q-v^q : u-v$, donne

$$u^{q-1}+vu^{q-2}+v^2u^{q-3}+\ldots+v^{q-1}.$$

D'un autre côté, $y-z$, y^2-z^2, y^3-z^3, $y^4-z^4\ldots$, divisés par $y-z$, donnent pour quotiens,

$$1,\ y+z,\ y^2+yz+z^2,\ y^3+y^2z+yz^2+z^3\ldots;$$

ainsi, l'équation (4) revient à

$$\frac{u^{p-1}+vu^{p-2}+v^2u^{p-3}+\ldots+v^{p-1}}{u^{q-1}+vu^{q-2}+v^2u^{q-3}+\ldots+v^{q-1}}=A+B(y+z)+C(y^2+yz+z^2)$$
$$+D(y^3+y^2z+yz^2+z^3)+\ldots$$

Faisons maintenant, dans cette dernière équation, $y=z$, d'où l'on déduit $u=v$ [d'après les équations $(1+y)^{\frac{1}{q}}=u$, $(1+z)^{\frac{1}{q}}=v$]; le premier membre devient $\frac{p.u^{p-1}}{q.u^{q-1}}$ ou $\frac{p}{q}\cdot\frac{u^p}{u^q}$.

Si l'on remet à la place de u^p, sa valeur $(1+)^{\frac{p}{q}}$, ou $1+Ay+By^2+Cy^3+\ldots$, et à la place de u^q sa valeur $1+y$, ce premier membre devient encore $\frac{p}{q}\cdot\frac{1+Ay+By^2+Cy^3+\ldots}{1+y}$.

D'ailleurs, le second membre se réduit à

$$A + 2By + 3Cy^2 + 4Dy^3 + \ldots;$$

on a donc la nouvelle équation

$$\frac{p}{q} \cdot \frac{1 + Ay + By^2 + Cy^3 + Dy^4 + \ldots}{1 + y} = A + 2By + 3Cy^2 + 4Dy^3 + \ldots,$$

d'où, chassant le dénominateur $1 + y$, et effectuant les calculs,

$$\frac{p}{q} + \frac{p}{q}.Ay + \frac{p}{q}.By^2 + \frac{p}{q}.Cy^3 + \frac{p}{q}.Dy^4 + \ldots =$$

$$\begin{array}{l|l|l|l|l} A + 2B & y + 3C & y^2 + 4D & y^3 + 5E & y^4 + \ldots \\ + \;A & \;+ 2B & \;+ 3C & \;+ 4D & \end{array}$$

Comparant (n° 180) les deux membres de cette *équation identique*, terme à terme, on obtient les égalités suivantes

$$\frac{p}{q} = A, \qquad \text{ou} \qquad A = \frac{p}{q};$$

$$\frac{p}{q} A = 2B + A, \quad 2B = A\left(\frac{p}{q} - 1\right); \text{ donc } B = \frac{A\left(\frac{p}{q} - 1\right)}{2};$$

$$\frac{p}{q} B = 3C + 2B, \quad 3C = B\left(\frac{p}{q} - 2\right); \text{ donc } C = \frac{B\left(\frac{p}{q} - 2\right)}{3};$$

$$\frac{p}{q} C = 4D + 3C, \quad 4D = C\left(\frac{p}{q} - 3\right); \text{ donc } D = \frac{C\left(\frac{p}{q} - 3\right)}{4};$$

et ainsi de suite.

La loi de formation des coefficiens successifs est manifeste. Soit N le coefficient qui en a n avant lui, et M celui qui le précède; on aurait évidemment

$$\frac{p}{q} M = Nn + (n - 1) M; \quad \text{d'où} \quad N = \frac{M\left(\frac{p}{q} - n + 1\right)}{n}.$$

En reprenant la démonstration précédente, on s'assurerait facilement qu'elle s'applique au cas où l'on a $q=1$, c'est-à-dire au cas où l'exposant est entier.

Quant au cas où m est égal à un nombre fractionnaire négatif, $-\frac{p}{q}$, on suit absolument la même marche que précédemment; mais, parvenu à l'équation qui correspond à l'équation (4), savoir:

$$u^{-p}-v^{-p}=A(y-z)+B(y^2-z^2)+C(y^3-z^3)+\ldots,$$

on remarque que $u^{-p}-v^{-p}=\frac{1}{u^p}-\frac{1}{v^p}=\frac{v^p-u^p}{u^pv^p}=-\frac{u^p-v^p}{u^pv^p}$;

ainsi, en divisant le premier membre par u^q-v^q, et le second par $y-z$, qui est égal à u^q-v^q, on a

$$-\frac{1}{u^pv^p}\cdot\frac{u^p-v^p}{u^q-v^q}=\frac{A(y-z)+B(y^2-z^2)+\ldots}{y-z},$$

ou, supprimant le facteur $u-v$ et le facteur $y-z$,

$$-\frac{1}{u^pv^p}\cdot\frac{u^{p-1}+vu^{p-2}+\ldots+v^{p-1}}{u^{q-1}+vu^{q-2}+\ldots+v^{q-1}}=A+B(y+z)+\ldots\ldots;$$

faisant ensuite $y=z$, d'où $u=v$, on obtient

$$-\frac{1}{u^{2p}}\cdot\frac{pu^{p-1}}{qu^{q-1}}=-\frac{p}{q}\cdot\frac{u^{-p}}{u^q}=A+2By+3Cy^2+\ldots\ldots\ldots$$

Le reste du calcul est absolument semblable à celui du cas précédent.

Maintenant, puisque l'on a, quel que soit m,

$$(1+y)^m=1+my+m\frac{m-1}{2}y^2+\ldots\ldots\ldots\ldots\ldots\ldots$$

remplaçons y par $\frac{a}{x}$ et multiplions par x^m; il vient

$$x^m\left(1+\frac{a}{x}\right)^m, \text{ ou } (x+a)^m=x^m+max^{m-1}+m\frac{m-1}{2}a^2x^{m-2}+\ldots$$

Ainsi la formule du binome est démontrée généralement.

183. *Des séries récurrentes.* — Le développement des fractions algébriques rationnelles d'après la méthode des coefficiens indéterminés, donne lieu à des séries d'une nature particulière, connues sous le nom de *séries récurrentes.*

Nous avons déjà vu (n° **179**) que l'expression $\frac{a}{a'+b'x}$, a pour développement, $\frac{a}{a'} - \frac{ab'}{a'^2}x + \frac{ab'^2}{a'^3}x^2 - \frac{ab'^3}{a'^4}x^3 + \ldots$, série dans laquelle on forme chaque terme au moyen du précédent, en multipliant celui-ci par $\frac{b'}{a'}x$.

Cette propriété n'est pas particulière à la fraction proposée ; elle appartient à toutes les fractions algébriques rationnelles, et elle consiste en ce que, *toute fraction rationnelle en x, réduite en série, donne lieu à une suite de termes dont chaçun est égal à la somme algébrique d'un même nombre de termes précédens, multipliés respectivement par certaines quantités qui sont constamment les mêmes dans toute l'étendue de la série.*

L'ensemble des quantités constantes par lesquelles on doit multiplier un certain nombre de termes précédens pour former un terme quelconque, s'appelle l'*échelle de relation* de la série.

Dans la série précédente, l'*échelle de relation* est $-\frac{b'}{a'}.x$;

et la série est dite une *série récurrente du premier ordre.*

Soit à développer en série, l'expression $\frac{a+bx+cx^2}{a'+b'x+c'x^2+d'x^3}$.

Posons $\frac{a+bx+cx^2}{a'+b'x+c'x^2+d'x^3} = A+Bx+Cx^2+Dx^3+Ex^4+\ldots$;

d'où, chassant les dénominateurs et transposant,

$$0 = \left\{\begin{array}{l|l|l|l|l} Aa' + Ba' & x + Ca' & x^2 + Da' & x^3 + Ea' & x^4 + \ldots \\ -a + Ab' & + Bb' & + Cb' & + Db' & \\ \quad - b & + Ac' & + Bc' & + Cc' & \\ & + c & + Ad' & + Bd' & \end{array}\right.$$

ce qui donne les équations

$$Aa' - a = 0, \qquad \text{d'où} \quad A = \frac{a}{a'},$$

$$Ba' + Ab' - b = 0, \qquad B = -\frac{b'}{a'}A + \frac{1}{a'}b = \frac{-ab' + ba'}{a'^2},$$

$$Ca' + Bb' + Ac' - c = 0, \quad C = -\frac{b'}{a'}B - \frac{1}{a'}A + \frac{1}{a'}c,$$

ou

$$C = \frac{ab'^2 - ba'b' - aa'c' + ca'^2}{a'^3},$$

$$Da' + Cb' + Bc' + Ad' = 0, \quad D = -\frac{b'}{a'}C - \frac{c'}{a'}B - \frac{d'}{a'}A,$$

$$Ea' + Db' + Cc' + Bd' = 0, \quad E = -\frac{b'}{a'}D - \frac{c'}{a'}C - \frac{d'}{a'}B,$$

. . . .

. . . .

D'où l'on voit que les trois premiers coefficiens s'obtiennent d'abord sans aucune loi ; mais à partir du quatrième, chaque coefficient se forme de la somme des trois coefficiens qui le précèdent, multipliés respectivement par $-\frac{b'}{a'}$, $-\frac{c'}{a'}$, $-\frac{d'}{a'}$, savoir, $-\frac{b'}{a'}$ pour le coefficient qui précède immédiatement, $-\frac{c'}{a'}$ pour celui qui précède de deux rangs, et $-\frac{d'}{a'}$ pour celui qui précède de trois rangs ; ainsi les coefficiens A, B, C, D... forment déjà entre eux une *série récurrente* dont l'*échelle de relation* se compose de $\left(-\frac{b'}{a'}, -\frac{c'}{a'}, -\frac{d'}{a'}\right)$.

Il résulte de cette loi de formation des coefficiens, que le quatrième terme de la série, Dx^3, est égal à

$$-\frac{b'}{a'}Cx^3 - \frac{c'}{a'}Bx^3 - \frac{d'}{a'}Ax^3,$$

ou bien,

$$-\frac{b'}{a'}x \,.\, Cx^2 - \frac{c'}{a'}x^2 \,.\, Bx - \frac{d'}{a'}x^3 \,.\, A.$$

On a de même, pour le terme Ex^4,

$$-\frac{b'}{a'}Dx^4-\frac{c'}{a'}Cx^4-\frac{d'}{a'}Bx^4,$$

ou bien, $$-\frac{b'}{a'}x.Dx^3-\frac{c'}{a'}x^2.Cx^2-\frac{d'}{a'}x^3.Bx;$$

et ainsi de suite.

Donc, chaque terme de la série demandée, à partir du quatrième, est égal à la somme des trois termes précédens, multipliés respectivement par $\left(-\frac{b'}{a'}x,-\frac{c'}{a'}x^2,-\frac{d'}{a'}x^3\right)$.

Quant aux trois premiers termes $A+Bx+Cx^2$, on les obtient en remplaçant A, B, C, par leurs valeurs obtenues ci-dessus.

184. On divise les séries récurrentes en différens ordres; et l'ordre s'estime par le nombre des termes nécessaires pour former un terme quelconque. Ainsi, l'expression $\frac{a}{a'+b'x}$ donne lieu à une série récurrente *du premier ordre*, dont l'échelle de relation est $-\frac{b'}{a'}x$.

L'expression $\frac{a+bx}{a'+b'x+c'x^2}$ donnerait lieu à une série récurrente du *second ordre*, dont l'échelle de relation serait

$$\left(-\frac{b'}{a'}x,-\frac{c'}{a'}x^2\right).$$

La série obtenue dans le n° précédent est du troisième ordre. En général, une expression de la forme $\frac{a+bx+cx^2+\ldots+kx^{n-1}}{a'+b'x+c'x^2+\ldots+k'x^n}$ donne naissance à une série récurrente du *n^ième ordre*, dont l'échelle de relation est $\left(-\frac{b'}{a'}x,-\frac{c'}{a'}x^2\ldots-\frac{k'}{a'}x^n\right)$.

N. B. — Nous supposons ici que le degré de x soit moindre au numérateur qu'au dénominateur. S'il en était autrement, il faudrait d'abord faire la division en ordonnant par rapport aux puissances ascendantes de x, ce qui donnerait un certain quotient entier par rapport à x, plus une fraction semblable à la fraction ci-dessus.

Ainsi, soit l'expression $\dfrac{1-x-3x^2+4x^3+x^4}{2-5x+3x^2-x^3}$.

$$\begin{array}{l|l} x^4+4x^3-3x^2-x+1 & -x^3+3x^2-5x+2 \\ \hline +7x^3-8x^2-x & -x-7 \\ \hline +13x^2-34x+15. & \end{array}$$

En effectuant la division, on trouve pour quotient, $-x-7$, et pour fraction complétant ce quotient,

$$\frac{13x^2-34x+15}{-x^3+3x^2-5x+2}, \quad \text{ou} \quad \frac{15-34x+13x^2}{2-5x+3x^2-x^3}.$$

La propriété énoncée au numéro **183** souffrirait d'ailleurs des modifications si le numérateur était d'un degré plus élevé que le dénominateur.

Nous reviendrons plus loin sur ces sortes de séries qui offrent plusieurs questions intéressantes.

CHAPITRE VI.

Théories des Progressions et des Logarithmes.

Ce nouveau chapitre se lie naturellement à celui qui précède, tant parce que le premier paragraphe a pour objet l'examen des propriétés de deux espèces de séries, que parce qu'il offre une application immédiate de la théorie des exposans d'une nature quelconque ; il complète aussi les connaissances algébriques absolument indispensables pour l'étude de la *Trigonométrie* et de *l'Application de l'Algèbre à la Géométrie.*

§ Ier. — *Des Progressions par différence et des progressions par quotient.*

Progressions par différence (*).

185. On appelle *progression par différence* (ou *arithmétique*), une suite de termes dont chacun surpasse celui qui le précède, ou en est surpassé, d'une quantité constante que l'on appelle *raison* ou *différence* de la progression.

Ainsi, soient les deux suites

$$1,\ 4,\ 7,\ 10,\ 13,\ 16,\ 19,\ 22,\ 25\ldots.$$
$$60,\ 56,\ 52,\ 48,\ 44,\ 40,\ 36,\ 32,\ 28\ldots.$$

La première est dite une *progression croissante* dont la *raison* est 3, et la seconde une *progression décroissante* dont la raison est 4.

Désignons en général par a, b, c, d, e, f... les termes d'une progression par différence. On est convenu de l'écrire ainsi :

$$\div a.b.c.d.e.f.g.h.i.k.\ldots.$$

et l'on devrait l'énoncer : *Comme* a *est à* b, b *est à* c, c *est à* d, d *est à* e,...; mais on dit simplement, a *est à* b *est à* c *est à* d *est à* e... C'est une suite d'*équidifférences continues*, dans laquelle chaque terme est à la fois conséquent et antécédent, à l'exception du premier terme, qui n'est qu'*antécédent*, et du dernier, qui n'est que *conséquent*.

186. Appelons r la *raison* de la progression, que nous supposerons croissante dans tout ce qui va suivre. (Si elle était décroissante, il suffirait de changer r en $-r$ dans les résultats.)

Cela posé, on a évidemment, d'après la définition de la progression,

$$b=a+r,\quad c=b+r=a+2r,\quad d=c+r=a+3r\ldots.;$$

(*) Quoique la plupart des propriétés relatives aux progressions par *différence* et par *quotient* aient été développées dans notre *Arithmétique*, nous croyons devoir les reproduire ici, afin de présenter un ensemble complet de ces propriétés.

et, en général, *un terme de rang quelconque est égal au premier, plus autant de fois la raison qu'il y a de termes avant celui que l'on considère*. Ainsi, soient l ce terme et n le nombre total des termes, jusqu'à celui-ci inclusivement; on a pour l'expression de ce *terme général*, $l = a + (n - 1)r$.

En effet, si l'on suppose successivement $n = 1, 2, 3, 4 \ldots$, on retrouve le premier, second, troisième.... terme de la progression.

Si la progression était décroissante, on aurait, au contraire,

$$l = a - (n - 1)r.$$

La formule $l = a + (n - 1)r$ sert à donner l'expression d'un terme de rang quelconque, sans que l'on soit obligé de déterminer d'abord tous ceux qui le précèdent.

Ainsi, que l'on demande le 50e terme de la progression

$$\div 1.4.7.10.13.16.19\ldots$$

On a, en faisant $n = 50$, $l = 1 + 49.3 = 148$.

187. Une progression par différence étant donnée, on peut se proposer de *déterminer la somme d'un certain nombre de termes*.

Soit la progression $\div a.b.c.d.e.f\ldots i.k.l$, prolongée jusqu'au terme l inclusivement; désignons par n le nombre des termes, et par r la raison.

Commençons par observer que, si x désigne un terme qui en a p avant lui, et y un terme qui en a p après lui, on a,

d'après ce qui vient d'être dit, les égalités, $\begin{cases} x = a + p \times r, \\ y = l - p \times r; \end{cases}$

d'où l'on déduit, en les ajoutant, ... $x + y = a + l$;

ce qui démontre que, dans toute progression, *la somme de deux termes quelconques pris à égale distance des extrêmes est égale à la somme des extrêmes*; ou bien encore, *les deux extrêmes, et deux termes pris à égale distance de ces extrêmes, forment une équidifférence*, dans l'ordre où ils sont écrits.

Ceci admis, écrivons de la manière suivante la progression au-dessous d'elle-même, mais dans un ordre inverse,

$$\div a.b.c..........i.k.l,$$
$$\div l.k.i..........c.b.a.$$

Appelons S la somme des termes de la progression proposée; 2S sera la somme des termes des deux progressions; et l'on aura, en réunissant les termes par colonne verticale,

$$2S = (a+l)+(b+k)+(c+i)+\ldots+(i+c)+(k+b)+(l+a);$$

ou bien, comme toutes les parties $a+l$, $b+k$, $c+i\ldots$, sont égales et en nombre n,

$$2S = (a+l)n; \quad \text{donc enfin} \quad S = \frac{(a+l)n}{2};$$

c'est-à-dire que *la somme des termes d'une progression par différence est égale au produit de la somme des extrêmes multipliée par la moitié du nombre des termes.*

Si, dans cette formule, on remplace l par sa valeur $a+(n-1)r$, on obtient encore

$$S = \frac{[2a+(n-1)r]n}{2};$$

mais la première expression est la plus usitée.

Applications. — On demande la somme des cinquante premiers termes de la progression $\div 2.9.16.23.30\ldots$?

On a d'abord pour le 50ème terme, $l = 2 + 49.7 = 345$;

donc $S = \dfrac{(2+345).50}{2} = 347 \times 25 = 8675.$

On trouverait de même pour le 100ème terme, ... $l = 2 + 99.7 = 695$;
et pour la somme des 100 premiers termes...................... $S = \dfrac{(2+695)100}{2} = 34850.$

188. Les formules $l = a + (n-1)r$, $S = \frac{(a+l)n}{2}$, renferment cinq quantités, a, r, n, l, et S, et par conséquent, donnent lieu à ce problème général : *Trois quelconques de ces cinq quantités étant données, déterminer les deux autres.* Ce problème se subdivise en autant de problèmes particuliers que l'on peut, avec 5 lettres, former de *combinaisons différentes* 3 *à* 3, ou 2 à 2. Or, on a obtenu (n° 147) pour les nombres de combinaisons 2 à 2 et 3 à 3,

$$\frac{m(m-1)}{2} \text{ et } \frac{m(m-1)(m-2)}{2.3}.$$

Faisant dans ces formules, $m=5$, on trouve $\frac{5 \times 4}{2}$ ou 10, et $\frac{5 \times 4 \times 3}{2.3}$ ou 10 ; d'où l'on voit que 5 lettres, combinées 3 à 3, donnent le même nombre de combinaisons que 5 lettres combinées 2 à 2. [Ce résultat s'accorde avec la conséquence du n° 150, en vertu de laquelle le nombre des combinaisons de m lettres n à n, est égal au nombre des combinaisons $(m-n)$ à $(m-n)$.]

On voit donc que le problème ci-dessus se subdivise en 10 problèmes particuliers dont voici les énoncés :

Étant donnés,
1°. a, r, n, trouver l et S;
2°. a, r, l, ... n et S;
3°. a, r, S, ... n et l;
4°. a, n, l, ... r et S;
5°. a, n, S, ... r et l;
6°. a, l, S, ... r et n;
7°. r, n, l, ... a et S;
8°. r, n, S, ... a et l;
9°. r, l, S, ... a et n;
10°. n, l, S, ... a et r.

Le premier problème est déjà résolu, puisque les deu formules donnent immédiatement l et S en fonction de a, r, n. Quant aux autres problèmes, leur résolution n'offre aucune difficulté; mais nous engageons les commençans à les traiter successivement, cet exercice étant très propre à les familiariser avec la résolution des équations du premier et du second degré; car il est bon de remarquer, quoique les quantités a, r, n, l et S, ne soient affectées d'aucun exposant dans les deux formules, que l'on est cependant conduit à résoudre une équation du second degré lorsque a et n, ou bien l et n, sont inconnues; parce que a et n, ou l et n, entrent à la fois dans les deux équations et sont multipliées entre elles dans la seconde.

N. B. — Il est aisé d'expliquer pourquoi, dans ces deux problèmes, la détermination de chacune des inconnues doit dépendre d'une équation du second degré.

Soit, en effet, la progression décroissante

$$\div 11.9.7.5.3.1.-1.-3.-5\ldots$$

On voit que la somme des 3 premiers termes, aussi bien que la somme des 9 premiers, est égale à 27. Donc, si l'on donnait $a=11$, $r=-2$, $S=27$, et qu'on demandât l et n, on devrait obtenir les deux systèmes $l=7$, $n=3$, et $l=-5$, $n=9$; donc, la détermination de n, par exemple, doit dépendre d'une équation du second degré.

189. Nous nous bornerons à résoudre le quatrième problème : c'est le cas où, *connaissant* a, n, *et* l, *il s'agit de déterminer* r *et* S.

La formule $l=a+(n-1)r$, donne $r=\dfrac{l-a}{n-1}$;

et la formule $S=\dfrac{(a+l)n}{2}$, fait connaître immédiatement valeur de S.

De la première expression, $r=\dfrac{l-a}{n-1}$, on déduit la solution de cette question : *insérer entre deux nombres donnés* a *et* b *un nombre* m *de* MOYENS DIFFÉRENTIELS. (On appelle ainsi des nombres compris entre a et b, et formant avec ceux-ci une progression par différence.)

Pour résoudre cette dernière question, il suffit de déterminer la raison; or, en remplaçant, dans la formule ci-dessus, l par b, et n par $(m+2)$ qui exprime actuellement le nombre total des termes, on trouve $r=\frac{b-a}{m+2-1}$, ou $r=\frac{b-a}{m+1}$; c'est-à-dire que *la raison* de la progression cherchée *s'obtient en divisant la différence des deux nombres donnés* a *et* b *par le nombre des termes à insérer, plus* UN.

La raison une fois obtenue, on forme le second terme de la progression, ou le *premier moyen différentiel*, en ajoutant r, ou $\frac{b-a}{m+1}$, au premier terme a; le *second moyen* s'obtient en augmentant celui-ci de r, et ainsi de suite.

Soit, par exemple, à insérer 12 moyens différentiels entre 12 et 77. On a $r=\frac{77-12}{13}=\frac{65}{13}=5$, ce qui donne la progression

$$\div 12.17.22.27.32.37....72.77.$$

CONSÉQUENCE. — *Si, entre les termes consécutifs d'une progression, considérés deux à deux, on insère un même nombre de moyens différentiels, ces termes et les moyens différentiels réunis ne forment qu'une seule et même progression.*

En effet, soit $\div a.b.c.d.e.f...$ la progression proposée, et soit m le nombre des moyens que l'on veut insérer entre a et b, entre b et c, c et d....

La raison de chaque progression partielle sera, d'après ce qui vient d'être dit, exprimée par $\frac{b-a}{m+1}$, $\frac{c-b}{m+1}$, $\frac{d-c}{m+1}$......,

quantités toutes égales, puisque $a, b, c....$ sont en progression; ainsi la raison est la même dans chacune des progressions partielles; et comme d'ailleurs le *dernier terme* de la première forme le *premier terme* de la seconde, et ainsi de suite, on peut conclure que toutes ces progressions partielles constituent une progression unique.

190. Voici les énoncés de quelques problèmes :

Première question. — *Déterminer le premier terme et le nombre des termes d'une progression par différence, dont la raison est* 6, *le dernier terme* 185, *et la somme* 2945?

(*Réponse.* Premier terme = 5, nombre des termes = 31.)

Seconde question. — *Insérer entre deux quelconques des termes de la progression* ÷ 2.5.8.11.14 ..., neuf *moyens différentiels ?*

(*Réponse.* Raison, ou $r = 0,3$.)

Troisième question. — *Trouver le nombre d'hommes contenus dans un bataillon triangulaire dont le premier rang est* 1, *le second est* 2, *le troisième est* 3, *et le* $n^{ième}$ *est* n. En d'autres termes, *trouver l'expression de la somme des nombres naturels* 1, 2, 3...., *depuis* 1 *jusqu'à* n?

(*Réponse.* $S = \frac{n(n+1)}{2}$.)

Quatrième question. — *Trouver la somme des* n *premiers termes de la progression des nombres impairs* 1, 3, 5, 7, 9....

(*Réponse.* $S = n^2$, ou le carré du nombre des termes.)

Cinquième question. — *Un monceau de sable est distant d'une allée d'arbres, de* 40 *mètres ; elle exige, pour être sablée,* 100 *voitures, à* 6 *mètres d'intervalle l'une de l'autre. On demande le chemin que le voiturier doit faire, la première voiture étant déposée à* 40 *mètres du monceau de sable, et la voiture devant, à la fin, revenir à l'endroit d'où elle était partie?*

(*Réponse.* 67400 mètres).

Sixième question. — *Un fantassin fait* 10 *lieues par jour; un cavalier part en même temps, et ne fait que* 3 *lieues le premier jour, mais, chaque jour suivant, il fait* 2 *lieues de plus que le précédent. On demande en combien de jours le cavalier atteindra le fantassin, et combien ils auront fait de chemin chacun ?*

(Nombre de jours, 8; chemin, 80 lieues.)

Des Progressions par quotient.

191. On appelle *progression géométrique* ou *par quotient*, une suite de termes dont chacun est égal au produit de celui qui le précède, par *un nombre constant* que l'on nomme *raison* de la progression; ainsi les deux suites

$$3,\quad 6,\quad 12,\quad 24,\quad 48,\quad 96\ldots\ldots,$$
$$64,\quad 16,\quad 4,\quad 1,\quad \frac{1}{4},\ \frac{1}{16}\ldots\ldots,$$

dont la première est telle, que chaque terme contient celui qui le précède, *deux* fois, ou est égal au double de celui qui le précède, et dont la seconde est telle, que chaque terme est contenu dans celui qui le précède, *quatre* fois, ou est égal au quart de celui qui le précède, sont dites des progressions par quotient; la raison est 2 pour la première, et $\frac{1}{4}$ pour la seconde.

Soient a, b, c, d, e, f...... des nombres en progression par quotient; on l'écrit ainsi, $\div\!\div\, a : b : c : d : e : f : g \ldots$, et on l'énonce comme une progression par différence, quoiqu'il y ait cette distinction à faire, que l'une est une suite de différences égales, et l'autre une suite de quotiens ou de rapports égaux, dans lesquels *chaque terme est à la fois antécédent et conséquent, excepté le premier qui n'est qu'antécédent, et le dernier qui n'est que conséquent.*

192. Désignons par q la raison de la progression..... $\div\!\div\, a : b : c : d \ldots\ldots$, q étant > 1 lorsque la progression est *croissante*, et < 1 lorsque la progression est *décroissante*; on déduit de la définition même, la série des égalités

$$b = aq,\quad c = bq = aq^2,\quad d = cq = aq^3,\quad e = dq = aq^4\ldots\ldots,$$

et en général, un terme de rang quelconque n, c'est-à-dire qui en a $n-1$ avant lui, a pour expression, aq^{n-1}.

Soit l ce terme; on a la formule $l = aq^{n-1}$, au moyen de laquelle on peut obtenir la valeur d'un terme quelconque, sans passer par tous les termes qui précèdent. Par exemple, le 8e terme de la progression

$$\div 2 : 6 : 18 : 54 : \ldots\ldots,$$

est égal à

$$2 \times 3^7 = 2 \times 2187 = 4374.$$

De même, le 12e terme de la progression..............

$$\div 64 : 16 : 4 : 1 : \frac{1}{4} \ldots,$$

est égal à

$$64\left(\frac{1}{4}\right)^{11} = \frac{4^3}{4^{11}} = \frac{1}{4^8} = \frac{1}{65536}.$$

193. Soit maintenant proposé de déterminer la somme des n premiers termes de la progression

$$\div a : b : c : d : e : f : \ldots i : k : l,$$

l désignant le $n^{ième}$ terme.

On a (n° 192) les égalités

$$b = aq, \quad c = bq, \quad d = cq, \quad e = dq, \ldots, \quad k = iq, \quad l = kq;$$

d'où l'on déduit, en les ajoutant membre à membre,

$$b + c + d + e + \ldots + k + l = (a + b + c + d + \ldots + i + k)q,$$

ou bien, représentant par S la somme demandée,

$$S - a = (S - l)q = Sq - lq,$$

ou $\quad Sq - S = lq - a$; $\quad$ donc $\quad S = \dfrac{lq - a}{q - 1}$,

c'est-à-dire que, pour obtenir la somme d'un nombre déterminé de termes d'une progression par quotient, il faut *multiplier le dernier terme par la raison, retrancher du produit le premier terme, et diviser la différence par la raison diminuée d'une unité.*

Lorsque la progression est décroissante, on a $q<1$, $l<a$; et il convient de mettre la formule ci-dessus sous la forme $S=\frac{a-lq}{1-q}$, afin que les deux termes de la fraction soient positifs.

Les deux expressions de S deviennent encore, par la substitution de aq^{n-1} à la place de l, $S=\frac{a(q^n-1)}{q-1}$, et $S=\frac{a(1-q^n)}{1-q}$.

On trouvera, d'après les formules précédentes,

1°. Pour la somme des 8 premiers termes de la progression

$$\div 2:6:18:64\ldots:2\times 3^7 \quad \text{ou} \quad 4374,$$

$$S=\frac{lq-a}{q-1}=\frac{13122-2}{2}=6560;$$

2°. Pour la somme des 12 premiers termes de la progression

$$\div 64:16:4:1:\frac{1}{4}:\ldots:64\left(\frac{1}{4}\right)^{11} \text{ou } \frac{1}{65536},$$

$$S=\frac{64-\frac{1}{65536}\cdot\frac{1}{4}}{1-\frac{1}{4}}=\frac{256-\frac{1}{65536}}{3}=85+\frac{21845}{65536}.$$

On voit que la difficulté principale consiste à déterminer la valeur numérique du dernier terme, opération très laborieuse lorsque le nombre des termes est considérable.

194. *Remarque.*—Si, dans la formule $S=\frac{a(q^n-1)}{q-1}$,

on suppose $q=1$, elle devient $S=\frac{0}{0}$.

Ce résultat, qui est quelquefois le symbole de l'indétermination, provient souvent aussi (n° 75) de l'existence d'un facteur commun qui devient nul par une hypothèse particulière faite sur les données de la question. C'est en effet ce qui a lieu dans cette circonstance; car on sait (n° 31) que l'expression $q^n - 1$ est divisible par $q - 1$, et donne pour quotient.......... $q^{n-1} + q^{n-2} + q^{n-3} + \ldots + q + 1$; si l'on effectue cette division, la valeur de S prend la forme

$$S = aq^{n-1} + aq^{n-2} + aq^{n-3} + \ldots + aq + a;$$

d'où faisant maintenant $q = 1$, $S = a + a + a \ldots + a = na$.

On peut parvenir au même résultat en remontant à la progression proposée $\div a : b : c : \ldots : l$, qui, dans le cas particulier de $q = 1$, se réduit à $\div a : a : a : a : \ldots : a$, série dont la somme est égale à na.

195. *Des progressions infinies par quotient.*—Soit une progression décroissante $\div a : b : c : d : e : f : \ldots$. d'un nombre indéfini de termes. Si l'on considère la formule $S = \frac{a - aq^n}{1 - q}$, qui donne la somme d'un nombre n de termes, elle peut être mise sous la forme $S = \frac{a}{1 - q} - \frac{aq^n}{1 - q}$.

Or, puisque la progression est décroissante, q est une fraction ; q^n est aussi une fraction qui sera d'autant plus petite que n sera plus grand; ainsi, plus on prendra de termes dans la progression, plus $\frac{a}{1 - q} \times q^n$ diminuera; plus, par conséquent, la somme partielle de ces termes approchera de devenir égale à la première partie de S, c'est-à-dire, à $\frac{a}{1 - q}$. Enfin, si l'on prend pour n un nombre plus grand que toute grandeur donnée, ou si l'on suppose $n = \infty$, $\frac{a}{1 - q} \times q^n$ sera moindre que toute grandeur donnée, ou deviendra égal à 0 ; et l'expression $\frac{a}{1 - q}$ représentera la valeur de toute la série.

D'où l'on peut conclure que *la somme des termes d'une*

progression décroissante à l'infini, a pour expression,

$$S = \frac{a}{1 - q}.$$

C'est, à proprement parler, la *limite* vers laquelle tendent sans cesse toutes les *sommes partielles* que l'on obtient en prenant un nombre de termes de plus en plus grand dans la progression. La différence entre ces sommes et $\frac{a}{1-q}$, peut devenir aussi petite que l'on veut, et ne devient tout-à-fait *nulle* que lorsque l'on prend un nombre infini de termes.

Applications. — Soit la progression décroissante à l'infini

$$\div\, 1 : \frac{1}{3} : \frac{1}{9} : \frac{1}{27} : \frac{1}{81} : \ldots$$

On a pour l'expression de la somme des termes,

$$S = \frac{a}{1-q} = \frac{1}{1 - \frac{1}{3}} = \frac{3}{2}.$$

L'erreur que l'on commet en prenant cette expression pour la valeur de la somme des n premiers termes, est marquée par $\frac{a}{1-q}.q^n = \frac{3}{2}.\left(\frac{1}{3}\right)^n$.

Soit d'abord $n = 5$; il vient $\frac{3}{2}\left(\frac{1}{3}\right)^5 = \frac{1}{2.3^4} = \frac{1}{162}$.

Pour $n = 6$, on trouve $\frac{3}{2}.\left(\frac{1}{3}\right)^6 = \frac{1}{162}.\frac{1}{3} = \frac{1}{486}$.

D'où l'on voit que l'*erreur commise* lorsqu'on prend $\frac{3}{2}$ pour la somme d'un certain nombre de termes, est d'autant plus petite que ce nombre est plus grand.

Soit encore la progression

$$\div\, 1 : \frac{1}{2} : \frac{1}{4} : \frac{1}{8} : \frac{1}{16} : \frac{1}{32} : \ldots.$$

On a $$S = \frac{a}{1-q} = \frac{1}{1-\frac{1}{2}} = 2.$$

196. L'expression $S = \frac{a}{1-q}$ peut être obtenue directement d'après la progression $\div\!\div a : b : c : d : e : f : g : \ldots$

Reprenons les équations $b = aq$, $c = bq$, $d = cq$, $e = dq \ldots$ dont le nombre est ici indéfini, et ajoutons-les membre à membre; il vient $b + c + d + e \ldots = (a + b + c + d + \ldots)q$.

Or le premier membre étant évidemment la série proposée, diminuée du premier terme a, a pour expression $S - a$; le second membre est égal à q multiplié par la série toute entière, puisqu'il n'y a pas de dernier terme, ou que ce dernier terme est nul; l'expression de ce second membre est donc qS, et l'égalité ci-dessus devient

$$S - a = qS, \quad \text{d'où l'on déduit} \quad S = \frac{a}{1-q}.$$

En effet, si l'on développe $\frac{a}{1-q}$ en série, par le procédé de la division, on trouve le résultat indéfini, $a + aq + aq^2 + aq^3 + \ldots$, qui n'est autre chose que la série proposée, lorsqu'on y remplace b, c, $d \ldots$ par leurs valeurs en fonction de a.

Autrement encore.—Soit la progression $\div\!\div a : aq : aq^2 : aq^3 \ldots$

et posons $S = a + aq + aq^2 + aq^3 + aq^4 + aq^5 + \ldots$;

d'où, multipliant les deux membres par q,

$$qS = aq + aq^2 + aq^3 + aq^4 + aq^5 + \ldots$$

Retranchons ces deux équations membre à membre, il vient

$$S - qS = a; \quad \text{donc enfin,} \quad S = \frac{a}{1-q}.$$

197. Lorsque la série est croissante, l'expression $S = \frac{a}{1-q}$

ne peut plus être regardée comme une *limite des sommes partielles ;* car la somme d'un nombre déterminé de termes étant (n° 195) $S = \frac{a}{1-q} - \frac{aq^n}{1-q}$, la seconde partie $\frac{aq^n}{1-q}$ augmente de plus en plus numériquement à mesure que N augmente; c'est-à-dire qu'au contraire, plus on prend de termes, plus l'expression de la somme de ces termes diffère numériquement de $\frac{a}{1-q}$.

La formule $S = \frac{a}{1-q}$ est seulement, dans ce cas, l'expression algébrique qui, par son développement, donne lieu à la série $a + aq + aq^2 + aq^3 \ldots$

Il se présente ici une circonstance fort singulière au premier abord. Puisque $\frac{a}{1-q}$ est la fraction génératrice de la série dont nous venons de parler, on doit avoir

$$\frac{a}{1-q} = a + aq + aq^2 + aq^3 + aq^4 + \ldots,$$

Or, en faisant dans cette égalité, $a = 1$, $q = 2$, on trouve

$$\frac{1}{1-2} \text{ ou } -1 = 1 + 2 + 4 + 8 + 16 + 32 + \ldots,$$

équation dont le premier membre est négatif, tandis que le second semble positif, et d'autant plus grand que q est lui-même plus grand.

Pour interpréter ce résultat, observons que si, dans l'équation $\frac{a}{1-q} = a + aq + aq^2 + \ldots$, on arrête la série à un certain terme, il faudra, pour que l'égalité subsiste, compléter le quotient. Ainsi, en s'arrêtant, par exemple, au quatrième terme, aq^3,

$$\begin{array}{ll|l} & a & 1 - q \\ \hline 1^{er} \text{ reste} & +aq & a + aq + aq^2 + aq^3 + \dfrac{aq^4}{1-q} \\ 2^e & +aq^2 & \\ 3^e & +aq^3 & \\ 4^e & +aq^4 & \end{array}$$

on doit ajouter au quotient obtenu l'expression fractionnaire $\frac{aq^4}{1-q}$, ce qui donne rigoureusement

$$\frac{a}{1-q}=a+aq+aq^2+aq^3+\frac{aq^4}{1-q}.$$

Si maintenant on fait dans cette équation exacte, $a=1$, $q=2$, il vient $-1=1+2+4+8+\frac{16}{-1}=1+2+4+8-16$;

égalité qui se vérifie d'elle-même.

En général, toutes les fois qu'une expression en x, que nous désignerons par $f(x)$, et qui s'énonce *fonction* de x, est développée en une série de la forme $a+bx+cx^2+dx^3+\ldots$, on n'a rigoureusement $f(x)=a+bx+cx^2+dx^3+\ldots$, qu'autant que l'on conçoit, en s'arrêtant à un certain terme dans le second membre, la série complétée par une certaine expression en x.

Lorsque la série est du nombre de celles que l'on nomme *convergentes*, l'expression qui sert à la compléter, peut être conçue aussi petite que l'on veut; et il est permis de la négliger au-delà d'un certain terme de la série (*).

198. *Remarque.* — Nous terminerons les principes relatifs aux progressions infinies, par l'observation suivante : il résulte de la définition des progressions par quotient (n° **191**), qu'on peut les regarder comme des séries récurrentes du premier ordre, dont l'*échelle* de *relation* est *la raison* de la progression. (*Voy.* n° **184.**) Ce rapprochement est propre à faire connaître l'origine des progressions prolongées à l'infini. Elles doivent, comme les séries récurrentes en général, leur naissance au développement d'une fraction algébrique en série. Nous avons donné (n^os **195** et **196**) les moyens de *trouver cette fraction*

(*) Voyez à la fin de ce chapitre une note relative à la convergence des séries.

génératrice pour les progressions en particulier. Nous verrons plus loin les moyens de résoudre la même question pour toutes les séries récurrentes.

199. La considération des cinq quantités a, q, n, l, et S, qui entrent dans les deux formules $l = aq^{n-1}$, $S = \frac{lq - a}{q - 1}$, obtenues n^os **192** et **193**, donne encore lieu à dix problèmes particuliers dont les énoncés ne diffèrent des énoncés relatifs aux progressions par différence (n° **188**), qu'en ce que la lettre r est remplacée par q. Mais nous nous proposerons, comme pour les progressions par différence, de déterminer q et S, connaissant a, l, et n.

Or, la première formule donne $q^{n-1} = \frac{l}{a}$, d'où $q = \sqrt[n-1]{\frac{l}{a}}$; en reportant cette valeur dans la seconde formule, on obtiendrait la valeur de S.

L'expression $q = \sqrt[n-1]{\frac{l}{a}}$ fournit le moyen de résoudre cette question : *Insérer entre deux nombres donnés* a *et* b *un nombre* m *de* MOYENS PROPORTOINNELS, c'est-à-dire *un nombre* m *de quantités qui forment avec* a *et* b, *considérés comme extrêmes, une progression par quotient.*

Il suffit, pour cela, de connaître la *raison;* or, le nombre des termes à insérer étant m, le nombre total des termes, n, est égal à $m + 2$; on a d'ailleurs $l = b$; ainsi la valeur de q devient $q = \sqrt[m+1]{\frac{b}{a}}$; c'est-à-dire qu'il faut *diviser les deux nombres donnés* b *et* a *l'un par l'autre, puis extraire du quotient une racine d'un degré marqué par le nombre des termes à insérer, plus un.*

La progression est alors

$$\div a : a\sqrt[m+1]{\frac{b}{a}} : a\sqrt[m+1]{\frac{b^2}{a^2}} : a\sqrt[m+1]{\frac{b^3}{a^3}} : \ldots : b.$$

Ainsi, soit à insérer 6 moyens proportionnels entre les nombres 3 et 384.

$$\text{On a } m=6, \quad \text{d'où} \quad q=\sqrt[7]{\frac{384}{3}}=\sqrt[7]{128}=2\,;$$

d'où l'on déduit la progression

$$:: 3 : 6 : 12 : 24 : 48 : 96 : 192 : 384.$$

Nous ferons bientôt connaître des moyens plus expéditifs, dans les applications numériques, de calculer le nombre exprimé par $q=\sqrt[m+1]{\frac{b}{a}}$.

Nous ne nous arrêterons point à démontrer que, *si entre les termes consécutifs d'une progression par quotient, considérés deux à deux, on insère un même nombre de moyens proportionnels, toutes les progressions ainsi formées constituent une progression unique*. La démonstration est analogue à celle du numéro **189**.

200. Des *dix* problèmes principaux que l'on peut se proposer sur les progressions, *quatre* sont susceptibles d'être résolus facilement. En voici les énoncés, avec les formules qui y sont relatives :

1°. a, q, n, étant donnés, trouver l et S.

$$l=aq^{n-1}, \quad S=\frac{lq-a}{q-1}=\frac{a(q^n-1)}{q-1}.$$

2°. a, n, l, étant donnés, trouver q et S.

$$q=\sqrt[n-1]{\frac{l}{a}}, \quad S=\frac{\sqrt[n-1]{l^n}-\sqrt[n-1]{a^n}}{\sqrt[n-1]{l}-\sqrt[n-1]{a}}.$$

3° q, n, l, étant donnés, trouver a et S.

$$a = \frac{l}{q^{n-1}}, \quad S = \frac{l(q^n - 1)}{q^{n-1}(q-1)}.$$

4°. q, n, S, étant donnés, trouver a et l.

$$a = \frac{S(q-1)}{q^n - 1}, \quad l = \frac{Sq^{n-1}(q-1)}{q^n - 1}.$$

Deux autres problèmes dépendent de la résolution d'équations d'un degré supérieur au second : ce sont ceux où l'on suppose inconnues les quantités a et q, ou bien l et q.

En effet, de la seconde formule on déduit $a = lq - Sq + S$; d'où, substituant cette valeur de a dans la première $l = aq^{n-1}$,

$$l = (lq - Sq + S)\,q^{n-1},$$

ou bien $$(S - l)q^n - Sq^{n-1} + l = 0.$$

équation du degré n que nous n'avons point encore appris à résoudre.

Il en serait de même si l'on voulait déterminer l et q : on parviendrait à l'équation $aq^n - Sq + S - a = 0$,

201. Enfin, les *quatre* autres problèmes conduisent à la résolution d'équations d'une nature toute particulière : ce sont ceux où n est inconnu ainsi que l'une des 4 autres quantités.

D'abord, la seconde formule donne aisément la valeur de l'une des quantités a, q, l, et S, *en fonction* des trois autres; ainsi, tout se réduit à déterminer n au moyen de la formule $l = aq^{n-1}$.

Or cette égalité revient à $q^n = \frac{lq}{a}$, équation de la forme $a^x = b$, a et b étant des quantités connues. On appelle ces sortes d'équations, *équations exponentielles*, pour les distinguer de celles que nous avons considérées jusqu'à présent, et dans lesquelles l'inconnue est élevée à des puissances marquées par des nombres connus.

Occupons-nous donc de la résolution de ces équations auxquelles se rattache une des théories les plus importantes des Mathématiques, la théorie des logarithmes.

§ II. — *Théories des quantités exponentielles et des logarithmes.*

202. *Résolution de l'équation* $a^x = b$. — La question consiste à trouver l'exposant de la puissance à laquelle il faut élever un nombre donné a, pour produire un autre nombre donné b.

Considérons d'abord quelques cas particuliers.

Soit à résoudre l'équation $2^x = 64$. En élevant 2 à ses différentes puissances, on reconnaît bientôt que $2^6 = 64$; donc $x = 6$ satisfait à l'équation.

Soit encore l'équation $3^x = 243$. On a pour solution, $x = 5$. En un mot, tant que le second membre b sera une *puissance parfaite* du nombre donné a, x sera un nombre entier que l'on obtiendra par l'élévation de a à ses puissances successives à partir du degré 0.

Soit maintenant à résoudre l'équation $2^x = 6$. En faisant $x = 2$, et $x = 3$, on trouve $2^2 = 4$, et $2^3 = 8$; d'où l'on voit que x a une valeur comprise entre 2 et 3.

Posons donc $x = 2 + \frac{1}{x'} \ldots$ (x' est alors > 1).

On a, en substituant cette valeur dans la proposée,

$$2^{2+\frac{1}{x'}} = 6, \text{ ou (n° 172) } 2^2 \times 2^{\frac{1}{x'}} = 6; \text{ donc } 2^{\frac{1}{x'}} = \frac{3}{2},$$

ou, élevant les deux membres à la puissance x', $\left(\frac{3}{2}\right)^{x'} = 2$.

Pour déterminer x', faisons successivement $x' = 1$, $x' = 2$; on trouve $\left(\frac{3}{2}\right)^1$, ou $\frac{3}{2} < 2$, et $\left(\frac{3}{2}\right)^2$ ou $\frac{9}{4} > 2$;

Ainsi x est compris entre 1 et 2.

Posons donc $x' = 1 + \frac{1}{x''} \dots$ (x'' est aussi > 1).

On obtient, en substituant dans l'équation exponentielle en x',

$$\left(\frac{3}{2}\right)^{1+\frac{1}{x''}} = 2, \quad \text{ou} \quad \frac{3}{2} \times \left(\frac{3}{2}\right)^{\frac{1}{x''}} = 2,$$

ou, réduisant, $$\left(\frac{4}{3}\right)^{x''} = \frac{3}{2}.$$

Les hypothèses $x'' = 1$ et $x'' = 2$, donnent $\left(\frac{4}{3}\right)^1$ ou $\frac{4}{3} < \frac{3}{2}$, et $\left(\frac{4}{3}\right)^2$ ou $\frac{16}{9} > \frac{3}{2}$. Ainsi x est compris entre 1 et 2.

Soit donc $x'' = 1 + \frac{1}{x'''}$; il en résulte

$$\left(\frac{4}{3}\right)^{1+\frac{1}{x'''}} = \frac{3}{2}, \quad \text{ou} \quad \frac{4}{3} \times \left(\frac{4}{3}\right)^{\frac{1}{x'''}} = \frac{3}{2};$$

d'où réduisant, $\left(\frac{9}{8}\right)^{x'''} = \frac{4}{3}.$

Si l'on fait successivement $x''' = 1, 2, 3$, on trouve, pour les deux dernières hypothèses, $\left(\frac{9}{8}\right)^2 = \frac{81}{64} = 1 + \frac{17}{64} < 1 + \frac{1}{3}$, et $\left(\frac{9}{8}\right)^3 = \frac{729}{512} = 1 + \frac{217}{512} > 1 + \frac{1}{3}$; ainsi, x''' est compris entre 2 et 3.

Soit $x''' = 2 + \frac{1}{x^{\text{IV}}}$; l'équation en x''' devient

$$\left(\frac{9}{8}\right)^{2+\frac{1}{x^{\text{IV}}}} = \frac{4}{3}, \quad \text{ou} \quad \frac{81}{64}\left(\frac{9}{8}\right)^{\frac{1}{x^{\text{IV}}}} = \frac{4}{3};$$

et par conséquent, $\left(\frac{256}{243}\right)^{x^{\text{VI}}} = \frac{9}{8}.$

En opérant sur cette équation exponentielle comme sur les précédentes, on trouverait deux nombres entiers k et $k+1$, entre lesquels x^{IV} serait compris. Posant $x^{\text{IV}}=k+\frac{1}{x^{\text{V}}}$, on déterminerait x^{V} comme on a déterminé x^{IV} ; et ainsi de suite.

Rapprochons actuellement les équations

$$x=2+\frac{1}{x'},\quad x'=1+\frac{1}{x''},\quad x''=1+\frac{1}{x'''},\quad x'''=2+\frac{1}{x^{\text{IV}}}\ldots\ldots,$$

nous obtenons la valeur de x sous la forme d'une fraction continue

$$x=2+\cfrac{1}{1+\cfrac{1}{2+\cfrac{1}{1+\cfrac{1}{x^{\text{IV}}}}}}.$$

Or on sait (*Arith.*, 15e édition, n° **171**) que, dans une fraction continue, plus on prend de parties intégrantes, plus on approche de la valeur du nombre réduit en fraction continue; ainsi, l'on pourra, par ce moyen, trouver la valeur de x propre à vérifier l'équation $2^x=6$, sinon exactement, du moins avec tel degré d'approximation que l'on voudra.

Par exemple, en formant les quatre premières réduites, d'après la loi établie en *Arithmétique*, n° **166**, on trouve

$$\frac{2}{1},\ \frac{3}{1},\ \frac{5}{2},\ \frac{13}{5};$$

et la réduite $\frac{13}{5}$ ne diffère (*Arith.*, n° **172**) de la valeur de x, que d'une quantité moindre que $\frac{1}{(5)^2}$ ou $\frac{1}{25}$. Mais l'approximation est encore plus grande; car si l'on calcule la valeur de x^{IV}, d'après l'équation $\left(\frac{256}{243}\right)^{x^{\text{IV}}}=\frac{9}{8}$, on reconnaîtra que x^{IV} est compris entre 2 et 3; ainsi $x^{\text{iv}}=2+\frac{1}{x^{\text{v}}}$; donc la 5e réduite est $\frac{13\times 2+5}{5\times 2+2}$ ou $\frac{31}{12}$. Ainsi, $\frac{13}{5}$ diffère de la valeur de x, d'une quantité moindre que $\frac{1}{12\times 5}$, ou $\frac{1}{60}$. La réduite $\frac{31}{12}$ en diffère de moins que $\frac{1}{(12)^2}$ ou $\frac{1}{144}$.

203. *Voici la méthode générale :*—Soit à résoudre l'équation

$$a^x = b,$$

a et b étant deux nombres absolus plus grands que 1, et a étant supposé $< b$.

En formant les puissances successives de a, on trouve que b est compris entre a^n et a^{n+1}; alors on fait..... $x=n+\frac{1}{x'}$; substituant cette valeur dans l'équation, on obtient $a^{n+\frac{1}{x'}}=b$, équation qui revient à $a^n\times a^{\frac{1}{x'}}=b$, d'où $\left(\frac{b}{a^n}\right)^{x'}=a$, ou, posant, pour plus de simplicité, $\frac{b}{a^n}=c$,

$$c^{x'} = a.$$

Opérant sur cette équation comme sur la proposée, on reconnaîtra que la valeur de x' est comprise entre n' et $n'+1$, ce qui donnera....... $x'=n'+\frac{1}{x''}$;
substituant cette valeur dans l'équation en x', on sera encore conduit à résoudre une équation de la forme

$$d^{x''}=c,$$

d ayant pour valeur $\frac{c}{a^{n'}}$; et ainsi de suite.

Donc enfin l'on obtiendra, pour la valeur de x, une expression de la forme

$$x = n + \cfrac{1}{n' + \cfrac{1}{n'' + \cfrac{1}{n''' + \ldots}}}$$

En poussant convenablement la suite des opérations, on aura la valeur de x avec tel degré d'approximation que l'on voudra; et ce degré pourra toujours s'estimer, puisqu'il est marqué (*Arith.*, n° **172**) par le quotient de *l'unité divisée par le carré du dénominateur de la dernière réduite* à laquelle on sera parvenu.

204. *Remarque.*—1°.—Si, dans le cas de $a > 1$ et $b > 1$, on suppose $b < a$, comme on a $a^0 = 1$ (n° **24**) et $a^1 = a$, il s'ensuit que x est compris entre 0 et 1; il faut alors commencer par poser $x = \frac{1}{x'}$,

Cela revient à faire $n = 0$ dans le calcul précédent.

2°. — Si b est une fraction, et que a soit plus grand que l'unité, la valeur de x est nécessairement < 0, ou NÉGATIVE;

ainsi il faut poser dans l'équation $a^x = b$, $x = -y$,

ce qui donne $a^{-y} = b$; d'où (n° **171**) $a^y = \frac{1}{b}$;

et comme on a $\frac{1}{b} > 1$, on déterminera y d'après la méthode ci-dessus; alors la valeur correspondante de x sera égale à celle de y, prise *négativement*.

Il en est de même si l'on a $b > 1$ et $a < 1$.

Au moyen de ces remarques, l'application de la méthode n'offre aucune difficulté. Seulement les calculs, pour donner un grand degré d'approximation, sont assez laborieux.

On peut, au reste, s'exercer sur les exemples suivans:

$$3^x = 15;\ldots x = \quad 2,465 \text{ à } 0,001 \text{ près},$$
$$10^x = 3;\ldots x = \quad 0,477 \text{ à } 0,001 \text{ près},$$
$$5^x = \frac{2}{3};\ldots x = -0,25 \text{ à } 0,01 \text{ près},$$
$$\left(\frac{7}{12}\right)^x = \frac{3}{4};\ldots x = \quad 0,53 \text{ à } 0,01 \text{ près}.$$

On suppose ici que l'on ait converti en fractions décimales les réduites fournies par la méthode.

205. On peut demander si, en suivant la méthode précédente, on sera conduit à une fraction continue d'un nombre limité de fractions intégrantes, ce qui donnera pour x un nombre *commensurable* et égal à la dernière réduite de la fraction continue; ou bien, si le nombre des fractions intégrantes doit être illimité, auquel cas x sera *incommensurable*.

Pour répondre à cette question, supposons dans l'équation $a^x = b$, x égal à un nombre commensurable $\frac{m}{n}$, et voyons quelle relation il doit exister entre les nombres a et b pour que cette valeur puisse être admise, c'est-à-dire pour que x soit *commensurable*.

Soient, en premier lieu, a et b deux nombres *entiers;* on a l'équation $a^{\frac{m}{n}} = b$, que l'on peut mettre sous la forme $a^m = b^n$.

Il est d'abord évident que cette égalité ne peut subsister qu'autant que a et b sont composés des mêmes facteurs premiers; car, si l'on suppose dans b un facteur premier qui ne se trouve pas dans a, et qu'on divise les deux membres par ce facteur, le second membre sera un nombre entier, et le premier un nombre fractionnaire, ce qui est absurde; donc, si l'on a,

par exemple, $\quad a = \alpha^p \beta^q \gamma^r \delta^s,$

on doit avoir aussi $\quad b = \alpha^{p'} \beta^{q'} \gamma^{r'} \delta^{s'}.$

Substituant ces valeurs dans l'équation $a^m = b^n$, on la change

en celle-ci: $\quad \alpha^{mp} \beta^{mq} \gamma^{nr} \delta^{ns} = \alpha^{np'} \beta^{nq'} \gamma^{nr'} \delta^{ns'}.$

Cette nouvelle égalité ne peut évidemment subsister qu'autant que les puissances d'un même facteur premier sont égales dans les deux membres; car, si elles étaient inégales, en divisant les deux membres par la plus haute puissance, on serait encore conduit à ce résultat absurde : *un nombre entier égal à un nombre fractionnaire*.

Ainsi, l'on doit avoir séparément

$$mp = np', \quad mq = nq', \quad mr = nr', \quad ms = ns',$$

d'où l'on déduit $\quad \frac{m}{n} = \frac{p'}{p} = \frac{q'}{q} = \frac{r'}{r} = \frac{s'}{s}.$

Donc, pour que la valeur de x soit commensurable, il faut et il suffit *que* a *et* b *soient composés des mêmes facteurs premiers, et que les exposans de ces facteurs forment entre eux une suite de rapports égaux*. Si ces deux conditions sont satisfaites, la valeur de x est égale au rapport constant qui existe entre les exposans.

Supposons, *en second lieu*, que a et b soient fractionnaires et égaux à $\frac{h}{h'}$, $\frac{k}{k'}$; l'équation $a^m = b^n$ devient

$$\left(\frac{h}{h'}\right)^m = \left(\frac{k}{k'}\right)^n, \quad \text{d'où} \quad h^m k'^n = h'^m k^n.$$

Or, h et h' pouvant toujours être regardés comme premiers entre eux, aussi bien que k et k', il en est de même de h^m et h'^m, k^n et k'^n; ainsi, pour que l'égalité précédente subsiste, il faut que l'on ait séparément $h^m = k^n$, $h'^m = k'^n$, ce qui conduit à des conditions semblables à celles que nous avons établies ci-dessus, entre les numérateurs et les dénominateurs respectivement comparés entre eux.

N. B.—Si l'on avait $\frac{h}{h'} > 1$, mais $\frac{k}{k'} < 1$, ou réciproquement, il faudrait d'abord changer le signe de x dans l'équation exponentielle $a^x = b$ (ce qui reviendrait à renverser celui des deux

nombres $\frac{h}{h'}$, $\frac{k}{k'}$, que l'on suppose < 1, en conservant x positif);
puis on établirait les relations précédentes.

206. *Cas particuliers.*—1°.— Si a et b, étant des nombres entiers, ne renferment qu'un seul facteur premier, le même pour les deux, x est nécessairement commensurable.

Soit l'équation $4^x = 32$, qui revient à $2^{2x} = 2^5$;

il en résulte $2x = 5$, d'où $x = \frac{5}{2}$.

Soit encore $27^x = 2187$, ou $3^{3x} = 3^7$; on a $x = \frac{7}{3}$.

2°.—*Si* a *n'est composé que de facteurs premiers élevés à la première puissance*, il faut que b soit une puissance parfaite de a pour que x soit commensurable; en sorte que, dans ce cas, *x est entier*, ou bien, *incommensurable.*

En effet, soit $a = \alpha\beta\gamma\delta$, d'où $b = \alpha^{p'}\beta^{q'}\gamma^{r'}\delta^{s'n}$;

l'équation $a^m = b^n$ devient $\alpha^m\beta^m\gamma^m\delta^m = \alpha^{p'n}\beta^{q'n}\gamma^{r'n}\delta^{s'n}$;

d'où l'on déduit $m = p'n = q'n = r'n = s'n$,

ou bien, $p' = q' = r' = s'$;

donc $b = \alpha^{p'}\beta^{p'}\gamma^{p'}\delta^{p'} = (\alpha\beta\gamma\delta)^{p'} = a^{p'}$,

et par conséquent $x = p'$.

Soit, par exemple, $a = 10 = 2 \times 5$;

il faut que b soit une puissance parfaite de 10 pour que x puisse être commensurable.

Théorie des logarithmes.

207. *Introduction.* —Si l'on suppose que, dans l'équation $a^x = y$, a conservant toujours une même valeur *positive*, on remplace y par tous les nombres absolus possibles, on pourra, pour chaque valeur de y, déterminer par la méthode du n° 203 la valeur de x, sinon exactement, du moins avec un aussi grand degré d'approximation que l'on voudra.

Supposons d'abord $a > 1$.

Si l'on fait successivement $x = 0,\ 1,\ 2,\ 3,\ 4,\ 5,\ldots$

il en résulte $y = a^0$, ou $1,\ a,\ a^2,\ a^3,\ a^4,\ a^5\ldots$;

donc, *toutes les valeurs de* y *plus grandes que l'unité sont produites par des puissances de* a, *dont les exposans sont* POSITIFS, *entiers ou fractionnaires; et la valeur de* x *est d'autant plus grande que celle de* y *est elle-même plus grande.*

Faisons ensuite $x = 0,\ -1,\ -2,\ -3,\ -4,\ -5\ldots$,

Il en résulte $y = a^0$, ou 1, $\frac{1}{a}$, $\frac{1}{a^2}$, $\frac{1}{a^3}$, $\frac{1}{a^4}$, $\frac{1}{a^5}\ldots$;

donc, *toutes les valeurs de* y *plus petites que l'unité sont produites par des puissances de* a, *dont les exposans sont* NÉGATIFS; *et la valeur de* x *est d'autant plus grande, numériquement, que la valeur de* y *se rapproche plus de* ZÉRO.

Soit, au contraire, $a < 1$ et égal à une fraction $\frac{1}{a'}$;

en faisant $x = 0,\ 1,\ 2,\ 3,\ 4,\ 5\ldots$,

on trouve $y = \left(\frac{1}{a'}\right)^0$, ou 1, $\frac{1}{a'}$, $\frac{1}{a'^2}$, $\frac{1}{a'^3}$, $\frac{1}{a'^4}$, $\frac{1}{a'^5}\ldots$,

et, si l'on fait $x = 0,\ -1,\ -2,\ -3,\ -4,\ -5\ldots$,

on obtient $y = \left(\frac{1}{a'}\right)^0$, ou 1, a', a'^2, a'^3, a'^4, $a'^5\ldots$;

c'est-à-dire que, dans l'hypothèse de $a < 1$, tous les nombres sont engendrés avec les diverses puissances de a, dans un ordre inverse de celui où ils le sont lorsqu'on suppose $a > 1$.

Mais il n'en résulte pas moins cette conséquence générale, que *tous les nombres absolus possibles peuvent être engendrés avec un nombre absolu quelconque, mais constant, que l'on élève à des puissances convenables.*

N. B. — Il faut toutefois supposer *a différent de l'unité*, car on sait que toutes les puissances de 1 sont égales à 1.

208. Cela posé, concevons que l'on ait formé une table renfermant, d'une part, tous les nombres entiers, et à côté de ces nombres, les *exposans des puissances* auxquelles il faudrait élever *un nombre invariable*, pour former tous ces nombres; on aura l'idée d'une table de *logarithmes*.

On appelle, en général, LOGARITHME *d'un nombre, l'exposant de la puissance à laquelle il faut élever un certain nombre invariable pour produire le premier nombre.*

Le nombre invariable peut d'abord être pris tout-à-fait arbitrairement (pourvu qu'il soit $>$ ou $<$ 1); mais une fois choisi, il doit rester le même pour la formation de tous les nombres. On l'appelle, pour cette raison, BASE du système de logarithmes.

Quelle que soit la base que l'on a choisie, *le logarithme de la base est l'unité, et le logarithme de* 1 *est* 0.

En effet, on a 1°... $a^1 = a$, d'où $\log a = 1$,
2°... $a^0 = 1$, d'où $\log 1 = 0$.

(On désigne ordinairement, pour abréger, le mot logarithme, par les trois premières lettres *log*, ou simplement par la première lettre *l.*, que l'on fait ordinairement suivre d'*un point* et du nombre que l'on considère.)

Voyons actuellement de quelles propriétés jouit une table de logarithmes, par rapport aux calculs numériques.

209. *Multiplication et division arithmétique.*—Soit d'abord une suite de nombres y, y', y'', y'''.... à multiplier entre eux. Désignons par a la base d'un système de logarithmes (qu'on suppose déjà calculés) et par $x, x', x'' x'''$,... les logarithmes de y, y', y'', y'''....

On a, d'après la définition (n° 208), cette suite d'égalités

$$y = a^x,\quad y' = a^{x'},\quad y'' = a^{x''},\quad y''' = a^{x'''}\ldots$$

Multipliant ces égalités membre à membre, et appliquant la règle des exposans établie n° 172, on trouve

$$yy'y''y'''\ldots = a^{x+x'+x''+x'''+\ldots}$$

Donc, $\log yy'y''\ldots = x+x'+x''+\ldots = \log y + \log y' + \log y'' + \ldots$

c'est-à-dire que *le logarithme d'un produit est égal à la somme des logarithmes des facteurs de ce produit.*

Soient en second lieu, deux nombres, y et y', à diviser l'un par l'autre, x et x' leurs logarithmes. On a encore les équations

$$y = a^x, \quad y' = a^{x'}; \quad \text{d'où l'on déduit (n° 172)} \ \frac{y}{y'} = a^{x-x'}.$$

Donc, $$\log\frac{y}{y'} = x - x' = \log y - \log y';$$

c'est-à-dire que *le logarithme du quotient d'une division est égal à la différence entre le logarithme du dividende et le logarithme du diviseur.*

Conséquences de ces deux propriétés.— Si l'on a une multiplication à effectuer, en prenant dans la table les logarithmes des facteurs et faisant *la somme* de ces logarithmes, on aura le logarithme du produit; donc, en cherchant ce nouveau logarithme dans la table et prenant le nombre qui lui correspond, on obtiendra le produit demandé. Ainsi, *par une simple addition, on trouve le résultat d'une multiplication.*

De même, si l'on a à diviser un nombre par un autre, il faut retrancher le logarithme du diviseur de celui du dividende, puis chercher à quel nombre correspond la différence : c'est le quotient cherché. Ainsi, *par une simple soustraction, on obtient le quotient d'une division.*

210. *Formation des puissances et extraction des racines.*— Soit en général, un nombre y à élever à la puissance $\frac{m}{n}$; désignant toujours par a la base, et par x le logarithme de y, on a l'équation $$y = a^x,$$

d'où, élevant les deux membres à la puissance $\frac{m}{n}$,

$$y^{\frac{m}{n}} = a^{\frac{m}{n}.x}.$$

Donc,
$$\log y^{\frac{m}{n}} = \frac{m}{n}.x = \frac{m}{n}.\log y;$$

c'est-à-dire que *le logarithme d'une puissance quelconque d'un nombre est égal au produit du logarithme du nombre par l'exposant de la puissance.*

Soit, comme cas particulier, $n = 1$; il en résulte..... $\log y^m = m.\log y$, équation susceptible d'un énoncé analogue au précédent.

Soit $m = 1$, n étant un nombre entier quelconque; il en résulte

$$\log y^{\frac{1}{n}} \text{ ou } \log \sqrt[n]{y} = \frac{1}{n}.\log y;$$

c'est-dire que *le logarithme d'une racine de degré quelconque d'un nombre est égal au quotient du logarithme de ce nombre divisé par l'indice de la racine.*

Conséquence.—Pour former une puissance quelconque d'un nombre, il suffit de prendre le logarithme de ce nombre dans la table, de le multiplier par l'exposant de la puissance, puis de chercher le nombre correspondant à ce produit; on a ainsi la puissance demandée.

De même, pour extraire une racine, il suffit de diviser le logarithme du nombre proposé par l'indice de la racine, puis de chercher à quel nombre correspond le quotient; on a la racine demandée. Ainsi, *par une multiplication et une division généralement très simples, on trouve le résultat d'une formation de puissance et d'une extraction de racine,* opération dont les procédés ordinaires sont, comme on l'a vu, très laborieux.

211. Les propriétés qu'on vient de démontrer sont indépendantes du système particulier de logarithmes adopté; mais les conséquences qui en ont été déduites, c'est-à-dire l'usage qu'on en peut faire dans les calculs numériques, supposent la construction d'une table renfermant d'un côté tous les nombres, et de l'autre les *logarithmes* de ces nombres, calculés d'après une *base* donnée. Or, pour former cette table, il faut, comme nous l'avons déjà dit, en considérant l'équation $a^x = y$, faire passer y par tous les états de grandeur possibles, et déterminer la valeur de x correspondante à chacune des valeurs de y, d'après la méthode du n° 203.

Les tables dont on se sert ordinairement sont celles dont la base est égale à 10, et leur construction se réduit à la résolution de l'équation $10^x = y$. En faisant successivement y égal aux termes de la suite naturelle, 1, 2, 3, 4, 5, 6..., on a à résoudre les équations

$$10^x = 1, \quad 10^x = 2, \quad 10^x = 3, \quad 10^x = 4 \ldots$$

Observons d'ailleurs qu'il suffit de calculer directement, d'après la méthode du n° 203, les logarithmes des nombres premiers 1, 2, 3, 5, 8, 11, 13, 17...; car tous les autres nombres entiers résultant de la multiplication de ces différens facteurs entre eux, leurs logarithmes peuvent (n° 209) s'obtenir par l'addition des logarithmes des nombres premiers.

C'est ainsi que 6 étant décomposable en 2×3, on a

$$\log 6 = \log 2 + \log 3;$$

de même, $24 = 2^3 \times 3$; donc $\log 24 = 3 \log 2 + \log 3$.

Soit encore $360 = 2^3 \times 3^2 \times 5$; il en résulte

$$\log 360 = 3 \log 2 + 2 \log 3 + \log 5.$$

Il suffisait également de placer dans les tables, les logarithmes des nombres entiers; car en vertu de la propriété (n° 209) relative à la division, on obtient le logarithme d'un nombre fractionnaire en retranchant le logarithme du diviseur de celui du dividende.

212. En supposant déjà construite une première table de logarithmes, il est facile d'en construire tant d'autres que l'on veut, au moyen de celle-là.

Soient en effet a la base d'un premier système déjà formé, b la base d'un nouveau système à construire; désignons par N un nombre quelconque, par log N et par X, ses deux logarithmes calculés d'après les bases a et b; on a l'équation $b^X = N$.

D'où, en prenant les logarithmes des deux membres dans le système dont la base est a, $X.\log b = \log N$.

Donc $$X = \frac{\log N}{\log b}.$$

Ce qui prouve que, *connaissant le logarithme d'un nombre dans un premier système, pour avoir le logarithme du même nombre dans un second système, il faut diviser le logarithme du nombre, calculé dans le premier système, par le logarithme de la nouvelle base, calculé aussi dans l'ancien système.*

Ainsi le logarithme de 4 dans le système dont la base est 3, a pour valeur, $\frac{\log 4}{\log 3}$; log 4 et log 3 étant deux logarithmes calculés dans le système connu dont la base est 10.

Soient N, N′, N″... une suite de nombres, a la base d'un système déjà formé, b celle d'un système à construire; on a la série d'équations,

$$X = \frac{\log N}{\log b} = \frac{1}{\log b}.\log N;\ X' = \frac{1}{\log b}.\log N',\ X'' = \frac{1}{\log b}.\log N''...;$$

d'où l'on voit qu'une première table étant déjà formée, si l'on veut en construire une nouvelle, il n'y a qu'à *multiplier les logarithmes du premier système par la quantité constante* $\frac{1}{\log b}$. Cette quantité constante qui sert à passer d'une table à une autre, s'appelle LE MODULE de la nouvelle table par rapport à l'ancienne.

§ III. — *Usage des tables vulgaires.*

Les développemens que nous avons donnés en *Arithmétique* sur les deux problèmes principaux que prescrit l'usage des tables (*un nombre étant donné, trouver son logarithme*, et réciproquement) nous dispensent d'entrer dans de nouveaux détails à cet égard. Nous nous bornerons donc à reprendre quelques principes qui n'ont pas été démontrés d'une manière assez générale, en supposant d'ailleurs que les jeunes gens aient entre les mains les Tables de *Callet*, qui sont poussées jusqu'à 108000, tandis que les petites tables ne s'étendent pas au-delà de 10000.

215. On a déjà vu (n° **206**) que, dans le système dont la base est 10, il n'y a que les puissances parfaites de 10, telles que 10, 100, 1000,... qui puissent avoir des logarithmes *commensurables*; tous les autres nombres entiers ont des logarithmes *incommensurables*, que l'on ne peut obtenir qu'avec un certain degré d'approximation. Les Tables de *Callet* donnent ces logarithmes exprimés en fractions décimales, et exacts jusqu'au 7ᵉ chiffre décimal, inclusivement.

Cela posé, faisons dans l'équation $10^x = y$,

$$x = 0,\quad 1,\quad 2,\quad 3,\quad 4, \ldots n-1,\quad n;$$

il en résulte $y = 1,\ 10,\ 100,\ 1000,\ 10000 \ldots 10^{n-1}, 10^n.$

Posant ensuite $x = 0, -1, -2, -3, -4, \ldots -(n-1), -n,$

on trouve $y = 1,\ \frac{1}{10},\ \frac{1}{100},\ \frac{1}{1000},\ \frac{1}{10000}, \ldots \frac{1}{10^{n-1}},\ \frac{1}{10^n}.$

Donc 1°. — les logarithmes de tous les nombres plus grands que l'unité sont *positifs* et croissent depuis 0 jusqu'à l'infini; les logarithmes des fractions proprement dites, sont *négatifs*, mais ils ont une valeur numérique d'autant plus grande que la fraction est plus petite; en sorte que, si l'on considère une fraction moindre que toute grandeur donnée, son logarithme est *négatif*, mais sa valeur numérique est *infiniment grande* : ce que l'on exprime d'une manière abrégée en disant que *zéro* a pour logarithme l'*infini négatif*,

ou bien......... $\log 0 = -\infty$.

2°.—Si l'on considère un nombre entier de n chiffres, c'est-à-dire un nombre compris entre 10^{n-1} et 10^n, on voit que la partie entière de son logarithme est égale à $n-1$, ou renferme *autant d'unités moins une* qu'il y a de chiffres dans le nombre.

Cette partie entière du logarithme est appelée CARACTÉRISTIQUE (*Arith.*, n° **261**, 15ᵉ édit.), parce qu'elle indique l'ordre des plus hautes unités du nombre qui correspond à ce logarithme. Par exemple, si la caractéristique est égale à 5, on peut en conclure que le nombre correspondant est compris entre 10^5 et 10^6, ou est composé de *six* chiffres.

214. Les deux propriétés du n° **209** donnent

$$\log(a \times 10^n) = \log a + \log 10^n = \log a + n,$$

et
$$\log \frac{a}{10^n} = \log a - \log 10^n = \log a - n;$$

ce qui prouve que, *connaissant le logarithme d'un nombre quelconque, il suffit pour obtenir celui d'un nombre* 10^n *fois plus grand ou plus petit, d'augmenter ou de diminuer de* n *unités la caractéristique du logarithme donné.*

On peut encore conclure que *les logarithmes des fractions décimales qui ne diffèrent entre elles que par la position de la virgule, ont la même partie décimale* ; c'est-à-dire que *leur caractéristique seule est différente.*

Ces propriétés (qui sont d'ailleurs toutes particulières au système ordinaire de logarithmes) servent de base aux préparations que l'on fait subir aux nombres dont on cherche les logarithmes, ou aux logarithmes lorsqu'on veut obtenri les nombres qui leur correspondent.

Ainsi, quand on cherche le logarithme d'un nombre entier qui excède les limites des tables, on sépare d'abord par une virgule, assez de chiffres vers la droite, pour que la partie à gauche soit un des nombres entiers de la table; mais il faut en séparer le moins possible (*voir* le *N. B.*, *Arith.*, n° **264**), à cause de la proportion à établir entre les différences des nombres et les différences des logarithmes.

En se servant de petites tables, on doit laisser *quatre* chiffres vers la gauche; et avec les Tables de *Callet*, on doit en avoir *cinq*.

Lorsqu'on veut obtenir le nombre correspondant à un logarithme donné, il faut préparer ce logarithme de manière que sa caractéristique soit la plus forte de celles des tables, c'est-à-dire égale à 3 pour les petites tables, et à 4 pour les grandes (*).

215. *Des complémens arithmétiques*. — Il arrive fréquemment, dans les applications logarithmiques, que l'on a à déterminer le résultat de l'addition et de la soustraction de plusieurs logarithmes. Or, on a imaginé de ramener cette suite d'opérations à une seule addition, par le moyen des *complémens arithmétiques*.

On appelle *complément arithmétique* d'un logarithme, *ce qui manque à ce logarithme pour faire* 10 *unités entières*, ou, ce qui revient au même, le résultat que l'on obtient en retranchant de 10 le logarithme proposé.

Ainsi, compl. $3,4725843 = 10 - 3,4725843 = 6,5274157$,
compl. $2,7325490 = 10 - 2,7325490 = 7,2674510$.

On obtient un complément en retranchant le premier chiffre significatif à droite, *de* 10, *et tous les autres de* 9 : les zéros

---

(*) *Voyez* la seconde note placée à la fin de ce chapitre, pour le calcul de l'*erreur commise* lorsqu'on établit la proportion entre les différences des nombres et les différences des logarithmes.

qui peuvent se trouver à la droite du nombre restant dans le complément, qui peut, par conséquent, être formé, pour ainsi dire, d'après l'inspection d'un logarithme, ou d'après sa dictée. Cela posé, voici l'usage des complémens arithmétiques :

Que l'on ait à trouver le résultat numérique de l'expression $l-l'+l''-l'''-l^{iv}+l^{v}-$etc....; l, l', l''.... étant des logarithmes à ajouter ou à soustraire entre eux.

On observera que l'expression peut se mettre sous la forme

$$l+l''+l^{v}+\overline{10-l'}+\overline{10-l'''}+\overline{10-l^{iv}}-30,$$

ou bien

$$l+l''+l^{v}+\text{comp.}\,l'+\text{comp.}\,l'''+\text{comp.}\,l^{iv}-30;$$

c'est-à-dire que, pour avoir le résultat cherché, *il faut faire la somme des logarithmes additifs et des complémens des logarithmes soustractifs, puis retrancher de cette somme autant de fois* 10 *que l'on a pris de complémens.*

Par le moyen ordinaire, il faudrait faire la somme des termes additifs, celle des termes soustractifs, puis soustraire la plus petite somme de la plus grande, ce qui entraînerait dans deux additions et une soustraction; tandis que par celui-ci, on n'a qu'une seule addition à effectuer, sauf les opérations qui consistent à prendre les complémens, et qui sont trop simples pour entrer en ligne de compte.

216. L'emploi des complémens donne naissance à une espèce de logarithmes, qui est assez commode dans la pratique.

Soit proposé de trouver le logarithme de $\frac{7}{15}$;

On a $\log\frac{7}{15}=\log 7-\log 15=\log 7+\text{comp.}\log 15-10,$

log 7	=	0,84509804
comp. log 15	=	8,82390874
		9,66900678
retranchant 10,......	—	0,33099322
ou bien,............	—	1.66900678.

Le résultat de l'addition de *comp. log* 15 avec *log* 7 étant 9,66900678, il faut en retrancher 10, ce qu'on peut faire de deux manières : ou bien en soustrayant ce résultat de 10, et prenant le reste avec le signe —, ce qui donne — 0,33099322 ; ou bien en retranchant seulement 10 de la caractéristique 9, sans toucher à la partie décimale, ce qui donne —1.66900678, c'est-à-dire *un logarithme dont la caractéristique est négative, et la partie décimale positive.*

On a soin, pour distinguer ce logarithme, d'un logarithme entièrement négatif, de mettre un point au lieu d'une virgule. Il serait plus clair de l'écrire ainsi : $-1 + 0,66900678$, car voilà sa véritable signification ; mais l'autre manière de l'écrire est plus abrégée.

On obtient encore cette espèce de logarithmes en cherchant le logarithme d'une fraction décimale. Par exemple, on trouverait que

$$\log 0,00534 = \log 534 - 5 = 2,72754126 - 5 = -3.72754126.$$

L'usage de ces logarithmes présente quelques avantages sur celui des logarithmes entièrement négatifs : nous le verrons bientôt.

Nous nous bornerons, pour le moment, à observer,

1°. — Que, si l'on avait à déterminer le nombre qui correspond à un logarithme de cette espèce, la simple addition d'un nombre convenable d'unités à la caractéristique suffirait pour la préparation du logarithme.

Soit, par exemple, —3.4720563, le logarithme proposé ; en ajoutant 7 unités à la caractéristique, il vient 4,4720563, logarithme entièrement positif ; et le nombre correspondant s'obtiendrait d'après les règles connues; après quoi, l'on diviserait le nombre par 10000000, ou par 10^7.

2°. — Que, si l'on a à multiplier le logarithme	— 3.4720563,
par un nombre quelconque, 8 par exemple,	8
on obtient d'abord pour la partie décimale,	3.7764504,
et pour la caractéristique, ...	—24
ce qui donne pour résultat, ...	—21.7764504,

3°. — Que, si l'on a à diviser ce même logarithme par 8, on commence par ajouter à la caractéristique, assez d'unités *négatives* pour qu'on puisse en prendre le *huitième* exactement; c'est-à-dire qu'on mettra le logarithme $\bar{3}.4720563$ sous la forme $-8+5,4720563$. Prenant le *huitième* de cette nouvelle expression, on trouve $\bar{1}.6840070$.

Dans les numéros suivans, nous verrons l'usage de ces opérations.

Passons maintenant aux applications.

Opérations de l'arithmétique.

217. *Multiplication et division.* — On demande la valeur approchée du produit $\frac{31}{75}\times\frac{13}{12}\times\frac{47}{48}$.

Appelons x ce produit, on a (n° **209**),

$$\log x = \log 31 - \log 75 + \log 13 - \log 12 + \log 47 - \log 48.$$

$$\begin{aligned}
\log 31 &= 1,49136169,\\
\log 13 &= 1,11394335,\\
\log 47 &= 1,67209786,\\
\text{comp. } \log 75 &= 8,12493874,\\
\text{comp. } \log 12 &= 8,92081875,\\
\text{comp. } \log 48 &= \underline{8,31875876},\\
&\ \ \bar{1}.64191915 = 29,64191915 - 30;
\end{aligned}$$

ajoutant....... 5

on obtient..... 4,6419191

4,6419102 = log 438444

Différence.......... 89 | $\frac{89}{99} = 0,90.$

Différence tabulaire. 99 |

Donc.................. 4,6419191 = log 43844,90;

ainsi le produit demandé est 0,4384490 à 0,0000001 près.

Formation des puissances. — Observons avant tout que, comme, pour obtenir le résultat d'une élévation aux puissances, il faut multiplier le logarithme du nombre par l'exposant de la puissance, on doit prendre d'abord le logarithme du nombre proposé avec plus de 7 décimales, si l'on veut avoir un produit exact jusqu'à la 7e décimale inclusivement. Or on trouve dans l'ouvrage de *Callet*, à la suite des tables ordinaires, une autre table qui donne les logarithmes avec 20 décimales ; ainsi l'on peut toujours prendre ces logarithmes avec deux ou trois décimales de plus que dans les tables ordinaires.

Cela posé, soit à former la 5e puissance de 29 ; on a (nº 210)

$$\log (29)^5 = 5 \log 29\,;$$

or $\log 29 = 1{,}462397998,$

d'où $5 \log 29 = 7{,}311989990,$

ôtant 3 unités.......... $4{,}3119900$

$4{,}3119868 = \log 20511.$

Différence............. 32

Différence tabulaire.... 212 $\quad \frac{32}{212} = 0{,}15\,;$

donc 20511150 est le nombre cherché à *une dixaine près*.

Soit encore proposé d'évaluer $(2)^{64}$.

On a $\log 2 = 0{,}30102999566,$

d'où $64 \log 2 = 19{,}2659197.$

Otant 15 unités....... $4{,}2659197$

$4{,}2659022 = \log 18446.$

Différence............ 175

Différence tabulaire... 235 $\quad \frac{175}{235} = 0{,}74.$

Ainsi $4{,}2659197 = \log 18446{,}74.$

Donc le nombre cherché est 18446740.000.000.000.000, à *dix trillions* près, c'est-à-dire que les treize derniers chiffres ne peuvent être donnés par les tables ; mais on est censé, dans ces sortes d'exemples, n'avoir pour but que de se former une idée de la grandeur du nombre ; et l'on voit avec quelle promptitude on y parvient.

Soit, pour nouvel exemple, à évaluer $\left(\frac{2}{3}\right)^{11}$.

Voici le tableau des calculs, en employant les complémens et sans les employer :

Par complémens.		*Sans complémens.*	
$\log 2 =$	$0,3010299956$	$\log 3 =$	$0,4771212547$
$c. \log 3 =$	$9,5228787453$	$\log 2 =$	$0,3010299956$
$\log \frac{2}{3} =$	-1.8239087409	$\log \frac{2}{3} =$	$-0,1760912591$
$11 \log \frac{2}{3} =$	-2.0629961499	$11 \log \frac{2}{3} =$	$-1,9370038501$
ajoutant	$+6$	ajoutant	$+6$
on obtient	$4,0629961$	on obtient	$4,0629961.$
Le nombre correspondant à ce logarithme est 11561,02 ; donc 0,01156102 est le nombre demandé, à 0,00000001 près.		Le reste du calcul est le même que ci-à côté.	

Extraction des racines.—Il suffit, pour cette opération, de prendre les logarithmes avec sept décimales.

On demande la racine 7ème de 1162049.

On a (n° **210**), $\log \sqrt[7]{1162049} = \frac{1}{7} \log 1162049.$

$\log 11620 =$	$4,0652061$	Diff. tabul.	374
$\log 11620,49 - \log 11620 =$	183	Diff. de nomb.	$0,49$
$\log 11620,49 =$	$4,0652244$		3366
Donc $\log 1162049 =$	$6,0652244$		1496
$\frac{1}{7} \log 1162049 =$	$0,8664606$		$183,26$
ajoutant 4,	$4,8664606$		

$4,8664587 = \log 73529.$

Différence.....	19	$\frac{19}{59} = 0,32$;
Différence tabulaire...	59	

donc $4,8664606 = \log 73529,32.$

Ainsi 7,352932 est la racine demandée, à 0,000001 près.

Soit à évaluer $\sqrt[11]{\frac{13}{27}}$; on a l. $\sqrt[11]{\frac{13}{27}} = \frac{1}{11}$ (log 13 — log 27).

Par complémens.

$$\begin{array}{lll} & \text{l. } 13 = & 1,11394335 \\ \text{compl.} & \text{l. } 27 = & 8,56863624 \\ & \text{l. } \frac{13}{27} = & -1.68257959 = -11 + 10,68257959 \\ & \frac{1}{11}\text{ l. } \frac{13}{27} = & -1.97114360; \\ \text{ajoutant} & & +5 \\ \text{on trouve} & & 4,97114360 = \log 93571,49. \end{array}$$

Donc la racine demandée est 0,9357149 à 0,0000001 près.

On trouvera pareillement

$$\sqrt[7]{\left(\frac{11}{9}\right)^5} = 1,154118;\ (73)^7 = 11047390000000;$$
$$(0,0457)^{12} = 0,000000000000000082984.$$

Calcul des expressions algébriques par logarithmes.

218. Supposons que l'on ait trouvé pour la valeur de l'inconnue d'un problème, l'expression $x = \frac{\sqrt[3]{(a^2 - b^2).3a}}{\sqrt{(a+b).\sqrt{cd}}}$, et qu'en donnant à a, b, c, d, des valeurs particulières, on veuille obtenir la valeur numérique correspondante de cette expression; on peut, par le moyen des logarithmes, ramener la question à ne présenter que des additions et soustractions, des multiplications et divisions très simples à effectuer.

On a, en effet, d'après les propriétés des n^{os} **209** et **210**:

$$\text{l.}x = \text{l.}\sqrt[3]{(a^2 - b^2).3a} - \text{l.}\sqrt{(a+b).\sqrt{cd}}.$$

Mais $l.\sqrt[3]{(a^2-b^2).3a}=\frac{1}{3}[l.(a+b)+l.(a-b)+l.3+l.a]$

et $l.\sqrt{(a+b).\sqrt{cd}}=\frac{1}{2}[l.(a+b)+\frac{1}{2}l.c+\frac{1}{2}l.d]$;

donc

$$l.x=\frac{1}{3}[l.(a+b)+l.(a-b)+l.3+l.a]$$
$$-\frac{1}{2}[l.(a+b)+\frac{1}{2}l.c+\frac{1}{2}l.d],$$

expression qui n'offrira plus à effectuer que des additions, des soustractions, et quelques divisions très simples, lorsque a, b, c, d, seront donnés numériquement.

Soient, par exemple, $a=60$, $b=15$, $c=16$, $d=9$; l'expression devient

$$l.x=\frac{1}{3}[l.75+l.45+l.3+l.60]-\frac{1}{2}[l.75+\frac{1}{2}l.16+\frac{1}{2}l.9];$$

calculant séparément la somme qui est entre les deux premiers crochets et la somme qui est entre les deux autres, puis prenant le *tiers* de la première et la *moitié* de la seconde, on trouvera

$l.x=1,92784875-1,47712125,$

ou $l.x=0,4507275;$

donc $x=2,823108.$

Soit encore l'expression $x=\frac{2a^4-3ab^3+b^4}{a-3a^2b+4b^2c}$.

On peut d'abord, en mettant en évidence le facteur a^3 au numérateur, et le facteur a^2 au dénominateur, présenter l'expression sous la forme

$$x=\frac{a^3\left(2a-\frac{3b^3}{a^2}+\frac{b^4}{a^3}\right)}{a^2\left(a-3b+\frac{4b^2c}{a^2}\right)}=\frac{a\left(2a-\frac{3b^3}{a^2}+\frac{b^4}{a^3}\right)}{a-3b+\frac{4b^2c}{a^2}}.$$

Posons maintenant $m=\frac{4b^2c}{a^2}$, $n=\frac{3b^3}{a^2}$, $p=\frac{b^4}{a^3}$;

l'expression devient $x=\frac{a(2a-n+p)}{a-3b+m}$,

ou, en appliquant les logarithmes,

$$\text{l}.x=\text{l}.a+\text{l}.(2a-n+p)-\text{l}.(a-3b+m),$$

expression facile à calculer dès que l'on aura trouvé les valeurs de m, n, p. Or, les équations $m=\frac{4b^2c}{a^2}$, $n=\frac{3b^3}{a^2}$, $p=\frac{b^4}{a^3}$, donnent

$$\text{l}.m=\text{l}.4+2\text{l}.b+\text{l}.c-2\text{l}.a,\quad \text{l}.n=\text{l}.3+3\text{l}.b-2\text{l}.a,$$
$$\text{l}.p=4\text{l}.b-3\text{l}.a.$$

(L'artifice de ces transformations consiste à ramener l'expression fractionnaire à une autre dont tous les termes soient *linéaires* ou du premier degré, en calculant séparément d'autres expressions qui ne présentent à effectuer que des multiplications, divisions, formations de puissances.)

On trouvera de même

$$\text{l}.\frac{a^2-b^2}{bd}=\text{l}.(a+b)+\text{l}.(a-b)+\text{comp.l}.b+\text{comp.l}.d-20,$$

$$\text{l}.\frac{a^3-2ba^2+bc^2}{a^2-ba+4cd}=\text{l}.a+\text{l}.(a-2b+h)+\text{comp.l}.(a-b+h')-10,$$

h et h' étant calculés d'après les formules

$$\text{l}.h=\text{l}.b+2\text{l}.c-2\text{l}.a,$$
$$l.h'=\text{l}.4+\text{l}.c+\text{l}.d-\text{l}.a.$$

Équations exponentielles.

219. Nous avons exposé (n° **203**) une méthode pour résoudre l'équation $a^x=b$, et nous en avons déduit la théorie des logarithmes ; mais actuellement que les tables sont construites, rien ne nous empêche d'en faire usage pour résoudre ces sortes d'équations.

Or, si l'on prend les logarithmes des deux membres de l'équation $a^x = b$, il vient (n° 210) $x \times \mathrm{l}.a = \mathrm{l}.b$; d'où $x = \frac{\mathrm{l}.b}{\mathrm{l}.a}$.

Reprenons, par exemple, l'équation $3^x = 15$, qui, par la méthode du n° 203, a donné $x = 2,465$, à 0,001 près; on déduit de cette équation

$$x = \frac{\mathrm{l}.15}{\mathrm{l}.3} = \frac{1,17609126}{0,47712125} = 2,465.$$

L'équation $a^x = b$ est dite *une équation exponentielle du premier ordre;* mais on peut avoir des équations de la forme $a^{b^x} = c$, $a^{b^{c^x}} = d, \ldots$; on les appelle *équations exponentielles du deuxième, troisième... ordre.*

Pour se former une idée de l'expression a^{b^x}, il faut concevoir que b soit d'abord élevé à une puissance d'un degré marqué par x, et que a soit ensuite élevé à une puissance d'un degré marqué par b^x.

De même, $a^{b^{c^x}}$ indique qu'après avoir élevé c à la puissance du degré marqué par x, on a ensuite trouvé b élevé à la puissance du degré marqué par c^x, et enfin que a est élevé à la puissance du degré marqué par b^{c^x}.

D'après ces notions, prenons les logarithmes des deux membres de l'équation $a^{b^x} = c$; il vient $b^x \times \mathrm{l}.a = \mathrm{l}.c$;

d'où $b^x = \frac{\mathrm{l}.c}{\mathrm{l}.a}$, ou, en prenant de nouveau les logarithmes,

$$x \times \mathrm{l}.b = \mathrm{l}.\frac{\mathrm{l}.c}{\mathrm{l}.a} = \mathrm{l}.\mathrm{l}.c - \mathrm{l}.\mathrm{l}.a; \quad \text{donc} \quad x = \frac{\mathrm{l}.\mathrm{l}.c - \mathrm{l}.\mathrm{l}.a}{\mathrm{l}.b}.$$

[l.c étant une fraction décimale, on peut en déterminer le logarithme d'après les tables, comme on détermine le logarithme de tout autre nombre.]

Soit encore à résoudre l'équation $a^{b^{c^x}} = d$.

Prenant les logarithmes, on a.... $b^{c^x} \times \log a = \log d$;

d'où $b^{c^x} = \frac{l.\,d}{l.\,a}$; prenant de nouveau les logarithmes,

$c^x = \frac{l.l.d - l.l.a}{l.b}$; et opérant sur cette équation comme sur les précédentes,

$$x \times l.c = l.\frac{l.l.d - l.l.a}{l.b} = l.(l.l.d - l.l.a) - l.l.b;$$

donc $$x = \frac{l.(l.l.d - l.l.a) - l.l.b}{l.c}.$$

On résoudrait, par un procédé semblable, les équations exponentielles d'un ordre plus élevé. Ces formules sont exactes considérées *algébriquement*; mais, dans les applications, il est aisé de voir qu'elles donneraient des valeurs peu approchées; et l'on ne pourrait même se former une idée bien juste du degré d'approximation.

220. *Remarque.* — Il peut arriver que, dans le calcul des expressions algébriques, on soit conduit à *prendre le logarithme d'un nombre négatif*. Dans ce cas, on peut toujours *opérer comme si le nombre était positif*, sauf à déterminer convenablement le signe que doit avoir le résultat auquel on parvient, ou à vérifier si ce résultat répond bien à la question. C'est ce que nous allons faire sentir au moyen de quelques exemples.

Supposons, en premier lieu, qu'on veuille avoir, par logarithmes, la valeur du produit abc, dans certains cas particuliers; il faudra, pour cela, faire usage de la formule

$$\log abc = \log a + \log b + \log c.$$

Or, soit $a = 2$, $b = -3$, $c = 5$; en opérant comme si 3 était affecté du signe $+$, on trouvera

$$\log abc = \log 30.$$

Mais comme il y a *un* facteur *négatif* dans abc, il s'ensuit que le produit cherché est -30.

Soit maintenant $a=2$, $b=-3$, $c=-5$; on aura toujours, d'après la même règle,

$$\log abc = \log 30.$$

Mais puisqu'il y a *deux* facteurs *négatifs* dans abc, il en résulte que le produit cherché est $+30$.

(En général, un produit est *positif* ou *négatif*, suivant que le nombre de ses facteurs négatifs est *pair* ou *impair*.)

Soit, pour second exemple, à résoudre l'équation

$$x=(-8)^{\frac{5}{3}}, \quad \text{d'où} \quad \log x = \frac{5}{3}\log(-8);$$

en opérant comme si 8 était affecté du signe $+$, on trouvera

$$\log x = \log 32;$$

mais une puissance dont l'exposant est $\frac{5}{3}$ équivaut à la racine 3ème de la 5ème puissance, et doit avoir le même signe que le nombre sur lequel on effectue ces opérations.

On a donc $x=-32$.

Soit encore l'équation $9^x=-3$, d'où $x=\dfrac{\log(-3)}{\log 9}$;

il en résulte $x=\frac{1}{2}$, solution qui est exacte, puisque, des deux racines carrées du nombre 9, l'une est égale à $+3$, et l'autre à -3.

Si cette vérification n'eût pas réussi, il en aurait fallu conclure que l'équation proposée était absurde : c'est ce qui arriverait, par exemple, pour l'équation $(-9)^x=3$, parce qu'aucune puissance de -9 ne peut donner 3.

On obtiendra, d'après les mêmes principes, la solution des équations suivantes :

$$(-8)^{\frac{2}{3}} = x, \qquad x = 4;$$

$$x^{\frac{2}{3}} = 4, \qquad x = \pm 8;$$

$$(-4)^{\frac{3}{2}} = x, \qquad x = 8;$$

on reconnaît que ce dernier résultat est faux lorsqu'on le soumet à la vérification.

Proportions et progressions par quotient.

221. Soit d'abord la proportion $a:b::c:x$; on en déduit $x=\frac{bc}{a}$;

d'où, en appliquant les logarithmes, $\mathrm{l}.x=\mathrm{l}.b+\mathrm{l}.c-\mathrm{l}.a$,

ou.. $\mathrm{l}a.\mathrm{l}b:\mathrm{l}c.\mathrm{l}x$,

ce qui prouve que, *si quatre nombres forment une proportion, leurs logarithmes forment une équidifférence.*

Soit maintenant une progression par quotient

$$\div\!\div a:b:c:d:e:f:g:h:\ldots.$$

Il résulte de la définition (n° 191) qu'on peut l'écrire ainsi :

$$\frac{a}{b}=\frac{b}{c}=\frac{c}{d}=\frac{d}{e}=\frac{e}{f}=\frac{f}{g}=\ldots,$$

d'où, prenant les logarithmes de part et d'autre,

$$\mathrm{l}.=\frac{a}{b}=\mathrm{l}.\frac{b}{c}=\mathrm{l}.\frac{c}{d}=\mathrm{l}.\frac{d}{e}=\mathrm{l}.\frac{e}{f}=\ldots,$$

ou

$$\mathrm{l}.a-\mathrm{l}.b=\mathrm{l}.b-\mathrm{l}.c=\mathrm{l}.c-\mathrm{l}.d=\mathrm{l}.d-\mathrm{l}.e=\mathrm{l}.e-\mathrm{l}.f,\ldots$$

ou bien enfin, $\div \mathrm{l}a.\mathrm{l}b.\mathrm{l}c.\mathrm{l}d.\mathrm{l}e\ldots$;

donc, *si des nombres* a, b, c, ... *sont en progression par quo-*

tient, leurs logarithmes sont en progression par différence. La réciproque est évidente.

Cette proposition rapproche la définition algébrique des logarithmes (n° 207), de la définition que l'on en donne en Arithmétique : *les logarithmes sont des nombres en progression par différence, correspondant terme pour terme à des nombres en progression par quotient.*

N. B. — Nous avons déjà fait connaître ce rapprochement dans notre *Traité d'Arithmetique* (n° 277).

C'est surtout dans la résolution des questions relatives aux progressions par quotient, que l'emploi des logarithmes est utile.

1°.—Si nous appelons u le dernier terme d'une progression par quotient, nous aurons (n° 192)

$$u = aq^{n-1}, \text{ d'où } 1.u = 1.a + (n-1)1.q.$$

Soit, par exemple, proposé de trouver le 20ᵉ terme de la progression $1 : \frac{3}{2} : \frac{9}{4} : \frac{27}{8} : \ldots\ldots$

La formule devient

$$1.u = 1.1 + 19(1.3 - 1.2) = 19(1.3 - 1.2), \ [\text{car } 1.1 = 0],$$

et l'on obtient, tout calcul fait,

$$1.u = 3,3457339 = 1.2216,84;$$
$$u = 2216,84 \text{ à } 0,01 \text{ près}.$$

2°. — Si l'on veut insérer entre deux nombres donnés a et b un nombre m de moyens proportionnels, on a, pour déterminer la raison (n° 199), la formule

$$q = \sqrt[m+1]{\frac{b}{a}}; \quad \text{d'où} \quad 1.q = \frac{1.b - 1.a}{m+1}.$$

Soit $a = 2$, $b = 15$, $m = 50$; il vient $1.q = \frac{1.15 - 1.2}{51}$;

et l'on obtient, tout calcul fait, $1.q = 0{,}0171581 = 1.1{,}040299$;

donc $$q = 1{,}040299.$$

Veut-on calculer directement le 20^e *moyen proportionnel*, qui est le 21e terme de la progression ; l'on a

$$x = \left(\sqrt[51]{\frac{15}{2}}\right)^{50}; \quad \text{d'où} \quad \log x = 1.2 + \frac{20(\log 15 - 1.2)}{51},$$

ou, tout calcul fait, $1.x = 0{,}6441913 = 1.4{,}407489$; ainsi le 20e moyen proportionnel est $4{,}407489$.

3°. — On a trouvé, n° **193**, pour l'expression de la somme des termes,

$$S = \frac{lq - a}{q - 1} = \frac{a(q^n - 1)}{q - 1}; \text{ d'où } 1.S = 1.a + 1.(q^n - 1) - 1.(q - 1).$$

On voit, d'après cette formule, qu'il faut commencer par calculer l'expression q^n, en posant $1.q^n = n\,1.q$; après quoi l'on en conclut aisément $q^n - 1$, et par suite, $1.(q^n - 1)$. Nous aurons bientôt occasion d'appliquer cette formule.

4°.—Connaissant a, q, et u, dans la formule $u = aq^{n-1}$, on peut demander la valeur de n. Or on a

$$1.u = 1.a + (n - 1)1.q; \quad \text{d'où} \quad n = 1 + \frac{1.u - 1.a}{1.q}.$$

Soit à trouver le nombre des termes de la progression dont le premier terme est 3, la raison 2, et le dernier 6144. On obtient

$$n = 1 + \frac{1.6144 - 1.3}{1.2} = 1 + \frac{3{,}31132995}{0{,}30102999} = 1 + 11 = 12;$$

(le quotient $\frac{331132995}{30102999}$ est égal à $11 + \frac{6}{30102999}$; mais on néglige la fraction, comme provenant de l'emploi des logarithmes).

Questions relatives à l'intérêt composé.

222. Une des applications les plus importantes des logarithmes est celle qu'on en fait aux questions sur l'intérêt de l'argent.

Première question générale. — *Une somme quelconque étant placée pendant un certain temps à un taux d'intérêt déterminé, et* EN INTÉRÊT COMPOSÉ, *c'est-à-dire dans la supposition que l'intérêt de chaque année s'accumule avec le capital de l'année précédente, on demande ce que doit devenir cette somme au bout du temps donné?*

Désignons par a la somme placée, par n le nombre d'années, et par r l'intérêt que rapporte 1 fr. par an (ce n'est autre chose que le 100e du taux de l'intérêt de 100 fr.).

Puisque 1 fr. rapporte r au bout d'un an, une somme a rapportera ar; ainsi, à la fin de la première année, le capital a sera devenu $a + ar$, ou $a(1 + r)$.

Soit $a(1 + r) = a'$; ce nouveau capital deviendra au bout de la seconde année, $a'(1 + r)$; donc le capital primitif, ou a, sera devenu lui-même $a'(1 + r)$, ou $a(1 + r)^2$.

On obtiendrait de même, au bout de la 3e année, $a(1 + r)^3$; et en général, au bout de la $n^{ième}$ année, ... $a(1 + r)^n$. Donc, en exprimant par A cette dernière valeur, on a l'équation

$$\mathrm{A} = a(1 + r)^n, \quad \text{d'où} \quad \mathrm{l.A} = l.a + n \times \mathrm{l.}(1 + r).$$

Application. — On demande ce qu'une somme de 30000 fr., placée en intérêt composé, à raison de 5 pour 100, doit rapporter au bout de 30 ans?

Il suffit de faire, dans la formule précédente,

$$a = 30000, \quad n = 30, \quad r = \frac{5}{100} = 0,05;$$

ce qui donne

$$\mathrm{l.A} = \mathrm{l.}30000 + 30\,\mathrm{l.}(1,05).$$

$$\mathrm{l.}105 = 0,02118929;$$

$$30\,\mathrm{l.}1,05 = 0,63567897$$

$$\mathrm{l.}30000 = 4,47712125$$

$$\mathrm{l.A} = 5,11280022 = \mathrm{l.}129658,27.$$

Donc $\mathrm{A} = 129658^{f},27.$

La formule $A = a(1+r)^n$, renfermant quatre quantités, a, r, n, A, donne la solution de *quatre* problèmes différens :

1°. — *Déterminer* A, *connaissant* a, r, *et* n : c'est la question qu'on vient de résoudre.

2°. — *Déterminer la somme qu'il faudrait placer actuellement pour retirer, au bout de* n *années, une somme* A, *en supposant le capital placé en intérêt composé, à raison de* r *pour* 1 *fr.*

Or, de l'équation $A = a(1+r)^n$, on déduit

$$1.a = 1.A - n\,1.(1+r);$$

et cette nouvelle formule donnera la valeur de a.

Cette seconde question constitue la règle d'*escompte composé*; car elle revient à trouver la valeur actuelle d'une somme A payable dans n années, en ayant égard à l'intérêt de la somme et aux intérêts des intérêts.

3°. — *Déterminer le taux d'intérêt auquel on doit placer une somme* a, *pour retirer, au bout de* n *années, en intérêt composé, une autre somme* A.

La formule serait $1+r = \sqrt[n]{\frac{A}{a}}$, d'où $1.(1+r) = \frac{1.A - 1.a}{n}$.

Connaissant $1+r$, on en déduirait facilement r, et, par suite, le taux d'intérêt pour 100 fr.

4°. — Enfin, *déterminer le temps pendant lequel une somme* a *doit être placée en intérêt composé, à raison de* r *pour* 1 *fr.*, *pour rapporter une somme* A.

La formule serait $n = \frac{1.A - 1.a}{1.(1+r)}$.

Si l'on voulait que A fût double, triple, quadruple..... de a, la formule se simplifierait.

Soit en effet $A = k.a$; la formule $A = a(1+r)^n$, se réduit à $ka = a(1+r)^n$, d'où $n = \frac{1.k}{1.(1+r)}$;

c'est-à-dire que la valeur de n est *indépendante du capital placé primitivement.*

SECONDE QUESTION GÉNÉRALE. — *Déterminer quelle somme il faudrait placer actuellement pour recevoir, à la fin de chaque année, une somme déterminée* b, *de manière à être entièrement remboursé du capital, des intérêts du capital, et des intérêts des intérêts, après un nombre n d'années, l'intérêt étant à* r *pour* 1 *fr. par an?*

Soit a la somme cherchée; ce capital deviendrait au bout de n années, $$a(1+r)^n.$$

Il faut donc qu'en déterminant ce que les sommes payées chaque année deviennent au bout de la $n^{ième}$, la somme des résultats soit égale à $$a(1+r)^n.$$

Or, b donné à la fin de la première année, ou au commencement de la seconde, devient au bout de la $n^{ième}$, $b(1+r)^{n-1}$.

De même, b donné à la fin de la seconde année, ou au commencement de la troisième, devient au bout de la $n^{ième}$,

$$b(1+r)^{n-2}.$$

On trouverait de même $b(1+r)^{n-3}$, $b(1+r)^{n-4} \ldots b(1+r)$, b, pour les valeurs des autres sommes b, au bout de la $n^{ième}$ année.

On a donc l'équation

$$a(1+r)^n = b(1+r)^{n-1} + b(1+r)^{n-2} + b(1+r)^{n-3} + \ldots + b(1+r) + b;$$

mais le second membre de cette équation, considéré dans un ordre inverse, est évidemment la somme des termes d'une progression par quotient, dont le premier terme est b, la raison $1+r$, et le nombre des termes n.

Ainsi, cette somme a pour expression (n° **193**),

$$\frac{b(1+r)^n - b}{1+r-1} \text{ ou } \frac{b[(1+r)^n - 1]}{r};$$

donc enfin, l'on a l'équation

$$a(1+r)^n = \frac{b[(1+r)^n - 1]}{r}; \quad \text{d'où} \quad a = \frac{b[(1+r)^n - 1]}{r(1+r)^n};$$

ou, appliquant les logarithmes,

$$\text{l}.a = \text{l}.b + \text{l}.[(1+r)^n - 1] - \text{l}.r - n\,\text{l}.(1+r).$$

Cette nouvelle formule renfermant quatre quantités a,b,r,n, donne aussi lieu à quatre problèmes différens.

Voici les énoncés de plusieurs questions qui se rattachent aux précédentes :

On demande pour combien d'années on doit placer une somme a, *en intérêt composé, à* 5 *et à* 10 *pour* 100, *pour doubler cette somme?*

(*Rép.* à 5 p. $\frac{0}{0}$, $14^{\text{ans}}\ 2^{\text{mois}}$; à 10 p. $\frac{0}{0}$, $7^{\text{ans}}\ 3^{\text{mois}}$.)

On demande la somme que l'on doit placer à présent pour retirer pendant 12 *ans et à la fin de chaque année, une somme de* 1500 *fr., de manière à être remboursé entièrement du capital et des intérêts au bout de ces douze années, l'intérêt étant* $7^f\ 50^c$ *p.* $\frac{0}{0}$ *par an?*

(*Rép.* $11602^f,91$.)

Un particulier a acheté un bien de 100000 *fr., qui doit être payé en* 15 *paiemens égaux, en ayant égard aux intérêts des intérêts ; le taux pour chaque intervalle de paiement est de* 5 *p.* $\frac{0}{0}$. *On demande de combien sera chaque paiement, ou la quotité de chaque paiement?*

(*Rép.* $9634^f,22$.)

Un nombre donné d'hommes a, *augmente tous les ans de la centième partie de ce qu'il était l'année précédente; combien faut-il d'années pour que ce nombre devienne* 10 *fois plus grand?*

Rép. 231^{ans} environ.)

On tire chaque jour d'un baril de 100 pintes de vin, une pinte qu'on remplace au fur et à mesure par une pinte d'eau; déterminer 1° combien de vin il restera dans le baril lorsqu'on aura remplacé la 50e pinte; 2° dans combien de jours le vin sera réduit à la moitié, au tiers, ou au quart?

(*Réponse* à la première partie de la question : $60^{\text{pintes}}\frac{1}{2}$.
Réponse à la seconde partie : 69^{jours} pour la moitié, 109^{jours} pour le tiers, et 138^{jours} pour le quart.)

§ IV. — *Séries logarithmiques et exponentielles.*

La méthode exposée n° **203**, pour résoudre l'équation $a^x=b$, suffisait pour donner une idée de la construction des tables de logarithmes; mais cette méthode est très laborieuse et même impraticable lorsqu'on veut déterminer la valeur de x avec un grand degré d'approximation. Les analystes ont découvert des méthodes beaucoup plus expéditives, soit pour construire de nouvelles tables, soit pour vérifier celles qui existent déjà : ces méthodes consistent dans le développement des logarithmes en série.

223. Soit y un nombre dont on demande le logarithme développé en série; et appliquons la méthode des coefficiens indéterminés (nos **179** et **181**).

Il est d'abord visible que l'on ne peut supposer

$$\text{l}.y = \text{A} + \text{B}y + \text{C}y^2 + \text{D}y^3 + \text{etc.};$$

car si l'on fait $y=0$, le premier membre se réduit (n° **215**) à *l'infini négatif* ou à *l'infini positif*, suivant que la base est plus grande ou plus petite que 1; tandis que le second membre se réduit à A, qui devrait alors être de même nature.

On ne peut supposer $\text{l}.y = \text{A}y + \text{B}y^2 + \ldots,$

puisque $y=0$ donne $\text{l}.0$ ou $-\infty = 0$;

mais si l'on met y sous la forme $1+x$, et qu'on pose

$$l.(1+x) = Ax + Bx^2 + Cx^3 + Dx^4 + \ldots \quad (1),$$

en faisant $x=0$, l'équation $l.1=0$, qu'on obtient, ne présente plus aucun caractère d'absurdité.

Tâchons donc de déterminer les coefficiens A, B, C....

Pour cela, imitons le procédé suivi nº 182, et remplaçons x par z; il vient

$$l.(1+z) = Az + Bz^2 + Cz^3 + Dz^4 + \ldots \quad (2).$$

Retranchant l'équation (2) de l'équation (1), on obtient

$$l.(1+x) - l.(1+z) = A(x-z) + B(x^2-z^2) + C(x^3-z^3) + \ldots (3).$$

Le second membre de cette équation est divisible par $x-z$; voyons si, par quelque artifice, on ne pourrait pas mettre ce facteur en évidence dans le premier.

Or, on a $l.(1+x) - l.(1+z) = l.\dfrac{1+x}{1+z} = l.\left(1+\dfrac{x-z}{1+z}\right)$;

mais $\dfrac{x-z}{1+z}$ pouvant être regardé comme un seul nombre u, on peut développer $l.(1+u)$ ou $l.\left(1+\dfrac{x-z}{1+z}\right)$, comme $l.(1+x)$, ce qui donne

$$l.\left(1+\frac{x-z}{1+z}\right) = A.\frac{x-z}{1+z} + B\left(\frac{x-z}{1+z}\right)^2 + C\left(\frac{x-z}{1+z}\right)^3 + \ldots$$

Substituons ce développement à la place de $l.(1+x) - l.(1+z)$ dans l'équation (3), et divisons les deux membres par $x-z$; il vient

$$A.\frac{1}{1+z} + B.\frac{x-z}{(1+z)^2} + C.\frac{(x-z)^2}{(1+z)^3} + \ldots$$
$$= A + B(x+z) + C(x^2+xz+z^2) + \ldots.$$

Puisque cette équation doit, ainsi que les précédentes, se vérifier quels que soient x et z, posons $x=z$; il en résulte

$$\frac{A}{1+x}=A+2Bx+3Cx^2+4Dx^3+5Ex^4+\ldots;$$

ou, effectuant la division indiquée dans le premier membre,

$$A(1-x+x^2-x^3+x^4-\ldots)=A+2Bx+3Cx^2+4Dx^3+\ldots.$$

On a donc, d'après le principe du numéro **188**, les égalités

$$A=A,\ -A=2B,\ A=3C,\ -A=4D,\ A=5E\ldots;$$

d'où

$$A=A,\ B=-\frac{A}{2},\ C=+\frac{A}{3},\ D=-\frac{A}{4},\ E=+\frac{A}{5}\ldots$$

La loi de la série est évidente : le coefficient du $n^{ième}$ terme est égal à $\mp\frac{A}{n}$, suivant que n est pair ou impair; on obtient donc enfin, pour le développement de $1.(1+x)$,

$$\begin{aligned}1.(1+x)&=\frac{A}{1}x-\frac{A}{2}x^2+\frac{A}{3}x^3-\frac{A}{4}x^4+\ldots\\&=A\left(\frac{x}{1}-\frac{x^2}{2}+\frac{x^3}{3}-\frac{x^4}{4}+\frac{x^5}{5}-\frac{x^6}{6}+\ldots\right).\end{aligned}$$

224. *N. B.* — Par la méthode précédente, les coefficiens B, C, D, E, ... ont tous été déterminés en fonction de A; mais ce dernier coefficient est resté complètement indéterminé. Or cela doit être d'après la nature de l'expression que l'on s'est proposé de développer; car, puisqu'on peut former une infinité de systèmes de logarithmes, il faut qu'il existe dans le développement général de $1.(1+x)$, une quantité tout-à-fait arbitraire, qui serve à distinguer les systèmes les uns des autres. D'ailleurs, on a vu (n° **212**) que les logarithmes d'un même nombre, pris dans deux systèmes, ne diffèrent que par un facteur, *constant pour tous les nombres* ; ainsi, la quantité indéterminée doit être un facteur commun à toute la série ; et c'est pour cette raison que l'on a trouvé

$$\text{l}.(1+x) = \text{A}\left(\frac{x}{1} - \frac{x^2}{2} + \frac{x^3}{3} - \frac{x^4}{4} + \frac{x^5}{5} - \frac{x^6}{6} + \ldots\right) \quad (4).$$

Le nombre A est (n° **212**) *le module* dont la valeur particulière caractérise le système de logarithmes que l'on veut considérer.

225. L'hypothèse la plus simple qu'on puisse faire, consiste à supposer $\text{A}=1$; et l'on a, en désignant par $\text{l}'(1+x)$, ce système particulier de logarithmes,

$$\text{l}'(1+x) = \frac{x}{1} - \frac{x^2}{2} + \frac{x^3}{3} - \frac{x^4}{4} + \frac{x^5}{5} - \frac{x^6}{6} + \ldots \quad (5).$$

Si l'on donne à x toutes les valeurs possibles, on formera successivement tous les logarithmes de ce système qui a reçu le nom de *Système naturel* ou *Système népérien* (du nom de Néper qu'on regarde comme l'inventeur des logarithmes). Occupons-nous de la formation de ce système, puisqu'il sera facile d'en déduire ensuite tous autres, soit en donnant à A différentes valeurs, soit par la formule du n° **212**.

Faisons, dans la série (5), $x=0$; il vient $\text{l}'\,1=0$.

Soit encore $x=1$; il en résulte $\text{l}'2 = 1 - \frac{1}{2} + \frac{1}{3} - \frac{1}{4} + \frac{1}{5} - \ldots$,

série très peu décroissante qui exigerait que l'on prît un très grand nombre de termes pour obtenir une approximation suffisante ; il faudrait, par exemple, prendre les cent premiers termes pour avoir la valeur de $\text{l}'2$ à 0,01 près (n° **176**). En général, la série ne saurait donner les logarithmes des nombres entiers, puisqu'on obtiendrait, pour tout nombre au-dessus de 2, une série dont les termes iraient en augmentant.

Voici les principales transformations que les analystes ont

effectuée pour conduire à des séries propres à donner les logarithmes des nombres entiers, qui sont les seuls qu'on doive placer dans les tables :

Première transformation. — Soit fait, dans la série (5), $x = \frac{1}{y}$; on obtient, en observant que $l'\left(1+\frac{1}{y}\right) = l'(y+1) - l'y$,

$$l'(y+1) - l'y = \frac{1}{y} - \frac{1}{2y^2} + \frac{1}{3y^3} - \frac{1}{4y^4} + \ldots \quad (6).$$

En faisant successivement $y = 2, 3, 4, 5 \ldots$, on trouve

$$l'3 - l'2 = \frac{1}{2} - \frac{1}{8} + \frac{1}{24} - \frac{1}{64} + \ldots$$

$$l'4 - l'3 = \frac{1}{3} - \frac{1}{18} + \frac{1}{81} - \frac{1}{324} + \ldots$$

$$l'5 - l'4 = \frac{1}{4} - \frac{1}{32} + \frac{1}{192} - \frac{1}{1024} + \ldots$$

La première série donnera le logarithme de 3 au moyen du logarithme de 2, la seconde le logarithme de 4 en fonction du logarithme de 3..., et ainsi de suite. Le degré d'approximation pourra toujours être apprécié (n° 176), puisque les séries sont composées de termes alternativement positifs et négatifs qui diminuent de plus en plus.

Seconde transformation. — On parvient à des séries beaucoup plus commodes, par le moyen suivant :

Substituons dans la série

$$l'(1+x) = \frac{x}{1} - \frac{x^2}{2} + \frac{x^3}{3} - \frac{x^4}{4} + \ldots,$$

$-x$ la place de x; il vient

$$l'(1-x) = -\frac{x}{1} - \frac{x^2}{2} - \frac{x^3}{3} - \frac{x^4}{4} - \ldots;$$

d'où, en retranchant ces deux séries l'une de l'autre, et en observant que $l'(1+x)-l'(1-x)=l'\frac{1+x}{1-x}$,

$$l'\frac{1+x}{1-x}=2\left(\frac{x}{1}+\frac{x^3}{3}+\frac{x^5}{5}+\frac{x^7}{7}+\frac{x^9}{9}+\ldots\right).$$

Pour que les termes du second membre décroissent rapidement, il faut que x soit une fraction très petite; et dans ce cas, $\frac{1+x}{1-x}$ est plus grand que l'unité, mais en diffère fort peu.

Posons donc $\frac{1+x}{1-x}=1+\frac{1}{z}$ (z étant au moins égal à 1);

il vient $(1+x)z=(1-x)(z+1)$;

d'où, en réduisant, $x=\frac{1}{2z+1}$.

Donc la série précédente devient.... $l'\left(1+\frac{1}{z}\right)$ ou

$$l'(z+1)-l'z=2\left(\frac{1}{2z+1}+\frac{1}{3(2z+1)^3}+\frac{1}{5(2z+1)^5}+\ldots\right).$$

Cette série donne également la différence entre deux logarithmes consécutifs; mais les termes décroissent beaucoup plus rapidement que la série (6).

Soit fait successivement $z=1,\ 2,\ 3,\ 4,\ 5\ldots\ldots$; on trouve

$$l'2=2\left(\frac{1}{3}+\frac{1}{3.3^3}+\frac{1}{5.3^5}+\frac{1}{7.3^7}+\ldots\right),$$

$$l'3-l'2=2\left(\frac{1}{5}+\frac{1}{3.5^3}+\frac{1}{5.5^5}+\frac{1}{7.5^7}+\ldots\right),$$

$$l'4-l'3=2\left(\frac{1}{7}+\frac{1}{3.7^3}+\frac{1}{5.7^5}+\frac{1}{7.7^7}+\ldots\right),$$

....

Soit $z = 100$; il en résulte

$$l'\,101 = l'\,100 + 2\left(\frac{1}{201} + \frac{1}{3(201)^3} + \frac{1}{5(201)^5} + \ldots\right);$$

série dans laquelle, le logarithme de 100 étant connu, le premier terme suffit pour donner celui de 101 avec sept chiffres décimaux (*).

Il existe encore des formules bien plus expéditives qui servent à exprimer des logarithmes en fonction d'autres déjà connus; mais ce qui précède suffit pour donner une idée de la facilité avec laquelle on pourrait construire des tables.

226. Les logarithmes népériens étant calculés, il est facile de former un tout autre système.

Par exemple, pour former le système ordinaire, il faut (n° **212**) multiplier chaque logarithme népérien par le *module* $\frac{1}{l'\,10}$. Ce nombre a été calculé avec tout le degré d'approximation que l'on peut désirer; et sa valeur en décimales est 0,4342944819...: c'est le *module propre à passer du système népérien au système dont la base est* 10.

Ce module exprime d'ailleurs le *logarithme ordinaire de la base du système népérien;* car, en appelant e cette base, on a l'équation $e^{l'10} = 10$; d'où, prenant les logarithmes dans le système ordinaire,

$$l'.10 \times l.e = l.\,10 = 1; \quad \text{donc,} \quad l.e = \frac{1}{l'10} = 0{,}43429\ldots\ldots$$

Comme les tables ordinaires peuvent être déduites de ce qui précède, on peut s'en servir pour déterminer le nombre auquel correspond le logarithme ci-dessus; et l'on trouve

$$0{,}4342944819\ldots = l.e = l.2{,}7182818284\ldots$$

Ainsi, $$e = 2{,}7182818284\ldots$$

(*) *Voyez* la première note placée au chapitre précédent.

Nous allons bientôt parvenir à ce même résultat par une autre voie.

227. *Développement en série de l'exponentielle a^x.* — La liaison qui existe entre les quantités exponentielles et les logarithmes [liaison qui consiste en ce que, a représentant la base d'un système de logarithmes, x est (n° **208**) le logarithme de l'expression a^x], nous conduit à chercher s'il ne serait pas possible de développer a^x suivant les puissances de x; ce qui donnerait alors le développement d'un nombre en fonction de son logarithme, question inverse de la précédente.

Supposons donc ce développement trouvé; et soit

$$a^x = 1 + Ax + Bx^2 + Cx^3 + Dx^4 + \dots \quad (1);$$

si l'on fait $x = 0$, l'équation se réduit à $a^0 = 1$, résultat exact; ainsi cette forme de développement est admissible.

Pour déterminer A, B, C, D...., remplaçons x par z; il vient

$$a^z = 1 + Az + Bz^2 + Cz^3 + Dz^4 + \dots \quad (2);$$

retranchant ces deux équations l'une de l'autre, on a

$$a^x - a^z = A(x-z) + B(x^2-z^2) + C(x^3-z^3) + D(x^4-z^4) + \dots \quad (3),$$

équation dont le second membre est divisible par $x-z$; ainsi il faut tâcher de mettre ce facteur en évidence dans le premier. Or, on peut mettre $a^x - a^z$ sous la forme $a^z(a^{x-z}-1)$; et si l'on remplace, dans la série (1), x par $x-z$, il vient

$$a^z(a^{x-z}-1) = a^z[A(x-z) + B(x-z)^2 + C(x-z)^3 + \dots].$$

Substituant donc dans l'équation (3), à la place de $a^x - a^z$, la valeur qu'on vient d'obtenir, et divisant les deux membres par $x-z$, on trouve

$$a^z[A + B(x-z) + C(x-z)^2 + \dots]$$
$$= A + B(x+z) + C(x^2 + xz + z^2) + \dots$$

Faisons maintenant $x=z$ dans cette dernière équation; elle se réduit à $a^x.A = A + 2Bx + 3Cx^2 + 4Dx^3 + 5Ex^4 + \ldots$, ou remplaçant a^x par son développement (1),

$$A + A^2x + ABx^2 + ACx^3 + \ldots = A + 2Bx + 3Cx^2 + 4Dx^3 \ldots$$

Égalant séparément les coefficiens des mêmes puissances, on obtient les équations

$$A = A, \quad A^2 = 2A, \quad AB = 3C, \quad AC = 4D \ldots;$$

d'où l'on déduit

$$A = A, \quad B = \frac{A^2}{1.2}, \quad C = \frac{A^3}{1.2.3}, \quad D = \frac{A^4}{1.2.3.4} \ldots.$$

La loi du développement est manifeste : le terme qui, dans la série (1), en a n avant lui, a pour expression $\frac{1.2.3.4\ldots n}{A^n}$.

On voit que tous les coefficiens B, C, D... sont exprimés en fonction du coefficient A qui reste encore *indéterminé*, c'est-à-dire que la méthode qui vient d'être suivie ne suffit pas pour le faire obtenir; mais il n'en a pas moins une valeur unique qu'on trouve par l'artifice suivant :

On peut mettre a^x sous la forme $(1 + \overline{a-1})^x$, ou $(1+b)^x$, en posant, pour abréger, $a - 1 = b$. Or, si l'on développe $(1+b)^x$ d'après la formule du binome, on a

$$(1+b)^x = 1 + \frac{x}{1}b + \frac{x}{1}.\frac{x-1}{2}b^2 + \frac{x}{1}.\frac{x-1}{2}.\frac{x-2}{3}.b^3 + \ldots\ldots;$$

mais en ne tenant compte, dans ce développement, que de la partie affectée de x, il est aisé de reconnaître que cette partie a pour expression,

$$\left(\frac{b}{1} - \frac{b^2}{2} + \frac{b^3}{3} - \frac{b^4}{4} + \frac{b^5}{5} - \ldots\right)x;$$

d'ailleurs le coefficient de x, dans la série (1), est égal à A.

On a donc

$$A = \frac{b}{1} - \frac{b^2}{2} + \frac{b^3}{3} - \frac{b^4}{4} + \frac{b^5}{5} - \ldots,$$

ou bien, remplaçant b par sa valeur $a - 1$,

$$A = \frac{a-1}{1} - \frac{(a-1)^2}{2} + \frac{(a-1)^3}{3} - \frac{(a-1)^4}{4} + \ldots$$

On représente ordinairement par k l'expression. . . . . $\frac{a-1}{1} - \frac{(a-1)^2}{2} + \frac{(a-1)^3}{3} - \ldots$; ainsi, substituant k à la place de A, dans les valeurs trouvées pour B, C, D. . . ., et reportant ces valeurs dans la série (1), on obtient enfin

$$a^x = 1 + \frac{kx}{1} + \frac{k^2x^2}{1.2} + \frac{k^3x^3}{1.2.3} + \frac{k^4x^4}{1.2.3.4} + \ldots \quad (4).$$

Tel est le développement de l'exponentielle a^x en série.

228. *Conséquences.* — Si, dans cette série, on suppose $x = 1$, elle devient

$$a = 1 + \frac{k}{1} + \frac{k^2}{1.2} + \frac{k^3}{1.2.3} + \frac{k^4}{1.2.3.4} + \ldots;$$

d'où l'on voit que a est exprimé en fonction de k, de même que la relation $k = \frac{a-1}{1} - \frac{(a-1)^2}{2} + \ldots$, donnait k en fonction de a.

Cela posé, cherchons la valeur particulière de a, qui correspond à $k = 1$, et désignons par c cette valeur particulière ; nous trouvons

$$c = 1 + \frac{1}{1} + \frac{1}{1.2} + \frac{1}{1.2.3} + \frac{1}{1.2.3.4} + \ldots,$$

série décroissante (*), dont les 11 premiers termes donnent

(*) *Voyez* la première note placée au chapitre précédent.

pour somme,

$$2,7182818 \text{ à } 0,0000001 \text{ près.}$$

La comparaison de ce résultat avec le nombre obtenu n° **226**, pour la valeur de e, base du système népérien, semble indiquer que c et e sont *identiques*; or, c'est ce qu'on peut démontrer immédiatement.

En effet, soit posé dans la formule (4), $kx = 1$, d'où $x = \frac{1}{k}$; elle devient

$$a^{\frac{1}{k}} = 1 + \frac{1}{1} + \frac{1}{1.2} + \frac{1}{1.2.3} + \frac{1}{1.2.3.4} + \ldots;$$

ce qui donne nécessairement $a^{\frac{1}{k}} = c$.

Prenant les logarithmes des deux membres de cette dernière égalité dans le système qui aurait pour base c, on trouve

$$\frac{1}{k}.\mathrm{l}a = 1, \quad \text{d'où} \quad \mathrm{l}a = k,$$

ou, mettant à la place de k sa valeur (n° **227**),

$$\mathrm{l}a = \frac{a-1}{1} - \frac{(a-1)^2}{2} + \frac{(a-1)^3}{3} - \frac{(a-1)^4}{4} + \ldots;$$

ou bien encore, posant $a = 1 + x$, d'où $a - 1 = x$,

$$\mathrm{l}(1+x) = \frac{x}{1} - \frac{x^2}{2} + \frac{x^3}{3} - \frac{x^4}{4} + \ldots$$

Or, cette formule est précisément celle qu'on a obtenue (n° **225**) pour le développement du logarithme *népérien* de $1 + x$.

Donc les nombres c et e sont *identiques*.

229. La formule (4) du numéro **227** peut prendre différentes formes qu'il est bon de faire connaître ici.

Considérons de nouveau la relation $a^{\frac{1}{k}} = c$, ou plutôt,

$a^{\frac{1}{k}} = e$ (puisque l'on a $c = e$), et prenons les logarithmes des deux membres dans un système quelconque ; il vient

$$\frac{1}{k} \mathrm{l}.a = \mathrm{l}e, \quad \text{d'où} \quad k = \frac{\mathrm{l}a}{\mathrm{l}e}.$$

Ainsi la formule (4) se change en celle-ci :

$$a^x = 1 + \frac{x}{1} \cdot \frac{\mathrm{l}a}{\mathrm{l}e} + \frac{x^2}{1.2} \cdot \left(\frac{\mathrm{l}a}{\mathrm{l}e}\right)^2 + \frac{x^3}{1.2.3} \cdot \left(\frac{\mathrm{l}a}{\mathrm{l}e}\right)^3 + \ldots$$

C'est la forme sous laquelle on présente ordinairement le développement de a^x, les logarithmes étant pris dans un système tout-à-fait arbitraire.

Cas particulier. — 1°. — Le nombre a peut être pris pour *base* du système de logarithmes. Comme on a, dans ce cas,

$\mathrm{l}a = 1$, et $k = \frac{1}{\mathrm{l}e}$, la formule devient

$$a^x = 1 + \frac{x}{1} \cdot \frac{1}{\mathrm{l}e} + \frac{x^2}{1.2} \cdot \left(\frac{1}{\mathrm{l}e}\right)^2 + \frac{x^3}{1.2.3} \cdot \left(\frac{1}{\mathrm{l}e}\right)^3 + \ldots$$

Tel est le développement d'un nombre quelconque en fonction de son logarithme pris dans le système dont la base est a.

2°. — Soit le nombre constant e pris à son tour pour base du système. Comme on a alors $\mathrm{l}e = 1$, d'où $k = \mathrm{l}a$, ou plutôt $k = \mathrm{l}'a$, d'après la notation du n° 228, il résulte de cette hypothèse

$$a^x = 1 + \frac{x}{1} . \mathrm{l}'a + \frac{x^2}{1.2} . (\mathrm{l}'a)^2 + \frac{x^3}{1.2.3} . (\mathrm{l}'a)^3 + \ldots$$

3°. — Enfin, soit posé $a = e$, ce qui donne nécessairement $\frac{\mathrm{l}a}{\mathrm{l}e}$ ou $k = 1$.

La formule se réduit à

$$e^x = 1 + \frac{x}{1} + \frac{x^2}{1.2} + \frac{x^3}{1.2.3} + \frac{x^4}{1.2.3.4} + \ldots$$

Cette série, qui est la plus usitée, donne le développement d'un nombre en fonction de son logarithme népérien.

Nous verrons, dans le dernier chapitre, les conséquences que l'on déduit de toutes ces formules. Mais nous pouvons, dès à présent, faire remarquer comment le développement des logarithmes en série se déduit du développement des exponentielles.

D'abord, la relation $k = \frac{\mathrm{l}a}{\mathrm{l}e}$, qui se réduit à $k = \mathrm{l}'a$ lorsqu'on prend e pour base du système de logarithmes, donne (nº 227), $\mathrm{l}'a = \frac{a-1}{1} - \frac{(a-1)^2}{2} + \frac{(a-1)^3}{3} - \ldots\ldots,$ ou

$$\mathrm{l}'(1+x) = \frac{x}{1} - \frac{x^2}{2} + \frac{x^3}{3} - \frac{x^4}{4} + \ldots$$

Cette même relation donne ensuite

$$\mathrm{l}a = k.\mathrm{l}e\,;$$

d'où, en mettant à la place de k sa valeur, et posant encore $a = 1 + x$,

$$\mathrm{l}(1+x) = \mathrm{l}e\left(\frac{x}{1} - \frac{x^2}{2} + \frac{x^3}{3} - \frac{x^4}{4} + \ldots\right).$$

Le module inconnu, $\mathrm{l}e$, peut être obtenu facilement (nº 226) dès que les logarithmes népériens ont été calculés.

NOTE SUR LES SÉRIES CONVERGENTES.

Le développement d'une fonction en série a principalement pour but de donner en nombres approchés la valeur numérique de la fonction, lorsqu'on attribue des valeurs particulières à la variable qui y entre. Mais pour que ce but puisse être atteint, il faut que la série soit du nombre de celles que l'on nomme *convergentes*. Il est donc important d'établir les caractères de ces sortes de séries : tel est l'objet qu'on se propose dans cette note, qui servira ainsi de complément, tant aux applications que nous avons faites de la formule du binome à l'extraction des racines (n^{os} **175**, **177**), qu'au calcul des logarithmes par le moyen des séries.

1. Une série indéfinie est dite CONVERGENTE, lorsqu'on peut assigner une limite de l'erreur que l'on commet en prenant les n premiers termes de la série; cette limite doit d'ailleurs être susceptible de devenir moindre que toute grandeur donnée, pourvu que l'on prenne n suffisamment grand.

Il faut avoir reconnu que ces conditions sont remplies, pour pouvoir affirmer que la série est *convergente*.

Par exemple, toutes les séries dont *les termes, étant alternativement positifs et négatifs, décroissent continuellement et indéfiniment*, sont des séries convergentes, puisqu'on a vu (n^o **176**) que la différence entre la valeur numérique de la série tout entière et la valeur numérique de la somme des n premiers termes est moindre que le $(n+1)^{ième}$ terme, lequel peut, par hypothèse, devenir aussi petit que l'on veut quand on prend n suffisamment grand.

De même, toute progression par quotient *décroissante à l'infini*, est une série convergente, puisque (n^o **195**) la différence entre la somme $\frac{a}{1-q}$ de tous les termes et la somme des n premiers termes, est exprimée par $\frac{aq^n}{1-q}$, quantité qui peut devenir moindre que toute grandeur donnée, pour une valeur de n suffisamment grande.

Un caractère important des séries de la première espèce dont nous venons de parler, est que *le rapport d'un terme quelconque à celui qui le précède, est une quantité négative*, constante ou variable, *mais toujours numériquement moindre que* 1.

Dans les séries de la seconde espèce, le rapport est *une fraction positive constante*.

2. A ces deux espèces de séries qui viennent d'être caractérisées comme des séries convergentes, il faut en joindre deux autres qui se rencontrent souvent dans les applications :

1°. — Une série dont tous les termes sont de même signe, peut être regardée comme *convergente*, toutes les fois que *le rapport d'un terme au précédent* (pouvant d'abord être plus grand que 1, ce qui suppose que les premiers termes iraient en croissant) *finit par atteindre une valeur moindre que* 1, *et va ensuite continuellement en décroissant*.

En effet, dès que l'on est arrivé au terme dont le rapport au précédent est devenu moindre que 1, si l'on fait la somme de tous les termes compris depuis le premier jusqu'au terme en question, ou jusqu'à un autre terme plus éloigné, on obtient la limite de l'erreur en supposant que le rapport devienne constant à partir du terme auquel on s'arrête; et cette limite est alors la somme d'une progression géométrique décroissante ayant pour *premier terme* celui qui suit le terme auquel on s'arrête, et pour *raison* le rapport supposé constant; limite que l'on peut d'ailleurs rendre aussi petite que l'on veut en prenant un nombre de termes suffisamment grand, puisque dans l'expression $\frac{a}{1-q}$, a est supposé diminuer indéfiniment.

2°. — Une série dont tous les termes sont de même signe, est encore *convergente* lorsque, ses termes allant en décroissant, *le rapport d'un terme à celui qui le précède augmente* au lieu de diminuer, *pourvu toutefois qu'il ne puisse dépasser une certaine valeur numériquement moindre que* 1.

Dans ce cas, la limite de l'erreur est une progression géométrique décroissante dont le *premier terme* est celui qui suit le terme auquel on s'arrête, et qui a pour *raison* la valeur *maximum* du rapport.

3. Il est d'ailleurs évident qu'une série ne saurait être convergente,

1°. — Si *le rapport d'un terme au précédent était constamment égal à* 1; car, dans ce cas, tous les termes étant égaux, leur somme serait égale à l'un d'eux répété une infinité de fois, et serait par conséquent *infinie*, quelque petit que fût chacun des termes : l'erreur que l'on commettrait en prenant n termes, serait elle-même *infinie*.

2°. — Si *le rapport d'un terme quelconque au précédent était plus grand que* 1, *constant* ou *variable*; car, dans ce cas, la somme de tous les termes serait, à plus forte raison, *infinie*.

Ainsi, *aucune série croissante*, c'est-à-dire dont les termes vont sans cesse en augmentant, *ne peut être convergente*.

4. Il y a même des séries décroissantes que l'on ne saurait regarder comme *convergentes*, parce qu'on reconnaît que la somme de tous leurs termes est

infinie, et que par conséquent la limite de l'erreur est aussi *une quantité infinie*, ou réciproquement.

Considérons, par exemple, la série

$$\frac{1}{1}+\frac{1}{2}+\frac{1}{3}+\frac{1}{4}+\frac{1}{5}+\ldots,$$

connue sous le nom de *série harmonique*; et prenons le rapport de deux termes consécutifs quelconques $\frac{1}{n-1}$, $\frac{1}{n}$.

Il vient $$\frac{1}{n}:\frac{1}{n-1}=\frac{n-1}{n}=1-\frac{1}{n}.$$

Or, on voit que ce rapport, qui est constamment moindre que 1, augmente à mesure que n augmente et se rapproche de plus en plus de l'*unité*, qui peut ainsi être considérée comme la *limite en plus*, ou comme le *maximum* de ce rapport. Il y a donc lieu d'appliquer à la série ci-dessus ce qui a été dit pour le premier cas du numéro précédent; c'est-à-dire que la limite de l'erreur est la somme des termes d'une progression géométrique ayant pour *raison* l'unité, somme qui est nécessairement *infinie* (n° 3). Donc enfin, *la somme des termes de la série est elle-même infinie.*

C'est, au reste, ce qu'on peut vérifier d'une autre manière.

En effet, si, dans la série (5) du numéro **225**, on pose $1+x=y$, il vient

$$l'y=\frac{y-1}{1}-\frac{(y-1)^2}{2}+\frac{(y-1)^3}{3}-\frac{(y-1)^4}{4}+\ldots$$

ou $$l'y=-\left[\frac{1-y}{1}+\frac{(1-y)^2}{2}+\frac{(1-y)^3}{3}+\frac{(1-y)^4}{4}+.\right]\ldots \quad (1)$$

Soit fait maintenant $y=0$ dans cette égalité; on trouve

$$l'0=-\left(\frac{1}{1}+\frac{1}{2}+\frac{1}{3}+\frac{1}{4}+\frac{1}{5}+\ldots\right).$$

Or, on sait (n° **213**), que, dans tous les systèmes de logarithmes dont la base est plus grande que l'unité, le logarithme de 0 a pour valeur l'*infini négatif*; donc *la valeur de la série* $\frac{1}{1}+\frac{1}{2}+\frac{1}{3}+\frac{1}{4}+\ldots$ *est infinie.*

Pour peu d'ailleurs qu'une série tirée de (1) décroisse plus rapidement que la série harmonique, elle aura nécessairement une valeur finie; car, quelque petit que soit y, son logarithme a une valeur finie; ainsi il doit en être de même du développement de ce logarithme. Toutefois, pour reconnaître si la série est véritablement *convergente*, il faut pouvoir assigner la limite de l'erreur commise lorsqu'on s'arrête à un terme de rang quelconque.

Or, si l'on pose $y = \frac{1}{z}$, z pouvant être un nombre très grand, il vient

$$\text{l}'\frac{1}{z} = -\left[\frac{z-1}{z} + \frac{(z-1)^2}{2.z^2} + \frac{(z-1)^3}{3.z^3} + \frac{(z-1)^4}{4.z^4} + \ldots\right].$$

Le rapport de deux termes consécutifs est

$$\left(\frac{n-1}{n}\right).\frac{z-1}{z}, \text{ ou } \frac{z-1}{z} - \frac{1}{n}\left(\frac{z-1}{z}\right),$$

quantité plus petite que la fraction constante $\frac{z-1}{z}$, mais qui s'en approche de plus en plus à mesure que n augmente.

On a donc (2e cas, n° **2**) pour limite de l'erreur, la somme d'une progression décroissante dont le *premier terme* est celui qui suit le terme auquel on s'arrête, et qui a pour *raison* le nombre constant $\frac{z-1}{z}$.

Cette fraction est d'autant plus petite, et par conséquent, la convergence de la série est d'autant plus sensible, que z est plus petit.

Soit, par exemple, $z=2$, ce qui donne

$$\text{l}'\frac{1}{2} = -\left(\frac{1}{2} + \frac{1}{8} + \frac{1}{24} + \frac{1}{64} + \frac{1}{160} + \frac{1}{384} + \ldots\right).$$

On a ici $$\frac{z-1}{z} = \frac{1}{2}.$$

Ainsi, la limite de l'erreur que l'on commet en prenant les 5 premiers termes pour la valeur de la série totale, est $\frac{a}{1-q} = \frac{\frac{1}{384}}{1-\frac{1}{2}} = \frac{1}{192}$.

En général, la limite de l'erreur est, pour cette série, *le double* du terme qui suit celui auquel on s'est arrêté.

5. Nous allons actuellement revenir, tant sur les applications numériques de la formule du binome, que sur les séries particulières qui ont été déduites des séries logarithmiques ou exponentielles; et nous ferons voir que toutes les séries obtenues rentrent dans les différens cas examinés ci-dessus.

D'abord la série générale du numéro **174**, étant telle que les termes, à partir du second, sont alternativement positifs et négatifs, il faut encore s'assurer si les termes vont en décroissant et peuvent devenir aussi petits que l'on veut.

Or, en désignant par p le rang d'un terme quelconque, il est facile de voir que l'on a pour le rapport de ce terme au précédent,

$$\frac{(p-1)n-1}{p.n}\cdot\frac{a}{x},\quad a \text{ étant supposé} < x;$$

ce qui prouve que chaque terme de la série est une partie du précédent, plus petite que la fraction marquée par $\frac{a}{x}$. Ainsi, les termes diminuant indéfiniment, la série rentre dans le premier cas du n° **1** de cette note.

Dans la série du n° **177**, tous les termes sont de même signe à partir du second.

Mais le rapport du $p^{ième}$ terme au précédent étant $\frac{(p-1)n-1}{p.n}\cdot\frac{a}{x}$, quantité que l'on peut mettre sous la forme $\frac{a}{x}-\frac{1}{p}\cdot\frac{n+1}{n}\cdot\frac{a}{x}$, on voit que ce rapport est *constamment moindre que* $\frac{a}{x}$, et qu'à mesure que p augmente, ce rapport approche de plus en plus de la fraction $\frac{a}{x}$, qui en est par conséquent la limite en plus, ou la valeur *maximum*. Ainsi, cette série tombe dans le second cas du n° **2**; c'est-à-dire que la limite de l'erreur commise est la somme d'une progression décroissante ayant pour *premier terme* celui qui suit le terme auquel on s'arrête, et pour raison le rapport *maximum* $\frac{a}{x}$.

En appliquant ce principe au 4e exemple proposé n° **177**, on reconnaît que les 5 premiers termes de la série donnent la valeur de $\sqrt[7]{108}$ *à moins de* 0,00001 *près*.

En général, on peut démontrer que la série qui représente le développement de $(1+z)^m$ est *convergente* tant que z est une fraction positive ou négative, m étant d'ailleurs différent d'un nombre *entier et positif*. Mais cette démonstration, qui n'offre aucune difficulté d'après les principes établis ci-dessus, nous entraînerait trop loin; et nous la proposons comme exercice.

6. Passons aux séries logarithmes et exponentielles.

La série

$$l'(y+1)-l'y=\frac{1}{y}-\frac{1}{2y^2}+\frac{1}{3y^3}-\ldots,$$

obtenue n° **225**, rentre dans le premier cas du n° **1**, puisque les termes sont alternativement positifs et négatifs et décroissent indéfiniment.

Quant à la série du même numéro,

$$l'(z+1)-l'z=2\left(\frac{1}{2z+1}+\frac{1}{3(2z+1)^3}+\frac{1}{5(2z+1)^5}+\ldots\right),$$

on a pour le rapport de deux termes consécutifs quelconques,

$$\frac{2n-3}{2n-1}\cdot\frac{1}{(2z+1)^2} \quad \text{ou} \quad \frac{1}{(2z+1)^2}\left(1-\frac{1}{n-\frac{1}{2}}\right);$$

ce qui prouve que le rapport est *constamment moindre que* $\frac{1}{(2z+1)^2}$, mais qu'il s'en rapproche de plus en plus à mesure que n augmente, et qu'il a cette fraction pour limite.

La série se trouve donc encore dans le second cas du n° **2**. Le rapport *maximum* serait ici $\frac{1}{(2z+1)^2}$, fraction très petite si z est très grand.

Enfin, la série qui donne a^x (n° **227**), finit toujours par devenir convergente, quels que soient a et x, puisque le rapport de deux termes consécutifs est $\frac{kx}{n}$, fraction qui a *zéro* pour limite relative à l'accroissement de n.

7. Nous terminerons cette note par une remarque sur la base e du système népérien.

On a trouvé, n° **228**,

$$e = 2 + \frac{1}{1.2} + \frac{1}{1.2.3} + \frac{1}{1.2.3.4} + \ldots \quad (1).$$

Or il est aisé de démontrer, 1°. que cette série est le développement d'un nombre *incommensurable*; 2°. qu'elle est *convergente*, et que pour chacune des sommes partielles des deux premiers, des trois premiers... termes, la limite de l'erreur peut être assignée.

D'abord e ne peut être un nombre entier, car on a évidemment

$$\frac{1}{2} + \frac{1}{2.3} + \frac{1}{2.3.4} + \ldots < \frac{1}{2} + \frac{1}{2^2} + \frac{1}{2^3} + \ldots;$$

et cette seconde série est une progression décroissante qui (n° **195**) a pour somme, l'*unité*.

Il suit de là que $\frac{1}{2} + \frac{1}{2.3} + \frac{1}{2.3.4} + \ldots$ est moindre que 1, et par conséquent que e est un nombre compris entre 2 et 3.

Je dis, en second lieu, qu'aucun nombre fractionnaire exact ne peut exprimer la valeur de e.

En effet, soit, s'il est possible, e égal à $\frac{m}{n}$, m et n étant deux nombres entiers, et $n < m$, mais > 1. En poussant la série jusqu'à ce qu'on parvienne aux termes dont les dénominateurs renferment le facteur n, on aura

$$\frac{m}{n} = 2 + \frac{1}{1.2} + \frac{1}{1.2.3} + \ldots \frac{1}{1.2.3\ldots n} + \frac{1}{1.2.3\ldots n(n+1)} + \ldots,$$

ou simplement $\frac{m}{n} = \alpha + \beta, \ldots$ (2)

(en posant, pour abréger,

$$\alpha = 2 + \frac{1}{1.2} + \frac{1}{1.2.3} + \ldots + \frac{1}{1.2.3\ldots(n-1)n},$$

$$\left.\beta = \frac{1}{1.2.3\ldots n(n+1)} + \frac{1}{1.2.3\ldots n(n+1)(n+2)} + \ldots\right)$$

Cela posé, multiplions les deux membres de l'égalité (2) par $1.2.3\ldots n$; il vient

$$1.2.3\ldots(n-1).m = 1.2.3\ldots n.\alpha + 1.2.3\ldots n.\beta\ldots \quad (3).$$

Mais le premier membre de l'égalité (3) est évidemment un nombre entier; il en est de même de la première partie, $1.2.3\ldots n.\alpha$, du second membre, puisque tous les termes dont se compose α sont des fractions ayant pour dénominateurs des sous-multiples du facteur $1.2.3\ldots n$, par lequel on a multiplié α. Donc pour que l'égalité (3) subsistât, il faudrait que $1.2.3\ldots n.\beta$ fût aussi un nombre entier. Or, cela est impossible, car cette expression se réduit, lorsqu'on remplace β par sa valeur, à la série

$$\frac{1}{n+1} + \frac{1}{(n+1)(n+2)} + \frac{1}{(n+1)(n+2)(n+3)} + \ldots,$$

laquelle a évidemment une valeur moindre que celle de la progression

$$\frac{1}{n+1} + \frac{1}{(n+1)^2} + \frac{1}{(n+1)^3} + \ldots,$$

dont la limite (nº **195**) est $\frac{1}{n}$.

Donc enfin, l'égalité $\frac{m}{n} = 2 + \frac{1}{1.2} + \frac{1}{1.2.3} + \ldots$

est elle-même impossible, et la base e ne saurait être égale à un nombre commensurable.

Le calcul précédent peut servir à faire estimer *la limite* de *l'erreur* que l'on commet en prenant pour la valeur de e, la somme des n premiers termes de la série.

En effet, l'erreur commise est marquée par

$$\epsilon = \frac{1}{1.2.3.n(n+1)} + \frac{1}{1.2.3\ldots n(n+1)(n+2)} + \ldots,$$

ou $$\epsilon = \frac{1}{1.2.3\ldots n}\left(\frac{1}{n+1} + \frac{1}{(n+1)(n+2)} + \ldots\right);$$

mais on vient de voir que la série entre parenthèses est moindre que $\frac{1}{n}$. On a donc

$$\epsilon < \frac{1}{1.2.3\ldots n^2}.$$

Soient $n=10$, ce qui revient à prendre les 11 premiers termes dans la série $1 + \frac{1}{1} + \frac{1}{1.2} + \ldots$; ou trouve $\epsilon < \frac{1}{36288000} < 0,00000003$.

Donc la somme des 11 premiers termes ne diffère de la vraie valeur de e que d'une quantité moindre que 0,0000001. (*Voyez* le n° **228.**)

N. B. — On parvient également à la limite

$$\epsilon < \frac{1}{1.2.3\ldots n^2},$$

en appliquant directement à la série (1) le premier cas du numéro **3.**

En effet, le rapport du $(n+1)^{ième}$ terme de la série au $n^{ième}$ est évidemment $\frac{1}{n+1}$, quantité qui diminue de plus en plus à mesure que n augmente. Donc, la limite de l'erreur s'obtiendra (n° **3**) en supposant que le rapport $\frac{1}{n+1}$ reste constant à partir du $(n+1)^{ième}$ terme; et l'on aura pour cette limite,

$$\frac{a}{1-q} = \frac{1}{1.2.3\ldots(n-1)\,n(n+1)} : 1 - \frac{1}{n+1},$$

ou $$= \frac{1}{1.2.3\ldots(n-1)\,n(n+1)} \times \frac{n+1}{n} = \frac{1}{1.2.3\ldots n^2};$$

ce qu'il fallait trouver.

NOTE *sur le calcul de l'erreur à laquelle donne lieu l'emploi de la proportion que prescrit l'usage des tables de logarithmes.* (Voyez n° **214**, et *Arithm.*, n° **264**, 15ᵉ édition.)

Pour calculer les logarithmes des nombres entiers et décimaux qui ne sont pas dans les tables ordinaires, et pour revenir de ces logarithmes aux nombres correspondans, on suppose, 1°. — que *les différences entre les nombres sont proportionnelles aux différences entre leurs logarithmes*; 2°. — que *les logarithmes inscrits dans les tables sont tout-à-fait exacts.*

Or ces deux propositions ne sont rigoureusement vraies ni l'une ni l'autre. Il est donc nécessaire, après avoir fait voir d'abord sur quels principes repose la proportion ci-dessus, de calculer ensuite le degré d'approximation qu'elle fournit et l'erreur qu'elle peut produire, lorsqu'on a égard *aux deux causes d'inexactitude* dont elle est affectée.

1. Premier principe. — Soient n et $n+1$ deux nombres entiers consécutifs; *la différence* Δ, *ou* $l(n+1) - ln$, *de leurs logarithmes, diminue à mesure que* n *augmente; et elle est toujours moindre que la fraction* $\frac{1}{2n}$.

On a en effet $l(n+1) - ln = l\left(\frac{n+1}{n}\right) = l\left(1 + \frac{1}{n}\right)$;

ce qui prouve déjà que Δ diffère d'autant moins de $l.1$, ou de 0, que le nombre n est plus grand.

Si maintenant on fait, dans la formule du numéro **225**, $x = \frac{1}{n}$, on trouve

$$\Delta,\ \text{ou}\ l\left(1+\frac{1}{n}\right) = A\left(\frac{1}{n} - \frac{1}{2n^2} + \frac{1}{3n^3} - \text{etc.}\right),$$

série qui donnera la valeur de Δ avec un degré d'approximation d'autant plus rapide que n sera plus grand.

Comme on a d'ailleurs (n° **226**) $A = 0,43\ldots < \frac{1}{2}$, et que la série.... $\frac{1}{n} - \frac{1}{2n^2} +$ est (n° **176**) moindre que $\frac{1}{n}$, il en résulte nécessairement $\Delta < \frac{1}{2n}$. *Ce qu'il fallait démontrer.*

Soit, par exemple, $n = 10000$; il vient

$$\Delta < \frac{1}{20000} < 0,00005\,;$$

c'est-à-dire que la différence est moindre que *la moitié de l'unité de l'ordre du 4e chiffre décimal.*

Ceci explique comment, dans une seule page des tables de Callet, et à partir de 10000, on a pu placer un aussi grand nombre de logarithmes. Chaque page renferme 60 lignes horizontales, chaque ligne 10 logarithmes; et comme il résulte de ce qui vient d'être dit, que les trois premiers chiffres décimaux sont nécessairement communs, même à plusieurs *dixaines* successives de logarithmes, il suffisait d'écrire une seule fois en marge ces *trois* chiffres, et de placer ensuite à part les *quatre* derniers qui correspondent à la variation du nombre.

[Comme les tables de Callet s'étendent jusqu'à 108000, on a placé *quatre* chiffres décimaux en marge, pour tous les nombres au-dessus de 100000 (parce que l'on a, dans ce cas, $\Delta < 0,000005$), ce qui a permis alors de présenter les logarithmes de ces nombres avec 8 chiffres décimaux au lieu de 7, sans rien changer à la disposition adoptée pour les nombres compris entre 10000 et 100000.]

2. Second principe. — Soient Δ, ou $l(n+1) - ln$, et Δ', ou.... $l(n+2) - l(n+1)$, deux différences consécutives de logarithmes; je dis que *ces différences peuvent être regardées comme égales toutes les fois que* n *est au-dessus de* 10000.

On a en effet $\Delta = l(n+1) - ln = l\left(\frac{n+1}{n}\right)$,

et
$$\Delta' = l(n+2) - l(n+1) = l\left(\frac{n+2}{n+1}\right);$$

d'où
$$\Delta - \Delta' = l\left(\frac{n^2+2n+1}{n^2+2n}\right) = l\left(1 + \frac{1}{n(n+2)}\right),$$

ou bien, posant dans la formule du numéro **223**, $x = \frac{1}{n(n+2)}$,

$$\Delta - \Delta' = A\left[\frac{1}{n(n+2)} - \frac{1}{2n^2(n+2)^2} + \frac{1}{3n^3(n+2)^3} - \ldots\right];$$

et par conséquent, puisque $A = 0,43\ldots.$, $\Delta - \Delta' < \frac{1}{2n(n+2)}$.

Cela posé, soit $n = 10000$; il en résulte

$$\Delta - \Delta' < \frac{1}{20000 \times 10002} < \frac{1}{200040000} < 0{,}000000005,$$

c'est-à-dire la différence entre deux différences consécutives de logarithmes de nombres au-dessus de 10000, est moindre que *la moitié de l'unité de l'ordre du huitième chiffre décimal.*

On voit donc encore pourquoi l'on a pu placer dans les tables, pour tous les nombres au-dessus de 10000, les différences entre deux logarithmes consécutifs : c'est que, la variation d'une différence à l'autre ne portant que sur le *neuvième* chiffre décimal, et les tables n'en renfermant que *sept*, on peut regarder ces différences comme *constantes* pour un grand nombre de logarithmes.

3. *Conséquences des deux propositions précédentes.* — Admettons pour un instant que, pour tous les nombres au-dessus de 10000, *à des accroissemens égaux de nombres* correspondent *des accroissemens égaux de logarithmes*, ce qui est sensiblement exact, d'après ce qu'on vient de reconnaître ; je dis qu'alors *les différences des logarithmes sont proportionnelles aux différences des nombres.*

En effet, soient n, $n+1$, deux nombres entiers consécutifs au-dessus de 10000, $n+\frac{p}{q}$ un nombre fractionnaire compris entre n et $n+1$; on peut toujours regarder les trois nombres n, $n+\frac{p}{q}$, $n+1$, comme faisant partie d'une progression par différence, ayant n pour premier terme, $\frac{1}{q}$ pour raison, $n+\frac{p}{q}$ pour $(p+1)^{ieme}$ terme, enfin, $n+\frac{q}{q}$ ou $n+1$ pour dernier terme ; c'est-à-dire que l'on a

$$\div\, n.\, n+\frac{1}{q}.\, n+\frac{2}{q} \ldots n+\frac{p}{q} \ldots n+\frac{q-1}{q}.\, n+1.$$

Or, on a supposé que les différences entre les logarithmes des nombres entiers sont sensiblement égales ; donc, *à fortiori*, les différences entre les logarithmes de n, $n+\frac{1}{q}$, $n+\frac{2}{q}, \ldots$, peuvent être regardées comme égales. Ainsi, en désignant par δ la différence $1\left(n+\frac{1}{q}\right) - 1n$, on aura pour les logarithmes qui correspondent aux termes de la série ci-dessus,

$$\div\, 1n.\, 1n+\delta.\, 1n+2\delta \ldots 1n+p\delta \ldots 1n+q\delta \text{ ou } 1(n+1).$$

De là résulte nécessairement la proportion

$$(n+1)-n : \left(n+\frac{p}{q}\right)-n :: (1n+q\delta)-1n : (1n+p\delta)-1n,$$

puisqu'en réduisant, on trouve

$$1 : \frac{p}{q} :: q\delta : p\delta, \quad \text{ou} \quad q : p :: q : p.$$

La légitimité de la proportion étant établie pour les cas où les nombres sont très grands et ont entre eux une différence au plus égale à 1, nous allons passer au calcul de l'erreur qu'elle occasione, erreur qui, comme nous l'avons déjà dit, résulte de deux causes que nous aurons à considérer successivement.

4. Calculons d'abord l'erreur qui résulte de l'inexactitude de la proportion (*les logarithmes employés étant supposés exacts*).

Soient n un nombre supérieur à 10000, l son logarithme, $l + \Delta$ celui de $n + 1$; soient encore $n + d$ un nombre compris entre n et $n + 1$, $l + m\Delta$ son logarithme, d et m représentant ici des fractions

(Tous les nombres n, l, Δ, d, m, sont supposés rapportés à la même unité.)

Cela posé, la quantité x qu'il faut ajouter à l pour avoir le logarithme de $n + d$, se détermine (nº **214**) par la proportion $1 : d :: \Delta : x$, d'où $x = d\Delta$; ce qui donne $l + d\Delta$ pour le logarithme de $n + d$, tandis qu'on devrait avoir $l + m\Delta$.

L'*erreur commise* est donc exprimée par $e = (m - d)\Delta$, ou $e = (d - m)\Delta$, suivant que l'on a $m >$ ou $< d$.

De même; la quantité y que l'on doit ajouter à n pour avoir le nombre correspondant à $l + m\Delta$, est fournie par la proportion $\Delta : m\Delta :: 1 : y$, d'où $y = m$, ce qui donne $n + m$ pour le nombre cherché, tandis que l'on devrait avoir $n + d$.

L'*erreur commise* est donc exprimée par $e' = m - d$, ou $e' = d - m$.

D'où l'on voit que, dans les deux cas, l'erreur provient de ce qu'on prend l'une pour l'autre les deux quantités m et d. Ainsi, nous sommes conduits à chercher la différence de ces deux quantités.

Or, on a (nº **209**) les égalités fondamentales

$$10^{l} = n, \quad 10^{l + \Delta} = n + 1, \quad 10^{l + m\Delta} = n + d;$$

d'où, divisant la seconde par la première,

$$10^{\Delta} = \frac{n+1}{n} = 1 + \frac{1}{n}, \quad 10^{m\Delta} = \left(1 + \frac{1}{n}\right)^{m};$$

ou, multipliant celle-ci par la première ($10^{l} = n$),

$$10^{l + m\Delta}, \quad \text{ou} \quad n + d = n\left(1 + \frac{1}{n}\right)^{m}.$$

Développons $\left(1 + \frac{1}{n}\right)$ par la formule du binome démontrée généralement n° **182**, multiplions le résultat par n, et retranchons ensuite n de chaque membre de l'égalité précédente; il vient

$$d = \frac{m}{1} - \frac{m(1-m)}{1.2.n} + \frac{m(1-m)(2-m)}{1.2.3.n^2} - \text{etc.}$$

Dans cette série, le quotient de la division du terme qui en a r avant lui, par le terme précédent (*voy.* le n° **2** de la première note), est $-\frac{(r-m)}{r+1}\cdot\frac{1}{n}$, quantité évidemment négative et numériquement moindre que l'unité, puisque l'on a $m<1$ et $n>1$. Ainsi, les termes sont alternativement positifs et négatifs, et décroissent indéfiniment. On a donc (n° **176**)

$$d<m, \quad d>m-\frac{m(1-m)}{2n}, \quad \text{d'où} \quad m-d<\frac{m(1-m)}{2n}.$$

Mais on sait (n° **107**) que le produit $m(1-m)$ de deux facteurs m, $1-m$, dont la somme est 1, a pour *maximum* $\left(\frac{1}{2}\right)^2$ ou $\frac{1}{4}$. Ainsi, la dernière égalité se réduit enfin à $m-d<\frac{1}{8n}$.

Il est aisé maintenant d'apprécier les deux erreurs $e=(m-d)\Delta$, $e'=m-d$, pour le cas de $n=$ ou >10000.

1°. — On a, en vertu de l'inégalité précédente,

$$e<\frac{\Delta}{80000};$$

et comme on a trouvé (note, n° **1**) $\Delta<\frac{0,0001}{2}$, il en résulte

$$e<\frac{0,0001}{160000}<\frac{0,00000001}{16};$$

L'erreur e étant moindre que *le seizième* de l'unité de l'ordre du 8e chiffre décimal, ne saurait porter sur les 7 premières décimales du logarithme cherché.

2°. — On a
$$e'<\frac{1}{80000}<\frac{0,0001}{8};$$

c'est-à-dire que, quand on réduit en décimales le 4e terme $y=m$, pour l'ajouter à n, l'erreur ne peut porter sur le 4e chiffre décimal ; mais on ne serait pas sûr de l'exactitude du 5e chiffre (*).

(*) Les calculs qui viennent d'être établis dans ce numéro 4 sont dus, pour le fond, à Bertrand de Genève.

5. Calculons actuellement l'erreur qui résulte *de l'inexactitude* des logarithmes (la proportion étant supposée *exacte*).

Pour cela, nous allons, dans ce numéro, *rapporter les logarithmes tabulaires, ainsi que leurs différences, à l'unité décimale du 7e ordre*, ce qui revient à les rendre tous 10000000 fois plus grands, ou à les regarder comme des nombres entiers. Cette hypothèse n'a nul inconvénient, puisque l'on ne considère, dans la proportion, que les rapports des différences.

De là il résulte que, les logarithmes étant généralement fautifs, *en plus* ou *en moins*, d'une quantité qui a pour limite supérieure la moitié d'une unité décimale du dernier ordre (*Arith.*, *voyez* le *N. B.* n° 99), cette limite se trouvera représentée par $\frac{1}{2}$.

PREMIÈRE QUESTION. — *Étant donné un nombre, déterminer son logarithme.*

Soit $n+d$ un nombre dont on demande le logarithme, n étant la partie entière, et d la partie fractionnaire; soient de plus, l, l', les logarithmes de n, $n+1$, tels qu'ils sont fournis par les tables. Appelons i et i' les quantités qu'il faudrait ajouter aux logarithmes l et l' pour les rendre exacts, ces quantités pouvant être positives ou négatives, et ayant $\frac{1}{2}$ pour limite (d'après ce qui vient d'être dit).

En supposant la proportion exacte, comme nous le faisons ici, on trouverait que le logarithme de $n+d$ est égal à $l+i$, augmenté d'une quantité x déterminée par la proportion

$$1 : d :: (l'+i') - (l+i) : x; \quad \text{d'où, en posant} \quad l'-l=\Delta,$$

$$x = d(\Delta + i' - i);$$

ce qui donnerait $\log.(n+d) = l + i + d(\Delta + i' - i)$.

Mais, au lieu de cela, on pose la proportion

$$1 : d :: \Delta : x, \quad \text{d'où} \quad x = d\Delta;$$

puis on ajoute $d\Delta$ à l, en rejetant même toute la partie fractionnaire du produit $d\Delta$, sauf à augmenter le dernier chiffre d'une unité, s'il y a lieu, ce qui peut occasioner une nouvelle erreur dont la limite est $\frac{1}{2}$. En représentant cette erreur par f, on prend ainsi $l + d\Delta - f$ pour le logarithme de $n+d$. Donc l'erreur finale est

$$E = l + i + d(\Delta + i' - i) - l - d\Delta + f = i(1-d) + i'd + f.$$

Si l'on suppose que les trois erreurs i, i', f, atteignent leur limite $\frac{1}{2}$, ce qui est évidemment le cas où l'erreur totale E est aussi grande que possible, il en résulte

$$E = \frac{1}{2}(1 - d + d + 1) = 1;$$

c'est-à-dire que, dans la recherche du logarithme d'un nombre, *l'erreur provenant de l'inexactitude des logarithmes tabulaires peut s'élever*, soit en plus, soit en moins, *jusqu'à une unité décimale du 7e ordre*, ou généralement, *du dernier ordre décimal des logarithmes fournis par les tables que l'on emploie.*

6. Seconde question. — *Étant donné un logarithme, déterminer le nombre qui lui correspond.*

Soit $l + \delta$ un logarithme compris entre l et l', Δ désignant toujours $l' - l$, et δ étant au plus égal à $\Delta - 1$.

On prend ordinairement pour le nombre cherché, $n + \frac{\delta}{\Delta}$, la fraction $\frac{\delta}{\Delta}$ étant tirée de la proportion $\Delta : \delta :: 1 : y$.

Mais d'abord, le logarithme donné $l + \delta$, étant poussé seulement jusqu'au degré d'approximation des logarithmes tabulaires, est passible d'une erreur positive ou négative qu'on peut représenter par $+ i''$, et dont la limite est $\frac{1}{2}$. En outre, les deux logarithmes l, l', peuvent, comme ci-dessus, être fautifs des quantités positives ou négatives $+ i$, $+ i'$, dont la limite est $\frac{1}{2}$.

Ainsi, la proportion à établir devrait être

$$(l + i') - (l + i) : (l + \delta + i'') - (l + i) :: 1 : y,$$

ou $\quad \Delta + i' - i : \delta + i'' - i :: 1 : y, \quad$ d'où $\quad y = \dfrac{\delta + i'' - i}{\Delta + i' - i};$

ce qui donnerait pour le nombre cherché,

$$n + \frac{\delta + i'' - i}{\Delta + i' - i}.$$

Donc l'erreur que l'on commet en prenant $n + \frac{\delta}{\Delta}$ au lieu de cette expression, est représentée par

$$\frac{\delta + i'' - i}{\Delta + i' - i} - \frac{\delta}{\Delta} \dots (1), \quad \text{ou} \quad \frac{\delta}{\Delta} - \frac{\delta + i'' - i}{\Delta + i' - i} \dots (2),$$

suivant que l'on a $\quad \dfrac{\delta + i'' - i}{\Delta + i' - i} > \;$ ou $\; < \dfrac{\delta}{\Delta}.$

Premier cas. — Pour obtenir *la limite en plus* de la différence (1), il faut

tâcher d'avoir le *maximum* de $\frac{\delta + i'' - i}{\Delta + i' - i}$.

Or, la quantité i se trouvant à la fois au numérateur et au dénominateur, si l'on se rappelle (*Alg.*, n° 6) que toute fraction augmente de valeur quand on ajoute un même nombre à ses deux termes, il s'ensuit qu'on obtiendra d'abord le *maximum* de la fraction ci-dessus en posant....... $-i = +\frac{1}{2}$ qui est la plus grande valeur que puisse recevoir cette quantité i, ce qui donne

$$\frac{\delta + \frac{1}{2} + i''}{\Delta + \frac{1}{2} + i'}.$$

Actuellement, pour avoir le *maximum* relatif aux variations de i'' et de i', il suffit de rendre le numérateur le plus grand et le dénominateur le plus petit possible, ce qui se fait en posant $i'' = +\frac{1}{2}$, $i' = -\frac{1}{2}$.

Ainsi, le *maximum* résultant des variations de i, i', i'', est nécessairement

$$\frac{\delta + \frac{1}{2} + \frac{1}{2}}{\Delta + \frac{1}{2} - \frac{1}{2}}, \quad \text{ou} \quad \frac{\delta + 1}{\Delta}.$$

Donc le *maximum* de la différence (1) est

$$\frac{\delta + 1}{\Delta} - \frac{\delta}{\Delta}, \quad \text{ou} \quad \frac{1}{\Delta}.$$

Second cas. — Pour obtenir *la limite en plus* de la différence (2), il faut

avoir le *minimum* de $\frac{\delta + i'' - i}{\Delta + i' - i}$.

Or, on peut prouver par un raisonnement analogue au précédent, mais inverse, que le *minimum* résultant des variations des trois quantités i, i', i'', est

$$\frac{\delta - \frac{1}{2} - \frac{1}{2}}{\Delta - \frac{1}{2} + \frac{1}{2}}, \quad \text{ou} \quad \frac{\delta - 1}{\Delta}.$$

Donc le *maximum* de la différence (2) est

$$\frac{\delta}{\Delta} - \frac{\delta - 1}{\Delta}, \quad \text{ou} \quad \frac{1}{\Delta};$$

c'est-à-dire que, dans les deux cas, la limite de l'erreur commise est $\frac{1}{\Delta}$.

Cette quantité croît de plus en plus à mesure que l'on avance dans la table, puisqu'on sait (nº 1) que Δ diminue de plus en plus.

7. Maintenant, il est facile de prouver que des deux causes d'erreur qui ont été signalées au commencement de cette note, la *seconde* est celle à laquelle on doit définitivement s'arrêter, sans avoir aucun égard à la première. En effet, dans la question qui a pour but de *déterminer le logarithme d'un nombre donné*, puisque l'on a reconnu (nº 4) que l'inexactitude de la proportion ne peut influer sur le dernier chiffre des logarithmes tabulaires, on doit considérer la proportion comme tout-à-fait exacte, et ne tenir compte que de l'inexactitude des logarithmes, en observant (nº 5) que *le dernier chiffre décimal peut être fautif d'une unité*, en plus ou en moins.

Dans la seconde question (*trouver le nombre auquel appartient un logarithme donné*), la limite de l'erreur qui résulte de l'inexactitude des logarithmes tabulaires ne dépendant (nº 6) que de la différence tabulaire Δ, et par suite, des derniers chiffres de ces logarithmes, chiffres sur lesquels l'inexactitude de la proportion n'a aucune influence, il s'ensuit encore que *la première* cause d'erreur peut être tout-à-fait négligée.

8. Il ne nous reste plus qu'à faire l'application de la théorie précédente aux tables dont on fait usage ordinairement, c'est-à-dire aux tables de Callet.

Première question. — La proportion $1 : d :: \Delta : x$, d'où $x = d\Delta$, donne (nº 5) les 7 premiers chiffres décimaux, *à une unité du 7e ordre décimal près*.

Ainsi, une somme de logarithmes ou de complémens arithmétiques de logarithmes peut être fautive d'une quantité dont la limite est exprimée par *autant d'unités décimales du 7e ordre*, qu'il y a de parties dans cette somme. De même, si, dans la vue d'obtenir une puissance d'un nombre, on multiplie son logarithme par l'exposant de la puissance, le logarithme résultant peut être fautif d'*autant d'unités décimales du 7e ordre*, qu'il y a d'unités dans l'exposant de la puissance. Mais *il n'en est pas de même* quand il s'agit d'une extraction de racine, parce que les erreurs qui affectent les logarithmes sont *divisées* par les indices des racines.

Seconde question. — La proportion $\Delta : \delta :: 1 : y$, d'où $y = \frac{\delta}{\Delta}$, donne la valeur du nombre cherché, *à une fraction près marquée par* $\frac{1}{\Delta}$.

Mais comme il est d'usage de convertir $\frac{\delta}{\Delta}$ en décimales, voyons à que ordre de décimales il convient d'arrêter l'opération.

Pour cela, soit α la puissance de 10 qui doit exprimer le dénominateur de la fraction décimale obtenue. Observons que, dans la transformation de $\frac{\delta}{\Delta}$ en décimales, on s'expose encore à commettre une erreur dont la limite est *la moitié de l'unité de l'ordre du dernier chiffre décimal*, c'est-à-dire $\frac{1}{2\alpha}$. On doit donc satisfaire à l'inégalité

$$\frac{1}{\Delta} + \frac{1}{2\alpha} < \frac{1}{\alpha}, \quad \text{d'où} \quad \frac{1}{\Delta} < \frac{1}{2\alpha}, \quad \text{et par conséquent} \quad \Delta > 2\alpha.$$

Donc, Δ doit être au moins *le double de la puissance de* 10 à laquelle on s'arrête.

Cela posé :

Il résulte de l'inspection des tables de Callet, que, jusqu'au nombre 21809, la différence tabulaire n'est pas plus faible que 200 ; donc, pour tous les nombres compris entre 10000 et 21809, on peut, en réduisant $\frac{\delta}{\Delta}$ en décimales, pousser l'opération jusqu'aux 100ièmes, et l'on est certain de l'exactitude du dernier chiffre décimal.

Passé ce terme et jusqu'à 100000, nombre pour lequel la différence tabulaire est 44, on ne peut compter que sur l'exactitude du chiffre des 10ièmes.

Depuis 100000 jusqu'à 108000, comme la différence se trouve encore exprimée par 3 chiffres (dont le premier à droite représente des unités du 8e ordre) on peut de nouveau compter sur l'exactitude du chiffre des 100ièmes, puisque cette différence va de 434 à 403, nombres plus grands que 200.

Les nouvelles tables à 7 décimales, publiées par MM. Marie et Reynaud, ont l'avantage de donner, sous un format plus commode, à peu près les mêmes approximations que celles de Callet. Nous n'oserions cependant pas affirmer, à cause de leur peu d'étendue (elles ne s'étendent pas au-delà de 10000), que les deux causes d'erreur signalées ci-dessus ne donnent pas *plus d'une unité* d'erreur sur le 7e chiffre décimal lorsqu'on cherche le logarithme d'un nombre, et *plus de deux unités* d'erreur sur le chiffre des *millièmes* lorsqu'on cherche le nombre correspondant à un logarithme. Mais l'emploi de ces tables, dans leur état actuel, n'en mérite pas moins d'être recommandé, en raison de la petitesse de leur format.

CHAPITRE VII.

Théorie générale des Équations.

Introduction. — Les plus célèbres analystes se sont occupés du problème de la résolution générale des équations d'un degré quelconque à une seule inconnue; mais jusqu'ici leurs efforts ont été infructueux par rapport aux équations d'un degré supérieur au quatrième. Cependant les recherches qu'ils ont faites à ce sujet les ont conduits à des propriétés communes aux équations de tous les degrés, et dont ils ont ensuite tiré parti, soit pour résoudre certaines classes d'équations, soit pour ramener la résolution d'une équation donnée, à celles d'autres équations plus simples. Nous nous proposons, dans ce chapitre, de faire connaître ces propriétés, et leur usage pour faciliter la résolution des équations.

§ Ier. — *Divisibilité des Fonctions entières. — Propriétés générales des Équations. — Théorie complète du plus grand commun diviseur.*

DIVISIBILITÉ DES FONCTIONS ENTIÈRES.

230. Le développement des propriétés relatives aux équations de tous les degrés nous conduira à des polynomes d'une nature particulière et toute différente de celle des polynomes que nous avons eu occasion de considérer dans le premier chapitre. Ce sont des expressions de la forme

$$Ax^m + Bx^{m-1} + Cx^{m-2} + \ldots + Tx + U,$$

dans lesquelles m est un nombre entier positif, mais dont les coefficiens A, B, C.... T, U, désignent des quantités quelconques, c'est-à-dire des quantités entières ou fractionnaires, commensurables ou incommensurables, numériques ou algébriques. Or, dans la division algébrique, telle que nous l'avons exposée (chap. Ier), on a pour but, *étant donné deux polynomes* entiers par rapport à toutes les lettres et aux nombres particuliers qui y entrent, de *trouver un troisième polynome de même espèce, qui, multiplié par le second, reproduise le premier.*

Mais, si l'on a deux polynomes

$$Ax^m + Bx^{m-1} + Cx^{m-2} + \ldots + Tx + U,$$
$$A'x^n + B'x^{n-1} + C'x^{n-2} + \ldots + T'x + U',$$

qui ne soient *nécessairement* entiers que par rapport à x, et dont les coefficiens A, B, C,...A', B', C',... soient quelconques, on peut se proposer de *trouver un troisième polynome*, de même forme et de même nature que les deux précédens, *qui, multplié par le second, reproduise le premier.*

Le procédé pour effectuer cette division est analogue à celui de la division ordinaire; mais il y a cette différence que, dans celle-ci, *le premier terme de chaque dividende partiel doit être exactement divisible par le premier terme du diviseur;* au lieu que, dans la nouvelle espèce de division, on divise le premier terme de chaque dividende partiel (c'est-à-dire *la partie affectée de la plus haute puissance de la lettre principale*), par le premier terme du diviseur, sans s'inquiéter si le coefficient du quotient partiel correspondant est entier ou fractionnaire; et l'on continue l'opération *jusqu'à ce que l'on obtienne un quotient qui, multiplié par le diviseur, anéantisse le dernier dividende partiel*, auquel cas la division proposée est dite exacte; ou bien, *jusqu'à ce que l'on parvienne à un reste de plus faible degré que celui du diviseur*, par rapport à la lettre principale, auquel cas la division est regardée comme impossible, puisqu'en poussant plus loin l'opération, on obtiendrait des quotiens renfermant la lettre principale avec *des exposans négatifs*, ou cette même lettre en dénominateur ; ce qui serait contre la nature de la question, puisque le quotient doit être de même forme que les polynomes proposés, c'est-à-dire composé d'un nombre *limité* de termes affectés d'exposans *entiers et positifs*.

Pour distinguer les polynomes entiers par rapport à une lettre, x par exemple, mais dont les coefficiens sont quelconques, des polynômes ordinaires, c'est-à-dire des polynomes entiers par rapport à toutes les lettres et aux nombres particuliers qui y entrent, nous conviendrons de désigner les premiers sous la dénomination de *fonctions entières de* x ; et nous appellerons *diviseurs relatifs* de ces polynomes, d'autres fonctions entières de x qui les divisent exactement dans le sens que nous venons d'établir.

231. Il résulte de ces définitions que, si une fonction entière a pour diviseur relatif une autre fonction entière, *le produit de ce diviseur par un facteur quelconque indépendant de la lettre principale, est encore un diviseur relatif de la première fonction.*

En effet, supposons que l'on ait

$$\frac{Ax^m + Bx^{m-1} + \ldots + U}{A'x^n + B'x^{n-1} + \ldots + U'} = A''x^{m-n} + B''x^{m-n-1} + \ldots + U''.$$

Soit K un facteur quelconque indépendant de x ; on a nécessairement

$$\frac{Ax^m + Bx^{m-1} + \ldots\ldots + U}{K(A'x^n + B'x^{n-1} + \ldots + U')} = \frac{A''}{K}x^{m-n} + \frac{B''}{K}x^{m-n-1} + \ldots + \frac{U''}{K};$$

or le second membre de cette identité est une fonction entière de x ; donc $K(A'x^n + B'x^{n-1} + \ldots)$ est diviseur relatif de $Ax^m + Bx^{m-1} + \ldots$

Ce qu'il fallait prouver.

On démontrerait de la même manière que l'on peut, au lieu de multiplier le diviseur par la quantité K indépendante de x, diviser au contraire le dividende par K; et que la divisibilité relative subsiste encore.

Cela posé, nous allons d'abord établir sur la divisibilité des fonctions entières, quelques principes analogues à ceux qui ont été démontrés, *en Arithmétique*, sur les nombres entiers, parce qu'ils nous seront très utiles dans la recherche des propriétés relatives aux équations.

232. PREMIER PRINCIPE. — *Toute fonction entière* $px+q$, *du premier degré en* x, qui *divise exactement le produit* $A\times B$ *de deux autres fonctions entières, divise nécessairement l'une d'elles.*

Pour démontrer ce principe, supposons que A ne soit pas divisible par $px+q$; nous allons prouver qu'alors B le sera nécessairement. En effet, en divisant A par $px+q$, suivant le procédé ordinaire, on parviendra à un reste qui ne contiendra plus x. Soient Q le quotient de cette division, et R le reste; on a l'équation identique

$$A = (px + q)\,Q + R,$$

laquelle multipliée par B, donne

$$A \times B = (px + q).QB + RB.$$

Or, par hypothèse, $A \times B$ est divisible par $px+q$; ainsi, le quotient du second membre par $px+q$ doit se réduire à une fonction entière de x, ce qui exige que RB, et par conséquent B (n° 231), soit divisible par $px+q$.

233. CONSÉQUENCE. — *Toute fonction entière*, D, *du premier degré en* x, *qui divise exactement le produit* $A\times B\times C\times E\times\ldots$ de m *fonctions entières, divise nécessairement l'une de ces fonctions.*

Car, si D ne divise pas A, il doit diviser le produit $B\times C\times E\times\ldots.$, en vertu de ce qui vient d'être dit; s'il ne divise pas B, il doit diviser $C\times E\times\ldots$; et ainsi de suite. D'où l'on voit que D, ne divisant aucun des $(m-1)$ premiers facteurs, doit du moins diviser le $m^{ième}$.

On déduit de là, comme cas particulier, que D ne peut diviser A^m sans diviser A (D étant un diviseur relatif du premier degré, et A une fonction entière quelconque).

314. SECOND PRINCIPE.—Soit une fonction entière P, résultant de la multiplication d'un nombre quelconque de fonctions entières P′, P″, P‴,.... (dont quelques-unes peuvent être égales). *Cette fonction entière* P *ne saurait avoir* (n° 252) *pour diviseurs relatifs* du premier degré en x, *que ceux qui entrent dans les fonctions* P′, P″, P‴,... *ou* (n° 251) *des produits de ces diviseurs relatifs par des facteurs indépendans de* x.

Nous pouvons actuellement passer à l'exposition des propriétés communes à toutes les équations.

PROPRIÉTÉS GÉNÉRALES DES ÉQUATIONS.

255. Toute équation complète du degré *m* (*m* étant un nombre entier et positif), peut, par la transposition des termes et après la division des deux membres par le coefficient de x^m, être ramenée à la forme

$$x^m + Px^{m-1} + Qx^{m-2} + \ldots + Tx + U = 0 ;$$

P, Q, R,... T, U, étant des coefficiens pris dans le sens algébrique le plus général.

Cela posé, l'on appelle *racine* de cette équation (*voy.* n° 97), *toute expression*, de quelque nature qu'elle soit, c'est-à-dire *numérique* ou *algébrique*, *réelle* ou *imaginaire*, *qui*, *substituée à la place de* x *dans l'équation*, *rend son premier membre égal à* o.

256. Une équation pouvant toujours être considérée comme la traduction algébrique des relations qui existent entre les données et l'inconnue d'un problème, on est conduit naturellement à ce principe, que TOUTE ÉQUATION A AU MOINS UNE RACINE. A la vérité, les conditions de l'énoncé peuvent être incompatibles; mais alors on doit supposer que l'on en serait averti par quelque *symbole d'absurdité*, tel qu'une formule

renfermant, comme opération nécessaire, l'extraction d'une racine de degré pair d'une quantité négative ; et il n'en existerait pas moins une expression qui, mise à la place de x dans l'équation, y satisferait. Nous admettrons donc ce principe, que nous aurons d'ailleurs occasion de vérifier par la suite, pour la plupart des équations (*).

Voici maintenant une nouvelle proposition que l'on peut regarder comme la propriété fondamentale de la théorie des équations.

237. Première propriété. — *Si* a *est une racine de l'équation* $x^m + Px^{m-1} + Qx^{m-2} + \ldots + U = 0$, *le premier membre de cette équation est divisible par* $(x-a)$; et réciproquement, si *un facteur de la forme* $(x-a)$ *divise le premier membre de la proposée*, a *est une racine de cette équation.*

En effet, essayons la division, et voyons ce qui doit avoir lieu quand on pousse l'opération jusqu'à ce que l'exposant de x devienne 0 dans le premier terme du dividende.

(Cette opération est de la nature de celle dont nous avons parlé n° 230, puisque a, P, Q..... sont de nature quelconque.)

$$\begin{array}{l|l} x^m+Px^{m-1}+Qx^{m-2}+\ldots+Tx+U & x-a \\ \hline \left.\begin{array}{r}+a\\+P\end{array}\right| x^{m-1} & x^{m-1}\left.\begin{array}{r}+a\\+P\end{array}\right| x^{m-2}\left.\begin{array}{r}+a^2\\+Pa\\+Q\end{array}\right| x^{m-3}+\ldots\begin{array}{r}+a^{m-1}\\+Pa^{m-2}\\+Qa^{m-3}\\+\ldots\\+T\end{array} \\ \qquad\quad \left.\begin{array}{r}+a^2\\+Pa\\+Q\end{array}\right| x^{m-2}+\ldots & \end{array}$$

. . . .

. . . .

Pour peu qu'on réfléchisse sur la manière dont s'obtiennent les quotiens partiels, on reconnaît, d'abord par analogie, et

(*) M. Cauchy a donné, dans ses leçons à l'École Polytechnique, une démonstration complète de cette proposition ; mais nous ne la croyons pas de nature à trouver place dans ces *Élémens*.

ensuite par un moyen déjà employé plusieurs fois (nos 51 et 86), une *loi de formation* pour les coefficiens de ces divers quotiens; et l'on peut conclure, 1°. — qu'on doit avoir m quotiens partiels; 2°. — que le coefficient du $m^{\text{ième}}$ quotient, c'est-à-dire de x^0, doit être

$$a^{m-1} + Pa^{m-2} + Qa^{m-3} + \ldots + T,$$

T étant le coefficient de l'avant-dernier terme de la proposée.

Donc, en multipliant le diviseur par ce quotient et soustrayant le produit du dividende, on obtient pour reste

$$a^m + Pa^{m-1} + Qa^{m-2} + \ldots + Ta + U.$$

Or, par hypothèse, a est racine de l'équation; donc *ce reste est nul*, puisqu'il n'est autre chose que le résultat de la substitution de a à la place de x dans l'équation; ainsi, *la division se fait exactement.*

Réciproquement, si $(x - a)$ est diviseur exact de .... $x^m + Px^{m-1} + \ldots$, le reste $a^m + Pa^{m-1} + \ldots$ doit être *nul*; ainsi (n° 255) a est racine de l'équation.

238. *Remarque.* — En jetant les yeux sur le quotient de la division effectuée dans le numéro précédent, on aperçoit pour les coefficiens la loi suivante : *Chaque coefficient s'obtient en multipliant celui qui le précède par la racine* a, *et ajoutant au produit le coefficient de la proposée, qui occupe le même rang que celui du terme qu'on veut obtenir dans le quotient.*

Ainsi, le coefficient du 3e terme, $a^2 + Pa + Q$, est égal à $(a + P)a + Q$, ou au produit du coefficient précédent $a + P$, par la racine a, augmentée du coefficient Q du 3e terme de la proposée.

Le coefficient du 4e terme serait

$$(a^2 + Pa + Q)a + R, \quad \text{ou} \quad a^3 + Pa^2 + Qa + R.$$

Nous aurons quelquefois besoin de rappeler cette loi, qui, d'ailleurs est facile à retenir.

239. SECONDE PROPRIÉTÉ. — *Toute équation à une seule inconnue, a autant de racines qu'il y a d'unités dans l'exposant de son degré, et ne peut en avoir davantage.*

Soit $x^m + Px^{m-1} + Qx^{m-2} + \ldots Tx + U = 0$, l'équation proposée.

Puisque (n° 236) toute équation a au moins une racine, si l'on désigne par a la racine que l'équation précédente comporte nécessairement, son premier membre est (n° 237) divisible par $(x - a)$; et l'on a l'identité

$$x^m + Px^{m-1} + \ldots = (x - a)\,(x^{m-1} + P'x^{m-2} + \ldots) \ldots (1).$$

Mais en posant $\quad x^{m-1} + P'x^{m-2} + \ldots = 0,$

on obtient une autre équation qui a au moins une racine. Soit b cette racine, on a (n° 237)

$$x^{m-1} + P'x^{m-2} + \ldots = (x - b)\,(x^{m-2} + P''x^{m-3} + \ldots),$$

égalité qui, multipliée membre à membre par l'égalité (1), donne

$$x^m + Px^{m-1} + \ldots = (x-a)\,(x-b)\,(x^{m-2} + P''x^{m-3} + \ldots) \ldots (2).$$

Raisonnant sur le polynome $x^{m-2} + P''x^{m-3} + \ldots$ comme sur le précédent, on a encore

$$x^{m-2} + P''x^{m-3} + \ldots = (x - c)\,(x^{m-3} + P'''x^{m-4} + \ldots),$$

égalité qui, multipliée par l'égalité (2), donne

$$x^m + Px^{m-1} + \ldots = (x-a)\,(x-b)\,(x-c)\,(x^{m-3} + \ldots) \ldots (3).$$

Remarquons maintenant que, pour chaque facteur du 1er degré en x, mis en évidence, le degré de x dans le polynome-quotient diminue d'une unité. Ainsi, lorsqu'on aura fait ressortir $m - 2$ facteurs du 1er degré, l'exposant de x sera réduit à $m - (m - 2)$, ou 2 ; c'est-à-dire qu'on obtiendra un polynome du second degré en x, qui (n° **97**) est lui-même décomposable dans le produit de deux facteurs du 1er degré, $(x-k)(x-l)$. Or, comme on aura déjà mis en évidence $m-2$ facteurs du 1er degré, il s'ensuit que finalement on a l'identité

$$x^m + Px^{m-1} + \ldots = (x-a)(x-b)(x-c)\ldots(x-k)(x-l),$$

dont le second membre est le produit de m *facteurs du premier degré en* x.

Cela posé, puisqu'à chaque diviseur du premier degré en x correspond necessairement (n° **237**) *une racine* de la proposée, il s'ensuit que les m facteurs du premier degré $x-x$, $a-b$, $x-c\ldots$ donnent pour la proposée, m racines a, b, $c\ldots$. Donc, etc.

Il résulte d'ailleurs évidemment du principe établi n° **234**, que le polynome $x^m + Px^{m-1} + \ldots$ ne peut avoir d'autres diviseurs relatifs du premier degré, que $x-a$, $x-b$, ... $x-k$, $x-l$, ou le produit de l'un de ces diviseurs relatifs par un facteur quelconque indépendant de x. Donc l'équation elle-même ne peut avoir pour racines que $a, b, c, \ldots k, l$, qui sont les seules qu'on puisse tirer des équations

$$x-a=0, \quad x-b=0, \ldots \quad x-k=0, \quad x-l=0,$$

ou, plus généralement, des équations

$$M(x-a)=0, \quad M'(x-b)=0, \ldots$$

(M, M′, M″ ... étant des facteurs indépendans de x).

Donc, enfin, *toute équation du degré* m *a* m *racines, et ne saurait en avoir davantage.*

240. *Remarque.*—Il existe des équations qui, en apparence, admettent moins de racines qu'il n'y a d'unités dans l'exposant de leur degré ; ce sont celles dont le premier membre a plusieurs facteurs égaux : telle serait l'équation

$$(x-a)^4(x-b)^3(x-c)^2(x-d)=0,$$

qui n'a que 4 racines différentes, a, b, c, d, quoiqu'elle soit du 10e degré.

Il est évident qu'aucune quantité α différente de a, b, c, d, ne peut la vérifier. Car l'existence de cette racine α entraînerait celle du diviseur $(x-\alpha)$, dans le premier membre, ce qui est impossible en vertu du principe établi n° 234.

Mais la proposée n'en a pas moins 10 racines, dont 4 sont égales à a, 3 égales à b, 2 égales à c, et 1 égale à d.

Nous verrons par la suite que ces sortes d'équations sont plus faciles à résoudre que celles dont les racines n'ont entre elles aucune relation déterminée.

241. Conséquence *de la seconde propriété.*

Le premier membre de toute équation du degré m ayant m diviseurs du premier degré, de la forme

$$x-a,\ x-b,\ x-c,\ldots\ x-k,\ x-l;$$

si l'on multiplie ces diviseurs *deux à deux, trois à trois,*.... on obtiendra ainsi autant de diviseurs relatifs du second, du troisième.... degré en x, que l'on peut former de combinaisons différentes avec m quantités prises deux à deux, trois à trois.... Or, ces nombres de combinaisons sont, comme on l'a vu n° 147, exprimés par $m.\frac{m-1}{2}$, $m.\frac{m-1}{2}.\frac{m-2}{3}\ldots\ldots$; et les produits obtenus sont d'ailleurs (n° 234) les seuls diviseurs du même degré, que le premier membre de la proposée puisse avoir, à moins que l'on ne considère ensuite les produits de ces diviseurs relatifs par des facteurs indépendans de x.

Ainsi, la proposée admet $m.\frac{m-1}{2}$ diviseurs du second degré, $m.\frac{m-1}{2}.\frac{m-2}{3}$ diviseurs du troisième degré; et ainsi de suite.

242. COMPOSITION DES ÉQUATIONS. — Si, dans l'équation identique

$$x^m + Px^{m-1} + \ldots = (x-a)(x-b)(x-c)\ldots(x-l),$$

on effectue la multiplication des m facteurs du second membre (*voyez* n° **148**), et que l'on compare, terme à terme, les deux membres, on parviendra aux relations suivantes entre les coefficiens P, Q, R.... T, U, et les racines $a, b, c, \ldots k, l$, de la proposée, savoir :

$$-a-b-c\ldots-k-l=P, \text{ ou } a+b+c\ldots+k+l=-P;$$
$$ab+ac+\ldots+kl=Q, \ldots\ldots$$
$$-abc-abd\ldots-ikl=R, \text{ ou } abc+abd\ldots+ikl=-R;$$

....

$$\pm abcd\ldots kl=U, \quad \text{ou} \quad abcd\ldots kl=\pm U.$$

(On a placé un double signe dans la dernière relation, parce que le produit $-a\times-b\times-c\ldots\times-l$, est $+$ ou $-abcd\ldots kl$ suivant que l'équation est de degré *pair* ou de degré *impair*.)

Donc, 1°. — *La somme algébrique des racines prises en signes contraires, est égale au coefficient du second terme*; ou bien, *la somme algébrique des racines elles-mêmes est égale au coefficient du second terme, pris en signe contraire.*

2°. — *La somme des produits deux à deux des racines prises avec leurs signes respectifs, est égale au coefficient du troisième terme.*

3°. — *La somme des produits trois à trois des racines prises en signes contraires, est égale au coefficient du quatrième terme*; ou bien, *le coefficient du quatrième terme, pris en signe contraire, est égal à la somme des produits trois à trois des racines prises avec leurs signes.*

Et ainsi de suite.

Enfin, *le produit de toutes les racines, prises en signes contraires, est égal au dernier terme*; ou bien, *le produit de toutes les racines, prises avec leurs signes respectifs, est égal au der-*

nier terme de l'équation, pris avec son signe si l'équation est de degré pair, *et avec un signe contraire* si l'équation est de degré impair.

Les propriétés démontrées n° 98, par rapport aux équations du second degré, ne sont que des cas particuliers de celles qui viennent d'être établies. Le dernier terme, pris avec son signe, est égal au produit des racines elles-mêmes, parce que l'équation est de degré pair.

N. B.—On a supposé, dans tout ce qui précède, le coefficient du premier terme égal à l'unité. S'il en était autrement, il faudrait, avant d'établir les relations ci-dessus entre les coefficiens et les racines, diviser toute l'équation par ce coefficient.

243. C'est ici le lieu d'établir deux propositions dont nous aurons plus d'une fois à faire usage par la suite.

Soit l'équation la plus générale du m^{me} degré,

$$Ax^m+Bx^{m-1}+\ldots+Hx^{m-n+1}+Kx^{m-n}+\ldots+Nx^n+Px^{n-1}+\ldots$$
$$+Tx+U=0;$$

A, B,... H, K,... N, P,...T, U, étant des quantités algébriques quelconques. (Le terme Nx^n a n termes après lui, et le terme Kx^{m-n} en a n avant lui.)

Cela posé, il peut arriver que des hypothèses particulières faites sur les données qui ont conduit à l'équation proposée, anéantissent, soit les n derniers termes, à partir du terme Px^{n-1} jusqu'à la fin, soit les n premiers termes, jusqu'au terme Hx^{m-n+1} inclusivement. Or je dis que, DANS LE PREMIER CAS, l'*équation a* n *racines nulles*, et que, DANS LE SECOND, *elle a* n *racines infinies*.

En effet, dans le premier cas, l'équation prenant alors la forme

$$x^n\,(Ax^{m-n}+Bx^{m-n-1}+\ldots\ldots+N)=0,$$

on peut y satisfaire en posant

soit $x^n=0$, soit $Ax^{m-n}+Bx^{m-n-1}+\ldots+N=0$;

or la première hypothèse donne n racines nécessairement nulles (n° 239), et la seconde $(m-n)$ racines qui peuvent être quelconques.

Quant au second cas, faisons dans l'équation proposée, comme au numéro 192, $x = \frac{1}{y}$.

Il vient, après la disparition des dénominateurs,

$$Uy^m + Ty^{m-1} + \ldots + By + A = 0,$$

équation dont les n derniers coefficiens sont par hypothèse égaux à zéro, et qui a par conséquent n racines *nulles;* donc, à cause de la relation $x = \frac{1}{y}$, l'équation proposée a n racines infinies. C.Q.F.D.

THÉORIE COMPLÈTE DU PLUS GRAND COMMUN DIVISEUR.

Introduction. — En réfléchissant sur les propriétés précédentes, on aperçoit une très grande analogie entre la recherche des diviseurs relatifs du premier degré d'une fonction entière de x, et la résolution d'une équation. En effet, il résulte de la propriété du n° 239, que tout polynome

$$Ax^m + Bx^{m-1} + Cx^{m-2} + \ldots Tx + U$$

est décomposable en m facteurs du premier degré en x; or, pour obtenir cette décomposition, il suffirait d'égaler le polynome à o et de résoudre l'équation par rapport à x; et réciproquement, si l'on connaissait les facteurs du premier degré en x qui composent ce polynome, on connaîtrait par là-même les racines.

Si l'on a besoin de savoir résoudre une équation pour obtenir les diviseurs relatifs d'un polynome, cela n'est pas nécessaire pour obtenir ce qu'on appelle *le plus grand commun diviseur relatif de deux fonctions entières.* Les analystes ont même tiré parti de cette dernière question pour la résolution de certaines classes d'équations. Ainsi, avant de pénétrer davantage dans la théorie des équations, il est nécessaire que nous complétions la recherche du plus grand commun diviseur; question qui n'a été qu'ébauchée dans le 1er chapitre.

Nous traiterons d'abord le cas de deux fonctions entières de x, après quoi nous considérerons celui où les deux polynomes sont entiers par rapport à toutes les lettres et aux coefficiens.

Du plus grand commun diviseur relatif.

244. *Le plus grand commun diviseur relatif* de deux fonctions entières de x, est *le polynome du plus haut degré* en x, qui divise à la fois les deux polynomes proposés.

Il résulte évidemment de cette définition, que quand les deux polynomes ont été divisés par leur plus grand commun diviseur, les quotiens résultans ne doivent plus renfermer aucun facteur commun en x; car, s'il en existait un, le produit de ce facteur par le diviseur déjà considéré serait de degré plus élevé en x que ce diviseur, et serait encore diviseur relatif des deux polynomes.

Cela posé, soient d, d', d'', les seuls facteurs du premier degré en x, communs à deux fonctions entières, et supposons que n, p, q, soient les exposans des puissances de ces facteurs, communes aux deux polynomes. Il est évident que le produit d^n, d'^p, d''^q, est un diviseur relatif commun aux deux polynomes. Je dis de plus que c'est *leur plus grand commun diviseur*; car il résulte du principe établi numéro 234, que les autres diviseurs relatifs communs ne peuvent être que des combinaisons 2 à 2, 3 à 3, ... des diverses puissances de d, d', d'', dont les exposans sont tout au plus égaux à n, p, q.

Nous pouvons donc établir, comme PREMIER PRINCIPE, 1°. — que *le plus grand commun diviseur relatif de deux fonctions entières est le produit des plus hautes puissances de tous les diviseurs du premier degré en* x, *communes aux deux polynomes*; 2°. — que *tout diviseur relatif commun à deux fonctions entières, divise nécessairement leur plus grand commun diviseur relatif.*

N. B.—On pourrait encore former une infinité de diviseurs relatifs communs, de même degré que $d^n \times d'^p \times d''^q$; mais ce serait (n° 251) en multipliant celui-ci par des facteurs indépendans de x.

245. SECOND PRINCIPE.—*Le plus grand commun diviseur relatif de deux fonctions entières est le même que celui qui existe entre le polynome du plus faible degré et le reste de leur division, ou,* du moins, *n'en diffère que par un facteur indépendant de* x.

En effet, soient A et B les deux polynomes, D leur plus grand commun diviseur relatif, Q le quotient, R le reste de leur division, D′ le plus grand commun diviseur relatif de B et de R ; on a l'égalité

$$A = B \times Q + R,$$

d'où l'on déduit, en divisant alternativement par D et D′,

$$\frac{A}{D} = \frac{BQ}{D} + \frac{R}{D} \quad \text{et} \quad \frac{A}{D'} = \frac{BQ}{D'} + \frac{R}{D'}.$$

D'abord, D étant diviseur relatif de A et de B, il s'ensuit que $\frac{A}{D}$ et $\frac{BQ}{D}$ sont des fonctions entières de x ; ainsi, il doit en être de même de $\frac{R}{D}$; c'est-à-dire que D est diviseur relatif de B et de R. Donc, d'après le premier principe, D doit diviser D′ qui est le plus grand commun diviseur entre B et R.

De même, D′, diviseur relatif de B et de R, l'est aussi de BQ et de R, et par conséquent de BQ + R, ou de A. Ainsi, D′, diviseur relatif de A et de B, doit diviser D, qui est le plus grand commun diviseur entre A et B.

Les deux polynomes D et D′ sont donc réciproquement divisibles l'un par l'autre, ce qui exige qu'ils soient de même degré, et par conséquent (n° 244) qu'ils soient identiques ou ne diffèrent l'un de l'autre que par un facteur indépendant de x.

246. De ces deux principes résulte le procédé suivant pour trouver le plus grand commun diviseur relatif de deux fonctions entières :

Divisez le polynome du plus haut degré en x *par le second; si la division se fait exactement, le second polynome est le p. g. c. d. cherché. — Si vous obtenez un reste, divisez le second polynome par le reste; en supposant que cette division se fasse exactement, le reste est le p. g. c. d. entre ce reste lui-même et le second polynome, et par conséquent aussi entre les deux polynomes proposés. — Si vous obtenez un second reste, divisez le premier reste par le second, et continuez ainsi l'opération jusqu'à ce que vous parveniez à un reste qui divise exactement le reste précédent, et qui sera alors le plus grand commun diviseur cherché.*

Lorsqu'en appliquant le procédé ci-dessus, on parvient à un reste indépendant de x, on peut en conclure que les deux polynomes proposés sont *premiers entre eux*, en ce sens qu'ils n'admettent aucun diviseur commun en x; car le plus grand commun diviseur relatif divisant (n° **245**) le reste de chaque division, devrait aussi diviser le reste indépendant de x auquel on est parvenu, ce qui est impossible.

Nous verrons (n° **259**) les modifications que l'on peut, dans la pratique, apporter à ce procédé, lorsqu'on l'applique à une certaine classe de polynomes.

247. Soit maintenant à *déterminer le plus grand commun diviseur relatif de plusieurs fonctions entières* A, B, C, E...

Appelons D le p. g. c. d. entre A et B, D′ le p. g. c. d. entre D et C; je dis que D′ est aussi le plus g. c. d. de A, B, C.

En effet, le p. g. c. d. de A, B, C, devant diviser A et B, divise leur p. g. c. d. D; d'ailleurs, il divise aussi C; ainsi il doit diviser D′, qui est le p. g. c. d. de D et de C; il ne peut donc être d'un degré plus élevé que D′. Mais D′ est évidemment diviseur commun aux trois polynomes A, B, C; donc enfin, D' est leur p. g. c. d.

On prouverait, d'une manière analogue, que le p.g.c.d. D'' entre D' et E, est le p. g. c. d. entre A, B, C, E; et ainsi de suite.

N. B. — Dans les applications, on commence par chercher le p. g. c. d. entre les deux polynomes de plus faible degré, puis entre celui qu'on a ainsi obtenu et le troisième polynome le plus simple, etc.

248. En résumant les règles précédentes, on voit que, par une suite de divisions algébriques, on peut toujours obtenir le plus grand commun diviseur relatif entre deux ou plusieurs polynomes en x, quelle que soit la nature des coefficiens des diverses puissances de la lettre principale.

On peut encore observer que, toutes les fois qu'on opère sur des polynomes rationnels, c'est-à-dire sur des polynomes qui ne renferment aucun signe d'extraction de racine, l'application du procédé conduit à des quotiens et à des restes qui peuvent être entiers ou fractionnaires, mais qui sont essentiellement rationnels. Ainsi *le plus grand commun diviseur relatif auquel on parvient par ce procédé, ne peut être que rationnel.*

Du plus grand commun diviseur algébrique ordinaire.

249. Les polynomes que nous allons maintenant considérer seront de la nature de ceux sur lesquels nous avons opéré dans le premier chapitre; et nous les appellerons des polynomes *rationnels et entiers*, parce que leur caractère consiste en ce que, composés d'un nombre limité de termes, comme les *fonctions entières*, ils ne renferment dans leur expression aucun des deux signes de la division ou de l'extraction des racines; c'est-à-dire que les coefficiens numériques ou algébriques sont entiers, et qu'il n'entre dans ces polynomes que des exposans entiers et positifs pour toutes les lettres.

Un polynome rationnel et entier est dit *facteur* ou *diviseur* d'un second polynome de même nature, *lorsqu'il existe un troisième polynome rationnel et entier qui, multiplié par le premier, peut reproduire le second;* et c'est par le procédé de la division algébrique ordinaire, qu'on reconnaît si le premier polynome est facteur du second.

Tout polynome rationnel et entier est dit PREMIER, lorsqu'il n'a pas d'autre diviseur rationnel et entier que lui-même et l'unité qui est diviseur de toute quantité entière; et deux polynomes rationnels et entiers sont dits PREMIERS ENTRE EUX, lorsqu'ils n'admettent d'autre facteur commun, rationnel et entier, que l'unité.

250. Ces définitions étant bien comprises, nous regarderons comme démontrée la proposition suivante (*) : — *Tout polynome premier* P (RATIONNEL ET ENTIER) *qui divise exactement le produit* $A \times B$ *de deux autres polynomes rationnels et entiers, doit nécessairement diviser l'un de ces polynomes;* et voici les conséquences qu'on peut en tirer :

PREMIÈREMENT. — Concevons qu'un polynome rationnel et entier A soit déjà décomposé dans le produit de plusieurs facteurs premiers, numériques ou algébriques, mais *rationnels* et *entiers*, et que l'on ait

$$A = P . P' . P'' . P''' \ldots\ldots P^{(n)}$$

(plusieurs de ces facteurs premiers pouvant être égaux entre eux).

Il résulte de la proposition qui vient d'être énoncée, qu'aucun polynome premier p, différent de P, P', P''... $P^{(n)}$, ne peut diviser A; car, pour diviser A, il faut que p divise $P \times P'P'' \ldots P^{(n)}$; or, s'il est différent de P, il ne peut le diviser (puisque P est premier), et il doit par conséquent diviser $P'P'' \ldots P^{(n)}$. Par la même raison, si p est différent de P',

(*) *Voyez*, pour la démonstration, la note qui est à la fin du 8e chapitre.

il doit diviser $P''P'''\ldots P^{(n)}$, et ainsi de suite ; d'où l'on conclurait que p doit être égal au dernier facteur $P^{(n)}$, ce qui est contre l'hypothèse.

Ainsi, *les seuls facteurs rationnels et entiers que* A *puisse renfermer, sont les facteurs* $P, P', P'', \ldots P^{(n)}$, *dans lesquels* A *est déjà décomposé, ou les produits de ces facteurs deux à deux, trois à trois, etc.*

251. Secondement. — Soient A et B deux polynomes rationnels et entiers, D leur plus grand commun diviseur, c'est-à-dire (nº 34) *le polynome le plus grand par rapport aux exposans et aux coefficiens, qui divise exactement les deux polynomes donnés.* Si l'on désigne par A′ et B′ les quotiens respectifs de leur division par D, on a (même numéro) $A = A'D$, $B = B'D$, A′ et B′ étant *premiers entre eux.*

Cela posé, tout diviseur premier d, commun aux deux polynomes, ne pouvant diviser en même temps A′ et B′, doit, en vertu de la proposition fondamentale (nº 250), diviser D. Il est d'ailleurs évident que tout facteur premier p qui divise A sans diviser B, ou réciproquement, ne saurait diviser D.

Donc, *le plus grand commun diviseur de deux polynomes rationnels et entiers, contient, comme facteurs, tous les diviseurs particuliers communs aux deux polynomes, et ne peut renfermer d'autres facteurs.*

C'est le premier principe du numéro 35 appliqué à deux polynomes rationnels et entiers.

252. Troisièmement. — Soient A et B deux polynomes rationnels et entiers; $d, d', d'', \ldots$ des facteurs premiers (rationnels et entiers) communs aux deux polynomes; $n, p, q, \ldots$ les exposans des puissances de ces facteurs, communes aux deux polynomes; et supposons, pour fixer les idées, que ces facteurs soient au nombre de *quatre.* On a les deux égalités

$$A = d^n . c'^p . d''^q . d'''^r . A'', \quad B = d^n . d'^p . d''^q . d'''^r . B'',$$

A″ et B″ étant premiers entre eux, car s'il en était autrement, c'est que l'on n'aurait pas mis en évidence tous les facteurs premiers communs.

Cela posé, je dis que l'on a, en désignant par D le plus grand commun diviseur entre A et B,

$$D = d^n . d'^p . d''^q . d'''^r.$$

En effet, il est évident d'abord que ce produit $d^n . d'^p . d''^q . d'''^r$ est diviseur commun des deux polynomes. De plus, c'est le plus grand qu'on puisse obtenir, puisque (n° 250) les autres facteurs ne peuvent être que les produits, 2 à 2, 3 à 3, ... des diverses puissances de d, d', d'', d''', dont les exposans sont tout au plus égaux à n, p, q, r. (C'est la même proposition démontrée numéro 244 pour le plus grand commun diviseur relatif.)

Il résulte de là que *deux polynomes rationnels et entiers ne peuvent avoir qu'un seul plus grand commun diviseur*, c'est-à-dire un seul diviseur commun dans lequel les coefficiens et les exposans soient les plus grands possibles; tandis que deux *fonctions entières* ont une infinité de *plus grands communs diviseurs relatifs* (n° 244).

253. QUATRIÈMEMENT. — *On peut*, sans aucun inconvénient, *introduire ou supprimer, dans l'un des polynomes* A *ou* B, *tel facteur rationnel et entier que l'on juge à propos, pourvu que ce facteur ne se trouve pas déjà dans l'autre polynome*. Car il est évident que le plus grand commun diviseur entre les deux nouveaux polynomes reste le même qu'entre les polynomes proposés, puisqu'il doit se composer des mêmes facteurs.

254. CINQUIÈMEMENT. — Passons à la démonstration du second principe établi n° 35.

Observons d'abord que les deux polynomes A et B peuvent toujours être supposés tels qu'après les avoir ordonnés par rapport à une de leurs lettres communes, a, et avoir divisé le polynome de plus haut degré, A par exemple, par le second B, on ait obtenu un quotient *entier* et un reste de même nature, dans lequel le plus haut exposant de a soit moindre que celui du diviseur.

En effet, pour que, dans chacune des opérations partielles, le quotient soit fractionnaire, il faut que le coefficient du premier terme de chaque dividende partiel ne soit pas exactement divisible par le coefficient du premier terme du diviseur; et alors le dénominateur du quotient partiel est ce dernier coefficient lui-même, ou l'un des facteurs de ce coefficient. Or il peut se présenter *trois cas* : ou ce coefficient divise en même temps les coefficiens des autres puissances de a qui entrent dans le diviseur; ou il a des facteurs communs avec tous ces coefficiens; ou bien il a avec quelques-uns seulement des facteurs communs qui n'entrent pas dans les autres. (On dit, dans ce dernier cas, que tous les coefficiens sont *premiers entre eux.*)

Dans les deux premiers, B contiendrait comme facteur, ce coefficient, ou l'un des facteurs de ce coefficient; et ce facteur ne se trouvant pas dans le dividende, il ne saurait (n° 251) faire partie du plus grand commun diviseur entre A et B. Ainsi (n° 253) on pourrait le supprimer d'avance dans B; et la question serait ramenée à rechercher le plus grand commun diviseur entre A et le résultat B′ provenant de la suppression de ce facteur.

Dans le troisième cas, on pourrait multiplier le dividende A par le *multiple le plus simple* des dénominateurs des quotiens fractionnaires obtenus, lequel multiple serait nécessairement *premier avec* B. Le produit de A par ce multiple ayant (n° 253) avec B le même plus grand commun diviseur que celui qui existe entre A et B, on pourrait alors opérer sur ce produit A′ et sur B, comme sur les deux polynomes primitifs; et l'on serait alors certain d'avoir des quotiens entiers.

Nous pouvons donc admettre *à priori* que les polynomes A et B satisfassent à la condition ci-dessus énoncée.

Cela posé, je dis *que le* p. g. c. d. *entre* A *et* B *est le même que le* p. g. c. d. *entre* B *et* R, R désignant le reste de leur division poussée jusqu'à ce que le reste soit de degré moindre que B par rapport à la lettre principale a.

En effet, soient D le *p. g. c. d.* entre A et B, et D′ le *p. g. c. d.*

entre B et R ; on a l'égalité

$$A = B \times Q + R$$

(Q et R étant des polynomes entiers) ; d'où, divisant d'abord par D et ensuite par D',

$$\frac{A}{D} = \frac{B \times Q}{D} + \frac{R}{D} \quad \text{et} \quad \frac{A}{D'} = \frac{B \times Q}{D'} + \frac{R}{D'}.$$

Ces deux dernières égalités prouvent, 1°.—que D divisant A, B, et par conséquent $B \times Q$, divise aussi R ; ainsi D, diviseur commun de B, R, divise (n° **251**) D' qui est le *p. g. c. d.* de B et de R.

2°.—Que D' divisant R, B, et par conséquent $B \times Q$, divise aussi A ; ainsi D', diviseur commun de A, B, divise D qui est le *p. g. c. d.* entre A et B.

Puisque D et D', divisés réciproquement l'un par l'autre, doivent donner des quotiens entiers, ces quotiens ne peuvent être que l'unité ; et l'on a

$$D = D' ; \ldots \qquad c.q.f.d.$$

255. Il nous reste encore à faire une remarque propre à nous guider dans la question qui nous occupe.

Soit A un polynome rationnel et entier que nous supposons ordonné par rapport à l'une des lettres qui y entrent, *a* par exemple.

Si ce polynome n'est pas *premier* (n° **249**), c'est-à-dire s'il est décomposable en facteurs rationnels et entiers, il peut être regardé comme le produit de *trois* facteurs principaux, savoir :

1°.— D'*un monome* A, commun à tous les termes de A (ce facteur se compose du plus grand commun diviseur qui existe entre tous les coefficiens numériques, multiplié par le produit des facteurs littéraux communs à tous les termes) ;

2°. — D'*un polynome* A_2 indépendant de a, lequel doit (n° 30) se trouver facteur commun à tous les coefficiens des diverses puissances de a, dans les polynomes ordonnés.

3°. — D'*un polynome* A_3 dépendant de a, et dans lequel les coefficiens des diverses puissances de a sont *premiers entre eux* (n° 254), en sorte que l'on a

$$A = A_1 \times A_2 \times A_3.$$

Quelquefois, l'un des facteurs A_1, A_2, ou tous les deux, se réduisent à l'unité; mais, du moins, telle est la forme la plus générale d'un polynome *rationnel et entier* ordonné par rapport à a.

Il résulte de là que, quand il existe un plus grand commun diviseur D entre deux polynomes rationnels et entiers A et B, on a également

$$D = D_1 . D_2 . D_3,$$

D_1 désignant le plus grand facteur monome commun, D_2 le plus grand facteur polynome indépendant d'une lettre commune a, et D_3 le plus grand facteur polynome dépendant de cette lettre.

Voici d'ailleurs le moyen d'obtenir D_1 :

On cherche d'abord le facteur monome A_1 *commun à tous les termes de* A. Ce facteur est en général composé de facteurs littéraux qui se découvrent à la simple inspection des termes, puis d'un coefficient numérique que l'on obtient en appliquant aux divers coefficiens numériques de A le procédé établi *en Arithmétique* (n° 152) pour trouver le p. g. c. d. entre plusieurs nombres à la fois.

On cherche de même le facteur monome B_1 *commun à tous les termes de* B; puis *on détermine le plus grand diviseur* D_1 *commun à* A_1 *et* B_1.

Ce diviseur D_1 est mis à part, comme formant le premier

facteur du commun diviseur cherché. *On supprime d'ailleurs les facteurs* A_1 *et* B_1 *dans les deux polynomes proposés ;* et la question est ramenée à chercher le p. g. c. d. entre deux nouveaux polynomes A′ et B′ débarrassés de tout facteur monome. C'est donc à deux polynomes de cette espèce qu'il convient d'appliquer le procédé dont nous allons donner le développement.

Procédé du plus grand commun Diviseur.

256. Il peut se présenter plusieurs circonstances, eu égard au nombre des lettres que A′ et B′ renferment.

1°... A′ ET B′ NE RENFERMANT QU'UNE SEULE LETTRE a.

Si l'on ordonne A′ et B′ par rapport à a, les coefficiens seront nécessairement *premiers entre eux*, puisqu'ils sont numériques et qu'on a déjà retiré les facteurs monomes. Ainsi, dans ce cas, il n'y a lieu à rechercher que le plus grand facteur commun dépendant de a, savoir, D_3 (nº **255**).

Pour l'obtenir, on commence (nº **254**) par préparer le polynome de plus haut degré, de manière que son premier terme soit exactement divisible par le premier terme du diviseur. Cette préparation consiste à *multiplier tout le dividende par le coefficient du premier terme du diviseur, ou par un facteur de ce coefficient, ou* (nº **36**) *par une certaine puissance de ce coefficient*, afin de pouvoir exécuter plusieurs opérations de suite sans de nouvelles préparations.

On effectue alors la division ; et l'on pousse l'opération jusqu'à ce qu'on obtienne un reste de plus faible degré que le polynome qui a servi de diviseur.

On cherche si, entre les coefficiens de ce reste (qui ne peuvent être que des nombres), *il n'existerait pas un facteur commun qu'on aurait soin de supprimer*, comme ne pouvant faire partie du p. g. c. d. cherché ; après quoi, *l'on opère sur le second polynome et sur le reste, comme on a opéré sur les deux polynomes* A′ *et* B′.

On continue cette série d'opérations jusqu'à ce que l'on soit parvenu à un reste diviseur exact du reste précédent, auquel cas ce reste diviseur est le p. g. c. d. D_3 qui existe entre A′ et B′; et $D_1 \times D_3$ exprime alors le p. g. c. d. entre A et B; *ou bien, jusqu'à ce qu'on trouve un reste indépendant de* a, c'est-à-dire *numérique;* et c'est un signe certain que les deux polynomes A′ et B′ sont *premiers entre eux.*

2°. . . A′ ET B′ RENFERMANT DEUX LETTRES *a* et *b*.

Après avoir ordonné ces polynomes par rapport à *a*, il faut d'abord procéder à la recherche du facteur polynome D_1 *indépendant de a* (n° 255).

Pour cela, *on détermine d'abord le plus grand commun diviseur* A_2 *entre tous les coefficiens des diverses puissances de* a *dans le polynome* A′. Ce commun diviseur s'obtient en appliquant le procédé (n° 247) relatif à la recherche du p. g. c. d. entre plusieurs polynomes à la fois, ainsi que la règle qui a été établie dans le cas précédent, puisque ces coefficiens ne renferment que la seule lettre *b*. *On détermine de même le plus grand commun diviseur* B_2 *entre tous les coefficiens de* B′. Comparant ensuite A_2 et B_2, *on met à part leur plus grand commun diviseur* D_2, comme faisant partie du p. g. c. d. cherché; et *l'on supprime d'ailleurs les facteurs* A_2 *et* B_2 *dans* A′ *et* B′; ce qui donne lieu à deux nouveaux polynomes A″ et B″ dont les coefficiens sont *premiers entre eux,* et auxquels on peut par conséquent appliquer ce qui a été dit dans le premier cas.

Toutefois, *il faut avoir soin,* pour chaque reste, *de s'assurer si les coefficiens des diverses puissances de la lettre* a *ne renferment pas un facteur commun, qu'on supprimerait alors* comme étant étranger au commun diviseur. Nous avons déjà fait voir (n° 38) que ces suppressions sont absolument indispensables.

On obtient ainsi pour A″ et B″ le commun diviseur D_3; et pour les deux polynomes A et B, le p. g. c. d. est $D_1 \times D_2 \times D_3$.

N. B.—En appliquant à A″ et B″ le procédé indiqué dans le premier cas, on reconnaît encore que ces deux polynomes sont *premiers entre eux,* à ce signe, qu'on obtient *un reste, soit nu-*

mérique, soit fonction de b, *mais indépendant de* a. Alors A et B n'ont pour p. g. c. d. que $D_1 \times D_2$.

3°... A′ ET B′ RENFERMANT TROIS LETTRES a, b, c.

Les deux polynomes étant ordonnés par rapport à a, *on détermine d'abord le p. g. c. d. indépendant de* a, ce qui se fait en appliquant aux coefficiens des diverses puissances de a, dans les deux plynomes, le procédé du n° **247** et la règle du second cas, puisque ces coefficiens polynomes ne renferment que les deux lettres b, c.

Le polynome indépendant D_2 *étant ainsi mis en évidence, et les facteurs* A_2 *et* B_2 *qui l'ont donné, étant supprimés dans* A′ *et* B′, il en résulte deux polynomes A″ et B″ dont les coefficiens sont *premiers entre eux*, et auxquels on peut par conséquent appliquer ce qui a été dit dans les deux cas précédens.

Et ainsi de suite.

Nous engageons les jeunes gens à se pénétrer du procédé que nous venons d'établir, et à tâcher d'en bien saisir l'esprit.

Nous allons en faire l'application à quelques exemples.

257. Soient les deux polynomes

$$a^2d^2 - c^2d^2 - a^2c^2 + c^4 \quad \text{et} \quad 4a^2d - 2ac^2 + 2c^3 - 4acd.$$

Le second polynome est le seul qui renferme un facteur monome : ce facteur est 2. En le supprimant et ordonnant par rapport à d, on obtient les deux nouvelles expressions

$$(a^2 - c^2)\,d^2 - a^2c^2 + c^4 \quad \text{et} \quad (2a^2 - 2ac)\,d - ac^2 + c^3.$$

Il faut d'abord procéder à la recherche du commun diviseur indépendant de la lettre d.

Or, si l'on considère les coefficiens $a^2 - c^2$ et $-a^2c^2 + c^4$, du premier polynome, on observe que $-a^2c^2 + c^4$ peut se mettre sous la forme $-c^2(a^2 - c^2)$; d'où l'on voit que $a^2 - c^2$ est facteur commun entre les deux coefficiens du premier polynome. De même, les coefficiens du second, $2a^2 - 2ac$ et $-ac^2 + c^3$, reviennent à $2a(a - c)$ et $-c^2(a - c)$; donc $a - c$ est facteur commun entre ces coefficiens.

Comparons maintenant les deux facteurs $a^2 - c^2$ et $a - c$. Comme ce dernier divise l'autre, il s'ensuit que $a - c$ est un facteur commun aux deux polynomes proposés ; et *c'est le plus grand diviseur indépendant de* d.

Supprimons d'ailleurs $a^2 - c^2$ dans le premier polynome, et $a - c$ dans le second ; on obtient pour les résultats de cette supression, $d^2 - c^2$ et $2ad - c^2$, polynomes auxquels il faut appliquer le procédé ordinaire.

$$\begin{array}{l|l} d^2 - c^2 & 2ad - c^2 \\ 4a^2d^2 - 4a^2c^2 & \overline{2ad + c^2} \\ \hline +\ 2ac^2d - 4a^2c^2 & \\ \hline -\ 4a^2c^2 + c^4. & \end{array}$$

Explication. — Après avoir multiplié le dividende par $4a^2$, et effectué deux divisions consécutives, on obtient pour reste $-4a^2c^2 + c^4$, polynome indépendant de la lettre principale d ; donc, les deux polynomes $d^2 - c^2$ et $2ad - c^2$ sont premiers entre eux. Ainsi, le plus grand commun diviseur des polynomes proposés est $a - c$.

Reprenons le même exemple en ordonnant par rapport à a ; il vient, après la suppression du facteur 2 dans le second polynome,

$$(d^2 - c^2)\,a^2 - c^2d^2 + c^4 \quad \text{et} \quad 2da^2 - (2cd + c^2)\,a + c^3.$$

En jetant les yeux sur le second polynome, on reconnaît facilement que les coefficiens des diverses puissances de a sont premiers entre eux. Quant au premier polynome, on observe que le coefficient, $-c^2d^2 + c^4$, du second terme ou de a^0, revient à $-c^2(d^2 - c^2)$; d'où il suit que $d^2 - c^2$ est facteur commun aux deux coefficiens ; et comme ce facteur n'entre pas dans le second polynome, on peut le supprimer dans le premier sans en tenir aucun compte, comme ne faisant pas partie du commun diviseur.

Opérant cette suppression, puis prenant le second polynome pour dividende et le premier pour diviseur (afin d'éviter la préparation), on a

1°.
$$\begin{array}{r|l} 2da^2 - 2cd & a + c^3 \\ - c^2 & \\ \hline \text{reste} \ldots\ldots - 2cd & a + 2dc^2 \\ - c^2 & \quad\; + c^3 \end{array} \qquad \left.\begin{array}{c} \\ \\ \end{array}\right\} \frac{a^2 - c^2}{2d}$$

ou bien, .. $a - c$,

(en supprimant le facteur commun $-2cd - c^2$);

2°.
$$\left.\begin{array}{r} a^2 - c^2 \\ + ac - c^2 \end{array}\right\} \frac{a - c}{a + c}$$
$$\overline{\qquad 0 \qquad}$$

Explication.—Après avoir effectué la première division, l'on obtient un reste qui renferme le facteur $-2cd - c^2$, dans ses deux coefficiens; car $2dc^2 + c^3 = -c(-2cd - c^2)$. Ce facteur étant supprimé, le reste se réduit à $a - c$, polynome qui divise exactement $a^2 - c^2$.

Donc $a - c$ est le plus grand commun diviseur cherché. Les commençans feront bien de reprendre le même exemple en ordonnant par rapport à c.

258. Il existe un cas assez remarquable, dans lequel on peut obtenir le plus grand commun diviseur plus aisément que par le procédé général; c'est celui où *l'un des deux polynomes renferme une lettre qui ne se trouve pas dans l'autre.*

Dans ce cas, comme il est évident que le plus grand commun diviseur doit être *indépendant* de cette lettre, il s'ensuit que, si l'on ordonne le polynome qui la renferme, par rapport à cette lettre, *le plus grand commun diviseur cherché sera le même que celui qui existe entre les coefficiens des diverses puissances de la lettre ordonnatrice et le second polynome, qui, par hypothèse, en est indépendant.*

A la vérité, on sera conduit, par ce moyen, à déterminer le plus grand commun diviseur entre trois ou un plus grand nombre de polynomes; mais ceux-ci seront beaucoup plus simples que les polynomes proposés. Souvent même il arrive que quelques-uns des coefficiens du polynome ordonné sont des monomes; ou bien, on reconnaît à leur seule inspection qu'ils sont premiers entre eux; et, dans ce cas, on est certain que les polynomes proposés sont aussi premiers entre eux.

Ainsi, dans l'exemple du n° 257, traité par le premier moyen, après avoir supprimé le facteur $a-c$ commun aux deux polynomes, ce qui a donné pour résultats,

$$d^2 - c^2 \quad \text{et} \quad 2ad - c^2,$$

on reconnaît immédiatement que ces deux nouveaux polynomes sont premiers entre eux; car le second renfermant la lettre a qui n'entre pas dans le premier, il résulte de ce qui vient d'être dit, que le plus grand commun diviseur doit se trouver entre les coefficiens $2d$ et $-c^2$; or ces deux quantités sont évidemment premières entre elles; donc, etc.

Soient, comme application du cas que nous examinons, les deux polynomes

$$3bcq + 30mp + 18bc + 5mpq,$$
$$\text{et} \quad 4adq - 42fg + 24ad - 7fgq.$$

Comme q est la seule lettre commune à ces deux polynomes (qui d'ailleurs ne renferment pas de facteurs monomes), on pourrait les ordonner par rapport à cette lettre, et suivre le procédé ordinaire. Mais observons que b se trouve dans le premier polynome et non dans le second; donc si l'on ordonne le premier par rapport à b, ce qui donne

$$(3cq + 18c)\,b + 30mp + 5mpq,$$

on peut assurer que le p. g. c. d. cherché est le même que celui qui existe entre le second polynome et les deux coefficiens

$$3cq + 18c, \quad 30mp + 5mpq.$$

Or le premier de ces deux coefficiens peut se mettre sous la forme $3c(q+6)$, et l'autre revient à $5mp(q+6)$; d'où il suit que $q+6$ est le seul facteur commun à ces deux coefficiens. Il suffit alors de voir si $q+6$, qui est un diviseur *premier*, est facteur du second polynome.

Or ce polynome, ordonné par rapport à q, revient à

$$(4ad - 7fg)q - 42fg + 24ad;$$

et comme la seconde partie $24ad - 42fg$ est égale à..... $6(4ad - 7fg)$, il s'ensuit que ce polynome est divisible par $q+6$, et donne pour quotient $4ad - 7fg$. Donc enfin, $q+6$ est le plus grand commun diviseur des deux polynomes proposés.

259. Nous terminerons cette théorie par un rapprochement entre le procédé du plus grand commun diviseur *relatif* et celui du plus grand commun diviseur *ordinaire*, en traitant successivement par les deux procédés, un exemple dans lequel les deux polynomes sont, non-seulement entiers par rapport à x, mais encore par rapport aux autres nombres qui y entrent; parce que, dans la suite, nous aurons à opérer sur beaucoup d'exemples de ce genre.

Soient proposés les deux polynomes

$$6x^5 - 4x^4 - 11x^3 - 3x^2 - 3x - 1,$$

et

$$4x^4 + 2x^3 - 18x^2 + 3x - 5.$$

TABLEAU *des Calculs par le procédé du p. g. c. d. relatif.*

$$
1^{\circ}.\quad
\begin{array}{l|l}
6x^5-4x^4-11x^3-3x^2-3x-1 & 4x^4+2x^3-18x^2+3x-5 \\
\hline
-7x^4+16x^3-\frac{15}{2}x^2+\frac{9}{2}x-1 & \frac{3}{2}x-\frac{7}{4} \\
\hline
+\frac{39}{2}x^3-39x^2+\frac{39}{4}x-\frac{39}{4}; &
\end{array}
$$

$$
2^{\circ}.\quad
\begin{array}{l|l}
4x^4+2x^3-18x^2+3x-5 & \frac{39}{2}x^3-39x^2+\frac{39}{4}x-\frac{39}{4} \\
\hline
+10x^3-20x^2+5x-5 & \frac{8}{39}x+\frac{20}{39} \\
\hline
0. &
\end{array}
$$

Donc $\frac{39}{2}x^3-39x^2+\frac{39}{4}x-\frac{39}{4}$ est le *p. g. c. d.*

TABLEAU *des Opérations par la méthode ordinaire.*

1° *Multiplication par* 16.

$$
\begin{array}{l|l}
96x^5-64x^4-176x^3-48x^2-48x-16 & 4x^4+2x^3-18x^2+3x-5 \\
\hline
-112x^4+256x^3-120x^2+72x-16 & 24x-28 \\
\hline
\end{array}
$$

Reste $+312x^3-624x^2+156x-156$,

ou bien $2x^3-4x^2+x-1$.

$$
2^{\circ}.\quad
\begin{array}{l|l}
4x^4+2x^3-18x^2+3x-5 & 2x^3-4x^2+x-1 \\
\hline
+10x^3-20x^2+5x-5 & 2x+5. \\
\hline
0. &
\end{array}
$$

Donc $2x^3-4x^2+x-1$ est le *p. g. c. d.*

En appliquant le procédé du n° **246** sans faire subir aucune préparation, on parvient, comme on le voit dans le premier des deux tableaux de calcul, au résultat

$$\frac{39}{2}x^3 - 39x^2 + \frac{39}{4}x - \frac{39}{4};$$

tandis que si l'on suit le procédé du n° 256 avec toutes ses modifications, on obtient

$$2x^3 - 4x^2 + x - 1$$

pour le plus grand commun diviseur des deux polynomes.

Or ce dernier résultat ne diffère du précédent que par le facteur $\frac{39}{4}$, qui est commun à tous les termes de celui-ci, et que l'on peut mettre en évidence.

D'où l'on voit que l'effet produit par l'application du procédé *sans préparation*, est de donner le *commun diviseur ordinaire* qui existe entre les deux polynomes (qu'on suppose *rationnels et entiers*), de le donner, dis-je, embarrassé de *facteurs étrangers*, mais *indépendans* de la lettre principale.

Or, comme nous verrons par la suite que le principal objet qu'on se propose lorsqu'on est parvenu au plus grand commun diviseur de deux fonctions entières, et de l'égaler à o pour en tirer les valeurs de la lettre principale, on conçoit que l'introduction de ces facteurs étrangers dans le résultat, ne peut, en aucune manière, influer sur les racines de l'équation obtenue, puisque ces facteurs, étant indépendans de la lettre principale, peuvent toujours être supprimés dans cette équation.

Ainsi, dans ce cas, il est tout-à-fait indifférent d'employer ou de ne pas employer les modifications; et lorsqu'on les emploie, c'est seulement dans la vue de simplifier les calculs.

Nous proposerons encore d'appliquer les deux procédés aux exemples suivans :

$$1^{\circ}.\ \begin{cases} x^6 + 4x^5 - 3x^4 - 16x^3 + 11x^2 + 12x - 9, \\ 6x^5 + 20x^4 - 12x^3 - 48x^2 - 22x + 12; \end{cases}$$

p. g. c. d. *simplifié* $= x^3 + x^2 - 5x + 3.$

$$2^\circ. \begin{cases} 20x^6 - 12x^5 + 16x^4 - 15x^3 + 14x^2 - 15x + 4, \\ 15x^4 - 9x^3 + 47x^2 - 21x + 28; \end{cases}$$

p. g. c. d. *simplifié* $= 5x^2 - 3x + 4$.

§ II. — *Tranformations des équations. — Première partie de l'Élimination.*

Nous nous proposerons de réunir dans ce paragraphe les principales transformations dont le but est de ramener la résolution d'une équation donnée, à celle d'une autre équation plus facile à traiter.

260. Première transformation. — *Évanouissement du second terme de toute équation.*

On conçoit qu'une équation d'un degré donné est d'autant plus aisée à résoudre, qu'elle renferme moins de puissances de l'inconnue; c'est ainsi que l'équation $x^2 = q$ donne sur-le-champ $x = \pm\sqrt{q}$, tandis que l'équation complète $x^2 + px = q$ a besoin d'une préparation pour être résolue.

Or, une équation quelconque étant donnée, on peut toujours la *transformer* en une autre, c'est-à-dire ramener sa résolution à celle d'une autre équation, privée de second terme.

Soit en effet l'équation générale

$$x^m + Px^{m-1} + Qx^{m-2} + \ldots + Tx + U = 0.$$

Posons $x = u + x'$, u étant une nouvelle inconnue, et x' une *indéterminée* dont nous pouvons disposer à volonté; il vient

$$(u+x')^m + P(u+x')^{m-1} + Q(u+x')^{m-2} + \ldots + T(u+x') + U = 0,$$

ou, développant d'après la formule du binome, et ordonnant par rapport aux puissances décroissantes de u,

$u^m + mu^{m-1}x' + \ldots + Pu^{m-1} + \ldots$

$$\left.\begin{array}{l|l|l} u^m + mx' & u^{m-1} + m\cdot\frac{m-1}{2}x'^2 & u^{m-2}+\ldots+x'^m \\ +P & +(m-1)Px' & +Px'^{m-1}\\ & +Q & +Qx'^{m-2} \\ & & +\ldots \\ & & \ldots\ldots\\ & & +Tx'\\ & & +U\end{array}\right\} = 0.$$

coeff. de x^{m-1} $mx'+P$

Puisque x' est tout-à-fait arbitraire, nous pouvons en disposer de manière que l'on ait $mx'+P=0$; d'où l'on tire $x'=-\frac{P}{m}$. Portant cette valeur dans l'équation précédente, on parviendra, tout calcul fait, à une *transformée* telle que

$$u^m + Q'u^{m-2} + R'u^{m-3} + \ldots + T'u + U' = 0,$$

privée de second terme. Cette équation une fois résolue, on obtiendra les valeurs de x qui correspondent aux valeurs de u, en remplaçant, dans la relation $x=u+x'$, ou $x=u-\frac{P}{m}$, la lettre u par chacune de ses valeurs.

D'où l'on peut conclure cette règle générale :

Pour faire disparaître le second terme d'une équation, *remplacez l'inconnue par une nouvelle inconnue augmentée du coefficient du second terme, pris en signe contraire, et divisé par le degré de l'équation.*

On peut reconnaître *à posteriori* que cette substitution doit atteindre le but qu'on s'était proposé.

En effet, soient $a, b, c, d, \ldots$ les m racines de l'équation donnée ; il résulte de la relation $x=u-\frac{P}{m}$, qui donne $u=x+\frac{P}{m}$, que les valeurs de u sont

$$u = a+\frac{P}{m},\ b+\frac{P}{m},\ c+\frac{P}{m},\ d+\frac{P}{m}\ldots\ldots;$$

la somme des nouvelles racines est donc

$$a+b+c+d \ldots\ldots + m.\frac{\text{P}}{m};$$

mais on a (nº 242) $a+b+c+d+\ldots = -\text{P}$; la somme précédente se réduit donc à $-\text{P}+\text{P}$, ou à o; ainsi, le coefficient du second terme de la *transformée* doit être *nul* de lui-même.

N. B. — On a supposé le coefficient du premier terme de l'équation égal à l'unité; mais si l'équation était de la forme

$$\text{A}x^m + \text{P}x^{m-1} + \ldots + \text{T}x + \text{U} = 0,$$

en posant $x = u + x'$, on obtiendrait pour le coefficient de u^{m-1}, $m\text{A}x' + \text{P}$, expression qui, égalée à o, donnerait $x' = -\frac{\text{P}}{m\text{A}}$; c'est-à-dire que, dans ce cas, le dénominateur de la valeur de x' serait *le produit du degré de l'équation par le coefficient* A *du premier terme*.

Appliquons la règle précédente à l'équation $x^2 + px = q$. Si l'on pose $x = u - \frac{p}{2}$, elle devient $\left(u - \frac{p}{2}\right)^2 + p\left(u - \frac{p}{2}\right) = q$,

ou effectuant les calculs et réduisant, ... $u^2 - \frac{p^2}{4} = q$.

Cette équation transformée donne...... $u^2 = \pm\sqrt{\frac{p^2}{4} + q}$;

par conséquent, on obtient pour les deux valeurs de x correspondantes, ... $x = -\frac{p}{2} \pm \sqrt{\frac{p^2}{4} + q}$.

261. Au lieu de faire disparaître le second terme, on peut demander que l'équation soit privée du troisième, quatrième...; il suffit pour cela d'égaler à o le coefficient de u^{m-2}, u^{m-3}, ... Par exemple, pour chasser le troisième terme, on posera, dans l'équation transformée ci-dessus,

$$m.\frac{m-1}{2} x'^2 + (m-1)\,\text{P}x' + \text{Q} = 0,$$

d'où l'on déduira pour x' deux valeurs dont chacune, substituée dans la transformée, la réduira à la forme

$$u^m + P'u^{m-1} + R'u^{m-3} + \ldots + T'u + U' = 0.$$

Au-delà du troisième terme, il faudrait résoudre des équations de degré supérieur au second pour obtenir la valeur de x'; ainsi, pour opérer la disparition du dernier terme, on aurait à résoudre l'équation

$$x'^m + Px'^{m-1} + \ldots + Tx' + U = 0,$$

qui n'est autre chose que la proposée dans laquelle on a remplacé x par x'.

Il peut arriver que la valeur $x' = -\frac{P}{m}$, qui (n° 260) fait disparaître le second terme, donne également lieu à la disparition du troisième ou d'un tout autre terme. Par exemple, pour que le second terme et le troisième disparaissent à la fois, il faut que l'équation $x' = -\frac{P}{m}$ puisse s'accorder avec celle-ci:

$$m.\frac{m-1}{2}x'^2 + (m-1)Px' + Q = 0.$$

Or, si l'on remplace dans cette dernière, x' par $-\frac{P}{m}$, il vient

$$m.\frac{m-1}{2}.\frac{P^2}{m^2} - (m-1).\frac{P^2}{m} + Q = 0, \text{ ou } (m-1)P^2 - 2mQ = 0;$$

ainsi, toutes les fois que cette *relation* existera entre les deux coefficiens P et Q, la disparition du second terme donnera lieu à celle du troisième.

262. *Remarque sur la transformation précédente.* — LOI DE FORMATION DES POLYNOMES DÉRIVÉS.

La relation $x = u + x'$, dont nous nous sommes servi dans les deux numéros qui précèdent, indique que les racines de la transformée sont égales à celles de la proposée, diminuées ou augmentées d'une même quantité. Tantôt cette quantité est introduite dans le calcul, comme une indéterminée dont la valeur est ensuite fixée de manière à remplir une condition donnée ; tantôt c'est un nombre particulier et donné *à priori*, qui exprime une *différence constante* entre les racines d'une première équation et celles d'une autre équation que l'on veut former.

En un mot, la transformation qui consiste à remplacer x par $u + x'$ dans une équation, est d'un usage très fréquent dans la théorie des équations. Or il existe un moyen assez simple d'obtenir, dans la pratique, la transformée qui résulte de cette substitution.

Pour cela, intervertissons l'ordre des termes dans $u + x'$; c'est-à-dire remplaçons x par $x' + u$ dans l'équation

$$x^m + Px^{m-1} + Qx^{m-2} + Rx^{m-3} + \ldots . Tx + U = 0;$$

on trouve, en développant et ordonnant par rapport aux puissances ascendantes de u,

$$\begin{array}{l|l|l} x'^m + mx'^{m-1} & u + m\frac{(m-1)}{2}x'^{m-2} & u^2 + \ldots u^m = 0 \\ +Px'^{m-1} + (m-1)Px'^{m-2} & +(m-1)\frac{(m-2)}{2}Px'^{m-3} & \\ +Qx'^{m-2} + (m-2)Qx'^{m-3} & +(m-2)\frac{(m-3)}{2}Qx'^{m-4} & \\ +\ldots\ldots + \ldots . & +\ldots . & \\ +Tx' \quad\quad +T & & \\ +U & & \end{array}$$

Si l'on fait attention à la manière dont se composent les coefficiens des diverses puissances de u, on verra que le *coefficient de* u^0 *n'est autre chose que le premier membre de la proposée, dans lequel on a remplacé* x *par* x'; nous désignerons dorénavant ce coefficient par X'.

Que *le coefficient de* u^1 *se forme au moyen du précédent ou de* X', *en multipliant chacun des termes de* X' *par l'exposant de x′ dans ce terme, et diminuant cet exposant d'une unité:* nous appellerons Y′ ce coefficient.

Que *le coefficient de* u^2 *se forme au moyen de* Y′, *en multipliant chacun des termes de* X′ *par l'exposant de x′ dans ce terme, divisant le produit par* 2, *et diminuant ensuite l'exposant de x′ d'une unité.* Si l'on appelle $\frac{Z'}{2}$ ce coefficient, il est clair que Z′ se forme au moyen de Y′ comme Y′ se forme au moyen de X′.

En général, *un coefficient de rang quelconque, dans la transformée ci-dessus, se forme au moyen du précédent, en multipliant chacun des termes de celui-ci par l'exposant de x′ dans ce terme, divisant le produit par le nombre des coefficiens qui précèdent celui que l'on considère, et diminuant ensuite l'exposant de x′ d'une unité.*

Cette loi, d'après laquelle les coefficiens X′, Y′, $\frac{Z'}{2}$, $\frac{V'}{2.3}$... dérivent les uns des autres, est évidemment une conséquence immédiate de celle qui régit les différens termes de la formule du binome (*voyez* n° 149).

Les expressions Y′, Z′, V′, W′.... sont appelées les *polynomes dérivés de* X′ parce que Z′ se déduit ou *dérive de* Y′ comme Y′ dérive de X′; V′ dérive de Z′ comme Z′ dérive de Y′;... et ainsi de suite. Y′ est dit le *premier polynome dérivé,* Z′ le *second....;* rappelons-nous, d'ailleurs, que X′ n'est autre chose que le premier membre de la proposée, dans lequel on a remplacé x par x'.

N. B.—On a supposé le coefficient du premier terme de la proposée égal à 1; s'il était quelconque, la loi de formation des coefficiens de la transformée serait absolument la même; et le coefficient de u^m serait égal à celui de x^m.

263. Pour faire connaître l'usage de cette loi dans la pratique, proposons-nous de faire évanouir le coefficient du second terme de l'équation $x^4 - 12x^3 + 17x^2 - 9x + 7 = 0$.

Il faut, d'après la règle n° 260, poser $x = u + \frac{12}{4}$, ou $x = 3 + u$, ce qui donnera une transformée du 4ᵉ degré et de la forme

$$X' + Y'u + \frac{Z'}{2}u^2 + \frac{V'}{2.3}u^3 + u^4 = 0;$$

et tout se réduit à calculer X', Y', $\frac{Z'}{2}$, $\frac{V'}{2.3}$.

Or on a, en vertu de la loi précédente,

$$X' = (3)^4 - 12.(3)^3 + 17.(3)^2 - 9.(3)^1 + 7, \text{ ou } X' = -110;$$
$$Y' = 4.(3)^3 - 36.(3)^2 + 34.(3)^1 - 9, \text{ ou} \ldots\ldots \; Y' = -123;$$
$$\frac{Z'}{2} = 6.(3)^2 - 36.(3)^1 + 17 \ldots\ldots \; \frac{Z'}{2} = -37;$$
$$\frac{V'}{2.3} = 4.(3)^1 - 12 \ldots\ldots \; \frac{V'}{2.3} = 0.$$

Ainsi, la transformée devient $u^4 - 37u^2 - 123u - 110 = 0$.

Soit encore proposé de transformer l'équation

$$4x^3 - 5x^2 + 7x - 9 = 0,$$

en une autre dont les racines surpassent de l'*unité* chacune des racines de la proposée.

Posons la relation $u = x + 1$; il en résulte $x = u - 1$, ce qui donne la transformée $X' + Y'u + \frac{Z'}{2}u^2 + 4u^3 = 0$.

$$X' = 4.(-1)^3 - 5.(-1)^2 + 7.(-1)^1 - 9, \text{ ou bien } X' = -25;$$
$$Y' = 12.(-1)^2 - 10.(-1)^1 + 7 \ldots\ldots \; Y' = 29;$$
$$\frac{Z'}{2} = 12.(-1)^1 - 5 \ldots\ldots \; \frac{Z'}{2} = -17;$$
$$\frac{V'}{2.3} = 4 \ldots\ldots \; \frac{V'}{2.3} = 4.$$

Ainsi la transformée devient $4u^3 - 17u^2 + 29u - 25 = 0$.

On peut s'exercer sur les exemples suivans :

Faire évanouir le second terme dans les équations

1°..... $x^5 - 10x^4 + 7x^3 + 4x - 9 = 0$?

(*Résultat* : $u^5 - 33u^3 - 118u^2 - 152u - 73 = 0$.)

2°..... $3x^3 + 15x^2 + 25x - 3 = 0$?

(*Résultat* : $3u^3 - \frac{152}{9} = 0$.) [*Voy.* n° **261**.]

Transformer l'équation $3x^4 - 13x^3 + 7x^2 - 8x - 9 = 0$, *en une autre dont les racines soient plus petites que chacune des racines de la proposée, de la fraction* $\frac{1}{3}$?

(*Résultat* : $3u^4 - 9u^3 - 4u^2 - \frac{65}{9}u - \frac{102}{9} = 0$.)

Nous aurons souvent occasion de rappeler la loi de formation des *polynomes dérivés*.

264. Ces polynomes jouissent d'une propriété très remarquable que nous pouvons faire connaître dès à présent.

Soient X ou $x^m + Px^{m-1} + Qx^{m-2} + \ldots = 0$, une équation proposée, et $a, b, c, \ldots l$, les m racines de cette équation ; on a (n° **254**) l'équation identique

$$x^m + Px^{m-1} + \ldots = (x-a)(x-b)(x-c)\ldots(x-l).$$

Cela posé, remplaçons x par $x' + u$, ou plutôt par $x + u$ (pour éviter les accens) ; il vient

$$(x+u)^m + P(x+u)^{m-1} + \ldots = (x+u-a)(x+u-b)\ldots,$$

où bien, changeant dans le second membre l'ordre des termes, et regardant chacun des binomes $x - a$, $x - b$, ... comme une seule quantité,

$$(x+u)^m + P(x+u)^{m-1} + \ldots = (u+\overline{x-a})(u+\overline{x-b})\ldots(u+\overline{x-l});$$

Or, si l'on effectue les multiplications dans chacun des deux membres, on obtiendra d'abord pour le premier, en vertu de ce qui a été dit dans le numéro précédent,

$$X + Yu + \frac{Z}{2}u^2 + \ldots\ldots + u^m;$$

X étant le premier membre de la proposée, et Y, Z, ... les polynomes dérivés de ce premier membre.

Quant au second, il résulte du n° **242**, 1°. — Que la partie affectée de u^0, ou le dernier terme, est égal au produit $(x-a)(x-b), \ldots (x-l)$, des facteurs de la proposée ;

2°. — Que le coefficient de u^1 est égal à la somme des produits $m-1$ à $m-1$ de ces m facteurs ;

3°. — Que le coefficient de u^2 est égal à la somme des produits $m-2$ à $m-2$ de ces m facteurs ; et ainsi de suite.

D'ailleurs, il y a identité entre les deux membres de la dernière équation ; ce qui veut dire (n° **180**) que les coefficiens des mêmes puissances sont égaux dans ces deux membres.

Ainsi, 1°... l'on a $X = (x-a)(x-b)(x-c)\ldots(x-l)$; ce que l'on sait déjà.

2°... Y ou le premier polynome dérivé est *égal à la somme des produits* m — 1 *à* m — 1 *des* m *facteurs du premier degré de la proposée ;* ou bien encore, *égal à la somme des quotiens que l'on obtient en divisant* X *par chacun des* m *facteurs du premier degré de la proposée ;* c'est-à-dire, algébriquement,

$$Y = \frac{X}{x-a} + \frac{X}{x-b} + \frac{X}{x-c} + \ldots \frac{X}{x-l}.$$

3°... $\frac{Z}{2}$ ou le second polynome dérivé (pris avec le diviseur 2) est *égal à la somme des produits* m — 2 *à* m — 2 *des* m *facteurs de la proposée ;* ou bien encore, *égal à la somme des quotiens que l'on obtient en divisant* X *par chacun des facteurs du se-*

cond degré; c'est-à-dire

$$\frac{Z}{2}=\frac{X}{(x-a)(x-b)}+\frac{X}{(x-a)(x-c)}+\ldots\frac{X}{(x-k)(x-l)};$$

et ainsi de suite.

265. SECONDE TRANSFORMATION. — *Faire disparaître les dénominateurs d'une équation.*

Une équation étant donnée, on peut toujours la transformer en une autre dont les racines soient égales à *un multiple* ou à *un sous-multiple donné* de celles de la proposée.

Reprenons l'équation $x^m+Px^{m-1}+Qx^{m-2}+\ldots+Tx+U=0$; et désignons par y l'inconnue d'une nouvelle équation dont les racines soient k fois plus grandes que celles de la proposée. Si l'on pose $y=kx$, il en résulte $x=\frac{y}{k}$; d'où substituant et chassant le dénominateur k^m du premier terme,

$$y^m+Pky^{m-1}+Qk^2y^{m-2}+Rk^3y^{m-3}+\ldots+Tk^{m-1}y+Uk^m=0,$$

équation dont les coefficiens sont égaux à ceux de la proposée, multipliés respectivement par k^0, k^1, k^2, $k^3\ldots\ldots k^m$.

Cette transformation est principalement utile pour *faire disparaître les dénominateurs d'une équation sans donner au premier terme d'autre coefficient que l'unité.*

Soit, pour fixer les idées, l'équation du 4ᵉ degré,

$$x^4+\frac{a}{b}x^3+\frac{c}{d}x^2+\frac{e}{f}x+\frac{g}{h}=0.$$

Si l'on fait dans cette équation, $x=\frac{y}{k}$, y étant une nouvelle inconnue et k une indéterminée, il vient

$$y^4+\frac{ak}{b}y^3+\frac{ck^2}{d}y^2+\frac{ek^3}{f}y+\frac{gk^4}{h}=0.$$

Cela posé, il peut arriver deux cas :

Ou les dénominateurs b, d, f, h, sont premiers entre eux ; dans cette hypothèse, comme k est tout-à-fait arbitraire, posons $k = bdfh$, *produit de ces dénominateurs ;* il vient

$$y^4 + adfh.y^3 + cb^2df^2h^2.y^2 + eb^3d^3f^2h^3.y + gb^4d^4f^4h^3 = 0,$$

équation dont les coefficiens sont entiers et dont le premier terme a pour coefficient l'unité.

On a, d'ailleurs, pour déterminer les valeurs de x qui correspondent aux valeurs de y, la relation $x = \frac{y}{bdfh}$.

Ou bien, les dénominateurs renferment des facteurs communs ; et l'on rendra évidemment les coefficiens entiers en prenant pour k *le plus petit multiple* de tous les dénominateurs. Mais on peut encore simplifier davantage en observant que tout se réduit à déterminer k de manière que k^1, k^2, k^3,... contiennent les facteurs premiers qui composent b, d, f, h, à des puissances au moins égales à celles qui entrent dans ces différens dénominateurs.

Ainsi, soit l'équation $x^4 - \frac{5}{6}x^3 + \frac{5}{12}x^2 - \frac{7}{150}x - \frac{13}{9000} = 0$.

Posons $x = \frac{y}{k}$; il vient $y^4 - \frac{5k}{6}y^3 + \frac{5k^2}{12}y^2 - \frac{7k^3}{150}y - \frac{13k^4}{9000} = 0$.

Soit fait d'abord k égal à 9000 qui est multiple de tous les autres dénominateurs ; il est clair que les coefficiens deviendront des nombres entiers.

Mais si l'on décompose 6, 12, 150, et 9000, en leurs facteurs, on trouve

$$6 = 2 \times 3, \quad 12 = 2^2 \times 3, \quad 150 = 2 \times 3 \times 5^2, \quad 9000 = 2^3 \times 3^2 \times 5^3 ;$$

et en faisant simplement $k = 2 \times 3 \times 5$, produit des facteurs simples différens, on obtient

$$k^2 = 2^2 \times 3^2 \times 5^2, \quad k^3 = 2^3 \times 3^3 \times 5^3, \quad k^4 = 2^4 \times 3^4 \times 5^4 ;$$

d'où l'on voit que les valeurs de k, k^2, k^3, k^4, contiennent les facteurs premiers 2, 3, 5, à des puissances au moins égales à celles qui entrent dans 6, 12, 150, et 9000.

Donc, l'hypothèse $k=2\times3\times5=30$, suffit pour opérer la disparition des dénominateurs. Il vient en effet, par la substitution,

$$y^4-\frac{5.2.3.5}{2.3}y^3+\frac{5.2^2.3^2.5^2}{2^2.3}y^2-\frac{7.2^3.3^3.5^3}{2.3.5^2}y-\frac{13.2^4.3^4.5^4}{2^3.3^2.5^3}=0,$$

ou, réduisant, $y^4-5.5.y^3+5.3.5^2y^2-7.2^2.3^2.5.y-13.2.3^2.5=0$, ou bien enfin, $y^4-25y^3+375y^2-1260y-1170=0$.

Il y a des circonstances où l'on est obligé, dans l'expression de k, d'augmenter l'exposant de l'un des facteurs premiers, d'une ou de plusieurs unités. Mais on doit sentir la nécessité de ne prendre pour k que le plus petit nombre possible; autrement, on obtiendrait une transformée dont les coefficiens seraient extrêmement grands, comme on en peut juger en calculant la transformée résultant de la supposition de $k=900$ dans l'équation précédente.

Voici de nouvelles applications :

1°. $$x^3-\frac{7}{3}x^2+\frac{11}{36}x-\frac{25}{72}=0;$$

$$x=\frac{y}{6},\quad \text{d'où}\ y^3-14y^2+11y-75=0.$$

2°. $$x^5-\frac{13}{12}x^4+\frac{21}{40}x^3-\frac{32}{225}x^2-\frac{43}{600}x+\frac{1}{800}=0;$$

$$x=\frac{y}{2^2.3.5},\quad \text{ou}\quad x=\frac{y}{60},$$

d'où $y^5-65y^4+1890y^3-30720y^2-928800y+972000=0.$

266. Les transformations précédentes sont celles dont l'usage est le plus fréquent; il en est encore d'autres assez usitées, dont nous ne parlerons que lorsque l'occasion s'en présentera, parce qu'elles sont trop simples pour être traitées séparément.

En général, le problème des transformations doit être regardé comme une application du problème de l'*élimination* entre deux équations d'un degré quelconque à deux inconnues. En effet, une équation étant donnée, supposons qu'on veuille la transformer en une autre dont les racines aient avec celles de la proposée une relation déterminée.

Désignons par $F(x)=0$ l'équation proposée (elle s'énonce *fonction de* x *égale* o), et par $F'(x,y)=0$ l'expression algébrique de la relation qui doit exister entre la première inconnue x et la nouvelle y; la question se réduit à tâcher d'obtenir, au moyen de ces deux équations, une nouvelle équation en y, qui sera alors l'équation demandée. Lorsque l'inconnue x n'entre qu'au premier degré dans $F'(x,y)=0$, la transformée est facile à obtenir; mais si elle y est élevée à la seconde, troisième.... puissance, il faut avoir recours aux méthodes d'élimination.

Donnons une première idée de cette théorie qui joue un si grand rôle dans l'analyse algébrique.

ÉLIMINATION. — *Première partie.*

267. *Éliminer, entre deux équations d'un degré quelconque à deux inconnues, c'est parvenir,* après une suite d'opérations exécutées sur ces équations, *à une seule équation qui ne renferme que l'une des inconnues,* et qui donne toutes les valeurs de cette inconnue, propres à vérifier les deux équations en même temps que des valeurs correspondantes de l'autre inconnue.

L'équation, *fonction de l'une des inconnues,* à laquelle on parvient, se nomme ÉQUATION FINALE; et les valeurs de l'inconnue, tirées de cette équation, sont appelées *valeurs convenables.*

De toutes les méthodes d'élimination connues, *la méthode par le plus grand commun diviseur* est, en général, la plus expéditive; aussi c'est celle que nous allons développer ici.

Soient deux équations d'un degré quelconque à deux inconnues

$$F(x, y) = o, \quad F'(x, y) = o,$$

ou plus simplement encore,

$$A = o, \quad B = o.$$

Supposons l'*équation finale* en y obtenue, et tâchons de reconnaître quelque propriété des racines de cette équation, qui puisse nous servir à former cette équation.

Soit $y = 6$ l'une des *valeurs convenables* de y. Puisque cette valeur *vérifie* les deux équations conjointement avec une certaine valeur de x, elle doit être telle que, si on la substitue à la fois dans les deux équations, qui ne renfermeront plus alors l'inconnue y, *ces équations admettent au moins une valeur commune* pour x; et à cette valeur commune doit nécessairement (n° 237) correspondre un commun diviseur en x. Ce commun diviseur sera du premier degré en x ou d'un degré supérieur, suivant qu'à la valeur particulière $y = 6$ il correspondra une ou plusieurs valeurs de x.

Réciproquement, *toute valeur de* y, *qui*, substituée dans les deux équations, leur donne un commun diviseur en x, *est nécessairement une valeur convenable*; car alors elle vérifie évidemment les deux équations en même temps que la valeur ou les valeurs de x tirées de ce commun diviseur égalé à o.

268. Remarquons d'ailleurs qu'*avant aucune substitution, les premiers membres des équations ne peuvent avoir de commun diviseur,* fonction des deux inconnues ou de l'une d'elles seulement, à moins que les équations ne soient indéterminées, ce qu'on ne suppose pas.

Admettons en effet, pour un instant, que les équations $A = o$, $B = o$, soient de la forme

$$A' \times D = o, \quad B' \times D = o,$$

D étant fonction de x et de y.

En posant séparément $D=o$, on obtient une seule équation à deux inconnues, qui peut être satisfaite par une *infinité de systèmes de valeurs*. D'ailleurs, tout système qui anéantit D rend également *nuls* A′D, B′D, et satisfait par conséquent aux équations $A=o$, $B=o$.

Ainsi, l'hypothèse de l'existence d'un commun diviseur en x et y entre les deux polynomes A et B entraîne la conséquence que les équations proposées sont *indéterminées*, c'est-à-dire susceptibles d'être satisfaites par une infinité de systèmes de valeurs de x et de y. Dès-lors, il n'y a pas lieu à déterminer une *équation finale* en y, puisque le nombre des valeurs de y est *infini*.

Si D était fonction de x seulement, on concevrait l'équation $D=o$ résolue par rapport à x; ce qui donnerait une ou plusieurs valeurs pour cette inconnue. Chacune de ces valeurs, substituée dans $A' \times D=o$ et $B' \times D=o$ en même temps qu'une valeur de y tout-à-fait arbitraire, *vérifierait* ces deux équations, puisque D devient nul par l'effet seul de la substitution de la valeur de x. Ainsi, dans ce cas, les deux équations proposées admettraient bien *un nombre fini* de valeurs pour x, mais *une infinité de valeurs* pour y; et il ne pourrait alors exister d'équation finale en y.

Donc, toutes les fois que deux équations $A=o$, $B=o$, seront *déterminées*, c'est-à-dire toutes les fois qu'elles n'admettront qu'un *nombre limité* de systèmes de valeurs pour x et y, leurs premiers membres ne pourront avoir de commun diviseur fonction des inconnues, avant aucune substitution particulière faite pour l'une d'elles.

N. B.—Le cas où A et B auraient un diviseur commun en y ne fait pas exception à la conséquence précédente; puisque alors il y aurait une infinité de valeurs de x qui correspondraient à chacune des valeurs de y tirées de ce commun diviseur égalé à o.

260. De là il est aisé de conclure un procédé pour obtenir l'*équation finale* en y.

Puisque la propriété caractéristique de toute valeur *convenable* de y, est que, substituée dans les premiers membres des deux équations, elle leur donne un commun diviseur en x qu'ils n'avaient pas auparavant (à moins que les équations ne soient indéterminées, ce qu'on ne suppose pas), il s'ensuit que *si, aux deux polynomes proposés et ordonnés par rapport à* x, *on applique le procédé pour trouver le plus grand commun diviseur, on n'en trouvera généralement pas; mais, en continuant l'opération convenablement, on parviendra à un reste indépendant de* x *et fonction de* y, *qui, égalé à* o, *donnera l'équation finale demandée;* car toute valeur de y, tirée de cette équation, rend nul le dernier reste de l'opération du commun diviseur; elle est donc telle que, substituée dans le reste précédent, elle rend ce reste diviseur commun des premiers membres A et B. Ainsi chacune des racines de l'équation ainsi formée est une valeur convenable de y.

270. En admettant que l'équation finale fût complétement résolue, ce qui donnerait toutes les valeurs convenables, il faudrait ensuite obtenir les valeurs correspondantes de x. Or, il est évident qu'il suffirait, pour cela, *de substituer les différentes valeurs de* y *dans l'avant-dernier reste, d'égaler successivement à* o *les polynomes en* x *qui en résulteraient, et d'en tirer les valeurs de* x; car ces polynomes ne sont autre chose que les diviseurs en x qui deviennent communs à A et B.

Mais comme l'équation finale est, en général, d'un degré supérieur au second, nous sommes forcé de renvoyer à un autre chapitre la seconde partie de la théorie de l'élimination, laquelle partie a pour objet *de déterminer tous les* SYSTÈMES *de valeurs propres à vérifier deux équations d'un degré quelconque à deux inconnues.*

Nous nous proposons également de revenir sur la méthode qui vient d'être exposée, parce qu'elle a quelques inconvéniens auxquels il faut obvier. Mais notre but était principalement ici de faire voir comment *deux équations d'un degré quelconque étant données, on peut,* sans supposer la résolution d'aucune équation, *parvenir à une autre équation ne renfermant plus que l'une des deux inconnues qui entrent dans les proposées.*

271. Si l'on avait trois équations (1), (2), (3), renfermant les inconnues x, y, et z, pour obtenir l'*équation finale* en z, c'est-à-dire l'équation qui admettrait toutes les valeurs de l'inconnue z, susceptibles de vérifier les trois équations en même temps que certaines valeurs de x et de y, il faudrait, en regardant y comme connu, éliminer x entre les équations (1) et (2), puis entre (1) et (3), d'après la méthode du numéro **269**; ce qui conduirait à deux équations en y et x, auxquelles on appliquerait la même méthode pour éliminer y.

Même raisonnement pour 4 équations à 4 inconnues, etc.

Pour le moment, nous nous bornerons à une seule application générale de la méthode d'élimination.

272. Soit proposé le problème suivant:

Une équation du degré m *à une seule inconnue étant donnée, on demande une autre équation dont les racines soient une combinaison* DÉTERMINÉE *de deux quelconques des racines de la proposée.*

$$\text{Soit} \quad x^m + Px^{m-1} + Qx^{m-2} + \ldots + Tx + U = 0,$$

l'équation proposée; appelons x', x'', x''', ... les racines de cette équation, et désignons par u l'inconnue de l'équation qu'on veut former.

Si nous considérons deux quelconques des racines de la proposée, par exemple x' et x'', on doit avoir, par hypothèse,

$$u = F(x', x'') \ldots . (1),$$

[la lettre F, qui s'énonce *fonction de*..., exprimant ici un certain système d'opérations qu'il faut effectuer sur les deux racines x' et x'' pour obtenir la valeur de u].

D'un autre côté, puisque x' et x'' sont des racines de l'équation donnée, on doit avoir les deux relations

$$x'^m + Px'^{m-1} + Qx'^{m-2} + \dots + Tx' + U = o \dots (2),$$
$$x''^m + Px''^{m-1} + Qx''^{m-2} + \dots + Tx'' + U = o \dots (3).$$

Les équations (1), (2), et (3), peuvent donc être regardées comme les équations du problème; et toutes les fois que la nature de la combinaison ou *fonction*, exprimée par la lettre F, sera connue et définie, il suffira d'éliminer x' et x'' entre ces trois équations. L'*équation finale* en u sera l'équation demandée. En effet, le résultat, ne renfermant plus aucune trace des deux racines particulières x et x'' puisqu'on les aura éliminées, conviendra à toutes les racines x', x'', x'''...., et aura par conséquent pour racine une combinaison (exprimée par le caractère F) de deux quelconques des racines de la proposée.

273. *Cherchons*, comme cas particulier de la question précédente, *une équation dont les racines soient* LES DIFFÉRENCES *entre deux quelconques des racines d'une équation donnée.* C'est ce qu'on appelle l'ÉQUATION AUX DIFFÉRENCES.

Solution.—Soient $x^m + Px^{m-1} + \dots = o$, l'équation proposée, x', x'', x''',... ses m racines; et appelons u la valeur d'une quelconque des différences

$$x'' - x',\ x''' - x',\ x' - x'',\ x' - x''' \dots$$

On a d'abord, en vertu de l'énoncé, cette première relation

$$u = x'' - x', \dots (1).$$

D'ailleurs, x' et x'' étant des racines de la proposée, doivent satisfaire, et donnent par conséquent

$$x'^m + Px'^{m-1} + \dots = o \dots (2),$$
$$x''^m + Px''^{m-1} + \dots = o \dots (3);$$

s'agirait (n° **272**) d'éliminer x', x'', entre les équations (1), et (3).

Mais comme, de la relation (1), on déduit $x'' = x' + u$, d'où, substituant dans l'équation (3),

$$(x' + u)^m + P(x' + u)^{m-1} + \ldots = 0 \ldots \quad (4),$$

il s'ensuit que la question est ramenée à éliminer x' entre les équations (2) et (4).

Or, l'équation (4) développée prend (n° 263) la forme

$$X' + Y'u + \frac{Z'}{2}u^2 + \ldots \quad u^m = 0;$$

et si l'on observe que X' n'est autre chose que

$$x'^m + Px'^{m-1} + \ldots,$$

expression qui doit être nulle d'après la relation (2), la dernière équation, débarrassée du terme X' et divisée ensuite par u (*voy.* le *N. B.* du numéro actuel), se réduit à

$$Y' + \frac{Z'}{2}u + \frac{V'}{2.3}u^2 + \ldots + u^{m-1} = 0.$$

Donc enfin, l'équation cherchée résulte de l'élimination de x' entre les deux équations

$$Z' = 0,$$
$$Y' + \frac{Z'}{2}u + \frac{V'}{2.3}u^2 + \ldots + u^{m-1} = 0.$$

Ainsi, règle générale : *Pour former l'équation aux différences des racines d'une équation proposée, il faut éliminer* x' *entre l'équation* X' = 0 qu'on déduit de la proposée en y remplaçant x par x', et *l'équation qui résulte de la substitution de* (x'+u) *à la place de* x, cette résultante étant d'abord débarrassée de son dernier terme X', et divisée ensuite par u.

N. B. — 1°. — Dans la pratique, on se dispense de mettre l'accent sur la lettre x, c'est-à-dire qu'on élimine directement x

entre la proposée $X=0$, ou $x^m+Px^{m-1}+\ldots=0$, et l'équation $Y+\frac{Z}{2}u+\ldots+u^{m-1}=0$, dans laquelle Y, $\frac{Z}{2}\ldots$, sont composés en x comme Y', $\frac{Z'}{2},\ldots$. sont composés en x'.

Le résultat de l'élimination est évidemment le même.

2°. — Après avoir posé dans l'équation $X=0$, $x+u$ à la place de x, ce qui donne

$$X+Yu+\frac{Z}{2}u^2+\ldots+u^m=0,$$

on omet le terme X, comme formant le premier membre de la proposée, et l'on obtient une nouvelle équation

$$Yu+\frac{Z}{2}u^2+\ldots+u^m=0,$$

dont tous les termes sont divisibles par u, ou, ce qui revient au même, qui est satisfaite par $u=0$. Cela doit être, puisque, parmi les différences entre les racines, il faut compter celle qui existe entre chaque racine et elle-même ; mais si l'on supprime ce facteur u, l'équation ne renferme plus alors que *les différences entre chacune des racines et toutes les autres.* Or ce sont les seules différences que nous ayons besoin de considérer par la suite.

274. Soit, par exemple, à déterminer l'équation *aux différences* des racines de l'équation $x^3-6x-7=0$.

On a d'abord, en vertu de la loi de formation (n° **263**),

$$X=x^3-6x-7,\quad Y=3x^2-6,\quad \frac{Z}{2}=3x,\ \frac{V}{2.3}=1\,;$$

ce qui donne les deux équations

$$\begin{gathered}x^3-6x-7=0,\\ 3x^2-6+3x.u+u^2=0,\end{gathered}$$

entre lesquelles il faut éliminer x.

Si l'on applique à ces deux équations le procédé du n° 269, on obtient pour l'équation finale en u,

$$u^3 - 36u^4 + 324u^2 + 459 = 0.$$

C'est l'équation *aux différences* des racines de la proposée.

275. *Composition et forme de l'équation aux différences*.

On peut reconnaître *à priori*, pour toute équation du degré m, la forme et la composition de l'*équation aux différences des racines de cette équation*.

Désignons toujours par x', x'', x'''..., les racines de la proposée, par u l'une quelconque des différences; et observons que, si l'une des différences est $x'' - x'$, il en existe nécessairement une autre, $x' - x''$, qui ne diffère de celle-là que par le signe; c'est-à-dire que, si α est une valeur de u, $-\alpha$ en est nécessairement une autre; de même, β étant une racine, $-\beta$ en est une autre, etc....

Donc le premier membre de l'équation en u peut être mis sous la forme

$$(u - \alpha)(u + \alpha)(u - \beta)(u + \beta)(u - \gamma)(u + \gamma)\ldots = 0,$$

ou, en multipliant les facteurs deux à deux,

$$(u^2 - \alpha^2)(u^2 - \beta^2)(u^2 - \gamma^2)\ldots = 0.$$

Donc cette équation est de degré pair, et de plus, ne renferme que des puissances de degré pair de l'inconnue; c'est-à-dire qu'elle est de la forme,

$$u^{2n} + P'u^{2n-2} + Q'u^{2n-4} + \ldots + T'u^2 + U = 0.$$

Le degré $2n$ est d'ailleurs égal à $m(m-1)$, ou bien (n° 146) au nombre d'arrangemens deux à deux que l'on peut faire avec un nombre m de lettres.

Si, dans l'équation précédente, on pose, pour simplifier,

$u^2 = z$, elle devient

$$z^n + P'z^{n-1} + Q'z^{n-2} + \ldots + T'z + U' = 0,$$

équation d'un degré sous-double, n, ou $m\frac{m-1}{2}$, dont les racines sont les *carrés des différences* entre les racines x', x'', x''',...; car, en mettant dans la relation $u^2 = z$, à la place de u, ses différentes valeurs, $x'' - x'$, $x''' - x'$, ..., on obtient

$$z = (x'' - x')^2, \quad (x''' - x')^2, \ldots$$

L'équation en z, à laquelle on est parvenu tout à l'heure, s'appelle, pour cette raison, l'*équation aux carrés des différences;* et on la considère ordinairement de préférence à l'équation aux différences, comme étant d'un degré *sous-double.*

Ainsi, dans l'exemple du numéro précédent, l'équation aux différences est du 6ᵉ degré, c'est-à-dire d'un degré marqué par 3 (3 — 1), ou par 6. Elle ne renferme que des puissances de degré pair; et si l'on pose $u^2 = z$, elle devient

$$z^3 - 36z^2 + 324z + 459 = 0,$$

équation dont les racines sont les *carrés des différences des racines de la proposée.*

L'équation AUX DIFFÉRENCES, OU AUX CARRÉS DES DIFFÉRENCES, nous sera très utile par la suite.

§ III. *Des Équations susceptibles d'abaissement.*

On comprend sous ce titre toutes les équations dont deux ou plusieurs racines ont entre elles des relations particulières, parce qu'en général on peut faire dépendre la résolution de ces équations de celle d'autres équations *de degré moindre.* Telles sont les équations qui ont des racines égales, c'est-à-dire dont le premier membre (n° 240) contient des facteurs égaux.

Les méthodes qui se rapportent à ces classes d'équations s'appellent *méthodes d'abaissement*, et doivent être regardées, jusqu'à un certain point, comme une branche de la transformation des équations, puisque le but général de cette théorie est de ramener la résolution d'une équation à celle d'une équation plus simple.

MÉTHODE DES RACINES ÉGALES.

276. Dire qu'une équation a des racines égales, c'est dire (n° 240) que son premier membre a des facteurs égaux; dès-lors, le premier polynome dérivé, qui est (n° 264) la somme des produits $(m-1)$ à $(m-1)$ des m facteurs, contient dans chacune de ses parties au moins une fois le facteur qui entre plusieurs fois dans la proposée. Donc, *il doit exister un commun diviseur entre le premier membre de la proposée et son premier polynome dérivé.*

Mais de quelle manière ce commun diviseur se compose-t-il au moyen des facteurs égaux de la proposée? C'est ce qu'il s'agit maintenant d'examiner.

277. *Une équation étant donnée, on demande de reconnaître si elle a des racines égales, et, s'il est possible, de déterminer ces racines.*

Désignons par X le premier membre de l'équation

$$x^m + Px^{m-1} + Qx^{m-2} + \ldots + Tx + U = 0;$$

supposons qu'il renferme n facteurs égaux à $x-a$, n' facteurs égaux à $x-b$, n'' facteurs égaux à $x-c\ldots$, et qu'il contienne en outre les facteurs simples $x-p$, $x-q$, $x-r\ldots$; en sorte que l'on ait

$$X = (x-a)^n\,(x-b)^{n'}\,(x-c)^{n''}\ldots(x-p)\,(x-q)\,(x-r)\ldots$$

Si l'on considère Y, ou le polynome dérivé de X, on a vu

(n° 264) que ce polynome est la *somme des quotiens de la division de* X *par chacun des* m *facteurs du premier degré de la proposée*. Or, comme X renferme n facteurs égaux à $x-a$, on aura d'abord n quotiens partiels égaux à $\frac{X}{x-a}$; même raisonnement pour chacun des facteurs égaux, $x-b$, $x-c\ldots$; d'ailleurs, on ne peut former qu'un seul quotient égal à..... $\frac{X}{x-p}$, $\frac{X}{x-q}$, $\frac{X}{x-r}\ldots$ Ainsi, Y est nécessairement de la forme

$$Y=\frac{nX}{x-a}+\frac{n'x}{x-b}+\frac{n''X}{x-c}+\ldots+\frac{X}{x-p}+\frac{X}{x-q}+\frac{X}{x-r}+\ldots$$

D'après cette composition du polynome Y, il est visible que $(x-a)^{n-1}$, $(x-b)^{n'-1}$, $(x-c)^{n''-1}$,... sont des facteurs communs à toutes les parties de ce polynome; donc le produit $(x-a)^{n-1}(x-b)^{n'-1}(x-c)^{n''-1}\ldots$ est un *diviseur relatif* de Y; d'ailleurs X renferme aussi évidemment ce diviseur; ainsi X et Y ont pour commun diviseur relatif.......... $(x-a)^{n-1}(x-b)^{n'-1}(x-c)^{n''-1}\ldots$; je dis maintenant que c'est leur plus grand commun diviseur. En effet, les facteurs premiers de X sont $x-a$, $x-b$, $x-c$,... et $x-p$, $x-q$, $x-r$,...; or, Y ne peut avoir pour diviseur, $x-p$, $x-q$, $x-r$,.... puisque chacun d'eux entre comme facteur dans toutes les parties de Y, excepté dans une seule.

Donc enfin le plus grand commun diviseur de X et de Y est

$$D=(x-a)^{n-1}(x-b)^{n'-1}(x-c)^{n''-1}\ldots;$$

c'est-à-dire que *ce plus grand commun diviseur est le produit des facteurs qui entrent plusieurs fois dans la proposée, élevés respectivement à une puissance moindre d'une unité que dans la proposée*.

278. De là on peut conclure la méthode suivante :

Pour reconnaître si une équation $X=0$ renferme des racines égales, *formez* Y ou *le polynome dérivé de* X; puis *cher-*

chez (n° 246) *le plus grand commun diviseur relatif entre* X *et* Y; si vous n'en trouvez pas, l'équation n'a pas de racines égales ou de facteurs égaux.

Si vous en trouvez un, et que ce commun diviseur D soit du premier degré, ou de la forme $x-h$, *posez* $x-h=0$, *d'où* $x=h$; vous pouvez alors conclure que *l'équation a deux racines égales à* h, *et n'a qu'une seule espèce de racines égales*, dont vous pouvez la débarrasser en divisant X par $(x-h)^2$.

Si D est du second degré en x, *résolvez l'équation* $D=0$; il peut arriver deux cas : ou les deux racines sont égales, ou elles sont inégales. 1°. — Si vous trouvez $D=(x-h)^2$, vous pouvez conclure que l'*équation a trois racines égales à* h, *et n'admet qu'une seule espèce de racines égales*, dont vous pouvez la débarrasser en divisant X par $(x-h)^3$; 2°. — si D est de la forme $(x-h)(x-h')$, c'est que la proposée *a deux racines égales à* h, *et deux racines égales à* h', dont on la débarrasse en divisant X par $(x-h)^2(x-h')^2$, ou par D^2.

Supposons maintenant que D soit d'un degré quelconque; *il faut*, pour connaître les espèces de racines égales, et le nombre des racines de chaque espèce, *résoudre complétement l'équation* $D=0$; *et toute racine simple de* $D=0$ *sera double dans la proposée; toute racine double de* $D=0$ *sera triple dans la proposée*; et ainsi de suite.

279. Appliquons cette méthode à quelques exemples.

On demande si l'équation $x^4-12x^3+19x^2-6x+9=0$ *a des racines égales.*

On a (n° 262), pour le polynome dérivé,

$$8x^3-36x^2+38x-6.$$

Or, en cherchant (n° 259) le plus grand commun diviseur relatif entre ces deux polynomes, on trouve $D=x-3=0$, d'où $x=3$; la proposée a donc *deux* racines égales à 3.

Divisant son premier membre par $(x-3)^2$, on obtient

$$2x^2+1=0;\quad \text{d'où}\quad x=\pm\frac{1}{2}\sqrt{-2}.$$

Ainsi l'équation est complétement résolue ; et elle a pour racines,

$$3,\quad 3,\quad +\frac{1}{2}\sqrt{-2},\quad \text{et}\quad -\frac{1}{2}\sqrt{-2}.$$

Soit pour second exemple, $x^5-2x^4+3x^3-7x^2+8x-3=0$;
on a pour le polynome dérivé, $5x^4-8x^3+9x^2-14x+8$,
et pour commun diviseur, . . x^2-2x+1 ou $(x-1)^2$;
donc la proposée a *trois* racines égales à 1.

Divisant son premier membre par $(x-1)^3$ ou par.... x^3-3x^2+3x-1, on trouve pour quotient,

$$x^2+x+3=0;\quad \text{d'où}\quad x=\frac{-1\pm\sqrt{-11}}{2};$$

l'équation est donc encore complétement résolue.

Soit la nouvelle équation

$$x^7+5x^6+6x^5-6x^4-15x^3-3x^2+8x+4=0;$$

le polynome dérivé est

$$7x^6+30x^5+30x^4-24x^3-45x^2-6x+8;$$

et l'on trouve pour commun diviseur,

$$x^4+3x^3+x^2-3x-2.$$

L'équation $x^4+3x^3+x^2-3x-2=0$ ne peut pas être immédiatement résolue; mais en y appliquant la méthode des racines égales, c'est-à-dire en recherchant le p. g. commun diviseur entre le premier membre et son polynome dérivé, $4x^3+9x^2+2x-3$, on trouve pour commun diviseur, $x+1$; ce qui prouve que $x+1$ entre *au carré* dans $x^4+3x^3+x^2-3x-2$, et *au cube* dans le premier membre de la proposée.

Si l'on divise $x^4+3x^3+x^2-3x-2$ par $(x+1)^2$ ou x^2+2x+1, il vient pour quotient, x^2+x-2, polynome qui, égalé à zéro, donne les deux racines $x=1$, $x=-2$, ou les deux facteurs $x-1$ et $x+2$. On a donc

$$x^4+3x^3+x^2-3x-2=(x+1)^2(x-1)(x+2).$$

Ainsi, le premier membre de la proposée est de la forme

$$(x+1)^3(x-1)^2(x+2)^2;$$

ou bien, en d'autres termes, l'équation a *trois* racines égales à -1, *deux* égales à $+1$, et *deux* égales à -2.

Voici de nouvelles applications :

$$1^{\circ}\ldots\quad x^7-7x^6+10x^5+22x^4-43x^3-35x^2+48x+36=0,$$
$$(x-2)^2(x-3)^2(x+1)^3=0;$$
$$2^{\circ}\ldots\quad x^7-3x^6+9x^5-19x^4+27x^3-33x^2+27x-9=0,$$
$$(x-1)^3(x^2+3)^2=0.$$

280. Lorsqu'en appliquant la méthode précédente, on obtient une équation $D=0$ d'un degré supérieur au second, comme cette équation peut elle-même être soumise à la méthode, on parvient souvent ainsi à opérer la décomposition de $D=0$ en ses facteurs; et l'on connaît par ce moyen les différentes espèces de racines égales de l'équation $X=0$, ainsi que le nombre des racines de chaque espèce. Quant aux racines simples de $X=0$, on commence par dégager cette équation des facteurs égaux qu'elle renferme; et l'équation résultante, étant résolue, fait connaître ces racines simples.

Les racines égales de $X=0$ ne peuvent pas toujours être découvertes immédiatement : c'est ce qui arrive, par exemple, lorsque D n'a que des racines simples et surpasse le second degré, auquel cas chacune de ces racines entre deux fois dans la proposée; et l'on ne peut les obtenir qu'en résolvant l'équation $D=0$ d'après des méthodes que nous exposerons ultérieurement.

281. Mais pour ne rien laisser à désirer sur cette matière, nous allons faire voir que, *quelle que soit l'équation proposée,* si elle a des racines égales, *on peut toujours faire dépendre sa résolution, de celle d'une suite d'équations dont la première n'admet que les racines simples de la proposée, une seconde les racines doubles* (c'est-à-dire les racines qui y entrent deux fois), *une troisième les racines triples*, etc.

En effet, soit $X=0$ l'équation proposée, et désignons par X' le produit des facteurs du premier degré qui correspondent aux racines simples; par X'' le produit des facteurs du premier degré, correspondant aux racines doubles; par X''', X^{IV}.... le produit des facteurs correspondant aux racines triples, quadruples....; en sorte que l'on ait

$$X = X'.X''^2.X'''^3.X^{\text{IV}4}.X^{\text{V}5}\ldots;$$

il résulte de ce qui a été dit n° **277**, que le plus grand commun diviseur entre X et son polynome dérivé, Y, est de la forme

$$D = X''.X'''^2.X^{\text{IV}3}.X^{\text{V}4}\ldots,$$

puisque les facteurs égaux de la proposée doivent entrer dans D à une puissance moindre d'une unité que dans la proposée.

Cela posé, opérons sur D comme nous avons opéré sur X; et désignons par D' le plus grand commun diviseur qui existe entre D et son polynome dérivé. On a

$$D' = X'''.X^{\text{IV}2}.X^{\text{V}3}\ldots.$$

On trouverait de même, en opérant sur D' comme on a opéré sur D et X,

$$D'' = X^{\text{IV}}.X^{\text{V}2}\ldots,$$
$$D''' = X^{\text{V}}.$$

(Nous supposerons, pour fixer les idées, que 5 soit le plus grand nombre de fois qu'une même racine entre dans l'équation proposée, c'est-à-dire que l'équation $D'''=0$ n'ait que des racines simples.)

Actuellement, si l'on divise successivement X par D, D par D', D' par D'', D'' par D''', et qu'on désigne respectivement par Q, Q', Q'', Q''', les quotiens obtenus, on pourra former le tableau suivant :

$$\begin{array}{lll}
X = X'X''^{2}X'''^{3}X^{\text{iv}4}X^{\text{v}5} & & \\
 & Q = X'X''X'''X^{\text{iv}}X^{\text{v}} & \\
D = X''X'''^{2}X^{\text{iv}3}X^{\text{v}4} & & \dfrac{Q}{Q'} = X' = 0 \\
 & Q' = X''X'''X^{\text{iv}}X^{\text{v}} & \\
D' = X'''X^{\text{iv}2}X^{\text{v}3} & & \dfrac{Q'}{Q''} = X'' = 0 \\
 & Q'' = X'''X^{\text{iv}}X^{\text{v}} & \\
D'' = X^{\text{iv}}X^{\text{v}2} & & \dfrac{Q''}{Q'''} = X''' = 0 \\
 & Q''' = X^{\text{iv}}X^{\text{v}} & \\
D''' = X^{\text{v}} = 0 & & \dfrac{Q'''}{D'''} = X^{\text{iv}} = 0
\end{array}$$

D'où l'on voit que, par le moyen de trois systèmes d'opérations, savoir : une série d'opérations du plus grand commun diviseur et deux séries de divisions, on parvient à isoler successivement les facteurs X', X'', X''', X^{iv}, et X^{v}, qui, égalés séparément à o, donnent, la première les racines simples, la seconde les racines doubles, etc.

Il est à remarquer d'ailleurs que le degré de $X' = 0$ exprime le nombre des racines simples de la proposée ; le degré de $X'' = 0$, le nombre des racines doubles, celui de $X''' = 0$, le nombre des racines triples, etc. ; et la résolution complète de ces équations fait connaître les différentes espèces de racines doubles, triples, quadruples, etc.

Ainsi la méthode des racines égales n'est pas, en général, une méthode de résolution complète, mais bien *une méthode d'abaissement*. Ce n'est que dans le cas où les équations $X' = 0$, $X'' = 0$, $X''' = 0, \ldots$ ne sont que du premier ou du second degré, qu'on peut obtenir immédiatement toutes les racines de l'équation proposée.

282. On peut appliquer la théorie des racines égales à la recherche des relations qui doivent exister entre les coefficiens d'un polynome en x du second, troisième,... degré, pour que ce polynome soit un carré, un cube,... parfait. Il suffit pour cela de former le polynome dérivé du polynome proposé, puis d'exprimer (n° **277**) la condition nécessaire pour que ce polynome dérivé soit diviseur relatif du polynome proposé.

Soit, par exemple, le trinome du second degré ax^2+bx+c, dont le polynome dérivé est $2ax+b$,

$$\begin{array}{r|l} 2ax^2 + 2bx + 2c & 2ax + b \\ \hline bx + 2c & x + b \\ 2abx + 4ac & \\ \hline 4ac - b^2. & \end{array}$$

En appliquant à ces deux polynomes le procédé du plus grand commun diviseur avec ses modifications (n° **259**), on trouve pour reste, $4ac-b^2$; et si l'on suppose $4ac-b^2=0$, ou $b^2-4ac=0$, $2ax+b$ sera le plus grand commun diviseur entre ax^2+bx+c et son dérivé qui n'est autre chose que $2ax+b$ lui-même ; ainsi l'on peut regarder ax^2+bx+c comme le carré de $2ax+b$, à un facteur quelconque près, indépendant de x.

On a vu en effet (n° **112**) que $b^2-4ac=0$ est la condition nécessaire et suffisante pour qu'un trinome du second degré soit un carré parfait.

Soit encore le polynome...... ax^3+bx^2+cx+d,
dont le dérivé est............... $3ax^2+2bx+c$;
en cherchant leur plus grand commun diviseur, on trouve pour reste, $(6ac-2b^2)x+9ad-bc$. Or, si l'on écrit que ce reste est nul, on établit la condition que $3ax^2+2bx+c$ est commun diviseur entre le polynome et son dérivé ; mais ce reste doit être nul quelle que soit la valeur de x; ainsi (n° **180**), on a séparément

$$6ac-2b^2=0, \quad 9ad-bc=0.$$

En effet, la première de ces deux conditions donne $c=\frac{b^2}{3a}$, et la seconde, $d=\frac{bc}{9a}=\frac{b^3}{27a^2}$; d'où, substituant dans le polynome proposé;

$$ax^3+bx^2+cx+d=a\left(x^3+\frac{b}{a}x^2+\frac{b^2}{3a^2}x+\frac{b^3}{27a^3}\right)=a\left(x+\frac{b}{3a}\right)^3.$$

Même raisonnement pour les polynomes du 4e, 5e,. . degré.

N. B.—Les deux relations, $6ac-2b^2=0$, $9ad-bc=0$, entraînent nécessairement la condition que le dérivé..... $3ax^2+2bx+c$ soit un *carré parfait;* car si les deux facteurs du 1er degré en x, dont il se compose, pouvaient être inégaux, comme, d'après la théorie, ces facteurs devraient se trouver à la 2me puissance dans le polynome proposé, il faudrait alors que celui-ci fût au moins du 4me degré, tandis qu'il n'est que du 3me.

Et en effet, la condition pour que $3ax^2+2bx+c$ soit un carré parfait, est, comme on l'a vu tout à l'heure,

$$(2b)^2-4.3ac=0, \quad \text{ou} \quad b^2-3ac=0;$$

et cette relation rentre dans la première des deux relations ci-dessus.

285. Le procédé du plus grand commun diviseur sert encore, dans d'autres cas, à abaisser le degré d'une équation : tel est celui où l'on donne d'avance une certaine relation entre deux des racines de l'équation proposée.

Soit, pour fixer les idées, l'équation générale

$$x^m+Px^{m-1}+Qx^{m-2}+\ldots+Tx+U=0\ldots\ (1),$$

et supposons qu'entre deux des racines a et b, l'on ait la relation $b=ka+h$ (k et h étant des nombres connus et donnés *à priori*).

Puisque l'équation (1) doit être satisfaite par les deux quantités a et $ka+h$, il s'ensuit que, si l'on met dans cette équation, $kx+h$ à la place de x, ce qui donne la nouvelle équation $(kx+h)^m+P(kx+h)^{m-1}+\ldots+T(kx+h)+U=0\ldots$ (2), les équations (1) et (2) doivent être satisfaites par une même valeur a; donc (n° 257) il doit exister un commun diviseur relatif entre les deux premiers membres.

Ainsi, en appliquant à ces deux polynomes le procédé du plus grand commun diviseur relatif, et égalant à o le diviseur obtenu, on en tirera la valeur de la racine a. Cette valeur, substituée dans la relation $b=ka+h$, fera connaître la valeur correspondante de b.

Si ce commun diviseur est du premier degré en x, on peut conclure que *deux* racines seulement de l'équation ont entre elles la relation donnée. Si ce diviseur est du second degré, c'est qu'il existe *deux couples* de racines qui jouissent de cette propriété; et leur détermination ne présente encore aucune difficulté. Après quoi, l'on pourra diviser le premier membre de la proposée par chacun des facteurs du premier degré qui correspondent aux racines obtenues.

En général, soit D le commun diviseur auquel on est parvenu. La résolution de l'équation proposée ne dépend plus que de la résolution de l'équation qu'on obtient en divisant le premier membre de la proposée par chacun des facteurs du premier degré qui correspondent aux racines de $D=0$, et à celles qu'on a déduites de la relation $b=ka+h$.

Soit pour exemple, l'équation

$$x^4-12x^3+48x^2-71x+30=0 \ldots \quad (1),$$

dont nous supposerons que deux des racines a et b sont liées par la relation $b=2a+1$.

En mettant $2x+1$ pour x dans la proposée, et développant les calculs, on obtient, toute réduction faite,

$$8x^4-32x^3+36x^2-7x-2=0.$$

Appliquant aux premiers membres de cette équation et de la proposée le procédé du plus grand commun diviseur, on parvient au diviseur rélatif $x-2$; ce qui donne

$$x-2=0; \quad \text{d'où} \quad x=2, \quad \text{ou } a=2.$$

Cette valeur de a, substituée dans la relation $b = 2a + 1$, donne ensuite $b = 5$.

Le premier membre de la proposée est donc divisible par

$$(x - 2)(x - 5) \quad \text{ou} \quad x^2 - 7x + 10;$$

et en effectuant cette division, on a pour quotient

$$x^2 - 5x + 3 = 0, \quad \text{d'où} \quad x = \frac{5}{2} \pm \frac{1}{2}\sqrt{13}.$$

L'équation proposée se trouve donc ainsi complétement résolue.

284. On peut déduire comme cas particulier de l'analyse précédente, le principe fondamental de la théorie des racines égales. (*Voyez* n° **276.**)

Soit fait $h = 0$ dans la relation $b = ka + h$; elle devient $b = ka$, et l'équation (2) du n° **283** se réduit à

$$k^m . x^m + Pk^{m-1}x^{m-1} + \ldots + Tk . x + U = 0.$$

Mais comme on doit avoir pour la même valeur de x,

$$x^m + Px^{m-1} + Qx^{m-2} + \ldots + Tx + U = 0,$$

on peut substituer à l'une de ces équations le résultat de leur soustraction, ce qui donne

$$(k^m - 1)x^m + P(k^{m-1} - 1)x^{m-1} + \ldots + T(k - 1)x = 0;$$

ou bien, observant que $(k - 1)x$ divise tous les termes de celle-ci, et effectuant alors cette division,

$$(k^{m-1} + k^{m-2} + \ldots + k + 1)x^{m-1} + P(k^{m-2} + k^{m-3} + \ldots + k + 1)x^{m-2}$$
$$+ Q(k^{m-3} + k^{m-4} + \ldots + k + 1)x^{m-3} + \ldots + T = 0.$$

Actuellement si, outre l'hypothèse de $h = 0$, on suppose $k = 1$, ce qui revient à dire que deux des racines b et a sont égales, l'équation précédente devient

$$mx^{m-1} + P(m-1)x^{m-2} + Q(m-2)x^{m-3} + \ldots + T = 0,$$

équation dont le premier membre doit avoir un diviseur rélatif commun avec celui de la proposée.

Mais $mx^{m-1} + (m-1)Px^{m-2} + \ldots + T$ n'est autre chose (nº **262**) que le polynome dérivé du premier membre de la proposée $x^m + Px^{m-1} + \ldots + Tx + U = 0$; donc enfin, dans le cas où cette dernière équation a des racines égales, *il doit exister un commun diviseur entre le premier membre de cette équation et son polynome dérivé* (*).

Des équations réciproques.

285. Parmi les équations susceptibles d'abaissement, on distingue particulièrement les équations dites *réciproques* : ce sont celles qui restent les mêmes lorsqu'on y change x en $\frac{1}{x}$.

Ainsi, par exemple, toute équation de la forme

$$x^m + px^{m-1} + qx^{m-2} + \ldots + qx^2 + px + 1 = 0,$$

c'est-à-dire telle que les coefficiens des termes à égale distance des extrêmes soient égaux entre eux, est une équation réciproque; car si l'on y remplace x par $\frac{1}{x}$, elle devient

$$\frac{1}{x^m} + \frac{p}{x^{m-1}} + \frac{q}{x^{m-2}} + \ldots + \frac{q}{x^2} + \frac{p}{x} + 1 = 0;$$

d'où, en multipliant par x^m, et renversant l'ordre des termes,

$$x^m + px^{m-1} + qx^{m-2} + \ldots + qx^2 + px + 1 = 0,$$

équation identique avec la proposée.

(*) Ce mode de démonstration du principe de la théorie des racines égales est dû à M. Poinsot.

La dénomination de *réciproques*, donnée à ces équations, vient de ce que, si l'on suppose a racine, $\frac{1}{a}$ l'est aussi nécessairement.

Afin de pouvoir assigner la forme générale des équations réciproques, nous considérerons successivement le cas où l'équation est de degré *impair*, et celui où elle est de degré *pair*.

PREMIER CAS. — Soit une équation quelconque de degré impair,

$$x^{2n+1}+px^{2n}+qx^{2n-1}+\ldots+sx^2+tx+u=0\ldots \quad (1).$$

Pour que cette équation soit réciproque, il faut, d'après la définition, qu'elle reste la même lorsqu'on y remplace x par $\frac{1}{x}$. Effectuons cette substitution ; il vient

$$\frac{1}{x^{2n+1}}+\frac{p}{x^{2n}}+\frac{q}{x^{2n-1}}+\ldots+\frac{s}{x^2}+\frac{t}{x}+u=0;$$

d'où, multipliant par x^{2n+1}, divisant par u, et renversant l'ordre des termes,

$$x^{2n+1}+\frac{t}{u}x^{2n}+\frac{s}{u}x^{2n-1}+\ldots+\frac{q}{u}x^2+\frac{p}{u}x+\frac{1}{u}=0\ldots. \quad (2).$$

Or, pour que les équations (1) et (2) soient identiques entre elles, il faut que les coefficiens des mêmes puissances de x soient égaux, c'est-à-dire que l'on ait les relations

$$\frac{t}{u}=p,\ \frac{s}{u}=q,\ldots \frac{q}{u}=s,\ \frac{p}{u}=t,\ \frac{1}{u}=u.$$

On déduit de la dernière, $u^2=1$, d'où $u=\pm 1$; et si l'on prend d'abord la valeur $u=+1$, il en résulte

$$t=p,\quad s=q,\ldots q=s,\quad p=t.$$

prenant ensuite la valeur $u=-1$, on trouve

$$t=-p,\quad s=-q,\ldots\quad q=-s,\quad p=-t;$$

d'où l'on voit qu'*une équation de degré impair est réciproque* quand les coefficiens des termes à égale distance des extrêmes *sont égaux* et *de même signe*, ou bien *égaux et de signes contraires*. Elle ne peut d'ailleurs être *réciproque* que dans l'un de ces deux cas.

SECOND CAS. — Soit une équation quelconque de degré pair,

$$x^{2n}+px^{2n-1}+qx^{2n-2}\ldots+rx^n+\ldots+sx^2+tx+u=0\ldots\quad(3):$$

(Dans ce cas, comme le nombre total des termes est $2n+1$, le terme rx^n est à égale distance des deux extrêmes.)

Remplaçons x par $\frac{1}{x}$ dans cette équation ; il vient

$$\frac{1}{x^{2n}}+\frac{p}{x^{2n-1}}+\frac{q}{x^{2n-2}}+\ldots+\frac{r}{x^n}+\ldots+\frac{s}{x^2}+\frac{t}{x}+u=0;$$

d'où, multipliant par x^{2n}, divisant par u, et renversant l'ordre des termes,

$$x^{2n}+\frac{t}{u}x^{2n-1}+\frac{s}{u}x^{2n-2}+\ldots+\frac{r}{u}x^n+\ldots+\frac{q}{u}x^2+\frac{p}{u}x+\frac{1}{u}=0\ldots\ (4):$$

or, pour que les équations (3) et (4) soient identiques entre elles, il faut que l'on ait les relations

$$\frac{t}{u}=p,\ \frac{s}{u}=q,\ldots\frac{r}{u}=r,\ldots\frac{q}{u}=s,\ \frac{p}{u}=t,\ \frac{1}{u}=u.$$

La dernière revient à $u^2=1$, d'où $u=\pm 1$.

Cela posé, pour la première valeur $u=+1$, on trouve

$$t=p,\quad s=q,\ldots\ r=r,\ldots\ q=s,\quad p=t;$$

et pour la seconde $u = -1$,

$$t = -p, \quad s = -q, \ldots r = -r, \ldots q = -s, \quad p = -t,$$

égalités dont celle du milieu, $r = -r$, ne peut exister à moins qu'on ne suppose $r = 0$.

Donc, *toute équation de degré pair est réciproque* toutes les fois 1°. — que *les coefficiens des termes à égale distance des extrêmes sont égaux et de même signe*; 2°. — que, *le terme du milieu manquant dans l'équation, les coefficiens des termes à égale distance des extrêmes sont égaux et de signes contraires.* L'une ou l'autre de ces deux conditions est d'ailleurs nécessaire.

286. Passons actuellement à la résolution de ces sortes d'équations; et supposons d'abord qu'il s'agisse d'une *équation de degré pair*, telle que les coefficiens des termes à égale distance des extrêmes soient *égaux et de même signe*.

Nous prendrons, pour fixer les idées, une équation du 8ᵉ degré; mais on reconnaîtra aisément que la même méthode s'appliquerait à toute autre équation satisfaisant à l'hypothèse établie.

Soit donc l'équation

$$x^8 + px^7 + qx^6 + rx^5 + sx^4 + rx^3 + qx^2 + px + 1 = 0 \ldots (1);$$

et posons dans cette équation $$x + \frac{1}{x} = z \ldots (2).$$

[On est conduit à cette transformation par la remarque suivante : puisque les racines sont réciproques deux à deux, il s'ensuit que l'on connaît les produits $a \times \frac{1}{a}$, $b \times \frac{1}{b}$, $c \times \frac{1}{c}$, ... des racines réciproques (chacun de ces produits est égal à 1); il suffirait donc (nº **114**), pour obtenir les deux racines a et $\frac{1}{a}$, ou b et $\frac{1}{b}$..., de connaître les sommes $a + \frac{1}{a}$, $b + \frac{1}{b}$....., ou, ce qui revient au même, les valeurs de la fonction $x+\frac{1}{x}$.]

Cela posé, si l'on divise l'équation (1) par x^4, et qu'on rassemble les termes affectés des mêmes coefficiens, il vient

$$x^4+\frac{1}{x^4}+r\left(x^3+\frac{1}{x^3}\right)+q\left(x^2+\frac{1}{x^2}\right)+p\left(x+\frac{1}{x}\right)=0\ldots(3);$$

la difficulté est ainsi réduite à exprimer en fonction de z les quantités $x^2+\frac{1}{x^2}$, $x^3+\frac{1}{x^3}$, $x^4+\frac{1}{x^4}$.

Or on a, en général,

$$\left(x^m+\frac{1}{x^m}\right)\left(x+\frac{1}{x}\right)=x^{m+1}+\frac{1}{x^{m+1}}+x^{m-1}+\frac{1}{x^{m-1}},$$

équation d'où l'on déduit, en y remplaçant $x+\frac{1}{x}$ par z,

$$x^{m+1}+\frac{1}{x^{m+1}}=\left(x^m+\frac{1}{x^m}\right)z-\left(x^{m-1}+\frac{1}{x^{m-1}}\right),$$

formule qui donne l'expression $x^{m+1}+\frac{1}{x^{m+1}}$ au moyen des deux expressions semblables de degrés immédiatement inférieurs, m et $m-1$.

Soit fait successivement $m=1, 2, 3, 4, 5, \ldots$; on trouve

$$x^2+\frac{1}{x^2}=\left(x+\frac{1}{x}\right)z-\left(x^0+\frac{1}{x^0}\right)=z^2-2;$$

$$x^3+\frac{1}{x^3}=\left(x^2+\frac{1}{x^2}\right)z-\left(x+\frac{1}{x}\right)=z^3-3z;$$

$$x^4+\frac{1}{x^4}=\left(x^3+\frac{1}{x^3}\right)z-\left(x^2+\frac{1}{x^2}\right)=z^4-4z^2+2;$$

. . . .

. . . .

et ainsi de suite à l'infini.

En un mot, ces expressions forment (n° 185), à partir de $x^2 + \frac{1}{x^2}$, une série récurrente du second ordre, dont l'échelle de relation est (z, — 1).

Il ne s'agit plus maintenant que de substituer dans l'équation (3), à la place de $x^2 + \frac{1}{x^2}$, $x^3 + \frac{1}{x^3}$, $x^4 + \frac{1}{x^4}$, les valeurs qu'on vient d'obtenir; ce qui donne pour l'équation résultante,

$$z^4 - 4z^2 + 2 + r(z^3 - 3z) + q(z^2 - 2) + pz = 0,$$

ou, réduisant et ordonnant par rapport à z,

$$z^4 + rz^3 + (q - 4)z^2 + (p - 3r)z - 2q + 2 = 0,$$

équation d'un degré sous-double de celui de la proposée.

Donc, *la résolution de toute équation de degré pair, telle que les coefficiens des termes à égale distance des extrêmes sont égaux et de même signe, peut être ramenée à la résolution d'une équation de degré sous-double.*

287. Considérons, en second lieu, l'équation de *degré impair*,

$$x^{2n+1} + px^{2n} + qx^{2n-1} + \ldots\ldots + qx^2 + px + 1 = 0,$$

dans laquelle les coefficiens des termes à égale distance des extrêmes sont *égaux et de même signe*.

Il est d'abord visible que -1 est racine de cette équation; car le premier membre devient, par l'hypothèse $x = -1$,

$$-1 + p - q + \ldots\ldots + q - p + 1;$$

donc ce premier membre est divisible par $x + 1$.

Je dis de plus que le quotient est un polynome *réciproque de degré pair*, dont les coefficiens à égale distance des extrêmes sont *égaux et de même signe*.

En effet, on voit bien clairement que, si l'on divise

soit $x^{2n+1} + px^{2n} + qx^{2n-1} + \ldots\ldots + qx^2 + px + 1$ par $x + 1$,

soit $1 + px + qx^2 + \ldots\ldots + qx^{2n-1} + px^{2n} + x^{2n+1}$ par $1 + x$, les coefficiens des termes de même rang dans les deux quotiens sont nécessairement égaux (il suffit d'ailleurs d'effectuer les deux divisions pour s'en convaincre); mais le second quotient n'est autre chose que le premier obtenu dans un ordre inverse; donc il faut nécessairement que les derniers coefficiens du premier quotient soient respectivement égaux aux premiers.

Il résulte de là qu'après avoir divisé le premier membre de la proposée par $x+1$, on obtiendra une équation réciproque de degré pair de même forme que celle du numéro précédent, et qu'on résoudra de la même manière.

288. Il nous reste encore à considérer les équations, de degré pair ou impair, dont les termes à égale distance des extrêmes ont des *coefficiens égaux et de signes contraires*. Soit l'équation

$$x^m + px^{m-1} + qx^{m-2} - \ldots - qx^2 - px - 1 = 0.$$

(Il n'y a point ici de terme du milieu, puisque, si m est impair, le nombre total des termes, $m+1$, est pair, et si m est pair, le terme du milieu doit manquer (n° 285) pour que l'équation soit *réciproque*.)

Cela posé, il est encore visible que l'équation proposée est satisfaite par $x=+1$; donc le premier membre est divisible par $x-1$.

Or si l'on divise

1°. $x^m+px^{m-1}+qx^{m-2}+\ldots-qx^2-px-1$ par $x-1$,

2°. $-1-px-qx^2-\ldots+qx^{m-2}+px^{m-1}+x^m$ par $-1+x$,

ou, ce qui revient au même (en changeant les signes),

$$1+px+qx^2+\ldots-qx^{m-2}-px^{m-1}-x^m \text{ par } 1-x,$$

on devra obtenir pour les termes de même rang dans les deux quotiens, des coefficiens absolument identiques (ce qu'on peut d'ailleurs aisément vérifier en effectuant les deux divisions).

Donc le premier quotient est nécessairement un polynome dont les termes à égale distance des extrêmes ont *des coefficiens égaux et de même signe;* ainsi ce polynome rentre dans l'un des deux cas précédemment examinés.

N. B. — Dans l'hypothèse qui nous occupe actuellement, si l'on suppose que m soit *pair*, comme, en divisant le premier membre de la proposée par $x - 1$, on obtient un quotient de degré *impair* dont les coefficiens *sont égaux et de même signe*, ce quotient est lui-même divisible par $x + 1$ (n° **287**). Ainsi le premier membre de la proposée est divisible par $(x - 1)(x + 1)$ ou $x^2 - 1$; et le quotient est un polynome de degré pair qui rentre dans la classe de ceux déjà traités n° **286**.

289. En résumant tout ce qui vient d'être dit, on voit 1°. — que, si l'*équation réciproque proposée est de degré pair, et que les coefficiens des termes à égale distance des extrêmes soient égaux et de même signe*, sa résolution peut être (n° **286**) ramenée à celle d'une équation de degré *sous-double;*

2°. — Que, si l'*équation est de degré impair, les coefficiens à égale distance des extrêmes étant égaux et de même signe*, le premier membre est divisible par $x + 1$ (n° **287**); et cette division étant effectuée, l'équation résultante peut être ramenée à une équation de degré *sous-double;*

3°. — Que, si l'*équation est de degré impair, les coefficiens à égale distance des extrêmes étant égaux et de signes contraires*, le premier membre est divisible par $x - 1$ (n° **288**); et la division étant effectuée, on parvient à une équation susceptible d'être abaissée à un degré *sous-double;*

4°. — Que, si l'*équation est de degré pair, les coefficiens des termes pris à égale distance des extrêmes étant égaux et de signes contraires*, le premier membre est divisible par $x^2 - 1$ (N. B. n° **288**); et si l'on effectue la division, l'équation qui en résulte peut être elle-même abaissée à un degré *sous-double.*

290. *Applications.* — Soit l'équation générale à deux termes $x^m - 1 = 0$; cette équation a évidemment 1 pour racine; et en effectuant la division par $x - 1$, on trouve (n° **51**) pour quotient,

$$x^{m-1} + x^{m-2} + x^{m-3} + \ldots + x^2 + x + 1 = 0,$$

équation réciproque, dont la résolution peut, au moyen des principes précédens, être ramenée à la résolution d'une équation de degré plus simple.

Soit, par exemple, l'équation $x^5 - 1 = 0$.
On a, en divisant par $x - 1$,

$$x^4 + x^3 + x^2 + x + 1 = 0,$$

équation que l'on peut mettre sous la forme

$$x^2 + \frac{1}{x^2} + x + \frac{1}{x} + 1 = 0.$$

Posons $x + \frac{1}{x} = z$, d'où $x^2 - zx + 1 = 0$; il en résulte

$$x^2 + 2 + \frac{1}{x^2} = z^2 \quad \text{ou} \quad x^2 + \frac{1}{x^2} = z^2 - 2.$$

Reportant ces valeurs de $x + \frac{1}{x}$ et de $x^2 + \frac{1}{x^2}$ dans l'équation,

l'on obtient $z^2 - 2 + z + 1 = 0$,

ou, réduisant, $z^2 + z - 1 = 0$;

donc $z = -\frac{1}{2} \pm \frac{1}{2}\sqrt{5}$.

D'ailleurs, l'équation $x^2 - zx + 1 = 0$ donne

$$x = \frac{z}{2} \pm \frac{1}{2}\sqrt{z^2 - 4};$$

donc, en substituant à la place de z ses deux valeurs, on a, toute réduction faite,

$$x = -\frac{1}{4} \pm \frac{1}{4}\sqrt{5} \pm \frac{1}{4}\sqrt{10 \pm 2\sqrt{5}} \cdot \sqrt{-1}.$$

L'équation $x^{10} - 1 = 0$, peut encore être résolue complétement par le même moyen.

En effet, on a

$$x^{10} - 1 = (x^5 - 1)(x^5 + 1) = 0.$$

On connaît déjà les racines de l'équation $x^5 - 1 = 0$; quant à celles de l'équation $x^5 + 1 = 0$, comme, par l'échange de x en $-x$, elle devient $x^5 - 1 = 0$, on voit que tout se réduit à prendre avec des signes contraires les racines de cette dernière équation.

§ IV. — *Théorie des fonctions symétriques.*

Pour compléter l'ensemble des matériaux nécessaires à la résolution des équations d'un degré quelconque, il nous reste à exposer une des théories les plus curieuses et les plus importantes de l'Analyse : c'est la théorie des *fonctions symétriques.* Le célèbre Lagrange en a fait la base d'une méthode pour résoudre les équations du troisième et du quatrième degré.

(Les candidats pour l'École Polytechnique peuvent, sans inconvénient, passer ce paragraphe, que nous n'avons placé ici que pour nous conformer à la marche que nous nous sommes tracée.)

291. On appelle *fonction symétrique* des racines d'une équation, *toute expression algébrique qui renferme ces racines combinées de la même manière, soit entre elles, soit avec d'autres quantités.* Ainsi, la somme $a + b + c + \ldots + i + l$ des racines d'une équation, la somme $ab + ac + ad + \ldots + il$ de leurs produits deux à deux, la somme $abc + abd + \ldots$ de leurs produits trois à trois..., sont dites des fonctions symétriques des racines.

Le caractère distinctif d'une fonction symétrique de diverses quantités est qu'*elle conserve la même valeur numérique, quelque permutation que l'on fasse subir à ces quantités.*

Nous avons déjà vu (n° **242**) que P, Q, R, ... T, U, étant les coefficiens d'une équation, on a entre les racines et les coefficiens, les relations $a + b + c + \ldots\ldots = -P\ldots\ldots$ $ab + ac + ad + \ldots = Q\ldots$, $abcd\ldots = \pm U$; nous allons voir maintenant que *toute fonction symétrique* RATIONNELLE *de ces mêmes racines*, peut être exprimée également au moyen des coefficiens de l'équation.

292. *Sommes des puissances semblables des racines d'une équation.*— Les plus simples des fonctions symétriques, celles au moyen desquelles on peut, comme nous le verrons, former toutes les autres, sont les sommes des puissances semblables des racines; telles que $a + b + c + d + \ldots\ldots$, $a^2+b^2+c^2+d^2+\ldots$, et en général, $a^n+b^n+c^n+d^n+\ldots$, n étant un nombre entier quelconque.

Or je dis que, sans connaître les racines, il est possible d'exprimer les sommes de leurs puissances semblables au moyen des coefficiens P, Q, R,... qui sont des quantités connues.

Soit en effet $x^m + Px^{m-1} + Qx^{m-2} + Rx^{m-3}\ldots + Tx + U = 0$ l'équation proposée; et désignons ses racines par $a, b, c, d\ldots$ Si l'on divise successivement le premier membre par chacun des m facteurs du premier degré, $x-a$, $x-b$, $x-c$, ..., on obtiendra (n° 258), pour les différens quotiens,

$$
\begin{array}{l|l|l|l}
x^{m-1}+a & x^{m-2}+a^2 & x^{m-3}+a^3 & x^{m-4}+\ldots\ +a^{m-1} \\
\quad\ +P & \qquad\ +Pa & \qquad\ +Pa^2 & \qquad\qquad\quad +Pa^{m-2} \\
 & \qquad\ +Q & \qquad\ +Qa & \qquad\qquad\quad +Qa^{m-3} \\
 & & \qquad\ +R & \qquad\qquad\quad +Ra^{m-4} \\
 & & & \qquad\qquad\quad +\ldots \\
 & & & \qquad\qquad\quad +T,
\end{array}
$$

$$
\begin{array}{l|l|l|l}
x^{m-1}+b & x^{m-2}+b^2 & x^{m-3}+b^3 & x^{m-4}+\ldots\ +b^{m-1} \\
\quad\ +P & \qquad\ +Pb & \qquad\ +Pb^2 & \qquad\qquad\quad +Pb^{m-2} \\
 & \qquad\ +Q & \qquad\ +Qb & \qquad\qquad\quad +Qb^{m-3} \\
 & & \qquad\ +R & \qquad\qquad\quad +\ldots \\
 & & & \qquad\qquad\quad +T,
\end{array}
$$

....

et ainsi de suite pour chacun des facteurs $x-c$, $x-d\ldots$

Maintenant, si l'on fait la somme de ces m quotiens, et que l'on pose, pour plus de simplicité,

$$\begin{array}{llllll}
a & + b & + c & + \ldots = S_1, \\
a^2 & + b^2 & + c^2 & + \ldots = S_2, \\
a^3 & + b^3 & + c^3 & + \ldots = S_3, \\
\ldots & & & & \\
a^{m-1} & + b^{m-1} & + c^{m-1} & + \ldots = S_{m-1},
\end{array}$$

on obtient évidemment pour cette somme,

$$\begin{array}{l|l|l|l}
mx^{m-1} + S_1 & x^{m-2} + S_2 & x^{m-3} + S_3 & x^{m-4} + \ldots + S_{m-1} \\
\quad + mP & \quad + PS_1 & \quad + PS_2 & \quad + PS_{m-2} \\
 & \quad + mQ & \quad + QS_1 & \quad + QS_{m-3} \\
 & & \quad + mR & \quad + RS_{m-4} \\
 & & & \quad + \ldots \\
 & & & \quad + \ldots \\
 & & & \quad + mT.
\end{array}$$

D'un autre côté, l'on a vu (n° **264**) que Y, ou le polynome dérivé du premier membre de la proposée, représente aussi la somme des m quotiens de la division de X par $x-a$, $x-b$, $x-c\ldots$; or on a (n° **262**)

$$Y = mx^{m-1} + (m-1)Px^{m-2} + (m-2)Qx^{m-3} + (m-3)Rx^{m-4} + \ldots + T.$$

Donc, en comparant terme à terme ces deux expressions *identiques* de la somme des m quotiens, on obtient les relations

$S_1 + mP = (m-1)P$, ou simplifiant, $S_1 + P = 0$;
$S_2 + PS_1 + mQ = (m-2)Q$, ou bien, $S_2 + PS_1 + 2Q = 0$;
$S_3 + PS_2 + QS_1 + mR = (m-3)R$, ou $S_3 + PS_2 + QS_1 + 3R = 0$;
. . . .
. . . .

$S_{m-1} + PS_{m-2} + QS_{m-3} \ldots + mT = T$,
ou $S_{m-1} + PS_{m-2} + QS_{m-3} + \ldots + (m-1)T = 0$.

La première formule donne d'abord la valeur de S_1 en fonction de P; la seconde donne ensuite S_2 en fonction de P, Q, et de S_1; ainsi de suite; enfin, la dernière fait connaître S_{m-1} au moyen de P, Q, R,... T, et de S_{m-2}, S_{m-3}..., qui sont censés connus d'après les relations précédentes.

Pour étendre ces formules au cas d'une puissance quelconque, reprenons l'équation proposée, et remplaçons x par chacune des racines a, b, c, d... ; on a les égalités

$$a^m + Pa^{m-1} + Qa^{m-2} + \ldots + Ta + U = 0,$$
$$b^m + Pb^{m-1} + Qb^{m-2} + \ldots + Tb + U = 0,$$

....

....

Multipliant toutes ces égalités respectivement par a^n, b^n, c^n...., et ajoutant les produits terme à terme, on obtient, d'après les notations convenues,

$$S_{m+n} + PS_{m+n-1} + QS_{m+n-2} + \ldots + TS_{n+1} + US_n = 0.$$

Cela posé, voici l'usage de cette formule :

Soit $n = 0$, d'où $S_n = S_0 = a^0 + b^0 + c^0 + \ldots = m$;

elle devient

$$S_m + PS_{m-1} + QS_{m-2} + QS_{m-2} + \ldots + TS_1 + mU = 0.$$

Cette dernière formule se lie immédiatement avec la dernière des formules obtenues ci-dessus.

Soit fait ensuite $n = 1, 2, 3, 4, 5$...; on trouve

$$S_{m+1} + PS_m + QS_{m-1} + \ldots + TS_2 + US_1 = 0,$$
$$S_{m+2} + PS_{m+1} + QS_m + \ldots + TS_3 + US_2 = 0,$$
$$S_{m+3} + PS_{m+2} + QS_{m+1} + \ldots + TS_4 + US_3 = 0,$$

....

....

Il est facile de reconnaître, d'après l'inspection de ces formules, que les sommes des m premières puissances étant formées, les suivantes forment (n° 184) une série récurrente dont l'échelle de relation est l'ensemble des m coefficiens P, Q, R....... T, U, de la proposée, pris en signes contraires.

La formule $S_{m+n}+PS_{m+n-1}+\ldots$ peut donner également les sommes des puissances entières et négatives. En effet, soit d'abord $n=1$; il en résulte

$$S_{m-1}+PS_{m-2}+\ldots+TS_0+US_{-1}=0,$$

équation d'où l'on peut tirer la valeur de S_{-1} en fonction de S_{m-1}, S_{m-2}, ... S_1, S, qui sont censés connus.

Soit encore $n=-2$, $n=-3\ldots$; on obtiendra de nouvelles formules qui donneront S_{-2} en fonction de S_{m-2}, S_{m-3},... S_0, S_{-1}...; puis S_{-3} en fonction de S_{m-3}, S_{m-4},... S_{-1}, S_{-2}; et ainsi de suite.

Concluons de là qu'*une équation quelconque étant donnée, on peut toujours, sans connaître ses racines, obtenir les sommes de leurs puissances semblables, le degré de la puissance étant un nombre entier quelconque, positif ou négatif.*

Soit, pour exemple, l'équation

$$x^4+x^3-7x^2-x+6=0.$$

On a pour cette équation particulière,

$$P=1,\quad Q=-7,\quad T=-1,\quad U=6;$$

ce qui donne

$$S_1=-P=-1,$$
$$S_2=-PS_1-2Q=1+14=15,$$
$$S_3=-PS_2-QS_1-3T=-15-7+3=-19,$$
$$S_4=-PS_3-QS_2-TS_1-4U=19+105-1-24=99,$$
$$S_5=-PS_4-QS_3-TS_2-US_1=-99-133+15+6=-211,$$
$$S_6=-PS_5-QS_4-TS_3-US_2=211+693-19-90=795,$$

....

....

$$S_{-1}=\frac{-S_3-PS_2-QS_1-TS_0}{U}=\frac{19-15-7+4}{6}=\frac{1}{6},$$

$$S_{-2}=\frac{-S_2-PS_1-QS_0-TS_{-1}}{U}=\frac{-15+1+28+\frac{1}{6}}{6}=\frac{85}{36},$$

....

....

Ces valeurs peuvent être aisément vérifiées, car l'équation a été formée par la multiplication des facteurs $x-1$, $x+1$, $x-2$, $x+3$; ce qui donne $+1$, -1, $+2$, et -3, pour les quatre racines.

Considérons maintenant d'autres espèces de fonctions symétriques.

293. On distingue les fonctions symétriques rationnelles et entières des racines d'une équation, en fonctions symétriques *à une lettre*, *à deux lettres*, *à trois lettres*, etc.

Les fonctions symétriques à *une* lettre sont *celles dont chaque terme ne renferme qu'une racine;* telle est la fonction $a^n+b^n+c^n\ldots$, que nous savons déjà (n° 292) exprimée au moyen des coefficiens de l'équation.

Les fonctions à *deux* lettres sont *celles dont chaque terme renferme deux racines;* telle est la fonction............. $a^nb^p+a^nc^p+b^na^p+a^nd^p+\ldots$, dont il est aisé de concevoir la formation en prenant tous les arrangemens *deux à deux* des m racines, et en affectant les deux lettres de chaque produit, des exposans respectifs n et p, d'où il suit que le nombre total des termes de cette fonction est (n° 146) égal à $m(m-1)$.

Les fonctions à *trois* lettres sont *celles dont chaque terme renferme trois racines;* telle est la fonction............... $a^nb^pc^q+a^nc^pd^q+b^na^pc^q+\ldots$, que l'on obtient en formant tous les arrangemens *trois à trois*, des m racines, et affectant les trois lettres de chaque produit, des exposans respectifs n, p, q; ainsi le nombre total des termes est marqué par $m(m-1)(m-2)$; et ainsi de suite.

Comme, un terme quelconque d'une fonction symétrique *à plusieurs lettres* étant écrit, on peut obtenir tous les autres en substituant à l'arrangement des lettres qui entrent dans ce terme, les autres arrangemens dont les m lettres sont susceptibles, et en conservant aux exposans le même ordre, on est convenu, pour abréger, de représenter les fonctions à une, deux, trois... lettres, de cette manière : $\mathrm{T}.a^n$, $\mathrm{T}.a^nb^p$,

$T.a^nb^pc^q\ldots$; c'est-à-dire que l'on place en avant de l'un des termes de la fonction, la lettre T; et ces notations équivalent à $a^n+b^n+c^n+\ldots$, $a^nb^p+a^nc^p+\ldots$, $a^nb^pc^q+a^nb^pd^q+\ldots$

Les fonctions dont nous venons de parler sont dites les *fonctions symétriques élémentaires.*

On peut concevoir ensuite que tous les termes d'une même fonction soient affectés de coefficiens; mais, pour que la fonction soit symétrique, il faut que tous ces coefficiens soient égaux; et alors on peut mettre ce coefficient en facteur commun.

C'est ainsi que l'expression $4a^3b^2+4a^3c^2+4b^3a^2+\ldots$, que l'on suppose symétrique en a, b, $c\ldots$, peut se mettre sous la forme $4(a^3b^2+a^3c^2+b^3a^2+\ldots)$, ou $4T.a^3b^2$.

Enfin un polynome symétrique en a, b, c,... peut être composé de la réunion, par addition ou soustraction, de plusieurs *fonctions symétriques élémentaires*; auquel cas le polynome proposé est dit une fonction symétrique *complexe*, en ce qu'elle renferme plusieurs fonctions de la forme.......... $T.a^n$, $T.a^nb^p$, $T.a^nb^pc^q\ldots$; mais l'*évaluation* d'une fonction symétrique complexe est évidemment ramenée à celle de chacune des fonctions élémentaires qui la composent. Passons donc à la détermination de celles-ci.

Évaluation des fonctions symétriques, à deux, trois... lettres.

294. On a déjà donné (n° **292**) des formules pour évaluer les fonctions telles que $T.a^n$, qui n'est autre chose que S_n. Cherchons à évaluer la fonction à deux lettres $T.a^nb^p$. Pour cela, multiplions entre elles les deux expressions

$$a^n+b^n+c^n+d^n+\ldots=T.a^n \quad \text{ou} \quad S_n,$$
$$a^p+b^p+c^p+d^p+\ldots=T.a^p \quad \text{ou} \quad S_p.$$

Le second membre est $T.a^n\times T.a^p$, ou $S_n\times S_p$.

Quant au premier membre, il peut arriver deux cas dans la multiplication : *ou* les deux termes du multiplicande et du multiplicateur ont la même lettre, et dans ce cas le produit partiel est un des termes de la fonction $T.a^{n+p}$; *ou bien* les deux termes ont des lettres différentes, auquel cas le produit partiel est un terme de la fonction $T.a^n b^p$. Comme d'ailleurs le produit total doit être symétrique, puisque ces deux facteurs le sont, il s'ensuit que le premier membre a pour expression, $T.a^{n+p}+T.a^n b^p$.

Ainsi l'on a l'équation $T.a^{n+p}+T.a^n b^p=T.a^n\times T.a^p$;
d'où l'on déduit $T.a^n b^p=T.a^n\times T.a^p-T.a^{n+p}$;
ou, remplaçant Ta^n, $T.a^p$, $T.a^{n+p}$, par S_n, S_p, S_{n+p},

$$T.a^n b^p=S_n S_p-S_{n+p}\ldots, \qquad (1).$$

S_n, S_p, S_{n+p} étant connus, d'après les formules du n° 292, celle-ci pourra servir à déterminer *toutes les fonctions à deux lettres*.

Cas particulier.—Si, dans cette formule, on suppose $n=p$, circonstance qui arrive assez souvent, le second membre se réduit à $(S_n)^2-S_{2n}$. Pour savoir ce que devient le premier (qui, en apparence, se réduit à $T.a^n b^n$), il faut observer que l'on a

$$T.a^n b^p=a^n b^p+a^n c^p+a^n d^p+\ldots+b^n a^p\ldots+c^n a^p+\ldots;$$

or, dans l'hypothèse de $n=p$, tous les termes de ce polynome deviennent égaux *deux à deux*, savoir, $a^n b^p$ et $b^n a^p$, $a^n c^p$ et $c^n a^p\ldots$; donc $T.a^n b^p$ se réduit réellement à $2T.a^n b^n$; c'est-à-dire au double de la fonction exprimée par $T.a^n b^n$, et dont le nombre des termes n'est plus (n° 293) le nombre des arrangemens, mais bien le nombre des combinaisons *deux à deux*.

Donc, en supposant $n=p$ dans la formule (1), on trouve

$$2T.a^n b^n=(S_n)^2-S_{2n};\quad \text{d'où}\quad T.a^n b^n=\frac{(S_n)^2-S_{2n}}{2}\ldots\quad (2).$$

Tâchons maintenant d'évaluer la fonction $T.a^n b^p c^q$.

Pour y parvenir, multiplions entre elles les équations

$$a^n b^p+a^n c^p+a^n d^p+\ldots+b^n a^p\ldots+c^n a^p+\ldots=T.a^n b^p,$$
$$a^q+b^q+c^q+d^q+\ldots\ldots\ldots\ldots\ldots\ldots=T.a^q.$$

On a d'abord, pour le produit des seconds membres,....

$T.a^nb^p \times T.a^q$; quant aux premiers membres, on doit obtenir trois espèces de fonctions symétriques pour le produit total.

Car, *ou* la lettre du terme multiplicateur est semblable à la lettre du terme multiplicande, affectée de l'exposant n; auquel cas le produit partiel est un des termes de la fonction $T.a^{n+q}b^p$.

Ou la lettre du terme multiplicateur est semblable à la lettre du terme multiplicande, affectée de l'exposant p; et, dans ce cas, le produit partiel appartient à la fonction $T.a^nb^{p+q}$.

Ou bien, elle est différente des deux lettres qui entrent dans le terme multiplicande; et alors le produit partiel est un des termes de la fonction $T.a^nb^pc^q$.

Donc enfin, le produit total des deux premiers membres a pour expression, $T.a^{n+q}b^p + T.a^nb^{p+q} + T.a^nb^pc^q$.

Ainsi, l'on a pour nouvelle équation,

$$T.a^{n+q}b^p + T.a^nb^{p+q} + T.a^nb^pc^q = T.a^nb^p \times T.a^q;$$

d'où l'on déduit

$$T.a^nb^pc^q = T.a^nb^p \times T.a^q - T.a^{n+q}b^p - T.a^nb^{p+q};$$

ou, mettant à la place de Ta^nb^p, $Ta^{n+q}b^p$, Ta^nb^{p+q}, leurs valeurs tirées de la formule (1), et réduisant,

$$T.a^nb^pc^q = S_nS_pS_q - S_{n+p}S_q - S_{n+q}S_p - S_{p+q}S_n + 2S_{n+p+q} \ldots (3).$$

Cas particuliers.—1°.—Supposons *deux* des trois exposans égaux, $p=q$, par exemple; le premier membre se réduit à $2T.a^nb^pc^q$ puisque tous les termes de la fonction générale $T.a^nb^pc^q$ sont alors égaux deux à deux; et la formule (3) devient

$$T.a^nb^pc^p = \frac{S_n(S_p)^2 - 2S_{n+p}S_p - S_nS_{2p} + 2S_{n+2p}}{2} \ldots \quad (4):$$

Cette nouvelle formule servira pour toutes les fonctions à *trois* lettres dont deux exposans seront égaux.

2°. — Supposons les *trois* exposans égaux, c'est-à-dire $n=p=q$; le premier membre de la formule (3) se réduit à $6T.a^n b^n c^n$, parce que tous les termes (n° 145) deviennent égaux *six* à *six*.

Ainsi cette formule devient

$$T.a^n b^n c^n = \frac{(S_n)^3 - 3S_{2n}S_n + 2S_{3n}}{6} \ldots \quad (5).$$

On parviendrait à ce même résultat d'après la formule (4), en observant que $n=p$ donne $T.a^n b^p c^p = 3T.a^n b^n c^n$, parce que tous les termes de $T.a^n b^p c^p$ deviennent égaux *trois* à *trois*.

Pour peu qu'on réfléchisse sur la marche qui vient d'être suivie pour évaluer $T.a^n b^p$, $T.a^n b^p c^q$, il est aisé de voir ce qu'il faudrait faire pour l'évaluation des fonctions à *quatre* lettres, à *cinq* lettres, etc.

295. Nous avons déjà remarqué (n° **293**) que toute fonction symétrique rationnelle et entière des racines d'une équation n'est que le résultat de la réunion, par addition ou soustraction, des fonctions $T.a^n$, $T.a^n b^p$, $T.a^n b^p c^q \ldots$; nous sommes donc en droit de conclure ce théorème, qui est un des plus beaux et des plus importans de l'Analyse algébrique : *Toute fonction symétrique rationnelle et entière des racines d'une équation peut*, sans que l'on connaisse ses racines, *être évaluée au moyen des coefficiens de l'équation*.

N. B.— Il en est de même d'une fonction symétrique rationnelle et fractionnaire ; car, si l'on conçoit que tous les termes soient réduits au même dénominateur, on aura une seule expression fractionnaire dont le numérateur devra, d'après le caractère distinctif d'une fonction symétrique (n° **291**), être, ainsi que le dénominateur, une fonction symétrique rationnelle et entière; donc en évaluant chacune de ces fonctions séparément, on obtiendra la valeur de la fonction proposée.

296. *Application de la théorie des fonctions symétriques.* — La théorie des fonctions symétriques donne les moyens de résoudre cette question que nous avons déjà traitée (n° 272) par le secours de l'élimination : *Une équation dont on ne connaît pas les racines, étant donnée, former une nouvelle équation qui ait pour racine une combinaison* DÉTERMINÉE *de deux, trois,... quelconques des racines de la proposée.*

Pour fixer les idées, supposons d'abord que l'on veuille *former une équation dont les racines soient la somme de deux quelconques des racines de l'équation* $X = 0$.

Soit a, b, c, d,... les racines de cette équation ; celles de la nouvelle équation que nous appellerons $Z = 0$, seront $a+b$, $a+c$, $a+d$, $b+c$...; et leur nombre sera exprimé par le nombre de sommes ou de combinaisons différentes, deux à deux, que l'on peut faire avec les m lettres a, b, c, d,..., c'est-à-dire (n° 147) par $\frac{m(m-1)}{2}$; ainsi ce nombre, $\frac{m(m-1)}{2}$, représente déjà le degré de l'équation.

Quant à la composition de ses coefficiens, comme (n° 242) le coefficient du second terme est égal à la somme des racines prises en signes contraires, il a pour valeur,

$$-(a+b)-(a+c)-(a+d)\ldots,$$

expression dans laquelle a, b, c,... entrent toutes de la même manière; ainsi cette fonction symétrique rationnelle et entière peut s'exprimer au moyen des coefficiens P, Q, R... de la proposée.

On a de même, pour le coefficient du troisième terme, la somme des produits deux à deux des mêmes quantités, c'est-à-dire, $(a+b)(a+c)+(a+b)(b+c)+(a+c)(b+c)+\ldots$,

expression qui est encore symétrique en a, b, c,..., et peut par conséquent s'évaluer au moyen des coefficiens P, Q, R,...; même conclusion par rapport aux coefficiens du 4e, 5e.... terme, et, en général, par rapport au coefficient de rang $(n+1)$, puisqu'il n'est autre chose, au signe près, que *la somme des produits n à n* des quantités $a+b$, $a+c$,..., somme qui est nécessairement une fonction symétrique de a, b, c,...

Toute la difficulté consiste à mettre en évidence ces diverses fonctions symétriques, et à les évaluer d'après les formules établies précédemment ; mais nous verrons bientôt un moyen plus simple d'évaluer ces coefficiens.

On peut également former une équation dont les racines soient des combinaisons de la forme

$$a+b+kab,\quad a+c+kac,\quad a+d+kad\ldots,$$

k étant un nombre connu et déterminé.

Le degré de cette nouvelle équation que l'on peut encore désigner par $Z=0$, est toujours marqué par $m.\frac{m-1}{2}$; et ses coefficiens étant, au signe près, les sommes des produits, *une à une, deux à deux, trois à trois*..., des quantités $a+b+kab$, $a+c+kac$..., sont nécessairement des fonctions symétriques rationnelles et entières des racines de la proposée.

297. Proposons-nous, pour seconde application, de *former l'équation aux différences des racines d'une équation donnée*, question qui a déjà été traitée par l'élimination.

Nous avons fait connaître (n° **275**) la forme et le degré de cette équation. Soit m le degré de la proposée ; celui de l'équation *aux différences* est exprimé par $m(m-1)$. De plus, elle est de degré pair, et ne renferme que des puissances de degré pair ; en sorte que, si l'on pose dans cette équation, $u^2=z$ et $\frac{m(m-1)}{2}=n$, l'équation prend la forme

$$z^n+P'z^{n-1}+Q'z^{n-2}+\ldots+T'z+U'=0\ldots\quad(1);$$

et les racines de cette nouvelle équation sont *les carrés des différences* des racines de la proposée.

Les coefficiens P', Q',..... T', U', sont les mêmes que ceux de l'équation *aux différences*; mais elle est de degré *sous-double*, et, par cela même, plus simple à considérer.

Cela posé, si a, b, c, d...., sont les racines de la proposée, on a, pour celles de l'équation (1),

$$(a-b)^2,\quad (a-c)^2,\quad (b-c)^2\ldots;$$

donc, d'après la composition connue des équations, les coefficiens P', Q', R',.... sont, au signe près pour quelques-uns, les sommes des produits 1 à 1, 2 à 2, 3 à 3,.... des quantités

$$(a-b)^2,\quad (a-c)^2,\quad (b-c)^2\ldots;$$

c'est-à-dire que l'on a

$$-P'=(a-b)^2+(a-c)^2+\ldots,$$
$$Q'=(a-b)^2(a-c)^2+(a-b)^2(b-c)^2+\ldots$$
$$-R'=(a-b)^2(a-c)^2(b-c)^2+\ldots.$$

....

....

Or, toutes ces expressions sont des fonctions symétriques que l'on peut évaluer au moyen des coefficiens P, Q, R,... de la proposée. Toutefois, si l'on effectuait ces développemens, les diverses fonctions que l'on obtiendrait seraient des fonctions à une, deux, trois, etc., et en général à p lettres (si l'on considère le coefficient de rang $p+1$); et ces coefficiens s'évalueraient avec beaucoup de peine dans la pratique.

Mais *il existe un moyen plus simple de calculer* P', Q', R'...

Les formules $S_1+B=0$, $S_2+PS_1+2Q=0$..., obtenues numéro **292**, font connaître S_1, S_2, S_3,.... en fonction de P, Q, R....

Réciproquement, connaissant *à priori* les sommes S_1, S_2, S_3.... des racines d'une équation, on pourrait calculer les coefficiens P, Q, R,... d'après les mêmes formules; car elles donnent

$$P=-S_1,\quad Q=\frac{-S_2-PS_1}{2},\quad R=\frac{-S_3-PS_2-QS_1}{3}\ldots;$$

donc, si nous pouvions évaluer les sommes des puissances semblables *des carrés des différences*, $(a-b)^2$, $(a-c)^2$..., nous obtiendrions facilement les valeurs de P', Q', R'....

Or, en appelant S'_1, S'_2, S'_3, S'_4.... les sommes des puissances semblables des racines de l'équation (3), on a

$$S'_1=(a-b)^2+(a-c)^2+(a-d)^2+\ldots=(m-1)T.a^2-2T.ab,$$
$$S'_2=(a-b)^4+(a-c)^4+\ldots=(m-1)T.a^4-4T.a^3b+6T.a^2b^2,$$
$$S'_3=(a-b)^6+(a-c)^6+\ldots=(m-1)T.a^6-6T.a^5b+15T.a^4b^2-20T.a^3b^3,$$

....

....

Explication de ce tableau. — Il est évident d'abord que les développemens de S'_1, S'_2, S'_3... ne peuvent se composer que de fonctions symétriques à *une* ou *deux* lettres au plus; quant à la manière de les obtenir, on observera que, dans chacun d'eux, a^2, ou a^4, ou a^6,.... doit être répété autant de fois que l'on peut former de différences entre la racine a et toutes les autres dont le nombre est $m-1$; donc les fonctions $T.a^2$, $T.a^4$, $T.a^6$,... ont toutes $(m-1)$ pour coefficient.

Les coefficiens des autres fonctions sont d'ailleurs ceux des développemens des puissances $(a-b)^2$, $(a-b)^4$, $(a-b)^6$...., *depuis le coefficient du second terme inclusivement jusqu'à celui du terme qui tient le milieu, aussi inclusivement.* Enfin, les diverses parties sont alternativement positives et négatives, comme dans les développemens de $(a-b)^2$, $(a-b)^4$....

Le nombre des sommes S'_1, S'_2, S'_3... qu'il est nécessaire d'évaluer, est égal au nombre des coefficiens P', Q', R'... de l'équation (3) ; par conséquent, la dernière somme est S'_n.

Cela posé, voici la marche qu'il faut suivre dans la pratique pour évaluer ces sommes :

On commence par calculer les sommes S_1, S_2, S_3..., *jusqu'à* S_{2n} *ou* $S_{m(m-1)}$, *des racines de la proposée* (1); *puis, à l'aide des formules du* n° 294, *on évalue toutes les fonctions* $T.ab$, $T.a^3b$, $T.a^2b^2$... ; d'où l'on conclut les valeurs de S'_1, S'_2, S'_3,... S'_n, et par suite, celles de P', Q', R',... T', U'.

298. Soit proposé de former l'équation *aux carrés des différences des racines* de l'équation $x^3 - 7x + 7 = 0$.

Cette équation étant du 3ᵉ degré, on a $m\dfrac{(m-1)}{2} = 3$; ainsi l'équation cherchée est de la forme $z^3+P'z^2+Q'z+R'=0$; c'est-à-dire qu'il y a trois coefficiens à déterminer, et par conséquent trois sommes, S'_1, S'_2, S'_3, à calculer. Cela posé, on a

$$P = 0,\quad Q = -7,\quad R = 7;$$

d'où l'on déduit, tout calcul fait,

$$S_1 = 0,\ S_2 = 14,\ S_3 = -21,\ S_4 = 98,\ S_5 = -245,\ S_6 = 833,$$

$$T.a^2 = S_2 = 14,$$
$$T.ab = Q = -7;$$

$$T.a^4 = S_4 = 98,$$
$$T.a^3b = -S_4 = -98,$$

$$T.a^6 = S_6 = 833,$$
$$T.a^5b = S_5S_1 - S_6 = -833,$$
$$T.a^4b^2 = S_4S_2 - S_6 = 539,$$
$$T.a^3b^3 = \frac{(S_3)^2 - S_6}{2} = -196;$$

$$T.a^2b^2 = \frac{(S_2)^2 - S_4}{2} = \frac{196-98}{2} = 49;$$

donc
$$S'_1 = 2T.a^2 - 2T.ab = 42,$$
$$S'_2 = 2T.a^4 - 4T.a^3b + 6T.a^2b^2 = 882,$$
$$S'_3 = 2T.a^6 - 6T.a^5b + 15T.a^4b^2 - 20T.a^3b^3 = 18669:$$

ainsi, à cause des formules

$$S'_1 + P' = 0,\quad S'_2 + P'S'_1 + 2Q' = 0,\quad S'_3 + P'S'_2 + Q'S'_1 + 3R' = 0,$$

on a
$$P' = -S'_1 = -42,\quad Q' = \frac{-S'_2 - P'S'_1}{2} = 441,$$

$$R' = \frac{-S'_3 - P'S'_2 - Q'S'_1}{3} = -49.$$

Donc enfin, l'on obtient

$$z^3 - 42z^2 + 441z - 49 = 0,$$

pour l'équation aux *carrés des différences des racines* de l'équation $x^3 - 7x + 7 = 0$.

Nous engageons les commençans à traiter ce même exemple par l'élimination, afin de comparer les deux méthodes.

299. Ce moyen de déterminer les coefficiens de l'équation *aux carrés des différences*, peut être également employé pour déterminer les coefficiens de l'équation *aux sommes des racines prises deux à deux*, $a+b$, $a+c$, $b+c$... (*voy.* n° **296**).

Soit $x^3 + Px^2 + Qx + R = 0$, l'équation proposée ; l'équation *aux sommes* $a+b$, $a+c$, $b+c$, serait de la forme $z^3 + P'z^2 + Q'z + R' = 0$; et en appelant S'_1, S'_2, S'_3, les sommes des puissances semblables des racines de cette seconde équation, on aurait, pour déterminer S'_1, S'_2, S'_3, les formules

$$S'_1 = (a+b) + (a+c) + (b+c) = 2(a+b+c) = 2T.a_1,$$
$$S'_2 = (a+b)^2 + (a+c)^2 + (b+c)^2 = 2T.a^2 + 2T.ab,$$
$$S'_3 = (a+b)^3 + (a+c)^3 + (b+c)^3 = 2T.a^3 + 3T.a^2b.$$

Après avoir calculé les sommes S_1, S_2, S_3, de la proposée, on en déduirait les valeurs de $T.a^2$, $T.ab$, $T.a^3$, $T.a^2b$, ce qui ferait connaître S'_1, S'_2, S'_3 ; et l'on obtiendrait enfin P', Q', R', d'après les formules

$$S'_1 + P' = 0, \quad S'_2 + P'S'_1 + 2Q' = 0, \quad S'_3 + P'S'_2 + Q'S'_1 + 3R' = 0.$$

On opérerait d'une manière analogue pour former une équation dont les racines fussent des combinaisons de celles de la proposée, de la forme $a+b+kab$, $a+c+kac$,... ; on aurait, pour une équation du $n^{ième}$ degré,

$$S'_1 = (a+b+kab) + (a+c+kac) + \ldots = (m-1)T.a_1 + kT.ab ;$$
$$S'_2 = (a+b+kab)^2 + \ldots = (m-1)T.a^2 + 2T.ab + 2kT.a^2b + k^2T.a^2b^2 ;$$
$$S'_3 = (a+b+kab)^3 + \ldots = (m-1)T.a^3 + 3T.a^2b + 3k(T.a^3b + 2T.a^2b^2) + 3k^2T.a^3b^2 + k^3T.a^3b^3 ;$$

....

....

Nous proposerons les exercices suivans :

Déterminer, 1°. — *L'équation aux carrés des différences des racines* de l'équation $x^3 - 6x - 7 = 0$.

(*Résultat*..... $z^3 - 36z^2 + 324z + 459 = 0$.)

Cet exemple a déjà été traité (n° 274) par la méthode d'élimination.

2°. — *L'équation aux sommes deux à deux* des racines de l'équation $x^3 - 3x + 2 = 0$.

(*Résultat*..... $z^3 - 3z - 2 = 0$.)

3°. — *L'équation dont les racines soient des combinaisons de la forme* $a + b + ab$, des racines de l'équation

$$x^3 + 3x^2 - 4x - 12 = 0.$$

(*Résultat*..... $z^3 + 10z^2 + 17z - 28 = 0$.)

4°. — *L'équation dont les racines soient les sommes deux à deux* des racines de l'équation $x^4 - 6x^3 - 5x^2 + 42x + 40 = 0$.

(*Résultat*.....

$$z^6 - 18z^5 + 98z^4 - 96z^3 - 747z^2 + 2322z - 1944 = 0.)$$

300. Nous terminerons les applications de la théorie des fonctions symétriques par la démonstration d'un très beau théorème sur l'élimination.

Ce théorème, dû à Bezout, consiste en ce que *le degré de* L'ÉQUATION FINALE *qui résulte de l'élimination de l'une des inconnues, entre deux équations d'un degré quelconque à deux inconnues, ne peut être plus grand que le produit des degrés des deux équations; et il est justement égal à ce produit lorsque les équations proposées sont les plus générales de leurs degrés.*

Avant de développer la démonstration, il est indispensable de faire connaître la forme d'une équation complète du $m^{ième}$ degré à deux inconnues.

Nous avons déjà reconnu (nº 116) que toute équation du second degré peut être ramenée à la forme $Mx^2 + Nx + P = 0$, M étant une quantité toute connue, N un polynome du premier degré en y, et P un polynome du second degré.

En général, une équation à deux inconnues est dite du $m^{ième}$ degré, lorsque, le plus haut exposant de chaque inconnue étant m, la somme des exposans de ces deux inconnues dans un même terme, ne surpasse pas m (*). Il résulte évidemment de là que toute équation du degré m peut être ramenée à la forme

$$Ax^m + Bx^{m-1} + Cx^{m-2} + Dx^{m-3} + \ldots + Tx + U = 0,$$

A étant une quantité *connue*, numérique ou algébrique,

B un polynome du 1er degré en y, tel que $by + b'$,

C un polynome du 2e degré....... $cy^2 + c'y + c''$,

D.......... du 3e degré.. $dy^3 + d'y^2 + d''y + d'''$,

....

....

T......... du $(m-1)^{ième}$ degré... $ty^{m-1} + t'y^{m-2} + \ldots$

U.............. du $m^{ième}$ degré... $uy^m + u'y^{m-1} + \ldots$

301. Cela posé, considérons les deux équations à deux inconnues,

$$Ax^m + Bx^{m-1} + Cx^{m-2} + \ldots + Tx + U = 0,$$
$$A'x^n + B'x^{n-1} + C'x^{n-2} + \ldots + T'x + U' = 0,$$

que nous désignerons, pour abréger, par $M = 0$, $N = 0$.

Concevons en outre, que la première équation soit résolue

(*) On suppose ici que les dénominateurs, s'il y en a, ne renferment pas les inconnues x et y; autrement, il faudrait d'abord chasser les dénominateurs. (*Voyez* la remarque du nº 92.)

complétement par rapport à x, quoique nous n'ayons pas encore les moyens d'effectuer cette opération, et qu'elle donne les m valeurs $x=a$, $x=b$, $x=c$, ... (a, b, c, ... étant alors des fonctions de y); chacune de ces m valeurs de x, substituée dans l'équation $M=o$, doit la vérifier, quelque valeur que l'on attribue à y après cette substitution.

D'un autre côté, si l'on substitue ces m valeurs successivement dans le premier membre de l'équation $N=o$, on obtient les expressions

$$A'a^n+B'a^{n-1}+\ldots,\ A'b^n+B'b^{n-1}+\ldots,\ A'c^n+B'c^{n-1}+\ldots,$$

qui sont, en général, des fonctions irrationnelles de y. Or, je dis que toute valeur, $y=\beta$, qui rend nulle l'une de ces fonctions, est une valeur convenable (n° 267). En effet, supposons, par exemple, que β rende nulle la fonction......... $A'a^n+B'a^{n-1}+\ldots$; et désignons par $x=\alpha$ ce que devient $x=a$, lorsqu'on remplace y par β dans a; le système ($x=\alpha$, $y=\beta$) vérifie évidemment $M=o$, puisqu'on a déjà vu que $x=a$ la vérifie quel que soit y. En second lieu, $y=\beta$ rendant nulle la fonction $A'a^n+B'a^{n-1}+\ldots$, qui n'est autre chose que le premier membre de $N=o$ dans lequel on a mis a la place de x, vérifie $N=o$ en même temps que $x=\alpha$, valeur de a qui correspond à $y=\beta$. On voit donc que ($x=\alpha$, $y=\beta$) forme un système commun aux deux équations $M=o$ et $N=o$; ainsi, $y=\beta$ est une *valeur convenable*.

Réciproquement, *toute valeur convenable de* y *doit anéantir l'une des fonctions ci-dessus*. Car, pour être *convenable*, il faut qu'elle satisfasse aux deux équations en même temps qu'une certaine valeur de x; or, toutes les valeurs de x convenables sont comprises dans $x=a$, $x=b$, $x=c$, ...; et dès que l'on fait $x=a$, ou $x=b$, ..., le premier membre de $N=o$ retombe dans l'une des fonctions ci-dessus, qui doit par conséquent s'évanouir par l'hypothèse $y=\beta$.

On peut conclure de là, que, *si l'on égale à* o *le produit de* *toutes ces fonctions, l'*ÉQUATION *qu'on obtiendra sera* (sans aucun facteur étranger) *l'équation finale qui doit résulter de l'élimination de* x *entre les deux proposées.*

Cette équation finale est donc

$$(A'a^n + B'a^{n-1} + \dots + T'a + U') \times (A'b^n + B'b^{n-1} + \dots + T'b + U')$$
$$\times (A'c^n + B'c^{n-1} + \dots + T'c + U') \dots\dots = 0 \dots \text{(Y)}.$$

Sa formation semble reposer sur la résolution complète de l'équation $M = 0$ par rapport à x; mais nous allons voir que cette dernière opération n'est pas nécessaire; et nous reconnaîtrons dans ce qui vient d'être dit, une nouvelle *méthode d'élimination*.

Remarquons d'abord que l'équation (Y) ne change pas, quelque permutation que l'on fasse entre les racines $a, b, c, d \dots$; ainsi le premier membre est (nº 291) une fonction symétrique rationnelle et entière des racines de l'équation $M = 0$, résolue par rapport à x. Donc, en vertu du théorème nº 295, ce premier membre peut être exprimé au moyen des coefficiens A, B, C,... de l'équation $M = 0$; et il est possible de former l'équation (Y) sans que l'on soit obligé de résoudre d'abord l'équation $M = 0$.

Cette méthode, qui est assez simple pour deux équations du second degré, devient très laborieuse lorsqu'on veut l'appliquer à des équations d'un degré plus élevé. Elle a toutefois, sur la méthode exposée nº 269, et sur plusieurs autres, l'avantage de *conduire toujours à la véritable équation finale*, sans l'introduction d'aucun facteur étranger.

Mais ici notre principal objet est de démontrer le théorème *sur le degré de l'équation finale*.

302. Pour déterminer le degré en y de l'équation (Y), il suffit de considérer un terme de rang quelconque. Or chaque terme de ce produit se forme de la multiplication d'un terme du premier facteur, par un terme du second, par un terme du troisième....; soient Ka^h, $K'b^{h'}$, $K''c^{h''}$ ...., des termes pris au hasard dans chacun des m facteurs; le terme correspondant du produit sera

$$K.K'.K''\ldots\times a^h b^{h'} c^{h''}\ldots;$$

d'ailleurs, le produit total est symétrique en a, b, $c\ldots$; donc, ce terme fait partie d'une des fonctions symétriques qui entrent dans la composition de (Y); et cette fonction partielle peut elle-même être représentée (nº 293) par

$$K.K'.K''\ldots\times T.a^h b^{h'} c^{h''}\ldots$$

Il suffit donc de déterminer le plus haut degré en y de cette fonction.

Si l'on se rappelle la composition des formules qui donnent S_1, S_2, S_3,... (nº 292), et que l'on ait égard aux degrés en y des coefficiens A, B, C,... de l'équation $M=o$ (nº 300), on verra que S_1, S_2, S_3,.... S_h, sont du 1er, 2e, 3e,... et en général, du degré h en y. Donc, $S_h\times S_{h'}\times S_{h''}\ldots$ est d'un degré marqué par $h+h'+h''+\ldots$; et d'après les formules du nº 294, qui donnent l'expression d'une fonction symétrique quelconque, $T.a^h b^{h'} c^{h''}\ldots$ est aussi du degré $h+h'+h''\ldots$, et ne peut surpasser ce degré.

D'un autre côté, soient k, k', k'',... les exposans de y dans les coefficiens K, K', K''...; la somme des exposans du produit K.K'.K'.... est $k+k'+k''+\ldots$ Ainsi, dans la fonction $K.K'.K''\ldots\times T.a^h b^{h'} c^{h''}\ldots$, la somme des exposans est $k+k'+k''+\ldots+h+h'+h''+\ldots$; mais, d'après la composition de l'équation $N=o$, l'on a tout au plus

$$k+h+=n,\quad k'+h'=n,\quad k''+h''=n\ldots$$

Donc enfin, la fonction symétrique ci-dessus est tout au plus d'un degré marqué par $n+n+n+\ldots$, ou $m\times n$. C.Q.F.D.

N. B.—*L'équation aux différences* étant (nº 273) le résultat de l'élimination de x entre les équations

$$X=o,$$
$$Y+\frac{Z}{2}u+\frac{V}{2.3}u^2+\ldots+u^{m-1}=o,$$

dont la première est du degré m en x, et la seconde du degré $m-1$ en x et u, il s'ensuit que cette équation finale doit être du degré $m(m-1)$; et c'est en effet ce qui a été reconnu (n° 275).

Le théorème précédent est également applicable à un nombre m d'équations renfermant un pareil nombre d'inconnues. (*Voyez*, pour sa démonstration, un *Mémoire de M. Poisson*, XIe cahier du *Journal de l'École Polytechnique*, page 199.)

CHAPITRE VIII.

Résolution des Équations numériques à une ou à plusieurs inconnues.

Les principes que nous avons établis dans le chapitre précédent, sont applicables à toutes les équations, de quelque nature que soient leurs coefficiens, numériques ou algébriques; et ces principes doivent être regardés comme les élémens des méthodes employées pour résoudre les équations de degré supérieur.

Nous avons déjà dit que les analystes ne sont parvenus jusqu'à présent qu'à la résolution des équations générales du troisième et du quatrième degré. Les formules qu'ils ont obtenues pour les valeurs des inconnues, sont si compliquées et d'un usage si peu commode, lorsque toutefois on peut les appliquer (ce qui n'est pas toujours possible), que l'on doit regarder le problème de la résolution des équations algébriques d'un degré quelconque, comme plus curieux qu'utile. Aussi les analystes ont-ils dirigé principalement leurs recherches vers la résolution des *équations numériques*, c'est-à-dire de celles qui proviennent de la traduction algébrique d'un problème dont les données sont des nombres particuliers; et ils ont trouvé des méthodes au moyen desquelles *une équa-*

tion numérique d'un degré quelconque étant donnée, on peut toujours déterminer ses racines.

C'est l'ensemble de ces méthodes que nous nous proposons de développer dans la première partie de ce chapitre.

La seconde aura pour objet le complément de l'élimination, ou la résolution des équations numériques à plusieurs inconnues.

PREMIÈRE PARTIE. — *Équations numériques à une inconnue.* [Pour la généralité de nos raisonnemens, nous représenterons encore l'équation proposée par $x^m + Px^{m-1} + Qx^{m-2} + \ldots = 0$; mais les lettres P, Q, ... seront censées désigner des nombres particuliers et des quantités RÉELLES, positives ou négatives.]

§ Ier. — *Principes fondamentaux. — Limites des racines.*

503. PREMIER PRINCIPE. — *Si deux nombres* p *et* q (de signes quelconques), *substitués à la place de* x *dans une équation numérique*, $X = 0$, *donnent deux résultats de signes contraires, ces deux nombres comprennent au moins une racine réelle de la proposée.*

Avant de démontrer cette proposition, nous ferons voir que, *si un nombre* a, *mis à la place de* x *dans un polynome* X, fonction entière de x (n° 250), mais dont les coefficiens sont numériques et réels, *a donné un certain résultat* A, *on pourra*, en remplaçant x par $a + u$, et prenant u suffisamment petit, *obtenir un nouveau résultat qui diffère du premier d'une quantité moindre que toute grandeur donnée.*

Soient en effet A, B, C, D, ... ce que deviennent les polynomes X, Y, $\frac{Z}{2}$, $\frac{V}{2.3}$, ... (n° 264) quand on y met a au lieu de x ; le polynome X deviendra, par la substitution de $a + u$,

$$A + Bu + Cu^2 + Du^3 + \ldots + u^m,$$

ou bien $$A + u(B + Cu + Du^2 + \ldots + u^{m-1}).$$

La quantité u (B + Cu + ...) est l'expression de la différence entre les résultats des substitutions de $a+u$ et de a ; et c'est cette différence qui doit être reconnue susceptible de devenir moindre que toute grandeur donnée, pour une valeur de u convenable.

Or, B, C, D..., étant des quantités finies de signes quelconques, considérons le cas le plus défavorable qui puisse se présenter, celui où elles seraient toutes de même signe et égales à K, la plus grande d'entre elles. L'expression u (B+Cu+...)

devient $$Ku\,(1+u+u^2+\ldots+u^{m-1}),$$

ou (n° 31) $\dfrac{Ku(1-u^m)}{1-u}$, quantité moindre que $\dfrac{Ku}{1-u}$, dans le cas de $u<1$,

Cela posé, si l'on veut, par exemple, que la différence soit moindre qu'une quantité donnée N, il n'y a qu'à poser

$$\frac{Ku}{1-u} = \text{ou} < N, \quad \text{ce qui donne} \quad u = \text{ou} < \frac{N}{N+K};$$

et toute valeur de u qui satisfera à cette dernière condition, satisfera nécessairement à l'inégalité

$$Ku\,(1+u+u^2+\ldots+u^{m-1})<N,$$

et à plus forte raison, à l'inégalité

$$u(B+Cu+Du^2+\ldots)<N. \qquad \text{C.Q.F.D.}$$

Nous pouvons actuellement démontrer le principe énoncé ci-dessus.

Les deux nombres p et q mis à la place de x dans l'équation $X=0$, donnant, par hypothèse, deux résultats *de signes contraires*, P_1 et Q_1, on peut concevoir que l'on fasse varier x par degrés insensibles depuis p jusqu'à q ; les résultats des substitutions successives varieront aussi par degrés insensibles, c'est-à-dire de manière à ne différer les uns des autres que de quantités aussi petites que l'on voudra (ce qu'on exprime en disant que le polynome X est soumis à *la loi de continuité* dans l'intervalle de P_1 à Q_1). Or, une quantité qui est constamment finie (*), ne peut passer du positif au négatif, ou réciproquement, qu'en passant par la valeur o. Donc, parmi les nombres compris entre p et q, il y en a nécessairement *au moins un* qui donne un résultat égal à o ; et ce nombre est alors une racine de l'équation $X = 0$.

304. SECOND PRINCIPE. — De ce que deux nombres substitués à la place de x dans une équation, donnent deux résultats de signes contraires, on est en droit de conclure qu'ils comprennent *au moins une racine réelle ;* mais on ne peut pas affirmer qu'ils n'en comprennent qu'une seule, et ils *peuvent en comprendre un nombre impair quelconque*. Ceci résulte d'une nouvelle proposition que nous allons démontrer, et qui consiste en ce que, *si deux nombres comprennent un nombre impair quelconque*, $2n + 1$, *de racines réelles, les résultats de leur substitution à la place de* x *sont de signes contraires ; et s'ils en comprennent un nombre pair quelconque* $2n$, *les résultats de leur substitution sont nécessairement de même signe.*

Pour mettre cette proposition dans tout son jour, désignons par $a, b, c\ldots.$ celles des racines de l'équation proposée $X = 0$, que l'on suppose comprises entre deux nombres donnés p et q, *de signes quelconques*, et par Y le produit des facteurs du premier degré en x, qui correspondent aux racines réelles non comprises, et aux racines imaginaires.

Le premier membre, X, de l'équation peut se mettre sous la forme

$$(x - a)(x - b)(x - c)\ldots \times Y.$$

(*) En général, une fonction de x peut passer de l'état positif à l'état négatif, soit en passant par l'*infini*, soit en passant par la valeur *zéro ;* mais ici, les coefficiens de la proposée étant des nombres finis, et x n'entrant pas en dénominateur, la valeur de X ne peut pas devenir *infinie*.

Substituons maintenant dans le produit précédent, p et q à la place de x ; nous obtenons les deux résultats

$$(p-a)(p-b)(p-c)\ldots\times Y',$$
$$(q-a)(q-b)(q-c)\ldots\times Y''.$$

Y' et Y'' désignant ce que devient Y lorsqu'on y remplace x par p et q, ces deux quantités Y' et Y'' *sont nécessairement de même signe;* puisque autrement, en vertu du premier principe, Y aurait encore au moins une racine réelle comprise entre p et q, ce qui serait contre l'hypothèse.

Cela posé, pour déterminer plus facilement les signes des deux résultats ci-dessus, divisons le premier par le second; il

vient $$\frac{(p-a)(p-b)(p-c)\ldots\ldots\times Y'}{(q-a)(q-b)(q-c)\ldots\ldots\times Y''},$$

ou bien $$\frac{p-a}{q-a}\times\frac{p-b}{q-b}\times\frac{p-c}{q-c}\times\ldots\times\frac{Y'}{Y''}.$$

Mais p et q comprenant les racines $a, b, c, d\ldots$, on a nécessairement $$p \gtrless a, b, c, d, \ldots,$$

et $$q \lessgtr a, b, c, d, \ldots;$$

d'où l'on déduit $$p-a,\ p-b,\ p-c,\ldots \gtrless 0,$$

et $$q-a,\ q-b,\ q-c,\ldots \gtrless 0;$$

donc, puisque $p-a$ et $q-a$ sont des signes contraires, de même que $p-b$ et $q-b$, $p-c$ et $q-c\ldots$, les quotiens partiels $\frac{p-a}{q-a}$, $\frac{p-b}{q-b}$, $\frac{p-c}{q-c}\ldots$ sont tous négatifs; d'ailleurs $\frac{Y'}{Y''}$ est essentiellement positif, puisque Y' et Y'' sont de même signe; ainsi, le produit $\frac{p-a}{q-a}\times\frac{p-b}{q-b}\times\frac{p-c}{q-c}\times\ldots\ldots\frac{Y'}{Y''}$, sera *négatif* si les racines comprises a, b, c,... sont en nombre impair, et *positif* si elles sont en nombre pair.

Donc enfin les deux résultats $(p-a)(p-b)(p-c)\ldots\times Y'$ et $(q-a)(q-b)(q-c)\ldots\times Y''$, seront de signes contraires ou de même signe, suivant que les racines comprises entre p et q seront en nombre *impair* ou en nombre *pair*.

Conséquence.— Il résulte nécessairement de cette proposition, que, si *deux nombres, substitués à la place de* x *dans une équation, donnent deux résultats de signes contraires, ils comprennent au moins une racine, mais ils peuvent aussi en comprendre* UN NOMBRE IMPAIR *quelconque; et s'ils donnent deux résultats de même signe, ou ils ne comprennent pas de racines, ou bien ils en comprennent* UN NOMBRE PAIR *quelconque.*

Limites des racines réelles des équations.

Les diverses méthodes inventées pour la résolution des équations numériques se réduisent, en dernière analyse, à substituer, dans l'équation, des nombres particuliers, qui en sont alors reconnus *racines*, comme la vérifiant, ou qui, du moins, sont jugés devoir comprendre une ou plusieurs racines. Mais en réfléchissant sur l'accroissement rapide (à mesure que x augmente) du premier terme par rapport aux autres, qui sont de degré moindre, on sent qu'il doit exister un nombre susceptible de rendre ce premier terme à lui seul supérieur à tous les autres réunis, c'est-à-dire à *leur somme arithmétique* (n° 62), et qui, par conséquent, substitué dans l'équation, donne nécessairement un résultat de même signe que ce premier terme (qu'on peut toujours regarder comme *positif*). Ce nombre est donc une limite au-delà de laquelle toute autre substitution deviendrait inutile, puisqu'on serait sûr d'obtenir des résultats constamment positifs, et jamais *nuls*. C'est donc par la détermination d'un pareil nombre, qu'il convient de faire précéder le développement des méthodes de résolution.

308. On appelle LIMITE SUPÉRIEURE des racines positives d'une

équation, *tout nombre qui surpasse la plus grande des racines positives de cette équation.*

Il résulte de cette définition, que la limite est susceptible d'une infinité de valeurs; car, dès qu'un nombre est reconnu supérieur à la plus grande racine positive, tout nombre plus grand jouit à plus forte raison de cette propriété; mais alors on doit se proposer de déterminer la limite la plus petite possible : or, on est certain d'avoir une limite dès que l'on a obtenu *un nombre qui, substitué à la place de* x, *rend le premier membre positif, et qui est tel en même temps, que tout autre nombre plus grand donnerait aussi un résultat positif.*

Occupons-nous donc de la détermination d'un nombre qui jouisse de cette double propriété.

306. Commençons, avant tout, par résoudre la question suivante : *On demande un nombre qui, substitué à la place de* x *dans une équation, rende le premier terme* x^m *plus grand, à lui seul, que la* SOMME ARITHMÉTIQUE *de tous les autres.*

Supposons, à cet effet, que tous les termes de l'équation soient négatifs, à partir du second, en sorte que l'on ait

$$x^m - Px^{m-1} - Qx^{m-2} - \ldots - Tx - U = 0;$$

il s'agit alors de trouver pour x un nombre qui rende

$$x^m > Px^{m-1} + Qx^{m-2} + \ldots + Tx + U \ldots \quad (1).$$

Or, si l'on désigne par K le plus grand de tous les coefficiens, et qu'on pose la nouvelle inégalité

$$x^m > Kx^{m-1} + Kx^{m-2} + \ldots + Kx + K \ldots \quad (2),$$

il est évident que tout nombre mis pour x, qui satisfera à celle-ci, satisfera, à plus forte raison, à la précédente.

Mettons d'ailleurs le facteur x^m en évidence dans l'inégalité (2); elle devient

$$x^m > x^m\left(\frac{K}{x} + \frac{K}{x^2} + \ldots + \frac{K}{x^{m-1}} + \frac{K}{x^m}\right) \ldots \quad (3);$$

et sous cette forme on voit que, quand un nombre substitué à la place de x aura satisfait à l'inégalité, tout autre nombre plus grand y satisfera encore, puisque la somme des quantités $\frac{K}{x}+\frac{K}{x^2}+\ldots$ devient d'autant plus petite que x est plus grand.

Cela posé, si l'on fait d'abord $x=K$ dans l'inégalité (3), le premier membre devient K^m, et le second membre..... $K^m\left(1+\frac{1}{K}+\frac{1}{K^2}+\ldots\right)$, quantité plus grande que K^m. Ainsi le nombre K ne satisfait pas à l'inégalité.

Essayant maintenant $K+1$, on trouve pour le premier membre, $(K+1)^m$.

Quant au second, pour en calculer plus facilement la valeur, nous remonterons à l'expression

$$Kx^{m-1}+Kx^{m-2}+\ldots+Kx+K,$$

ou

$$K(x^{m-1}+x^{m-2}+\ldots+x+1),$$

qui, d'après la propriété du n° **51**, ou d'après la formule du n° **193**, revient à

$$K.\frac{x^m-1}{x-1};$$

et nous y remplacerons x par $K+1$. Il vient, par cette substitution,

$$K.\frac{(K+1)^m-1}{K+1-1},\quad \text{ou réduisant,}\ldots\ (K+1)^m-1,$$

résultat évidemment plus petit que $(K+1)^m$; d'ailleurs, nous avons déjà reconnu que tout autre nombre plus grand satisferait, à plus forte raison, à l'inégalité (3).

Donc enfin $(K+1)$, ou *le plus grand coefficient* de l'équation, *augmenté de l'unité, et tout nombre supérieur à* $(K+1)$, jouissent de la propriété de rendre *le premier terme* x^m, à lui seul, *plus grand que la somme arithmétique de tous les autres,*

307. *Limite ordinaire des racines positives.* — Le nombre que l'on vient d'obtenir peut être considéré comme une première limite, puisque ce nombre, ou tout autre nombre plus grand, rendant le premier terme supérieur à la somme de tous les autres, les résultats des substitutions de ces nombres à la place de x doivent être constamment positifs; mais cette limite est ordinairement beaucoup trop grande, parce qu'en général, l'équation renferme plusieurs termes positifs. Cherchons donc une *limite plus rapprochée* de la plus grande racine.

Désignons par x^{m-n} la puissance de x, correspondant au premier terme négatif qui vient après le terme x^m, et considérons le cas qui est évidemment le plus favorable (mais il est plus facile à traiter), celui où tous les termes sont négatifs à partir de x^{m-n}, et affectés du plus grand des coefficiens négatifs qui entrent dans l'équation.

Soit S ce coefficient; tâchons d'abord de satisfaire à la condition

$$x^m > Sx^{m-n} + Sx^{m-n-1} + \ldots + Sx + S \ldots \quad (1),$$

ou, mettant le facteur x^m en évidence,

$$x^m > x^m\left(\frac{S}{x^n} + \frac{S}{x^{n+1}} + \frac{S}{x^{n+2}} + \ldots + \frac{S}{x^{m-1}} + \frac{S}{x^m}\right) \ldots \quad (2).$$

Cette autre forme prouve déjà que, quand on aura trouvé pour x un nombre qui satisfasse à l'inégalité, tout autre nombre plus grand y satisfera encore, puisque la quantité entre parenthèses devient d'autant plus petite que x est plus grand.

Or, si l'on pose d'abord $x^n = S$, ou $x = \sqrt[n]{S} = S'$, le premier membre de l'inégalité (2) devient S'^m, et le second.... $S'^m\left(1 + \frac{S'^n}{S'^{n+1}} + \frac{S'^n}{S'^{n+2}} + \ldots + \right)$, quantité évidemment plus grande que S'^m; donc S' ou $\sqrt[n]{S}$ ne satisfait pas à l'inégalité.

Faisant actuellement $x = S' + 1$ (ou $\sqrt[n]{S} + 1$), on obtient d'abord pour le premier membre.... $(S' + 1)^m$.

Quant au second, pour en calculer la valeur, il est plus simple de remonter à l'inégalité (1), dont le second membre revient (nº 31 ou nº 193), à

$$S.\frac{x^{m-n+1} - 1}{x - 1}.$$

On trouve pour cette expression, en remplaçant x par $S' + 1$,

$$S.\frac{(S' + 1)^{m-n+1} - 1}{S' + 1 - 1},$$

ou, mettant S'^n au lieu de S, et réduisant,

$$S'^{n-1}.[(S' + 1)^{m-n+1} - 1],$$

ou bien encore,

$$\left(\frac{S'}{S' + 1}\right)^{n-1}(S' + 1)^m - S'^{n-1}.$$

Or celle-ci est évidemment moindre que $(S' + 1)^m$; donc, $S' + 1$ ou $\sqrt[n]{S} + 1$, et tout autre nombre plus grand, jouissent de la propriété de rendre le premier terme plus grand, à lui seul, que la somme arithmétique des seuls termes qui soient négatifs dans l'équation, et par conséquent, de donner pour le premier membre, *des résultats constamment positifs.*

Donc enfin $\sqrt[n]{S} + 1$, ou *l'unité augmentée de la racine du plus grand coefficient négatif, racine d'un degré marqué par le nombre des termes qui précèdent le premier terme négatif, est une limite supérieure des racines positives de l'équation.*

Lorsque le premier terme négatif est le second terme de l'équation, il faut faire $n = 1$, et la limite devient $S + 1$, ou *le plus grand coefficient négatif augmenté de l'unité* : c'est la limite dont on se sert ordinairement.

Si les deux premiers termes sont positifs, ou que le second terme manque, on a $n=2$, et la limite est alors $\sqrt[2]{S}+1$.

Dans le cas de $n=3$, on a pour limite, $\sqrt[3]{S}+1$; et ainsi de suite.

Prenons pour exemple, les équations suivantes,

1°. $x^4-5x^3+37x^2-3x+39=0$, $S+1=5+1=6$;

2°. $x^5+7x^4-12x^3-49x^2+52x-13=0$, $\sqrt{S}+1=\sqrt{49}+1=8$;

3°. $x^4+11x^2-25x-67=0$, $\sqrt[3]{S}+1=\sqrt[3]{67}+1=6$;

4°. $3x^3-2x^2-11x+4=0$, $S+1=\frac{11}{3}+1=5$.

N. B.—Dans le dernier exemple, on a d'abord divisé l'équation par 3, avant d'établir la limite, parce qu'en cherchant la limite générale, on a supposé le coefficient du premier terme égal à l'unité.

De plus, il est d'usage d'exprimer cette limite en nombres entiers.

308. Souvent, au moyen d'une transformation exécutée sur l'équation, on obtient une limite plus petite que $\sqrt[n]{S}+1$.

Considérons, par exemple, la première des équations ci-dessus; elle peut être mise sous la forme

$$x^3(x-5)+37x\left(x-\frac{3}{37}\right)+39=0.$$

Or, il est visible qu'en y mettant pour x, 5 ou tout autre nombre plus grand, on obtiendrait un résultat constamment positif; donc 5 est une limite, tandis que l'on a trouvé 6 d'après la formule.

On a de même, pour la seconde équation,

$$x^2(x^3-49)+7x^3\left(x-\frac{12}{7}\right)+52\left(x-\frac{1}{4}\right)=0,$$

(en réunissant le premier et le quatrième terme, le second et le troisième, etc.); or, on voit que $x = \sqrt[3]{49}$, c'est-à-dire 4, ou tout autre nombre plus grand, donnerait un résultat positif.

L'artifice de cette méthode, qui ne peut s'appliquer qu'à certaines équations, consiste à *décomposer le premier membre en plusieurs parties composées chacune de deux facteurs dont le premier soit un monome positif, et l'autre un binome en* x *dont le second terme soit numérique et négatif, puis à déterminer* x *de manière que tous les facteurs entre parenthèses soient positifs.*

Elle est rarement applicable à des équations renfermant plusieurs termes consécutifs affectés du signe —.

Par exemple, on ne peut l'appliquer à une équation telle que

$$x^5 - 5x^4 - 13x^3 + 17x^2 - 69 = 0.$$

Toutefois, comme le premier membre de cette équation peut se mettre sous la forme

$$x^5 - 5x^4 - 13x^3 + 17\left(x^2 - \frac{69}{17}\right),$$

on reconnaît aisément que $13 + 1$ ou 14 serait une limite supérieure.

309. *Méthode de Newton pour déterminer la limite supérieure, la plus petite possible* (en nombres entiers).

Soit $X = 0$ l'équation proposée; si l'on fait dans cette équation, $x = x' + u$, x' étant une indéterminée, on obtient (n° **262**) la transformée $X' + Y'u + \frac{Z'}{2}u^2 + \ldots + u^m = 0$, dont les coefficiens s'obtiennent d'après une loi connue.

Cela posé, concevons que, par des essais successifs, on soit parvenu à déterminer pour x' un nombre qui, substitué dans X', Y', $\frac{Z'}{2} \ldots$, rende tous ces coefficiens positifs à la fois; je dis que ce nombre est *supérieur à la plus grande racine positive de l'équation* $X=0$.

En effet, les coefficiens de la transformée étant tous positifs, aucun nombre absolu ne peut vérifier cette équation; ainsi les valeurs réelles de u doivent être *toutes négatives;* mais de l'équation $x=x'+u$, on tire $u=x-x'$; et pour que les valeurs de u qui correspondent à chaque valeur de x et à la valeur de x' (déjà déterminée), soient négatives, il faut absolument que la plus grande valeur positive de x soit moindre que la valeur de x'; *ce qu'il fallait démontrer.*

Voici d'ailleurs la manière d'appliquer la méthode :

Soit l'équation $x^4-5x^3-6x^2-19x+7=0$.

Comme x' est un caractère indéterminé, on peut conserver la lettre x dans la formation des polynomes dérivés; et l'on a

$$X = x^4 - 5x^3 - 6x^2 - 19x + 7,$$
$$Y = 4x^3 - 15x^2 - 12x - 19,$$
$$\frac{Z}{2} = 6x^2 - 15x - 6,$$
$$\frac{V}{2.3} = 4x - 5.$$

La question est, comme on vient de le voir, ramenée à trouver pour x un nombre entier (le plus petit possible) qui rende tous ces polynomes positifs.

Commençons par le polynome du premier degré; il est visible que 2, ou tout autre nombre >2, le rend positif.

2, substitué dans le polynome du second degré, donne un résultat négatif; mais 3, ou tout nombre >3, donne un résultat positif.

3 et 4, substitués dans le polynome du troisième degré, donnent un résultat négatif; mais 5 donne un résultat positif, et il en serait de même de tout autre nombre plus grand.

Enfin 5, substitué dans X, donne un résultat négatif; et il en est de même de 6; car les trois premiers termes........ $x^4-5x^3-6x^2$, reviennent à $x^3(x-5)-6x^2$, expression qui se réduit à o dès que l'on fait $x=6$; mais $x=7$ donne évidemment un résultat positif.

Donc 7 *est une limite supérieure des racines positives de la proposée;* c'est d'ailleurs, en nombres entiers, la limite la plus petite, puisqu'on vient de reconnaître que 6 donnait un résultat négatif, d'où il suit (n° 303) qu'il y a au moins une racine comprise entre 6 et 7.

En général, on obtiendra par cette méthode *la limite la plus petite* en nombres entiers, toutes les fois que l'on aura reconnu qu'un certain nombre entier K et *tout nombre plus grand,* rendant *positifs* tous les polynomes dérivés, mais *négatif* le polynome proposé, $K+1$ rend celui-ci *positif.* La limite la plus petite est alors $K+1$.

C'est ainsi qu'on trouvera que 6 et 7 sont les limites respectives des équations

$$x^5-3x^4-8x^3-25x^2+4x-39=0,$$
$$x^5-5x^4-13x^3+17x^2-69=0.$$

N. B.—On conçoit que cette méthode (qui n'est d'ailleurs employée que dans la recherche des racines *incommensurables*) peut donner même une quantité moindre que l'unité pour limite supérieure; puisque, d'après la nature de cette méthode, il suffit de trouver pour x un nombre qui rende *positifs* le polynome proposé et ses dérivés. (Nous en verrons un exemple au n° 342.(

310. Il nous reste maintenant à déterminer *la limite supérieure* des racines négatives, et *les limites inférieures* des racines, soit positives, soit négatives.

Dorénavant, nous désignerons par la lettre L la limite supérieure des racines positives d'une équation, de quelque manière qu'on l'ait obtenue.

1°.—Si, dans l'équation $X=0$, on fait $x=-y$, ce qui donne la transformée $Y=0$, il est clair que les racines positives de cette nouvelle équation, étant prises avec le signe —, donneront les racines négatives de la proposée; donc, en déterminant par les moyens connus, la limite supérieure L' des racines positives de la transformée, on aura $-L'$ pour *la limite supérieure* (numériquement) *des racines négatives de la proposée.*

2°. — Si, dans l'équation $X=0$, on fait $x=\frac{1}{y}$, il en résulte une transformée $Y=0$, dont les coefficiens sont ceux de la proposée écrits dans un ordre inverse. Or, il suit de la relation $x=\frac{1}{y}$, qu'aux plus grandes valeurs positives de y correspondent les plus petites de x; donc, en désignant par l la limite supérieure des racines positives de la transformée, on aura $\frac{1}{l}$ pour *la limite inférieure des racines positives de la proposée.*

3°. — Enfin si, dans la proposée, on remplace x par $-\frac{1}{y}$, et qu'on cherche la limite supérieure l' des racines positives de la transformée $Y=0$, $-\frac{1}{l'}$ sera *la limite inférieure* (numériquement) *des racines négatives de la proposée.*

311. *N. B.* — Nous terminerons par deux remarques fort utiles dans la recherche de ces limites.

Premièrement, *toute équation qui n'a que des permanences de signe*, c'est-à-dire *dont tous les termes sont positifs, ne peut avoir pour* racines réelles *que des nombres négatifs*; car tout nombre positif, mis à la place de x, rendrait le premier membre essentiellement positif. Ainsi, dans ce cas, ZÉRO est la limite supérieure des racines positives.

En second lieu, *toute équation complète*, dont les termes sont alternativement positifs et négatifs, c'est-à-dire qui n'a que des *variations de signe*, ne peut avoir pour racines réelles *que des nombres positifs*; car il est évident que tout nombre négatif, mis à la place de x dans la proposée, rend tous les termes positifs si l'équation est de degré pair, et tous les termes négatifs si l'équation est de degré impair; ainsi la somme des termes ne peut devenir *nulle*.

Donc, dans ce cas, il est inutile de rechercher les limites *négatives*.

Il en est de même de *toute équation incomplète, telle que, si l'on change* x *en* — y, *il en résulte une transformée qui n'a que des permanences*.

Conséquences déduites des principes précédens.

Le principe fondamental de la résolution des équations numériques, et ceux que nous venons d'établir sur les limites, ont conduit les géomètres à des conséquences très importantes.

512. Première conséquence. — *Toute équation de degré impair*, dont les coefficiens sont réels, *a au moins une racine réelle de signe contraire à son dernier terme*.

En effet, soit $x^m + Px^{m-1} + \ldots + Tx \pm U = 0$, l'équation proposée ; et considérons d'abord le cas où le dernier terme est *négatif*.

Si l'on fait $x = 0$ dans l'équation, le premier membre se réduit à $-U$. D'un autre côté, substituons à la place de x, $(K+1)$, ou (n° 306) le plus grand coefficient de l'équation augmenté de l'unité; comme, par cette substitution, le premier terme x^m est à lui seul plus grand que la somme arithmétique de tous les autres termes, il s'ensuit que le résultat de la substitution est *positif*; donc, en vertu du principe (n° 303), *il y a au moins une racine comprise entre* 0 *et* $(K+1)$, laquelle racine est positive, et par conséquent *de signe contraire* au dernier terme.

Supposons actuellement le dernier terme *positif*.

En faisant toujours $x = 0$, on trouve pour résultat $+U$; mais en mettant pour x, $-(K+1)$, on obtiendra un résultat *nécessairement négatif*, puisque le premier terme x^m, qui devient négatif par cette substitution, donne son signe à toute l'expression ; donc l'équation *a au moins une racine comprise entre* o *et* —(K+1), c'est-à-dire négative ou *de signe contraire* au dernier terme.

SECONDE CONSÉQUENCE. — *Toute équation de degré pair*, à coefficiens réels, *dont le dernier terme est négatif, a au moins deux racines réelles, l'une positive et l'autre négative.*

En effet, soit —U son dernier terme; en faisant $x=0$, on trouve pour résultat —U. Substituons successivement (K+1) et —(K+1), K étant toujours (n° 306) le plus grand coefficient de l'équation; comme m est pair, le premier terme x^m restera positif; d'ailleurs il devient plus grand, par ces substitutions, que la somme de tous les autres; donc les résultats des deux substitutions sont l'un et l'autre *positifs*, ou de signe contraire à celui que donne l'hypothèse $x=0$. Ainsi l'équation *a au moins deux racines réelles*, l'une comprise entre o et (K+1), ou *positive* et l'autre comprise entre o et —(K+1), ou *négative*.

N. B. — On ne peut rien conclure pour toute équation de degré pair dont le dernier terme est positif; et même il est aisé de former des équations qui n'aient que des racines imaginaires : il suffit, pour cela, de multiplier entre eux plusieurs trinomes du second degré qui, égalés séparément à o, ne donneraient que des racines imaginaires; il est clair que l'équation ainsi formée *n'aurait elle-même que des racines imaginaires*.

En rapprochant les deux conséquences précédentes de la proposition (n° 236), que *toute équation a au moins une racine*, on voit que cette proposition hypothétique se trouve maintenant démontrée pour la plupart des équations; d'ailleurs, les démonstrations des conséquences ci-dessus sont fondées sur le principe du numéro 303 et sur celui du numéro 306, qui sont tout-à-fait indépendans de la théorie établie dans le septième chapitre.

315. TROISIÈME CONSÉQUENCE. — *Si une équation*, dont les coefficiens sont réels, *a des racines imaginaires, ces racines ne peuvent être qu'en nombre pair.*

En effet, concevons que l'on ait divisé le premier membre de la proposée par tous les facteurs simples qui correspondent aux racines réelles ; le *polynome quotient* que l'on obtiendra, aura ses coefficiens réels (d'après la loi de formation n° 238) ; de plus, *il doit être de degré pair;* car, s'il était de degré impair, on l'égalerait à zéro, et l'équation résultante aurait encore (n° 312) au moins une racine réelle, ce qui serait contre la nature de cette équation.

Remarque. — Le polynome quotient dont nous venons de parler, jouit d'ailleurs d'une propriété *caractéristique*, c'est-à-dire appartenant exclusivement aux équations qui n'ont que des racines imaginaires ; c'est *de rester constamment positif, quelque valeur réelle que l'on y mette à la place de* x.

En effet, s'il pouvait devenir négatif, comme on obtiendrait aussi un résultat positif en substituant pour x, $(K+1)$, o le plus grand coefficient augmenté de l'unité, il s'ensuivrait que ce polynome égalé à zéro aurait au moins une racine réelle comprise entre $(K+1)$ et le nombre qui aurait donné un résultat négatif.

Il suit encore de là que le dernier terme de ce polynome doit être *positif*, puisque autrement $x=0$ donnerait un résultat négatif.

Nous démontrerons, dans le neuvième chapitre, que non-seulement les racines imaginaires sont en nombre pair dans toute équation, mais encore *qu'elles s'y trouvent par couples, et qu'elles sont de la forme* $a \pm b\sqrt{-1}$, *c'est-à-dire de même forme que les racines imaginaires des équations du second degré.*

314. QUATRIÈME CONSÉQUENCE. — Toutes les fois que le dernier terme d'une équation est POSITIF, *le nombre des racines réelles positives de l'équation est* PAIR; *et toutes les fois qu'il est négatif, le nombre des racines réelles positives est* IMPAIR.

En effet, supposons d'abord que le dernier terme soit $+U$, ou *positif*. Comme, en faisant $x=0$, on a pour résultat $+U$, et qu'en faisant $x=K+1$, on a aussi un résultat positif, il s'ensuit que o et (K + 1) donnent deux résultats de même signe, et par conséquent (n° 304) que le nombre des racines réelles qu'ils comprennent, est *nul* ou *un nombre pair quelconque.*

Si, au contraire, le dernier terme est — U, alors o et (K + 1) donnent deux résultats de signes contraires, et comprennent par conséquent *une seule racine* ou *un nombre impair quelconque* de racines réelles.

La réciproque de cette proposition est évidente.

RÈGLE DES SIGNES DE DESCARTES.

315. La règle suivante fait connaître le plus grand nombre de racines *positives* et le plus grand nombre de racines *négatives* qu'une équation numérique puisse renfermer.

Une équation d'un degré quelconque ne peut avoir plus de racines POSITIVES *que de* VARIATIONS *de signe, ni un nombre de racines* NÉGATIVES *plus grand que celui des* PERMANENCES.

Pour démontrer la première partie de la proposition, nous ferons voir d'abord que la multiplication du premier membre d'une équation par un facteur $x - a$ correspondant à une racine *positive,* introduit AU MOINS UNE VARIATION de plus.

Soit en effet l'équation

$$Mx^m + \ldots - Nx^n - \ldots + Px^p \ldots - - \ldots + + \ldots \pm Tx^t \pm \ldots = o,$$

dont nous supposerons, pour la plus grande généralité possible, le premier membre composé d'une première série de termes positifs commençant par Mx^m, puis d'une série de termes négatifs commençant par $- Nx^n$, puis encore d'une série de termes positifs commençant par $+ Px^p$, et ainsi de suite, jusqu'à une dernière série de termes de même signe, commençant par $\pm Tx^t$, et qui seront *tous positifs*, ou *tous négatifs*, suivant que ces séries alternatives de termes positifs et de termes négatifs seront en nombre *impair* ou en nombre *pair;* chacune d'elles pouvant se réduire à un seul terme.

Cela posé, multiplions le premier membre de l'équation par $x-a$; nous obtiendrons deux produits partiels dont le premier aura ses termes affectés des *mêmes signes* que le multiplicande, et dont le second aura ses termes affectés de signes contraires à ceux du multiplicande, et avancés d'un rang vers la droite. On pourra donc, en ne tenant compte que des signes qu'il est utile de considérer, écrire les deux produits partiels et le produit total, de la manière suivante :

$$
\begin{array}{l}
+ Mx^m + \ldots - Nx^n - \ldots + Px^p + \ldots - - \ldots + + \ldots \pm Tx^t \pm \ldots \\
\quad x - a \\
\hline
+ Mx^{m+1} + \ldots - Nx^{n+1} - \ldots + Px^{p+1} + \ldots - \ldots + \ldots\ldots \pm Tx^{t+1} \ldots \\
\qquad\qquad - \ldots - \ldots \qquad + \ldots + \qquad - \ldots - \ldots + \ldots\ldots \pm \ldots\ldots \mp \\
\hline
+ \ldots\ldots\ldots\ldots - \ldots\ldots\ldots\ldots + \ldots\ldots\ldots\ldots - \ldots + \ldots\ldots \pm \ldots\ldots \mp
\end{array}
$$

Or, on voit tout de suite, à l'inspection de ce produit total, que son premier terme est positif comme celui du multiplicande; qu'au premier terme négatif $-Nx^n$ du multiplicande correspond un terme négatif du produit total, quels que soient d'ailleurs les signes intermédiaires ; que de même, au terme $+Px^p$ du multiplicande, correspond un terme positif du produit total, et ainsi de suite, jusqu'au terme $\pm Tx^t$ du multiplicande, qui est le premier de la dernière série, et auquel correspond également un terme du produit total, affecté du même signe que lui.

D'où l'on voit qu'à chaque variation de signe du multiplicande correspond *au moins* une variation du produit total. Mais celui-ci est terminé par un terme affecté du signe $\mp$, qui amène nécessairement *au moins* une variation qui ne se trouve pas dans le multiplicande. Donc, *l'introduction d'une racine positive dans une équation fait naître* AU MOINS *une variation de plus.* C.Q.F.D.

Maintenant, puisque chaque racine positive, introduite dans une équation, donne lieu à une variation de plus, il s'ensuit nécessairement qu'*une équation ne saurait avoir plus de ra-*

cines positives que de variations de signe ; ce qui constitue la première partie de la proposition.

Quant à la seconde partie, il suffit d'observer que, si l'on change x en $-x$ dans une équation, ce qui revient (n° **310**) à changer les racines positives en racines négatives et réciproquement, les variations de signe de l'équation deviendront des permanences et réciproquement. Or, en vertu de ce qui vient d'être dit, la transformée ne peut pas avoir *plus de racines positives* que de *variations* de signe ; donc la proposée elle-même ne peut pas avoir *plus de racines négatives* que de *permanences*.

N. B.—Le moyen de démonstration que nous venons d'exposer est dû à M. Gauss qui a, en outre, fait plusieurs remarques relatives au cas où l'équation est incomplète (*).

Nous nous bornerons à faire observer, d'après lui, que la première partie de la proposition est toujours vraie, quelle que soit l'équation, c'est-à-dire qu'elle soit *complète* ou *incomplète ;* mais la seconde exige, pour être exacte, ou que l'équation soit complète, ou, si elle est incomplète, qu'on ait rétabli les termes qui manquent, en affectant les puissances de x correspondantes, du coefficient $\pm$ o.

Soit, par exemple, l'équation du quatrième degré

$$x^4 - 5x^2 + 8x - 6 = 0,$$

qui, ayant son dernier terme négatif, a au moins (n° **312**) deux racines réelles, l'une *positive*, l'autre *négative*. Comme il n'existe que des variations de signe dans cette équation, il semblerait qu'elle ne peut avoir *aucune* racine négative. Mais si l'on rétablit le terme en x^3, il vient

$$x^4 \pm 0.x^3 - 5x^2 + 8x - 6 = 0,$$

équation qui présente une permanence, soit qu'on prenne le

(*) *Voyez* le Journal de Crelle, tome III, page 1, et le Bulletin de M. de Férussac, tome IX, page 353.

coefficient o avec le signe $+$, soit qu'on le prenne avec le signe $-$.

Voici, au reste, un énoncé qui comprend évidemment tous les cas : *dans toute équation, complète ou incomplète, le nombre des racines positives est au plus égal au nombre des variations de signe qu'elle présente ; et le nombre des racines négatives est au plus égal au nombre des variations de signe que présente la transformée qui résulte de la substitution de* $-$ x *à la place de* x *dans l'équation proposée.*

316. Conséquence. — Toutes les fois qu'une équation n'a que des racines réelles et qu'elle est complète, *le nombre des racines positives est égal au nombre total des variations, et le nombre des racines négatives, au nombre total des permanences.*

En effet, soient m le degré de l'équation, n le nombre des variations de signe qu'elle présente, p le nombre des permanences ; on a nécessairement $m = n + p$. Soient d'ailleurs n' le nombre des racines positives, et p' le nombre des racines négatives ; on a encore $m = n' + p'$; d'où l'on déduit

$$n + p = n' + p'.$$

Or, on vient de voir que n' ne peut être $> n$, et p' ne peut être $> p$; donc il faut que l'on ait $n' = n$, et $p' = p$.

317. *Remarque.* — Lorsqu'une équation manque de quelques termes, on peut souvent, au moyen de la règle précédente, reconnaître la présence de racines imaginaires.

Soit, par exemple, l'équation

$$x^3 + px + q = 0,$$

p et q étant essentiellement positifs ; rétablissons le terme qui manque, en l'affectant du coefficient ± 0 ; il vient

$$x^3 \pm 0x^2 + px + q = 0.$$

En n'ayant égard qu'au signe supérieur, on ne voit que des permanences, tandis que le signe inférieur donne deux variations. Cela prouve que l'équation a des racines imaginaires; car, si ses racines étaient toutes trois réelles, il faudrait, en vertu du signe supérieur, qu'elles fussent toutes trois négatives, et, en vertu du signe inférieur, qu'il y en eût deux positives et une négative, *résultats contradictoires*.

On ne peut rien conclure si l'équation est de la forme

$$x^3 - px + q = 0;$$

car, rétablissons le terme $\pm 0.x^2$; il vient

$$x^3 \pm 0.x^2 - px + q = 0,$$

équation qui présente une permanence et deux variations, soit que l'on prenne le signe supérieur, soit que l'on prenne le signe inférieur. Ainsi, cette équation peut avoir ses trois racines réelles, savoir, deux positives et une négative; ou bien elle a deux racines imaginaires et une négative, puisque son dernier terme est positif (n° 314).

Passons actuellement à l'exposition des diverses méthodes de résolution des équations numériques.

§ II. — *Recherche des Racines commensurables des équations numériques.*

318. Les racines réelles commensurables doivent être l'objet des premières recherches. Ces racines peuvent être *entières* ou *fractionnaires*.

Observons d'abord que *toute équation dont le premier terme a pour coefficient l'unité, et dont tous les autres coefficiens sont des nombres entiers, ne peut avoir pour racines commensurables que des nombres entiers*.

En effet, soit l'équation

$$x^m + Px^{m-1} + Qx^{m-2} + \ldots + Tx + U = 0,$$

dans laquelle P, Q....T, U, sont des nombres entiers; et supposons qu'elle puisse avoir pour racine un nombre fractionnaire commensurable tel que $\frac{a}{b}$; il vient, par la substitution,

$$\frac{a^m}{b^m} + P\frac{a^{m-1}}{b^{m-1}} + Q\frac{a^{m-2}}{b^{m-2}} + \ldots + T\frac{a}{b} + U = 0;$$

d'où, multipliant toute l'équation par b^{m-1} et transposant,

$$\frac{a^m}{b} = -Pa^{m-1} - Qa^{m-2}b - \ldots - Tab^{m-2} - Ub^{m-1}.$$

Or, le second membre de cette égalité se compose d'une suite de nombres entiers, tandis que le premier membre est essentiellement fractionnaire : car a et b pouvant toujours être supposés premiers entre eux, il en est de même (*Arith.*, n° **150**, 15ᵉ *édition*) de a^m et b; donc cette égalité ne saurait exister. Donc, il est impossible qu'aucun nombre fractionnaire commensurable satisfasse à l'équation.

Cela posé, on a vu (n° **265**) comment étant donnée une équation dont les coefficiens sont rationnels, mais fractionnaires, on peut la transformer en une autre dont les coefficiens soient entiers, son premier terme conservant d'ailleurs l'unité pour coefficient. Ainsi, dès que l'on aura établi une méthode pour trouver les racines entières d'une équation à *coefficiens entiers, le premier terme ayant d'ailleurs l'unité pour coefficient*, il sera ensuite facile d'obtenir les racines commensurables (entières ou fractionnaires) de toute équation à coefficiens quelconques, mais *rationnels*.

319. A cet effet, reprenons l'équation générale

$$x^m + Px^{m-1} + \ldots + Rx^3 + Sx^2 + Tx + U = 0;$$

P, Q, ... R, S, T, U, étant des nombres entiers.

(Pour l'exposition de la méthode, il faut nécessairement écrire les quatre ou cinq derniers termes.)

Désignons par a un nombre entier, positif ou négatif, qui

doit vérifier l'équation; et cherchons à quelles conditions il doit satisfaire pour en être *racine*.

Si a est racine, on doit avoir l'égalité

$$a^m + Pa^{m-1} + \ldots + Ra^3 + Sa^2 + Ta + U = 0 \ldots \quad (1);$$

donc, si l'on remplaçait a par tous les nombres entiers positifs et négatifs compris entre les limites $+L$ et $-L'$ (nº 310) des racines positives et négatives, ceux qui vérifieraient l'égalité ci-dessus seraient reconnus *racines*. Mais on conçoit combien ces essais seraient longs et pénibles; on a donc cherché à déduire de l'égalité (1), qui est *une condition nécessaire et suffisante*, d'autres conditions équivalentes et plus simples à vérifier.

Transposons tous les termes, excepté le dernier, et divisons par a; l'égalité (1) se trouvera mise sous la forme

$$\frac{U}{a} = -a^{m-1} - Pa^{m-2} - \ldots - Ra^2 - Sa - T \ldots \quad (2);$$

or le second membre de cette nouvelle égalité est un nombre entier; donc il faut que $\frac{U}{a}$ soit un nombre entier. Ainsi, déjà *les racines entières de l'équation sont comprises parmi les diviseurs du dernier terme.*

Transposons actuellement, dans l'égalité (2), le terme $-T$, et divisons par a; en posant, pour plus de simplicité,

$$\frac{U}{a} + T = T', \quad \text{il vient}$$

$$\frac{T'}{a} = -a^{m-2} - Pa^{m-3} \ldots - Ra - S \ldots \quad (3);$$

le second membre de l'égalité (3) est un nombre entier; donc il faut que $\frac{T'}{a}$, ou *le quotient de la division de* $\frac{U}{a} + T$, *par* a, *soit un nombre entier.*

Transposons de nouveau le terme $-S$, et divisons par a;

en posant .... $\frac{T'}{a} + S = S'$,

il vient... $\frac{S'}{a} = -a^{m-3} - Pa^{m-4} - \ldots - R \ldots$ (4);

le second membre de cette égalité est un nombre entier; donc il faut que $\frac{S'}{a}$, ou *le quotient de la division de* $\frac{T'}{a} + S$, *par* a, *soit un nombre entier.*

En continuant ainsi de transposer dans le premier membre, tous les termes du second, on parviendra, après la $(m-1)^{ième}$ transformation, à une égalité de la forme $\frac{Q'}{a} = -a - P$.

Transposant enfin le terme $-P$, divisant par a, ...

et posant .... $\frac{Q'}{a} + P = P'$,

on trouve $\frac{P'}{a} = -1$, ou $\frac{P'}{a} + 1 = 0$.

Cette égalité, qui n'est d'ailleurs qu'une transformée de l'égalité (1), est *la dernière condition à laquelle il faut et il suffit* que le nombre entier a satisfasse pour être reconnu racine.

En rapprochant les conditions précédentes, on peut conclure que pour qu'un nombre entier a, positif ou négatif, soit racine de l'équation proposée, il faut

Que *le quotient du dernier terme divisé par* a *soit entier;*

Qu'en ajoutant à ce quotient le coefficient de x^1 (pris avec son signe), *le quotient de cette somme divisée par* a *soit entier;*

Qu'en ajoutant à ce nouveau quotient le coefficient de x^2, *le quotient de cette nouvelle somme divisée par* a *soit entier;* et ainsi de suite;

Qu'enfin, si l'on ajoute le coefficient du second terme de l'équation, ou de x^{m-1}, au quotient précédent, *le quotient de la nouvelle somme divisée par* a *soit entier et égal à* -1; ou bien encore, *que le résultat de l'addition de l'unité ou du coefficient de* x^m *au quotient précédent soit égal à* 0.

Tout nombre qui satisfera à ces épreuves réunies sera racine; et ceux qui n'y satisferont pas devront être rejetés.

320. Afin de déterminer à la fois toutes les racines entières d'une équation, voici la marche qu'il convient de suivre :

Après avoir déterminé tous les diviseurs du dernier terme (Arith., n° **144**, 15ᵉ édit.), *on écrit sur une même ligne horizontale, et tant avec le signe + qu'avec le signe —, les diviseurs compris entre les limites* $+L$ *et* $-L'$, *puis, au-dessous de ces diviseurs, les quotiens du dernier terme divisé par chacun d'eux.*

On ajoute ensuite à chacun des quotiens le coefficient de x^1, ce qui donne *des sommes que l'on place au-dessous des quotiens qui leur correspondent*, puis *on divise ces nouvelles sommes par chacun des diviseurs*, ce qui donne *des quotiens que l'on écrit au-dessous des sommes correspondantes* (on a le soin de rejeter les quotiens fractionnaires et les diviseurs qui ont donné ces quotiens); et ainsi de suite.

Observons en outre que, si quelques termes manquent dans l'équation particulière proposée, il faut en tenir compte, en regardant chacun de leurs coefficiens comme égal à o.

Enfin, il est inutile d'appliquer la méthode aux diviseurs $+1$ et -1, parce que leur substitution dans l'équation réduit le premier membre à la série des coefficiens; et il est facile de s'assurer directement si ces deux nombres satisfont ou ne satisfont pas à l'équation.

Soit, pour premier exemple, l'équation

$$x^4 - x^3 - 13x^2 + 16x - 48 = 0.$$

La limite supérieure des racines positives de cette équation est $13 + 1$ ou 14. [On ne considère pas ici le coefficient 48, parce que les deux derniers termes revenant à $16(x-3)$, dès que l'on fait $x > 3$, cette partie est essentiellement positive.]

On trouverait d'ailleurs (n° **310**) pour la limite supérieure des racines négatives, $-(1+\sqrt{48})$, ou -8.

Cela posé, les diviseurs de 48 moindres que 14, sont 1, 2, 3, 4, 6, 8, 12; d'ailleurs aucun des deux nombres $+1$, -1, ne satisfait à l'équation, car le coefficient — 48 est à lui seul numériquement plus grand que tous les autres réunis; ainsi, l'on ne doit soumettre aux épreuves que les *diviseurs positifs* compris depuis 2 jusqu'à 12, et les *diviseurs négatifs* compris depuis — 2 jusqu'à — 6.

Voici le tableau des calculs, d'après la marche indiquée :

12,	8,	6,	4,	3,	2,	— 2,	— 3,	— 4,	— 6
— 4,	— 6,	— 8,	— 12,	— 16,	— 24,	+ 24,	+ 16,	+ 12,	+ 8
+ 12,	+ 10,	+ 8,	+ 4,	0,	— 8,	+ 40,	+ 32,	+ 28,	+ 24
+ 1,	»,	»,	+ 1,	0,	— 4,	— 20,	»,	— 7,	— 4
— 12,	»,	»,	— 12,	— 13,	— 17,	— 33,	»,	— 20,	— 17
— 1,	»,	»,	— 3,	»,	»,	»,	»,	+ 5,	»
— 2,	»,	»,	— 4,	»,	»,	»,	»,	+ 4,	»
»,	»,	»,	— 1,	»,	»,	»,	»,	— 1,	»

La *première* ligne est celle des diviseurs; la *seconde*, celle des quotiens de la division du dernier terme, — 48, par chacun des diviseurs.

La *troisième* est la ligne des quotiens que l'on vient d'obtenir, augmentés du coefficient + 16 de la proposée, et la *quatrième* celle des quotiens de ces sommes divisées par chacun des diviseurs; cette seconde condition exclut d'abord les diviseurs + 8, + 6, et — 3.

La *cinquième* est la ligne des quotiens précédens augmentés du coefficient — 13 de la proposée, et la *sixième* celle des quotiens des nouvelles sommes par chacun des diviseurs; cette troisième condition exclut les nouveaux diviseurs 3, 2, — 2, et — 6.

Enfin, la *septième* est la ligne des troisièmes quotiens, augmentés du coefficient — 1 de la proposée, et la *huitième* celle des quotiens des dernières sommes par chacun des diviseurs. Il n'y a que les diviseurs + 4 et — 4 qui donnent — 1; donc + 4 et — 4 sont les seules racines entières de la proposée.

En effet, si l'on divise $x^4 - x^3 - 13x^2 + 16x - 48$, par le produit $(x-4)(x+4)$, ou x^2-16, il vient pour quotient, x^2-x+3, polynome qui égalé à zéro, donne

$$x=\frac{1}{2}\pm\frac{1}{2}\sqrt{-11};$$

ainsi les quatre racines sont $4, -4$, et $\frac{1}{2}\pm\frac{1}{2}\sqrt{-11}$.

321. *Remarque.* — Comme, dans les applications de la méthode, on peut commettre quelques erreurs d'addition ou de division, et laisser ainsi échapper quelques racines, il est convenable, après avoir divisé le premier membre de la proposée par chacun des facteurs du premier degré, correspondant aux racines déjà obtenues, il est convenable, dis-je, d'*appliquer de nouveau la méthode à l'équation résultante*, qui est d'un degré plus simple, et dont les coefficiens sont aussi généralement plus simples que ceux de la proposée.

Il y a même une circonstance où cette équation résultante peut encore admettre des racines commensurables, sans que l'on ait commis aucune erreur : c'est lorsque la proposée renferme des racines égales commensurables. Comme la méthode des racines égales est plus compliquée que celles des racines commensurables, il faut toujours, une équation numérique étant donnée, commencer par la soumettre à la méthode des racines commensurables. Or, celle-ci suffit bien pour obtenir les racines différentes; mais elle n'indique pas si une même racine n'entre qu'une fois ou se trouve plusieurs fois dans la proposée. On peut s'en assurer de deux manières : *ou bien* en soumettant de nouveau à la méthode l'équation qui résulte de la suppression des racines déjà mises en évidence; *ou bien*, en essayant la division du premiér membre de cette équation, par les facteurs du premier degré qui correspondent aux racines trouvées.

Soit, par exemple, l'équation

$$x^5-13x^4+67x^3-171x^2+216x-108=0.$$

La limite supérieure des racines positives de cette équation est 13, d'après la décomposition (n° 308); d'ailleurs, elle n'a pas de racines négatives, puisque l'équation ne présente que des variations de signe (n° 311).

Les diviseurs de 108, au-dessous de 13, sont

$$1,\ 2,\ 3,\ 4,\ 6,\ 9,\ 12;$$

d'ailleurs, $+1$ ne satisfait pas à l'équation, car on trouve -8 pour résultat de la substitution de $+1$; ainsi 2, 3, 4, 6, 9, 12, sont les seuls nombres à soumettre aux épreuves.

On reconnaît par l'application de la méthode, que 3 et 2 sont racines de la proposée.

Effectuant la division du premier membre de cette équation par $(x-3)(x-2)$, ou x^2-5x+6, on trouve pour quotient,

$$x^3 - 8x^2 + 21x - 18 = 0,$$

qui, soumise elle-même à la méthode, se trouve avoir encore $+3$ et $+2$ pour racines.

Divisant cette dernière équation par x^2-5x+6, on obtient $x-3=0$, d'où $x=3$; ainsi la proposée peut se mettre sous la forme $(x-3)^3(x-2)^2=0$.

322. *Règle d'exclusion.* — Lorsque le nombre des diviseurs du dernier terme, qui se trouvent compris entre les deux limites $+L$ et $-L'$, est très grand, on peut restreindre le nombre des essais par une règle d'un usage facile.

Soit l'équation $x^m + Px^{m-1} + Qx^{m-2} + \ldots + Tx + U = 0$,

dans laquelle nous supposons toujours que les coefficiens soient entiers.

On sait que, a étant racine de cette équation, son premier membre est divisible par $x-a$; ainsi l'on a l'identité

$$x^m+Px^{m-1}+\ldots+Tx+U=(x-a)(x^{m-1}+P'x^{m-2}+\ldots+T'x+U');$$

P′, Q′...T′, U′, sont, d'après la loi de formation du n° 238, des nombres entiers aussi bien que a, P, Q....., T, U. Cela posé, comme l'équation précédente doit se vérifier quel que soit x, faisons $x=1$; il vient

$$1+P+Q+\ldots+T+U=(1-a)(1+P'+\ldots+T'+U'),$$

$$\text{d'où } \frac{1+P+Q+\ldots+T+U}{1-a}=1+P'+\ldots+T'+U';$$

le second membre de cette égalité est un nombre entier; donc il doit en être de même du premier membre; ainsi a étant un nombre entier positif ou négatif, ne peut être racine qu'autant que $(1-a)$ ou plutôt $(a-1)$ *divise le résultat de la substitution de* $+1$ *dans la proposée.*

On prouverait de même, en faisant $x=-1$, que $-(1+a)$ ou $(a+1)$ doit *diviser le résultat de la substitution de* -1; d'où résulte la règle suivante :

Substituez successivement $+1$ et -1 *dans la proposée*, et désignez par M et M′ les valeurs numériques des résultats de cette double substitution.

(Si l'un des résultats était 0, auquel cas $+1$ ou -1 serait racine, il faudrait commencer par supprimer cette racine dans la proposée avant d'appliquer la règle.)

1°. — *Tout diviseur positif du dernier terme, qui, diminué de* 1, *ne divise pas* M, *et qui, augmenté de* 1, *ne divise pas* M′, *doit être rejeté.*

2°. — *Tout diviseur négatif dont la valeur numérique, augmentée de* 1, *ne divise pas* M, et *diminuée de* 1, *ne divise pas* M′, *doit être rejeté.*

Afin de mettre plus facilement en évidence ces deux caractères d'exclusion, il convient de décomposer d'abord les deux résultats M et M′ dans leurs diviseurs (*Arith.*, n° **144**).

Soit, pour exemple, proposé de déterminer les racines commensurables de l'équation

$$x^4-5x^3-37x^2+257x-360=0.$$

La limite supérieure des racines positives de cette équation est $37+1$ ou 38, parce que $257x-360$ revient à $257\left(x-\frac{360}{257}\right)$; la limite supérieure des négatives est $-(1+\sqrt{360})$ ou -20. Les diviseurs de 360, que l'on doit soumettre aux épreuves de la méthode du n° 320, sont donc

$$1,\ 2,\ 3,\ 4,\ 5,\ 6,\ 8,\ 9,\ 10,\ 12,\ 15,\ 18,\ 20,\ 24,\ 30,\ 36,$$

$$\text{et } -1, -2, -3, -4, -5, -6, -8, -9, -10, -12, -15, -18;$$

le résultat de la substitution de $+1$ dans la proposée est, en faisant abstraction du signe, 144 ou $2^4.3^2$; le résultat de la substitution de -1 est 648 ou $2^3.3^4$.

Cela posé, passons d'abord en revue les diviseurs positifs, à partir de 36 qui est le plus grand.

$36-1$ ou $35=7\times5$, ne divise pas 144 qui est égal à $2^4.3^2$; ainsi 36 doit être rejeté.

On rejettera, par la même raison, 30, 24, 20, 18, 15, 12.

$10-1$, ou 9, divise 144; mais $10+1$ ou 11 ne divise pas 648 qui est égal à $2^3.3^4$; ainsi 10 doit être rejeté.

On reconnaîtra encore que 9, 8, 6, 4, doivent être rejetés; c'est-à-dire que les seuls diviseurs positifs qui satisfont à la règle, sont 5, 3, et 2.

Quant aux diviseurs négatifs : $18+1$, ou 19, ne divise pas 144; ainsi -18 doit être rejeté.

$15+1$, ou 16, divise 144; mais $15-1$, ou 14, ne divise pas 648; donc -15 doit être rejeté.

On verrait pareillement que $-12, -10, -9, -8, -6, -4$, doivent être rejetés. Ainsi, l'on ne doit soumettre aux épreuves de la méthode du n° 320, que les diviseurs -5, -3, et -2. En appliquant la méthode aux diviseurs

$$+5,\ +3,\ +2,\ -2,\ -3,\ -5,$$

on reconnaîtra que 5 est le seul qui remplisse toutes les conditions, et qui soit par conséquent racine de la proposée.

Effectuons la division par $x-5$; il vient pour résultat,

$$x^3-37x+72=0,$$

équation qui ne saurait avoir de nouveau 5 pour racine, puisque 5 ne divise pas 72. Ainsi cette équation n'a plus que des racines incommensurables et des racines imaginaires.

323. Voici de nouveaux exercices :

1°. $$x^4-5x^3+25x-21=0.$$
$$(x-1)(x-3)(x^2-x-7)=0.$$

2°. $$15x^5-19x^4+6x^3+15x^2-19x+6=0.$$
$$(3x-2)(5x-3)(x^3+1)=0.$$

3°. $$9x^6+30x^5+22x^4+10x^3+17x^2-20x+4=0.$$
$$(x+2)^2(3x-1)^2(x^2+1)=0.$$

[Pour résoudre les deux dernières équations, il faut d'abord faire disparaître le coefficient du premier terme, d'après la règle du n° 265; appliquer ensuite la méthode du n° 320 aux deux transformées; et, après avoir obtenu les racines entières de ces transformées, substituer dans l'équation $x=\frac{y}{k}$, qui a servi à la transformation, les valeurs des racines obtenues].

324. Ce qui précède suffit pour la détermination des racines commensurables de toute équation numérique dont les coefficiens sont *rationnels*, *entiers* ou *fractionnaires*. Cependant nous observerons qu'il y a des questions dont les énoncés conduisent à des équations de degré supérieur, et qui, par leur nature, n'admettent que des nombres entiers pour *solutions*; c'est-à-dire que toute solution fractionnaire commensurable ou incommensurable, doit être regardée comme tout-à-fait étrangère à la question.

Soit, par exemple, *proposé de déterminer la base du système de numération dans lequel le nombre* 3147, *écrit dans le système décimal, serait représenté par l'ensemble des chiffres* 32042 (système cherché).

Désignons par x *la base* inconnue ; $2, 4x, 0.x^2, 2x^3, 3x^4$, expriment les valeurs relatives des chiffres 2, 4, 0, 2, et 3, du nombre 32042 ; ainsi, l'on a l'équation

$$3x^4 + 2x^3 + 0.x^2 + 4x + 2 = 2147,$$

ou bien $$3x^4 + 2x^3 + 4x - 2145 = 0,$$

à résoudre en nombres entiers et positifs ; car x doit être, par sa nature, un nombre entier absolu.

Or, pour peu qu'on réfléchisse sur la méthode exposée n° 320 pour trouver les racines entières d'une équation dont le coefficient du premier terme est l'unité, on verra qu'elle est également applicable au cas où le coefficient du premier terme est un nombre entier quelconque ; *la seule différence*, si l'équation est, par exemple, de la forme

$$Ax^m + Px^{m-1} + Qx^{m-2} + \ldots + Sx^2 + Tx + U = 0,$$

consiste en ce que, *quand on est parvenu à la dernière des conditions que comporte la méthode, le résultat, au lieu d'être égal à* -1, doit être égal à $-A$.

On peut d'ailleurs reconnaître l'exactitude de cette assertion, en reprenant les mêmes transformations et les mêmes raisonnemens que ceux qui ont été faits n° 319.

Ainsi, pour trouver les racines *commensurables entières* d'une équation dont le premier terme a un coefficient différent de l'unité, il est inutile d'avoir recours à la disparition de ce coefficient, transformation qui (n° 265) a l'inconvénient de conduire à une équation dont les coefficiens sont, en général, très grands.

D'après cela, recherchons les racines entières de l'équation

$$3x^4 + 2x^3 + 4x - 2145 = 0.$$

La limite supérieure des racines positives est (n° 307)

$$1 + \sqrt[4]{2145} = 1 + 7 = 8;$$

le nombre 2145 est décomposable (*Arith.*, n° **144**) en $3 \times 5 \times 11 \times 13$; ainsi, il n'y a lieu à essayer que les nombres 3 et 5 ;

$$\begin{array}{rr} 5, & 3, \\ -429, & -715, \\ -425, & -711, \\ -85, & -237, \\ -17, & -79, \\ -15, & -77, \\ -3, & \text{»}. \end{array}$$

Le seul nombre 5 donne pour dernier résultat, —3, ou le coefficient du premier terme, pris en signe contraire ; donc *cinq* est la base du système cherché.

En effet, 32042, écrit dans le système *quinaire*, équivaut, dans le système décimal, à

$$3 \times 5^4 + 2 \times 5^3 + 0 \times 5^2 + 4 \times 5 + 2,$$

ou, en effectuant, $3 \times 625 + 2 \times 125 + 4 \times 5 + 2 = 2147$.

On peut s'exercer sur les exemples suivans :

1°.—*Déterminer la base du système de numération dans lequel* 7329 (système décimal) *est représenté par* 5563 (système cherché. [x = *onze*.]

2°.—*La base du système dans lequel* 81479 (système décimal) *est représenté par* 456356 (système cherché). [x = *sept*.]

Recherche des diviseurs commensurables du second degré.

323. *Observations préliminaires.*—La méthode des racines commensurables, exposée n° **320**, est aussi appelée *méthode des diviseurs commensurables du premier degré*, parce que, connaissant une racine commensurable, entière ou fractionnaire, d'une équation, on peut (n° **238**) diviser le premier membre par le facteur du premier degré en x, correspondant à cette racine; et les coefficiens de ce facteur sont nécessairement commensurables eux-mêmes.

Lorsqu'une équation numérique est débarrassée de ses diviseurs commensurables du premier degré, l'équation résultante n'a plus que des racines réelles incommensurables et des racines imaginaires; mais on conçoit que plusieurs des facteurs du premier degré qui correspondent à ces racines, quoique ayant des coefficiens incommensurables, peuvent fort bien, par leur combinaison deux à deux, donner naissance à des produits dont les coefficiens soient rationnels; c'est ainsi que

$$(x-\sqrt{3})(x+\sqrt{3})=x^2-3;$$
$$(x-1+\sqrt{-5})(x-1-\sqrt{-5})=x^2-2x+6.$$

Or, si l'on avait quelque moyen de découvrir, dans une équation, *les diviseurs commensurables* du second degré, en les égalant à o, on en déduirait des racines de l'équation proposée; et de plus, on les obtiendrait sous leur véritable forme.

Nous allons voir comment les principes de l'élimination et la méthode du n° **320** conduisent à ce but.

326. Soit $X=0$ une équation débarrassée de ses diviseurs commensurables du premier degré.

Désignons par x^2+px+q l'un quelconque des diviseurs du second degré de X; p et q sont deux *indéterminées* dont il faut tâcher d'obtenir les valeurs *en nombres commensurables*, s'il est possible.

Pour cela, *divisons* X *par* x^2+px+q; et *concevons que l'on ait poussé l'opération jusqu'à ce qu'on soit parvenu à un reste du premier degré en* x, *de la forme* $Mx+N$, M et N étant des indéterminées fonctions de p et de q. En égalant ce reste à o, on établira la condition que x^2+px+q devienne diviseur exact de X; d'ailleurs cette division doit se faire indépendamment de toute valeur particulière attribuée à x; donc, en vertu du principe n° **180** sur les équations identiques, *l'équation* $Mx+N$ *se partagera* nécessairement en deux autres.

$$M=0,\ N=0,\quad \text{ou bien}\quad F(p,q)=0,\ F'(p,q)=0.$$

Cela posé, la question se réduira à *trouver* (en nombres commensurables) tous les systèmes de valeurs de p et de q propres à vérifier ces deux équations.

On commencera par former, d'après les méthodes connues, *l'équation finale en q, à laquelle on appliquera la méthode des racines commensurables* (n° 320). *Après avoir obtenu toutes les valeurs rationnelles de* p, *on les substituera* (n° 270) *dans le reste du premier degré par rapport à* q, *lequel reste, égalé ensuite à* o, *donnera les valeurs rationnelles de* q, *correspondant aux valeurs de* p *déjà trouvées. Enfin, l'on substituera chacun des systèmes de valeurs de* p *et de* q *dans le trinome* x^2+px+q; *ce qui donnera autant de diviseurs commensurables du second degré.*

Il est évident que l'équation finale en p doit être d'un degré marqué par $m\left(\frac{m-1}{2}\right)$, m étant le degré de l'équation, puisque c'est l'expression du nombre total des diviseurs commensurables ou incommensurables du second degré. D'après cela, on peut juger combien cette méthode, facile en théorie, est compliquée dans la pratique. Aussi l'usage en est-il peu fréquent.

On voit assez ce qu'il faudrait faire pour obtenir les diviseurs commensurables du 3ième, 4ième... degré ; mais ces dernières questions ne sont d'aucune utilité (*).

§ III. — *Recherche des racines réelles incommensurables.*

Lorsqu'on a débarrassé une équation de tous les diviseurs

(*) Dans une des notes placées à la fin de ce chapitre, nous nous proposons de dire quelques mots sur la décomposition d'un polynome rationnel et entier quelconque en ses facteurs premiers.

du premier degré qui correspondent à ses racines commensurables, l'équation résultante n'admet plus que des racines *réelles incommensurables* et des racines *imaginaires*.

La véritable forme des racines réelles incommensurables d'une équation d'un degré quelconque restera inconnue tant qu'on n'aura pas de méthode générale pour résoudre les équations algébriques de degré supérieur. Mais si la détermination de leur forme est encore un problème à résoudre, il n'en est pas ainsi de la valeur numérique de chacune de ces racines; et il existe des méthodes pour les obtenir avec tout le degré d'approximation qu'on peut désirer.

Pour plus de simplicité, nous diviserons cette théorie en deux parties : *dans la première*, nous supposerons que la proposée soit telle qu'UNE SEULE racine réelle puisse être comprise entre deux nombres entiers consécutifs; et, *dans la seconde*, que deux nombres entiers consécutifs puissent comprendre plus d'une racine.

PREMIÈRE PARTIE. — *Cas où une seule racine réelle peut être comprise entre deux nombres entiers consécutifs.*

[Nous admettrons encore, dans tout ce qui va suivre, que l'on ait déterminé les limites $+L$ et $-L'$, les plus resserrées possibles, soit par la méthode des décompositions (n° 308), soit par la méthode de Newton (n° 309)].

327. *Recherche de la partie entière.* — Chacune des racines incommensurables étant nécessairement composée d'*une partie entière* (qui peut quelquefois être 0) et d'*une partie plus petite que l'unité*, le premier objet dont nous avons à nous occuper, consiste à déterminer la partie entière de chaque racine.

Pour cela, on *substitue à la place de* x, *dans l'équation, la suite naturelle des nombres*, 0, 1, 2, 3,... et $-1, -2, -3, \ldots$ *compris entre* $+L$ *et* $-L'$. Comme, entre deux nombres substitués qui donnent deux résultats de signes contraires, il tombe au moins une racine (n° 303), il s'ensuit que *chaque couple* de nombres qui donne des résultats de signes contraires, *comprend une racine réelle, et n'en comprend qu'une seule*, d'après l'hypothèse établie. D'ailleurs, la partie entière de la racine est le plus petit des deux nombres qui la comprennent.

Or, il peut arriver deux cas : — Ou l'on obtient, par toutes ces substitutions, *autant de changemens de signes* (ou de couples de résultats de signes contraires) qu'*il y a d'unités dans le degré de l'équation;* et alors on en conclut que *toutes les racines sont réelles.* — Ou bien, le nombre des changemens de signe est *moindre que le degré de l'équation;* auquel cas il y a *autant de racines réelles* que de changemens de signe ; et les autres racines sont *imaginaires.*

Dans les deux cas, cette méthode de substitution fait connaître la *partie entière* de chaque racine réelle ; et il reste à déterminer la *partie plus petite que l'unité.*

MÉTHODE D'APPROXIMATION DE LAGRANGE.

328. Soit $X = 0$ une équation dont les racines réelles ont respectivement une partie entière différente que l'on suppose avoir été déjà déterminée.

Désignons par a et $a+1$ deux nombres entiers qui comprennent l'une d'elles ; a exprime alors la partie entière de cette racine ; reste à chercher la partie plus petite que l'unité.

Pour cela, dans l'équation

$$X = 0, \quad \text{ou} \quad x^m + Px^{m-1} + \ldots + Tx + V = 0,$$

posons $x = a + \frac{1}{y}$; il en résulte la transformée

$$Ay^m + A'y^{m-1} + \frac{A''}{2}y^{m-2} + \frac{A'''}{2.3}y^{m-3} + \ldots + 1 = 0$$

[Pour obtenir cette transformée, on commence par remplacer x par $x + u$, ce qui donne (nº **262**),

$$A + A'u + \frac{A''}{2}u^2 + \ldots + u^m = 0,$$

A désignant ce que devient X quand on y met a pour x, et A', A'',... étant des polynomes dérivés de A d'après la loi établie n° 262; puis on remet $\frac{1}{y}$ pour u, et l'on chasse les dénominateurs en y].

Appelons, pour simplifier, Y le premier membre de cette transformée, qui est de même degré que la proposée, et a par conséquent m racines. Or, puisque la relation $x = a + \frac{1}{y}$ doit donner toutes les valeurs de x dès que l'on connaît les valeurs de y, et que, par hypothèse, a et $a+1$ comprennent une valeur de x et n'en comprennent qu'une seule, il faut nécessairement que, parmi les valeurs réelles de y, *il y en ait une plus grande que* 1, *et qu'il n'y en ait qu'une seule;* autrement, ce serait supposer que a et $a+1$ comprennent plus d'une valeur de x.

Si donc, dans l'équation $Y=0$, on met successivement pour y, les nombres entiers 1, 2, 3,... à partir de l'unité, on est certain d'obtenir tôt ou tard *un changement de signe;* et les deux nombres qui auront produit ce changement de signe comprendront la valeur cherchée de y.

Soit b et $b+1$ ces deux nombres; posons dans $Y=0$, $y = b + \frac{1}{y_1}$; il en résulte une transformée $Y_1 = 0$ (que l'on obtiendra par le moyen indiqué ci-dessus); et cette équation, parmi ses racines réelles, en aura encore *une seule plus grande que* 1, que l'on mettra en évidence par la substitution des nombres entiers 1, 2, 3,... dans $Y_1 = 0$.

Soient c et $c+1$ les deux nombres entiers qui, ayant dû produire un changement de signe, comprennent la valeur de y_1. On posera dans l'équation $Y_1 = 0$, $y_1 = c + \frac{1}{y_2}$; ce qui donnera la nouvelle transformée $Y_2 = 0$, ayant *une seule racine plus grande que* 1.

Soient d et $d+1$ les deux nombres qui la comprennent;

on posera de nouveau dans $Y_2=0$, $y_2=d+\frac{1}{y_3}$; et l'on continuera cette suite de transformations aussi loin que l'on voudra.

Rapprochons maintenant les relations

$$x=a+\frac{1}{y},\ y=b+\frac{1}{y_1},\ y_1=c+\frac{1}{y_2},\ y_2=d+\frac{1}{y_3},\ldots;$$

il en résulte $$x=a+\cfrac{1}{b+\cfrac{1}{c+\cfrac{1}{d}+\ldots}}$$

Or, on sait que, dans une fraction continue, plus on prend de fractions intégrantes, plus on approche de la valeur du nombre qu'elle représente; et le degré d'approximation est exprimé (*Arith.*, n° 174) par $\frac{1}{N^2}$, N étant le dénominateur de la dernière réduite.

Ainsi, la méthode qui vient d'être exposée donnera la valeur de x avec tel degré d'approximation que l'on voudra.

329. Appliquons la théorie précédente à l'équation

$$x^3-5x-3=0\ \ldots(1).$$

D'abord, les limites supérieures des racines positives et des racines négatives sont, comme il est aisé de le voir, $+3$ et -2.

Soient mis successivement à la place de x, dans l'équation, les nombres

$$-2,\ -1,\ 0,\ +1,\ +2,\ +3;$$

on obtient les résultats

$$-1,\ +1,\ -3,\ -7,\ -5,\ +9;$$

et comme il y a *trois* changemens de signe, il s'ensuit que l'équation a ses *trois* racines réelles, savoir : *une positive* comprise entre 2 et 3, et *deux négatives* comprises respectivement entre o et — 1, puis entre — 1 et — 2.

Occupons-nous premièrement de *la valeur positive*.

Posons dans l'équation (1), $x = 2 + \frac{1}{y}$;

il en résulte (n° 328) une équation de la forme

$$Ay^3 + A'y^2 + \frac{A''}{2}y + 1 = 0,$$

dans laquelle on a

$$\begin{aligned} A &= (2)^3 - 5\,(2)^2 - 3 = -5, \\ A' &= 3(2)^2 - 5 \ldots\ldots\ldots = +7, \\ \frac{A''}{2} &= 3(2)^1 \ldots\ldots\ldots\ldots = +6, \\ \frac{A'''}{2.3} &= 1 \ldots\ldots\ldots\ldots\ldots = +1; \end{aligned}$$

d'où, substituant et changeant les signes,

$$5y^3 - 7y^2 - 6y - 1 = 0 \quad \ldots(2).$$

Faisons dans cette équation, $y = 1, 2, 3, \ldots$;

il vient pour

$$\begin{aligned} y &= 1, \ldots\ldots - 9, \\ y &= 2, \ldots\ldots - 1, \\ y &= 3, \ldots\ldots + 53; \end{aligned}$$

donc la valeur cherchée, de y, est comprise entre 2 et 3.

Posons dans l'équation (2), ... $y = 2 + \frac{1}{y_1}$;

il en résulte la transformée

$$By_1^3 + B'y_1^2 + \frac{B''}{2}y_1 + \frac{B'''}{2.3} = 0,$$

dans laquelle
$$B = 5(2)^3 - 7(2)^2 - 6(2)^1 - 1 = -1;$$
$$B' = 15(2)^2 - 14(2)^1 - 6 \ldots\ldots = +26,$$
$$\frac{B''}{2} = 15(2)^1 - 7 \ldots\ldots\ldots\ldots = +23,$$
$$\frac{B'''}{2.3} = 5 \ldots\ldots\ldots\ldots\ldots\ldots = +5;$$

d'où, substituant et changeant les signes,

$$y_1^3 - 26y_1^2 - 23y_1 - 5 = 0 \ldots \quad (3).$$

Comme cette équation revient à

$$y_1^2(y_1 - 26) - 23y_1 - 5 = 0,$$

il est visible que toute valeur plus petite que 26, substituée pour y_1, donnerait un résultat négatif.

Mais si l'on pose $y_1 = 26$, il en résulte... -603,

et $y_1 = 27$,.............. $+103$;

donc y_1 est compris entre 26 et 27.

Posant dans l'équation (3),... $y_1 = 26 + \frac{1}{y_2}$,

on obtient la nouvelle transformée

$$Cy_2^3 + C'y_2^2 + \frac{C''}{2}y_2 + \frac{C'''}{2.3} = 0,$$

dans laquelle
$$C = (26)^3 - 26(26)^2 - 23(26) - 5 = -603,$$
$$C' = 3(26)^2 - 52(26)^1 - 23 \ldots\ldots = +653.$$
$$\frac{C''}{2} = 3(26)^1 - 26 \ldots\ldots\ldots\ldots\ldots = +52.$$
$$\frac{C'''}{2.3} = 1 \ldots\ldots\ldots\ldots\ldots\ldots\ldots\ldots = +$$

d'où, substituant et changeant les signes,

$$603y_2^3 - 653y_2^2 - 52y_2 - 1 = 0 \ldots (4),$$

équation qui revient à celle-ci :

$$y_2^2\,(603y_2 - 653) - 52y_2 - 1 = 0.$$

Comme $y_2 = 1$ donne pour résultat, -103

et $y_2 = 2$ .... $+2107$,

il s'ensuit que y_2 est compris entre 1 et 2.

En posant de nouveau....... $y_2 = 1 + \frac{1}{y_3}$,

on obtiendrait, tout calcul fait, pour la transformée,

$$103y_3^3 - 451y_3^2 - 1156y_3 - 603 = 0 \ldots (5),$$

ou bien $y_3^2\,(103y_3 - 451) - 1156y_3 - 603 = 0$.

Or il est facile de reconnaître que la valeur de y_3 est comprise entre 6 et 7 ; en sorte que, si l'on voulait continuer l'opération, il faudrait poser $y_3 = 6 + \frac{1}{y_4}$.

Mais arrêtons-nous aux résultats déjà obtenus.

Les valeurs de x, y_1, y_2, y_3, y_4, donnent lieu à la fraction

continue $x = 2 + \cfrac{1}{2 + \cfrac{1}{26 + \cfrac{1}{1 + \cfrac{1}{6}}}}$;

et les réduites consécutives étant

$$\frac{2}{1},\ \frac{5}{2},\ \frac{132}{53},\ \frac{137}{55},\ \frac{954}{383},$$

il s'ensuit que la dernière exprime la valeur de x à moins d'une fraction près, marquée par $\frac{1}{(383)^2}$ ou $\frac{1}{146689}$.

En réduisant $\frac{954}{383}$ en décimales et poussant l'opération jusqu'aux 100000mes inclusivement, on trouve 2,49086, résultat qui est censé exprimer la valeur de x à moins de 0,00001 près.

Cependant, comme cette valeur est trop faible pour deux raisons, 1° parce que la réduite $\frac{954}{383}$ est de rang impair, 2° parce que 2,49086 est une fraction moindre que cette réduite, il serait possible que le dernier chiffre 6 dût être augmenté d'une unité.

Mais si l'on substitue successivement 2,49086 et 2,49087 dans la proposée, on trouve deux résultats de signes contraires. Ainsi, 2,49086 représente *en moins*, à 0,0001 près, la racine positive de l'équation proposée.

Quant aux deux racines négatives, observons que, si l'on change x en $-x$ dans l'équation (1), elle devient

$$x^3 - 5x + 3 = 0;$$

et les racines positives de la nouvelle équation, prises avec le signe $-$, donnent les racines négatives de la proposée. Ainsi la question est ramenée à la recherche des racines positives de la transformée qu'on vient d'obtenir.

Or, en répétant sur cette transformée des calculs analogues aux précédens, on trouve

1° pour la racine comprise entre 0 et 1,.... 0,65662;
2° pour la racine comprise entre 1 et 2,.... 1,83424.

Donc enfin, les trois racines de l'équation

$$x^3 - 5x - 3 = 0,$$

sont $x = 2,49086$, $x = -0,65662$, $x = -1,83424$.

(On reconnaît en effet que la somme algébrique des trois racines est *nulle*; ce qui doit être, puisque le coefficient du second terme manque dans l'équation.)

330. *Remarque*. — En réfléchissant sur la méthode précédente, on voit qu'elle suppose essentiellement qu'entre les

deux nombres entiers a et $a+1$, il ne tombe qu'*une seule* racine de la proposée, puisque sans cette condition l'on ne pourrait affirmer que chacune des transformées a *une seule* racine plus grande que l'unité, et que par conséquent la substitution des nombres 1, 2, 3, ... à la place de y, y_1, y_2, dans ces transformées, doit produire tôt ou tard un changement de signe.

Cependant, lorsque l'on connaît d'avance *le nombre* des racines comprises entre a et $a+1$, il est possible que la méthode réussisse. (*Voyez* le 3ᵉ exemple du n° 353.)

Supposons, pour fixer les idées, que a et $a+1$ comprennent *deux* racines et *n'en comprennent que deux*. En substituant $a+\frac{1}{y}$ pour x, on obtiendra une transformée qui aura *deux* racines plus grandes que l'unité, et *n'en aura que deux*. Or, quand on mettra pour y la suite des nombres 1, 2, 3, ... il pourra se présenter deux circonstances :

Ou bien l'on n'obtiendra *aucun* changement de signe ; et dans ce cas, on ne pourra rien conclure, c'est-à-dire que la méthode sera alors *en défaut*, en ce sens qu'il faudra de nouvelles transformations pour opérer la séparation complète des racines ;

Ou bien cette substitution produira *deux* changemens de signe ; admettons, pour le moment, que les nombres n et $n+1$, p et $p+1$, produisent respectivement ces changemens de signe.

On posera d'abord dans la transformée, $y=n+\frac{1}{y'}$, ce qui donnera une nouvelle transformée ayant *une seule* racine plus grande que l'unité, et sur laquelle on pourra opérer comme précédemment ; alors *une première* valeur de x sera exprimée par une fraction continue de la forme

$$x=a+\cfrac{1}{n+\cfrac{1}{n'+\cfrac{1}{n''}+\ldots\ldots}}$$

Posant ensuite dans la même transformée en y, $y = p + \frac{1}{z_1}$, on obtiendra une nouvelle transformée ayant *une seule* racine plus grande que l'unité, et sur laquelle on opérera encore comme précédemment; *la seconde* valeur de x se présentera donc sous la forme d'une nouvelle fraction continue,

$$x = a + \cfrac{1}{p + \cfrac{1}{p' + \cfrac{1}{p'' + \ldots\ldots}}}$$

ayant la même partie entière que la précédente, mais dont les fractions intégrantes seront différentes.

Il serait aisé d'étendre ces raisonnemens au cas où l'on saurait d'avance que a et $a + 1$ comprennent *trois* racines réelles.... Mais ce que nous venons de dire suffit pour prouver qu'il n'y a d'avantage bien réel dans l'emploi de la méthode de Lagrange, qu'autant que a et $a + 1$ *ne comprennent qu'une seule racine*. Cependant, nous exposerons plus loin (n° **334**) un moyen général d'opérer la séparation des racines, dans la pratique de cette méthode.

Conversion en fraction continue d'un nombre irrationnel quelconque.

331. La méthode d'approximation par les fractions continues peut servir à évaluer les racines de degré quelconque des nombres.

Soit P un nombre absolu dont il faut extraire la racine $m^{ième}$.

Si l'on pose $\sqrt[m]{P} = x$, il en résulte

$$x^m - P = 0.$$

Comme $x = 0$ et $x = P + 1$ (n° **306**), substitués à la place de x dans cette équation, donnent deux résultats de *signes contraires*, il s'ensuit qu'elle a au moins une racine *réelle positive*. D'ailleurs, elle ne présente qu'*une variation* de signe ; donc, d'après la règle des signes de Descartes (n° 315), elle a *une seule* racine réelle positive, que l'on peut obtenir approximativement par la méthode de Lagrange ; et l'on aura ainsi $\sqrt[m]{P}$ sous la forme de fraction continue.

Soit, pour exemple, $\sqrt[3]{11}$ à évaluer en fraction continue.

Il suffit d'appliquer la méthode du n° 328 à l'équation

$$x^3 - 11 = 0.$$

On trouvera successivement les relations

$$x = 2 + \frac{1}{y},\ y = 4 + \frac{1}{y_1},\ y_1 = 2 + \frac{1}{y_2},\ y_2 = 6 + \frac{1}{y_3},\ldots$$

et par suite les réduites

$$\frac{2}{1},\ \frac{9}{4},\ \frac{20}{9},\ \frac{129}{58},$$

dont la dernière, convertie en décimales, donne 2,224 à 0,001 près, puisque l'on a évidemment $\frac{1}{(58)^2} < 0,001$;

(cette valeur est un peu trop forte).

332. Nous indiquerons à cette occasion le moyen de développer toute espèce de nombre (absolu) en fraction continue. Ce moyen suppose seulement qu'on sache extraire d'un nombre donné, *la partie entière* qui s'y trouve contenue.

Soient A le nombre proposé, a sa partie entière (qu'on est censé savoir trouver).

On a d'abord l'égalité................ $A = a + \frac{1}{B}$

(B étant > 1) ;

d'où l'on déduit $\frac{1}{B} = A - a$, et $B = \frac{1}{A - a}$.

Soit b la partie entière de B ou de $\frac{1}{A - a}$, obtenue par un moyen quelconque;

on a la nouvelle égalité.................. $B = b + \frac{1}{C}$

(C étant > 1);

d'où $\frac{1}{C} = B - b$, $C = \frac{1}{B - b}$, ou $C = c + \frac{1}{D}$;

$\frac{1}{D} = C - c$, $D = \frac{1}{C - c}$, ou $D = d + \frac{1}{E}$;

Et ainsi de suite.

Rapprochant actuellement les relations

$$A = a + \frac{1}{B},\quad B = b + \frac{1}{C},\quad C = c + \frac{1}{D},\ldots$$

on obtient finalement A sous la forme d'une fraction continue,

$$A = a + \cfrac{1}{b + \cfrac{1}{c + \ldots}}$$

N. B. — Le procédé établi en Arithmétique (15me *édition*, n° 164) n'est qu'un cas particulier de cette méthode générale.

Soit à développer $\frac{347}{89}$ en fraction continue.

On a d'abord, en effectuant la division,

A ou $\frac{347}{89} = 3 + \frac{80}{89}$; ce qui donne $A = 3 + \frac{1}{B}$;

$\frac{1}{B} = \frac{80}{89}$, $B = \frac{89}{80} = 1 + \frac{9}{80}$; donc $B = 1 + \frac{1}{C}$;

$\frac{1}{C} = \frac{9}{80}$, $C = \frac{80}{9} = 8 + \frac{8}{9}$; donc $C = 8 + \frac{1}{D}$;

$\frac{1}{D} = \frac{8}{9}$, $D = \frac{9}{8} = 1 + \frac{1}{8}$; donc enfin $D = 1 + \frac{1}{8}$;

d'où résulte la fraction continue demandée.

333. Lorsqu'on veut évaluer les radicaux du second degré par la méthode précédente, il faut faire usage des transformations exposées n° 91.

Soit par exemple, à évaluer $\sqrt{6}$ en fraction continue.

Il est d'abord évident que $\sqrt{6}$ est compris entre 2 et 3.

Ainsi l'on a $\sqrt{6}$ ou $A = 2 + \frac{1}{B}$;

d'où $\quad \frac{1}{B} = \sqrt{6} - 2$; $B = \frac{1}{\sqrt{6}-2}$.

Pour obtenir la partie entière contenue dans B, multiplions (n° 91) les deux termes de son expression, par $\sqrt{6}+2$; il vient $B = \frac{\sqrt{6}+2}{2}$.

Mais le numérateur de celle-ci est évidemment compris entre 4 et 5; donc B est lui-même compris entre 2 et 3.

Ainsi il faut poser $\frac{\sqrt{6}+2}{2}$ ou $B = 2 + \frac{1}{C}$;

d'où $\quad \frac{1}{C} = \frac{\sqrt{6}-2}{2}$, $C = \frac{2}{\sqrt{6}-2} = \frac{2(\sqrt{6}+2)}{2} = \sqrt{6}+2$.

Comme cette dernière expression est évidemment comprise

entre 4 et 5, on pose $\quad \sqrt{6}+2 \quad$ ou $\quad C = 4 + \frac{1}{D}$;

d'où $\quad \frac{1}{D} = \sqrt{6} - 2$, $\quad D = \frac{1}{\sqrt{6}-2}$.

Sans aller plus loin, observons que cette expression est identique avec celle de B; donc, puisque l'on a trouvé

$$B = 2 + \frac{1}{C}, \quad C = 4 + \frac{1}{D},$$

on obtiendra de même

$$D = 2 + \frac{1}{E}, \quad E = 4 + \frac{1}{F},$$

et ainsi de suite.

Donc enfin

$$\sqrt{6} = 2 + \cfrac{1}{2 + \cfrac{1}{4 + \cfrac{1}{2 + \cfrac{1}{4 + \ldots}}}}$$

A partir de la troisième fraction intégrante, les dénominateurs se répètent *périodiquement* de deux en deux.

On trouverait par le même procédé,

$$\sqrt{2} = 1 + \cfrac{1}{2 + \cfrac{1}{2 + \cfrac{1}{2 + \ldots}}}, \quad \sqrt{5} = 2 + \cfrac{1}{4 + \cfrac{1}{4 + \cfrac{1}{4 + \ldots}}}$$

Tous les nombres *irrationnels du second degré* jouissent de cette propriété curieuse, de donner naissance à des *fractions continues périodiques*. Nous ne pouvons en donner ici la démonstration, parce qu'elle dépend de l'*analyse indéterminée du second degré*, pour laquelle nous avons déjà (n° 142) renvoyé à la *Théorie des nombres*, de Legendre.

La réciproque est vraie aussi, c'est-à-dire que *toute fraction continue périodique appartient à un nombre irrationnel du second degré*. La démonstration en est tout-à-fait élémentaire ; mais elle n'est pas assez importante pour que nous prolongions davantage cette digression.

MÉTHODE D'APPROXIMATION DE NEWTON.

334. La méthode suivante, due à Newton, a l'avantage de

fournir, en général, des approximations plus rapides que celle de Lagrange.

Pour en donner une première idée, reprenons l'équation

$$x^3 - 5x - 3 = 0;$$

et proposons-nous de déterminer la racine comprise entre 2 et 3.

Afin de resserrer davantage les limites de cette racine,

posons dans l'équation, ... $x = 2 + \frac{1}{2} = 2,5$;

nous aurons pour résultat.................... $+0,125$.

D'ailleurs 2, mis à la place de x, donne....... -5;

ainsi la racine est comprise entre 2 et 2,5.

Actuellement, si l'on fait attention que le résultat de la substitution de 2,5 diffère moins de 0 que le résultat de la substitution de 2, on doit en inférer que la racine est probablement plus près de 2,5 que de 2.

On pose, en conséquence, dans l'équation, ... $x = 2,4$;

et il vient pour résultat,.................... $-1,176$;

or 2,5 avait déjà donné pour résultat,....... $+0,125$;

donc la racine est comprise entre 2,4 et 2,5.

En continuant ainsi de substituer des moyens termes, on parviendrait à resserrer de plus en plus les deux limites de la racine. Mais lorsqu'une fois on a obtenu, comme dans ce cas-ci, la valeur de x à moins de 0,1 près, on peut en approcher davantage par un autre moyen; et c'est en cela que consiste principalement la MÉTHODE DE NEWTON.

Faisons dans l'équation $x^3 - 5x - 3 = 0$,

$$x = 2,4 + u;$$

nous obtenons (n° 262) la transformée

$$X' + Y'u + \frac{Z'}{2}u^2 + u^3 = 0,$$

dans laquelle $X' = (2,4)^3 - 5(2,4) - 3 = -1,176,$
$Y' = 3(2,4)^2 - 5 = 12,28,$
$\frac{Z'}{2} = 3(2,4) = 7,2.$

L'équation en u, étant du 3e degré, ne peut être immédiatement résolue; mais en transposant tous les termes à l'exception du terme $Y'u$, et divisant les deux membres par Y', on peut la mettre sous la forme

$$u = -\frac{X'}{Y'} - \frac{Z'}{2.Y'}u^2 - \frac{1}{Y'}u^3.$$

Cela posé, puisque l'une des trois racines de cette équation doit être moindre que 0,1, d'après la relation $x-2,4+u$, les valeurs correspondantes de u^2 et de u^3 sont moindres que 0,01 et 0,001. D'ailleurs, l'inspection des valeurs de Y' et de Z' prouve que $\frac{Z'}{2.Y'}$ est < 1; ainsi la valeur de u ne différant numériquement de $-\frac{X'}{Y'}$ que par la quantité $\frac{Z'}{2.Y'}u^2 + \frac{1}{Y'}u^3$, qui, le plus souvent, est au-dessous de 0,01, cette valeur de u, dis-je, est exprimée par $-\frac{X'}{Y'}$, à 0,01 près.

Comme, dans cet exemple,

$$-\frac{X'}{Y'} = \frac{+1,176}{12,28} = \frac{1176}{12280} = 0,09\ldots,$$

il en résulte $u = 0,09$, à $\frac{1}{100}$ près, et par conséquent

$$x = 2,4 + 0,09 = 2,49, \text{ à } \frac{1}{100} \text{ près.}$$

En effet, 2,49 substitué dans le premier membre de la proposée, donne pour résultat $-0,011751$,
tandis que 2,50 avait donné $+0,125$.

Pour obtenir une nouvelle approximation, faisons dans la proposée, $x = 2,49 + u'$; nous avons l'équation

$$X'' + Y''u' + \frac{Z''}{2} u'^2 + u'^3 = 0,$$

dans laquelle

$$X'' = (2,49)^3 - 5(2,49) - 3 = -0,011751,$$
$$Y'' = 3(2,49)^2 - 5 = 13,6003,$$
$$\frac{Z''}{2} = 3(2,49) = 7,47.$$

Mais l'équation en u' peut s'écrire ainsi :

$$u' = -\frac{X''}{Y''} - \frac{Z''}{2.Y''} u'^2 - \frac{1}{Y''} u'^3 ;$$

et puisque l'une des valeurs de u' doit être moindre que 0,01, les valeurs correspondantes de u'^2, u'^3, sont moindres que 0,0001 et 1,000001 ; donc $-\frac{X''}{Y''}$ peut représenter la valeur de u', à 0,001 près.

Comme on a

$$-\frac{X''}{Y''} = \frac{0,011751}{13,6003} = \frac{11751}{13600300} = 0,0008\ldots,$$

il s'ensuit que u' est égal à 0,0008, à 0,0001 près ; ainsi

$$x = 2,49 + 0,0008 = 2,4908, \text{ à } \frac{1}{10000} \text{ près.}$$

Il serait, en effet, facile de reconnaître que 2,4908 et 2,4909, substitués dans la proposée, donnent deux résultats de signes contraires.

En posant de nouveau $x = 2,4908 + u''$, on obtiendrait une valeur approchée de x à 0,00000001 près.

(Ordinairement, chaque opération nouvelle donne pour la racine, un nombre de chiffres décimaux double de celui de l'opération précédente; cela résulte évidemment des raisonnemens ci-dessus).

335. Voici en quoi consiste la méthode générale:

Soient p et $p+1$ deux nombres qui comprennent l'une des racines de l'équation $X = 0$.

On commence par déterminer la valeur de cette racine à 0,1 *près*, en substituant une suite de nombres compris entre p et $p+1$, et continuant jusqu'à ce que *deux* de ces moyens termes ne diffèrent entre eux que de $\frac{1}{10}$.

Cela posé, appelant x' la valeur de x obtenue *à* 0,1 *près*, *on pose dans l'équation* $X = 0, \ldots \quad x = x' + u$;
ce qui donne la transformée

$$X' + Y'u + \frac{Z'}{2}u^2 \ldots + u^m = 0,$$

qu'on peut écrire ainsi :

$$u = -\frac{X'}{Y'} - \frac{Z'}{2 \cdot Y'}u^2 \ldots - \frac{1}{Y'}u^m.$$

Comme, dans le second membre de cette équation, l'ensemble des termes qui suivent $-\frac{X'}{Y'}$, est ordinairement au-dessous de 0,01, *on les néglige en calculant* $-\frac{X'}{Y'}$ *à* 0,01 *près, et l'on ajoute le résultat à* x'; ce qui donne une nouvelle valeur x'', approchée de x à 0,01 près.

Pour obtenir une 3e approximation, *l'on pose, dans l'équation*,

$$x = x'' + u';$$

ce qui donne la transformée

$$X'' + Y''u' + \frac{Z''}{2} u'^2 + \ldots + u'^m = 0;$$

d'où $$u' = -\frac{X''}{Y''} - \frac{Z''}{2.Y''} u'^2 - \ldots - \frac{1}{Y''} u'^m.$$

Négligeant tous les termes $-\frac{Z''}{2.Y''} u'^2 - \ldots - \frac{1}{Y''} u'^m$ (dont l'ensemble est supposé moindre que 0,0001), *on calcule* $-\frac{X''}{Y''}$ *en poussant l'opération jusqu'aux* 10000^{ièmes}, *et l'on ajoute le résultat à* x''; ce qui donne une 3e valeur x''' approchée à 0,0001 près.

Pour avoir une nouvelle approximation, *on remplace* x *par* x''' + *u'' dans la proposée.*

On calcule l'expression $-\frac{X'''}{Y'''}$ qui résulte de cette transformation, et l'*on pousse l'opération jusqu'au* 8e *chiffre décimal inclusivement, puis l'on ajoute ce résultat à* x'''; et ainsi de suite.

On répète cette série d'opérations pour chacune des racines positives. Quant aux racines négatives, on ramène (n° 329) leur recherche à celle des racines positives, en changeant x en $-x$ dans la proposée.

336. *Première remarque.* — La méthode précédente est fondée sur ce que, dans la transformée

$$X' + Y'u + \frac{Z'}{2} u^2 + \ldots + u^m = 0,$$

qui revient à $$u = -\frac{X'}{Y'} - \frac{Z'}{2.Y'} u^2 - \ldots - \frac{1}{Y'} u^m,$$

on peut négliger tous les termes affectés de u^2, u^3, u^4...., sans erreur sensible sur les 100^{ièmes} à la première opération, sur les

10000^{iemes} à la seconde, etc.; mais cette méthode est quelquefois en défaut, ainsi que Lagrange le prouve dans son *Traité de la résolution des Équations numériques* (*).

On a toutefois un moyen de s'assurer, à la fin de chaque opération, si la méthode a donné le degré d'approximation que l'on croyait devoir obtenir.

Par exemple, pour reconnaître si 2,4908 exprime la racine positive de $x^3 - 5x - 3 = 0$, à 0,0001 près, on substitue, dans cette équation, 2,4908, puis 2,4909 ou 2,4907, suivant que le résultat de la substitution de 2,4908 est de signe contraire au résultat de la substitution de 3 ou de 2; et si les deux nombres 2,4908 et 2,4909, ou bien 2,4908 et 2,4907, donnent deux résultats de signes contraires, nul doute que 2,4908 ne soit une valeur exacte à 0,0001 près, soit *en moins*, soit *en plus*. S'il n'en est pas ainsi, l'on augmente ou diminue le dernier chiffre, d'une ou de plusieurs unités (de l'ordre des *dix-millièmes*), jusqu'à ce qu'on obtienne deux nombres qui, par leur substitution, donnent deux résultats de signes contraires.

337. *Seconde remarque.* — Il y a aussi des cas où, dès la première opération, il est nécessaire de calculer la quantité $-\frac{X'}{Y'}$ jusqu'aux 1000^{iemes}, et même jusqu'aux 10000^{iemes}.

Soit l'équation

$$x^3 - 6x - 7 = 0,$$

dont il est aisé de s'assurer que l'une des racines est comprise entre 2 et 3; quant aux deux autres, elles sont imaginaires (*comme nous le verrons* n° **342**).

On reconnaîtra d'abord facilement, par la substitution des

(*) C'est surtout pour les racines comprises entre 0 et 1, ou entre 0 et -1, que la méthode peut être en défaut, ainsi qu'on peut s'en assurer en réfléchissant sur la composition des quantités Y', Z'....

moyens termes, que la racine réelle est comprise entre 2,9 et 3.

Maintenant, faisons dans l'équation, $x = 2,9 + u$; il en résulte la transformée

$$X' + Y'u + \frac{Z'}{2}u^2 + u^3 = 0,$$

dans laquelle $X' = (2,9)^3 - 6(2,9) - 7 = -0,011,$

$$Y' = 3(2,9)^2 - 6 = 19,23,$$

$$\frac{Z'}{2} = 3(2,9) = 8,7.$$

Négligeant les termes en u^2 et u^3, on a

$$u = -\frac{X'}{Y'} = \frac{0,011}{19,23} = \frac{11}{19230}.$$

Or, si l'on réduit cette expression en fraction décimale, on trouve des *zéros* pour les trois premiers chiffres décimaux, et 5 pour le 4ᵉ chiffre; c'est-à-dire que l'on a $u = 0,0005$ (en ne tenant compte que des quatre prémiers chiffres décimaux); ce qui donne pour la valeur de x, $x = 2,9005$.

Pour vérifier cette valeur, il faut substituer 2,9005 dans la proposée; on trouve $-0,00138$, résultat de signe contraire à celui que donne $x = 3$; mais en substituant...... $x = 2,9006$, on obtient $+0,00054$, qui est de signe contraire à $-0,00138$. Donc 2,9005 exprime la valeur de x, à 0,0001 près.

338. *Rapprochement des deux méthodes.* — La méthode d'approximation de Lagrange, quoiqu'en général moins expéditive que celle de Newton, a sur celle-ci l'avantage de donner à chaque opération une approximation toujours certaine.

On pourrait même à la rigueur, trouver, par la méthode de Lagrange, *les racines commensurables*. La fraction continue que l'on obtiendrait, serait alors composée d'un nombre limité de fractions intégrantes; c'est-à-dire qu'en continuant les opérations convenablement, on parviendrait à une équation $Y_{(n)}=0$, dont la racine positive plus grande que 1 serait égale à un nombre entier; et toutes les réduites consécutives étant formées, la dernière représenterait la vraie valeur de la racine commensurable.

Ce moyen est sans contredit moins simple que la méthode exposée n° 320; mais c'est le seul que l'on pût employer si l'on supposait que quelques-uns des coefficiens fussent *irrationnels;* car la méthode ordinaire n'est applicable qu'aux équations dont tous les coefficiens sont des nombres commensurables.

La méthode de Newton ne pourrait pas donner ces mêmes racines exactement, puisque, d'après sa nature, on n'obtient les valeurs numériques des racines, que sous la forme de fractions décimales.

Nous observerons toutefois que l'application simultanée des deux méthodes à une même équation, peut abréger beaucoup les calculs. Ainsi, par exemple, après avoir d'abord employé la méthode des fractions continues pour obtenir chacune des racines à 0,1 et même à 0,01 près, rien n'empêche d'avoir recours à la méthode de Newton pour obtenir un plus grand degré d'approximation.

La méthode de Newton suppose, en général, comme celle de Lagrange (n° 330), que p et $p+1$ ne comprennent qu'une seule racine de l'équation.

SECONDE PARTIE. — *Cas où deux nombres entiers consécutifs peuvent comprendre plus d'une racine réelle.*

339. Lorsque, par la substitution des nombres entiers consécutifs compris entre les limites $+L$ et $-L'$, on obtient *autant* de changemens de signe qu'il y a d'unités dans le degré de l'équation, il est clair que *toutes les racines de l'équation sont réelles*, et que chacune d'elles a une partie entière différente.

Mais si le nombre des changemens de signe est *moindre* que le degré de la proposée, cela peut provenir, ou de ce que l'équation a des *racines réelles* et des *racines imaginaires*, ou bien de ce que plusieurs racines *incommensurables* sont comprises entre deux nombres entiers consécutifs. En effet, on a vu (n° 304) que deux nombres qui, substitués dans le premier membre d'une équation, donnent des résultats de signes contraires, peuvent comprendre un nombre impair quelconque de racines réelles, et que deux nombres qui donnent des résultats de même signe, peuvent en comprendre un nombre pair quelconque.

Par exemple, si une équation devait avoir *deux* racines, $\sqrt{2}$ et $\sqrt{3}$ par exemple, comprises entre 1 et 2, il arriverait que 1 et 2, substitués dans la proposée, donneraient des résultats de même signe.

Pareillement, qu'une équation ait *trois* racines $\sqrt{11}$, $\sqrt{13}$, $\sqrt{15}$, comprises entre 3 et 4, ces deux derniers nombres substitués donneraient des résultats de signes différens.

On voit donc que la méthode de substitution des nombres entiers consécutifs serait, dans ce cas, insuffisante pour mettre en évidence toutes les racines réelles de la proposée, et qu'elle aurait l'inconvénient de laisser échapper quelques racines.

340. Cet inconvénient disparaîtrait si l'on pouvait déterminer, *à priori*, une quantité δ, numériquement *moindre que la plus petite* des différences qui existent entre deux quelconques des racines réelles d'une équation proposée. Car, soit mise la quantité δ pour intervalle entre deux substitutions successives; il est évident que deux nombres qui auraient entre eux la différence δ, et qui, étant substitués, donneraient des résultats de signes contraires, comprendraient une racine et n'en comprendraient qu'une; et s'ils donnaient des résultats de même signe, ils ne comprendraient aucune racine. Ainsi, *le nombre des racines réelles de l'équation serait égal au nombre des changemens de signe obtenus par les substitutions*.

Voyons donc s'il n'y aurait pas quelque moyen de déterminer la quantité δ. Or, cela est facile d'après l'équation *aux carrés de différences*.

En effet, désignons par $X=0$ l'équation proposée, et par $Z=0$ l'équation aux carrés des différences, équation que nous avons (nos 275 et 297) appris à former.

Remarquons d'abord que, le *carré* de la différence entre deux racines réelles quelconques de la proposée étant *positif*, on ne doit chercher les carrés des différences entre les racines réelles, que parmi les racines positives de l'équation $Z=0$. (Ses racines négatives correspondent à des différences entre des racines imaginaires, ou entre une racine réelle et une racine imaginaire.) Donc, si l'on cherche la limite inférieure des racines positives de l'équation $Z=0$, et qu'on en extraie la racine carrée, on sera certain d'avoir une quantité numériquement moindre que la plus petite différence entre deux racines réelles de la proposée, c'est-à-dire la quantité cherchée δ.

Pour obtenir cette limite, il faut (n° 310) poser $z=\frac{1}{v}$ dans $Z=0$, ce qui donne la transformée $V=0$. Soit l la limite supérieure des racines positives de $V=0$; $\frac{1}{l}$ sera la limite inférieure de $Z=0$; ainsi $\frac{1}{\sqrt{l}}$ est la quantité δ qu'il s'agissait de déterminer.

Lorsqu'en recherchant la limite l la plus resserrée possible, soit par la méthode de Newton (n° 309), soit par celle des décompositions (n° 308), on trouve $l<1$, il en résulte $\frac{1}{\sqrt{l}}$ ou $\delta>1$; et cela indique que *la différence entre deux racines réelles quelconques est plus grande que l'unité*. Dès-lors, on est certain que le *nombre* des racines réelles de la proposée est égal *au nombre* de changemens de signe qu'on avait d'abord obtenu par la substitution des nombres entiers consécutifs.

Mais ordinairement on trouve $l>1$, d'où $\frac{1}{\sqrt{l}}$ ou $\delta<1$. Dans ce cas, comme $\sqrt{l}$ est, en général, incommensurable, il convient de remplacer $\sqrt{l}$ par le nombre entier k immédiatement supérieur; ce qui donne $\frac{1}{k} < \frac{1}{\sqrt{l}}$, et à plus forte raison, $\frac{1}{k}$ moindre que la plus petite des différences entre les racines réelles. On pourrait donc mettre $\frac{1}{k}$ pour intervalle entre deux substitutions consécutives; c'est-à-dire qu'en substituant dans $X=0$, la suite des nombres

$$0,\ \frac{1}{k},\ \frac{2}{k} \ldots\ 1,\quad 1+\frac{1}{k},\ 1+\frac{2}{k} \ldots\ 2,\ 2+\frac{1}{k} \ldots \text{ jusqu'à } L,$$

$$\text{et } 0,\ -\frac{1}{k},\ -\frac{2}{k} \ldots\ -1 \ldots\ldots\ldots \text{ jusqu'à } -L',$$

on obtiendrait *autant* de changemens de signe que l'équation doit avoir de racines réelles.

Mais on peut encore éviter la substitution de nombres fractionnaires par la transformation suivante :

Posons dans l'équation, $x = \frac{y}{k}$;

il en résulte (n° 265) une équation dont les racines sont k fois plus grandes que celles de la proposée. Par conséquent, les différences entre ces nouvelles racines sont elles-mêmes k fois plus grandes que les différences correspondantes entre les racines de la proposée; en sorte que, si $(a-b)$ désigne la plus petite des différences relatives à $X=0$, comme on avait $(a-b) > \frac{1}{k}$, il en résulte $ka - kb > 1$. Ainsi la nouvelle équation $Y=0$ est telle, que les différences entre toutes ses racines réelles, considérées deux à deux, sont plus grandes que l'unité.

Donc enfin, si l'on substitue dans cette équation, la suite naturelle des nombres 0, 1, 2, 3... et $-1, -2, -3\ldots$, compris entre les deux limites, on obtiendra *autant de* changemens de signe que l'équation $Y=0$ aura de racines réelles.

(Les deux limites de $Y=0$ sont d'ailleurs $+kL$ et $-kL'$, $+L$ et $-L'$ désignant celles de $X=0$.)

341. Résumons ce qui vient d'être dit :

Pour mettre en évidence toutes les racines réelles incommensurables d'une équation $X=0$, il faut,

1°. — *Former l'équation aux carrés des différences*, $Z=0$;

2°. — *Déterminer la limite inférieure* $\frac{1}{l}$ *des racines positives de cette dernière équation* (si l'on trouve $\frac{1}{l}>1$, c'est une preuve que la différence entre deux racines réelles quelconques de la proposée est aussi plus grande que l'unité; dès-lors, la substitution des nombres entiers consécutifs dans la proposée suffit pour mettre toutes les racines réelles en évidence);

3°. — Dans le cas général de $\frac{1}{l}<1$, *remplacer* $\frac{1}{\sqrt{l}}$ *par* $\frac{1}{k}$ (k étant le nombre entier immédiatement supérieur à $\sqrt{l}$), *et poser* $x=\frac{y}{k}$ *dans la proposée*, ce qui donne une équation $Y=0$, dont *on recherche toutes les racines réelles*, d'après la méthode exposée dans la première partie de ce paragraphe.

4°. — Enfin, *substituer successivement ces valeurs dans la relation* $x=\frac{y}{k}$. On obtient ainsi toutes les racines réelles de la proposée.

N. B. — Observons que si, pour mettre toutes les racines réelles de $X=0$ en évidence, on a été obligé de la transformer en une autre dont les racines soient k fois plus grandes que celles de la proposée, ces dernières sont déjà obtenues à une fraction près $\frac{1}{k}$. Cela résulte évidemment de la relation $x=\frac{y}{k}$.

342. Appliquons ces principes à quelques exemples.

Soit, en premier lieu, l'équation

$$x^3-6x-7=0.$$

Les limites supérieures des racines positives et négatives sont, comme il est aisé de s'en assurer, $+3$, -2.

Or, en substituant les nombres

$$+3,\quad +2,\quad +1,\quad 0,\quad -1,\quad -2,$$

on trouve pour résultats,

$$+2,\quad -11,\quad -12,\quad -7,\quad -2,\quad -3;$$

et l'on voit que $+3$ et $+2$ sont les seuls nombres qui donnent deux résultats de signes contraires. D'où l'on peut conclure que l'équation a *une seule racine réelle et deux racines imaginaires*; ou bien que *ses trois racines sont réelles, mais que l'une des différences* entre ces racines prises deux à deux, *est moindre que l'unité.*

Pour faire cesser toute incertitude, formons l'équation *aux carrés des différences*. On a trouvé (n° **274**) pour cette équation,

$$z^3 - 36z^2 + 324z + 459 = 0.$$

Faisons, dans cette équation, $z = \frac{1}{v}$; il en résulte

$$v^3 + \frac{324}{459}v^2 - \frac{36}{459}v + \frac{1}{459} = 0,$$

équation que l'on peut écrire ainsi :

$$v^3 + \frac{1}{459} + \frac{36}{459}v(9v - 1) = 0.$$

Or, il est visible que $v =$ ou $> \frac{1}{9}$ donne un résultat positif; ainsi la limite supérieure l des racines positives de cette équation étant plus petite que l'unité, la quantité correspondante $\frac{1}{l}$ est > 1 ; et par conséquent *les différences entre les racines réelles de la proposée sont plus grandes que l'unité*. D'ailleurs, la substitution des nombres entiers dans la proposée n'a produit *qu'un seul* changement de signe ; donc enfin l'équation proposée a *une seule racine réelle* qui est comprise entre 2 et 3.

La méthode de Lagrange, appliquée à cette équation, donne, après *quatre* transformations successives, $x=2,9005$, à 0,0001 près.

(*Voyez* le n° 337, où cette équation a déjà été traitée par la méthode de Newton.)

343. Soit, pour second exemple, l'équation

$$8x^3 - 6x - 1 = 0 \ldots \ (1).$$

Les limites supérieures des racines positives et négatives sont évidemment $+1$ et -1.

Faisant, dans cette équation, $x = +1, \ 0, -1,$
on trouve pour résultat, ... $+1, -1, -3;$

la substitution ne donne lieu qu'à *un seul* changement de signe ; ainsi nous devons avoir recours à l'équation *aux carrés des différences.*

Si l'on forme cette équation, soit par la méthode d'élimination (n° 273), soit par les fonctions symétriques (n° 297), on trouve pour résultat,

$$64z^3 - 288z^2 + 324z - 81 = 0.$$

Posons $z = \frac{1}{v}$; il en résulte

$$81v^3 - 324v^2 + 288v - 64 = 0,$$

équation qui peut être mise sous la forme

$$81v^2(v-4) + 32(9v-2) = 0;$$

et il est facile de reconnaître que 3 est, en nombre entier, la limite supérieure la plus resserrée des racines positives. Ainsi l'on a $l = 3$; d'où $\frac{1}{l} = \frac{1}{3}$ et $\frac{1}{\sqrt{l}} = \frac{1}{\sqrt{3}}$.

Remplaçant $\sqrt{3}$ par le nombre entier 2, immédiatement supérieur, on obtient $\frac{1}{2}$ pour la quantité moindre que la plus petite différence qui puisse exister entre les racines réelles de la proposée.

Faisant donc dans la proposée, conformément à la règle du n° 341, $x=\frac{y}{2}$, on a la transformée

$$y^3-3y-1=0\ldots\ldots(3),$$

équation dont toutes les racines réelles ont entre elles une différence plus grande que l'unité.

Les limites supérieures des racines positives et négatives étant d'ailleurs $+2$ et -2, il suffit de faire, dans l'équation (3),

....	$y=+2,\ +1,\ \ 0,\ -1,\ -2,$
ce qui donne les résultats	$+1,\ -3,\ -1,\ +1,\ -3.$

On obtient évidemment, par ces substitutions, *trois changemens* de signe; ainsi, l'équation (3) a ses *trois* racines réelles, l'une comprise entre 1 et 2, une autre entre 0 et -1, et la troisième entre -1 et -2.

Donc enfin, l'équation (1) a elle-même ses *trois* racines réelles, l'une comprise entre $\frac{1}{2}$ et 1, la seconde entre 0 et $-\frac{1}{2}$, et la troisième entre $-\frac{1}{2}$ et -1.

Pour approcher davantage de ces racines, on appliquera d'abord à l'équation (3) l'une des deux méthodes d'approximation; après quoi l'on substituera dans la relation $x=\frac{y}{2}$, les valeurs de y obtenues; ce qui donnera les valeurs de x correspondantes.

36..

On trouvera par ce moyen,

pour l'équation $y^3 - 3y - 1 = 0$ $\begin{cases} y = 1,8794, \\ y = -0,3474, \text{ (*)} \\ y = -1,5320\,; \end{cases}$

et pour l'équation $8x^3 - 6x - 1 = 0$ $\begin{cases} x = 0,9397, \\ x = -0,1737, \\ x = -0,7660. \end{cases}$

Ces valeurs sont exactes à 0,0001 près.

344. *Première remarque.* — La méthode exposée n° **341** pour mettre en évidence les racines incommensurables, lorsque plusieurs racines peuvent être comprises entre deux nombres entiers consécutifs, ne saurait être appliquée aux équations qui ont des racines égales.

En effet, supposons qu'une équation ait *deux* racines réelles égales à a ; comme ces deux racines ne forment qu'un seul et même nombre, elles sont nécessairement comprises entre deux des nombres substitués, quelque petite que soit leur différence. Ainsi ces nombres qui comprennent deux racines, devront (n° **304**) donner deux résultats de même signe, aussi bien que deux nombres qui n'en comprendraient pas. Si l'équation pouvait avoir *trois* racines égales à a, les deux nombres qui les comprendraient donneraient deux résultats de signes contraires, aussi bien que deux nombres qui comprendraient une seule fois cette racine.

Observons d'ailleurs que, l'équation $X = 0$ ayant des racines égales, l'équation aux carrés des différences, $Z = 0$, aurait nécessairement des racines égales à 0 ; et alors la limite inférieure des racines positives de cette dernière équation serait 0 ; c'est-

(*) En appliquant la méthode de Newton au calcul de la seconde valeur de y, on reconnaît qu'elle est en *défaut ;* et le chiffre des centièmes obtenu par la règle du numéro **335**, doit être corrigé de *deux* unités par le moyen indiqué au numéro **336**.

à-dire qu'il faudrait mettre un intervalle *nul* entre deux substitutions, ce qui est absurde.

Concluons de là qu'avant d'appliquer la méthode du n° 341, il est nécessaire de débarrasser la proposée des racines égales qu'elle peut avoir. (*Voyez* n° 281.)

348. *Seconde remarque.* — Quand l'équation proposée est du 3ᵉ ou du 4ᵉ degré, et qu'elle a ses coefficiens commensurables, il est inutile de lui appliquer la méthode des racines égales.

En effet, il résulte de la nature de cette méthode, laquelle consiste essentiellement dans la recherche du p. g. c. d. entre le premier membre de la proposée et son dérivé, qu'elle ne peut conduire qu'à un polynome dont les coefficiens sont rationnels, comme ceux de la proposée. Or, dans le cas où l'équation est du 3ᵉ degré, le commun diviseur (s'il en existe) est du 1ᵉʳ ou du 2ᵉ degré au plus. S'il est du 1ᵉʳ degré, en l'égalant à 0, on ne peut tirer de l'équation résultante qu'une racine commensurable. S'il est du 2ᵉ degré, le quotient du polynome proposé, par ce diviseur, est du 1ᵉʳ degré et ne saurait encore donner qu'une racine commensurable. On voit donc qu'*une équation du 3ᵉ degré dont les coefficiens sont rationnels, et qui n'a pas de racines commensurables, ne saurait avoir de racines égales.*

Lorsque l'équation est du 4ᵉ degré et n'a pas de racines commensurables, le p. g. c. diviseur (s'il en existe) entre le premier membre et son polynome dérivé, ne peut être ni du 1ᵉʳ ni du 3ᵉ degré; car, dans l'une et l'autre hypothèse, on en déduirait que l'équation a des racines commensurables; et s'il est du second degré, les facteurs de ce polynome diviseur ne sauraient être égaux, puisqu'on en déduirait encore que l'équation a des racines commensurables. Mais si les deux facteurs sont inégaux, il en résulte nécessairement (n° 277) que chacun d'eux entre au carré dans le polynome proposé qui est alors un carré parfait.

Ainsi, dans ce cas, au lieu de soumettre l'équation à la méthode des racines égales, on peut se borner à *extraire la racine carrée de son premier membre; et si la racine n'est pas exacte, on en conclut que l'équation n'a pas de racines égales.*

346. *Troisième remarque.* — Ce qui précède suffit pour faire sentir combien l'application de la méthode du n° **341** est laborieuse, puisqu'elle suppose, outre la recherche des racines égales, la formation de l'équation *aux carrés des différences*. Or, dès que la proposée est d'un degré supérieur au 4e, les calculs relatifs à la détermination de cette dernière équation sont impraticables par leur longueur. Il est donc à propos de faire connaître quelques circonstances dans lesquelles on peut éviter tous ces calculs.

1°. Si, en substituant les nombres 0, 1, 2...., — 1, — 2, — 3..... compris entre + L et — L', on obtient *autant* de changemens de signe qu'il y a d'unités dans le degré de la proposée, on est certain que *toutes les racines de l'équation sont réelles*, et que chacune d'elles a une partie entière différente.

2°. Il peut se faire que, sans connaître les racines d'une équation, l'on sache, *à priori*, combien elle doit avoir de racines réelles (la Trigonométrie en offre des exemples) (*). Cela posé, il se présente deux cas :

Ou la substitution des nombres 0, 1, 2...., — 1, — 2..., donne lieu à *autant de changemens de signe que l'équation a de racines réelles*; dans ce cas, toutes les racines réelles sont encore mises en évidence, et chacune d'elles a une partie entière différente.

Ou bien, le nombre des changemens de signe est *moindre que celui des racines réelles*. Comme, dans ce cas, on est assuré d'avoir laissé échapper quelques racines dont les différences sont moindres que l'unité, il faut tâcher de rendre ces

---

(*) *Voyez* mon traité de Géométrie analytique, pour la détermination, par des intersections de courbes, du nombre des racines réelles qu'une équation peut renfermer.

différences plus grandes. Pour cela, on fait dans la proposée, $x = \frac{y}{k}$, k étant une indéterminée, ce qui donne la transformée $Y = o$, dont les racines sont k fois plus grandes que celles de la proposée (il en est par conséquent de même des différences). On donne ensuite à k diverses valeurs. Soit, en premier lieu, $k = 3$; substituant dans $Y = o$, la série naturelle des nombres, on voit si le nombre des changemens de signe devient égal au nombre des racines réelles que l'on sait devoir exister dans la proposée. Si l'hypothèse $k = 3$ ne réussit pas, on fait $k = 4, 5 \ldots$, jusqu'à ce qu'enfin l'on obtienne pour la transformée correspondante le nombre de changemens de signe exigé.

N. B. — Il faut bien observer ici qu'on suppose l'équation dépourvue de racines égales.

Théorème de M. Sturm (*).

Son application à la recherche des racines incommensurables.

C'est ici le lieu de faire connaître un fort beau théorème, à l'aide duquel toutes les racines incommensurables d'une équation peuvent être mises en évidence bien plus simplement qu'avec le secours de l'équation aux différences.

Nous venons de voir (n° 346, 2°) que, si l'on connaissait *à priori* le nombre des racines réelles d'une équation, l'on parviendrait aisément à leur détermination, puisqu'il suffirait alors de subdiviser convenablement l'intervalle des substitutions successives. Or, le théorème de M. Sturm atteint complétement ce but, ainsi qu'on va le voir.

(*) Ce jeune géomètre, professeur de Mathématiques au collége Rollin, est aujourd'hui membre de l'Académie des Sciences. C'est en 1829 qu'il communiqua à l'Institut un mémoire comprenant le théorème ci-dessus.

347. Soit $X=0$ une équation *à coefficiens réels*, que nous supposerons n'avoir pas de racines égales. Appelons X_1 son premier polynome dérivé, et appliquons à X, X_1, le procédé du p. g. c. diviseur relatif (nos **246, 259**), avec cette condition toutefois, *de changer le signe du reste de chaque opération, et de prendre ce reste ainsi modifié, pour diviseur de l'opération suivante.* (Ce changement de signe est très utile à la clarté de la démonstration du théorème que nous nous proposons d'établir ici.)

Désignons d'ailleurs par X_2, X_3, X_4, ... X_r, les restes successifs, pris avec des signes contraires.

Nous pourrons exprimer la série des opérations par le tableau suivant :

$$\begin{aligned} X &= X_1\, q_1 - X_2 \\ X_1 &= X_2\, q_2 - X_3 \\ X_2 &= X_3\, q_3 - X_4 \\ &\cdots\cdots\cdots\cdots\cdots \\ &\cdots\cdots\cdots\cdots\cdots \\ X_{r-2} &= X_{r-1}\, q_{r-1} - X_r\,; \end{aligned}$$

X_r est nécessairement indépendant de x et différent de *zéro*, puisque, par hypothèse, l'équation n'a pas de racines égales.

Concevons maintenant qu'après avoir obtenu les fonctions $X, X_1, X_2, \ldots . X_r$, on y substitue pour x deux nombres p et q, de signes quelconques (p étant $< q$). D'abord, la substitution de p donnera pour chaque fonction un résultat généralement positif ou négatif (mais qui pourra quelquefois être *nul*); et en ne tenant compte que des signes de ces résultats, on obtiendra une suite de signes qui, écrits sur une même ligne, présenteront une certaine succession de variations et de permanences.

Pareillement, la substitution de q à la place de x donnera une seconde suite de signes présentant de même une certaine succession de variations et de permanences.

Or, le théorème en question consiste en ce que :

La différence *entre le nombre des variations qu'offre la première suite de signes, et le nombre des variations de la seconde, exprime exactement le* nombre *des racines réelles de la proposée, qui se trouvent comprises entre* p *et* q.

348. De là résulte la règle suivante pour déterminer le nombre total des racines réelles d'une équation.

Après avoir déterminé (n° **310**) les limites $-L'$ et $+L$ des racines négatives et positives, 1°.—*on applique aux deux polynomes* X, X_1, *le procédé du p. g. c. diviseur, avec la modification indiquée dans le numéro précédent* ; cela donne une série de fonctions X, X_1, X_2, ... X_r, qui sont, généralement, au nombre de $(m+1)$ si m est le degré de l'équation ;

2°.— *On écrit* sur une première ligne *les signes des résultats de la substitution de* $-L'$ *dans chacune des fonctions*, et sur une seconde ligne, *les signes des résultats de la substitution de* $+L$. (Le signe de X_r doit rester le même, puisque X_r est indépendant de x.)

3°.— *On compte le nombre de variations qu'offre la première ligne, et le nombre de variations de la seconde.* La différence entre ces deux nombres est l'expression du nombre total des racines réelles de la proposée.

Cette règle est d'un usage facile dès que l'on connaît les fonctions X, X_1, X_2...; et si les opérations nécessaires à leur détermination sont un peu laborieuses, on n'en doit rien conclure contre la simplicité de la règle ; car il y a (sauf les changemens de signes indiqués) identité entre ces opérations et celles que comporte la méthode des racines égales, méthode à laquelle il faut soumettre préalablement toute équation dont on recherche les racines incommensurables.

349. La démonstration du théorème ci-dessus repose sur plusieurs principes que nous allons d'abord établir.

Premièrement.—Considérons la fonction X en particulier, et soit a une racine réelle de $X=0$. Si l'on met $a+u$ à la place de x, dans X, on obtient (n° 328) un résultat de la forme

$$A + A'u + \frac{A''}{2}u^2 + \ldots\ldots + u^m;$$

(A étant le résultat de la substitution de a pour x dans X, et A', A'', A''', ... les polynomes dérivés de A d'après la loi connue).

Comme, par hypothèse, a est racine de $X = 0$, l'on a $A = 0$; et l'expression précédente se réduit à

$$u\left(A' + \frac{A''}{2}u + \frac{A'''}{2.3}u^2 + \ldots + u^{m-1}\right).$$

Or, je dis qu'on peut toujours trouver pour u un nombre assez petit pour que la quantité entre parenthèse soit de même signe que son premier terme A' (qui d'ailleurs est différent de *zéro* tant que $X = 0$ n'a pas de racines égales).

Il suffit, en effet, pour cela, d'obtenir pour u une valeur qui rende $\frac{A''}{2}u + \frac{A'''}{2.3}u^2 + \ldots\ldots$ numériquement moindre que A'. Or, nous avons vu (n° 305) comment on remplit cette dernière condition; ainsi il est toujours possible de satisfaire à la précédente.

Il est en outre évident que, dès qu'on a obtenu pour l'indéterminée u une valeur remplissant cette condition, toute valeur plus petite y satisfait à plus forte raison.

350. Secondement. — Si l'on conçoit que, dans les fonctions $X, X_1, X_2, \ldots$ on remplace x par un nombre quelconque a, il *ne peut jamais arriver* que deux fonctions consécutives s'évanouissent à la fois.

En effet, considérons les trois fonctions consécutives de rang quelconque, X_{n-1}, X_n, X_{n+1}.

On a (n° 349) l'égalité... $X_{n-1} = X_n q_n - X_{n+1}$.

Or, si l'on pouvait avoir à la fois $X_{n-1} = 0$, $X_n = 0$, on en déduirait $X_{n+1} = 0$;

mais comme on a aussi $X_n = X_{n+1}q_{n+1} - X_{n+2}$, il en résulterait encore $X_{n+2} = 0$; et ainsi de suite. On parviendrait alors finalement à l'égalité $X_r = 0$; ce qui est absurde, puisque la proposée n'ayant pas de racines égales, X_r ne saurait être *nul*.

Troisièmement. — La même relation $X_{n-1} = X_n q_n - X_{n+1}$, nous apprend que, si une fonction X_n devient *nulle* par la substitution de $x = a$, les deux fonctions X_{n-1}, X_{n+1}, entre lesquelles elle est placée, sont nécessairement *de signes contraires* pour la même valeur $x = a$.

351. Ces principes admis, désignons par k une quantité positive ou négative, mais moindre (c'est-à-dire plus rapprochée de l'*infini négatif*) que toutes les racines réelles des équations $X = 0$, $X_1 = 0$, $X_2 = 0$, ... $X_{r-1} = 0$; et concevons qu'en faisant croître x d'une manière continue (n° 303) à partir de k, on substitue toutes ses valeurs successives dans les fonctions X, X_1, X_2, ... X_r.

Il est évident d'abord que les variations et les permanences fournies par *les signes* de ces fonctions et celui de X_r (que nous savons déjà être constant), se reproduiront toutes et dans le même ordre, tant que x n'aura pas atteint une des valeurs qui rendent *nulle* quelqu'une de ces fonctions; car, pour que le nombre ou l'ordre de ces variations et permanences vînt à se modifier, il faudrait que l'une des fonctions, X_n par exemple, changeât de signe, et par conséquent (n° 303) que X_n fût d'abord devenu *nul* ; ce qui est contre l'hypothèse.

Supposons actuellement qu'une valeur $x = a$ rende *nulle* une ou plusieurs des fonctions (a étant d'ailleurs le plus petit des nombres qui jouissent de cette propriété) ; et voyons ce qui doit arriver.

Il peut se présenter deux circonstances : Ou $x = a$ anéantira une (ou plusieurs) des fonctions intermédiaires $X_1, X_2, X_3, \ldots X_{r-1}$, sans faire évanouir X ; ou bien $x = a$ anéantira X, pouvant d'ailleurs rendre aussi *nulle* une ou plusieurs des fonctions intermédiaires. Or je dis que, *dans le premier cas*, aucune variation ne disparaîtra dans le passage de x par les trois états consécutifs $a-u$, a, $a+u$ (u étant l'intervalle des substitutions successives); que, *dans le second*, une variation disparaîtra, et qu'il n'en disparaîtra qu'une seule si u est suffisamment petit.

Considérons le premier cas, celui où la fonction X_n, par exemple, devient *nulle* pour $x=a$, sans que X le soit en même temps.

Comme, pour la même valeur $x=a$, X_{n-1} et X_{n+1} ne peuvent devenir *nulles*, et qu'elles sont de *signes contraires* (n° **350**), il s'ensuit que les trois fonctions consécutives

$$X_{n-1}, \quad X_n, \quad X_{n+1},$$

formeront, quant aux signes, l'une des deux combinaisons

$$+,\ 0,\ -, \qquad \text{ou} \qquad -,\ 0,\ +;$$

et soit qu'on prenne o avec le signe $+$ ou avec le signe $-$, on voit qu'il en résulte une variation et une permanence.

D'un autre côté, chacune des fonctions X_{n-1}, X_{n+1}, a dû conserver le même signe pour les valeurs de x comprises depuis $x=k$ jusqu'à $x=a$; et les signes ne doivent pas changer dans le passage de $x=a$ à $x=a+u$, puisqu'on peut toujours supposer u assez petit pour qu'aucune racine de $X_{n-1}=0$, $X_{n+1}=0$, ne soit comprise entre a et $a+u$.

On peut donc affirmer que les trois fonctions ci-dessus, qui, pour $x=a$, présentent une variation et une permanence, donnent également une variation et une permanence pour toutes les valeurs comprises depuis $x=k$ jusqu'à $x=a+u$. Ainsi, l'hypothèse $x=a$, introduite dans la série des fonctions $X, X_1, X_2 \ldots$, n'a fait perdre ni gagner aucune variation.

Passons au cas où X devient *nul* quand on y met a pour x.

Soit fait $x=a+u$ dans X et X_1; puis désignons par U, U_1, ce que deviennent respectivement X, X_1, par cette substitution. Appelons (n° **349**) A, A′, A″, ... les résultats de la substitution de a pour x dans X et ses polynomes dérivés, puis, par analogie, A_1, A'_1, A''_1, ... ce que deviennent X_1 et ses polynomes dérivés, par la même substitution; nous aurons les deux égalités

$$U = A + A'u + \frac{A''}{2} u^2 + \dots$$

$$U_1 = A_1 + A'_1 u + \frac{A''_1}{2} u^2 + \dots.$$

Comme, par hypothèse, a est racine de $X = o$, on a nécessairement $A = o$. De plus, les deux quantités A' et A_1, exprimant l'une et l'autre le résultat de la substitution de a pour x dans X_1, n'en forment qu'une seule qui est *différente* de o, puisque $X = o$ n'a pas de racines égales. Ainsi les deux égalités précédentes se changent en celles-ci :

$$U = A'u + \frac{A''}{2} u^2 + \dots.$$

$$U_1 = A' + A'_1 u + \frac{A''_1}{2} u^2 + \dots,$$

dont les seconds membres sont nécessairement de même signe que leurs premiers termes $A'u$ et A', lorsqu'on prend (n° 349) pour l'indéterminée u une valeur suffisamment petite. On voit donc que U et U_1 sont de même signe quand u est *positif*, et de *signes contraires* quand u est *négatif*.

D'où il résulte que les signes des deux fonctions X, X_1, qui

présentaient d'abord une variation pour $x = a - u$,

forment ensuite une permanence pour $x = a + u$.

Ainsi, dans le passage de $x = a - u$ à $x = a + u$, *une variation* s'est changée en une permanence.

La même conséquence aurait lieu lors même que $x = a$, qui satisfait à $X = o$, anéantirait en même temps une ou plusieurs autres fonctions, puisque, comme on l'a vu précédemment, quand une de ces autres fonctions vient à s'évanouir, le nombre des variations ne change pas pour cela.

Maintenant, si, à partir de $x = a + u$, on continue de faire croître x par degrés insensibles, le nombre actuel des variations de la suite des signes demeurera le même jusqu'à ce que x vienne à dépasser une nouvelle racine de $X = 0$; auquel cas une seconde variation disparaîtra, et se trouvera remplacée par une permanence. Et ainsi de suite.

Donc enfin, le *nombre des variations* perdues lorsque x croît depuis une valeur quelconque k jusqu'à une autre valeur k', est égal au *nombre des racines réelles* de $X = 0$, comprises entre k et k'.

Ce qui démontre évidemment le théorème énoncé n° 347.

352. Avant de passer aux applications, nous ferons plusieurs remarques fort importantes.

1°. — Dans la recherche des fonctions $X, X_1, \ldots$ on peut introduire ou supprimer des facteurs numériques (n° 259), pourvu que ces facteurs soient *positifs*; mais il faut bien prendre garde, quant aux signes, à ne faire que les changemens qui ont été indiqués n° 347; puisque c'est de la considération des signes qui affectent les fonctions $X, X_1, X_2 \ldots$, que dépend principalement la méthode de M. Sturm.

2°. — Quand on veut simplement connaître *le nombre total* des racines réelles de l'équation proposée, il n'est pas nécessaire d'opérer la substitution des limites $-L'$ et $+L$ dans les fonctions $X, X_1, \ldots$: il suffit de substituer $-\infty$ et $+\infty$ dans le premier terme de chacune d'elles; puisque l'on sait (n° 305) que le signe de la fonction est alors le même que le signe de ce premier terme.

La substitution de $-\infty$ et de $+\infty$ dispense de déterminer d'abord les deux limites $-L'$ et $+L$, qu'il faudrait d'ailleurs calculer de manière qu'elles convinssent à toutes les fonctions, si l'on ne voulait opérer la substitution que dans leur premier terme.

Nous ajouterons même qu'en faisant usage de la méthode de M. Sturm, on n'a besoin, dans aucun cas, de connaître, *à priori* les deux limites $-L'$ et $+L$. En effet, après avoir reconnu d'abord *combien* il y a de racines réelles dans la proposée, si l'on veut ensuite déterminer d'une manière plus précise *le lieu* des racines, il n'y a qu'à substituer successivement les nombres 0, 1, 2, 3..., et 0, —1, —2, ...; et dès que, par la substitution de 0, 1, 2, ..., on est parvenu à une suite de signes qui présente *autant* de variations qu'en avait donné la substitution de $+\infty$, on peut affirmer qu'il n'y a plus de racines au-delà du dernier nombre substitué. Même raisonnement par rapport aux nombres 0, —1, —2.....

On obtient ainsi les deux limites supérieures les plus resserrées (en nombres entiers); ce que ne donne pas toujours d'une manière bien certaine (n° 509) la méthode de Newton.

3°. — Si l'on cherche ensuite *combien* il y a de racines réelles comprises entre deux nombres particuliers p et q, il peut se faire que p ou q rende *nulle* quelqu'une des fonctions. Dans ce cas, quand c'est une fonction intermédiaire, X_n, qui s'évanouit, on n'a pas besoin de tenir compte du résultat 0 dans la suite des signes; car on a vu (n° 580) que X_{n-1}, X_{n+1}, offrent une variation pour cette même valeur de x; or, la combinaison du double signe $\pm$ dont 0 est censé affecté, avec les signes $+-$, ou $-+$, ne donne encore qu'une variation. Ainsi le nombre des variations n'est nullement altéré par l'omission du résultat 0.

Lorsque c'est X qui s'évanouit pour $x=p$, par exemple, on conclut d'abord que p est racine de $X=0$; puis on compte les variations qui existent à partir de X_1.

4°. — Enfin, si, après avoir obtenu les fonctions $X, X_1, X_2, \ldots X_r$, on vient à reconnaître que l'une des fonctions intermédiaires, X_n, est de nature à conserver constamment le même signe pour toutes les valeurs comprises entre p et q (p étant $<q$), il est inutile de substituer ces nombres dans les fonctions suivantes; car *autant* la suite des fonctions jusqu'à X_n inclusivement, présentera *de variations de plus pour* $x=p$ *que pour* $x=q$, *autant il y aura de racines réelles comprises entre* p *et* q.

Il suffit, pour s'en convaincre, d'appliquer aux fonctions X, X_1, X_2, ... X_n, ce qui a été dit (n° **351**) par rapport à toutes les fonctions. La suite des signes jusqu'à celui de X_n inclusivement, perdant une variation pour chaque racine de $X=0$, et le nombre des variations n'étant nullement altéré par l'évanouissement de quelqu'une des fonctions intermédiaires X_1, X_2, ... X_{n-1}, puisque d'ailleurs X_n conserve toujours le même signe par hypothèse, il faut nécessairement qu'autant il y a de variations perdues dans la suite des signes de X, X_1... X_n, lorsqu'on passe de $x=p$ à $x=q$, *autant* il y ait de racines de $X=0$ comprises entre ces deux nombres.

On déduit de là le cas particulier suivant : si, dans le cours des divisions nécessaires à la détermination des fonctions X, X_1 ... X_r, on reconnaît qu'une certaine fonction, X_n, ne peut avoir que des racines imaginaires, comme alors elle ne saurait changer de signe (n° **313**) quelque valeur qu'on y substituât pour x, on n'a pas besoin de pousser plus loin les divisions; c'est-à-dire qu'il est inutile de déterminer X_{n+1}, ... X_r.

Cette circonstance est très importante à retenir : car on ne peut se dissimuler que les calculs relatifs à la détermination des fonctions ne soient très pénibles, surtout lorsqu'on arrive aux dernières fonctions, à cause de la grandeur des coefficiens numériques.

(*Voyez* le 4ième et le 5ième des exemples du n° suivant.)

353. Faisons maintenant quelques applications, en ne considérant toutefois que des équations qui, par la substitution des nombres entiers consécutifs compris entre les limites, donnent *moins de changemens de signe* qu'il n'y a d'unités dans la proposée.

1er *Exemple*. $8x^3-6x-1=0$... (1).

(Cette équation a déjà été traitée n° **343**.)

On a d'abord $X_1 = 24x^2 - 6$, ou plutôt $X_1 = 4x^2 - 1$, (d'après la 1re remarque du n° 352).

Divisant X par X_1, on obtient pour reste, $-4x - 1$; d'où. . . . . $X_2 = +4x + 1$.

La division de X_1 par X_2, après les préparations convenables (n° 259, et 1re remarque du n° 352), donne pour reste -3; d'où. . . $X_3 = +3$.

Ainsi l'on a pour les fonctions cherchées,

$$X = 8x^3 - 6x - 1, \quad X_1 = 4x^2 - 1, \quad X_2 = 4x + 1, \quad X_3 = +3.$$

Cela posé, la substitution de $-\infty$ et de $+\infty$ dans les premiers termes de ces fonctions donne les deux suites. . . . .

$- + - + \ldots\ldots$ 3 *variations*,
$+ + + + \ldots\ldots$ 0;

ce qui prouve que l'équation a ses *trois* racines réelles, puisqu'il disparaît *trois* variations dans le passage de $-\infty$ à $+\infty$.

Soit fait maintenant dans les mêmes fonctions, $x = -1, 0, +1$; on trouve

pour $x = -1$,	$- + - + \ldots\ldots$	3 *variations*,
$x = 0$,	$- - + + \ldots\ldots$	1,
$x = +1$,	$+ + + + \ldots\ldots$	0.

Comme -1 donne *trois* variations, et que 0 n'en donne qu'*une seule*, il s'ensuit que 0 et -1 comprennent *deux* racines.

Pareillement, 0 donnant *une* variation, et $+1$ n'en donnant *aucune*, il y a *une* racine comprise entre 0 et 1.

Pour séparer les deux racines négatives, il faut (n° 346) resserrer l'intervalle des substitutions; mais, auparavant, il convient de changer x en $-x$, ce qui ramène l'équation (1) à

$$8x^3 - 6x + 1 = 0 \ldots\ldots (2);$$

et les racines positives de cette nouvelle équation, étant prises avec le signe —, donneront les racines négatives de la proposée.

Actuellement, posons (n° 346) dans l'équation (2), $x = \frac{y}{2}$; il en résulte la transformée

$$y^3 - 3y + 1 = 0 \ldots (3).$$

Or, en faisant successivement.... $y =$ 0, 1, 2,
on trouve pour résultats........ +1, −1, +3;

donc les deux racines positives de l'équation (3) sont comprises, l'une entre 0 et 1, l'autre entre 1 et 2.

Appliquant à l'équation (3) l'une des deux méthodes d'approximation, et substituant les valeurs obtenues pour y, dans la relation $x = \frac{y}{2}$, ou plutôt $x = -\frac{y}{2}$ (à cause du changement de x en $-x$), on aura, avec tel degré d'approximation qu'on voudra, chacune des trois racines de l'équation proposée.

N. B. — Pour le calcul de la racine positive de l'équation (1), on peut opérer directement sur cette équation.

2ᵉ *Exemple*...... $x^3 - 5x^2 + 8x - 1 = 0$.

En opérant sur cet exemple comme sur le précédent, on trouve

$X = x^3 - 5x^2 + 8x - 1$, $X_1 = 3x^2 - 10x + 8$, $X_2 = 2x - 31$, $X_3 = -2295$.

Or, la substitution de $-\infty$ et de $+\infty$ dans les premiers termes de ces fonctions, donne les deux suites

− + − −...... 2 *variations*,
+ + + −...... 1.

d'où l'on voit que, dans le passage de $-\infty$ à $+\infty$, il n'y a qu'*une seule* variation perdue. Donc l'équation n'a qu'*une seule* racine réelle, laquelle est d'ailleurs positive (n° 512) puisque le dernier terme de l'équation est négatif. Il est aisé de reconnaître qu'elle est comprise entre o et 1.

3e *Exemple*... $x^4 - 2x^3 - 7x^2 + 10x + 10 = 0$... (1).

En appliquant à cette équation la règle du n° 547, on trouve

successivement

$$\begin{aligned} X &= x^4 - 2x^3 - 7x^2 + 10x + 10, \\ X_1 &= 2x^3 - 3x^2 - 7x + 5, \\ X_2 &= 17x^2 - 23x - 45, \\ X_3 &= 152x - 305, \\ X_4 &= + 524785. \end{aligned}$$

Si l'on substitue $-\infty$ et $+\infty$ dans les premiers termes de ces fonctions, on obtient les deux suites

$$+ - + - + \ldots 4 \textit{ variations},$$
$$+ + + + + \ldots 0;$$

donc les quatre racines de l'équation sont réelles.

Actuellement, soit fait successivement dans les fonctions,

$x = 0, 1, 2, 3, \ldots,$ et $x = 0, -1, -2, \ldots;$

il vient pour	$x = 0,$	$+ + - - +$	... 2 *variat.*
	$x = 1,$	$+ - - - +$	... 2
	$x = 2,$	$+ - - - +$	... 2
	$x = 3,$	$+ + + + +$	... 0;
puis pour	$x = 0,$	$+ + - - +$	... 2 *variat.*
	$x = -1,$	$- + + - +$	... 3
	$x = -2,$	$- + + - +$	... 3;
	$x = -3,$	$+ - + - +$	... 4;

d'où l'on voit que l'équation a *deux* racines positives, comprises entre 2 et 3; *une* racine négative comprise entre o et -1; enfin *une* racine négative comprise entre -2 et -3.

Pour séparer les deux racines positives, on pourrait (n° **346**) faire dans l'équation, $x = \frac{y}{2}$, ou $\frac{y}{3}$, . . . ; mais on va voir que la méthode d'approximation de Lagrange suffit pour opérer cette séparation.

Soit, en effet, posé dans l'équation (1), $x = 2 + \frac{1}{y}$; il vient, tout calcul fait (n° **328**), la transformée

$$2y^4 - 10y^3 + 5y^2 + 6y + 1 = 0,$$

qui a nécessairement *deux* racines plus grandes que l'unité.

Or, en faisant successivement $y = 1,\quad 2,\quad 3,\quad 4,\quad 5,$ on trouve pour résultats, ... $+4, -15, -44, -23, +156$;

d'où l'on voit que les deux valeurs de y sont comprises, l'*une* entre 1 et 2, l'*autre* entre 4 et 5;

C'est-à-dire que les deux valeurs de x seront exprimées par deux fractions continues de la forme

$$x = 2 + \cfrac{1}{1 + \cfrac{1}{\cdots\cdots}} \quad \text{et} \quad x = 2 + \cfrac{1}{4 + \cfrac{1}{\cdots\cdots}};$$

et l'on pourra déterminer chacune de ces fractions continues séparément. (*Voyez* les n°s **330** et **354**.)

N. B. — Dans cet exemple, après avoir obtenu les fonctions $X_2 = 17x^2 - 23x - 45$, $X_3 = 152x - 305$, il n'était pas nécessaire d'effectuer la division de X_2 par X_3, opération assez longue sous le rapport des calculs numériques.

En effet, ce qu'il importe de connaître dans l'application de la méthode de M. Sturm, ce n'est pas la valeur numérique du dernier reste, mais bien le signe de ce reste, afin d'en déduire ensuite celui de la quantité X_4, laquelle est constante ainsi qu'on l'a vu.

Or, on sait (n° **237**) que, quand on divise une fonction entière de x par un facteur de la forme $x - a$, le reste n'est autre chose que le résultat de la substitution de a au lieu de x

dans la fonction. Ainsi le signe du reste de la division de X_2 par X_3, doit être le même que celui qui résulterait de la substitution dans l'équation $X_2=0$ (ou $17x^2-23x-45=0$), de la racine donnée par l'équation $X_3=0$ (ou $152x-305=0$).

Mais l'équation $X_2=0$, dont les racines sont de *signes contraires*, donne pour la positive, 2,4 à 0,1 près, tandis que la racine de $X_3=0$ est $x=2+\frac{1}{152}$. On voit donc que cette racine est comprise entre les deux racines de l'équation $X_2=0$, et que par conséquent, si on la substituait dans le polynome X_2, on obtiendrait (n° **111**, 1°.) un résultat de *signe contraire* au premier terme de X_2, c'est-à-dire un résultat *négatif*.

Donc, puisque le reste de la division de X_2 par X_3 est *négatif*, il s'ensuit que la fonction X_4 est *positive*.

(Cette remarque fait suite à la quatrième du n° **352**.)

4e *Exemple*, . . . $2x^4-13x^2+10x-19=0$ (1).

Les fonctions X, X_1, X_2, . . . étant calculées d'après la règle du n° **347**, on trouve d'abord pour les trois premières,

$$\begin{aligned} X &= 2x^4 - 13x^2 + 10x - 19, \\ X_1 &= 4x^3 - 13x + 5, \\ X_2 &= 13x^2 - 15x + 38. \end{aligned}$$

Or, je dis qu'il est inutile d'aller plus loin, et de calculer X_3 et X_4. En effet, il est aisé de voir que les racines de l'équation $X_2=0$ sont imaginaires, puisque l'on a $(15)^2-4.13.38<0$ (n° **111**, 3°.) ; d'où il résulte que X_2 ne peut changer de signe, quelque valeur qu'on donne à x. Ainsi la 4e remarque du n° **352** est applicable à cet exemple ; et il suffira de considérer les trois fonctions X, X_1, X_2.

Or, en substituant successivement $-\infty$ et $+\infty$ dans leur premier terme, on obtient les deux suites

$+ \quad - \quad +$ . . . . 2 *variations*
$+ \quad + \quad +$ 0;

ce qui démontre que l'équation a *deux* racines réelles et *deux* racines imaginaires. Les racines réelles sont d'ailleurs *l'une* positive et *l'autre* négative (n° 342), puisque le dernier terme de l'équation est *négatif*.

5ᵉ *Exemple*.... $x^5 - 36x^3 + 72x^2 - 37x + 72 = 0$.

(Nous nous bornerons ici à présenter le tableau du calcul.)

$$
\begin{aligned}
X &= x^5 - 36x^3 + 72x^2 - 37x + 72,\\
X_1 &= 5x^4 - 108x^2 + 144x - 37,\\
X_2 &= 18x^3 - 54x^2 + 37x - 90,\\
X_3 &= 1319x^2 - 2442x - 684,\\
X_4 &= -2803469x + 32408254,\\
X_5 &= -
\end{aligned}
$$

(Le signe de X_5 se détermine, comme dans le troisième exemple, en observant que la racine de $X_4 = 0$ est évidemment plus grande que la racine positive de $X_3 = 0$.)

Or $x = -\infty$ donne $- + - + + -$....4 *variat.*
$x = +\infty$ $+ + + + - -$....1 *seule*;

donc l'équation proposée n'a que *trois* racines réelles. Mais si, avant d'appliquer la méthode actuelle, on eût d'abord substitué les nombres entiers consécutifs, on aurait reconnu facilement que chacun des couples de nombres, 4 et 5, 5 et 6, -6 et -7, donnent deux résultats de *signes contraires*. Donc les trois racines réelles ont respectivement pour partie entière, 4, 5, et -6; les *deux autres* racines sont imaginaires.

Ces exemples nous paraissent suffisans pour donner une idée de toute l'importance du théorème de M. Sturm, et du parti qu'on peut en tirer dans la résolution des équations numériques.

354. Nous ajouterons cependant encore, que quand on a

reconnu, par la substitution des nombres entiers consécutifs dans les fonctions X, X_1, $X_2 \ldots$, *combien* il y a de racines réelles entre deux de ces nombres, a et $a+1$, la combinaison du théorème avec la méthode de Lagrange donne le moyen de séparer ces racines sans qu'on soit obligé de recourir à la transformation du n° 346, laquelle devient très laborieuse quand les racines sont très peu différentes les unes des autres. Voici en quoi consiste ce moyen :

On substitue $a+\frac{1}{y}$ *à la place de* x, *non-seulement dans* X, *mais encore dans toutes les fonctions* X_1, $X_2, \ldots$; *puis on y fait successivement* $y=1, 2, 3 \ldots$ La DIFFÉRENCE entre les deux nombres de variations résultant de la substitution de deux de ces nombres, b et $b+1$, est égale AU NOMBRE des valeurs de x comprises entre $a+\frac{1}{b}$ et $a+\frac{1}{b+1}$.

Si cette *différence* est égale à 1, on en conclut que la transformée qui résulte de la substitution de $a+\frac{1}{y}$ à la place de x dans $X=0$, n'a qu'*une seule* racine comprise entre b et $b+1$; et l'on peut facilement (n° 330) obtenir la fraction continue correspondante.

Mais quand cette *différence* est égale à 2, 3, ... on en déduit que la transformée en y a *deux*, *trois*, ... racines comprises entre b et $b+1$. Alors *on remplace* y *par* $b+\frac{1}{z}$ *dans les fonctions* X, X_1, $X_2 \ldots$ (qui sont déjà exprimées en y); puis *on y fait successivement* $z=1, 2, 3 \ldots$ LA DIFFÉRENCE entre les deux nombres de variations résultant de la substitution de deux de ces nombres, c et $c+1$, est égale AU NOMBRE de valeurs de x comprises entre $a+\cfrac{1}{b+\cfrac{1}{c}}$

et $a = \cfrac{1}{b+\cfrac{1}{c+1}}$.

On voit aisément que, par ce moyen, toutes les valeurs de x comprises entre a et $a+1$, pourront se développer en *autant* de fractions continues ayant, à partir de a, une ou plusieurs fractions intégrantes communes.

355. M. Sturm a étendu son théorème au cas où l'équation proposée admet des racines égales ; mais nous n'entrerons dans aucun détail à ce sujet, puisqu'on peut toujours (n° **281**) faire dépendre la résolution de l'équation, de celles d'autres équations qui n'ont que des racines simples. Il en a également déduit d'autres conséquences fort curieuses, mais qui ne sont pas indispensables pour la résolution des équations (*).

Nous renvoyons, pour de plus amples détails sur la résolution des équations numériques, aux ouvrages suivans : *Traité de la résolution des équations numériques*, par Lagrange ; *Supplément à la théorie des nombres*, par Legendre ; *Nouvelle méthode pour résoudre les équations numériques*, par M. Budan ; *Analyse des équations*, ouvrage posthume de Fourier.

On trouvera dans ces deux derniers ouvrages, un théorème qui a quelque analogie avec celui de M. Sturm, et qui paraît avoir été découvert à peu près dans le même temps par MM. Fourier et Budan ; en voici l'énoncé :

Soient $f(x)$ un polynome entier du degré m, $f'(x)$, $f''(x)$, $f'''(x)$,... ses dérivés. Appelons p et q deux nombres réels de signes quelconques (p étant $< q$) ; et concevons qu'on ait substitué alternativement p et q dans la série de ces fonctions, ce qui donne les deux suites de résultats,

1°. pour p, $f(p)$, $f'(p)$, $f''(p)$, . . .
2°. pour q, $f(q)$, $f'(q)$, $f''(q)$ . . . .

Le théorème consiste en ce que *les signes de la première suite ne peuvent jamais présenter moins de variations que*

(*) *Voyez* le n° **399**, chap. IX, pour une autre application du théorème.

ceux de la seconde; et si p *et* q *comprennent un nombre* k *de racines réelles, la première suite a au moins* k *variations de plus que la seconde.*

Ce théorème, beaucoup moins explicite que celui de M. Sturm, qui, dans aucun cas, ne laisse d'incertitude sur l'existence des racines réelles entre des nombres déterminés, fournit cependant une méthode assez complète de résolution (*).

§ IV. — *Seconde partie de l'élimination.*

356. Après avoir fait connaître les différens moyens de résoudre (du moins en *nombres réels*) les équations d'un degré quelconque à une seule inconnue, il convient de s'occuper de la résolution des équations à plusieurs inconnues.

Lorsque le nombre des équations proposées est égal à celui des inconnues, elles n'admettent, en général, *qu'un nombre limité de systèmes de valeurs pour ces inconnues*. Or, c'est dans la détermination de tous ces systèmes que consiste principalement le problème de l'élimination.

Nous avons déjà exposé (nos 267 et suivans) une partie de ce problème, celle qui a pour objet de former l'ÉQUATION FINALE, c'est-à-dire une équation fonction d'une seule des inconnues, qui donne toutes les valeurs de cette inconnue propres à vérifier les équations proposées en même temps que certaines valeurs des autres inconnues. Il s'agit actuellement de compléter la solution du problème en indiquant les moyens d'obtenir tous les systèmes de valeurs propres à vérifier les équations, ce que nous n'avions pu faire alors, faute de savoir résoudre une équation à une seule inconnue.

357. Nous considérerons plus particulièrement le cas de

(*) *Voyez* aussi pour le développement de ce théorème, et pour les conséquences qu'on en déduit, une note placée à la fin de la 6e édition de mon *Algèbre*, et due à M. Vincent, ainsi que les *Mémoires de la Société royale de Lille* (année 1834), et le *Journal de Mathématiques* de M. LIOUVILLE, tome Ier, page 341.

deux équations à deux inconnues x et y ; et, pour abréger le discours, nous conviendrons d'appeler *couple* ou *solution*, tout système de valeurs de x et de y, qui, substituées à la fois dans ces équations, y satisfont.

En outre, désignant par $A=0$, $B=0$, les équations proposées, nous supposerons que les deux polynomes A et B soient *premiers entre eux*, et qu'il en soit de même des coefficiens de ces mêmes polynomes ordonnés par rapport à l'inconnue qu'on veut éliminer. Nous nous réservons d'examiner plus tard (nos 368 et suivans) les circonstances particulières où ces conditions ne sont pas remplies.

358. Concevons actuellement qu'après avoir ordonné les deux polynomes relativement à x par exemple, on leur applique le procédé *du plus grand commun diviseur* avec toutes ses modifications, lesquelles consistent (no 41), pour chaque division partielle, à introduire un facteur propre à rendre possible la division du premier terme du dividende par le premier terme du diviseur, puis à supprimer au fur et à mesure, dans chaque reste de degré moindre que le précédent, les facteurs en y qui peuvent exister entre ses coefficiens (sauf à tenir compte plus tard de cette suppression).

Admettons enfin, pour fixer les idées, qu'on ait été obligé d'exécuter *quatre* divisions successives avant d'obtenir un reste fonction de y seulement; puis, désignons par m, m', m'', m''', les facteurs *les plus simples* en y, qu'il est nécessaire d'introduire pour éviter les quotiens fractionnaires; par q, q', q'', q''', les quotiens des diverses opérations; et par $n.r$, $n'.r'$, $n''.r''$, n''', les restes successifs (n, n', n'', n''', étant les facteurs en y, du degré le plus élevé, qui ont pu être mis en évidence dans les restes, dont le dernier est nécessairement indépendant de x, et est, pour cette raison, désigné par n''').

On aura ainsi les identités suivantes :

$$m.A = q.B + n.r \dots (1)$$
$$m'.B = q'.r + n'.r' \dots (2)$$
$$m''.r = q''.r' + n''.r'' \dots (3)$$
$$m'''.r' = q'''.r'' + n''' \dots (4)$$

359. D'abord, il y a sur ces identités une remarque importante à faire, c'est que les deux facteurs en y qui entrent, l'un dans le dividende, l'autre dans le reste de chaque opération, sont *premiers entre eux*. Car supposons que m'' et n'', par exemple, puissent avoir un facteur commun k; comme l'équation (3) est une identité, il faudrait nécessairement que k se trouvât aussi dans $q''.r'$; et puisque, d'après la nature des opérations, r' n'a plus de facteurs en y, il s'ensuit que k diviserait q''; ce qui est impossible, à moins que, contre l'hypothèse (n° 358), m'' ne soit pas le plus simple facteur en y que l'on doive introduire dans la 3me division.

Concluons de là que les quantités m et n, m' et n', m'' et n'', m''' et n''', prises ainsi deux à deux, sont *premières entre elles*.

Mais il peut se faire, et cela arrive le plus ordinairement, que m ne soit pas premier avec n', n'', n'''; m' avec n'', n'''; m'' avec n'''. Cependant, nous supposerons pour un moment qu'il n'existe pas de facteur commun entre n, n', n'', n''' et chacune des quantités m, m', m'', m''' qu'on a introduites pour éviter les quotiens fractionnaires.

360. Dans cette PREMIÈRE HYPOTHÈSE, on voit d'après l'identité (1), que les couples qui satisfont à $[n=0,\ B=0]$, satisfont nécessairement à $mA=0$, et par suite à $A=0$, puisque m et n étant *premiers entre eux*, ne peuvent s'annuller pour la même valeur de y.

Ainsi, les *solutions* de $[n=0,\ B=0]$ sont aussi des solutions de $[A=0,\ B=0]$; donc les valeurs de y tirées de $n=0$, sont des valeurs convenables.

D'après l'identité (2), les couples qui vérifient $[n'=0,\ r=0]$ vérifient nécessairement $m'.B=0$, et par suite, $B=0$, puisque m' et n' sont premiers entre eux. Mais les équations $[B=0,\ r=0]$ entraînent nécessairement $m.A=0$, et par suite, $A=0$; car m ne peut s'annuller pour les mêmes valeurs de y, que n'; autrement, m et n' ne seraient pas premiers entre eux. Ainsi les solutions de $[n'=0,\ r=0]$ sont aussi des solutions de $[A=0,\ B=0]$; donc les valeurs de y tirées de $n'=0$, sont encore des valeurs convenables.

Par des raisonnemens analogues, on prouvera que les valeurs de y tirées de $n''=0$, puis de $n'''=0$, sont des valeurs convenables.

Donc enfin, toutes les valeurs de y comprises dans l'équation

$$n.n'.n''.n'''=0,$$

sont des valeurs convenables, c'est-à-dire des valeurs qui vérifient les équations $[A=0, B=0]$ en même temps que certaines valeurs de x, lesquelles se déduisent successivement

$$\begin{array}{llll} \text{pour} & n, & \text{de} & B=0, \\ & n', & \text{de} & r=0, \\ & n'', & \text{de} & r'=0, \\ & n''', & \text{de} & r''=0. \end{array}$$

Je dis en outre (toujours dans l'hypothèse où m, m', m'', m''', n'ont pas de facteurs communs avec n, n', n'', n'''), que toutes les valeurs convenables de y sont fournies par l'équation

$$n.n'.n''.n'''=0.$$

En effet le système des équations $[A=0, B=0]$ entraîne nécessairement l'un ou l'autre des deux systèmes

$$[B=0, n=0], \qquad [B=0, r=0];$$

ce dernier entraîne l'un des deux suivans :

$$[r=0, n'=0], \qquad [r=0, r'=0];$$

celui-ci, l'un des deux suivans :

$$[r'=0, n''=0], \qquad [r'=0, r''=0];$$

enfin, ce dernier, le système unique

$$r''=0, \qquad n'''=0.$$

Donc enfin, le système des équations proposées ne peut être satisfait que par les couples tirés de

$$[B=0, n=0], \; [r=0, n'=0], \; [r'=0, n''=0], \; [r''=0, n'''=0].$$

361. *N. B.* — Quand on opère sur deux équations du *second degré*, auquel cas on est conduit aux deux identités

$$m.A = q.B + n.r,$$
$$m'.B = q'.r + n',$$

l'équation $n.n' = o$ ne renferme que des valeurs convenables.

En effet, comme, dans ce cas, les équations $A = o$, $B = o$, peuvent être (n° **116**) ramenées à la forme

$$ax^2 + bx + c = o,$$

a étant une quantité indépendante de y, il s'ensuit que le premier facteur introduit, m, est une quantité toute connue; ainsi m est premier en y avec n et n'.

Donc, le système des équations $[A = o, \ B = o]$, peut être remplacé par les deux systèmes $[n = o, \ B = o]$, $[n' = o, \ r = o]$.

La même conséquence a lieu évidemment pour tout système de deux équations dont l'une est du second degré en x (quel que soit d'ailleurs le degré en y), pourvu que le coefficient de x^2, dans cette équation, soit une quantité numérique.

362. Passons au cas où il existe des facteurs communs entre les quantités m, m', m'', ..., et n', n'', n''', ...

Reprenons les identités

$$m.A = q.B + n.r \ldots\ldots (1),$$
$$m'.B = q'.r + n'.r' \ldots\ldots (2),$$
$$m''.r = q''.r' + n''.r'' \ldots\ldots (3),$$
$$m'''.r' = q'''.r'' + n''' \ldots\ldots (4);$$

et observons d'abord que, comme m et n sont premiers entre eux (n° **359**), le premier système d'équations $[n = o, \ B = o]$, entraîne nécessairement le système $[A = o, \ B = o]$; et qu'ainsi les valeurs de y tirées de $n = o$, sont des valeurs convenables.

Supposons actuellement que m et n' renferment un facteur commun α; et soient

$$m = \alpha . m_1 , \qquad n' = \alpha . n'_1 ,$$

(m_1 et n'_1 étant premiers entre eux).

Les identités (1) et (2) deviennent

$$\begin{aligned} \alpha . m_1 . \text{A} &= q . \text{B} + n . r, \\ m' . \text{B} &= q' . r + \alpha . n'_1 . r'. \end{aligned}$$

Or si, entre ces deux équations, on élimine B en employant la méthode par addition et soustraction (n° 51), on obtient

$$\alpha . m_1 m' . \text{A} = (nm' + qq')r + q\alpha . n'_1 . r',$$

identité dont le premier membre est divisible par α, en même temps que la seconde partie de l'autre membre; donc, puisque r ne peut avoir de facteurs en y (d'après la nature des opérations indiquées n° 358), il faut que $nm' + qq'$ soit divisible par α.

Appelant k le quotient, et divisant les deux membres de l'identité précédente par α, on trouve enfin

$$m_1 m' . \text{A} = k . r + q . n'_1 . r' \ldots\ldots (5).$$

Cela posé, comme n'_1 est premier avec m_1 et aussi avec m' (puisque $n' = \alpha . n'_1$, et que m', n', sont premiers entre eux), il s'ensuit que toute solution des équations $[n'_1 = 0, r = 0]$ satisfait à $\text{A} = 0$.

D'un autre côté, l'identité (2) prouve que l'on a en même temps $\text{B} = 0$, puisque n' et par suite n'_1, est premier avec m'.

Ainsi déjà, les solutions tirées des équations

$$[n = 0, \ \text{B} = 0], \qquad [n'_1 = 0, \ r = 0],$$

sont autant de solutions des équations proposées.

En d'autres termes, les valeurs tirées de $n . n'_1 = 0$, sont des valeurs convenables.

Admettons en outre que m_1 $\left(\text{ou } \frac{m}{\alpha}\right)$ et m', aient des facteurs communs avec n''; et posons

$$\left.\begin{aligned} \frac{m}{\alpha} \text{ ou } m_1 &= 6.m_2 \\ n'' &= 6.n''_1 \end{aligned}\right\} m_2 \text{ et } n''_1 \text{ étant premiers entre eux;}$$

$$\left.\begin{aligned} \text{puis} \quad m' &= 6'.m'_1 \\ \text{et } \frac{n''}{6} \text{ ou } n''_1 &= 6'.n''_2 \end{aligned}\right\} m'_1 \text{ et } n''_2 \text{ étant premiers entre eux;}$$

(on déduit de ces relations $m = \alpha 6.m_2$ et $n'' = 66'.n''_2$).

En introduisant les valeurs de m_1, m', n'', dans les identités (5), (2), et (3), on les change en celles-ci :

$$\begin{aligned} 66'.m_2m'_1\text{A} &= k.r + q.n'_1.r', \\ 6'.m'_1.\text{B} &= q'.r + \alpha.n'_1.r', \\ m''.r &= q''.r' + 66'.n''_2r''. \end{aligned}$$

Éliminons r entre la première et la troisième des identités précédentes ; il vient

$$66'.m_2m'_1m''.\text{A} = (qn'_1m'' + kq'')r' + k.66'n''_2.r''.$$

En raisonnant comme ci-dessus, on est conduit à poser

$$qn'_1m'' + kq'' = 66'.k' \quad (k' \text{ étant entier});$$

et en divisant par $66'$, on trouve

$$m_2m'_1m''.\text{A} = k'.r' + k.n''_2.r'' \ldots\ldots (6).$$

Éliminons de même r entre la seconde et la troisième, puis posons

$$\alpha.n'm'' + q'q'' = 6'.h \quad (h \text{ étant entier});$$

en divisant par $6'$ les deux membres de l'identité résultante, on obtient $\quad m'_1m''.\text{B} = h.r' + 6.q'n''_2.r'' \ldots\ldots (7).$

Si l'on considère les identités (6) et (7), on observe que n''_2

est premier avec m'', puisque $n''=\beta\beta'.n''_2$, et que m'', n'', sont premiers entre eux (n° 359); n''_2 est aussi premier avec m'_1, comme on l'a établi tout à l'heure; enfin n''_2 est premier avec m_2, comme étant premier avec m_1 qui est égal à $\beta.m_2$.

De là résulte nécessairement que le système des équations $[n''_2=0,\ r'=0]$ entraîne $[A=0,\ B=0]$.

Ainsi, les racines de l'équation $n.n'_1.n''_2=0$ sont des valeurs convenables.

Suppsons enfin que n''' ait des facteurs communs avec $m_2 \mid m'_1 \mid m''$; et posons

$$\left.\begin{aligned} \frac{m}{\alpha\beta} \text{ ou } m_2 &= \gamma.m_3 \\ n''' &= \gamma.n'''_1 \end{aligned}\right\} m_3 \text{ et } n'''_1 \text{ étant premiers entre eux ;}$$

$$\left.\begin{aligned} \frac{m'}{\beta'} \text{ ou } m'_1 &= \gamma'.m'_2 \\ \frac{n'''}{\gamma} \text{ ou } n'''_1 &= \gamma'.n'''_2 \end{aligned}\right\} m'_2 \text{ et } n'''_2 \text{ étant premiers entre eux ;}$$

$$\left.\begin{aligned} m'' &= \gamma''.m''_1 \\ \frac{n'''}{\beta\beta'} \text{ ou } n'''_2 &= \gamma''.n'''_3 \end{aligned}\right\} m''_1 \text{ et } n'''_3 \text{ étant premiers entre eux ;}$$

(de ces relations on déduit $m=\alpha\beta\gamma.m_3 \mid m'=\beta'\gamma'.m'_2$ $n'''=\gamma\gamma'\gamma''.n'''_3$).

Les identités (6), (7), et (4'), se transforment alors dans les suivantes :

$$\begin{aligned} \gamma\gamma'\gamma''.m_3m'_2m''_1.A &= k'.r' + k.n''_2.r'', \\ \gamma'\gamma''.m'_2m''_1.B &= h.r' + \beta.q'n''_2.r'', \\ m'''.r' &= q''' r'' + \gamma\gamma'\gamma''.n'''_3. \end{aligned}$$

Or si l'on élimine r', d'abord entre la première et la troisième de ces transformées, puis entre les deux dernières, que l'on pose

$$k.n''_2m'''+k'.q'''=\gamma\gamma'\gamma''.k'' \mid \beta.q'n''_2m'''+hq'''=\gamma'\gamma''.h',$$

(k'' et h' étant des quantités entières); et qu'enfin on divise par $\gamma\gamma'\gamma''$ la première des identités résultantes, et par $\gamma'\gamma''$ la seconde, on obtient

$$m_3 m'_2 m''_1 m''' . \mathrm{A} = k'' . r'' + k' . n'''_3 \ldots\ldots \quad (8),$$
$$m'_2 m''_1 m''' . \mathrm{B} = k' . r'' + \gamma . h . n'''_3 \ldots\ldots \quad (9),$$

identités qui nous apprennent que les équations $[n'''=0,\ r''=0]$ entraînent $[\mathrm{A}=0,\ \mathrm{B}=0]$; car on reconnaît aisément que n'''_3 est premier avec $m''' \mid m''_1 \mid m'_2 \mid m_3$, d'après ce qui a été dit précédemment.

Ainsi les valeurs tirées de l'équation

$$n . n'_1 . n''_2 . n'''_3 = 0$$

sont des valeurs convenables.

363. Il reste encore à prouver que toutes les valeurs convenables sont comprises dans cette équation.

Or, si, dans les identités (1), (2), (3), et (4), on remplace m, m', m'', et n', n'', n''', par leurs valeurs, elles deviennent

$$\alpha\beta\gamma . m_3 . \mathrm{A} = q . \mathrm{B} + n . r,$$
$$\beta'\gamma' . m'_2 . \mathrm{B} = q' . r + \alpha . n'_1 . r',$$
$$\gamma'' . m''_1 . r = q'' . r' + \beta\beta' . n''_2 . r'',$$
$$m''' . r' = q''' . r'' + \gamma\gamma'\gamma'' . n'''_3 .$$

Cela posé, nous allons éliminer successivement r'', r', et r, entre ces quatre transformées, en commençant par r''. Il vient d'abord, par la combinaison des deux dernières,

$$\gamma'' . m''_1 . q''' . r = (q''q''' + \beta\beta' . n''_2\, m''')r' - \beta\beta'\gamma\gamma'\gamma'' n''_2\, n'''_3,$$

identité dans laquelle $q''q''' + \beta\beta' . n''_2\, m'''$ doit être divisible par γ''; et si l'on pose $q''q''' + \beta\beta' . n''_2\, m''' = \gamma'' . l$, puis, qu'on divise par γ'', il en résulte

$$m''_1 . q''' . r = l . r' - \beta\beta'\gamma\gamma' . n''_2\, n'''_3 .$$

Faisant l'élimination de r' entre cette dernière identité et

$$\beta'\gamma' . m'_2 . \mathrm{B} = q'_1 . r + \alpha . n'_1 . r',$$

on obtient, en supposant

$$q'.l + \alpha.n'm''_1.q''' = \beta'\gamma'.l' \quad (l' \text{ étant entier}),$$

et divisant par $\beta'\gamma'$ l'identité résultante,

$$m'_2.l.\mathrm{B} = l'.r + \alpha\beta\gamma.n'_1\,n''_2\,n'''_3.$$

Éliminant enfin r entre cette nouvelle identité et

$$\alpha\beta\gamma.m_3.\mathrm{A} = q.\mathrm{B} + n.r,$$

on trouve, après avoir posé $ql' + nm'_2\,l = \alpha\beta\gamma.l''$, puis divisé par $\alpha\beta\gamma$ les deux membres de l'identité résultante,

$$m_3.l'.\mathrm{A} = l''.\mathrm{B} - n.n'_1.n''_2.n'''_3,$$

égalité qui nous apprend que toutes les valeurs de y qui satisfont à [$\mathrm{A} = 0$, $\mathrm{B} = 0$] en même temps que certaines valeurs de x, annullent nécessairement $n\,n'_1\,n''_2\,n'''_3$, et sont par conséquent fournies par l'équation

$$n.n'_1.n''_2.n'''_3 = 0. \qquad \text{C.Q.F.D.}$$

364. Si l'on a bien compris tout ce qui a été dit dans les deux derniers numéros, on saisira facilement la règle suivante pour déterminer l'équation qui doit donner toutes les valeurs de y, sans aucune valeur étrangère.

Soient p le nombre total des divisions effectuées, m, m', m'', m''', ... $m^{(p-1)}$, les facteurs introduits dans le cours du calcul pour rendre les quotiens entiers; n, n', n'', n''', ... $n^{(p-1)}$, les facteurs en y mis en évidence dans les différens restes. [$n^{(p-1)}$ désigne le dernier reste, ou le reste indépendant de x.]

Premièrement. — *Cherchez* le p. g. c. d. α entre m et n'; le p. g. c. d. β entre $\frac{m}{\alpha}$ et n''; le p. g. c. d. γ entre $\frac{m}{\alpha\beta}$ et n'''; .... le p. g. c. d. entre $\frac{m}{\alpha\beta\gamma\ldots}$ et $n^{(p-1)}$. — *Supprimez* ces plus grands communs diviseurs dans n', n'', n''', ... $n^{(p-1)}$, et désignez les quotiens par

$$n'_1 \mid n''_1 \mid n'''_1 \mid \ldots . n_1^{(p-1)}.$$

Secondement. — *Cherchez* le p. g. c. d. β'' entre m'' et n''_1 ; le p. g. c. d. γ' entre $\frac{m'}{\beta'}$ et n'''_1 ; .... le p. g. c. d. entre $\frac{m'}{\beta'\gamma'\ldots}$ et $n_1^{(p-1)}$. — *Supprimez* ces plus grands communs diviseurs dans $n''_1 \mid n'''_1 \mid \ldots n_1^{(p-1)}$, et désignez les quotiens par

$$n''_2 \mid n'''_2 \mid \ldots n_2^{(p-1)}.$$

Troisièmement. — *Cherchez* le p. g. c. d. γ'' entre m'' et n'''_2 ; le p. g. c. d. δ'' entre $\frac{m''}{\gamma''}$ et n^{IV}_2 ;... le p. g. c. d. entre $\frac{m''}{\gamma''\delta''\ldots}$ et $n_2^{(p-1)}$. — *Supprimez* ces p. g. c. diviseurs dans... $n'''_2 \mid n^{\text{IV}}_2 \mid \ldots n_2^{(p-1)}$, et désignez les quotiens par............. $n'''_3 \mid n^{\text{IV}}_3 \mid \ldots n_3^{(p-1)}$.

Continuez, d'ailleurs, ces recherches jusqu'aux deux facteurs $m^{(p-2)}$ et $n^{(p-1)}_{p-2}$ inclusivement.

L'équation $\quad n . n'_1 . n''_2 . n'''_3 \ldots n^{(p-1)}_{p-1} = 0$

fournira toutes les valeurs convenables, et n'en donnera pas d'étrangères.

368. Appliquons la théorie précédente à quelques exemples.

Premier Exemple.

$$yx^3 - 3x + 1 = 0 \ldots (1),$$
$$(y-1)x^2 + x - 2 = 0 \ldots (2).$$

Conformément au procédé, il faut multiplier par $(y-1)^2$ le premier membre de l'équation (1), et effectuer la division.

On obtient ainsi pour quotient, ... $(y^2-y)x-y$,
et pour reste du 1er degré en x, $(-y^2+5y-3)x+y^2-4y+1$.

Or, il est aisé de reconnaître que les deux coefficiens de ce reste n'ont aucun facteur commun en y ; ainsi, pour continuer l'opération, il faut multiplier le premier membre de l'équation (2) par $(y^2-5y+3)^2$, puis diviser ce premier membre ainsi multiplié, par le reste changé de signe.

On obtient pour quotient, $(y^3-6y^2+8y-3)x+y^3-4y^2+2$,
et pour reste, ... $y^5-10y^4+37y^3-64y^2+52y-16$.

Dans cet exemple, on n'a eu que deux opérations principales à effectuer ; et l'on peut poser

$$m=(y-1)^2,\quad n=1,\quad r=-[(y^2-5y+3)x-y^2+4y-1],$$
$$m'=(y^2-5y+3)^2,\quad n'=y^5-10y^4+37y^3-64y^2+52y-16.$$

(Il est inutile de tenir compte des quotiens.)

Actuellement, il faut chercher si m et n' ont des facteurs communs. Or, en divisant n' par m, on obtient un quotient exact et égal à

$$y^3-8y^2+20y-16.$$

Donc, m ou $(y-1)^2$ est un facteur étranger; et la véritable équation finale est

$$n'_1 \text{ ou } y^3-8y^2+20y-16=0.$$

Cette équation étant résolue d'après la méthode des racines commensurables, donne

$$y=2,\ y=2,\ y=4.$$

Portant chacune de ces valeurs dans le reste du 1er degré en x, obtenu ci-dessus, on trouve

$$x=1,\ x=1,\ x=-1.$$

SECOND EXEMPLE.

$$x^3-(3y-3)x^2+(3y^2-6y-1)x-y^3+3y^2+y-3=0\ldots(1),$$
$$x^2+(2y+4)x+y^2+4y+3=0\ldots\ldots\ldots\ldots(2).$$

En divisant l'un par l'autre les premiers membres de ces équations, on obtient un certain quotient (qu'il est inutile d'écrire) et un reste du 1er degré en x, égal à

$$(12y^2+12y)x+4y^3+24y^2+20y.$$

Or, ce reste peut être transformé de la manière suivante :

$$4y(y+1)(3x+y+5);$$

d'où l'on doit déjà conclure que $y=0$, $y=-1$, sont des valeurs convenables, et doivent faire partie de l'équation finale.

Supprimons, pour le moment, les facteurs y et $y+1$ dans le reste du 1er degré en x ; et prenons pour nouveau dividende le premier membre de l'équation (2); puis, pour diviseur, le reste du 1er degré en x, débarrassé du facteur $4y(y+1)$,

c'est-à-dire, $$3x+y+5;$$

il vient après la préparation d'usage, un quotient que l'on peut se dispenser d'écrire, et un reste indépendant de x, savoir :

$$y^2+y-2, \quad \text{ou} \quad (y-1)(y+2).$$

Dans cet exemple, qui se rapporte au cas particulier dont il a été question (n° 561), on a

$$m=1,\ n=y(y+1),\ \text{et}\ r=3x+y+5,$$

puis $$m'=9,\ \text{et}\ n'=(y-1)(y+2);$$

ce qui prouve que

$$n.n' \text{ ou } y(y+1)(y-1)(y+2)=0$$

fournit toutes les valeurs de y qui conviennent aux équations proposées, et n'en donne pas d'étrangères.

Pour obtenir les diverses solutions, il faut

1°. Combiner chacune des valeurs $y=0$, $y=-1$, avec l'équation (2), ou $x^2+(2y+4)x+y^2+4y+3=0$; ce qui donne

pour $y=0$, $x^2+4x+3=0$, d'où $x=-1$, $x=-3$;
pour $y=-1$, $x^2+2x=0$, d'où $x=0$, $x=-2$;

2°. — Combiner chacune des valeurs $y=1$, $y=-2$, avec l'équation $3x+y+5=0$;

ce qui donne pour $y=1$, $3x+6=0$, d'où $x=-2$,
pour $y=-2$, $3x+3=0$, d'où $x=-1$.

TROISIÈME EXEMPLE.

$$x^3-(3y+9)x^2+(3y^2+18y+23)x-y^3-9y^2-23y-15=0,$$
$$x^3+(3y-3)x^2+(3y^2-6y-1)\,x+y^3-3y^2-y+3=0.$$

La première division étant effectuée, donne 1 pour quotient avec un reste du second degré en x,

$$-(6y+6)x^2+(24y+24)x-2y^3-6y^2-22y-18,$$

qu'on peut mettre sous la forme

$$-2(y+1)\,(3x^2-12x+y^2+2y+9).$$

Supprimant le facteur $-2\,(y+1)$, puis multipliant par 9 le premier membre de l'équation (2), et divisant ce premier membre par $3x^2-12x+y^2+2y+9$, on obtient un certain quotient, et un reste égal à

$$(24y^2+48y)x-48y^2-96y,$$
ou $$24y(y+2)\,(x-2).$$

Supprimant dans ce nouveau reste le facteur $24y(y+2)$, puis divisant $3x^2-12x+y^2+2y+9$ par $x-2$, on trouve enfin pour dernier reste

$$y^2+2y-3,\text{ ou }(y-1)\,(y+3).$$

Comme, dans les trois opérations principales qui viennent d'être exécutées, on n'a multiplié par aucun facteur en y, il s'ensuit que le produit

$$(y+1)y\,(y+2)\,(y-1)\,(y+3),$$

égalé à zéro, fournit toutes les valeurs convenables de y, et n'en donne pas d'étrangères.

Pour obtenir d'ailleurs toutes les solutions des équations proposées, il faut combiner

1°. la valeur $y = -1$ avec l'équation (2), ce qui donne

$$x^3 - 6x^2 + 8x = 0,\ \text{d'où}\ x = 0,\ x = 4,\ x = 2;$$

2°. les valeurs $y = 0$, $y = -2$, avec le reste du second degré en x, égalé à zéro, ce qui donne

pour $y = 0$, $\quad x^2 - 4x + 3 = 0$, d'où $x = 3$, $x = 1$,

et pour $y = -2$, $\quad x^2 - 4x + 3 = 0$, d'où $x = 3$, $x = 1$;

3°. Enfin, les valeurs $y = 1$, $y = -3$, avec $x - 2 = 0$,

d'où $\quad x = 2$.

QUATRIÈME EXEMPLE.

$$y^3x^2 - 3y^3x - y^2 + 2 = 0 \ldots \quad (1),$$
$$(y^2 - 3y + 2)x^2 + (y - 1)x - 3y + 1 \ldots \quad (2).$$

Comme ces équations sont du même degré en x, on peut prendre le premier membre de l'une ou de l'autre indifféremment pour dividende.

Prenons d'abord (1) pour dividende, et multiplions par $y^2 - 3y + 2$; puis effectuons la division.

Il vient pour quotient............ y^3,

et pour reste $(-3y^5 + 8y^4 - 5y^3)x + 2y^4 + 2y^3 - 6y + 4$.

Le coefficient du premier terme de ce reste peut être mis sous la forme $-y^3(y - 1)\ (3y - 5)$;

et comme $y = 0$, $y = 1$, $y = +\frac{5}{3}$ ne peuvent annuller... $2y^4 + 2y^3 - 6y + 4$, il s'ensuit que le reste du 1er degré en x ne contient pas de facteur en y.

D'un autre côté, puisque le coefficient du premier terme de (2), ou $y^2 - 3y + 2$, revient à $(y-1)(y-2)$, il en résulte que, pour continuer l'opération, il suffit de multiplier le premier membre de (2) par $y^6(y-1)(3y-5)^2$. Cette préparation étant faite, et la nouvelle division étant effectuée, on obtient un certain quotient (que nous omettrons) et un reste indépendant de x, qui, changé de signe, est égal à

$$27y^{10} - 136y^9 + 214y^8 - 112y^7 + 65y^6 - 100y^5 + 30y^4 - 24y^3 + 120y^2 - 112y + 32.$$

Il faut maintenant s'assurer si ce reste ne renferme pas de facteurs étrangers. Or, d'après la théorie, ces facteurs ne peuvent être que $(y-1)$ et $(y-2)$, qui composent le premier multiplicateur introduit.

Comme l'hypothèse $y = 1$ n'anéantit pas le polynome précédent, il s'ensuit que $y - 1$ ne le divise pas; mais si l'on essaie la division par $y - 2$, on trouve un quotient exact et égal à

$$27y^9 - 82y^8 + 50y^7 - 12y^6 + 41y^5 - 18y^4 - 6y^3 - 36y^2 + 48y - 16,$$

lequel n'est plus divisible par $y - 2$, Ainsi, ce quotient égalé à zéro donne la véritable équation finale.

Traitons le même exemple en prenant (2) pour dividende, et pour cela multiplions (2) par y^3, puis effectuons la division. Il vient un certain quotient (qu'il est inutile d'écrire), et un reste du 1er degré en x, égal à

$$(3y^5 - 8y^4 + 5y^3)x - 2y^4 - 2y^3 + 6y - 4.$$

Le coefficient du premier terme de ce reste revient à

$$y^3(y-1)(3y-5);$$

et comme aucun des facteurs de ce produit ne se trouve dans le second terme, il s'ensuit que, pour continuer l'opération, il faut multiplier (1) par $y^3(y-1)^2(3y-5)^2$.

Après cette nouvelle préparation, on effectue la division, et l'on obtient pour reste indépendant de x,

$$2y^9-82y^8+50y^7-12y^6+41y^5-18y^4-6y^3-36y^2+48y-16,$$

polynome qui, égalé à zéro, donne la véritable équation finale, puisque le premier multiplicateur introduit, y^4, n'a aucun facteur commun avec ce reste.

Nous n'insisterons pas sur la détermination des *couples* de valeurs qui satisfont aux équations proposées, parce que la recherche seule des racines de l'équation finale serait déjà très laborieuse. Mais cet exemple est remarquable en ce que, suivant la manière dont on commence l'opération, on parvient immédiatement à la véritable équation finale, ou à cette équation embarrassée d'une racine étrangère.

366. Remarque importante sur *les solutions infinies.* — En réfléchissant sur la théorie développée dans les numéros **360**... **364**, on reconnaît sans peine que les raisonnemens dont elle se compose, ne s'appliquent qu'aux solutions des équations en *quantités finies*, réelles ou imaginaires. Quant aux solutions *infinies* auxquelles donnent lieu certains systèmes d'équations, il est toujours facile de les découvrir, soit à la fin des opérations, soit dans le cours du calcul, soit enfin en remontant aux équations elles-mêmes, ainsi qu'on va le voir sur les nouveaux exemples que nous allons traiter.

CINQUIÈME EXEMPLE.

$$x^2-y^2-6y-9=0\ \ldots\ (1),$$
$$x^2+2y.x+y^2-1=0\ \ldots\ (2).$$

La première division n'exige aucune préparation. Elle donne 1 pour quotient, puis pour reste, changé de signe et divisé par 2,

$$y.x+y^2+3y+4.$$

Multipliant le premier membre de (2) par y^2, puis effectuant la division, on obtient un certain quotient, puis un reste indépendant de x qui, toute simplification faite, se réduit à

$$y^2 + 3y + 2, \quad \text{ou} \quad (y + 1)(y + 2).$$

Comme les équations proposées sont du second degré, on peut affirmer (n° 361) que $y = -1$, $y = -2$, sont des valeurs convenables.

En les reportant dans le reste du premier degré en x,

on a 1°...pour $y = -1$, $-x + 2 = 0$, d'où $x = 2$;
2°...pour $y = -2$, $-2x + 2 = 0$, d'où $x = 1$.

Je dis en outre, qu'il existe pour les équations proposées, *deux* couples de valeurs *infinies*.

En effet, dans les calculs que comporte la dernière division, le reste final qui, en apparence, devrait être du 4me degré, se réduit au second par l'effet des simplifications; mais il n'en résulte pas moins que l'équation peut être mise sous la forme

$$0.y^4 + 0.y^3 + 8y^2 + 24y + 16,$$

et admet ainsi (n° 243) *deux* valeurs infinies.

Portant ces valeurs dans le reste du 1er degré, qui revient à

$$x = -\frac{y^2 + 3y + 4}{y} = -y - 3 - \frac{4}{y},$$

on trouve également $x = \infty$, $x = \infty$.

Nous pouvons faire ressortir l'existence de *deux* couples de valeurs infinies dans les équations proposées, en observant qu'elles reviennent à

$$x^2 = (y + 3)^2, \quad \text{ou} \quad x^2 - (y + 3)^2 = 0,$$
$$(x + y)^2 = 1, \quad \text{ou} \quad (x + y)^2 - 1 = 0;$$

c'est-à-dire qu'elles sont décomposables chacune en deux

facteurs du premier degré, et donnent lieu aux systèmes suivans :

$$\begin{array}{l|l|l|l} x+y+3=0 & x-y-3=0 & x+y+3=0 & x-y-3=0 \\ x+y-1=0 & x+y-1=0 & x+y+1=0 & x+y+1=0\,; \end{array}$$

or le 2me et le 4me admettent respectivement les couples

$$[x=2,\ y=-1],\quad [x=1,\ y=-2]\,;$$

mais le 1er et le 3me rentrent (n° 74) dans la classe des équations à deux inconnues dont les solutions sont *infinies*.

SIXIÈME EXEMPLE.

$$(y-1)x^3+4(y-1)x^2+(5y-2)x+2y+1=0\ldots(1),$$
$$(y-1)x^2+3(y-1)x+3y=0\ldots\ldots\ldots\ldots\ldots\ldots(2).$$

Cet exemple donne pour reste de la première opération

$$-(y-1)\,(x+1).$$

Supprimant le facteur $(y-1)$, et divisant le premier membre de (2) par $x+1$, on trouve pour reste final,

$$y+2.$$

La valeur $y=-2$, substituée dans $x+1=0$, donne $x=-1$.

Quant à la valeur $y=1$, tirée du facteur $y-1$ égalé à 0, en la substituant dans le diviseur de la première opération, c'est-à-dire dans l'équation (2), on obtient

$$0.x^2+0.x+3=0;$$

ce qui donne *deux* valeurs infinies pour x.

Et en effet, la même valeur $y=1$, reportée dans l'équation (1), donne $0.x^3+0.x^2+3x+3=0$, qui admet également deux valeurs infinies.

Ainsi, les équations proposées admettent d'abord *un seul* système de valeurs *finies*, $y=-2$, $x=-1$, puis *deux* systèmes de valeurs, *finies* pour y et *infinies* pour x, savoir : $[y=1,\ x=\infty]$, $[y=1,\ x=\infty]$.

En général, on obtient les systèmes de valeurs *finies* pour l'une des inconnues, et *infinies* pour l'autre, d'après l'inspection des équations proposées, en les ordonnant alternativement par rapport à chaque inconnue. On voit alors si quelques-uns des coefficiens de l'inconnue par rapport aux puissances de laquelle les polynomes sont ordonnés, peuvent être annullés pour la même valeur de l'autre inconnue.

C'est ainsi que le système des équations

$$y^2x^2-x-3=0,\quad yx^2-3yx+4=0,$$

outre les solutions ordinaires en nombres finis, admet les deux couples $[y=0,\ x=\infty]$, $[x=0,\ y=\infty]$ (*).

Jusqu'à présent nous avons supposé qu'en appliquant la méthode d'élimination avec toutes ses modifications (n° 358), on soit conduit à un reste final fonction de y. Mais il n'en est pas toujours ainsi; et la dernière division que comporte le procédé, donne quelquefois lieu, soit à un reste *numérique*, soit à un reste *nul*.

Examinons ces deux cas successivement.

367. Premier cas. — *Reste numérique et différent de* 0.

SEPTIÈME EXEMPLE.

$$yx^3-(y^3-3y-1)x+y=0\ldots\ldots\ (1),$$
$$x^2-y^2+3=0\ldots\ldots\ldots\ (2).$$

La première division donne pour quotient xy, et pour reste $x+y$.

(*) C'est surtout dans la Géométrie analytique à deux dimensions que la considération de ces sortes de solutions *infinies* est importante. Elles correspondent, soit à des branches de courbes qui se rencontrent à l'infini, soit à des courbes qui ont des asymptotes communes.

Dans la seconde, le quotient est $x-y$, et le reste, $+3$.

Ce résultat prouve que les deux équations sont *incompatibles*, c'est-à-dire qu'elles n'admettent *aucune solution* en nombres *finis*.

Et en effet, comme, en appliquant aux deux polynomes proposés, le procédé du plus grand commun diviseur, on obtient un reste *numérique* avant aucune substitution particulière faite pour y, il s'ensuit que le même procédé, appliqué aux deux polynomes en x qui résulteraient de la substitution, pour y, d'une valeur particulière quelconque, donnerait lieu au même reste numérique; d'où l'on voit qu'aucune valeur de y ne saurait introduire de commun diviseur en x, condition qui cependant est (n° 269) inséparable de toute valeur convenable de y.

Dans l'exemple précédent, l'incompatibilité des deux équations peut aisément être mise en évidence; car il résulte de la première opération, que l'équation (1) peut être mise sous la forme

$$(x^2-y^2+3).yx+x+y=0,$$

équation qui, eu égard à l'équation (2), se réduit à

$$x+y=0;$$

d'où l'on déduit $(x+y)\ (x-y)$, ou $x^2-y^2=0$.

Or ce dernier résultat est évidemment contradictoire avec

$$x^2-y^2+3=0,$$

tant que x et y sont des quantités *finies*.

N. B. — Il est important d'observer que, dans le cas qui nous occupe, il n'y a incompatibilité entre les équations proposées, qu'autant qu'il n'y a pas eu de facteur en y supprimé dans les différens restes. Car on sait qu'en général, à ces facteurs supprimés correspondent des couples de valeurs *finies* pour x et pour y, dont il faut tenir compte à la fin de l'opération.

368. Second cas. — *Reste nul.*

Huitième Exemple.

$$x^3-(3y+5)\,x^2+(3y^2+10y+6)\,x-y^3-5y^2-6y=0\ldots(1);$$
$$x^3-5yx^2+(8y^2-1)\,x-4y^3+y=0\ldots\ldots\ldots\ldots\ldots\ldots(2).$$

En appliquant à ces deux équations le procédé ordinaire, on obtient successivement les deux restes

$$(2y-5)\,x^2-(5y^2-10y-7)\,x+3y^3-5y^2-7y\ldots(3),$$
$$(y^4-10y^3+35y^2-50y+24)\,x-y^5+10y^4-35y^3+50y^2-24y,$$

ou $$(y^4-10y^3+35y^2-50y+24)\,(x-y)\ldots(4).$$

Supprimant dans ce dernier reste, le facteur en y qui s'y trouve en évidence, puis divisant (3) par $x-y$, on obtient un quotient exact et égal à

$$(2y-5)\,x-3y^2+5y+7\ldots(5);$$

ce qui prouve que $(x-y)$ est diviseur commun aux premiers membres de (1) et de (2).

En effet, la division étant essayée, on reconnaît que ces équations peuvent être mises sous la forme

$$[x^2-(2y+5(x+y^2+5y+6]\,(x-y)=0,$$
$$(x^2-4yx+4y^2-1)\,(x-y)=0,$$

et qu'ainsi, elles sont *indéterminées*. Elles rentrent dans le cas qui a été examiné (n° 268).

Si l'on supprime le facteur $x-y$ qui les rend indéterminées, et qu'on pose

$$x^2-(2y+5)\,x+y^2+5y+6=0,$$
$$x^2-4yx+4y^2-1=0,$$

on peut demander *les solutions* (en nombre limité) communes à ces nouvelles équations, lesquelles solutions appartiennent également aux équations proposées. Or, je dis que, pour obtenir l'équation finale et le reste du 1er degré en x, qui correspondent aux nouvelles équations, on peut faire usage des calculs précédens.

Pour nous rendre compte de cette circonstance d'une manière générale, appelons A et B les premiers membres des deux équations proposées; et soient $A = A'.D$, $B = B'.D$, D étant un facteur commun en x et y, ou bien en x seulement.

En appliquant d'abord aux deux polynomes le procédé ordinaire, on trouvera *une première série* de quotiens, et *une première série* de restes, lesquels restes contiendront également le facteur commun. Mais si l'on supprime ce facteur dans A et dans B, qu'on veuille ensuite agir sur les polynomes résultans A′ et B′, on retrouvera nécessairement *les mêmes quotiens*, et des restes qui ne différeront de ceux de la première série d'opérations, qu'en ce qu'ils ne contiendront plus le facteur commun. Donc le dernier reste entre autres, de la seconde série d'opérations, ne différera du dernier reste de la première série, que par l'absence du facteur commun.

Ainsi déjà, *le premier membre de l'équation finale qui correspond à* $A' = 0$, $B' = 0$, *n'est autre chose que le dernier reste* de la première série d'opérations, *débarrassé du facteur commun à* A *et à* B; c'est *le facteur commun en* y *qui existe entre les coefficiens de ce reste.*

Dans l'exemple précédent, ce facteur est

$$y^4 - 10y^3 + 35y^2 - 50y + 24.$$

Quant au reste du 1er degré en x de la seconde série d'opérations, *il doit être égal à l'avant-dernier reste* de la première série, *divisé par le facteur commun*; c'est donc *le dernier quotient* (5) de la première série, ou bien

$$(2y - 5)x - 3y^2 + 5y + 7.$$

L'équation $y^4 - 10y^3 + 35y^2 - 50y + 24 = 0$, étant résolue d'après la méthode des racines commensurables, donne pour valeurs,

$$y = 1, 2, 3, 4.$$

Substituant alternativement chacune de ces valeurs dans le reste du 1er degré en x, et résolvant ce reste égalé à zéro, on trouve pour les valeurs de x correspondantes,

$$x = 3, 5, 5, 7.$$

NEUVIÈME EXEMPLE.

$$x^3 - (3y-1)x^2 + (y^2-2y)x + y^2 + y = 0 \ldots \quad (1),$$
$$x^3 - (y-1)x^2 - (y-1)x + 1 = 0 \ldots\ldots \quad (2).$$

On obtient d'abord pour reste du 2e degré,

$$2yx^2 - (y^2-y-1)x - y^2 - y + 1 \ldots \quad (3),$$

et pour reste du 1er degré,

$$(y^4 - 5y^2 + 2y - 1)x + y^4 - 5y^2 + 2y - 1,$$

ou $$(y^4 - 5y^2 + 2y - 1)(x+1) \ldots \quad (4).$$

Supprimant le facteur en y qui se trouve dans (4), puis divisant (3) par $(x+1)$, on obtient un quotient exact et égal à

$$2yx - y^2 - y + 1 \ldots \quad (5);$$

d'où l'on peut conclure que $x+1$ est diviseur commun des deux proposées.

Ces équations débarrassées du facteur $(x+1)$, se réduisent à

$$x^2 - 3yx + y^2 + y = 0,$$
$$x^2 - xy + 1 = 0;$$

et la question est ramenée à trouver les *solutions* communes à ces nouvelles équations.

Or, en appliquant la règle qui a été établie plus haut, on trouve pour équation finale

$$y^4 - 5y^2 + 2y - 1 = 0,$$

[c'est le facteur en y qui se trouve dans (4)], et pour l'équation du 1er degré en x correspondante, le reste (5) égalé à zéro, c'est-à-dire

$$2yx - y^2 - y + 1 = 0.$$

La première de ces deux équations n'admettant pas de racines commensurables, il faudrait y appliquer la méthode des racines incommensurables; après quoi, l'on substituerait chacune des valeurs de y obtenues dans la seconde équation, laquelle donnerait alors les valeurs de x correspondantes.

369. Pour compléter la théorie de l'élimination entre deux équations, il nous reste à examiner le cas où, les premiers membres des équations proposées étant ordonnés par rapport à l'inconnue qu'on veut éliminer, y par exemple, les coefficiens renferment un facteur fonction de y (*Voyez* n° 357).

Soient toujours $A = 0$, $B = 0$, les équations proposées; et supposons en PREMIER LIEU que A seul renferme un facteur F, fonction de y; en sorte que l'on ait $A = A' \times F$.

Comme chacune de ces valeurs de y tirées de $F = 0$, satisfait nécessairement à $A = 0$, quel que soit x, il s'ensuit que, si l'on substitue successivement ces valeurs dans $B = 0$, et qu'on détermine les valeurs de x correspondant à chacune de ces substitutions, on obtiendra autant de *couples* de valeurs de x et de y propres à vérifier simultanément les équations $A = 0$, $B = 0$.

En d'autres termes, le système des équations [$A = 0$, $B = 0$] peut être remplacé par les deux systèmes

$$[A' = 0,\ B = 0],\ [F = 0,\ B = 0];$$

en sorte que si l'on appelle $Y = 0$ l'équation finale correspondant au système $[A'=o,\ B=o]$, l'équation

$$Y\times F=o$$

est l'équation finale correspondant au système proposé, en ce sens qu'elle fournit toutes les valeurs convenables de y, et n'en donne pas d'étrangères.

(Il est bien entendu d'ailleurs que, parmi ces valeurs de y, se trouvent comprises celles auxquelles il correspond des valeurs de x INFINIES. Ainsi, par exemple, dans le cas où un facteur $y-\beta$, appartenant à F, entrerait dans *un* ou *plusieurs* des premiers coefficiens de B, il s'ensuivrait que, pour cette valeur de y, on obtiendrait *une* ou *plusieurs* valeurs infinies de x).

EN SECOND LIEU, soient $A=A'\times F$, $B=B'\times F'$, F et F' étant *premiers entre eux*.

On démontrerait comme ci-dessus, que le système des équations $[A=o,\ B=o]$ peut être remplacé par les trois systèmes

$$[A'=o,\ B'=o],\ [F=o,\ B'=o],\ [F'=o,\ A'=o].$$

Ainsi l'équation $Y\times F\times F'=o$ est l'équation finale qui correspond aux équations proposées.

TROISIÈMEMENT enfin, soient $A=A'\times F$, $B=B'\times F'$, F et F' ayant un facteur commun, fonction de y.

Appelons φ ce facteur commun, et f, f', les quotiens respectifs de F, F', divisés par φ. Les équations proposées sont alors de la forme

$$A'\times f\times\varphi=o,\quad B'\times f'\times\varphi=o,$$

et peuvent être satisfaites par chacune des valeurs de y tirées de $\varphi=o$, en même temps que par une valeur quelconque de x; donc elles sont *indéterminées* (n° 368).

Mais si l'on supprime ce facteur φ qui les rend indéterminées, on obtient les nouvelles équations

$$A'\times f=o,\quad B'\times f'=o,$$

auxquelles correspond alors l'équation finale

$$Y \times f \times f' = 0$$

($Y = 0$ étant l'équation finale relative à $A' = 0$, $B' = 0$).

370. Nous terminerons le paragraphe de l'élimination, par deux exemples où les premiers membres des équations proposées peuvent être décomposés *à priori* en facteurs, les uns fonction de x ou de y seulement, les autres fonction de x et de y à la fois; auquel cas la détermination des *couples* devient beaucoup plus facile que par la méthode générale.

DIXIÈME EXEMPLE.

$$(y - 1)(x^2 - xy - y^2 + 1) = 0.$$
$$(x^2 - 1)(x^2 - xy - 2) = 0.$$

Conformément à ce qui a été dit dans le numéro précédent, le système peut être remplacé par les quatre suivans :

$$y - 1 = 0, \quad x^2 - 1 = 0 \ldots\ldots (1),$$
$$y - 1 = 0, \quad x^2 - xy - 2 = 0 \ldots\ldots (2),$$
$$x^2 - 1 = 0, \quad x^2 - xy - y^2 + 1 = 0 \ldots\ldots (3),$$
$$x^2 - xy - y^2 + 1 = 0, \quad x^2 - xy - 2 = 0 \ldots\ldots (4).$$

Le système (1) donne d'abord *les couples*

$$[y = +1, x = +1], \quad [y = +1, x = -1];$$

le système (2)..... $y = 1$, $x^2 - x - 2 = 0$;

d'où résultent les nouveaux couples

$$[y = +1, x = +2], \quad [y = +1, x = -1];$$

le système (3),..... $x = \pm 1$, $y^2 \pm y - 2 = 0$;

d'où $[y = +1, x = +1]$, $[y = -2, x = +1]$,

et $[y = -2, x = -1]$, $[y = -1, x = -1]$.

Quant au système (4), comme la division de x^2-xy-y^2+1 par x^2-xy-2 donne pour quotient 1 et pour reste $-y^2+3$, il s'ensuit que

$$y^2-3=0$$

est l'équation finale en y qui correspond à ce système. (Ici, le reste qui précède immédiatement le reste final en y, est du second degré en x.)

On déduit de cette équation finale, $y=\pm\sqrt{3}$,

d'où, substituant dans le reste précédent, $x^2\pm\sqrt{3}.x-2=0$, ce qui donne les *quatre* nouveaux couples

$$[y=+\sqrt{3},\quad x=\tfrac{1}{2}\sqrt{3}\pm\tfrac{1}{2}\sqrt{11}],$$
$$[y=-\sqrt{3},\quad x=-\tfrac{1}{2}\sqrt{3}\pm\tfrac{1}{2}\sqrt{11}].$$

Les équations proposées admettent donc en tout, *douze* couples dont plusieurs sont *identiques*.

ONZIÈME EXEMPLE.

$$(yx-6)\ (x^2-1)=0$$
$$(2x-3y)\ (x^2-y^2)=0.$$

Ces équations reviennent à celles-ci :

$$(yx-6)\ (x-1)\ (x+1)=0,$$
$$(2x-3y)\ (x-y)\ (x+y)=0;$$

et en combinant successivement chacun des trois facteurs de la première avec chacun des trois facteurs de la seconde, on obtiendra *neuf* systèmes d'équation dont l'ensemble peut remplacer le système proposé.

Combinons, par exemple, les trois facteurs de la première équation avec le premier facteur de la seconde, ce qui donne les systèmes

$$(yx-6=0,\ 2x-3y=0),\ (x-1=0,\ 2x-3y=0),$$
$$(x+1=0,\ 2x-3y=0);$$

on trouve pour le premier système

$$[y=2,\ x=3],\ [y=-2,\ x=-3],$$

pour le second, et le troisième,

$$[y=\tfrac{2}{3},\ x=1],\ [y=-\tfrac{2}{3},\ x=-1].$$

Combinant de même les trois facteurs de la première équation avec le second, puis avec le troisième facteur de la seconde, on obtient

$$\begin{array}{ll}[y=+\sqrt{6},\ x=+\sqrt{6}], & [y=-\sqrt{6},\ x=-\sqrt{6}],\\ [y=+1,\ x=+1], & [y=-1,\ x=-1],\\ [y=+\sqrt{-6},x=-\sqrt{-6}], & [y=-\sqrt{-6},x=+\sqrt{-6}],\\ [y=+1,\ x=-1], & [y=-1,\ x=+1],\end{array}$$

ce qui donne encore *douze* solutions.

N. B. — On voit d'après les deux exemples précédens, comment on peut former *à priori* des systèmes d'équation susceptibles d'admettre des *solutions* données.

NOTE

Sur les polynomes rationnels et entiers.

PREMIÈRE PARTIE.

Démonstration du théorème énoncé n° 250 (*).

Tout polynome premier P (rationnel et entier), *qui divise exactement le produit* A × B *de deux autres polynomes rationnels et entiers, doit nécessairement diviser l'un de ces polynomes.*

Ce théorème général repose sur plusieurs autres propositions qui n'en sont que des cas particuliers, et que nous allons démontrer successivement.

1. Premier cas.—Soient P un nombre premier, A un nombre entier quelconque, B un polynome rationnel et entier, mais dépendant d'une seule lettre x, c'est-à-dire tel que l'on ait

$$B = ax^n + bx^{n-1} + cx^{n-2} + \ldots + sx + t;$$

($a, b, c, \ldots\ldots s, t$, étant des nombres entiers quelconques positifs ou négatifs).

Comme le produit A × B devient alors

$$Aa.x^n + Ab.x^{n-1} + Ac.x^{n-2} + \ldots + As.x + At,$$

et que P divise, par hypothèse, ce produit, il s'ensuit nécessairement (n° 30) que P doit diviser chacun des coefficiens Aa, Ab, Ac, ... As, At; donc il faut (*Arith.*, 15e édit., n° 129) que P divise A, ou bien chacun des nombres $a, b, c, \ldots s, t$, et par conséquent B.

D'où l'on peut conclure que *Tout nombre premier* P, *qui divise exactement le produit* A × B *de deux quantités dont l'une* A *est un nombre entier quel-*

(*) Cette démonstration est due à M. Lefébure de Fourcy, examinateur d'admission à l'École Polytechnique.

conque, et l'autre B *un polynome rationnel et entier dépendant d'une seule lettre* α, *doit diviser* A *ou* B.

2. Second cas. — Soient P un nombre premier, A et B deux polynomes rationnels et entiers dépendant de la seule lettre α, c'est-à-dire tels que l'on ait

$$A = a\alpha^{n} + b\alpha^{n-1} + c\alpha^{n-2} + \ldots + s\alpha + t,$$
$$B = a'\alpha^{n'} + b'\alpha^{n'-1} + \ldots\ldots\ldots\ldots + s'\alpha + t';$$

(a, b, c, ... s, t, a', b', c', ... s', t', étant des nombres entiers).

Désignons par A′ l'ensemble des termes de A, dont les coefficiens renferment le facteur P, et par A″ l'ensemble des termes dont les coefficiens ne sont pas divisibles par P; il en résulte

$$A = A' + A'' \ldots (1).$$

Soient de même B′ et B″ les deux parties de B, dont l'une a tous ses coefficiens divisibles, et l'autre ses coefficiens non divisibles par P; on a aussi

$$B = B' + B'' \ldots (2).$$

Multipliant l'une par l'autre les égalités (1) et (2), on obtient

$$AB = A'B' + A''B' + A'B'' + A''B'' \ldots (3).$$

Cela posé, puisque, par hypothèse, P divise chacun des coefficiens de A′ et de B′, il s'ensuit que P divise les trois premières parties du second membre de l'égalité (3); donc, pour que P divise le produit AB, il faut nécessairement qu'il divise la quatrième partie A″B″. Or, je dis que cette dernière division est impossible; car désignons par $k\alpha^{r}$, $k'\alpha^{r'}$, les deux termes de A″ et de B″, affectés du plus haut exposant de α; comme leur produit $kk'.\alpha^{r+r'}$ ne peut se réduire avec les autres produits partiels qui entrent dans A″B″, il faut nécessairement (nº **30**), pour que P divise A″B″, qu'il divise kk'; ce qui est absurde, puisque le nombre P ne divise ni k ni k'.

Le seul moyen de faire cesser l'absurdité est de supposer A″ ou B″ égal à 0; et alors, tous les termes de A ou de B étant divisibles par P, il s'ensuit que A ou B doit être divisible par P, pour que A×B soit lui-même divisible par P.

Donc *Tout nombre premier* P, *qui divise exactement le produit* A×B *de deux polynomes rationnels et entiers, doit diviser tous les coefficiens de l'un de ces polynomes, et par conséquent ce polynome.*

3. Troisième cas. — Soient A un nombre entier quelconque, B un polynome rationnel et entier, dépendant de la seule lettre α, P un polynome premier, de même nature que B.

Puisque, par hypothèse, le produit A × B est divisible par P, on a l'égalité

$$A \times B = P \times Q \ldots \quad (1)$$

(Q étant une quantité entière, numérique ou algébrique).

Décomposons le nombre A dans ses facteurs premiers; et soit

$$A = f f' f'' \ldots f^{(n)}$$

(plusieurs de ces facteurs pouvant être égaux); l'égalité (1) devient

$$f f' . f'' \ldots f^{(n)} . B = P \times Q \ldots \quad (2);$$

d'où, divisant les deux membres par f,

$$f' . f'' \ldots f^{(n)} . B = \frac{P \times Q}{f}.$$

Or, le premier membre de celle-ci étant une quantité rationnelle et entière, il doit en être de même du second membre; mais f est un nombre premier qui ne peut diviser P, puisque P est premier; donc, en vertu du second cas, f doit diviser Q, et l'on a $Q = f \times Q'$ (Q' étant une quantité entière); d'où, substituant dans l'égalité (2), et divisant par f,

$$f' . f'' \ldots f^{(n)} . B = P \times Q' \ldots \quad (3).$$

Raisonnant sur cette égalité comme sur l'égalité (2), on reconnaîtra de même que $Q' = f' \times Q''$ (Q'' étant une quantité entière); d'où, substituant dans (3) et divisant par f',

$$f'' . f''' \ldots f^{(n)} . B = P \times Q'' \ldots \quad (4);$$

et ainsi de suite. Donc, après avoir supprimé successivement tous les facteurs $f, f', f'' \ldots f^{(n)}$, on parviendra enfin à une égalité de la forme

$$B = P \times Q^{(n+1)},$$

$Q^{(n+1)}$ étant une quantité entière, numérique ou algébrique; ce qui démontre que B est divisible par P.

Ainsi, *Tout polynome premier* (rationnel et entier) *dépendant d'une seule lettre* α, *qui divise exactement le produit d'un nombre entier quelconque* A, *par un polynome rationnel et entier* B *dépendant de la même lettre* α, *doit diviser ce dernier polynome.*

4. Quatrième cas. — Soient A, B, deux polynomes rationnels et entiers, dépendant d'une seule lettre α, et P un polynome premier de même nature.

Supposons que A ne soit pas divisible par P, et admettons d'ailleurs que A soit de degré plus élevé que P; divisons alors A par P, en poussant la division jusqu'à ce qu'on parvienne à un reste de degré moindre que P. Mais afin d'obtenir au quotient des coefficiens entiers, multiplions d'abord A par un nombre convenable m (ce nombre a généralement pour valeur le multiple le plus simple des dénominateurs des coefficiens fractionnaires auxquels on serait conduit si l'on n'effectuait pas cette préparation). Désignons enfin par Q le quotient de la division, et par R le reste ; nous aurons l'égalité

$$m.A = P \times Q + R \ldots (1).$$

(R doit être supposé différent de o, car autrement il s'ensuivrait que P diviserait $m.A$, et par conséquent A, en vertu du 3ᵉ cas, ce qui serait contre la supposition ci-dessus.)

Cela posé, multiplions par B, et divisons par P les deux membres de l'égalité (1) ; il vient

$$\frac{m.A \times B}{P} = B \times Q + \frac{B \times R}{P}.$$

Or, P devant, par hypothèse, diviser $A \times B$, et par conséquent $m.A \times B$, il faut nécessairement que P divise aussi $B \times R$; et si R est un nombre entier quelconque, la proposition est démontrée, puisque P, divisant $B \times R$, doit diviser B, en vertu du 3ᵉ cas.

Mais supposons que R soit dépendant de x, et divisons P par R, après avoir toutefois introduit dans P un facteur numérique m' propre à donner au quotient des coefficiens entiers ; il vient encore

$$m'.P = R \times Q' + R' \ldots (2).$$

(R' doit être différent de o ; car si l'on avait $R' = o$, il s'ensuivrait que R diviserait $m'.P$, et par conséquent, que tous les facteurs premiers algébriques de R diviseraient P, ce qui est impossible, puisque P est premier.)

Multiplions par B et divisons par P les deux membres de l'égalité (2) ; il vient

$$m'.B = \frac{B \times R \times Q'}{P} + \frac{B \times R'}{P},$$

égalité qui prouve que la divisibilité de $B \times R$ par P entraîne celle de $B \times R'$ par P. Si R' est indépendant de x, la proposition est démontrée, puisque P, divisant $B \times R'$, doit diviser B, d'après le 3ᵉ cas.

Mais supposons R' dépendant de x, et continuons de diviser P par R', par R''...., et ainsi de suite ; nous parviendrons bientôt à un reste $R^{(n)}$ indépendant de x, et tel que $B \times R^{(n)}$ sera divisible par P. Donc enfin B lui-même est divisible par P.

(Dans le cas où l'on aurait P de degré plus élevé que A, on diviserait P par A, puis P par R, R', R'', et les raisonnemens seraient absolument les mêmes.)

Ainsi, *Lorsqu'un polynome premier* P (rationnel et entier), *dépendant d'une seule lettre α, divise exactement le produit* A×B *de deux polynomes rationnels et entiers qui ne dépendent que de la même lettre α, on peut en conclure que* P *divise exactement* A *ou* B.

5. Il est maintenant bien facile de généraliser la proposition; car, en supposant que les trois polynomes A, B, P, puissent renfermer les deux lettres α, ϐ, on aura quatre nouveaux cas à considérer, savoir:

1°.... P un nombre premier, ou un polynome premier dépendant de la seule lettre α; A un nombre entier quelconque ou un polynome rationnel et entier dépendant de la seule lettre α; B un polynome rationnel et entier renfermant les deux lettres α, ϐ;

2°.... P un nombre premier ou un polynome premier dépendant d'une seule lettre α; A, B, deux polynomes rationnels et entiers renfermant les deux lettres α, ϐ;

3°.... A un nombre entier quelconque ou un polynome rationnel et entier dépendant d'une seule lettre α; B, P, deux polynomes rationnels et entiers renfermant les deux lettres α, ϐ, mais P un polynome premier;

4°.... Enfin, A, B, P, trois polynomes renfermant les deux lettres α, ϐ, mais P un polynome premier.

Si l'on applique à chacune de ces hypothèses des raisonnemens analogues à ceux qui ont été établis nos **1**, **2**, **3**, **4**, on parviendra à cette nouvelle proposition, que *Tout polynome premier* P (rationnel et entier) *dépendant de deux lettres α, ϐ, qui divise le produit* A × B *de deux polynomes renfermant les deux mêmes lettres, divise nécessairement l'un des polynomes.*

La proposition étant reconnue vraie pour le cas de deux lettres, on peut ensuite l'étendre au cas de *trois, quatre*, etc., lettres; donc elle est vraie généralement.

6. On en déduit immédiatement, 1°. — que *Tout polynome premier* P *qui divise* A^2, *doit diviser* A, puisque l'on a $A^2 = A \times A$. De même, P *ne peut diviser* A^3, A^4... A^m, *sans diviser* A.

2°. — Que, *Si deux polynomes rationnels et entiers* A *et* B *sont premiers entre eux, il en est de même de leurs puissances* A^m *et* B^n; car tout facteur premier commun à A^m et B^n, devrait aussi diviser A et B, ce qui serait contre l'hypothèse.

7. En réfléchissant sur la proposition principale et sur toutes celles qui constituent la théorie du plus grand commun diviseur entre deux polynomes rationnels et entiers, on peut remarquer qu'elles ne supposent que les quatre premières opérations de l'Algèbre. Ainsi nous aurions pu, à la rigueur, placer cette théorie toute entière dans le premier chapitre, ce qui eût semblé plus naturel; mais les raisonnemens étant d'une nature trop abstraite pour des commençans, il nous a paru préférable de la renvoyer au chapitre où l'on en fait un plus fréquent usage.

SECONDE PARTIE.

Sur la décomposition d'un polynome rationnel et entier en ses facteurs premiers.

Clairault est le seul auteur qui, dans ses *Élémens d'Algèbre*, ait traité cette question ; mais sa méthode, peu commode dans la pratique, n'est pas assez générale. Celle que nous allons exposer a l'avantage de s'appliquer à toute espèce de polynomes rationnels et entiers, et se lie d'ailleurs immédiatement à la méthode des racines commensurables des équations numériques.

Nous démontrerons, avant tout, un nouveau principe sur lequel nous aurons à nous appuyer.

8. On a vu (nº **237**) que, toutes les fois qu'une *fonction entière de x* peut être rendue *nulle* par une valeur quelconque $x = a$, le binome $(x - a)$ est un diviseur relatif du polynome proposé.

Soit maintenant X un polynome rationnel et entier, de la forme

$$Ax^m + Bx^{m-1} + Cx^{m-2} + \ldots\ldots + Mx + N,$$

A, B, C, ... M, N, étant des quantités entières, numériques ou algébriques ; et admettons qu'une valeur rationnelle, mais fractionnaire.... $x = \frac{\alpha}{6}$ (qu'on peut toujours supposer irréductible), jouisse de la propriété de rendre *nul* le polynome X. Je dis que *ce polynome est aussi exactement divisible par* $(6x - \alpha)$, le mot *divisible* étant pris ici dans le sens de la division algébrique ordinaire (nº **230**).

En effet, il résulte d'abord de ce qui a été dit, nº **238** que le quotient de la division de X par $\left(x - \frac{\alpha}{6}\right)$ est exact et égal à

$$Ax^{m-1} + \left(A.\frac{\alpha}{6} + B\right)x^{m-2} + \left(A.\frac{\alpha^2}{6^2} + B.\frac{\alpha}{6} + C\right)x^{m-3} + \ldots.$$

$$+\left(A.\frac{\alpha^{m-1}}{6^{m-1}} + B.\frac{\alpha^{m-2}}{6^{m-2}} + \ldots\ldots + M\right);$$

en sorte que, si l'on appelle Q ce quotient, on a

$$X = \left(x - \frac{\alpha}{6}\right).Q\ldots\ldots \quad (1)$$

Q étant un polynome de forme fractionnaire, mais dont tous les dénominateurs sont facteurs de $\mathcal{C}^{m-1}$.

Cela posé, multiplions les deux membres de l'égalité (1) par $\mathcal{C}^m$; il vient $X.\mathcal{C}^m = (\mathcal{C}x - \alpha).Q.\mathcal{C}^{m-1}$; et il est évident que $Q.\mathcal{C}^{m-1}$ peut être considéré comme un polynome rationnel et entier, ainsi que sa valeur $\frac{X.\mathcal{C}^m}{\mathcal{C}x - \alpha}$. Mais $\mathcal{C}x - \alpha$ est un polynome premier qui ne peut diviser le facteur $\mathcal{C}^m$ puisque ce facteur est indépendant de x; donc (*note*, n° 3) X lui-même est divisible par $\mathcal{C}x - \alpha$; et l'on a

$$X = (\mathcal{C}x - \alpha)\,Q' \ldots\ldots \quad (2),$$

Q' étant un polynome rationnel et entier..... *c.q.f.d.*

N. B.—Comme l'égalité (1) revient à $X = (\mathcal{C}x - \alpha)\frac{Q}{\mathcal{C}}$, on obtient, en la comparant avec l'égalité (2),

$$\frac{Q}{\mathcal{C}} = Q', \quad \text{d'où} \quad Q = Q'.\mathcal{C};$$

ce qui démontre que le quotient Q, que nous avions dit être de forme fractionnaire, se réduit lui-même à un polynome entier et tel que $\mathcal{C}$ est facteur commun à tous ses coefficiens.

C'est sur ce principe que s'appuie la détermination des facteurs du premier degré de la forme $(mx + n)$ pour les équations numériques. (*Voyez* les exercices donnés n° 323.)

9. Passons actuellement à la recherche des facteurs premiers d'un polynome rationnel et entier.

Considérons, en premier lieu, un polynome de la forme

$$a^m + Pa^{m-1} + Qa^{m-2} + \ldots\ldots + Ta + U \ldots\ldots \quad (1),$$

P, Q, ... T, U, désignant des quantités algébriques entières.

Il est facile de démontrer, comme on l'a fait n° 318, qu'aucune expression rationnelle fractionnaire $\frac{\alpha}{\mathcal{C}}$ (qu'on peut toujours supposer *irréductible*), substituée à la place de a, ne peut rendre *nul* le polynome proposé.

Supposons en effet qu'on puisse avoir

$$\frac{\alpha^m}{\mathcal{C}^m} + P\frac{\alpha^{m-1}}{\mathcal{C}^{m-1}} + Q\frac{\alpha^{m-2}}{\mathcal{C}^{m-2}} + \ldots\ldots\ldots + T\frac{\alpha}{\mathcal{C}} + U = 0;$$

si l'on multiplie par $\mathcal{C}^{m-1}$, et qu'on transpose tous les termes à l'exception du premier, il vient

$$\frac{\alpha^m}{\mathcal{C}} = -P\alpha^{m-1} - Q\alpha^{m-2}\mathcal{C} \ldots\ldots\ldots - T\alpha\mathcal{C}^{m-2} - U\mathcal{C}^{m-1}.$$

égalité évidemment absurde; car le second membre est un polynome rationnel et entier, tandis que le premier est essentiellement fractionnaire (*note*, n° 6).

Soit en second lieu, un polynome rationnel et entier, tel que

$$Aa^m + Ba^{m-1} + \ldots\ldots + Ma + N.$$

Égalons ce polynome à o, et posons (n° 265) $a = \frac{a'}{A}$; on trouve, après la disparition des dénominateurs,

$$a'^m + B.a'^{m-1} + C.A.a'^{m-2} + D.A^2.a'^{m-3} + \ldots N.A^{m-1} = 0,$$

équation dont le premier membre est de même forme que le polynome (1) et qui, si elle admet des valeurs rationnelles pour a', ne peut en admettre que d'*entières*.

Désignons par p, p', p'',... les différentes racines entières de cette équation; les racines correspondantes de l'équation

$$Aa^m + Ba^{m-1} + \ldots + Ma + N = 0,$$

seront $\frac{p}{A}$, $\frac{p'}{A}$, $\frac{p''}{A}$..... Or, parmi celles-ci, les unes peuvent être entières et représentées par α, α',...... les autres fractionnaires et exprimées par $\frac{\beta}{\gamma}$, $\frac{\beta'}{\gamma'}$,.... (β et γ, β' et γ',.... étant *premiers entre eux*).

Par conséquent, les diviseurs rationnels et entiers du 1er degré par rapport à a, du polynome proposé, seront

$$a - \alpha, \quad a - \alpha', \ldots \quad \text{et} \quad \gamma a - \beta, \quad \gamma' a - \beta' \ldots\ldots$$

Il suit de là que la recherche des diviseurs entiers du 1er degré par rapport à l'une des lettres qui entrent dans un polynome donné, est ramenée à la recherche des facteurs de la forme $a - K$, K étant une quantité entière, positive ou négative, numérique ou algébrique; et pour obtenir ces facteurs, il suffit de savoir résoudre en quantités entières, une équation de la forme

$$a^m + Pa^{m-1} + Qa^{m-2} + \ldots\ldots + Ta + U = 0,$$

P, Q,.... T, U, étant des quantités algébriques entières.

La méthode établie (n° 320) pour résoudre en nombres entiers une équation numérique de même forme, est applicable en tous points à la question dont nous nous occupons ici. Il suffit donc de se reporter à ce numéro, pour se former une idée de la marche qu'il faut suivre à l'égard d'un polynome rationnel et entier, quelque compliqué qu'il soit. Nous nous bornerons à quelques remarques générales.

10. *Première remarque.* — L'application de la méthode supposant que le dernier terme du polynome ordonné est décomposé dans ses facteurs premiers, il semble au premier abord qu'on soit conduit à *une pétition de principe;* mais observons, 1°. que ce dernier terme est plus simple que le polynome proposé; 2°. que, dans tous les cas, il renferme une lettre de moins que ce polynome.

Ainsi d'abord, quand le polynome ne renferme qu'*une seule lettre,* le dernier terme est numérique; et l'on sait déjà trouver tous les diviseurs d'un nombre.

Si le polynome renferme *deux* lettres, et qu'on l'ordonne par rapport à l'une d'elles, le dernier terme n'est plus fonction que d'une seule lettre; et l'on est censé savoir déterminer tous les diviseurs entiers d'un polynome d'*une seule* lettre.

Si le polynome renferme *trois* lettres, le dernier terme n'en renferme que *deux;* et ainsi de suite.

11. *Seconde remarque.* — Lorsque, dans le polynome proposé, le coefficient de la plus haute puissance de la lettre principale est différent de l'unité, comme il faut avoir recours à la transformation du n° **265** pour rendre ce coefficient égal à 1, et que cette opération donne lieu, en général, à de nouveaux coefficiens très compliqués, il convient d'appliquer d'abord la méthode au polynome lui-même, de la manière indiquée n° **324**. Par ce moyen, on obtient tous les facteurs premiers de la forme $(a-\alpha)$; après quoi l'on divise le polynome proposé par le produit de tous ces facteurs, et la question se réduit à déterminer tous les facteurs tels que $(\gamma a - \beta)$, du polynome-quotient.

12. *Troisième remarque.* — Dans la même circonstance, il convient encore de s'assurer si les coefficiens des diverses puissances de la lettre principale n'auraient pas un commun diviseur (n° **247**), parce que, s'il en existait un, on le supprimerait et l'on opérerait ensuite sur le polynome résultant de cette suppression.

Le facteur supprimé pourrait lui-même être un polynome décomposable; et ses facteurs premiers seraient les facteurs indépendans de la lettre principale.

13. *Quatrième et dernière remarque.* — Toutes les fois que le dernier terme renferme comme facteurs des monomes littéraux, tels que b, b^2,.... c, c^2..., il est plus simple de substituer immédiatement ces quantités prises avec le signe +, puis avec le signe —, dans le polynome, parce que le résultat de cette substitution est un polynome tout développé.

Celles de ces quantités qui jouissent de la propriété de rendre *nul* le polynome, sont reconnues *racines.* C'est la même règle que pour +1 et —1 par rapport aux équations numériques.

Les exemples suivans éclairciront ces différentes remarques.

1er EXEMPLE.

14. $2a^4 + a^3b + a^2b^2 + ab^3 - b^4.$

Égalons ce polynome à o, après l'avoir ordonné; il vient

$$2a^4 + ba^3 + b^2a^2 + b^3a - b^4 = 0 \ldots\ldots (1).$$

Conformément à la remarque du n° **11**, cherchons d'abord les diviseurs tels que $a - \alpha$.

Or, les diviseurs de b^4 étant b, b^2, b^3, b^4, il faudrait essayer ces diviseurs tant avec le signe + qu'avec le signe —, et, pour cela, les substituer au lieu de a dans l'équation (1); mais comme le polynome proposé est *homogène* (*Alg.*, n° **11**), il est évident que b^2, substitué à la place de a, donnerait pour $2a^4$ un terme de plus haut degré que tous les autres, et qui, par conséquent, ne pourrait être détruit. Même raisonnement par rapport à b^3 et b^4. Ainsi l'on ne doit essayer que les diviseurs $+b$ et $-b$.

Or, le dernier seul donne, par sa substitution,

$$2b^4 - b^4 + b^4 - b^4 - b^4 = 0;$$

donc $-b$ est racine de l'équation; et par conséquent $a - (-b)$ ou $(a+b)$ est diviseur du polynome proposé.

Divisant ce polynome par $a + b$, et égalant le quotient à o, on trouve

$$2a^3 - ba^2 + 2b^2a - b^3 = 0 \ldots\ldots (2).$$

On pourrait actuellement faire disparaître le coefficient de a^3, en posant $a = \frac{c}{2}$, puis opérer sur l'équation résultante comme sur la proposée; mais si l'on rapproche le 1er et le 3e terme, le 2e et le 4e, de l'équation (2), on reconnaît qu'elle revient à

$$2a(a^2 + b^2) - b(a^2 + b^2) = 0, \quad \text{ou} \quad (2a - b)(a^2 + b^2) = 0.$$

Donc enfin le polynome proposé est égal à

$$(a + b)(2a - b)(a^2 + b^2);$$

ce qui donne *deux* facteurs du premier degré et un facteur du second degré.

15. Dans cet exemple, comme dans tous ceux où le polynome est *homogène* et composé de *deux* lettres seulement, on peut ramener la résolution de l'équation à celle d'une équation numérique.

Soit, en effet, l'équation générale

$$Aa^m + Bba^{m-1} + Cb^2a^{m-2} + \ldots + Mb^{m-1}a + Nb^m = 0,$$

A, B, C, ... M, N, étant des nombres entiers.

Si l'on pose $\frac{a}{b} = x$, d'où $a = bx$, il vient

$$Ab^m x^m + Bb^m x^{m-1} + Cb^m x^{m-2} + \ldots + Mb^m x + Nb^m = 0,$$

ou supprimant, pour le moment, le facteur b^m,

$$Ax^m + Bx^{m-1} + Cx^{m-2} + \ldots + Mx + N = 0,$$

équation numérique qu'il ne s'agit plus que de résoudre en nombres commensurables. Ces valeurs étant substituées dans la relation $a = bx$, donneront les valeurs correspondantes de a, et, par suite, les diviseurs de la forme $a - \alpha$, ou $\gamma a - \mathcal{C}$.

Ainsi, soit fait dans l'équation (1) du n° 14, $a = bx$; il vient

$$b^4 (2x^4 + x^3 + x^2 + x - 1) = 0 \ldots. \quad (3).$$

Le facteur entre parenthèses étant égalé à zéro et soumis à la méthode des racines commensurables, on trouve les deux facteurs $(x + 1)$, $(2x - 1)$, et, par suite, le facteur $(x^2 + 1)$; d'où, substituant dans l'équation (3) et remplaçant x par sa valeur tirée de la relation $a = bx$,

$$(a + b)\ (2a - b)\ (a^2 + b^2) = 0,$$

2e EXEMPLE.

16. $a^4 - (b + c)a^3 - (b^2 - 3bc)a^2 + (b^3 - b^2c - bc^2)a - b^3c + b^2c^2 = 0.$

Le dernier terme $- b^3c + b^2c^2$ revient à $b^2c\ (-b + c)$; ce qui donne pour les diviseurs simples,

$$b,\ c,\ -b + c,\ b - c,\ -c,\ -b.$$

On ne doit d'ailleurs essayer que ces diviseurs, puisque le polynome est homogène; car b^2 ou bc, par exemple, mis à la place de a dans l'équation, donnerait b^8 ou b^4c^4, quantité d'un degré supérieur à toutes les autres, et qui, par conséquent, ne pourrait pas être détruite.

En faisant successivement $a = b$, $-b$, c, $-c$, on reconnaît que b seul vérifie l'équation. Ainsi déjà $(a - b)$ est un des diviseurs cherchés.

Il reste maintenant à appliquer la méthode du n° **320** aux deux facteurs $-b+c$; $b-c$.

$-\ b+c,$	$+\ b-c$
$+\ b^2c$	$-\ b^2c$
$+\ b^3-bc^2$	$+\ b^3-2b^2c-bc^2$
$-\ b^2-bc$	»
$-\ 2b^2+2bc$	»
$+\ 2b$	»
$+\ b-c$	»
$-\ 1.$	»

Considérons d'abord le facteur $(-b+c)$. Après avoir divisé le dernier terme par ce facteur, ce qui donne $+b^2c$ pour quotient, on ajoute à ce quotient le coefficient de a^1, et l'on obtient pour somme, b^3-bc^2.

Divisant b^3-b^2c par $-b+c$, on a pour nouveau quotient, b^2-bc, qui, ajouté au coefficient de a^2, donne pour somme,

$$-2b^2+2bc.$$

Divisant $-2b^2+2bc$ par $-b+c$, on obtient $+2b$, quotient qui, ajouté au coefficient de a^3, donne pour somme,

$$+b-c.$$

Divisant enfin $+b-c$ par $-b+c$, on trouve pour quotient, -1. Donc $-b+c$ est racine.

En appliquant la méthode au second diviseur $(b-c)$, on obtient pour la première somme, $b^3-2b^2c-bc^2$, quantité qui n'est pas divisible par $b-c$. Ainsi $b-c$ doit être rejeté.

Il résulte de là que les seuls diviseurs entiers, et du premier degré, du polynome proposé, sont $(a-b)$ et $(a+b-c)$. Divisant ce polynome par le produit $(a-b)(a+b-c)$ ou a^2-ac-b^2+bc, on a pour quotient, $a^2-ba+bc$.

Ainsi le polynome proposé revient à

$$(a-b)(a+b-c)(a^2-ba+bc).$$

3e EXEMPLE.

17. $$2a^4+(b+3c)a^3-(7b^2-2bc-c^2)a^2-2(b^3+3b^2c)a$$
$$+6b^4-4b^3c-2b^2c^2=0\ldots\quad(1).$$

Le dernier terme revient à $2b^2(3b^2-2bc-c^2)$; or, il est aisé de reconnaître que l'hypothèse $b = c$ rend *nul* le facteur entre parenthèses; donc ce dernier terme est divisible par $b - c$, et l'on trouve

$$6b^4 - 4b^3c - 2b^2c^2 = 2b^2(b - c)(3b + c).$$

En appliquant la méthode à chacun des diviseurs simples

$$b,\ b - c,\ 3b + c,\ -3b - c,\ -b + c,\ -b,$$

ou $\quad 2b,\ 2(b - c),\ 2(3b + c),\ -2(3b + c),\ -2(b - c),\ -2b,$

on reconnaît que $(b - c)$ seul satisfait à toutes les conditions. Ainsi l'on a

$$a = b - c, \quad \text{d'où} \quad a - b + c = 0.$$

Divisant le polynome proposé par $a - b + c$, on obtient pour quotient

$$2a^3 + (3b + c)a^2 - 4b^2.a - 6b^3 - 2b^2c\ldots \quad (2).$$

Posons, dans ce nouveau polynome, $a = \frac{a'}{2}$;

il vient $\quad a'^3 + (3b + c)a'^2 - 8b^2.a' - 24b^3 - 8b^2c\ldots \quad (3).$

Or, le dernier terme revient à

$$-8b^2(3b + c);$$

ce qui donne pour les diviseurs simples, abstraction faite du facteur 8,

$$b,\ \ 3b + c,\ \ b,\ \ -3b - c.$$

L'application de la méthode aux deux diviseurs $3b + c$, $-3b - c$, fait reconnaître que $-(3b + c)$ est racine de l'équation (3), et par conséquent que $a = -\frac{(3b + c)}{2}$ est racine de l'équation (2). Donc (n° 8) $(2a + 3b + c)$ est diviseur du premier membre de cette équation.

En effectuant la division, on obtient pour quotient,

$$a^2 - 2b^2.$$

Donc enfin, le polynome proposé peut se mettre sous la forme

$$(a - b + c)(2a + 3b + c)(a^2 - 2b^2).$$

18. Ces exemples suffisent pour mettre au fait de la recherche des facteurs du premier degré d'un polynome rationnel et entier. Quant aux diviseurs du second degré ou des degrés supérieurs, il faudrait employer une méthode analogue à celle qui a été établie n° **525**.

Au reste, il arrive souvent, dans les applications particulières, que quelques-unes des lettres qui entrent dans les polynomes, n'y sont élevées qu'à la seconde puissance; et, dans ce cas, la détermination des facteurs ne dépend que de la résolution d'une équation du second degré.

Reprenons l'exemple traité n° **16**; et observons que la lettre c n'entre qu'à la seconde puissance dans le polynome.

En l'ordonnant par rapport à cette lettre, on obtient

$$(b^2 - ab)c^2 - (b^3 + ab^2 - 3a^2b + a^3)c + ab^3 - a^2b^2 - a^3b + a^4 = 0;$$

et il suffirait de résoudre cette équation par rapport à c, puis d'effectuer toutes les opérations et simplifications auxquelles on serait conduit; mais, avant tout, il convient de s'assurer s'il n'existerait pas un diviseur commun à tous les coefficiens.

Or, le coefficient $b^2 - ab$ revient à $b(b-a)$; et il est aisé de reconnaître que l'hypothèse $b - a = 0$, ou $b = a$, anéantit les deux autres coefficiens; donc $(b-a)$ est diviseur commun. En supprimant ce facteur dans le polynome, on trouve pour quotient,

$$bc^2 - (b^2 + 2ab - a^2)c + ab^2 - a^3 = 0;$$

d'où l'on déduit immédiatement

$$c = \frac{b^2 + 2ab - a^2}{2b} \pm \sqrt{\frac{(b^2 + 2ab - a^2)^2}{4b^2} + \frac{a^3 - ab^2}{b}},$$

ou, réduisant sous le radical au dénominateur $4b^2$, développant les calculs, et extrayant la racine carrée,

$$c = \frac{b^2 + 2ab - a^2 \pm (b^2 + a^2)}{2b}.$$

Donc, 1°..... $c = \dfrac{2b^2 + 2ab}{2b} = b + a$; d'où $c - b - a = 0$;

2°.... $c = \dfrac{2ab - 2a^2}{2b} = \dfrac{ab - a^2}{b}$; d'où $cb - ab + a^2 = 0$.

Ainsi les diviseurs du polynome proposé sont

$$b - a,\quad c - b - a,\quad cb - ab + a^2,$$

ou

$$a - b,\quad a + b - c,\quad a^2 - ab + bc,$$

comme on l'avait déjà reconnu n° **16**.

Le 3e exemple (n° **17**) peut être traité de la même manière; car la lettre c n'entre également dans le polynome qu'à la seconde puissance. On serait conduit à supprimer d'abord le facteur $(a^2 - 2b^2)$, commun à tous les coefficiens.

19. Nous traiterons encore un exemple assez remarquable qu'on rencontre dans la Géométrie analytique.

Soit l'équation

$$(y^2+x^2-cx)^2-(a^2-c^2)y^2-a^2(x-c)^2=0.$$

Comme, après le développement du premier membre de cette équation, les deux lettres a et c n'y entrent qu'à la seconde puissance, on peut ordonner indifféremment par rapport à l'une ou par rapport à l'autre.

Ordonnons, par exemple, suivant la lettre c ; il vient

$$(y^2+x^2-a^2)c^2-2x(y^2+x^2-a^2)c+y^4+(2x^2-a^2)y^2+x^4-a^2x^2=0,$$

équation que l'on peut résoudre par rapport à c. Mais vérifions auparavant si $y^2+x^2-a^2$, qui est facteur commun aux deux premiers coefficiens, ne diviserait pas également le coefficient de c^0. Or, en essayant la division, on trouve pour quotient exact, y^2+x^2.

Donc l'équation peut se mettre sous la forme

$$(y^2+x^2-a^2)(c^2-2cx+y^2+x^2)=0,$$

ou bien

$$(y^2+x^2-a^2)[y^2+(x-c)^2]=0;$$

c'est-à-dire que le premier membre est décomposable dans le produit de deux facteurs rationnels du second degré, que l'on doit d'ailleurs regarder comme des facteurs *premiers*.

Si l'on ordonnait le polynome par rapport à la lettre x, on ne pourrait appliquer la méthode du n° **9**, puisqu'elle ne donne que les facteurs rationnels du 1er degré, et que, par le fait, le polynome n'est décomposable qu'en des facteurs *premiers* du second degré. Mais en ordonnant par rapport à y, on obtiendrait une équation du 4e degré, résoluble à la manière de celles du second.

N. B. — L'équation que nous venons de traiter est celle du LIEU GÉOMÉTRIQUE *des pieds des perpendiculaires abaissées du foyer d'une ellipse sur la tangente considérée dans toutes ses positions.*

20. Enfin, la décomposition d'un polynome en facteurs rationnels peut être fort utile dans l'élimination ; car on a vu (n° **379**) que, quand on est parvenu à décomposer les premiers membres de deux équations en leurs facteurs simples, la détermination de systèmes des valeurs propres à vérifier ces deux équations, se réduit à celle des systèmes qui correspondent aux combinaisons deux à deux de ces facteurs égalés à zéro.

CHAPITRE IX.

Complément de la théorie des Équations.

Ce chapitre et le suivant ont pour objet des théories moins indispensables, à la vérité, que les théories exposées dans les chapitres précédens, mais qui néanmoins doivent servir à compléter l'ensemble des principes de l'analyse algébrique. Le *neuvième* peut être regardé comme le complément de la théorie des équations.

§ Ier. — *Recherche des Racines imaginaires.*

380. *Observations préliminaires.* — Nous avons donné, dans le huitième chapitre, des méthodes pour déterminer les racines réelles, commensurables ou incommensurables, d'une équation numérique. Nous allons maintenant nous occuper de la recherche des racines imaginaires. Au premier abord, cette recherche peut paraître superflue ; car ces racines, étant des symboles purement algébriques, ne sauraient résoudre la question dont l'équation est la traduction algébrique. Cependant, comme nous l'avons déjà dit, l'emploi de ces expressions dans la haute analyse est d'un usage très fréquent, et conduit quelquefois à des résultats d'une grande importance ; c'est pourquoi nous tâcherons de donner une idée du travail des plus célèbres géomètres sur cette partie.

381. Commençons par observer que, quand une équation a des racines réelles incommensurables et des racines imaginaires, on ne peut, comme pour les racines commensurables, la débarrasser d'abord de ses racines incommensurables; car les méthodes ne donnent ces racines que par approximation, et si l'on divisait l'équation par les facteurs du premier degré correspondans, on obtiendrait pour quotient un polynome dont les coefficiens ne seraient que des nombres approchés. Le calcul des racines de l'équation résultante n'offrirait donc plus alors aucune certitude.

Ainsi nous supposerons, dans tout ce qui va suivre, que les équations proposées renferment à la fois, et des racines incommensurables, et des racines imaginaires, à moins que toutes leurs racines ne soient imaginaires.

Nous avons déjà reconnu (n° 313) qu'une équation dont les coefficiens sont réels, ne peut avoir de racines imaginaires qu'en nombre pair. Or, les analystes sont parvenus à un résultat plus positif encore, qui consiste en ce que *les racines imaginaires de toute équation à coefficiens réels, sont toutes de la forme de celles du second degré, c'est-à-dire de la forme* $a \pm b\sqrt{-1}$, a *et* b *désignant des quantités réelles, commensurables ou incommensurables.*

382. Avant de passer à la démonstration de cette proposition importante, nous ferons voir que, *si une équation a une racine de la forme* $a + b\sqrt{-1}$, *elle en a nécessairement une autre de la forme* $a - b\sqrt{-1}$, a *et* b *étant les mêmes dans ces deux expressions.*

Pour démontrer ce *lemme*, considérons l'équation

$$x^m + Px^{m-1} + Qx^{m-2} + \ldots + Tx + U = 0,$$

P, Q, ..., T, U, étant des quantités réelles quelconques; et supposons que cette équation soit satisfaite par une expression telle que $a + b\sqrt{-1}$; on aura l'égalité vérifiée

$$(a+b\sqrt{-1})^m+P(a+b\sqrt{-1})^{m-1}+\ldots+T(a+b\sqrt{-1})+U=0.$$

Développant les calculs et se rappelant que les diverses puissances de $\sqrt{-1}$ sont alternativemant (n° 170)

$$\sqrt{-1}, -1, -\sqrt{-1}, +1 \mid \sqrt{-1}, -1, -\sqrt{-1}, +1 \mid \ldots,$$

on obtiendra une expression composée de deux parties bien distinctes, savoir : *une partie réelle*, provenant de toutes les *puissances de degré pair de* $b\sqrt{-1}$, combinées avec les puissances a^m, a^{m-2}, a^{m-4}... de a, et les coefficiens P, Q, R... ; puis *une partie imaginaire*, provenant de toutes les *puissances de degré impair* de $b\sqrt{-1}$, combinées avec les puissances a^{m-1}, a^{m-3}... de a; et les coefficiens P, Q, R...

Désignant donc ces deux parties par M et $N\sqrt{-1}$, l'égalité ci-dessus se réduira à $M+N\sqrt{-1}=0$, équation qui ne peut évidemment subsister qu'autant que l'on a séparément

$$M=0 \quad \text{et} \quad N=0.$$

Actuellement si, dans le premier membre de la proposée, au lieu de $a+b\sqrt{-1}$, on substitue $a-b\sqrt{-1}$, ce qui donne

$$(a-b\sqrt{-1})^m+P(a-b\sqrt{-1})^{m-1}+\ldots+T(a-b\sqrt{-1})+U,$$

il est facile de voir que le résultat du développement ne différera du précédent qu'en ce que tous les termes affectés des *puissances impaires* de $b\sqrt{-1}$, auront changé de signe ; car $(-b\sqrt{-1})^{2n}$ est égal à $(+b\sqrt{-1})^{2n}$; mais $(-b\sqrt{-1})^{2n+1}$ est égal à $-(b\sqrt{-1})^{2n+1}$ (n° 159) ; donc ce résultat sera nécessairement $M-N\sqrt{-1}$, M et N désignant ici les mêmes quantités que dans le résultat du premier développement. Or, on a vu tout à l'heure que l'on doit avoir séparément $M=0$ et $N=0$; ainsi l'égalité $M-N\sqrt{-1}=0$ est elle-même satisfaite ; par conséquent, *si* $a+b\sqrt{-1}$ *est une ra-*

cine de la proposée, $a - b\sqrt{-1}$ *est nécessairement une autre racine.*

Passons maintenant à la démonstration du théorème sur la forme des racines imaginaires.

583. Cette proposition est évidemment une conséquence de celle dont voici l'énoncé : *toute équation de degré pair*, dont les coefficiens sont réels, *est décomposable en facteurs réels du second degré*, c'est-à-dire en facteurs de la forme x^2+px+q, $x^2+p'x+q'$, ..., dans lesquels p, q, p', q', ... désignent des quantités réelles quelconques ; car ceci étant admis, les facteurs x^2+px+q, $x^2+p'x+q'$, ..., égalés à o, donnent lieu à des racines qui, si elles sont imaginaires, ne peuvent être que de la forme $a \pm b\sqrt{-1}$; et réciproquement.

Tâchons donc de démontrer ce dernier théorème qu'on doit regarder comme un des plus beaux de l'Analyse. Voici la démonstration due au célèbre Laplace :

Soit une équation $X = 0$ de degré pair m, et à coefficiens réels. Appelons a, b, c... ses différentes racines ; les facteurs du second degré correspondans seront

$$x^2-(a+b)x+ab, \quad x^2-(a+c)x+ac, \quad x^2-(b+c)x+bc \ldots.,$$

cela posé, nous allons d'abord faire voir que l'*un de ces facteurs au moins*, *a ses coefficiens réels.*

En effet, supposons, *en premier lieu*, que m soit une seule fois divisible par 2, c'est-à-dire que l'on ait $m = 2n$, n étant un nombre impair.

On peut toujours (nº 299) former une équation en z, dont les racines soient des combinaisons de celles de la proposée, telles que $a+b+kab$, $a+c+kac$...., k étant un nombre entier tout-à-fait arbitraire. Concevons cette équation formée, et désignons-la par $Z = 0$; son degré est égal au nombre des combinaisons, deux à deux, des racines a, b, c...., c'est-à-dire à $m.\dfrac{m-1}{2}$ ou $m(m-1)$; or m est, par hypothèse, impair, et il en est de même de $(m-1)$; donc l'équation $Z = 0$ est de degré impair : ainsi (n° 312) cette équation a au moins une *racine réelle*, et cette racine est la valeur de l'une des combinaisons $a+b+kab$, $a+c+kac$, ...

Maintenant, attribuons à k une seconde, une troisième... valeur ; nous formerons ainsi autant d'équations $Z'=0$, $Z''=0$..., qui auront chacune au moins une racine réelle. Il pourra d'abord se faire que la racine réelle de chacune de ces équations appartienne à une combinaison composée de deux lettres différentes de celles qui entrent dans les combinaisons précédentes ; mais comme le nombre de ces combinaisons est limité et égal à $m.\frac{m-1}{2}$ (qu'on peut désigner par p), il est clair qu'après avoir attribué à k, $(p+1)$ valeurs, et formé $(p+1)$ équations $Z=0$, $Z'=0$, $Z''=0$, .., deux de ces équations seront telles, que la racine réelle de chacune appartiendra à une combinaison composée des deux mêmes lettres; ainsi l'on peut supposer, par exemple, que l'on ait trouvé, en désignant par α et α' ces deux racines réelles,

$$a+b+kab=\alpha, \quad a+b+k'ab=\alpha'.$$

De ces deux équations on déduit par l'élimination :

$$1^\circ \ldots ab=\frac{\alpha-\alpha'}{k-k'}, \quad 2^\circ \ldots a+b=\frac{k\alpha'-k'\alpha}{k-k'};$$

ces valeurs sont nécessairement des quantités réelles et finies ; donc il est démontré que l'*un, au moins, des facteurs*, ... $x^2-(a+b)x+ab$, de la proposée, *est réel*.

Soit, *en second lieu*, $m=2^2.n'$, n' étant impair; formons encore une équation $Z=0$, dont les racines soient des combinaisons de la forme $a+b+kab$, cette équation sera du degré $m\frac{m-1}{2}$ ou $2n'(m-1)$; or, n' et $(m-1)$ étant des nombres impairs, ce degré sera pair et une seule fois divisible par 2; donc, en vertu de ce qui vient d'être dit, l'équation $Z=0$ aura *au moins un facteur réel du second degré*. Ce facteur, égalé à 0, donnera lieu à deux valeurs de z de la forme $\alpha\pm\beta\sqrt{-1}$

(β pouvant être o, ce qui arriverait si les deux valeurs de z étaient réelles). Considérons seulement la première racine, et supposons qu'elle appartienne à la combinaison... $a+b+kab$.

D'après les raisonnemens précédens, rien n'empêche de supposer encore qu'une autre équation $Z'=0$, formée de la même manière, ait une racine de la forme $\alpha'+\beta'\sqrt{-1}$, appartenant à la combinaison $a+b+k'ab$, composée des deux mêmes lettres; en sorte que l'on ait à la fois $\begin{cases} a+b+kab=\alpha+\beta\sqrt{-1} \\ a+b+k'ab=\alpha'+\beta'\sqrt{-1} \end{cases}$, d'où l'on déduit

$$ab=\frac{\alpha-\alpha'+(\beta-\beta')\sqrt{-1}}{k-k'},\ a+b=\frac{k\alpha'-k'\alpha+(k\beta'-k'\beta)\sqrt{-1}}{k-k'}.$$

Ces expressions sont de la forme $r+s\sqrt{-1}$ et $r'+s'\sqrt{-1}$; ainsi la proposée a au moins un facteur du second degré, tel que $x^2-(r'+s'\sqrt{-1})\,x+r+s\sqrt{-1}$; et si l'on égale ce facteur à o, on en tire

$$x=\frac{r'+s'\sqrt{-1}}{2}\pm\sqrt{\left(\frac{r'+s'\sqrt{-1}}{2}\right)^2-(r+s\sqrt{-1})}.$$

La quantité sous le radical étant développée, donne un résultat de la forme $r''+s''\sqrt{-1}$; mais l'expression $\sqrt{r''+s''\sqrt{-1}}$ se réduit elle-même (n° **121**) à une autre de la forme $r'''+s'''\sqrt{-1}$; d'où l'on peut conclure que la première des deux valeurs de x ci-dessus est aussi de la forme $p+q\sqrt{-1}$; et, d'après le *lemme* démontré n° **382**, il faut qu'elle en ait une autre telle que $p-q\sqrt{-1}$.

Or, si l'on multiplie entre eux les deux facteurs..... $x-(p+q\sqrt{-1})$ et $x-(p-q\sqrt{-1})$, on obtient pour produit $(x-p)^2+q^2$ ou $x^2-2px+p^2+q^2$, polynome du second degré en x, dont les coefficiens sont réels. Ainsi, il est encore démontré que, dans le cas de $m=2^2.n'$, *l'équation a au moins un facteur réel du second degré.*

Soit, *en troisième lieu*, $m = 2^3.n''$, n'' étant impair; on peut former une équation $Z = 0$ analogue aux précédentes, dont le degré $m\frac{m-1}{2}$ ou $2^2.n''(m-1)$ sera *deux* fois divisible par 2, et qui, en vertu de ce qui vient d'être dit, aura au moins un facteur réel du second degré; d'où, en répétant les mêmes raisonnemens que dans la seconde partie de la démonstration, l'on pourra conclure que *la proposée elle-même a au moins un facteur réel du second degré.*

Même raisonnement dans l'hypothèse où l'on aurait

$$m = 2^4.n''', \quad m = 2^5.n^{\text{iv}}\ldots$$

Donc enfin, *toute équation de degré pair quelconque a au moins un facteur réel du second degré.*

CONSÉQUENCE. — Il est facile de déduire de là que *toute équation de degré pair est décomposable dans le produit d'autant de facteurs réels du second degré, qu'il y a d'unités dans* $\frac{m}{2}$ *ou dans la moitié de son degré.*

En effet, puisqu'une équation de degré pair a au moins un facteur réel du second degré, on peut diviser son premier membre par ce facteur; il en résultera une nouvelle équation de degré pair, à coefficiens réels, qui aura encore au moins un facteur réel du second degré, par lequel on pourra diviser le premier membre de cette seconde équation; et ainsi de suite. Donc, le premier membre de la proposée *pourra être regardé comme le produit d'autant de facteurs réels du second degré, qu'il y a d'unités dans la moitié de son degré.*

Si l'équation était de degré impair, comme, en vertu du théorème n° 512, elle aurait au moins une racine réelle, on pourrait l'en débarrasser; et l'équation résultante serait décomposable en facteurs réels du second degré.

D'où l'on peut conclure, en dernière analyse, le théorème énoncé n° 585, savoir, que *les racines imaginaires d'une équation vont par couples, et sont toutes de la forme* $a \pm b\sqrt{-1}$.

Détermination *des racines imaginaires des équations.*

384. La forme des racines imaginaires d'une équation étant connue, nous pouvons procéder à leur recherche.

Soit $x^m + Px^{m-1} + Qx^{m-2} + \ldots + Tx + U = 0$.

une équation renfermant des racines réelles incommensurables et des racines imaginaires.

Désignons par $p + q\sqrt{-1}$ l'une de ces dernières; il vient, par la substitution de ce binome dans la proposée,

$$(p+q\sqrt{-1})^m + P(p+q\sqrt{-1})^{m-1} + \ldots + T(p+q\sqrt{-1}) + U = 0.$$

Or, si l'on développe les calculs, et qu'on appelle M l'ensemble des termes réels, $N\sqrt{-1}$ l'ensemble des termes imaginaires, l'égalité ci-dessus revient à $M + N\sqrt{-1} = 0$, équation qui ne peut exister à moins que l'on n'ait séparément

$$M = 0 \quad \text{et} \quad N = 0.$$

Observons actuellement que ces équations renferment les deux indéterminées p et q, combinées avec les coefficiens de la proposée. Si donc *on cherche tous les systèmes de valeurs de* p *et de* q, EN NOMBRES RÉELS COMMENSURABLES OU INCOMMENSURABLES, *propres à vérifier ces deux équations, et qu'on les substitue dans l'expression* $p + q\sqrt{-1}$, *on obtiendra ainsi successivement toutes les racines imaginaires de la proposée.*

Telle est la méthode générale pour découvrir les racines imaginaires. Nous ferons toutefois quelques remarques qui peuvent faciliter cette recherche, et qui sont d'ailleurs assez importantes en elles-mêmes.

385. Supposons que, pour obtenir les racines réelles incommensurables d'une équation $X = 0$, on ait été obligé (n° 341) de former l'équation aux carrés des différences, $Z = 0$, et voyons le parti qu'on en peut tirer pour les racines imaginaires.

Désignons par $a, b, c, \ldots$ les racines réelles de $X = 0$, et par $p \pm q\sqrt{-1}, p' \pm q'\sqrt{-1}, \ldots,$ les racines imaginaires; prenous d'ailleurs successivement les différences entre toutes ces racines considérées deux à deux ; on en obtient de quatre espèces, savoir :

1°.— Une différence entre deux racines réelles, telle que $a-b$, $a-c$, $b-c\ldots$;

2°.— Une différence entre *deux racines imaginaires conjuguées*,

$$p+q\sqrt{-1}-(p-q\sqrt{-1})=2q\sqrt{-1},\ 2q'\sqrt{-1},2q''\sqrt{-1};$$

3°.—Une différence entre une racine réelle et une racine imaginaire, $a-p-q\sqrt{-1}, a-p+q\sqrt{-1}, b-p'-q'\sqrt{-1}\ldots$;

4°.—Enfin, une différence entre deux racines imaginaires non conjuguées, $p-p'+(q-q')\sqrt{-1}, p-p'-(q-q')\sqrt{-1}\ldots$. Or, pour peu qu'on jette les yeux sur ces différences, on reconnaît que les carrés des premières sont des *nombres essentiellement positifs ;* les carrés des secondes différences sont $-4q^2, -4q'^2\ldots$, c'est-à-dire des quantités réelles, mais *essentiellement négatives*. Quant aux carrés des deux autres espèces, ce sont généralement des *expressions imaginaires*.

Ainsi, en supposant déjà formée l'équation $Z=0$, les racines réelles et négatives de cette équation sont, en général, *les carrés des différences entre deux racines imaginaires conjuguées*.

Appelons donc $-\alpha, -\beta, -\gamma, \ldots$ ces racines, *que l'on peut obtenir, soit par la méthode des racines commensurables, soit par la méthode des racines incommensurables;* on a

$$4q^2=\alpha,\quad 4q'^2=\beta,\quad 4q''^2=\gamma\ldots;$$

d'où l'on déduit

$$q=\pm\frac{1}{2}\sqrt{\alpha},\quad q'=\pm\frac{1}{2}\sqrt{\beta},\quad q''=\pm\frac{1}{2}\sqrt{\gamma}\ldots$$

Connaissant les valeurs de $q, q', q''\ldots$ *on obtiendra celles de* $p, p', p''\ldots$, *en substituant* $\pm\frac{1}{2}\sqrt{\alpha}, \pm\frac{1}{2}\sqrt{\beta}\ldots$ *à la place de* q, *dans les équations* $M=0$, $N=0$, que l'on a établies dans le numéro précédent, et qui acquerront, pour chaque substitution, *un commun diviseur en* p, *lequel, égalé à* o, *donnera les valeurs de* p, p', p'',...

A la vérité, ce moyen est en défaut lorsque l'une des racines réelles de la proposée est identique avec la partie réelle p, p',... de l'une de ces racines imaginaires; car dans le cas de $a=p$, par exemple, les deux différences $a-p-q\sqrt{-1}$, $a-p+q\sqrt{-1}$, se réduisent à $-q\sqrt{-1}$ et $q\sqrt{-1}$, dont les carrés sont égaux à $-q^2$; *il est encore en défaut* lorsque les parties réelles des deux racines imaginaires non conjuguées sont identiques; car, par exemple, $p=p'$ réduit les différences

$$p-p'+(q-q')\sqrt{-1},\ p-p'-(q-q')\sqrt{-1},$$
$$\text{à } (q-q')\sqrt{-1} \quad \text{et} \quad -(q-q')\sqrt{-1},$$

dont les carrés sont égaux à $-(q-q')^2$.

D'où l'on voit que l'équation $Z=0$ peut quelquefois avoir des racines négatives qui ne représentent pas les valeurs de $-4q^2$, $-4q'^2$...; mais il est toujours possible de reconnaître si une racine négative telle que $-\alpha'$ est une *valeur convenable*, à ce que, si l'on substitue $\frac{1}{2}\sqrt{\alpha'}$ dans M et N, il faut et il suffit que les deux polynomes en p, résultant de cette substitution, aient un diviseur commun; toute valeur qui ne satisfera pas à cette condition, devra être rejetée comme provenant de l'une des circonstances dont nous venons de parler.

Nous observerons encore, que, dans ces mêmes circonstances, l'équation $Z=0$ devrait avoir des racines égales, puisque, comme nous l'avons reconnu plus haut, dans l'hypothèse de $a=p$, deux carrés au moins se réduisent à $-q^2$; et dans l'hypothèse de $p=p'$, deux carrés au moins se réduisent à $-(q-q')^2$; ainsi l'on pourrait, par la méthode des racines égales, débarrasser l'équation $Z=0$ des valeurs différentes de $-4q^2$, $-4q'^2$, $-(q-q')^2$, etc.

Quoi qu'il en soit, on conçoit combien la méthode pour découvrir les racines imaginaires d'une équation, doit être pénible et laborieuse toutes les fois que l'équation est d'un degré supérieur au troisième.

§ II. — *Résolution complète de l'équation à deux termes.*

386. On appelle ainsi toute équation qui ne renferme qu'une seule puissance de l'inconnue et des quantités connues.

Il résulte de là que toute équation à deux termes peut être ramenée à la forme

$$x^m \pm p = 0,$$

p étant un nombre absolu; et si l'on pose $x = y\sqrt[m]{p}$,

il vient $py^m \pm p = 0$, d'où $y^m \pm 1 = 0$;

ainsi, c'est de la résolution de cette dernière équation que dépend celle de toutes les équations à deux termes.

Comme l'équation $y^m - 1 = 0$, revient à $y^m = 1$, on voit que tout se réduit à trouver pour y, *les expressions numériques ou algébriques qui, élevées à la* m^{ième} *puissance, peuvent produire l'unité*. C'est pour cette raison que les racines de l'équation $y^m - 1 = 0$ sont appelées *les racines de l'unité*.

Les racines de l'équation $y^m + 1 = 0$, ou $y^m = -1$, sont dites les *racines de l'unité négative*.

Nous avons déjà résolu (n^{os} **167** et **290**) plusieurs espèces d'équations à deux termes. Nous nous proposons actuellement de les résoudre toutes complétement, quel que soit leur degré; mais, auparavant, il est bon de faire quelques remarques sur la nature de leurs racines.

387. Premièrement. — L'équation $y^m - 1 = 0$ a *une seule* racine réelle si m est impair, et *deux* racines réelles si m est pair.

Soit d'abord m un nombre *impair*. Comme l'équation n'a qu'*une variation de signe*, elle n'admet (n° **315**) qu'une seule racine positive qui est $+1$. D'ailleurs, aucun nombre négatif ne peut évidemment y satisfaire.

Lorsque m est *pair*, $+1$ et -1 vérifient l'équation et sont les seuls nombres qui puissent y satisfaire; car elle ne présente qu'*une variation de signe*, soit dans son état actuel, soit lorsqu'on y change y en $-y$.

SECONDEMENT. — L'équation $y^m + 1 = 0$ a *une seule* racine réelle si m est impair, et *toutes* ses racines imaginaires si m est pair.

D'abord, quel que soit m, l'équation n'offrant pas de variations, ne peut avoir *aucune* racine positive.

Ensuite, quand m est pair, le changement de y en $-y$ ne produit encore *aucune* variation; ainsi, dans ce cas, l'équation n'admet ni racine positive, ni racine négative.

Mais si m est impair, l'équation est satisfaite par $y = -1$; et c'est la seule racine négative, puisque le changement de y en $-y$ ne produit qu'*une* variation.

TROISIÈMEMENT. — Les racines de l'équation $y^m - 1 = 0$, ou de l'équation $y^m + 1 = 0$, *sont toutes inégales*; car le polynome dérivé du premier membre étant my^{m-1}, cette expression n'a aucun diviseur commun avec $y^m - 1$ ou $y^m + 1$.

388. QUATRIÈMEMENT. — 1°. — *Si α désigne une quelconque des racines imaginaires de l'équation* $y^m - 1 = 0$, *on a également α^p pour racine de cette équation* (p étant un nombre entier quelconque positif ou négatif).

Car, puisque α vérifie l'équation, on a l'égalité

$$\alpha^m = 1,$$

d'où

$$(\alpha^m)^p = 1,$$

égalité que l'on peut transformer ainsi,

$$(\alpha^p)^m = 1,$$

d'où l'on voit que α^p est aussi racine de l'équation. Donc, α étant une des racines imaginaires de l'équation $y^m - 1 = 0$, l'on a également pour racines,

$$\alpha^2,\ \alpha^3,\ \alpha^4 \ldots,\ \alpha^{-1},\ \alpha^{-2},\ \alpha^{-3} \ldots.$$

N. B. — Plusieurs de ces puissances rentrent nécessairement les unes dans les autres; autrement, l'équation aurait plus de

m racines. Et en effet, soit, par exemple, l'équation

$$y^5 - 1 = 0;$$

si α est une racine imaginaire, on a l'égalité

$$\alpha^5 - 1 = 0, \quad \text{d'où} \quad \alpha^5 = 1;$$

donc $\alpha^6 = \alpha^5 \times \alpha = \alpha$; $\alpha^7 = \alpha^5 \times \alpha^2 = \alpha^2$; et ainsi de suite.

2°. — *Si α désigne une quelconque des racines imaginaires de l'équation* $y^m + 1 = 0$, *α^p est aussi racine* (*p étant un nombre impair quelconque positif ou négatif*).

En effet, de l'équation $\alpha^m = -1$ on déduit $(\alpha^m)^p = -1$, puisque, par hypothèse, p est impair; or cette égalité revient à

$$(\alpha^p)^m = -1;$$

donc α^p est racine de la même équation.

Ainsi, α^1, α^3, α^5..., α^{-1}, α^{-3}, α^{-5}...,

sont des racines de l'équation $y^m + 1 = 0$.

Résolution de l'équation $y^m - 1 = 0$.

389. Cette résolution repose sur une formule trigonométrique que nous allons d'abord faire connaître.

Si l'on multiplie entre elles les deux expressions

$$\cos a + \sin a.\sqrt{-1} \quad \text{et} \quad \cos b + \sin b.\sqrt{-1},$$

on a pour produit,

$$\cos a.\cos b + (\sin a.\cos b + \sin b.\cos a).\sqrt{-1} - \sin a.\sin b;$$

donc à cause des formules

$$\begin{aligned}\cos(a+b) &= \cos a.\cos b - \sin a.\sin b,\\ \sin(a+b) &= \sin a.\cos b + \sin b.\cos a,\end{aligned}$$

il vient $(\cos a + \sin a.\sqrt{-1})(\cos b + \sin b.\sqrt{-1})$

$$= \cos(a+b) + \sin(a+b).\sqrt{-1},$$

Soit $a+b=a'$, et multiplions $\cos a'+\sin a'.\sqrt{-1}$ par $\cos c+\sin c.\sqrt{-1}$; on trouvera de même

$$(\cos a'+\sin a'.\sqrt{-1})(\cos c+\sin c.\sqrt{-1})$$
$$=\cos(a'+c)+\sin(a'+c).\sqrt{-1},$$

et par conséquent,

$$(\cos a+\sin a.\sqrt{-1})(\cos b+\sin b.\sqrt{-1})(\cos c+\sin c.\sqrt{-1})$$
$$=\cos(a+b+c)+\sin(a+b+c).\sqrt{-1}.$$

En général, soit un nombre m d'arcs $a, b, c, \ldots p$; on a évidemment le résultat suivant

$$(\cos a+\sin a.\sqrt{-1})(\cos b+\sin b.\sqrt{-1})..(\cos p+\sin p.\sqrt{-1})$$
$$=\cos(a+b+c+\ldots+p)+\sin(a+b+c\ldots+p).\sqrt{-1}.$$

Supposons maintenant $a=b=c\ldots\ldots=p$; il en résulte $a+b+c+\ldots.+p=ma$; d'où

$$(\cos a+\sin a.\sqrt{-1})^m=\cos ma+\sin ma.\sqrt{-1}\ldots\ldots(1).$$

Cette formule étant vraie quel que soit l'arc a, on peut remplacer a par $-a$; et si l'on se rappelle que $\cos(-a)=\cos a$, $\sin(-a)=-\sin a$, il en résulte cette nouvelle formule

$$(\cos a-\sin a.\sqrt{-1})^m=\cos ma-\sin ma.\sqrt{-1}\ldots(2).$$

On sait encore que 2π désignant une circonférence de cercle, 1 le rayon, et k un nombre entier quelconque, on a

$$\cos 2k\pi=1 \quad \text{et} \quad \sin 2k\pi=0\ldots.(3).$$

390. Cela posé, il résulte évidemment des formules (1), (2), (3),

$$\left(\cos\frac{2k\pi}{m}\pm\sin.\frac{2k\pi}{m}.\sqrt{-1}\right)^m=\cos 2k\pi\pm\sin 2k\pi.\sqrt{-1}=1;$$

d'où l'on voit que, quel que soit le nombre entier k, l'expression $\cos\frac{2k\pi}{m}\pm\sin\frac{2k\pi}{m}.\sqrt{-1}$, jouit de la propriété d'être une racine $m^{ième}$ de l'unité, c'est-à-dire de satisfaire à l'équation $y^m - 1 = 0$.

Pour obtenir les différentes racines, il ne s'agit que d'attribuer à k les valeurs $0, 1, 2, 3 \ldots\ldots$, puis de calculer, au moyen des *Tables trigonométriques*, les valeurs correspondantes de $\cos\frac{2k\pi}{m}$ et de $\sin\frac{2k\pi}{m}$.

Discussion.–Puisque k désigne un nombre entier tout-à-fait arbitraire, il semble que l'expression $y = \cos\frac{2k\pi}{m} \pm \sin\frac{2k\pi}{m} . \sqrt{-1}$ doive présenter une infinité de valeurs; mais nous allons voir qu'elle ne fournit réellement que m valeurs différentes.

Donnons d'abord à k toutes les valeurs entières comprises depuis 0 jusqu'à $\frac{m-1}{2}$ inclusivement si m est impair, et depuis 0 jusqu'à $\frac{m}{2}$ aussi inclusivement si m est pair; il viendra, par ces substitutions, pour

$$k = 0, \ldots\; y = \cos 0 \pm \sin 0 . \sqrt{-1} = 1,$$

$$k = 1, \ldots\; y = \cos\frac{2\pi}{m} \pm \sin\frac{2\pi}{m} . \sqrt{-1},$$

$$k = 2, \ldots\; y = \cos\frac{4\pi}{m} \pm \sin\frac{4\pi}{m} . \sqrt{-1},$$

$$k = 3, \ldots\; y = \cos\frac{6\pi}{m} \pm \sin\frac{6\pi}{m} . \sqrt{-1},$$

....

....

$$k = \frac{m-1}{2}, \ldots y = \cos\frac{(m-1)\pi}{m} \pm \sin\frac{(m-1)\pi}{m} . \sqrt{-1},$$

ou bien (dans le cas où m est pair)

$$k = \frac{m}{2}, \ldots y = \cos\pi \pm \sin\pi . \sqrt{-1} = -1.$$

Ce tableau donne toutes les racines de l'équation.

En effet, 1°. — lorsque m est impair, chacune des valeurs $k = 1, 2, 3, .. \frac{m-1}{2}$, fournissant deux racines pour y, le nombre total de ces valeurs donne nécessairement $2 . \frac{m-1}{2}$ ou $(m-1)$ racines ; d'ailleurs $k = 0$ donne la racine 1; ainsi le nombre des racines fournies par $k = 0, 1, 2, 3, .. \frac{m-1}{2}$, est m. *Toutes ces racines sont essentiellement différentes*, car les arcs $0, \frac{2\pi}{m}, \frac{4\pi}{m} \ldots, \frac{(m-1)\pi}{m}$, étant moindres que π (ou la demi-circonférence), ont au moins des cosinus différens.

2°. — Lorsque m est pair, les deux valeurs extrêmes, $k = 0$ et $k = \frac{m}{2}$, fournissent les deux racines $+1$ et -1 ; d'ailleurs, les valeurs intermédiaires $k = 1, 2, 3, \ldots \left(\frac{m}{2} - 1\right)$, donnent chacune deux racines; donc le nombre total des racines qui correspondent à $k = 0, 1, 2, \ldots \left(\frac{m}{2} - 1\right), \frac{m}{2}$, est exprimé par $2 + 2\left(\frac{m}{2} - 1\right)$, ou par m ; et ces racines sont essentiellement différentes, par la même raison que ci-dessus.

On voit d'ailleurs que, pour une même valeur de k, autre que $k = 0$ si m est impair, et $k = 0$, $k = \frac{m}{2}$, si m est pair, les deux racines imaginaires qu'on obtient, sont conjuguées (n° 332).

En outre, ces deux racines sont réciproques l'une de l'autre (n° 299), puisque l'on a pour leur produit

$$\left(\cos\frac{2k\pi}{m} + \sin\frac{2k\pi}{m} . \sqrt{-1}\right) \left(\cos\frac{2k\pi}{m} - \sin\frac{2k\pi}{m} . \sqrt{-1}\right)$$

$$= \cos^2 . \frac{2k\pi}{m} + \sin^2 . \frac{2k\pi}{m} = 1.$$

Il nous reste maintenant à faire voir qu'en attribuant à k de nouvelles valeurs plus grandes que $\frac{m-1}{2}$, ou $\frac{m}{2}$, on retombera sur les mêmes racines.

Soit d'abord m *un nombre impair;* et supposons $k = \frac{m-1}{2} + n$, n étant un nombre entier positif quelconque. Il vient

$$y = \cos\frac{(m+2n+1)\pi}{m} \pm \sin\frac{(m+2n-1)\pi}{m}.\sqrt{-1},$$

ou $$y = \cos\left[\pi + \frac{(2n-1)\pi}{m}\right] \pm \sin\left[\pi + \frac{(2n-1)\pi}{m}\right]\sqrt{-1};$$

or je dis que ces valeurs sont identiques avec celles qui correspondent à $k = \frac{m-1}{2} - (n-1)$, ou $\frac{m-2n+1}{2}$.

En effet, cette dernière valeur de k donne

$$y = \cos\frac{(m-2n+1)\pi}{m} \pm \sin\frac{(m-2n+1)\pi}{m}.\sqrt{-1},$$

ou bien

$$y = \cos\left[\pi - \frac{(2n-1)\pi}{m}\right] \pm \sin\left[\pi - \frac{(2n-1)\pi}{m}\right].\sqrt{-1};$$

mais on sait que, pour deux arcs $\pi + a$ et $\pi - a$, l'on a

$$\cos(\pi + a) = \cos(\pi - a) \quad \text{et} \quad \sin(\pi + a) = -\sin(\pi - a);$$

d'où l'on conclut

$$\cos\left[\pi + \frac{(2n-1)\pi}{m}\right] = \cos\left[\pi - \frac{(2n-1)\pi}{m}\right],$$
$$\sin\left[\pi + \frac{(2n-1)\pi}{m}\right] = -\sin\left[\pi - \frac{(2n-1)\pi}{m}\right].$$

Donc, *les deux racines qui correspondent à* .... $k = \frac{m-1}{2} + n$, *sont identiques avec celles qui correspondent* à $k=\frac{m-1}{2}-(n-1)$: la seule différence consiste en ce qu'on trouve les deux racines dans un ordre inverse.

Si m *est pair,* soit encore fait $k=\frac{m}{2}+n$; il en résulte

$$y=\cos\frac{m\pi+2n\pi}{m}\pm\sin\frac{m\pi+2n\pi}{m}.\sqrt{-1},$$

ou bien $y=\cos\left(\pi+\frac{2n\pi}{m}\right)\pm\sin\left(\pi+\frac{2n\pi}{m}\right).\sqrt{-1}$;

mais pour $k=\frac{m}{2}-n$, on avait déjà obtenu

$$y=\cos\left(\pi-\frac{2n\pi}{m}\right)\pm\sin\left(\pi-\frac{2n\pi}{m}\right).\sqrt{-1};$$

donc, à cause de $\cos\left(\pi+\frac{2n\pi}{m}\right)=\cos\left(\pi-\frac{2n\pi}{m}\right)$,

et de $\sin\left(\pi+\frac{2n\pi}{m}\right)=-\sin\left(\pi-\frac{2n\pi}{m}\right)$,

les valeurs de y, correspondant à $k=\frac{m}{2}+n$, sont identiques avec celles qui correspondent à $k=\frac{m}{2}-n$.

Donc enfin, le tableau des valeurs que l'on a obtenues pour $k=0, 1, 2, 3, \ldots \frac{m-1}{2}$ ou $\frac{m}{2}$, renferme toutes les racines de $y^m-1=0$, quel que soit m.

Relations entre les racines de l'équation $y^m-1=0$.

591. En jetant les yeux sur le tableau des valeurs de y qui correspondent aux diverses hypothèses $k=0, 1, 2, 3, \ldots$, et

en se rappelant la formule

$$(\cos a + \sin a . \sqrt{-1})^m = \cos ma + \sin ma . \sqrt{-1}.$$

on voit que

$$\cos \frac{4\pi}{m} + \sin \frac{4\pi}{m} . \sqrt{-1} = \left(\cos \frac{2\pi}{m} + \sin \frac{2\pi}{m} \sqrt{-1}\right)^2,$$

$$\cos \frac{6\pi}{m} + \sin \frac{6\pi}{m} . \sqrt{-1} = \left(\cos \frac{2\pi}{m} + \sin \frac{2\pi}{m} . \sqrt{-1}\right)^3,$$

....

....

$$\cos \frac{m-1}{m}\pi + \sin \frac{m-1}{m}\pi . \sqrt{-1} = \left(\cos \frac{2\pi}{m} + \sin \frac{2\pi}{m} . \sqrt{-1}\right)^{\frac{m-1}{2}}$$

si m est impair; et

$$\cos \pi + \sin \pi . \sqrt{-1} = \left(\cos \frac{2\pi}{m} + \sin \frac{2\pi}{m} . \sqrt{-1}\right)^{\frac{m}{2}} \text{ si } m \text{ est pair.}$$

Donc, si l'on désigne par α la première racine imaginaire

$$\cos \frac{2\pi}{m} + \sin \frac{2\pi}{m} . \sqrt{-1},$$

toutes les racines du tableau déjà cité, *correspondant au signe supérieur, peuvent être représentées par*

$$\alpha^0, \ \alpha^1, \ \alpha^2, \ \alpha^3 \ldots, \ \alpha^{\frac{m-1}{2}} \quad \text{ou} \quad \alpha^{\frac{m}{2}};$$

quant aux racines qui correspondent au signe inférieur, nous avons vu qu'elles sont les *réciproques* des précédentes; ainsi l'on a pour les nouvelles,

$$\frac{1}{\alpha}, \ \frac{1}{\alpha^2}, \ \frac{1}{\alpha^3} \ldots, \ \frac{1}{\alpha^{\frac{m-1}{2}}} \quad \text{ou} \quad \frac{1}{\alpha^{\frac{m}{2}}}.$$

D'où l'on peut conclure enfin que, α désignant la première racine imaginaire, toutes les racines de l'équation $y^m - 1 = 0$ peuvent être représentées par

$$\alpha^1,\ \alpha^2, \alpha^3 \ldots,\ \alpha^{\frac{m-1}{2}} \text{ ou } \alpha^{\frac{m}{2}}, \ldots \alpha^{m-3};\ \alpha^{m-2},\ \alpha^{m-1},$$

série dans laquelle les exposans ne sont autre chose que les nombres entiers compris depuis o jusqu'à $m - 1$.

392. *Remarque importante.* — Cette propriété dont jouit l'une des racines imaginaires, de reproduire toutes les autres par ses diverses puissances, n'appartient généralement qu'à la première racine, $\cos\frac{2\pi}{m} + \sin\frac{2\pi}{m}.\sqrt{-1}$, ou à sa conjuguée $\cos\frac{2\pi}{m} - \sin\frac{2\pi}{m}.\sqrt{-1}$. On a bien prouvé (n° 388) que, α étant une racine imaginaire quelconque, α^p est aussi une racine de l'équation; mais il n'est pas toujours vrai de dire qu'en donnant à p des valeurs entières convenables, on pourra, avec cette racine α, reproduire toutes les autres.

Soit, par exemple, l'équation $y^5 - 1 = 0$, qui, pouvant se mettre sous la forme $(y^3 - 1)(y^3 + 1) = 0$, donne

$$1^{\circ}.\ y = 1 \text{ et } y = \frac{-1 \pm \sqrt{-3}}{2},\quad 2^{\circ}.\ y = -1 \text{ et } y = \frac{1 \pm \sqrt{-3}}{2};$$

comme les trois premières racines proviennent de $y^3 - 1 = 0$, si l'on désigne par α la racine $\frac{-1 + \sqrt{-3}}{2}$, on a

$$\alpha^2 = \left(\frac{-1 + \sqrt{-3}}{2}\right)^2 = \frac{-1 - \sqrt{-2}}{2};\ \alpha^3 = 1;\ \alpha^4 = \alpha^3 \times \alpha = \alpha;$$

$$\alpha^5 = \alpha^3 \times \alpha^2 = \alpha^2;\ \alpha^6 = (\alpha^3)^2 = 1 \ldots$$

d'où l'on voit que les trois premières racines seulement sont produites par les puissances de $\frac{-1 + \sqrt{-3}}{2}$.

Mais il n'en est pas de même de $\frac{1 + \sqrt{-3}}{2}$; car on trouve

$$\left(\frac{1+\sqrt{-3}}{2}\right)^0 = 1\,;\quad \left(\frac{1+\sqrt{-3}}{2}\right)^1 = \frac{1+\sqrt{-3}}{2},$$

$$\left(\frac{1+\sqrt{-3}}{2}\right)^2 = \frac{-1+\sqrt{-3}}{2},\quad \left(\frac{1+\sqrt{-3}}{2}\right)^3 = -1,$$

$$\left(\frac{1+\sqrt{-3}}{2}\right)^4 = \frac{-1-\sqrt{-3}}{2},\quad \left(\frac{1+\sqrt{-3}}{2}\right)^5 = \frac{1-\sqrt{-3}}{2}.$$

Ainsi, toutes les racines sont produites par les puissances 0, 1, 2, 3, 4, 5.... de la racine $\frac{1+\sqrt{-3}}{2}$; et cela tient à ce que cette dernière racine est *la première* donnée par la formule

$$\cos\frac{2\pi}{m} + \sin\frac{2\pi}{m}.\sqrt{-1},$$

qui devient, dans ce cas, $\cos\frac{\pi}{3} + \sin\frac{\pi}{3}.\sqrt{-1}$.

En effét, on a $\cos\frac{\pi}{3} = \sin\left(\frac{\pi}{2} - \frac{\pi}{3}\right) = \sin\frac{\pi}{6}$; mais le sinus du 6e de π, ou du 12e de la circonférence, est la moitié de la corde qui en sous-tend le 6e, et par conséquent, est égal à la moitié du rayon; donc

$$\cos\frac{\pi}{3} \text{ ou } \sin\frac{\pi}{6} = \frac{1}{2}\,;\ \text{d'où}\ \sin\frac{\pi}{3} = \sqrt{1-\frac{1}{4}} = \frac{1}{2}\sqrt{3}\,;$$

ce qui donne enfin $\frac{1}{2} + \frac{1}{2}\sqrt{3}.\sqrt{-1}$, ou $\frac{1+\sqrt{-3}}{2}$, pour la première racine.

N. B. — Cette exception a lieu, en général, pour les équations de la forme $y^{2n} - 1 = 0$, ou $(y^n - 1)(y^n + 1) = 0$.

Résolution de l'équation $y^m + 1 = 0$.

393. Comme on a

$$\cos(2k+1)\pi = -1,\quad \sin(2k+1)\pi = 0,$$

on peut conclure des formules (1) et (2) établies n° 389,

$$\left[\cos\frac{(2k+1)\pi}{m} \pm \sin\frac{(2k+1)\pi}{m}.\sqrt{-1}\right]^m =$$

$$\cos(2k+1)\pi \pm \sin(2k+1)\pi.\sqrt{-1} = -1;$$

d'où l'on voit que l'expression

$$\cos\frac{(2k+1)\pi}{m} \pm \sin\frac{(2k+1)\pi}{m}.\sqrt{-1}$$

peut être prise pour la racine $m^{ième}$ de -1, ou pour l'expression générale d'une racine de la proposée; et l'on obtiendra les diverses racines en attribuant à k la série des valeurs 0, 1, 2, 3,...

Donnons à k toutes les valeurs comprises depuis 0 jusqu'à $\frac{m-1}{2}$ si m est impair, et depuis 0 jusqu'à $\frac{m}{2}-1$, ou $\frac{m-1}{2}$ si m est pair; on obtiendra successivement, pour

$$k = 0, \ldots y = \cos\frac{\pi}{m} \pm \sin\frac{\pi}{m}.\sqrt{-1},$$

$$k = 1, \ldots y = \cos\frac{3\pi}{m} \pm \sin\frac{3\pi}{m}.\sqrt{-1},$$

$$k = 2, \ldots y = \cos\frac{5\pi}{m} \pm \sin\frac{5\pi}{m}.\sqrt{-1},$$

. . . .

. . . .

$$k = \frac{m-1}{2}, \ldots y = \cos\pi \pm \sin\pi.\sqrt{-1} = -1,$$

$$k = \frac{m-2}{2}, \ldots y = \cos\left(\pi - \frac{\pi}{m}\right) \pm \sin\left(\pi - \frac{\pi}{m}\right).\sqrt{-1}.$$

Je dis que ce tableau renferme toutes les racines de l'équation

$$y^m + 1 = 0.$$

En effet, lorsque m est impair, comme la valeur $k = \frac{m-1}{2}$ ne donne que la racine -1, mais que toutes les autres $0, 1, 2 \ldots \frac{m-1}{2} - 1$ ou $\frac{m-3}{2}$, en donnent *deux* chacune, il s'ensuit que le nombre total des racines fournies par ces valeurs est.... $1 + 2 + \frac{2(m-3)}{2}$, ou m.

Si m est pair, chaque valeur de k depuis 0 jusqu'à $\frac{m-2}{2}$ donne deux racines; ainsi, le nombre total des racines fournies est $2 + 2\left(\frac{m-2}{2}\right)$, ou m.

On démontrerait d'ailleurs, comme on l'a fait pour $y^m - 1 = 0$, qu'en donnant à k des valeurs plus grandes que $\frac{m-1}{2}$ si m est impair, et que $\frac{m-2}{2}$ si m est pair, on doit retrouver les mêmes racines; donc, etc.

394. On voit encore, d'après l'inspection de ce tableau, que, si α désigne la première racine imaginaire, ou $\cos\frac{\pi}{m} + \sin\frac{\pi}{m}.\sqrt{-1}$, toutes les racines qui correspondent au signe supérieur sont

exprimées par $\alpha^1, \alpha^3, \alpha^5, \ldots\ldots \alpha^m$,

ou $\alpha^1, \alpha^3, \alpha^5, \ldots\ldots \alpha^{m-1}$,

suivant que m est un nombre impair ou un nombre pair. D'ailleurs, les racines qui correspondent au signe inférieur, étant les *réciproques* des précédentes, ont pour valeurs,

$$\frac{1}{\alpha}, \frac{1}{\alpha^3}, \frac{1}{\alpha^5}, \ldots, \frac{1}{\alpha^m} \text{ ou } \frac{1}{\alpha^{m-1}},$$

ou, à cause de $\alpha^m = -1$, d'où $\alpha^{2m} = 1$,

$$\alpha^{2m-1}, \alpha^{2m-3}, \alpha^{2m-5}, \ldots\ldots \alpha^m \text{ ou } \alpha^{m+1}.$$

Donc enfin toutes les racines de l'équation $y^m + 1 = 0$ sont, dans l'hypothèse de m impair,

$$\alpha^1,\ \alpha^3,\ \alpha^5,\ \alpha^7,\ldots\ \alpha^{m-2},\ \alpha^m,\ \alpha^{m+2},\ldots\alpha^{2m-3},\ \alpha^{2m-1};$$

et dans l'hypothèse où m est un nombre pair,

$$\alpha^1,\ \alpha^3,\ \alpha^5,\ \alpha^7,\ldots\ \alpha^{m-1},\ \alpha^{m+1},\ldots\ \alpha^{2m-3},\ \alpha^{2m-1}.$$

N. B.—Pour plus de généralité, nous avons établi des formules pour résoudre l'équation $y^m+1=0$ quel que soit m; mais quand m est impair, on peut changer y en $-y$, ce qui donne $y^m-1=0$; et l'on voit que, dans ce cas, les racines de l'équation $y^m+1=0$ sont égales aux racines de l'équation $y^m-1=0$, prises en signes contraires.

395. *Scolie général.*—En récapitulant tout ce qui vient d'être dit sur les équations à deux termes, on peut en conclure qu'*un radical quelconque a toujours autant de valeurs qu'il y a d'unités dans son indice.* Ces valeurs sont égales à la *racine arithmétique* de la quantité sous le signe, considérée avec sa valeur absolue, et multipliée alternativement par chacune des racines de $+1$ ou de -1.

Ainsi, lorsque l'on a deux radicaux à multiplier l'un par l'autre, le produit est susceptible d'autant de valeurs différentes qu'il y a d'unités dans le produit des deux indices, à moins que les degrés des deux radicaux ne soient égaux; car alors plusieurs valeurs deviennent identiques.

Soit, par exemple, $\sqrt[3]{a}$ à multiplier par $\sqrt[3]{b}$. Désignons par p et q *leurs valeurs arithmétiques*, on a (n° 391) pour le premier radical, ... $\alpha^0 p,\ \alpha p,\ \alpha^2 p$,
et pour le second, ... $\alpha^0 q,\ \alpha q,\ \alpha^2 q$;
multipliant chacun des termes de la première ligne par chacun des termes de la seconde, on obtient

$$\begin{array}{lll}\alpha^0 pq, & \alpha pq, & \alpha^2 pq,\\ \alpha pq, & \alpha^2 pq, & \alpha^3 pq,\\ \alpha^2 pq, & \alpha^3 pq, & \alpha^4 pq,\end{array}$$

expressions qui se réduisent à *trois* différentes, pq, αpq, et $\alpha^2 pq$, si l'on observe que l'on a $\alpha^3 = 1$, et $\alpha^4 = \alpha$.

Il en est de même lorsque les deux indices ont un facteur commun. *Le nombre des valeurs différentes du produit est alors égal au multiple commun le plus simple des deux indices.*

Ces observations complètent ce que nous avons dit dans le sixième chapitre (n° 167) sur la multiplicité des valeurs d'un radical.

Équation trinome $x^{2m} + px^m + q$.

396. On appelle ainsi *toutes les équations qui ne renferment que deux exposans de l'inconnue, doubles l'un de l'autre, et des quantités toutes connues.*

Ces équations peuvent toujours, par la transposition et par la réduction, être ramenées à la forme ci-dessus; et leur résolution dépend uniquement de celle de l'équation du second degré et de l'équation à deux termes.

En effet, soit posé $x^m = y$; il en résulte

$$y^2 + py = q, \quad \text{d'où} \quad y = -\frac{p}{2} \pm \sqrt{\frac{p^2}{4} + q};$$

donc $$x = \sqrt[m]{y} = \sqrt[m]{-\frac{p}{2} \pm \sqrt{\frac{p^2}{4} + q}};$$

ainsi, pour obtenir toutes les valeurs de x, il suffit de multiplier l'une des racines $m^{ièmes}$ de $-\frac{p}{2} + \sqrt{\frac{p^2}{4} + q}$,

et l'une des racines $m^{ièmes}$ de $-\frac{p}{2} - \sqrt{\frac{p^2}{4} + q}$,

par chacune des racines $m^{ièmes}$ de $+1$.

Soit, par exemple, l'équation $x^6 - 7x^3 = 45144$; en posant $x^3 = y$, on trouve $y^2 - 7y = 45144$, d'où l'on déduit $y = 216$ et $y = -209$.

Donc

$$1^{\circ}.\ x^3=216;\ \text{d'où}\ x=6,\quad x=6.\alpha,\quad x=6.\alpha^2;$$

$$2^{\circ}.\ x^3=-209;\ \text{d'où}\ x=-\sqrt[3]{209},\ x=-\alpha.\sqrt[3]{209},\ x=-\alpha^2\sqrt[3]{209},$$

α désignant la première racine cubique imaginaire de l'unité.

La résolution des équations trinomes conduit à l'extraction de la racine m^{ieme} d'une quantité en partie rationnelle et en partie irrationnelle du second degré. Nous avons déjà (n° 118) traité un cas particulier de cette question, celui de la racine carrée ; et nous aurions maintenant à considérer le cas général d'une racine de degré quelconque. Mais cette opération offrant peu d'applications dans l'analyse algébrique, nous nous dispenserons de la développer ici, en renvoyant pour cet objet, aux éditions précédentes de notre ouvrage.

§ III. — *Résolution des équations générales de degré supérieur au second.*

Nous avons maintenant une tâche importante à remplir, c'est de faire connaître les travaux des analystes sur le fameux problème de la résolution des équations générales de tous les degrés. Ce problème, qui a long-temps occupé les mathématiciens les plus célèbres, a pour but : *étant donnée une équation générale et complète, d'obtenir les expressions de ses racines au moyen d'un nombre limité d'opérations algébriques effectuées sur les coefficiens*. Jusqu'à présent, la question n'a été résolue que pour les quatre premiers degrés ; et l'on doute si jamais on pourra parvenir à une résolution complète pour tous les degrés.

Quoi qu'il en soit, nous commencerons par exposer la plus simple de toutes les méthodes connues pour résoudre les équations du troisième et du quatrième degré ; ensuite nous ferons connaître d'autres méthodes susceptibles de s'appliquer avec plus de succès aux équations d'un degré supérieur.

Équation du troisième degré.

397. D'abord, on peut supposer (n° **260**) l'équation privée de son second terme, et ramenée à la forme

$$x^3 + px + q = 0 \ldots\ldots\ldots (1).$$

Faisons dans cette équation, $x = y + z \ldots\ldots\ldots (2)$,

c'est-à-dire supposons x égal à la somme de deux autres inconnues (cette forme que nous donnons à la valeur de x peut être motivée sur ce que, dans l'équation générale du second degré, la valeur de x se compose aussi de deux parties distinctes).

On obtient, en élevant l'équation (2) au cube,

$$x^3 = y^3 + 3y^2z + 3yz^2 + z^3 = y^3 + z^3 + 3yz(y + z),$$

ou bien, $$x^3 = y^3 + z^3 + 3yz.x,$$

et transposant, $$x^3 - 3yz.x - y^3 - z^3 = 0.$$

Pour que cette équation s'accorde avec l'équation (1), il faut et il suffit que l'on ait

$$\left.\begin{array}{l} p = -3yz, \\ q = -y^3 - z^3, \end{array}\right\} \text{ d'où } \left\{\begin{array}{r} yz = -\frac{p}{3} \ldots (3), \\ y^3 + z^3 = -q \ldots (4). \end{array}\right.$$

Dès que ces deux conditions seront satisfaites, les valeurs de y et de z seront telles que leur somme exprimera la valeur de x, propre à vérifier l'équation (1). Tâchons donc de déterminer y et z d'après ces deux conditions.

L'équation (3), élevée au cube, donne $y^3z^3 = -\frac{p^3}{27}$;

mais on a déjà $$y^3 + z^3 = -q,$$

donc (n° 114) les quantités y^3 et z^3 sont liées entre elles par l'équation du second degré

$$t^2 + qt - \frac{p^3}{27} = 0 \ldots \quad (5),$$

dont le second terme a pour coefficient la somme donnée, $-q$, prise en signe contraire, et le dernier terme est égal au produit aussi donné, $-\frac{p^3}{27}$.

Cette équation est appelée LA RÉDUITE de l'équation du 3e degré, parce que c'est de sa résolution que dépend celle de la proposée.

L'équation (5) donnant $\quad t = -\frac{q}{2} \pm \sqrt{\frac{q^2}{4} + \frac{p^3}{27}}$,

il vient $y^3 = -\frac{q}{2} + \sqrt{\frac{q^2}{4} + \frac{p^3}{27}}$, $z^3 = -\frac{q}{2} - \sqrt{\frac{q^2}{4} + \frac{p^3}{27}}$;

d'où, à cause de la relation $\quad x = y + z$,

$$x = \sqrt[3]{-\frac{q}{2} + \sqrt{\frac{q^2}{4} + \frac{p^3}{27}}} + \sqrt[3]{-\frac{q}{2} - \sqrt{\frac{q^2}{4} + \frac{p^3}{27}}},$$

expression qui renferme implicitement les trois racines.

En effet, désignons par m et n ce que deviennent respectivement les deux radicaux cubiques quand on y remplace p et q par leurs valeurs correspondant à l'équation (1); puis observons :

1°. — Que les équations $y^3 = m^3$, $z^3 = n^3$, donnent (n° 395)

$$y = m,\ y = \alpha m,\ y = \alpha^2 m, \quad \text{et} \quad z = n,\ z = \alpha n,\ z = \alpha^2 n,$$

(1, α, α^2 étant les trois racines cubiques de l'unité);

2°. — Que le produit des deux valeurs de y et de z, dont la somme exprime la valeur de x, *doit être égal à* $-\frac{p}{3}$, d'après la relation (3).

Il en résulte évidemment qu'on obtiendra toutes les racines de l'équation (1) en combinant *deux à deux* les *six* valeurs ci-dessus de y et de z, et ne prenant toutefois que les combinaisons qui donnent un *produit égal* à $-\frac{p}{3}$.

Or, on a en premier lieu,

$$m \times n = \sqrt[3]{-\frac{q}{2}+\sqrt{\frac{q^2}{4}+\frac{p^3}{27}}} \times \sqrt[3]{-\frac{q}{2}-\sqrt{\frac{q^2}{4}+\frac{p^3}{27}}}.$$

$$= \sqrt[3]{\frac{q^2}{4}-\frac{q^2}{4}-\frac{p^3}{27}} = -\frac{p}{3};$$

donc $x = m + n$ forme la PREMIÈRE RACINE.

En second lieu, $\alpha m \times \alpha^2 n = \alpha^3 mn = mn = -\frac{p}{3}$;

donc $x = \alpha m + \alpha^2 n$ donne UNE SECONDE RACINE.

Enfin, $\alpha^2 m \times \alpha n = \alpha^3 mn = mn = -\frac{p}{3}$;

donc $x = \alpha^2 m + \alpha n$ exprime UNE TROISIÈME RACINE.

Aucune des autres combinaisons ne remplit (comme on peut s'en assurer aisément) la condition que le produit soit égal à $-\frac{p}{3}$; ainsi elles doivent être rejetées, et l'on a pour les trois racines de la proposée,

$$x = m + n, \quad x = \alpha m + \alpha^2 n, \quad x = \alpha^2 m + \alpha n.$$

N. B. — On parvient encore aux deux dernières valeurs de x en divisant le premier membre de l'équation (1) par $x - m - n$. Mais auparavant il est nécessaire de modifier la forme de ce premier membre. Comme on a, en vertu des équations (3), (4), et des deux équations $y = m$, $z = n$,

$$mn = -\frac{p}{3}, \quad m^3 + n^3 = -q;$$

il en résulte $p = -3mn$, $q = -m^3 - n^3$;

d'où, substituant ces valeurs de p et de q dans le premier membre de la proposée,

$$x^3 - 3mn.x - m^3 - n^3,$$

expression qui, divisée par $x - m - n$, donne

$$x^2 + (m+n)x + m^2 - mn + n^2.$$

Égalons ce quotient à o, et résolvons ; il vient, toute réduction faite,

$$x = -\frac{m+n}{2} + \frac{m-n}{2}\sqrt{-3}, \quad x = -\frac{m+n}{2} - \frac{m-n}{2}\sqrt{-3},$$

valeur dont il est facile de prouver l'identité avec

$$x = \alpha m + \alpha^2 n, \quad x = \alpha^2 m + \alpha n,$$

en se rappelant (n° 167) que

$$\alpha = \frac{-1+\sqrt{-3}}{2}, \quad \alpha^2 = \frac{-1-\sqrt{-3}}{2}.$$

DISCUSSION.

Les quantités m et n renfermant, dans leurs expressions, le radical $\sqrt{\frac{q^2}{4}+\frac{p^3}{27}}$, on conçoit que la *réalité* ou l'*imaginarité* des trois racines dépend principalement du signe de la quantité $\frac{q^2}{4}+\frac{p^3}{27}$. On est donc conduit à faire les *hypothèses suivantes* :

$$\frac{q^2}{4}+\frac{p^3}{27} > 0, \quad \frac{q^2}{4}+\frac{p^3}{27} = 0, \quad \frac{q^2}{4}+\frac{p^3}{27} < 0.$$

Examinons successivement ces *trois* hypothèses.

398............ 1°.... $\frac{q^2}{4}+\frac{p^3}{27} > 0.$

Dans ce cas, comme les deux racines de la réduite (5) sont

réelles et inégales, il s'ensuit que les quantités m et n sont aussi *réelles* et essentiellement *différentes l'une de l'autre*.

Ainsi la première valeur $x = m + n$,

ou $$x = \sqrt[3]{-\frac{q}{2} + \sqrt{\frac{q^2}{4} + \frac{p^3}{27}}} + \sqrt[3]{-\frac{q}{2} - \sqrt{\frac{q^2}{4} + \frac{p^3}{27}}},$$

est *réelle*.

Les deux autres, $x = -\frac{m+n}{2} \pm \frac{m-n}{2}\sqrt{-3}$,

sont imaginaires; car elles renferment $\sqrt{-3}$, et d'après l'hypothèse, $m - n$ est *réel et différent de* o.

Quant au signe de la racine réelle, le principe établi n° 312 sur les équations *de degré impair*, prouve que cette racine est *positive* si q est négatif, et *négative* si q est positif; ce dont il est d'ailleurs facile de se rendre compte par la discussion de la première valeur de x ci-dessus.

399.......... 2°.... $\frac{q^2}{4} + \frac{p^3}{27} = 0$.

Dans ce nouveau cas, les racines de la réduite se réduisant l'une et l'autre à $-\frac{q}{2}$, les valeurs de m et de n sont *réelles* et égales chacune à $\sqrt[3]{-\frac{q}{2}}$; ce qui donne pour la première valeur de x,

$$x = 2\sqrt[3]{-\frac{q}{2}}.$$

Pour les deux autres, comme on a $m = n = \sqrt[3]{-\frac{q}{2}}$,

il en résulte $m - n = 0$, et $\frac{m+n}{2} = m = \sqrt[3]{-\frac{q}{2}}$;

ainsi ces valeurs sont égales, et se réduisent chacune à

$$x = -\sqrt[3]{-\frac{q}{2}};$$

c'est-à-dire que leurs valeurs numériques sont chacune moitié de la première.

Donc, en supposant le dernier terme q positif, l'équation (1) a *une* racine réelle négative, $-2\sqrt[3]{\frac{q}{2}}$, et *deux* racines positives égales, $\sqrt[3]{\frac{q}{2}}$.

Le contraire a lieu quand le dernier terme est *négatif*; c'est-à-dire qu'elle a *une seule* racine positive et *deux* racines négatives égales.

400..... 3°. $\frac{q^2}{4} + \frac{p^3}{27} < 0$. — *Cas irréductible.*

Cette condition, qui exige nécessairement que p soit négatif, donne pour la réduite *deux racines imaginaires*; et la première valeur de x se présente sous la forme

$$x = m + n = \sqrt[3]{M + N\sqrt{-1}} + \sqrt[3]{M - N\sqrt{-1}}.$$

D'après cela, il semble au premier abord que cette valeur de x doive être imaginaire, aussi bien que les deux autres qui renferment déjà dans leur expression le symbole $\sqrt{-1}$. L'équation (1) aurait donc ses trois racines imaginaires; ce qui serait en contradiction avec le premier théorème du n° **312**.

Mais on peut démontrer que, dans les expressions des trois racines, les imaginaires s'entre-détruisent, et que les *trois racines sont réelles*.

En effet, si, en admettant (n° **174**) l'exactitude de la formule du binome dans le cas de l'exposant fractionnaire, on pose

$$m = \frac{1}{3} \text{ dans } (a + b\sqrt{-1})^m \quad (\text{n}^\circ\ 382),$$

on trouve
$$\sqrt[3]{M + N\sqrt{-1}} = P + Q\sqrt{-1},$$
$$\sqrt[3]{M - N\sqrt{-1}} = P - Q\sqrt{-1};$$

ce qui donne $m+n=\sqrt[3]{M+N\sqrt{-1}}+\sqrt{M-N\sqrt{-1}}=2P$;

ainsi la première valeur de x est réelle, et se réduit à

$$x = 2P.$$

Quant aux deux autres, comme on a

$$m + n = 2P, \quad m - n = 2Q\sqrt{-1},$$

on obtient, en substituant dans l'expression

$$x = -\frac{m+n}{2} \pm \frac{m-n}{2}\sqrt{3},$$

$$x = -P \pm Q\sqrt{-1}.\sqrt{-3} = -P \mp Q\sqrt{3} \quad (\text{n}^\circ\ 170).$$

Ainsi les trois valeurs de x sont réelles.

Le dernier cas que nous venons d'examiner, et sur lequel les analystes se sont beaucoup exercés, porte le nom de CAS IRRÉDUCTIBLE, parce que, malgré la réalité bien prouvée des trois racines, les formules obtenues précédemment ne peuvent être d'aucune utilité pour leur détermination. En effet, on vient de voir que l'on ne saurait débarrasser ces formules, des imaginaires qu'elles renferment, qu'en réduisant la première valeur de x en *une suite* infinie, rarement convergente ; et il est impossible, lors même que la série est convergente, d'obtenir les expressions exactes des trois racines. On est donc forcé, dans ce cas, d'avoir recours, pour les applications, aux méthodes de la résolution des équations numériques.

401. Au reste, la condition de réalité des trois racines de

× Si $\frac{q^2}{4}+\frac{p^3}{27} \leq 0$, [illegible] $\cos 3\alpha = 4\cos^3\alpha - 3\cos\alpha$

Posons $x = K\cos\alpha$, $K^3\cos^3\alpha + Kp\cos\alpha + q = 0$

$\frac{K^3}{4}\cos 3\alpha + K(\frac{3}{4}K^2 + p) + q = 0$ Faire $\frac{3}{4}K^2 + p = 0$, d'où K, puis $\cos 3\alpha$, puis α.

l'équation

$$x^3 + px + q = 0,$$

est une conséquence très simple du théorème de M. Sturm (n° 347).

Si l'on applique à cette équation la règle établie dans ce numéro, on trouve pour les fonctions X, X_1, X_2, X_3,

$$X = x^3 + px + q, X_1 = 3x^2 + p, X_2 = -2px - 3q, X_3 = -4p^3 - 27q^2.$$

Cela posé, pour que l'équation *ait ses trois racines réelles*, il faut et il suffit qu'en substituant successivement $-\infty$ et $+\infty$ dans les premiers termes de ces fonctions, on obtienne 3 *variations* par la première substitution, et 3 permanences par la seconde, c'est-à-dire qu'on doit avoir l'une des deux combinaisons

$$\begin{matrix} + - + - \\ + + + + \end{matrix} \quad \text{ou} \quad \begin{matrix} - + - + \\ + + + +, \end{matrix}$$

dont la dernière est la seule admissible, puisque l'équation est de degré impair.

Or, il est évident que les deux premières fonctions X, X_1, donnent respectivement $-+$ et $++$, par la substitution de $-\infty$ et de ∞, sans qu'il en résulte aucune condition pour p et q.

Mais pour que X_2, X_3, donnent également $-+$ et $++$, on voit qu'il faut 1°. que p soit négatif; 2°. que l'on ait...... $-4p^3 - 27q^2$ positif, ou $4p^3 + 27q^2$ négatif, condition qui renferme implicitement la première.

Ainsi, la condition nécessaire et suffisante pour la réalité des *trois* racines est

$$4p^3 + 27q^2 < 0, \quad \text{ou} \quad \frac{p^3}{27} + \frac{q^2}{4} < 0.$$

Dans le cas particulier de $4p^3 + 27q^2 = 0$, comme on a alors $X_3 = 0$, il faut nécessairement (n° 347) que la proposée ait deux racines égales qu'on obtiendra en posant X, ou $-2px-3q=0$; d'où $x=-\frac{3q}{2p}$.

Mais la relation supposée donne $p=-3\sqrt[3]{\frac{q^2}{4}}$, d'où, substituant dans la valeur de x et réduisant,

$$x=\sqrt[3]{\frac{q}{2}}.$$

Ainsi *deux* des trois valeurs de x sont égales à $\sqrt[3]{\frac{q}{2}}$. La troisième est d'ailleurs nécessairement $-2\sqrt[3]{\frac{q}{2}}$, puisque l'équation est privée de second terme.

Lorsque l'on a $4p^3+27q^2>0$, *une seule* racine est réelle, et les deux autres sont imaginaires.

Tous ces résultats s'accordent avec ce qui a été dit dans les numéros 396 et suivans.

Équation du quatrième degré.

402. Soit $$x^4+px^2+qx+r=0\ldots\ (1)$$

l'équation à résoudre. (Nous supposerons encore l'équation privée de second terme.)

En se laissant conduire par l'analogie, on peut être tenté de faire $x=y+z$, c'est-à-dire x égal à la somme de deux autres inconnues; c'est en effet la marche que Lagrange a suivie, en employant ensuite plusieurs artifices d'analyse pour tirer parti de sa méthode. Mais les calculs qui se rattachent à cette méthode sont très compliqués; et l'on parvient beaucoup plus promptement aux expressions de l'inconnue par l'introduction de *trois indéterminées*.

Soit donc fait dans l'équation, $x=y+z+u\ldots$ (2);

il vient, par l'élévation au carré,

$$x^2 = y^2 + z^2 + u^2 + 2(yz + yu + zu),$$

ou $$x^2 - (y^2 + z^2 + u^2) = 2(yz + yu + zu);$$

carrant de nouveau les deux membres de cette dernière équation, l'on obtient

$$x^4 - 2(y^2 + z^2 + u^2)x^2 + (y^2 + z^2 + u^2)^2 = 4(y^2z^2 + y^2u^2 + z^2u^2) + 8yzu(y + z + u),$$

ou, remplaçant $y + z + u$ par x, et transposant,

$$\left.\begin{array}{l} x^4 - 2(y^2+z^2+u^2)x^2 - 8yzux + (y^2+z^2+u^2)^2 \\ \qquad - 4(y^2z^2+y^2u^2+z^2u^2) \end{array}\right\} = 0.$$

Or, pour que cette équation s'accorde avec la proposée, il faut et il suffit que l'on ait

1°. $p = -2(y^2+z^2+u^2)$, d'où $y^2+z^2+u^2 = -\dfrac{p}{2}$... (3);

2°. $r = (y^2+z^2+u^2)^2 - 4(y^2z^2+y^2u^2+z^2u^2)$,

d'où.......................... $y^2z^2+y^2u^2+z^2u^2 = \dfrac{p^2-4r}{16}$ ...(4);

3°. $q = -8yzu$, d'où.............. $yzu = -\dfrac{q}{8}$.... (5).

Telles sont les équations de condition qui peuvent servir à déterminer les valeurs de y, z, u, dont la somme formera d'ailleurs la valeur de x. Or, l'équation (5), élevée au carré,

donne $$y^2z^2u^2 = \frac{q^2}{64};$$

d'où l'on voit que les carrés y^2, z^2, u^2, sont tels que leur somme est égale à un nombre donné, $-\dfrac{p}{2}$, la somme de leurs produits deux à deux, égale à un autre nombre donné, $\frac{p^2-4r}{16}$, et enfin le produit de ces trois carrés égal à $\frac{q^2}{64}$.

Donc, en vertu des relations qui existent (n° 242) entre les coefficiens et les racines de l'équation du troisième degré, la détermination de y^2, z^2, u^2, ne dépend plus que de la résolution de l'équation du troisième degré

$$t^3+\frac{p}{2}t^2+\frac{p^2-4r}{16}t-\frac{q^2}{64}=0.$$

Si, pour faire évanouir les dénominateurs, on pose $t=\frac{s}{4}$,

il vient $$s^3+2ps^2+(p^2-4r)s-q^2=0\ldots\ (6).$$

Telle est *la réduite* de l'équation du quatrième degré.

Désignons par s', s'', s''', les trois racines de l'équation (6) que l'on sait maintenant résoudre; il en résulte

$$y=\pm\frac{1}{2}\sqrt{s'},\quad z=\pm\frac{1}{2}\sqrt{s''},\quad u=\pm\frac{1}{2}\sqrt{s'''};$$

et comme on a d'ailleurs $x=y+z+u$, il faut combiner ces valeurs par addition, ce qui donnera, en apparence, huit valeurs différentes. Mais si l'on observe que l'on a, pour une des équations de condition, ... $yzu=-\frac{q}{8}$,

on ne doit tenir compte que des combinaisons telles que le produit des trois valeurs de y, z, et u, soit *positif* si q est négatif, et *négatif* si q est positif.

D'après cela, le nombre de solutions est évidemment réduit à *quatre*, savoir:

1°. Lorsque q est *négatif*, auquel cas la proposée est

$$x^4 + px^2 - qx + r = 0,$$

$$\left.\begin{aligned} x &= +\tfrac{1}{2}\sqrt{s'} + \tfrac{1}{2}\sqrt{s''} + \tfrac{1}{2}\sqrt{s'''},\\ x &= +\tfrac{1}{2}\sqrt{s'} - \tfrac{1}{2}\sqrt{s''} - \tfrac{1}{2}\sqrt{s'''},\\ x &= -\tfrac{1}{2}\sqrt{s'} + \tfrac{1}{2}\sqrt{s''} - \tfrac{1}{2}\sqrt{s'''},\\ x &= -\tfrac{1}{2}\sqrt{s'} - \tfrac{1}{2}\sqrt{s''} + \tfrac{1}{2}\sqrt{s'''}, \end{aligned}\right\}\ldots (7);$$

dans ce cas, les *trois* radicaux doivent être positifs, ou l'*un* positif et les *deux* autres négatifs.

2°. Lorsque q est *positif*, ou que la proposée est

$$x^4 + px^2 + qx + r = 0,$$

$$\left.\begin{aligned} x &= -\tfrac{1}{2}\sqrt{s'} - \tfrac{1}{2}\sqrt{s''} - \tfrac{1}{2}\sqrt{s'''},\\ x &= -\tfrac{1}{2}\sqrt{s'} + \tfrac{1}{2}\sqrt{s''} + \tfrac{1}{2}\sqrt{s'''},\\ x &= +\tfrac{1}{2}\sqrt{s'} - \tfrac{1}{2}\sqrt{s''} + \tfrac{1}{2}\sqrt{s'''},\\ x &= +\tfrac{1}{2}\sqrt{s'} + \tfrac{1}{2}\sqrt{s''} - \tfrac{1}{2}\sqrt{s'''}, \end{aligned}\right\}\ldots (8);$$

(*trois* radicaux négatifs, ou *un* négatif et *deux* positifs.)

Pour obtenir les quatre racines en fonction immédiate des coefficiens de la proposée, il faudrait remplacer s', s'', s''', par leurs valeurs tirées de la réduite; mais les formules que l'on obtiendrait seraient, comme on peut en juger, extrêmement compliquées.

Discussion.

403. La réalité ou l'imaginarité des racines de la proposée

dépend essentiellement de la nature des racines de la réduite; ainsi l'on est conduit à établir les hypothèses suivantes :

1°. — La réduite peut avoir ses trois racines réelles; mais alors, comme son dernier terme $-q^2$ est essentiellement négatif, il s'ensuit que ces trois racines sont positives, ou bien que l'une est positive et les deux autres négatives (n° 515).

Si les trois racines de la réduite sont positives, les *quatre racines de la proposée sont nécessairement réelles.*

Si l'une d'elles seulement, s' par exemple, est positive, *les quatre racines de la proposée sont imaginaires*, à moins que l'on ne suppose les deux racines négatives, s'', s''', de la réduite (6), égales entre elles, auquel cas les formules (7) et (8) se réduisent à

$$x=\quad \frac{1}{2}\sqrt{s'}+\sqrt{s''},\quad \frac{1}{2}\sqrt{s'}-\sqrt{s''}, -\frac{1}{2}\sqrt{s'}, -\frac{1}{2}\sqrt{s'},$$

ou bien $x=-\frac{1}{2}\sqrt{s'}-\sqrt{s''}, -\frac{1}{2}\sqrt{s'}+\sqrt{s''},\quad \frac{1}{2}\sqrt{s'},\quad \frac{1}{2}\sqrt{s'}$;

c'est-à-dire que, dans ce cas particulier, *les deux premières racines sont imaginaires*, et les deux autres sont *réelles et égales.*

2°. — La réduite peut avoir une seule racine réelle.

Soit s' cette racine, qui est nécessairement *positive* (puisque le dernier terme $-q^2$ est négatif); comme les deux autres racines s'' et s''' sont imaginaires, si l'une est de la forme $a+b\sqrt{-1}$, l'autre est nécessairement (n° 382) de la forme $a-b\sqrt{-1}$; or, on a (n° 121)

$$\sqrt{a+b\sqrt{-1}}=m+n\sqrt{-1},\quad \sqrt{a-b\sqrt{-1}}=m-n\sqrt{-1};$$

d'où $\sqrt{a+b\sqrt{-1}}+\sqrt{a-b\sqrt{-1}}=2m,$

$\sqrt{a+b\sqrt{-1}}-\sqrt{a-b\sqrt{-1}}=2n\sqrt{-1};$

donc, quel que soit le signe de q dans la proposée, *les deux premières racines sont réelles et les deux autres imaginaires*; car dans les formules (7) et (8), les expressions des deux premières racines renferment $\sqrt{s''}$ et $\sqrt{s'''}$ avec le même signe, tandis que dans les expressions des deux dernières, ces deux radicaux sont affectés de signes contraires.

En récapitulant, on voit que l'équation du 4ᵉ degré peut avoir ses quatre racines, ou *réelles à la fois*, ou *imaginaires à la fois*, ou bien avoir *deux racines réelles et deux racines imaginaires*. (Ce résultat est conforme au principe établi n° 313.)

Méthode de résolution des équations du troisième ou du quatrième degré par les fonctions symétriques.

De toutes les méthodes que les analystes ont essayées pour résoudre les équations algébriques, celle qui est fondée sur la théorie des fonctions symétriques, et que l'on doit à Lagrange, est sans contredit la plus féconde et la plus élégante, quoiqu'elle entraîne dans des calculs assez longs; mais du moins on se forme aisément une idée de la manière dont elle peut être appliquée aux équations d'un degré supérieur au quatrième.

Pour faire mieux concevoir cette méthode, nous allons d'abord l'appliquer à l'équation du second degré.

Équation du second degré.

404. Soit.... $x^2 + px + q = 0$... l'équation proposée.

Appelons a et b ses deux racines; on a déjà (n° 242) entre ces racines et les coëfficiens, les relations

$$a + b = -p, \quad ab = q.$$

Si l'on pouvait former entre a et b une autre relation du premier degré, l'on aurait, pour déterminer ces deux quantités, deux équations du premier degré ; et la question n'offrirait plus aucune difficulté.

Désignons donc par $la + mb$ la fonction de a et b qui doit entrer dans la composition de cette relation inconnue; et posons

$$la + mb = z,$$

l, m, z, étant des quantités qu'il s'agit de déterminer.

Comme $lb + ma$ donne, par l'échange des lettres a et b, deux combinaisons différentes, $la + mb$ et $lb + ma$, il s'ensuit (n° 296) que l'équation qui donnera la valeur de z, doit être du second degré, et de la forme

$$[z - (la + mb)] \cdot [z - (lb + ma)] = 0 \ldots \quad (1);$$

et puisque cette équation est du second degré, il faut du moins tâcher qu'elle ne soit qu'à deux termes, ou de la forme $z^2 = k$, parce qu'alors une simple extraction de racine suffira pour la résoudre.

Or, pour qu'elle se réduise à cette forme, il faut et il suffit que les deux racines soient égales et de signes contraires.

Posons la condition $\quad lb + ma = -(la + mb)$;

il en résulte $\quad (l + m)(a + b) = 0$;

mais on ne peut avoir $a + b = 0$, puisque le coefficient du second terme de la proposée est différent de 0 ; on a donc nécessairement

$$l + m = 0, \qquad \text{d'où} \quad l = -m.$$

D'ailleurs, la condition précédente suffit pour remplir l'objet que l'on s'était proposé; ainsi m reste indéterminé, et l'on peut faire, pour plus de simplicité, $m = 1$, ce qui donne $l = -1$. L'équation (1) devient alors

$$[z + (a - b)] [z - (a - b)] = 0 ;$$

ou, réduisant, $\quad z^2 - a^2 - b^2 + 2ab = 0 \ldots \quad (2)$.

Observons maintenant que la théorie des fonctions symétriques donne (n° 292)

$$S_1 = a + b = -p,\quad S_2 = -pS_1 - 2q = p^2 - 2q,\quad ab = q.$$

Substituant ces valeurs de $a^2 + b^2$ et de $2ab$ dans l'équation (2), on obtient pour cette *réduite*,

$$z^2 - p^2 + 4q = 0;\quad \text{d'où}\quad z = \pm\sqrt{p^2 - 4q}.$$

(Si la première valeur de z représente $a - b$, la seconde exprime celle de $b - a$.)

Combinant enfin l'équation $a + b = -p$

avec la relation $$a - b = \sqrt{p^2 - 4q},$$

on en déduit $a = -\frac{p}{2} + \frac{1}{2}\sqrt{p^2 - 4q}$, $b = -\frac{p}{2} - \frac{1}{2}\sqrt{p^2 - 4q}$,

ou bien $$x = -\frac{p}{2} \pm \sqrt{\frac{p^2}{4} - q},\ldots \text{ C.Q.F.T.}$$

Équation du troisième degré.

405. Soit $x^3 + px + q = 0$ l'équation à résoudre.

Puisque le second terme manque dans cette équation, on a déjà entre a, b, c, la relation $a + b + c = 0$; si donc nous pouvions former deux autres équations du premier degré en a, b, c, les valeurs de ces quantités pourraient être aisément déterminées.

Désignons par $la + mb + nc$ une des fonctions qui doivent entrer dans la composition des équations qu'il s'agit d'obtenir,

et posons $$la + mb + nc = z\ldots\ (1).$$

Comme cette fonction donne six combinaisons différentes par l'échange des lettres a, b, c, les unes dans les autres, savoir :

$$\begin{array}{lcl} la + mb + nc, & & lb + ma + nc, \\ la + mc + nb, & \text{et} & lb + mc + na, \\ lc + ma + nb, & & lc + mb + na, \end{array}$$

l'équation d'où dépendra sa valeur doit être du sixième degré ; or, pour qu'une équation de ce degré puisse être résolue d'après les principes déjà établis, il faut (n° 394) qu'elle ne renferme que les exposans 6 et 3 ; c'est-à-dire qu'elle soit de la forme

$$z^6 + Az^3 + B = 0 \ldots . \ (2).$$

Tâchons donc de déterminer les relations qui existent entre les *six* racines de cette dernière équation, afin d'en déduire celles qui doivent exister entre les six expressions précédentes.

Désignons par u', u'', les deux racines que l'on obtient immédiatement en posant $\quad z^3 = u$;

d'où $\quad u^2 + Au + B = 0$, et $u = -\frac{A}{2} \pm \sqrt{\frac{A^2}{4} - B}$;

appelons en outre 1, α, α^2, les trois racines cubiques de 1 ; on a

$$1^\circ \ldots \ z = u', \ z = \alpha u', \ z = \alpha^2 u' ;$$
$$2^\circ \ldots \ z = u'', \ z = \alpha u'', \ z = \alpha^2 u'' ;$$

ainsi, en prenant $la + mb + nc = z'$ et $la + mc + nb = z''$ pour les deux combinaisons principales, si l'on veut exprimer que les quatre autres forment avec celles-ci une équation de la forme (2), il faut et il suffit que l'on ait les relations

$$\begin{array}{ll} 1^\circ. & lc + ma + nb = \alpha\,(la + mb + nc), \\ & lb + mc + na = \alpha^2\,(la + mb + nc) ; \\ 2^\circ. & lb + ma + nc = \alpha\,(la + mc + nb), \\ & lc + mb + na = \alpha^2\,(la + mc + nb). \end{array}$$

(*Il est à remarquer* que l'on ne doit pas égaler indifféremment une quelconque des quatre dernières combinaisons au produit de α, ou de α^2, par la principale; mais il faut avoir soin que, dans la combinaison prise pour le premier membre de la relation, aucune des lettres a, b, c, ne soit affectée d'un coefficient égal à celui dont elle est affectée dans le second membre; autrement, on serait conduit à des relations qui impliqueraient contradiction.)

Les quatre relations précédentes peuvent être transformées ainsi:

$$\begin{aligned}
(l - \alpha n)c + (m - \alpha l)a + (n - \alpha m)b &= 0,\\
(l - \alpha^2 m)b + (m - \alpha^2 n)c + (n - \alpha^2 l)a &= 0,\\
(l - \alpha n)b + (m - \alpha l)a + (n - \alpha m)c &= 0,\\
(l - \alpha^2 m)c + (m - \alpha^2 n)b + (n - \alpha^2 l)a &= 0;
\end{aligned}$$

et ces conditions seront évidemment satisfaites si l'on a séparément

$$\begin{aligned}
l &= \alpha n, & m &= \alpha l, & n &= \alpha m,\\
l &= \alpha^2 m, & m &= \alpha^2 n, & n &= \alpha^2 l.
\end{aligned}$$

Or celles-ci se réduisent à *deux* essentiellement différentes, savoir: $m = \alpha l$ et $n = \alpha^2 l$;

en effet, on a $\alpha^3 = 1$; d'où $\alpha = \frac{1}{\alpha^2}$ et $\alpha^2 = \frac{1}{\alpha}$;

donc $m = \alpha l$ revient à $m = \frac{1}{\alpha^2}.l$, d'où $l = \alpha^2 m$;

de même, $n = \alpha^2 l$ revient à $n = \frac{1}{\alpha}.l$, d'où $l = \alpha n$;

enfin, les mêmes relations, $m = \alpha l, n = \alpha^2 l$, divisées l'une par l'autre, donnent $\frac{m}{n} = \frac{1}{\alpha}$; d'où $m = \frac{1}{\alpha} n = \alpha^2 n$, et $n = \alpha m$.

Donc il suffit de considérer les deux relations

$$m = \alpha l \quad \text{et} \quad n = \alpha^2 l.$$

Comme ces relations donnent m et n en fonction de l, et que l reste indéterminé, on peut supposer pour plus de simplicité,

$$l = 1, \quad \text{ce qui donne} \quad m = \alpha, \quad n = \alpha^2;$$

en sorte que les trois valeurs de l, m, n, ne sont autre chose que les *racines cubiques* de l'unité.

Substituons ces valeurs dans les deux expressions

$$la + mb + nc = z', \quad la + mc + nb = z'';$$

il vient $a + \alpha b + \alpha^2 c = z', \quad a + \alpha c + \alpha^2 b = z''.$

On pourrait également substituer ces valeurs dans les quatre autres combinaisons, et former ensuite l'équation en z; mais observons que, puisqu'elle doit être de la forme (2), ses *six* racines sont comprises dans les deux équations

$$z^3 = z'^3 = (a + \alpha b + \alpha^2 c)^3, \quad z^3 = z''^3 = (a + \alpha c + \alpha^2 b)^3,$$

ou, ce qui revient au même, dans l'équation unique

$$[z^3 - (a + \alpha b + \alpha^2 c)^3]\,[z^3 - (a + \alpha c + \alpha^2 b)^3] = 0.$$

Effectuant les calculs, et comparant les coefficiens du produit à ceux de l'équation (2), on trouve

$$\begin{aligned} A &= -[(a + \alpha b + \alpha^2 c)^3 + (a + \alpha c + \alpha^2 b)^3], \\ B &= \quad (a + \alpha b + \alpha^2 c)^3 \,.\, (a + \alpha c + \alpha^2 b)^3. \end{aligned}$$

Si l'on remonte à la composition primitive de l'équation en z, on reconnaît que cette équation est symétrique en a, b, c; ainsi les coefficiens A et B peuvent (n° 295) s'exprimer au moyen des coefficiens de la proposée; et la difficulté consiste à évaluer les diverses fonctions symétriques dont A et B se composent.

Avant d'aller plus loin, rappelons-nous que 1, α, α^2, étant les racines de l'équation $y^3 - 1 = 0$, l'on a

$$\alpha^3 = 1, \quad \alpha^4 = \alpha^3.\alpha = \alpha, \quad \alpha^5 = \alpha^2, \quad \alpha^6 = 1 \ldots.$$

et $\quad 1 + \alpha + \alpha^2 = 0; \quad$ d'où $\quad \alpha + \alpha^2 = -1.$

Cela posé, développons les valeurs de A et B ; il vient

$$1^{\circ}\ldots\quad A = -\left[2T.a^3 + 3(\alpha + \alpha^2)T.a^2b + 12abc\right],$$

ou $$A = -\left(2T.a^3 - 3T.a^2b + 12abc\right).$$

Or, les formules des numéros **292** et suivans, appliquées à l'équation $x^3 + px + q = 0$, donnent

$$S_1 = 0,\quad S_2 = -PS_1 - 2Q = -2p,\quad S_3 = -PS_2 - QS_1 - 3R = -3q;$$

d'où $$Ta^2b = S_2S_1 - S_3 = -S_3 = 3q;$$

d'ailleurs on a $$abc = -q;$$

donc $$A = -(-6q - 9q - 12q) = 27q,$$

$$2^{\circ}\ldots\ldots\quad B = \left[(a + \alpha b + \alpha^2 c)(a + \alpha c + \alpha^2 b)\right]^3;$$

mais $$(a + \alpha b + \alpha^2 c)(a + \alpha c + \alpha^2 b) = T.a^2 + (\alpha + \alpha^2)T.ab$$
$$= T.a^2 - T.ab;$$

d'ailleurs, on a $T.a^2 = S_2 = -2p,\quad T.ab = p;$

ainsi $$B = (-3p)^3 = -27p^3;$$

donc enfin, l'on obtient pour l'équation en z,

$$z^6 + 27qz^3 - 27p^3 = 0.$$

Cette équation donne d'abord

$$z^3 = -\frac{27q}{2} \pm \sqrt{\left(\frac{27q}{2}\right)^2 + 27p^3},$$

ou bien $$z^3 = 27\left(-\frac{q}{2} \pm \sqrt{\frac{q^2}{4} + \frac{p^3}{27}}\right);$$

d'où l'on tire, pour les valeurs de z' et de z'',

$$z' = 3\sqrt[3]{-\frac{q}{2} + \sqrt{\frac{q^2}{4} + \frac{p^3}{27}}},\quad z'' = 3\sqrt[3]{-\frac{q}{2} - \sqrt{\frac{q^2}{4} + \frac{p^3}{27}}}.$$

Ces valeurs étant connues, pour obtenir celles de a, b, c, il suffit de combiner les trois équations

$$a + \alpha b + \alpha^2 c = z',$$
$$a + \alpha^2 b + \alpha c = z'',$$
$$a + b + c = 0,$$

dont la dernière exprime, comme nous l'avons déjà vu, que la proposée est privée de second terme.

D'abord, l'addition de ces trois équations donne, en vertu de la relation $1 + \alpha + \alpha^2 = 0$, $\quad 3a = z' + z''$,

d'où l'on déduit $\quad a = \frac{z' + z''}{3}$,

ou, remplaçant z' et z'' par les valeurs ci-dessus,

$$a = \sqrt[3]{\frac{q}{2} + \sqrt{\frac{q^2}{4} + \frac{p^3}{27}}} + \sqrt[3]{-\frac{q}{2} - \sqrt{\frac{q^2}{4} + \frac{p^3}{27}}};$$

c'est la première racine donnée par la méthode du n° 395.

Maintenant, multiplions la première équation par α, la seconde par α^2, et ajoutons ces produits avec la troisième équation; l'on obtient

$$3c = \alpha z' + \alpha^2 z'', \quad \text{d'où} \quad c = \frac{\alpha z' + \alpha^2 z''}{3} = \alpha m + \alpha^2 n,$$

m et n désignant toujours (n° 395) les deux radicaux $\sqrt[3]{-\frac{q}{2}\cdots}$

Enfin, multiplions la première par α^2 et la seconde par α, puis ajoutons; il vient

$$3b = \alpha^2 z' + \alpha z'', \quad \text{d'où} \quad b = \frac{\alpha^2 z' + \alpha z''}{3} = \alpha^2 m + \alpha n.$$

Ce sont encore les deux autres racines trouvées par la première méthode.

Équation du quatrième degré.

406. Soit $x^4 + px^2 + qx + r = 0$ l'équation à résoudre.

Comme on a déjà la relation $a+b+c+d=0$, il faut tâcher d'obtenir trois autres relations du 1er degré en a, b, c, d.

Désignons par $ka+lb+mc+nd$, l'une de ces fonctions dont il s'agit de trouver la valeur. Puisque, en permutant les lettres a, b, c, d, de toutes les manières possibles, on pourrait (n° 145) former 24 combinaisons différentes, il s'ensuit que la réduite en z serait du 24e degré; ainsi nous devrions faire en sorte de la ramener à la forme

$$z^{24}+Az^{16}+Bz^{8}+C=0,$$

pour qu'elle fût résoluble à la manière de celles du troisième. Mais d'abord il est possible, à l'aide de quelques artifices d'analyse, d'abaisser son degré.

En effet, k, l, m, n, étant des indéterminées, on réduit le nombre des combinaisons à *douze* par la supposition de $k=l$.

Faisant ensuite $m=n$, on obtient les *six combinaisons*

$$\begin{aligned} &l(a+b)+m(c+d), && l(c+d)+m(a+b),\\ &l(a+c)+m(b+d), \quad \text{et} && l(b+d)+m(a+c),\\ &l(a+d)+m(b+c), && l(b+c)+m(a+d); \end{aligned}$$

toutes les autres rentrent évidemment dans celles-là.

Cela posé, puisque la nouvelle équation en z est du 6e degré, il faut tâcher de la ramener à la forme

$$z^{6}+Az^{4}+Bz^{2}+C=0\ldots \quad (2);$$

ce qui exige que ses racines soient égales deux à deux et de signes contraires. Or, il est évident que l'on satisfera à cette condition en posant $l=-m=1$; car alors les combinaisons précédentes deviendront

$$\begin{aligned} &a+b-(c+d), && c+d-(a+b),\\ &a+c-(b+d), \quad \text{et} && b+d-(a+c),\\ &a+d-(b+c), && b+c-(a+d). \end{aligned}$$

Observons que les combinaisons placées sur une même ligne

horizontale, sont égales et de signes contraires; donc, en multipliant entre eux les facteurs du premier degré en z qui correspondent à ces valeurs, on obtiendra pour la réduite,

$$[z^2-(a+b-c-d)^2]\,[z^2-(a+c-b-d)^2]$$
$$[z^2-(a+d-b-c)^2]=0.$$

Cette équation étant évidemment symétrique en a, b, c, d, ses coefficiens peuvent s'exprimer au moyen des coefficiens de la proposée; mais on peut faciliter leur détermination par les considérations suivantes :

D'abord $(a+b-c-d)^2$, développé, revient à

$$(a+b+c+d)^2-4(ac+ad+bc+bd);$$

mais on a

$a+b+c+d=0$, et $ab+ac+ad+bc+bd+cd=p$;

donc $\quad -(a+b-c-d)^2=4p-4(ab+cd)$;

on trouverait de même

$$-(a+c-b-d)^2=4p-4(ac+bd),$$
$$-(a+d-b-c)^2=4p-4(ad+bc).$$

Ainsi, soit posé $\quad z^2+4p=4u\ldots\quad(3)$;

l'équation en z se change en celle-ci :

$$[u-(ab+cd)]\,[u-(ac+bd)]\,[u-(ad+bc)]=0,$$

équation de la forme $u^3+A'u^2+B'u+C'=0$, et dont il ne s'agit plus que de déterminer les coefficiens.

Or on a, 1°... $A'=-(ab+ac+ad+bc+bd+cd)=-p$.

2°.... $B'=(ab+cd)\,(dc+bd)+(ab+cd)\,(ad+bc)$
$\qquad\qquad+(ac+bd)\,(ad+bc)$,

ou, développant et employant les notations, $\quad B'=\mathrm{T}.a^2bc$;

mais la formule du n° **294**,

$$T.a^n b^p c^p = \frac{S_n(S_p)^2 - 2S_{n+p}S_p - S_{2p}S_n + 2S_{n+2p}}{2},$$

devient, dans l'hypothèse de $n = 2$ et $p = 1$,

$$T\, a^2bc = \frac{S_2(S_1)^2 - 2S_3S_1 - (S_2)^2 + 2S_4}{2};$$

d'ailleurs la proposée étant $x^4 + px^2 + qx + r = 0$,
on a $S_1 = -P = 0$, $S_2 = -2Q = -2p$, $S_3 = -3R = -3q$,
$S_4 = -QS_2 - 4S = 2p^2 - 4r$;
d'où, substituant dans la valeur $B' = T.a^2bc$,

$$B' = Ta^2bc = \frac{-4p^2 + 4p^2 - 8r}{2} = -4r.$$

3°..... $C' = -(ab + ad)(ac + bd)(ad + bc)$,
et en développant, $C' = -(T.a^2b^2c^2 + abcd \times T.a^2)$.

Or la formule du n° **294**,

$$Ta^nb^nc^n = \frac{(S_n)^3 - 3S_{2n}S_n + 2S_{3n}}{6},$$

devient, dans le cas de $n = 2$,

$$T.a^2b^2c^2 = \frac{(S_2)^3 - 3S_4S_2 + 2S_6}{6};$$

d'ailleurs on a déjà trouvé

$$S_1 = 0,\ S_2 = -2p,\ S_3 = -3q,\ S_4 = 2p^2 - 4r;$$

d'où $S_6 = -QS_4 - RS_3 - SS_2 = -2p^3 + 4pr + 3q^2 + 2pr$
$= -2p^3 + 6pr + 3q^2$

Donc $T.a^2b^2c^2 = \dfrac{-8p^3 + 12p^3 - 24pr - 4p^3 + 12pr + 6q^2}{6}$.

ou, en réduisant, $Ta^2b^2c^2 = q^2 - 2pr$.

On a enfin $abcd$, ou le dernier terme de l'équation, égal à r, d'où $abcd \times Ta^2 = abcd \times S_2 = -2pr$;

donc $C' = -q^2 + 2pr + 2pr = 4pr - q^2$.

Ainsi l'équation en u devient

$$u^3 - pu^2 - 4ru + 4pr - q^2 = 0.$$

Remplaçant maintenant u par sa valeur tirée de l'équation (3), c'est-à-dire par $\frac{z^2+4p}{4}$, ou plutôt par $z+p$, afin de conserver la réduite au troisième degré et d'avoir des coefficiens plus simples, on obtient finalement pour résultat,

$$z^3 + 2pz^2 + (p^2 - 4r)z - q^2 = 0 \ldots \quad (4),$$

équation identique avec la *réduite* obtenue (n° 400) d'après la première méthode.

Si l'on désigne par z', z'', z''', les racines de cette équation, $4z'$, $4z''$, $4z'''$, seront nécessairement les carrés des trois combinaisons

$$a+b-c-d, \quad a+c-b-d, \quad a+d-b-c,$$

puisque l'on a remplacé dans l'équation primitive en z, z^2 par $4z$.

Ainsi l'on a pour valeurs de ces combinaisons,

$$\begin{aligned} a+b-c-d &= \pm 2\sqrt{z'}, \\ a+c-b-d &= \pm 2\sqrt{z''}, \\ a+d-b-c &= \pm 2\sqrt{z'''}. \end{aligned}$$

Combinant ces trois relations avec l'équation déjà établie,

$$a+b+c+d = 0,$$

on trouve *premièrement*, par leur addition,

$$4a = \pm 2\sqrt{z'} \pm 2\sqrt{z''} \pm 2\sqrt{z'''},$$

d'où
$$a = \pm \frac{1}{2}\sqrt{z'} \pm \frac{1}{2}\sqrt{z''} \pm \frac{1}{2}\sqrt{z'''}.$$

Secondement, ajoutant la première et la quatrième, puis soustrayant de leur somme celle des deux autres, on obtient

$$4b = \pm 2\sqrt{z'} \mp 2\sqrt{z''} \mp 2\sqrt{z},$$

d'où
$$b = \pm \frac{1}{2}\sqrt{z'} \mp \frac{1}{2}\sqrt{z''} \mp \frac{1}{2}\sqrt{z'''};$$

on trouverait par des moyens analogues,

$$c = \mp \frac{1}{2}\sqrt{z'} \pm \frac{1}{2}\sqrt{z''} \mp \frac{1}{2}\sqrt{z'''},$$

$$d = \mp \frac{1}{2}\sqrt{z'} \mp \frac{1}{2}\sqrt{z''} \pm \frac{1}{2}\sqrt{z'''}.$$

Mais il se présente ici une difficulté analogue à celle que l'on a rencontrée dans l'emploi de l'autre méthode : elle est relative aux signes dont les radicaux doivent être affectés. Pour déterminer ces signes, il suffit de former le produit des trois combinaisons

$$a + b - c - d, \quad a + c - b - d, \quad a + d - b - c.$$

Or, en les multipliant, on obtient pour produit,

$$T.a^3 - T.a^2b + 2T.abc;$$

et comme $T.a^3 = S_3 = -3q$, $T.a^2b = S_2S_1 - S_3 = 3q$, $T.abc = -q$, il en résulte

$$(a+b-c-d)\ (a+c-b-d)\ (a+d-b-c) = -8q,$$

ce qui prouve que les radicaux $\sqrt{z'}$, $\sqrt{z''}$, $\sqrt{z'''}$, doivent être affectés de signes tels que leur produit soit *positif* si q est négatif, et *négatif* si q est positif.

On retombe ainsi sur les mêmes valeurs que celles qui ont été obtenues par la première méthode.

407. *Scholie général.*—En appliquant la même méthode à l'équation du cinquième degré, on devrait chercher la valeur d'une fonction de la forme $ha + kb + lc + md + ne$. Comme les cinq lettres a, b, c, d, e, fournissent 24×5 ou 120 permutations différentes (nº **145**), il s'ensuit que la détermination de cette fonction dépendrait d'une équation du 120ᵉ degré, dont il faudrait ensuite, à l'aide de quelques artifices d'analyse, faire en sorte d'abaisser le degré. Mais jusqu'ici les efforts que l'on a tentés pour obtenir *une réduite convenable* ont été infructueux ; et l'on doute si jamais on y pourra parvenir, à cause de la longueur et de la complication des calculs.

Depuis long-temps les analystes ont cru devoir renoncer au problème de la résolution générale des équations, problème qui ne peut être d'aucune utilité dans les applications numériques ; le seul avantage qu'offriraient les résultats, serait de confirmer la proposition hypothétique (nº **235**) : *Toute équation a au moins une racine.*

CHAPITRE X.

Complément de la théorie des Suites.

---

§ Iᵉʳ. — *Des Séries récurrentes.*

408. Nous avons vu (nº **185**) que les fractions algébriques rationnelles de la forme $\frac{a}{a' + b'x}$, $\frac{a + bx}{a' + b'x + c'x^2}$,.. donnent lieu à des séries d'une nature particulière, connues sous le nom de *séries récurrentes*. Or on peut se proposer, sur ces sortes de séries, deux questions analogues à celles que nous avons résolues pour les *progressions par quotient*, qui sont d'ailleurs elles-mêmes (n° 198) des séries récurrentes du premier ordre.

La première question a pour objet de *déterminer le terme général d'une série récurrente*, c'est-à-dire une expression à l'aide de laquelle, le rang d'un terme étant donné, on puisse obtenir la valeur de ce terme sans être obligé de former d'abord tous ceux qui précèdent.

La seconde a pour but de *revenir de la série récurrente à la fraction génératrice*, ou, ce qui revient au même, de *déterminer la somme des termes de la série*.

Nous supposerons que l'on ait revu avec attention ce qui a été dit n°s 183 et 184 sur les séries récurrentes.

PREMIÈRE QUESTION. — *Détermination du terme général.*

409. Pour passer du simple au composé, considérons, *en premier lieu*, la fraction $\frac{a}{a'+b'x}$, qui, comme on sait, donne naissance à une *série récurrente du premier ordre*.

On a trouvé (n° 179)

$$\frac{a}{a'+b'x}=\frac{a}{a'}-\frac{a}{a'}\cdot\frac{b'}{a'}x+\frac{a}{a'}\cdot\frac{b'^2}{a'^2}x^2-\frac{a}{a'}\cdot\frac{b'^3}{a'^3}x^3\ldots;$$

or cette série n'est autre chose qu'une progression par quotient dont le premier terme est $\frac{a}{a'}$, et la raison $-\frac{b'}{a'}x$; donc, d'après ce qui a été dit au numéro 192, *le terme général de cette série*,

ou le $n^{ième}$ terme, est $$\frac{a}{a'}\cdot\left(-\frac{b'}{a'}x\right)^{n-1}.$$

410. Soit maintenant la fraction $\frac{a+bx}{a'+b'x+c'x^2}$, que l'on peut, pour simplifier, mettre sous la forme $\frac{\alpha+\beta x}{\alpha'+\beta' x+x^2}$, ... (1)

en posant $\frac{a}{c'}=\alpha$, $\frac{b}{c'}=\beta$, $\frac{a'}{c'}=\alpha'$, et $\frac{b'}{c'}=\beta'$.

Désignons par $x-p$ et $x-q$ les deux facteurs du trinome $x^2+\beta'x+\alpha'$; et concevons que l'on ait pu décomposer l'expression (1) dans la somme des deux fractions simples

$$\frac{A}{x-p}+\frac{B}{x-q}.$$

Comme chacune d'elles donne lieu à une série récurrente du premier ordre, si l'on forme ces deux séries séparément, ainsi que le *terme général* de chacune d'elles, la somme de ces deux termes sera *le terme général de la série du second ordre*; donc la difficulté consiste à déterminer A et B de manière qu'on ait l'identité

$$\frac{\alpha+\beta x}{\alpha'+\beta' x+x^2}=\frac{A}{x-p}+\frac{B}{x-q}.$$

Or, si l'on réduit les deux termes du second membre au même dénominateur, il viendra, à cause de $\alpha'+\beta'x+x^2=(x-p)(x-q)$,

$$\alpha+\beta x=A(x-q)+B(x-p)=(A+B)x-(Aq+Bp);$$

mais cette équation doit exister quelle que soit la valeur de x; ainsi (n° 180) l'on a séparément, $A+B=\beta$; $Aq+Bp=-\alpha$; d'où l'on déduit

$$A=\frac{\beta p+\alpha}{p-q},\quad B=-\frac{\beta q+\alpha}{p-q}.$$

A et B étant déterminés, si l'on compare les deux fractions $\frac{A}{x-p}$, $\frac{B}{x-q}$, à la fraction $\frac{a}{a'+b'x}$, pour laquelle le terme général est (n° 407) $\frac{a}{a'}\left(-\frac{b'}{a'}.x\right)^{n-1}$, il vient pour le *terme général* de la série qui correspond à l'expression (1),

$$-\frac{A}{p}.\left(\frac{1}{p}.x\right)^{n-1}-\frac{B}{q}.\left(\frac{1}{q}.x\right)^{n-1},\text{ ou }-\left(\frac{A}{p^n}+\frac{B}{q^n}\right)x^{n-1},$$

expression dans laquelle il ne s'agirait plus que de remplacer A et B par leurs valeurs obtenues ci-dessus.

Soit, pour exemple, $\frac{3-2x}{3+2x-x^2}$ ou $\frac{-3+2x}{-3-2x+x^2}$;

l'équation $x^2-2x-3=0$ étant résolue, donne $x=3$, $x=-1$;
d'où $$x^2-2x-3=(x-3)\,(x+1).$$

Si l'on pose $\frac{-3+2x}{-3-2x+x^2}=\frac{A}{x-3}+\frac{B}{x+1}$, on obtient, en chassant les dénominateurs et en réduisant,

$$-3+2x=(A+B)\,x+A-3B;$$

d'où $A+B=2$, $A-3B=-3$; ce qui donne $A=\frac{3}{4}$, $B=\frac{5}{4}$.

Donc, en vertu de la formule $-\left(\frac{A}{p^n}+\frac{B}{q^n}\right)x^{n-1}$, le terme général du développement de $\frac{3-2x}{3+2x-x^2}$ est

$$-\left(\frac{1}{4}\cdot\frac{1}{3^{n-1}}+\frac{5}{4}\cdot\frac{1}{(-1)^n}\right)x^{n-1}.$$

Soit $n=1$; cette expression devient $-\left(\frac{1}{4}-\frac{5}{4}\right)x^0$, ou $+1$.

$$n=2\ldots\ -\left(\frac{1}{4.3}+\frac{5}{4}\right)x^1,\text{ ou }-\frac{4}{3}x,$$
$$n=3\ldots\ -\left(\frac{1}{4.3^2}-\frac{5}{4}\right)x^2,\text{ ou }+\frac{11}{9}x^2,$$
$$n=4\ldots\ -\left(\frac{1}{4.3^3}+\frac{5}{4}\right)x^3,\text{ ou }-\frac{34}{27}x^3,$$

. . . .

. . . .

On a donc, pour le développement lui-même,

$$\frac{3-2x}{3+2x-x^2}=1-\frac{4}{3}x+\frac{11}{9}x^2-\frac{34}{27}x^3+\ldots,$$

résultat qu'il est facile de vérifier par la réduction en série d'après la méthode des coefficiens indéterminés. Mais le principal avantage qu'on retire de la détermination *du terme général*, c'est de pouvoir obtenir un terme de rang quelconque sans passer par tous les termes intermédiaires.

411. *Cas particuliers.* — 1°. — La méthode précédente est en défaut lorsque les deux racines du trinome $x^2+\beta'x+\alpha'$ sont égales; car alors les valeurs de A et de B deviennent $\frac{\beta p+\alpha}{0}$ et $-\frac{\beta q+\alpha}{0}$, c'est-à-dire infinies; et en effet, on conçoit que la somme des deux fractions $\frac{A}{x-p}$, $\frac{B}{x-p}$, ne peut reproduire une fraction dont le dénominateur est du second degré en x.

Mais observons que, dans ce cas, la fraction, devenant

alors $$\frac{\alpha+\beta x}{(x-p)^2}\ldots\ (2),$$

peut se mettre sous la forme $$\frac{\alpha}{(x-p)^2}+\frac{\beta x}{(x-p)^2},$$

ou bien encore $$\frac{\alpha}{(x-p)^2}+\frac{\beta(x-p)}{(x-p)^2}+\frac{\beta p}{(x-p)^2},$$

expression qui se réduit à $$\frac{\alpha+\beta p}{(x-p)^2}+\frac{\beta}{x-p}.$$

Or la seconde partie de cette expression donne lieu à une série récurrente du premier ordre, qui a (n° 408) pour terme général, $-\left(\frac{\beta}{p^n}\right)x^{n-1}$.

Quant à la première, elle revient à

$$(\alpha+\beta p)\ (p-x)^{-2},\ \text{ou}\ \frac{\alpha+\beta p}{p^2}.\left(1-\frac{x}{p}\right)^{-2};$$

mais, en développant ce second facteur par la formule du binome, on a

$$\left(1-\frac{x}{p}\right)^{-2}=1+\frac{2x}{p}+\frac{3x^2}{p^2}+\frac{4x^3}{p^3}+\ldots+\frac{nx^{n-1}}{p^{n-1}},$$

n désignant le rang d'un terme quelconque; donc le *terme général* correspondant à la première partie est

$$\frac{\alpha+\beta p}{p^2}\cdot\frac{nx^{n-1}}{p^{n-1}},\quad \text{ou}\quad \frac{n(\alpha+\beta p)}{p^{n+1}}.x^{n-1}.$$

Ainsi, le terme général qui correspond à la proposée (2)

est $\left[\frac{n(\alpha+\beta p)}{p^{n+1}}-\frac{\beta}{p^n}\right]x^{n-1}$ ou $\frac{n\alpha+(n-1)\beta p}{p^{n+1}}.x^{n-1}$.

412.—2°.—Les cas où les deux racines p et q sont imaginaires, semble aussi faire exception à la méthode du n° **409**, puisque l'expression du terme général renferme les quantités p et q, et qu'alors cette expression doit être elle-même compliquée d'imaginaires. Mais il est facile de s'assurer que les imaginaires se réduisent et disparaissent tout-à-fait.

En effet, si l'on remplace dans $-\left(\frac{A}{p^n}+\frac{B}{q^n}\right)x^{n-1}$, A et B par leurs valeurs trouvées n° **408**, il vient

$$\frac{(\beta q+\alpha)p^n-(\beta p+\alpha)q^n}{p^nq^n(p-q)}.x^{n-1},$$

expression qui peut se mettre sous la forme

$$\left[\frac{\alpha(p^n-q^n)}{p^nq^n(p-q)}+\frac{\beta(p^{n-1}-q^{n-1})}{p^{n-1}q^{n-1}(p-q)}\right]x^{n-1}.$$

Cela posé, si l'on a $p=r+s\sqrt{-1}$,

on a aussi nécessairement $q=r-s\sqrt{-1}$;

d'où, $pq=r^2+s^2, p^nq^n=(r^2+s^2)^n, p^{n-1}q^{n-1}=(r^2+s^2)^{n-1}$

$p-q=2s\sqrt{-1}, p^n-q^n=(r+s\sqrt{-1})^n-(r-s\sqrt{-1})^n=2k\sqrt{-1}$

(en développant par la formule du binome et réduisant);

enfin $$p^{n-1} - q^{n-1} = 2k'\sqrt{-1}.$$

Le terme général devient donc

$$\left[\frac{2\alpha k.\sqrt{-1}}{(r^2+s^2)^n.2s\sqrt{-1}} + \frac{2\beta k'.\sqrt{-1}}{(r^2+s^2)^{n-1}.2s\sqrt{-1}}\right].x^{n-1} =$$
$$\left[\frac{\alpha k}{s(r^2+s^2)^n} + \frac{\beta k'}{s(r^2+s^2)^{n-1}}\right]x^{n-1},$$

expression tout-à-fait débarrassée d'imaginaires.

Remarque. — Pour peu qu'on réfléchisse sur la marche que l'on a suivie pour la détermination du *terme général* relatif à une série récurrente du second ordre, on voit que la question est ramenée à *la décomposition d'une fraction rationnelle en fractions simples* dont les dénominateurs soient les facteurs du premier degré, du dénominateur de la fraction proposée.

Cette question incidente étant d'une très grande importance dans la haute analyse, nous en donnerons encore la solution pour une fraction rationnelle dont le dénominateur est du troisième degré en x.

Décomposition d'une fraction rationnelle en fractions simples.

413. Soit $\dfrac{\alpha + \beta x + \gamma x^2}{\alpha' + \beta' x + \gamma' x^2 + x^3}$ la fraction proposée; et désignons par $x - p$, $x - q$, $x - r$, les trois facteurs du dénominateur, que nous supposons d'abord *réels et inégaux*.

Posons $$\frac{\alpha + \beta x + \gamma x^2}{\alpha' + \beta' x + \gamma' x^2 + x^3} = \frac{A}{x-p} + \frac{B}{x-q} + \frac{C}{x-r}, \quad (1)$$

A, B, C, étant des quantités qu'il s'agit de déterminer.

Réduisons au même dénominateur, et observons que

$$\alpha' + \beta' x + \gamma' x^2 + x^3 = (x-p)\ (x-q)\ (x-r);$$

il vient

$$\alpha+\beta x+\gamma x^2=\left\{\begin{array}{l} \quad A\,(x-q)\,(x-r) \\ +\,B\,(x-p)\,(x-r) \\ +\,C\,(x-p)\,(x-q) \end{array}\right\} \ldots\ldots (2).$$

On pourrait, comme dans le n° **409**, effectuer les calculs, puis comparer les deux membres terme à terme, ce qui donnerait entre A, B, C, trois relations desquelles on déduirait ensuite les valeurs de ces quantités; mais, par une considération particulière, on parvient plus simplement à la détermination de ces valeurs.

Comme les équations (1) et (2) doivent exister quelle que soit la valeur de x, et que, de plus, A, B, C, sont indépendans de x, il s'ensuit que si, pour une valeur particulière attribuée à cette lettre, on parvient à déterminer des valeurs correspondantes pour A, B, C, ces valeurs conviendront également aux équations (1) et (2). Or, si l'on fait successivement dans l'équation (2), $x=p$, $x=q$, $x=r$, il vient

1°. — pour $x=p$, $\quad \alpha+\beta p+\gamma p^2 = A\,(p-q)\,(p-r)$,

ce qui donne $\quad A=\dfrac{\alpha+\beta p+\gamma p^2}{(p-q)\,(p-r)}$;

2°. — pour $x=q$, $\quad B=\dfrac{\alpha+\beta q+\gamma q^2}{(q-p)\,(q-r)}$;

3°. — pour $x=r$, $\quad C=\dfrac{\alpha+\beta r+\gamma r^2}{(r-p)\,(r-q)}$.

414. *Cas particuliers*. — 1°. — Supposons $p=q=r$; la décomposition précédente ne peut plus avoir lieu, car les coefficiens A, B, C, deviennent infinis.

Mais en suivant une marche analogue à celle du n° **409**, on peut poser

$$\frac{\alpha+\beta x+\gamma x^2}{(x-p)^3}=\frac{A}{(x-p)^3}+\frac{B}{(x-p)^2}+\frac{C}{x-p},$$

et essayer de déterminer A, B, C, d'après cette décomposition.

Pour cela, chassons les dénominateurs ; il vient

$$\alpha + \beta x + \gamma x^2 = A + B(x-p) + C(x-p)^2.$$

Soit d'abord $x = p$; il en résulte $A = \alpha + \beta p + \gamma p^2$; et l'équation devient, quand on y met cette valeur de A,

$$\beta(x-p) + \gamma(x^2-p^2) = B(x-p) + C(x-p)^2;$$

ou, divisant par le facteur commun $(x-p)$,

$$\beta + \gamma(x+p) = B + C(x-p).$$

Faisons de nouveau $x = p$; on trouve

$$B = \beta + 2\gamma p;$$

d'où, remplaçant, dans l'équation que l'on vient d'obtenir, B par cette valeur,

$$\gamma(x-p) = C(x-p); \quad \text{donc} \quad C = \gamma.$$

Ainsi, l'on a l'identité

$$\frac{\alpha + \beta x + \gamma x^2}{\alpha' + \beta' x + \gamma' x^2 + x^3} = \frac{\alpha + \beta p + \gamma p^2}{(x-p)^3} + \frac{\beta + 2\gamma p}{(x-p)^2} + \frac{\gamma}{x-p},$$

résultat dont il est aisé de constater l'exactitude en réduisant en une seule les fractions du second membre.

2°.—Soit $p = r$, ou $\alpha' + \beta' x + \gamma' x^2 + x^3$ de la forme $(x-p)^2(x-q)$; et essayons, dans ce cas, la décomposition suivante,

$$\frac{\alpha + \beta x + \gamma x^2}{(x-p)^2(x-q)} = \frac{A}{(x-p)^2} + \frac{B}{x-p} + \frac{C}{x-q};$$

si l'on chasse les dénominateurs, on obtient

$$\alpha + \beta x + \gamma x^2 = A(x-q) + B(x-p)(x-q) + C(x-p)^2.$$

Cela posé, soit $x = p$; il vient $\alpha + \beta p + \gamma p^2 = A(p-q)$, relation d'où l'on tire $A = \dfrac{\alpha + \beta p + \gamma p^2}{p-q}$.

Mettant pour A, sa valeur dans la seconde équation identique, et transposant, on trouve

$$-\alpha(x-p)-\beta q(x-p)+\gamma px(x-p)-\gamma q(x^2-p^2)$$
$$=(p-q)\ [B(x-p)(x-q)+C(x-p)^2];$$

si l'on divise par $x-p$, et que l'on fasse ensuite $x=p$, cette dernière identité donne

$$B=-\frac{(\alpha+\beta q-\gamma p^2+2\gamma pq)}{(p-q)^2}.$$

Enfin, si l'on fait $x=q$ dans la seconde des deux identités,

on en déduit $\quad C=\dfrac{\alpha+\beta q+\gamma q^2}{(p-q)^2}.$

Nous ne considérons point le cas où deux des racines du polynome $\alpha'+\beta' x+\gamma' x^2$ sont imaginaires, puisque nous avons déjà vu que l'expression du terme général peut être, dans ce cas, débarrassée d'imaginaires.

415. Il est facile d'étendre la marche précédente à une fraction rationnelle d'un ordre quelconque; mais, pour compléter ce qui a rapport à la détermination du terme général d'une série récurrente, il nous reste à indiquer comment on peut obtenir le *terme général* relatif à chacune des fractions, telles que $\dfrac{A}{(x-p)^3}$, $\dfrac{A}{(x-p)^4}$, $\dfrac{A}{(x-p)^5}$ ....., auxquelles on est conduit par cette méthode.

Soit d'abord l'expression $\dfrac{A}{(x-p)^3}$,

qui revient à $A(x-p)^{-3}$, ou $-\dfrac{A}{p^3}\left(1-\dfrac{x}{p}\right)^{-3}$.

On a

$$\left(1-\frac{x}{p}\right)^{-3}=1+3.\frac{x}{p}+\frac{3.4}{2}.\frac{x^2}{p^2}+\frac{3.4.5}{2.3}.\frac{x^3}{p^3}+\ldots;$$

et le terme général de cette série est évidemment

$$\frac{3.4.5.6\ldots(n-1).n.(n+1)}{2.3.4.5\ldots(n-1)}\cdot\frac{x^{n-1}}{p^{n-1}},$$

ou, en simplifiant, $\dfrac{n(n+1)}{2}\cdot\dfrac{x^{n-1}}{p^{n-1}};$

donc *le terme général* de l'expression proposée est

$$-\frac{A}{p^3}\cdot\frac{n(n+1)}{2}\cdot\frac{x^{n-1}}{p^{n-1}},\ \text{ou bien},\ -\frac{n(n+1)}{2}\cdot\frac{A}{p^{n+2}}\cdot x^{n-1}.$$

De même, $\dfrac{A}{(x-p)^4}$ revient à $\dfrac{A}{p^4}\left(1-\dfrac{x}{p}\right)^{-4};$

mais $\left(1-\dfrac{x}{p}\right)^{-4}=1+4.\dfrac{x}{p}+\dfrac{4.5}{2}\cdot\dfrac{x^2}{p^2}+\dfrac{4.5.6}{2.3}\cdot\dfrac{x^3}{p^3}+\ldots,$

série dont le terme général est

$$\frac{4.5.6.7\ldots(n-1).n.(n+1)(n+2)}{2.3.4.5.6.7\ldots(n-1)}\cdot\frac{x^{n-1}}{p^{n-1}},$$

ou, en réduisant, $\dfrac{n(n+1)(n+2)}{1.2.3}\cdot\dfrac{x^{n-1}}{p^{n-1}};$

donc on a, pour le terme général de l'expression proposée,

$$\frac{A}{p^4}\cdot\frac{n(n+1)(n+2)}{2.3}\cdot\frac{x^{n-1}}{p^{n-1}},\ \text{ou bien}\ \frac{n(n+1)(n+2)}{2.3}\cdot\frac{A}{p^{n+3}}\cdot x^{n-1}\ldots;$$

et ainsi de suite.

SECONDE QUESTION. — *Sommation des séries récurrentes.*

Cette question se divise en deux parties :

Ou l'on demande *la somme des termes de la série tout entière*, c'est-à-dire la fraction génératrice qui a donné lieu à cette série, ou bien, la somme d'un nombre limité de termes.

La première partie est la plus facile à traiter.

416. *Première partie.* — Soient A, B, C, D, E, F, ... les termes d'une série récurrente; et pour fixer les idées, supposons que la série soit du *troisième* ordre. Mais ce que nous allons dire s'appliquera aisément à une série d'un ordre quelconque.

La méthode est analogue à celle qui a été suivie (n° 193) pour les progressions par quotient.

Désignons par p, q, r, les quantités qui forment l'échelle de relation, c'est-à-dire les quantités constantes par lesquelles il faut multiplier C, B, A, pour former D, puis D, B, C, pour former E, et ainsi de suite; on aura les relations

$$\begin{aligned} D &= Cp + Bq + Ar, \\ E &= Dp + Cq + Br, \\ F &= Ep + Dq + Cr, \\ G &= Fp + Eq + Dr, \\ &\ldots\ldots\ldots\ldots\ldots\ldots \\ &\ldots\ldots\ldots\ldots\ldots\ldots \end{aligned}$$

Ces relations sont en nombre indéfini; donc, si on les ajoute terme à terme, et que l'on appelle S *la somme* ou *la fraction génératrice* cherchée, on obtiendra

$$S - A - B - C = p(S - A - B) + q(S - A) + rS,$$

d'où l'on déduit $S = \dfrac{p(A+B) + qA - (A+B+C)}{p+q+r-1}$.

En suivant la même marche pour les séries du 1er, 2e, 4e... ordre, on peut former le tableau suivant :

1er ordre $S = \dfrac{-A}{p-1}$ .... (1),

2e ..... $S = \dfrac{pA-(A+B)}{p+q-1}$ .... (2),

3e ..... $S = \dfrac{p(A+B)+qA-(A+B+C)}{p+q+r-1}$ .... (3),

4e ..... $S = \dfrac{p(A+B+C)+q(A+B)+rA-(A+B+C+D)}{p+q+r+s-1}$ (4);

... et ainsi de suite.

Soit pour exemple, la série du troisième ordre,

$$1 - 2x + 3x^2 - 10x^3 + 22x^4 - 51x^5 + 125x^6 \ldots,$$

dont l'échelle de relation se compose de l'ensemble des quantités

$$(-x, \quad +2x^2, \quad -3x^3);$$

on trouve, en appliquant la formule (3), et observant que l'on a

$$A = 1, \; B = -2x, \; C = 3x^2, \; p = -x, \; q = +2x^2, \; r = -3x^3,$$

$$S = \frac{-x(1-2x) + 2x^2 - 1 + 2x - 3x^2}{-x + 2x^2 - 3x^3 - 1} = \frac{1 - x - x^2}{1 + x - 2x^2 + 3x^3}.$$

Il arrive quelquefois que, dans la série proposée, les deux ou trois premiers termes ne sont pas compris dans la loi de récurrence. Cela provient (n° **184**) de ce que, dans la fraction qui lui a donné naissance, le degré du numérateur est plus élevé que celui du dénominateur ; dans ce cas, pour obtenir la *fraction génératrice*, on commence par faire abstraction des termes dont on vient de parler ; puis, après avoir obtenu, d'après les formules précédentes, la somme des autres termes, on y ajoute les termes dont on avait d'abord fait abstraction, en ayant soin de réduire le tout en une seule expression fractionnaire.

417. *Seconde partie.* — Dans les formules précédentes, il n'entre que les premiers termes de la série et les quantités qui forment l'échelle de relation. Mais, si l'on demande l'*expression de la somme d'un nombre déterminé de termes*, il faut en outre connaître les derniers termes de la série.

Soit encore une série récurrente du *troisième* ordre, dont les premiers termes sont A, B, C, D, E, ..., l'échelle de relation (p, q, r), et les derniers termes, K, L, M, N.

Puisque la série est du troisième ordre, on a les relations

$$\begin{aligned} D &= Cp + Bq + Ar, \\ E &= Dp + Cq + Br, \\ F &= Ep + Dq + Cr, \\ &\ldots\ldots\ldots\ldots \\ &\ldots\ldots\ldots\ldots \\ N &= Mp + Lq + Kr. \end{aligned}$$

[Le nombre de ces relations est limité et égal au nombre des termes dont on cherche la somme, diminué de *trois*.]

Cela posé, en les ajoutant terme à terme, et désignant par S la somme cherchée, on a évidemment

$$S-A-B-C=p(S-A-B-N)+q(S-A-N-M)+r(S-N-M-L);$$

d'où l'on tire

$$S=\frac{p(A+B+N)+q(A+N+M)+r(N+M+L)-(A+B+C)}{p+q+r-1}.$$

On pourrait également obtenir les sommes relatives à une série récurrente d'un ordre quelconque.

En comparant cette formule avec la formule (3) du n° 414, on voit, 1°. — que celle-ci se déduit de celle qu'on vient d'obtenir, en négligeant tous les termes affectés de L, M, N,...

2°. — Que, pour appliquer la formule (3), il suffit, comme nous l'avons déjà dit, de connaître les trois premiers termes et l'échelle de relation; tandis que, pour faire usage de la formule précédente, il faut absolument avoir les expressions des trois termes qui précèdent celui auquel on a arrêté la série; ce qui exige que l'on sache trouver le *terme général* de la série, c'est-à-dire l'expression d'un terme de rang quelconque, question qui devient très compliquée quand la série est d'un ordre un peu élevé.

418. Au reste, les formules relatives au cas de la somme d'un nombre déterminé de termes s'appliquent principalement aux *séries récurrentes numériques*.

Soit, par exemple, une série récurrente du troisième ordre, dont les trois premiers termes étant 1, 2, 3, le suivant est égal au double du troisième, augmenté de la somme des deux premiers, le cinquième est égal au double du quatrième, augmenté de la somme du troisième et du deuxième; et ainsi de suite. Le développement de cette série sera

1, 2, 3, 9, 23, 58, 148, 377, 960, 2445, 6227....

Cela posé, pour obtenir la somme des onze premiers termes,

on fera dans la formule ci-dessus,

$A=1, B=2, C=3, p=2, q=1, r=1, N=6227, M=2445, L=960;$

ce qui donnera

$$S=\frac{2\times 6230+8673+9632-6}{3}=10253.$$

Si l'on demandait la somme d'un plus grand nombre de termes, par exemple la somme des 50 premiers termes, il faudrait pousser la série jusqu'au 50e. inclusivement, ce qui ne laisserait pas que d'être fort long.

Ou bien, il faudrait former directement les 48e, 49e, 50e termes, d'après l'expression du terme général. Or, pour obtenir celui-ci par la méthode exposée nos 407 et suivans, *on commencerait par mettre la série proposée sous la forme*

$$1+2x+3x^2+9x^3+23x^4+58x^5+\ldots;$$

on rechercherait la fraction génératrice qui a donné lieu à cette série, et on la décomposerait (no 411) *en trois fractions simples pour chacune desquelles on obtiendrait un terme général. Faisant ensuite la somme de ces trois termes généraux, on aurait celui de la série* $1+2x+3x^2+\ldots;$ *enfin, on supposerait* $x=1$, ce qui donnerait le terme général de la série $1+2+3+9+23+\ldots;$ mais il est facile de s'assurer que tous ces calculs sont souvent impraticables.

En effet, si l'on applique la formule (3) du numéro 414 à la série $1+2x+3x^2+9x^3+\ldots$, en y supposant $A=1$, $B=2x$, $C=3x^2$, $p=2x$, $q=x^2$, $r=x^3$, on aura

$$S=\frac{1-2x^2}{1-2x-x^2-x^3}.$$

Or l'expression x^3+x^2+2x-1, égalée à zéro, ne peut évidemment avoir que des racines incommensurables; ainsi la décomposition de la fraction $\frac{1-2x^2}{1-2x-x^2-x^3}$ en fractions simples ne peut se faire d'une manière exacte.

Ces réflexions prouvent que certains résultats analytiques, simples en théorie, sont quelquefois peu susceptibles d'application.

419. Nous terminerons la théorie des séries récurrentes par l'exposition d'un moyen, dû à Lagrange, pour *reconnaître si une série proposée est de la nature des séries récurrentes.*

Ce moyen est fondé sur les observations suivantes :

1°. — Si la série proposée, que nous désignerons par S, est une série récurrente du premier ordre, elle provient d'une fraction de la forme $\frac{a}{a'+b'x}$.

Or on a
$$\frac{a'+b'x}{a}=\frac{a'}{a}+\frac{b'}{a}x,$$

ce qui prouve que la *fraction renversée*, ou, ce qui revient au même, *l'unité divisée par la série proposée*, S, *doit donner pour quotient une fonction entière de* x (nº **230**.) *égale à* p + qx ; si cette division ne se fait pas exactement, c'est que la série (en supposant qu'elle soit récurrente) est du second ordre ou d'un ordre supérieur.

2°. — Si c'est une série récurrente du second ordre, elle provient d'une fraction de la forme $\frac{a+bx}{a'+b'x+c'x^2}$; or on a

$$\frac{a'+b'x+c'x^2}{a+bx}=\frac{a'}{a}+\frac{ab'-ba'}{a^2}.x+\frac{a^2c'-b(ab'-ba')}{a^2(a+bx)}.x^2,$$

ou
$$p+qx+\frac{\mathrm{K}}{a+bx}.x^2,$$

ce qui prouve que *l'unité divisée par* S *doit donner lieu à un quotient entier de la forme* p + qx, plus *un produit de* x² *par une série récurrente du premier ordre*, c'est-à-dire qu'en désignant par $S'x^2$ le reste auquel on parvient après avoir divisé 1 par S et obtenu le quotient $p+qx$, on doit trouver $\frac{S}{S'}$ égal à un quotient exact de la forme $p' + q'x$; et ainsi de suite.

Guidé par ces considérations, Lagrange a donné la règle suivante pour reconnaître si une série proposée est récurrente :

Soit $S = A + Bx + Cx^2 + Dx^3 + \ldots$ cette série.

1°.— *Divisez l'unité par* S, *et poussez l'opération* jusqu'à ce que vous ayez un quotient de la forme $p + qx$, et un reste de la forme $S'x^2$ (S' désignant une série indéfinie de la forme $A' + B'x + C'x^2 + \ldots$) ;

2°.— *Divisez* S *par* S', *et poussez l'opération* jusqu'à ce que vous ayez un quotient de la forme $p' + q'x$, et un reste tel que $S''x^2$ (S'' étant égal à $A'' + B''x + C''x^2 + \ldots$) ;

3°.— *Divisez* S' *par* S'', *et poussez l'opération* jusqu'à ce que vous ayez un quotient de la forme $p'' + q''x$, et un reste tel que $S'''x^2$;

4°.— *Divisez* S'' *par* S''', *et poussez l'opération* jusqu'à ce que vous ayez un quotient de la forme $p''' + q'''x$, et un reste $S^{\text{IV}} x^2$;

......Et ainsi de suite.

Dès que l'une de ces divisions se fait exactement, la série proposée est récurrente, et l'ordre de la série est marqué par le rang de la division qui s'est faite exactement.

Quant à l'échelle de relation de la série, on l'obtiendrait aisément (n° **184**) si l'on pouvait obtenir la fraction génératrice.

Or supposons, pour fixer les idées, que la troisième division se fasse exactement.

On aura donc la suite d'équations

$$\frac{1}{S} = p + qx + \frac{S'}{S} x^2,$$

$$\frac{S}{S'} = p' + q'x + \frac{S''}{S'} x^2,$$

$$\frac{S'}{S''} = p'' + q''x.$$

La dernière donne $\frac{S''}{S'} = \frac{1}{p'' + q''x}$;

d'où, en substituant dans la seconde,

$$\frac{S}{S'}=p'+q'x+\frac{x^2}{p''+q''x}=\frac{(p'+q'x)(p''+q''x)+x^2}{p''+q''x};$$

donc
$$\frac{S'}{S}=\frac{p''+q''x}{(p'+q'x)(p''+q''x)+x^2}.$$

Substituant cette valeur dans la première équation, on trouve

$$\frac{1}{S}=p+qx+\frac{(p''+q''x)x^2}{(p'+q'x)(p''+q''x)+x^2}, \text{ ou bien}$$
$$\frac{1}{S}=\frac{(p+qx)(p'+q'x)(p''+q''x)+(p+qx)x^2+(p''+q''x)x^2}{(p'+q'x)(p''+q''x)+x^2};$$

donc enfin

$$S=\frac{(p'+q'x)(p''+q''x)+x^2}{(p+qx)(p'+q'x)(p''+q''x)+(p+qx)x^2+(p''+q''x)x^2},$$

expression qui, simplifiée, est de la forme

$$S=\frac{a+bx+cx^2}{a'+b'x+c'x^2+d'x^3}:$$

et l'échelle de relation est alors (n° 184)

$$\left(-\frac{b'}{a'}x,-\frac{c'}{a'}x^2,-\frac{d'}{a'}x^3\right).$$

420. Prenons pour exemple la série

1, 3, 6, 10, 15, 21, 28, 36, 45...,

dont chaque terme s'obtient d'après l'expression générale... $\frac{n(n+1)}{2}$, n désignant le rang du terme que l'on veut former.

Pour reconnaître si cette série est récurrente, on la mettra d'abord sous la forme

$$1+3x+6x^2+10x^3+15x^4+21x^5+28x^6+36x^7+45x^8+\ldots.$$

Cela posé, en appliquant la règle ci-dessus, on trouve

$$\frac{1}{S'}=\frac{1}{1+3x+6x^2+\ldots}=1-3x+\frac{S'}{S}x^2.$$

(S′ ayant pour développement, ...

$3+8x+15x^2+24x^3+35x^4+48x^5+63x^6+80x^7+99x^8+\ldots$);

$$\frac{S}{S'}=\frac{1+3x+6x^2+\ldots,}{3+8x+15x^2+\ldots}=\frac{1}{3}+\frac{1}{9}x+\frac{x^2}{9}\cdot\frac{S''}{S'},$$

$(S''=1+3x+6x^2+10x^3+\ldots)$;

$$\frac{S'}{S''}=\frac{3+8x+15x^2+\ldots}{1+3x+6x^2+10x^3+\ldots}=3-x,$$

quotient exact.

Ainsi la série est récurrente, et du troisième ordre.

Pour obtenir l'échelle de relation, rapprochons les équations.

$$\frac{1}{S}=1-3x+\frac{S'}{S}.x^2,$$

$$\frac{S}{S'}=\frac{1}{3}+\frac{1}{9}x+\frac{x^2}{9}.\frac{S''}{S'},$$

$$\frac{S''}{S'}=3-x;$$

la dernière donne $\frac{S''}{S'}=\frac{1}{3-x}$,

d'où $\frac{S}{S'}=\frac{3+x}{9}+\frac{x^2}{9}\cdot\frac{1}{3-x}$,

et par conséquent $\frac{1}{S}=1-3x+x^2(3-x)=1-3x+3x^2-x^3$;

donc enfin $S=\frac{1}{1-3x+3x^2-x^3}=\frac{1}{(1-x)^3}$.

Ainsi l'échelle de relation de la série $1+3x+6x^2+\ldots$, se compose des quantités $(3x, -3x^2, +x^3)$, et l'échelle de relation de la série proposée, $1+3+6+10+\ldots$ est l'ensemble des nombres (3, — 3, + 1); ce qu'il est facile de vérifier.

Par exemple, le terme 28 se compose de la somme des produits des trois termes, ... 21, 15, 10, multipliés respectivement par. . . . . 3, — 3, + 1.

N. B. — On voit encore que la règle précédente donne le moyen de *retrouver l'échelle de relation* d'une série récurrente, quand la trace en a été perdue.

§ II. — *Des Séries de nombres figurés et de celles qui en dépendent.*

Il existe encore une certaine classe de séries pour lesquelles on peut obtenir facilement *le terme général* et *l'expression de la somme d'un nombre limité de termes* : ce sont les séries numériques qui tirent leur origine d'une progression par différence.

421. *Détermination du terme général de la série. . . . .* $a^m + b^m + c^m + d^m \ldots$; $a, b, c, d, \ldots\ldots$ étant les différens termes d'une progression par différence.

On a vu (n° **186**) que, dans toute progression par différence,

$$\div a.b.c.d.e.f.g.h \ldots,$$

le terme général, l, a pour expression, $l = a + (n-1)r$, r désignant la raison et n le nombre des termes; donc *le terme général* de la série des $m^{\text{ièmes}}$ puissances des différens termes de cette progression a pour valeur,

$$l^m = [a + (n-1)r]^m.$$

Soit proposé, pour exemple, de *trouver le quinzième terme de la série des cinquièmes puissances des termes de la progression* $\div 1.3.5.7.9.11.13 \ldots\ldots$ On aura, en faisant dans la formule, $n = 15$, $m = 5$, $a = 1$, $r = 2$,

$$l^5 = (1 + 14 \times 2)^5 = 29^5 = 20511149.$$

422. — *Sommation des termes de la série.*

$$a^m + b^m + c^m + d^m + \ldots + k^m + l^m,$$

$a, b, c, d, \ldots k, l$, étant les différens termes d'une progression par différence.

On a, d'après la formule du binome,

$$b^m = (a+r)^m = a^m + mra^{m-1} + m\frac{m-1}{2}r^2a^{m-2} + \ldots,$$

$$c^m = (b+r)^m = b^m + mrb^{m-1} + m\frac{m-1}{2}r^2b^{m-2} + \ldots,$$

....

....

$$l^m = (k+r)^m = k^m + mrk^{m-1} + m\frac{m-1}{2}r^2k^{m-2} + \ldots\ldots$$

Ajoutant toutes ces équations membre à membre, et désignant par $S_m, S_{m-1}, S_{m-2} \ldots, S_2, S_1$, les sommes des $m^{ièmes}$, $(m-1)^{ièmes}\ldots$ puissances, on obtient

$$S_m - a^m = S_m - l^m - mr(S_{m-1} - l^{m-1}) + m\frac{m-1}{2}r^2(S_{m-2} - l^{m-2}) + \ldots;$$

ou réduisant,

$$l^m - a^m = mr(S_{m-1} - l^{m-1}) + m\frac{m-1}{2}r^2(S_{m-2} - l^{m-2}) + \ldots \text{(A)},$$

formule qui renferme les sommes des puissances, depuis S_{m-1} jusqu'à S_0 inclusivement;

(S_0 étant égal à $a^0 + b^0 + c^0 \ldots + k^0 + l^0$, équivaut à n).

Pour faire connaître l'usage de la formule (A), faisons successivement $m = 1, 2, 3, 4, 5\ldots$

Soit, 1°... $m = 1$; on trouve

$$l - a = r(S_0 - l^0);\ \text{d'où } S_0 = \frac{l-a}{r} + 1 = \frac{(n-1)r + r}{r} = n,$$

résultat que l'on connaît déjà.

2°.... $m=2$; il vient $l^2-a^2=2r(S_1-l)+r^2(S_0-l^0)$,

d'où $$S_1-l=\frac{l^2-a^2}{2r}-\frac{r(l-a)}{2r};$$

donc $$S=\frac{l^2-a^2}{2r}+\frac{r(l+a)}{2r}=\frac{(l+a)(l-a+r)}{2r},$$

ou bien, à cause de $l=a+(n-1)r$, d'où $l-a+r=nr$,

$$S_1=\frac{(l+a).nr}{2r}=\frac{(l+a)n}{2},$$

résultat qui est encore connu (n° 187).

3°.... $m=3$; la formule (A) devient

$$l^3-a^3=3r(S_2-l^2)+3r^2(S_1-l)+r^3(S_0-l^0),$$

résultat qui fera connaître S_2 en fonction de S_1 et de S_0.

4°.... $m=4$;

$$l^4-a^4=4r(S_3-l^3)+6r^2(S_2-l^2)+4r^3(S_1-l)+r^4(S_0-l^0);$$

et cette formule donnera S_3 en fonction de S_2, S_1, S_0; ainsi de suite.

D'où l'on voit qu'on pourra toujours obtenir la somme des puissances semblables d'un nombre déterminé de termes, en fonction des sommes des puissances inférieures, quels que soient les degrés de ces puissances.

423. Prenons, pour exemple, la suite naturelle des nombres

$$1,\ 2,\ 3,\ 4,\ 5,\ 6,\ 7,\ 8,\ 9\ldots;$$

et recherchons la somme des carrés, des cubes, etc., des n premiers termes.

On a, d'après les formules précédentes, et en observant que

$$a=1,\quad r=1,\quad l=n,\quad S_0=n,$$

1°. $$S_1=\frac{n(n+1)}{2},\quad \text{ou}\quad \frac{n^2+n}{2};$$

2°. $n^3 - 1 = 3(S_2 - n^2) + 3(S_1 - n) + n - 1$; donc

$$S_2 = n^2 + \frac{n^3 - 1}{3} - \frac{n^2 - n}{2} - \frac{n - 1}{3} = \frac{2n^3 + 3n^2 + n}{6},$$

ou bien encore, $S_2 = \dfrac{n(n+1)(2n+1)}{2.3}$;

3°. $n^4 - 1 = 4(S_3 - n^3) + 6(S_2 - n^2) + 4(S_1 - n) + n - 1$;

donc $S_3 = n^3 + \dfrac{n^4 - 1}{4} - \dfrac{2n^3 - 3n^2 + n}{4} - \dfrac{n^2 - n}{2} - \dfrac{n - 1}{4}$,

ou $S_3 = \dfrac{n^4 + 2n^3 + n^2}{4} = \dfrac{n^2(n+1)^2}{4} = (S_1)^2$.

On trouverait pareillement

$$S_4 = \frac{6n^5 + 15n^4 + 10n^3 - n}{30}; \text{ et ainsi de suite.}$$

N. B.— Afin de distinguer les sommes des puissances semblables des termes de la série naturelle 1, 2, 3..., des sommes relatives à tout autre progression, nous désignerons dorénavant les premières par $\int_1, \int_2, \int_3, \ldots \int_p$; en voici l'usage :

424. On peut toujours, à l'aide de ces expressions, *obtenir la valeur de la somme d'un nombre quelconque de termes d'une série dont le terme général est une* FONCTION RATIONNELLE ET ENTIÈRE *du nombre des termes que l'on considère.*

Soit, pour fixer les idées, une série dont le *terme général* est an^p, a étant un nombre connu quelconque, p un exposant entier et positif, n le rang du terme que l'on considère.

La série proposée est alors de la forme

$$a.1^p + a.2^p + a.3^p + a.4^p + \ldots + a.n^p,$$

série qui revient évidemment à

$$a(1^p + 2^p + 3^p + 4^p + \ldots + n^p) = a.\int_p.$$

De même, une série dont le terme général est exprimé par $a.n^p \pm b.n^q \pm c.n^r$, revient à

$$\left.\begin{array}{l} a(1^p + 2^p + 3^p + \ldots + n^p \\ \pm\, b(1^q + 2^q + 3^q + \ldots + n^q \\ \pm\, c(1^r + 2^r + 3^r + \ldots + n^r \end{array}\right\} = a.\int_p \pm b.\int_q \pm c.\int_r.$$

Or les expressions $\int_p$, $\int_q$, $\int_r$, sont connues d'après les formules du n° **423**; ainsi la somme des n premiers termes de la série proposée est également déterminée.

425. *Application aux séries de nombres figurés.* — On appelle ainsi les séries que l'on déduit d'une progression par différence, dont le premier terme est l'unité et la raison un nombre entier, en faisant successivement la somme des deux premiers, des trois premiers, des quatre premiers.... termes de la progression, et opérant ensuite sur la nouvelle série que l'on obtient par ce moyen, comme on a opéré sur la progression; et ainsi de suite.

Soit d'abord la progression naturelle des nombres

$$\div\ 1.\ 2.\ 3.\ 4.\ 5.\ 6.\ 7\ldots\ldots$$

$$\text{Les séries}\ldots\ldots \left\{\begin{array}{lllllll} 1, & 3, & 6, & 10, & 15, & 21, & 28\ldots\ldots, \\ 1, & 4, & 10, & 20, & 35, & 56, & 84\ldots\ldots, \\ 1, & 5, & 15, & 35, & 70, & 126, & 210\ldots\ldots, \\ \ldots & \ldots & \ldots & \ldots & \ldots & \ldots & \ldots\ldots, \\ \ldots & \ldots & \ldots & \ldots & \ldots & \ldots & \ldots\ldots, \end{array}\right.$$

dont *la première* se forme en ajoutant alternativement les deux premiers, les trois premiers.... termes de la progression proposée, dont *la seconde* se forme *à l'aide de la première* comme celle-ci s'est formée au moyen de la progression, dont la *troisième* est déduite *de la seconde* comme celle-ci l'a été *de la première*....; ces séries, dis-je, sont celles des *nombres figurés de la première classe.*

La première est la série des *nombres triangulaires.*

La seconde, celle des *nombres pyramidaux triangulaires.*

Les séries qui viennent après la seconde n'ont pas reçu de dénominations particulières.

La progression $\div$ 1.3.5.7.9.11...$2n-1$, donne naissance aux *nombres figurés de la seconde classe;* et les séries qui en dépendent sont, d'après la loi ci-dessus,

1, 4, 9, 16, 25, 36. . . .
1, 5, 14, 30, 55, 91. . . .
. . . .
. . . .

La première de ces deux séries est la suite des *nombres carrés;* la seconde, celle des *nombres pyramidaux quadrangulaires.*

Ces dénominations proviennent de l'analogie que ces nombres ont avec certaines figures géométriques.

426. Les séries qui viennent d'être formées jouissent de plusieurs *propriétés curieuses*, dont nous ferons connaître la plus importante : c'est que l'on peut toujours former *leur terme général*, et *obtenir l'expression de la somme des* n *premiers termes, en fonction des quantités* $\int_1, \int_2, \int_3 \ldots$

En effet, pour une progression quelconque, la première des séries qui en dérivent, est telle que son $n^{ième}$ terme est égal à la somme des n premiers termes de la progression proposée; donc 1°.— ce terme peut toujours être exprimé rationnellement en fonction de n; 2°.— puisque *ce terme général* est une *fonction rationnelle* de n, la somme des n premiers termes peut (n° **422**) être exprimée au moyen des sommes $\int_1, \int_2, \int_3 \ldots$, dont les valeurs sont connues.

Ainsi, soient la progression $\div$ 1. 2. 3. 4. 5....,
et les suites qui en dérivent, 1, 3, 6, 10, 15....,
1, 4, 10, 20, 35....,
. . . .
. . . .

La somme des termes de la progression étant $\frac{(n+1)n}{2}$, le *terme général* de la première suite est $\frac{(n+1)n}{2}$, ou $\frac{n^2}{2}+\frac{n}{2}$; donc (n° 422) *la somme des* n *premiers termes* de cette suite a pour expression,

$$\frac{1}{2}\int_2+\frac{1}{2}\int_1,$$

ou, remplaçant $\int_2$, $\int_1$ par leurs valeurs (n° 423),

$$\frac{2n^3+3n^2+n}{12}+\frac{n^2+n}{4}=\frac{n^3+3n^2+2n}{6},$$

expression qui peut encore s'écrire ainsi : $\frac{n(n+1)(n+2)}{2.3}$.

De même, *le terme général* de la seconde suite étant

$$\frac{n^3+3n^2+2n}{6}, \text{ ou } \frac{1}{6}n^3+\frac{1}{2}n^2+\frac{1}{3}n,$$

on a pour *la somme des* n *premiers termes de cette suite*,

$$\frac{1}{6}\int_3+\frac{1}{2}\int_2+\frac{1}{3}\int_1;$$

ou, substituant pour $\int_1$, $\int_2$, $\int_3$, leurs valeurs,

$$\frac{n^4+2n^3+n^2}{24}+\frac{2n^3+3n^2+n}{12}+\frac{n^2+n}{6}$$
$$=\frac{n^4+6n^3+11n^2+6n}{24}=\frac{n(n+1)\,(n+2)\,(n+3)}{2.3.4}.$$

On aurait de même pour *le terme général* de la troisième suite,

$$\frac{n^4+6n^3+11n^2+6n}{24}, \quad \text{ou} \quad \frac{1}{24}n^4+\frac{1}{4}n^3+\frac{11}{24}n^2+\frac{1}{4}n;$$

et, par conséquent, pour la *somme des* n *premiers termes*,

$$\frac{n^5+10n^4+35n^3+50n^2+24n}{120}=\frac{n(n+1)(n+2)(n+3)(n+4)}{2.3.4.5};$$

ainsi de suite.

N. B. Il est à remarquer que les expressions

$$\frac{n}{1}, \frac{n(n+1)}{2}, \frac{n(n+1)(n+2)}{2.3}, \frac{n(n+1)(n+2)(n+3)}{2.3.4},$$

ne sont autre chôse que les *termes généraux* des coefficiens du développement de $(1-x)^{-m}$, en supposant successivement $m=2$, $m=3$, $m=4$, $m=5$... (*Voyez* à ce sujet le n° 413.)

427. Soient encore les nombres figurés qui correspondent à la

progression $\div 1 . 3 . 5 . 7 . 9 ... 2n-1$,
savoir :
1, 4, 9, 16, 25. ....,
1, 5, 14, 30, 55......,
....
....

Le n^{ieme} *terme* de la série des *nombres carrés* étant la somme des n premiers termes de la proposée, a pour expression,

$$\frac{(2n-1+1)n}{2}=n^2.$$

Donc *la somme des* n *premiers termes* de cette même série est égale à $\int_2$, ou (n° 421) à $\frac{2n^3+3n^2+n}{6}$, expression qui revient encore à

$$\frac{n(n+1)(2n+1)}{2.3}.$$

Le n^{ieme} *terme* de la seconde série étant $\frac{2n^3+3n^2+n}{6}$,

ou bien

$$\frac{1}{3}n^3+\frac{1}{2}n^2+\frac{1}{6}n,$$

on a pour la valeur de *la somme des* n *premiers termes*,

$$\frac{1}{3}\int_3+\frac{1}{2}\int_2+\frac{1}{6}\int_1=\frac{n^4+4n^3+5n^2+2n}{12},$$

ou bien encore

$$\frac{n(n+1)^2(n+2)}{3.4}.$$

On trouverait de la même manière les termes généraux et sommatoires des séries qui résultent de tout autre progression.

§. III. — *Retour des suites*, ou MÉTHODE INVERSE *des séries.*

428. La méthode des coefficiens indéterminés donne, en *général*, le moyen de développer toute *fonction* de x suivant les diverses puissances de cette lettre. *Réciproquement*, cette fonction, que l'on peut désigner par y, étant développée suivant les puissances de x, on peut, par la même méthode, *obtenir le développement de la quantité* x *suivant les puissances de* y; et c'est en cela que consiste *le retour des suites;* ou la méthode inverse des séries.

Soit $y = ax + bx^2 + cx^3 + dx^4 \ldots$ (1), la fonction développée suivant les diverses puissances de x (a, b, c, d, ... étant des quantités connues); *on demande* réciproquement *la valeur de* x *en* y, c'est-à-dire les coefficiens du développement

$$x = Ay + By^2 + Cy^3 + Dy^4 + \ldots \quad (2).$$

Pour y parvenir, élevons successivement au carré, au cube... les deux membres de l'équation (1); il vient

$$y^2 = a^2 x^2 + 2ab\, x^3 + \begin{matrix} b^2 \\ + 2ac \end{matrix} \Big| \begin{matrix} x^4 + 2ad \\ + 2bc \end{matrix} \Big| x^5 + \ldots,$$

$$y^3 = a^3 x^3 + 3a^2 b x^4 + \begin{matrix} 3ab^2 \\ + 3a^2 c \end{matrix} \Big| x^5 + \ldots,$$

$$y^4 = a^4 x^4 + 4a^3 b x^5 + \ldots,$$

$$y^5 = a^5 x^5 + \ldots;$$

d'où, substituant dans l'équation (2) et ordonnant,

$$0 = \begin{matrix} Aa \\ -1 \end{matrix} \Big| \begin{matrix} x + Ab \\ + Ba^2 \end{matrix} \Big| \begin{matrix} x^2 + Ac \\ + 2Bab \\ + Ca^3 \end{matrix} \Big| \begin{matrix} x^3 + Ad \\ + Bb^2 \\ + 2Bac \\ + 3Ca^2 b \\ + Da^4 \end{matrix} \Big| x^2 + \ldots,$$

Égalant à o les coefficiens de x, x^2, x^3, x^4..., on obtient les équations

$$Aa - 1 = 0, \quad Ab + Ba^2 = 0, \quad Ac + 2Bab + Ca^3 = 0,$$
$$Ad + Bb^2 + 2Bac + 3Ca^2b + Da^4 = 0\ldots,$$

desquelles on déduit successivement,

$$A = \frac{1}{a}, B = -\frac{Ab}{a^2} - \frac{1}{a^3}.b, \quad C = \frac{-Ac - 2Bab}{a^3} = \frac{2b^2 - ac}{a^5},$$
$$D = \frac{5abc - 5b^3 - a^2d}{a^7}\ldots.$$

Ainsi l'on obtient pour le développement demandé,

$$x = \frac{1}{a}.y - \frac{1}{a^3}b.y^2 + \frac{2b^2 - ac}{a^5}.y^3 - \frac{5b^3 - 5abc + a^2d}{a^7}y^4 + \ldots.$$

N. B. — Si l'on a un développement de la forme

$$y = \alpha + ax + bx^2 + cx^3\ldots.,$$

il est facile de s'assurer, en reprenant la méthode précédente, que l'on ne peut pas développer x suivant les puissances de la fonction y elle-même ; mais on peut faire $y - \alpha = z$, ce qui donne

$$z = ax + bx^2 + cx^3\ldots$$

Posant ensuite $x = Az + Bz^2 + Cz^3\ldots$, on déterminera les coefficiens A, B, C,...; après quoi l'on remettra pour z sa valeur $y - \alpha$; et alors le développement de x procédera suivant les puissances, non de la fonction y, mais de l'expression $y - \alpha$.

429. *Applications.* — Soit, *pour premier exemple*, la série

$$y = x + x^2 + x^3 + x^4 + x^5 + \ldots.$$

Posons $x = Ay + By^2 + Cy^3 + Dy^4 + Ey^5 + \ldots$

En formant, comme ci-dessus, les diverses puissances de y, et en substituant leurs valeurs dans la seconde identité, on obtient les équations suivantes.....

$A-1=0,\ A+B=0,\ A+2B+C=0,\ A+3B+3C+D=0,$
$A+4B+6C+4D+E=0\ldots$; d'où l'on déduit successivement

$$A=1,\ B=-1,\ C=+1,\ D=-1,\ E=+1\ldots$$

Donc $$x=y-y^2+y^3-y^4+y^5-\ldots.$$

Et en effet, $x+x^2+x^3+\ldots$ est une série récurrente dont la fraction génératrice est (n° 415) $\dfrac{x}{1-x}$.

Ainsi l'on a $y=\dfrac{x}{1-x}$, d'où l'on tire $x=\dfrac{y}{1+y}$.

or, en développant cette dernière expression en série par la division, on trouve

$$x=y-y^2+y^3-y^4+y^5-\ldots$$

Soit, *pour second exemple*, l'équation

$$y=1+\frac{x}{1}+\frac{x^2}{1.2}+\frac{x^3}{1.2.3}+\frac{x^4}{1.2.3.4}+\ldots \quad (1),$$

dont le second membre n'est autre chose que le développement de e^x (*voyez* n° 229).

En faisant $y-1=z$, on a

$$z=\frac{x}{1}+\frac{x^2}{1.2}+\frac{x^3}{1.2.3}+\frac{x^4}{1.2.3.4}+\ldots$$

Posons alors $x=Az+Bz^2+Cz^3+Dz^4+\ldots.$ (2)

En formant, à l'aide de l'identité (1), les diverses puissances de z, puis substituant leurs valeurs dans l'identité (2), on sera conduit aux équations suivantes :

$$A-1=0,\ \frac{A}{2}+B=0,\ \frac{A}{6}+B+C=0,\ \frac{A}{24}+\frac{7B}{12}+\frac{3C}{2}+D=0\ldots;$$

d'où l'on déduit

$$A = 1, \quad B = -\frac{1}{2}, \quad C = +\frac{1}{3}, \quad D = -\frac{1}{4} \cdots ;$$

donc, le développement de x en z est

$$x = \frac{z}{1} - \frac{z^2}{2} + \frac{z^3}{3} - \frac{z^4}{4} + \cdots ;$$

ainsi l'on a pour celui de x en y,

$$x = \frac{(y-1)}{1} - \frac{(y-1)^2}{2} + \frac{(y-1)^3}{3} - \frac{(y-1)^4}{4} + \cdots$$

Observons d'ailleurs que l'équation $y = e^x$ donne (n° **208**), dans le système népérien, $x = \mathrm{l}'.y$; donc

$$\mathrm{l}'y = \frac{(y-1)}{1} - \frac{(y-1)^2}{2} + \frac{(y-1)^3}{3} - \frac{(y-1)^4}{4} + \cdots$$

Tel est, en effet (n° **225**), le développement en série du logarithme naturel d'un nombre.

La méthode inverse des séries est d'un usage peu fréquent, parce qu'il est difficile de reconnaître, d'après la nature des calculs, une loi de formation pour les coefficiens; et l'on est souvent obligé de déterminer un grand nombre de coefficiens avant de pouvoir saisir cette loi.

430. Nous terminerons ce que nous avons à dire sur cette méthode par *la remarque suivante :*

Si l'on a une équation de la forme

$$ay + by^2 + cy^3 + \cdots = a'x + b'x^2 + c'x^3 + \cdots,$$

formée par deux séries, et qu'on veuille exprimer y en x par une série telle que $y = Ax + Bx^2 + Cx^3 + \cdots$, il faut, pour obtenir A, B, C...., former les diverses puissances, y^2, y^3, y^4...., à l'aide de cette dernière équation, puis les substituer dans la première, ce qui donne alors une équation identique en x, dont on égale séparément à o les coefficiens correspondans.

Mais les calculs dans lesquels on est ainsi entraîné sont souvent impraticables, parce que les coefficiens A, B, C,.... entrent, dans les équations de condition, à des puissances de degré supérieur au second.

§ IV. — *Des séries trigonométriques et circulaires.*

Nous compléterons la théorie des suites par la recherche du développement des trois lignes trigonométriques principales, $\sin x$, $\cos x$, $\operatorname{tang} x$, suivant les diverses puissances de l'arc x, séries qui servent à la confection des tables trigonométriques.

Développement de $\sin x$ *et de* $\cos x$.

431. Pour résoudre cette question, nous partirons de la formule

$$(\cos a + \sin a.\sqrt{-1})^m = \cos ma + \sin ma.\sqrt{-1},$$

démontrée (nº **389**).

Si l'on développe le premier membre de cette équation d'après la formule du binome, il est aisé de voir que ce développement se composera de deux parties distinctes : une partie *réelle* et une partie *affectée de* $\sqrt{-1}$. Or, pour que l'équation précédente puisse exister, il faut qu'il y ait séparement égalité entre les parties réelles des deux membres, et entre les deux parties imaginaires.

Supposons donc le développement effectué ; nous obtiendrons les deux nouvelles équations

$$\cos ma = \cos^m a - m.\frac{m-1}{2}.\cos^{m-2}a.\sin^2 a$$
$$+ m.\frac{m-1}{2}.\frac{m-2}{3}.\frac{m-3}{4}.\cos^{m-4}a.\sin^4 a\ldots,$$

$$\sin ma = m\cos^{m-1}a.\sin a - m.\frac{m-1}{2}.\frac{m-2}{3}.\cos^{m-3}a.\sin^3 a + \ldots.$$

Ces formules servent, en *Trigonométrie*, à déterminer le sinus et le cosinus des arcs multiples, ma, en fonction des sinus et cosinus de l'arc a; mais on peut aussi en déduire les valeurs du sinus et du cosinus d'un arc en fonction de cet arc.

432. Observons d'abord que, d'après la relation

$$\tan a = \frac{\sin a}{\cos a},$$

on peut mettre les formules précédentes sous la forme

$$\cos ma =$$
$$\cos^m a\left(1 - m.\frac{m-1}{2}.\tan^2 a + m.\frac{m-1}{2}.\frac{m-2}{3}.\frac{m-3}{4}.\tan^4 a - \text{etc.}\right),$$

$$\sin ma = \cos^m a\left(m.\tan a - m.\frac{m-1}{2}.\frac{m-2}{3}.\tan^3 a + \ldots\right).$$

Cela posé, faisons $ma = x$, d'où $m = \frac{x}{a}$; ces formules deviennent

$$\cos x =$$
$$\cos^m a\left(1 - x.\frac{x-a}{2}.\frac{\tan^2 a}{a^2} + x.\frac{x-a}{2}.\frac{x-2a}{3}.\frac{x-3a}{4}.\frac{\tan^4 a}{a^4} - \text{etc.}\right),$$

$$\sin x = \cos^m a\left(x.\frac{\tan a}{a} - x.\frac{x-a}{2}.\frac{x-2a}{3}.\frac{\tan^3 a}{a^3} + \ldots .\right).$$

Remarquons actuellement que les trois quantités, a, x, et m, étant liées par la relation $ma = x$ ou $m = \frac{x}{a}$, on peut faire varier m et a de manière que leur produit x reste *constant*; car si l'on prend pour a, par exemple, une suite de valeurs tout-à-fait arbitraires, les valeurs de m, correspondant à ces valeurs de a et à la *valeur constante* de x, s'obtiendront au moyen de la relation $m = \frac{x}{a}$. D'un autre côté, l'on sait, d'après les principes de la *Trigonométrie*, que plus un arc a diminue, plus il approche de devenir égal à son sinus et à sa tangente; ce qui revient à dire que *le rapport* $\frac{\sin a}{a}$, ou $\frac{\tan a}{a}$, *tend sans cesse vers l'unité*, et que, quand on suppose l'arc moindre que tout arc donné, ce rapport ne diffère de l'unité que d'une quantité moindre que toute grandeur donnée, *en termes algébriques,* si l'on suppose $a=0$, il en résulte

$$\frac{\sin 0}{0}=\frac{\tang 0}{0}=1.$$

D'après ces considérations, faisons $a=0$ dans les deux formules ci-dessus; les premiers membres ne changeront pas puisque l'on suppose x constant; mais les seconds membres deviendront

$$\cos^m 0.\left(1-\frac{x^2}{1.2}.1+\frac{x^4}{1.2.3.4}.1-\frac{x^6}{1.2.3.4.5.6}.1+\ldots.\right),$$

$$\cos^m 0.\left(\frac{x}{1}.1-\frac{x^3}{1.2.3}.1+\frac{x^5}{1.2.3.4.5}.1-\ldots.\right);$$

d'ailleurs on a $\cos 0=1$, d'où $\cos^m 0=1$; donc enfin, l'on obtient

$$\cos x=1-\frac{x^2}{1.2}+\frac{x^4}{1.2.3.4}-\frac{x^6}{1.2.3.4.5.6}+\ldots \quad (A),$$

$$\sin x=\frac{x}{1}-\frac{x^3}{1.2.3}+\frac{x^5}{1.2.3.4.5}-\ldots\ldots\ldots\ldots \quad (B).$$ (*)

455. Pour faire servir ces formules à la construction des tables trigonométriques, il faut supposer, 1°.—que l'on connaisse le rapport $\pi=3,1415926\ldots.$ de la circonférence au

---

(*) En appliquant aux séries (A) et (B) les principes établis à la fin du sixième chapitre (*Note sur les séries convergentes*), il est aisé de reconnaître qu'elles finissent toujours par devenir convergentes.

En effet, le rapport d'un terme quelconque au précédent peut être exprimé,

pour la première série, par $-\dfrac{x^2}{(2n-1).2n}$,

et pour la seconde, par $-\dfrac{x^2}{2n.(2n+1)}$.

(n désignant le rang du terme à partir du second).

Or, x ayant une valeur *finie et déterminée,* il est toujours possible de prendre n assez grand pour que le rapport soit une fraction; et cette fraction diminuera indéfiniment à mesure que n augmentera.

Ainsi ces séries rentrent dans le premier cas du n° 2 de la note déjà citée.

diamètre, ou de la demi-circonférence au rayon; 2°. que x représente *la longueur* d'un arc d'un certain nombre de degrés *rapportée au rayon* pris pour unité.

D'après cela, soit proposé de déterminer le sinus et le cosinus de l'arc d'*une minute*.

Comme la demi-circonférence dont le rayon est 1, a pour valeur 3,1415926..., il vient, pour le quart de circonférence, 1,5707963..., et pour l'arc de 1′, qui est le 10000ième du *quadrans*, 0,00015707963. Il suffit donc de substituer à la place de x, cette valeur dans les deux formules (A) et (B), et de calculer les deux premiers termes seulement; car il est visible que les autres seraient extrêmement petits. On peut même observer que les termes étant alternativement positifs et négatifs, l'erreur commise s'estime (n° **176**) par le premier des termes que l'on néglige.

Prenons, par exemple, le premier terme x de la série relative au sinus, pour exprimer sin 1′; l'erreur commise est moindre que $\frac{(0,00015707...)^3}{2.3}$. Or on a

$$(0,00015707...)^3 < (0,00016)^3, \text{ ou } 0,000000000004096;$$

le 6e de cette expression est moindre que 0,000000000001; donc la valeur de sin 1′ ne diffère pas de l'arc lui-même, dans les douze premiers chiffres décimaux.

En général, tant que x sera une fraction, ce qui aura toujours lieu si l'on considère un arc moindre que le 8eme de la circonférence (ou 50°), les deux séries seront très convergentes; et un petit nombre de termes suffira pour donner des valeurs très approchées de $\sin x$ et de $\cos x$.

434. Les séries (A) et (B) donnent lieu à des conséquences assez importantes que nous allons déduire successivement.

Première conséquence. — En comparant ces deux séries

$$\cos x = 1 - \frac{x^2}{1.2} + \frac{x^4}{1.2.3.4} - \ldots \qquad (A),$$

$$\sin x = \frac{x}{1} - \frac{x^3}{1.2.3} + \frac{x^5}{1.2.3.4.5} - \ldots \quad (B),$$

à celle qui donne le développement de e^x (nº **229**),

$$e^x = 1 + \frac{x}{1} + \frac{x^2}{1.2} + \frac{x^3}{1.2.3} + \frac{x^4}{1.2.3.4} + \ldots,$$

on voit que leur somme donne cette dernière série, aux signes près, de deux en deux rangs; mais si l'on remplace dans celle-ci, x par $x\sqrt{-1}$, et qu'on multiplie les deux membres de (B) par $\sqrt{-1}$, on aura (en se rappelant que les diverses puissances de $\sqrt{-1}$ sont $+\sqrt{-1}, -1, -\sqrt{-1}, +1$),

$$\cos x + \sqrt{-1}\sin.x = 1 + \frac{x}{1}.\sqrt{-1} - \frac{x^2}{1.2} - \frac{x^3}{1.2.3}.\sqrt{-1} + \frac{x^4}{1.2.3.4} + ..$$

$$\text{et } e^{x\sqrt{-1}} = 1 + \frac{x}{1}\sqrt{-1} - \frac{x^2}{1.2} - \frac{x^3}{1.2.3}.\sqrt{-1} + \frac{x^4}{1.2.3.4} + ..$$

donc $$e^{x\sqrt{-1}} = \cos x + \sqrt{-1}.\sin x.$$

En changeant x en $-x$, et observant que $\cos(-x) = \cos x$, $\sin(-x) = -\sin x$, on trouverait

$$e^{-x\sqrt{-1}} = \cos x - \sqrt{-1}.\sin x;$$

ce qui donne enfin la nouvelle formule

$$e^{\pm x\sqrt{-1}} = \cos x \pm \sqrt{-1}.\sin x \ldots. \quad (C).$$

N. B. — Les valeurs qu'on vient d'obtenir pour $e^{+x\sqrt{-1}}$, $e^{-x\sqrt{-1}}$, combinées par addition et par soustraction, conduisent aux deux formules suivantes qui sont employées assez fréquemment :

$$\cos x = \frac{1}{2}\left(e^{+x\sqrt{-1}} + e^{-x\sqrt{-1}}\right),$$

$$\sin x = \frac{1}{2\sqrt{-1}}\left(e^{+x\sqrt{-1}} - e^{-x\sqrt{-1}}\right).$$

435. *Seconde conséquence.* — Si, dans la formule (C), on met nx à la place de x, n étant un nombre réel quelconque, il vient

$$e^{\pm nx\sqrt{-1}} = \cos nx \pm \sqrt{-1}.\sin nx;$$

d'un autre côté,

$$e^{\pm nx\sqrt{-1}} = (e^{\pm x\sqrt{-1}})^n = (\cos x \pm \sqrt{-1}.\sin x)^n;$$

donc $(\cos x \pm \sqrt{-1}.\sin x)^n = \cos nx \pm \sqrt{-1}.\sin nx.$

Ainsi la formule

$$(\cos a \pm \sin a.\sqrt{-1})^m = \cos ma + \sin ma\sqrt{-1},$$

qui n'avait été démontrée (n° 389) que dans le cas où m était un nombre entier et positif, est maintenant vérifiée pour un exposant quelconque.

436. *Troisième conséquence.* — De la formule (C) l'on déduit encore, en prenant les logarithmes des deux membres dans le système népérien,

$$\pm x\sqrt{-1} = \text{l}'(\cos x \pm \sqrt{-1}.\sin x);$$

d'où, en séparant les deux formules contenues dans celle-ci, et retranchant la seconde de la première,

$$2x\sqrt{-1} = \text{l}'\,\frac{\cos x + \sqrt{-1}\,.\,\sin x}{\cos x - \sqrt{-1}\,.\,\sin x},$$

ou bien, $2x\sqrt{-1} = \text{l}'\,\dfrac{1 + \sqrt{-1}\,.\,\text{tang}\,x}{1 - \sqrt{-1}\,.\,\text{tang}\,x}.$

Or, on a trouvé (n° 225) $\text{l}'\,\dfrac{1+y}{1-y} = 2\left(y + \dfrac{y^3}{3} + \dfrac{y^5}{5} + \ldots\right);$

faisant dans cette formule, $y = \sqrt{-1}.\text{tang}\,x$, on obtient

$$\text{l}'\,\frac{1+\sqrt{-1}.\text{tang}\,x}{1-\sqrt{-1}.\text{tang}\,x} = 2\left(\text{tang}\,x - \frac{\text{tang}^3 x}{3} + \frac{\text{tang}^5 x}{5} - \ldots\right)\sqrt{-1};$$

donc $2x\sqrt{-1} = 2\left(\text{tang}\,x - \dfrac{\text{tang}^3 x}{3} + \dfrac{\text{tang}^5 x}{5} - \ldots\right)\sqrt{-1};$

et par conséquent, $x = \text{tang}\,x - \dfrac{\text{tang}^3 x}{3} + \dfrac{\text{tang}^5 x}{5} \ldots$ (D).

Cette formule donne *la valeur d'un arc en fonction de la tangente de cet arc*. Donc, par la méthode inverse des séries (n° 426), on pourrait développer réciproquement tang x en fonction de x. Mais on parvient à ce dernier développement par le moyen qui suit :

Soit $$\text{tang. } x = Ax + Bx^3 + Cx^5 + Dx^7 + \ldots$$

(en observant que la tangente, de même que le sinus, ne peut renfermer dans son développement aucune puissance paire de l'arc, puisqu'elle doit changer de signe avec cet arc.)

Pour déterminer A, B, C, ... on substitue dans la relation tang x. cos x = sin x, à la place de sin x et de cos x, leurs développemens trouvés (n°. 430), puis à la place de tang x, la série ci-dessus ; et il vient

$$(Ax + Bx^3 + Cx^5 + Dx^7 + \ldots)\left(1 - \frac{x^2}{1.2} + \frac{x^4}{1.2.3.4} - \frac{x^6}{1.2.3.4.5.6} + \ldots\right)$$
$$= \frac{x}{1} - \frac{x^3}{1.2.3} + \frac{x^5}{1.2.3.4.5} - \frac{x^7}{1.2.3.4.5.6.7} + \ldots\ldots$$

Effectuant la multiplication indiquée, et égalant les coefficiens des mêmes puissances de x, on trouve successivement

$$A = \frac{1}{1},$$
$$B = \frac{A}{1.2} - \frac{1}{1.2.3},$$
$$C = \frac{B}{1.2} - \frac{A}{1.2.3.4} + \frac{1}{1.2.3.4.5},$$
$$D = \frac{C}{1.2} - \frac{B}{1.2.3.4} + \frac{A}{1.2.3.4.5.6} - \frac{1}{1.2.3.4.5.6.7};$$

et ainsi de suite.

La loi des coefficiens se trouve ainsi bien déterminée.

437. Les analystes ont fait servir la formule (D) du n° précédent à la *détermination du rapport approché de la circonférence au diamètre*. Pour que cette formule puisse être utile, il faut que l'arc dont on cherche la valeur soit tout au plus égal à 50°, puisque l'on a tang 50° = 1.

Cela posé, soit $50^{\circ} = m + n$, et prenons pour m l'arc dont la tangente est égale à $\frac{1}{4}$, auquel cas on a, d'après la formule (D),

$$m = \frac{1}{4} - \frac{1}{3.4^3} + \frac{1}{5.4^5} - \frac{1}{7.4^7} + \ldots,$$

série très convergente dont la loi est manifeste.

D'ailleurs, l'équation $50^{\circ} = m + n$, donne $n = 50^{\circ} - m$; d'où

$$\text{tang}\, n = \frac{\text{tang}\, 50^{\circ} - \text{tang}\, m}{1 + \text{tang}\, m\, \text{tang}\, 50^{\circ}} = \frac{1 - \frac{1}{4}}{1 + \frac{1}{4}} = \frac{3}{5};$$

donc, en appliquant encore la formule (D),

$$n = \frac{3}{5} - \frac{3^3}{3.5^3} + \frac{3^5}{5.5^5} - \frac{3^7}{7.5^7} + \ldots,$$

ainsi $(m + n)$ ou l'arc de 50°, est représenté par la somme des deux séries

$$\frac{1}{4} - \frac{1}{3.4^3} + \frac{1}{5.4^5} - \frac{1}{7.4^7} + \ldots + \frac{3}{5} - \frac{3^3}{3.5^3} + \frac{3^5}{5.5^3} - \frac{3^7}{7.5^7} + \ldots$$

La seconde de ces deux séries n'est pas très convergente; et il faudrait un assez grand nombre de termes pour obtenir un degré d'approximation suffisant.

438. *Mais on peut parvenir à deux autres séries beaucoup plus convergentes.*

Soit v l'arc dont la tangente est égale à $\frac{1}{5}$; il en résulte

$$v = \frac{1}{5} - \frac{1}{3.5^3} + \frac{1}{5.5^5} - \frac{1}{7.5^7} + \ldots$$

Or on a, d'après les formules trigonométriques,

$$\operatorname{tang} 2\nu = \frac{2 \operatorname{tang} \nu}{1-\operatorname{tang}^2 \nu} = \frac{5}{12}, \quad \operatorname{tang} 4\nu = \frac{2 \operatorname{tang} 2\nu}{1-\operatorname{tang}^2 2\nu} = 1 + \frac{1}{119}.$$

Comme cette dernière tangente diffère très peu de l'unité, on peut déjà conclure que l'arc 4ν diffère peu de 50°, et qu'ainsi la tangente de $4\nu - 50°$ doit être une fraction très petite.

Cela posé, soit $z = 4\nu - 50°$, d'où $\operatorname{tang} z = \operatorname{tang}(4\nu - 50°)$;

il vient $$\operatorname{tang} z = \frac{\operatorname{tang} 4\nu - 1}{1 + \operatorname{tang} 4\nu} = \frac{1}{239};$$

donc $$z = \frac{1}{239} - \frac{1}{3.239^3} + \frac{1}{5.239^5} - \ldots;$$

d'ailleurs, l'équation $z = 4\nu - 50°$ donne $50° = 4\nu - z$. Mettant dans cette expression, à la place de ν et de z, leurs valeurs, on obtient

$$50° = \left\{ \begin{array}{l} 4\left(\frac{1}{5} - \frac{1}{3.5^3} + \frac{1}{5.5^5} - \frac{1}{7.5^7} + \ldots\right) \\ -\left(\frac{1}{239} - \frac{1}{3.239^3} - \frac{5}{5.239^5} - \ldots\right) \end{array} \right\},$$

d'où l'on conclut enfin, pour le rapport de la circonférence au diamètre, ou pour le rapport de la demi-circonférence au rayon,

$$200° \text{ ou } \pi = \left\{ \begin{array}{l} 16\left(\frac{1}{5} - \frac{1}{3.5^3} + \frac{1}{5.5^5} - \frac{1}{7.5^7} + \ldots\right) \\ -4\left(\frac{1}{239} - \frac{1}{3.239^3} + \frac{1}{5.239^5} - \ldots\right) \end{array} \right\}.$$

Il est facile de s'assurer que les quatre premiers termes de la première série, et les deux premiers termes de la seconde, donnent la valeur de π à moins de 0,00001 près.

439. Conclusion générale. — En réfléchissant sur tout ce qui vient d'être dit sur les séries circulaires ou trigonométriques, on voit le parti que l'on peut tirer de l'emploi des symboles imaginaires, pour résoudre des questions d'une très grande utilité. Comme, pour parvenir à ce but, on étend à des expressions imaginaires, des formules qui d'abord n'avaient été reconnues vraies que pour des quantités réelles, on pourrait être tenté de révoquer en doute l'exactitude des résultats auxquels on est conduit; cependant si, après certaines transformations, on parvient à des expressions débarrassées d'imaginaires, qui s'accordent avec celles que fournirait un raisonnement strict et rigoureux, on est forcé d'admettre la légitimité des moyens employés.

C'est ainsi que les analystes ont fait les découvertes les plus importantes, auxquelles on ne parviendrait que très difficilement par des moyens en apparence plus satisfaisans.

La méthode suivie pour obtenir les expressions de sin x et cos x, offre encore l'exemple d'un raisonnement qui conduit promptement au but, quoique laissant d'abord un peu de vague dans l'esprit.

Pour parvenir à ces expressions, on suppose que, l'arc a devenant nul, le rapport $\frac{\tang a}{a}$ se réduit à 1. Au premier abord, on a de la peine à concevoir que, l'arc étant nul, il puisse exister un rapport entre l'arc et sa tangente, et que ce rapport soit égal à 1; mais si, au lieu de supposer l'arc tout-à-fait nul, on suppose qu'il ne diffère de 0 que d'une quantité extrêmement petite, le rapport entre la tangente et l'arc est calculable et diffère très peu de l'unité; et plus l'arc est petit, moins le rapport diffère de l'unité. D'où l'on peut conclure qu'à la limite de décroissement de l'arc, c'est-à-dire quand a devient *nul*, on a $\frac{\tang a}{a} = 1$. L'exactitude des formules auxquelles on parvient ainsi, exactitude qui se trouve vérifiée par les applications que l'on en fait à la détermination des sinus et cosinus de certains arcs, confirme aussi l'exactitude des principes qui y ont conduit.

La considération des rapports des grandeurs variables, dans les limites de leurs accroissemens ou de leurs décroissemens, est l'objet de l'*Analyse infinitésimale*, nouvelle branche des Mathématiques à laquelle la théorie des séries peut être regardée comme une espèce d'introduction.

FIN.

ÉCOLE CENTRALE

DES

ARTS ET MANUFACTURES,

DESTINÉE

A FORMER DES INGÉNIEURS CIVILS, DES DIRECTEURS D'USINES, DES CHEFS DE FABRIQUES ET DE MANUFACTURES, DES PROFESSEURS DE SCIENCES APPLIQUÉES, ETC.

FONDÉE EN 1829.

L'ÉCOLE EST ÉTABLIE A PARIS,

Hôtel de Juigné, rue de Thorigny, au Marais.

(L'ENTRÉE DE L'ADMINISTRATION EST RUE DES COUTURES-ST-GERVAIS, Nº 1.)

PERSONNEL DE L'ÉCOLE. — ANNÉE 1840-1841.

M. LAVALLÉE, Directeur de l'École.

M. BARDIN, ancien Professeur à l'École d'artillerie de Metz, *Directeur des Études.*

PROFESSEURS, MEMBRES DU CONSEIL DES ÉTUDES.

MM.	COURS DE
DUMAS (1829), Membre de l'Institut, *Président du Conseil des Études*..........	Chimie (*Analyse chimique et Chimie industrielle*).
OLIVIER (1829), Professeur au Conservatoire des Arts et Métiers..........................	Géométrie descriptive.
PÉCLET (1829), Inspecteur général de l'Université, *Vice-Président du Conseil des Études.*	Physique industrielle.
FERRY (1830), Ingénieur du domaine privé du Roi...	Métallurgie du fer et Technologie mécanique.
WALTER DE ST-ANGE (1830), Ingénieur civil, ex-Directeur d'usines....................	Construction et établissement des machines.
PERDONNET (1831), l'un des Ingénieurs en chef du chemin de fer de Versailles (rive gauche).	Chemins de fer.
MARY (1833), Ingénieur en chef des Ponts-et-Chaussées.	Constructions et Travaux publics.
PAYEN (1835), Professeur au Conservatoire des Arts et Métiers..........................	Essais commerciaux et Chimie industrielle.
BELANGER (1836), Ingénieur des Ponts et-Chaussées, *Secrétaire du Conseil des Études*.....	Mécanique générale et industrielle.

PROFESSEURS.

MILNE EDWARDS (1831), Membre de l'Institut.....	Physiologie et Histoire naturelle appliquée à l'Industrie.
PÉLIGOT (1835), Professeur-Adjoint au Conservatoire des Arts et Métiers.....................	Chimie générale.
THOMAS (1838), ancien Élève de l'École Centrale, Ingénieur civil..........................	Machines à vapeur.
REGNAULT (1839), Membre de l'Institut...........	Physique générale.
BURAT (AMÉDÉE) (1841), Ingénieur civil...........	Géognosie et Exploitation des Mines.

EXAMINATEUR D'ADMISSION A PARIS POUR 1841.

M. SONNET, ancien Élève de l'École Normale.

CHEF DES TRAVAUX CHIMIQUES.

M. Ph. WALTER, Docteur ès-sciences, ex-Professeur de Chimie à l'Université de Cracovie.

CHEFS DES TRAVAUX GRAPHIQUES.

MM. THUMELOUP, Architecte;
NOUVIAN, ancien Dessinateur attaché à l'École de l'Artillerie et du Génie de Metz.

RÉPÉTITEURS.

MM. MARTELET, ancien Elève de l'École Polytechnique, *chargé du Cours d'analyse géométrique*....	Mécanique générale et industrielle.

CAHOURS, ancien Élève de l'École Polytechnique.	Chimie générale.
FAURE, Ingénieur, ancien Elève de l'Ecole centrale....................................	Construction des machines et métallurgie du fer.
HEBERT, ancien Elève de l'Ecole Normale........	Physique générale.
KNAB, Ingénieur, ancien Élève de l'Ecole centrale.	Chimie industrielle.
LAURENS, Ingénieur, ancien Elève de l'Ecole centrale....................................	Constructions et travaux publics.
De PAUL, Professeur de Mathématiques.........	Géométrie descriptive.
PRIESTLEY, Ing., anc. Elève de l'Ecole centrale.	Physique générale.
ROUSSEAU, Préparateur à la Faculté de Médecine.	Chimie générale.
SONNET, *déjà nommé*......................	Mécanique générale et industrielle.
THOMAS, *déjà nommé*.................... ...	Physique industrielle.

PRÉPARATEURS.

MM. JACQUELAIN, Préparateur des cours de Chimie.
OBELLIANE, *idem* *idem* de Physique.
LEMIRE, Aide-Préparateur de Chimie.

EMPLOYÉS.

MM. VALTON, *Caissier, chargé de la conservation du matériel.*
LATRUFFE, *Commis d'ordre.*
NAEF, *Bibliothécaire.*
RAMEAU, HUET, REGNAULT, } *Inspecteurs des Élèves.*

MÉDECIN DE L'ÉCOLE.

M. CAZENAVE fils, *Professeur agrégé de la Faculté de Médecine de Paris, Médecin du Bureau central des Hôpitaux*, etc., rue Richer, n° 2 (*bis*).

ÉCOLE CENTRALE

DES

ARTS ET MANUFACTURES,

DESTINÉE

A FORMER DES INGÉNIEURS CIVILS, DES DIRECTEURS D'USINES, DES CHEFS DE MANUFACTURES, DES PROFESSEURS DE SCIENCES APPLIQUÉES, ETC.

L'École Centrale des Arts et Manufactures a été fondée en novembre 1829. A cette époque, les jeunes gens qui voulaient se livrer à la carrière industrielle étaient pour la plupart forcés de se former péniblement par la pratique; ils y débutaient sans autre préparation que des études littéraires, ou tout au plus avec quelques notions élémentaires des sciences. Lorsqu'un long exercice les avait mis en état de prendre la direction de quelque établissement, ils étaient retenus aveuglément dans la voie de la routine, ou livrés sans principes aux tentatives aventureuses de l'esprit d'invention.

Quelques étudiants venaient chercher dans les cours publics, si libéralement multipliés à Paris, un enseignement théorique directement applicable à l'industrie; mais ces cours, dont l'utilité réelle est dans la propagation des notions les plus générales des sciences, ne pouvaient répondre au besoin d'une instruction professionnelle pour laquelle des leçons orales sont insuffisantes.

Aussi les savants illustres qui ont créé l'École Polytechnique, avaient-ils reconnu que, pour former des hommes capables d'appliquer les sciences aux travaux publics, les leçons consacrées à l'exposition théorique des faits devaient être accompagnées de conférences, d'expériences, de manipulations, et de travaux graphiques exécutés par les élèves sous la direction des professeurs.

Mais l'École Polytechnique, où ces avantages existent, n'est destinée qu'à l'éducation des ingénieurs de l'État et des officiers des armes savantes; elle n'étend point les bienfaits de son enseignement sur l'industrie privée. Sur 110 ou 120 élèves qui en sortent chaque année, 20 ou 25 sont admis dans les services publics civils, les autres entrent dans les corps du génie et de l'artillerie. L'industrie réclamait une École fondée sur des bases semblables, quant au mécanisme de l'enseignement, quoique fort différente par la nature des cours comme par le but qu'on devait s'y proposer.

C'est dans ces vues qu'a été ouvert à l'École Centrale un enseignement industriel général destiné à former des directeurs d'usines, des ingénieurs civils, des mécaniciens, etc.

L'idée d'établir une grande École d'industrie remonte à une époque déjà éloignée, et si elle ne s'est pas réalisée plus tôt, c'est qu'on avait fait de cette création une entreprise colossale, et présenté au Gouvernement des projets qui l'eussent entraîné dans des dépenses sans mesure, et peut-être sans résultat. C'est qu'on voulait, comme dans les Écoles d'arts et métiers, enseigner dans tous leurs détails les divers genres de fabrication, en faisant surtout pratiquer aux élèves les procédés particuliers qui y sont employés, quand il importait, au contraire, de se dégager des spécialités, pour remonter aux principes qui leur sont communs. Tel est le but que les fondateurs de l'École Centrale espèrent avoir atteint.

Il suffit de parcourir les statuts généraux de l'Ecole et les programmes des cours, pour reconnaître qu'on s'y est efforcé d'établir un lien rationnel entre la pratique et la théorie sans tomber dans l'aridité des sciences abstraites. Pénétré de l'importance de ce principe, on a écarté les théories mathématiques trop élevées. L'expérience démontre que ces théories sont rarement utiles dans les applications, et que, dans le cas contraire, le simple énoncé des résultats obtenus par une analyse transcendante peut suffire.

Tous les cours de l'École ne forment réellement qu'un seul et même cours; la science industrielle est une: tout industriel doit la connaître en son entier, sous peine d'être inférieur au concurrent qui se présente mieux armé que lui dans la lice. Des arts en apparence les plus éloignés ont des opérations analogues à exécuter, et emploient souvent des méthodes fort différentes. L'éducation générale de l'École Centrale apprend à transporter dans chaque industrie les méthodes perfectionnées que les autres possèdent. Elle tend, en conséquence, à introduire, dans les usines, une perfection dans les détails des procédés ou des mécanismes, qui assure la bonne marche de l'ensemble et le succès des opérations.

Rien n'a été négligé pour donner aux élèves tous les moyens d'instruction nécessaires. Une bibliothèque industrielle, des collections se rapportant à la chimie, à la géologie et à la minéralogie, un cabinet complet de physique appliquée, des laboratoires, des ateliers pour la construction d'appareils de physique, pour la coupe des pierres, enfin, un portefeuille de dessins de tous genres, la plupart inédits et dus aux professeurs de l'École, contribuent d'une manière efficace à préparer les élèves aux détails et aux difficultés de l'application (1). Les épures, les travaux de

---

(1) Une grande partie des dessins de l'Ecole sont lithographiés pour l'usage des élèves qui peuvent ainsi se procurer à peu de frais un portefeuille offrant de nombreux exemples de dispositions et de détails, qu'ils consulteront souvent, avec fruit, dans leur carrière pratique.

laboratoires et d'ateliers constituent un véritable cours de pratique industrielle, qui les aide plus tard à surmonter les difficultés que rencontre à chaque pas le jeune ingénieur chargé pour la première fois d'une opération manufacturière importante.

Des recherches expérimentales, des compositions d'après des programmes d'une difficulté graduée convenablement, des projets d'usines faits dans des conditions déterminées, exercent à la fois l'esprit d'invention et le jugement des élèves, et achèvent leur instruction industrielle. Ils leur apprennent à étudier avec fruit les éléments qui doivent entrer dans la création d'un établissement manufacturier, et à les combiner entre eux de la manière la plus avantageuse suivant les circonstances locales.

Lorsque les élèves ont terminé toutes leurs études, ils font un grand projet de concours dans chaque spécialité, et le discutent en présence d'un jury de cinq professeurs. Ce n'est qu'après avoir subi cette dernière épreuve avec distinction, qu'ils obtiennent le diplôme d'ingénieur ou un certificat de capacité.

Les manufacturiers et les chefs d'établissement attachent chaque jour plus d'importance à ces diplômes, convaincus, par leur expérience, qu'ils sont délivrés avec une consciencieuse sévérité.

Peut-être trouvera-t-on au premier abord que le cadre embrassé par l'École Centrale est trop étendu. Mais pour peu qu'on examine le mécanisme de son enseignement, on reconnaîtra qu'il n'en est rien. Les études générales nécessaires à tous ont été combinées avec les études indispensables à chaque élève dans sa direction particulière, de manière qu'il puisse approfondir sa spécialité, tout en embrassant la science dans son ensemble. Ce n'est, en effet, qu'en possédant la science à ce point de vue d'ensemble et de spécialité à la fois, qu'on peut exercer les professions industrielles avec chance de succès.

Les études durent trois années, et ce n'est même qu'à l'aide d'un travail très assidu que ce temps peut suffire aux élèves pour recueillir tous les fruits de l'enseignement de l'École Centrale. Ce terme de trois années est plus court, d'ailleurs, que celui de la plupart des études professionnelles; par exemple, l'éducation des élèves de l'École Polytechnique dure quatre ou cinq années, en y comprenant le temps qu'ils passent dans les écoles d'application.

La meilleure preuve des succès obtenus par l'École Centrale est la facilité avec laquelle se sont placés tous les jeunes gens qu'elle a formés; après onze années d'existence, elle compte des élèves dans toutes les branches de la production. Les uns sont employés par des ingénieurs; les autres ont été appelés à la direction de travaux métallurgiques; quelques-uns appliquent leurs connaissances chimiques dans les fabriques de toiles peintes, verreries, faïenceries, raffineries de sucre, etc.; plusieurs d'entre eux travaillent à la construction des ponts suspendus et des chemins de fer; d'autres, exerçant la profession d'ingénieurs ciivls, font exécuter sur leurs plans, des usines, des machines à vapeur, des roues hydrauliques, etc.; quelques-uns enfin, professent, soit en France, soit à l'étranger, les sciences qu'il ont apprises à l'École Centrale.

Ainsi, l'instruction que les jeunes gens reçoivent à l'École Centrale des Arts et Manufactures offre à ceux qui s'y distinguent une nouvelle carrière aussi honorable que lucrative ; à ceux qui doivent diriger des établissements une instruction indispensable; et à tous, un complément à l'éducation des colléges, en harmonie avec les besoins de notre époque et l'esprit de nos institutions.

Les fondateurs de l'Ecole, en se dévouant à la création difficile d'une institution qui était à leurs yeux une nécessité de notre temps, se flattaient de l'espoir d'obtenir bientôt l'assentiment de l'opinion publique. Cette récompense de leurs efforts ne leur a pas manqué. Dès 1833, la Société d'encouragement pour l'industrie nationale, composée de juges si compétents en cette matière, a donné à l'École une preuve irrécusable de son estime, en créant quatre demi-bourses qu'elle accorde tous les trois ans, au concours, à la suite d'examens que les candidats subissent devant des commissaires de la Société (1). La même année, le Conseil général des manufactures, déplorant la rareté des sujets qui abordent l'industrie avec des connaissances positives, exprimait le vœu que le Gouvernement autorisât soit des conseils généraux des départements, soit les communes riches, qui le demanderaient, à créer des bourses à l'École Centrale pour les jeunes gens qu'il leur conviendrait d'y envoyer. Plus récemment, M. le Ministre du Commerce, après avoir chargé un Membre du comité consultatif des arts et manufactures de lui faire un rapport sur l'École Centrale, est venu donner à cet établissement le témoignage le plus manifeste de son approbation, en consacrant des fonds à l'entretien d'un certain nombre d'élèves distingués par leur mérite, mais que l'insuffisance de leurs moyens pécuniaires éloigne de cette carrière. Les deux Chambres n'ont pas hésité à s'associer aux vues de l'administration. Grâce à leur vote libéral, 66 élèves subventionnés de l'État (2) sont entrés à l'École de 1836 à 1839, après avoir été soumis à des examens

---

(1) Jusqu'ici trois concours ont eu lieu : le 1er en octobre 1833, le 2e en octobre 1836, et le 3e en octobre 1839. Les demi-bourses de la Société seront de nouveau disponibles à la fin de l'année scolaire 1842 — 1843. (Pour connaître les conditions d'admission au concours, s'adresser au siége de la Société, rue du Bac, 42.)

(2) Les élèves subventionnés peuvent se diviser en trois catégories: ceux qui sont défrayés d'une partie seulement de la rétribution due à l'École, ceux qui le sont de la totalité de cette rétribution, et enfin ceux qui reçoivent en outre un secours alimentaire. La somme allouée pour cet objet est de 36,000 fr.

oraux et écrits d'après lesquels ils ont été choisis parmi tous les concurrents. Les conseils généraux de plusieurs départemens ont suivi cette impulsion en votant des fonds dont 28 élèves profitent actuellement. L'École doit ainsi, à la protection dont ces jeunes gens sont l'objet, l'avantage de voir augmenter le nombre de ses bons élèves, et d'être désormais accessible à toutes les classes de la société.

Mais l'Ecole ne peut recevoir que 290 élèves, nombre qui est atteint depuis trois ans; et l'affluence des jeunes gens qui s'y présentent, augmentant chaque année, on peut prévoir que bientôt il y aura lieu d'établir entre eux un véritable concours pour leur admission. Il ne suffira plus alors pour être reçu d'être simplement admissible, il faudra, dans les examens, prouver à un degré supérieur de l'aptitude à la carrière dont l'École Centrale ouvre l'entrée.

Extrait du Rapport de la Commission du budget pour l'exercice 1838 à la Chambre des Députés.

« Quant aux 17,000 fr. qui complètent la somme additionnelle qui vous est demandée, ils ont pour but de placer à l'École Centrale des Arts et Manufactures, un certain nombre de jeunes gens sans fortune qui auront fait preuve d'intelligence et de dispositions studieuses. Vous connaissez tous, Messieurs, cet utile établissement, fondé en 1829 par le concours d'habiles professeurs, dans l'intention de former des ingénieurs civils, des directeurs d'usines, des chefs d'ateliers et de manufactures. Cette institution privée, qui par son importance le dispute à nos premiers établissemens publics, a créé et mis en pratique un système complet d'éducation industrielle. C'est à la fois une succursale de l'École Polytechnique et une annexe de nos diverses écoles d'application. Une telle fondation répondait à un des premiers besoins de notre époque : aussi son succès est-il complet. Il est constaté, soit par les suffrages unanimes des premiers manufacturiers du pays, soit par la facilité avec laquelle se sont placés jusqu'ici tous les jeunes gens formés à l'Ecole Centrale.»

Extrait des circulaires de M. le Ministre des Travaux Publics, de l'Agriculture et du Commerce, adressées, en juillet 1837 et 1838, à MM. les Préfets des départemens (1).

« C'est ici d'ailleurs une *École d'application*. On ne vient pas y étudier

(1) Les demandes d'admission au concours, pour les bourses de l'Etat, ne doivent pas être adressées au Directeur de l'Ecole, mais à MM. les Préfets ou directement à M. le Ministre du Commerce.

des élémens : il ne peut y pénétrer que des jeunes gens déjà instruits ; ils doivent y apporter la science déjà acquise ; ils n'y viennent chercher que l'art de l'appliquer à certaines professions. Probablement tous les départemens n'auraient pas à la fois des sujets en état de suivre cette instruction relevée, et ce n'est pas sur de simples attestations locales de capacité que les jeunes gens pourront être reçus. Il est indispensable qu'ils se soumettent, à Paris, à des examens sévères auxquels les directeurs de l'Ecole auront part. » (Circulaire du 31 juillet 1837.)

. . . .

» ..... Jamais, à aucune époque, on n'a mieux senti ni mieux apprécié qu'aujourd'hui le besoin d'ingénieurs civils, de mécaniciens, de manufacturiers et de chefs d'industrie possédant une instruction spéciale et étendue ; et c'est, vous le savez, Monsieur le Préfet, le but que s'est proposé l'École Centrale des Arts et Manufactures, but qu'elle a heureusement atteint.

» Déjà l'année dernière, et plus récemment encore à la Chambre des députés, soit dans les rapports des commissions du budget, soit à la tribune, de justes éloges, auxquels j'ai été heureux de m'associer, ont été donnés à cette Institution.

. . . .

» Je vous ai fait savoir que l'entretien d'un élève des départements, qui n'aurait pas de famille à Paris, pourrait s'élever à 2,000 fr. environ. Il faut, en effet, prélever d'abord sur cette somme celle de 800 fr., qui représente le prix à payer à l'établissement pour être admis à en suivre les cours, et à y participer aux manipulations chimiques. Puis les élèves doivent, avec le surplus, pourvoir à leur logement, à leur nourriture et à leur entretien, puisque l'École ne reçoit pas d'élèves internes. Si cette dépense de 2,000 fr. semblait trop élevée au conseil général de votre département, pour qu'il en votât l'allocation, vous iriez au-devant de cette préoccupation en lui rappelant que, dès le 31 juillet dernier, je vous ai fait connaître l'intention où j'étais de contribuer pour une partie de cette dépense sur les fonds que les chambres ont mis à ma disposition pour cet objet.

. . . .

» Dans l'application de ces encouragements, l'Administration prendra toujours en très grande considération l'état de fortune des familles pour leur venir en aide dans la juste proportion de leurs besoins. Il s'agit ici non de distribuer des faveurs, mais d'accorder au mérite qui a besoin d'encouragement les moyens de profiter d'une instruction élevée et spéciale. On veut ouvrir à ceux qui savent s'en montrer dignes une carrière honorable, afin qu'elle profite à celui qui l'embrasse et au pays qui l'a favorisée.

. . . .

» Vous ne perdrez pas de vue que les jeunes gens devront se rendre à Paris à leurs frais, dans les derniers jours d'octobre, pour y subir le concours que je me propose d'ouvrir à l'École Centrale. » (Circ. du 4 juillet 1838.)

STATUTS GÉNÉRAUX DE L'ÉCOLE (1).

§ Ier. But de l'École.

1°. L'École Centrale est destinée spécialement à former des ingénieurs civils, des directeurs d'usines, des chefs de fabriques et de manufactures; à alimenter l'industrie d'hommes capables d'apporter dans la direction de ses établissements et de ses grands travaux les lumières que fournissent les sciences physiques et mathématiques, non-seulement étudiées ans leurs doctrines les plus importantes et les plus générales, mais considérées surtout au point de vue de leur application pratique.

Accomplir ainsi une œuvre d'utilité générale et en même temps procurer aux jeunes gens, doués de quelque disposition pour l'étude des sciences appliquées, un état honorable, indépendant et lucratif; tel est le double but auquel tend toute l'organisation de l'École.

§ II. Institution de l'École.

2°. L'autorité supérieure dans l'École appartient à un directeur et à un Conseil des études, qui délègue une partie de ses pouvoirs à un directeur des études.

3°. Le directeur de l'École demeure dans l'établissement. Il est chargé de l'administration et de la correspondance. Il règle tout ce qui est relatif aux recettes et aux dépenses de l'établissement. Il veille à l'exécution des statuts et réglements. Le directeur seul prend les engagements pour les divers emplois; mais il ne peut choisir le directeur des études, les professeurs et les répétiteurs que sur la présentation du Conseil des études.

4°. Le Conseil des études se compose d'un certain nombre de professeurs et du directeur des études. Il a dans ses attributions tout ce qui est relatif à l'enseignement, aux études et aux travaux des élèves.

Le Conseil des études arrête le réglement relatif à l'enseignement et à la discipline de l'École. Il peut le modifier suivant les circonstances.

Le Conseil admet ou rejette les candidats d'après les procès-verbaux de leurs examens. Il prononce à la fin de chaque année sur l'aptitude des élèves soit à passer dans une division supérieure, soit à recevoir le diplôme d'ingénieur ou le certificat de capacité.

Il présente à la nomination du directeur de l'École, les candidats pour

---

(1) L'administration des finances ayant soumis au droit de timbre la partie du *prospectus* relative aux conditions pécuniaires et à quelques autres détails d'administration, on a dû les rejeter dans une feuille séparée, qui se trouve à la suite du programme des cours.

la direction des études et pour les chaires vacantes; il désigne chaque année les répétiteurs et l'examinateur pour les aspirants à l'École.

Les professeurs sont choisis, autant que possible, parmi les hommes joignant à la théorie une connaissance profonde de la pratique.

Le Conseil des études nomme son président et son secrétaire.

Le Conseil se réunit au moins une fois par mois, sur la convocation de son président.

5°. Le Conseil des études, dans l'intervalle de ses séances, est représenté par un *conseil d'ordre,* composé du directeur des études et d'un professeur, au moins, désigné à tour de rôle pour cette fonction. Le directeur de l'École assiste à ses séances, qui ont lieu au moins une fois par semaine.

6°. Le directeur des études est chargé de l'exécution des décisions du conseil des études. Il fait les ordres du jour nécessaires pour régler les études et pour maintenir la discipline dans l'École.

7°. Les élèves doivent obéir aux réglements et aux ordres du jour; ils ne peuvent réclamer qu'après avoir obéi; le Conseil statue ensuite sur leurs réclamations.

8°. L'École ne reçoit que des élèves externes (1). Elle est ouverte tous les jours, excepté le dimanche, à 8 heures du matin. Les élèves doivent être arrivés à 8 heures et demie au plus tard. La sortie a lieu de 4 heures à 4 heures et demie, excepté le jeudi où les travaux cessent à 1 heure après midi.

L'École n'admet plus de jeunes gens qui, sous le titre d'étudiants libres, étaient autorisés à suivre les cours aux amphithéâtres sans prendre part aux travaux des élèves dans les salles d'étude et dans les laboratoires.

9°. Les Parents qui ne résident pas à Paris, sont tenus d'y avoir un correspondant qui puisse les représenter auprès du directeur de l'École, et concourir avec lui à la surveillance exercée sur la conduite de l'élève

(1) Hors du temps que les élèves sont obligés chaque jour de passer dans l'établissement, ils doivent se livrer chez eux à l'étude des notes qu'ils ont recueillies dans les cours, à la rédaction des rapports, des mémoires qui leur sont demandés : travail qui exige du recueillement et un profond silence, et lorsque leur tâche est accomplie ils peuvent employer leurs courts loisirs à visiter des ateliers et des usines en rapport avec les diverses branches de l'enseignement de l'École. Mais il est des familles qui craignent avec raison d'abandonner à eux-mêmes leurs fils, trop jeunes encore pour user avec sagesse de la liberté; le directeur de l'École peut satisfaire à leur juste sollicitude en leur recommandant avec confiance une institution située dans le voisinage, et dont la destination spéciale est tout-à-la-fois de préparer les jeunes gens qui aspirent à entrer à l'École, et de recevoir en pension ceux qui en suivent les cours.

Le quartier du Marais offre d'ailleurs, pour le logement et la nourriture des Élèves, toutes les ressources désirables, appropriées aux diverses fortunes, et que le directeur fait connaître aux parents ou à leurs représentants lorsqu'ils viennent lui demander ces renseignements qui ne pourraient se donner utilement par correspondance.

hors de l'établissement. L'expérience a démontré à cet égard tous les bons effets de relations fréquentes des familles avec l'École.

Le correspondant accompagne l'élève à son entrée, fait connaître sa demeure, celle de l'élève, et désigne le médecin auquel le jeune homme devrait avoir recours en cas de maladie. Le médecin de l'École est indiqué aux parents qui n'ont pas de motif particulier pour en préférer un autre.

§ III. Enseignement.

10°. La durée du cours complet d'instruction à l'Ecole Centrale est de trois ans.

L'enseignement se compose des cours, des interrogations journalières, des travaux graphiques, des manipulations de chimie, de coupe des pierres et de charpente, de physique et de mécanique, des constructions, des problèmes, projets et concours partiels, des examens généraux.

11°. Les études et travaux de la première année ayant pour objet une instruction générale nécessaire à tous les élèves, sont obligatoires pour chacun d'eux. Pendant la deuxième et la troisième année, tous les cours sont encore suivis par tous les élèves; mais les dessins et les manipulations, les projets, se partagent en deux séries, l'une générale et l'autre spéciale. Tous les élèves exécutent les travaux de la première série; chacun dans sa spécialité s'occupe des autres. A cet effet, chaque élève de deuxième année déclare, à la fin du premier semestre, quelle est, parmi les *spécialités* indiquées à l'art. 12 ci-après, celle à laquelle il se destine.

D'après cette organisation, les élèves sont partagés en trois divisions, et chacune des 2 premières divisions en 4 sections. Les élèves nouvellement admis forment la *troisième division*; la *deuxième* se compose des élèves qui ont suivi les cours d'études de la première année, et satisfait aux conditions d'examen qui la terminent; enfin, la *première division* se compose des élèves qui ont suivi les cours et subi les examens de la deuxième.

12°. Les quatre sections spécialités sont les suivantes:

1. SPÉCIALITÉ DES MÉCANICIENS. Construction des machines, arts mécaniques.

2. SPÉCIALITÉ DES CONSTRUCTEURS. Constructions des édifices, travaux-publics, arts physiques: ponts, canaux, routes, chemins de fer; architecture civile et industrielle; chauffage, éclairage, salubrité des villes et des grands établissements.

3. SPÉCIALITÉ DES MÉTALLURGISTES. Exploitation des mines, métallurgie.

4. SPÉCIALITÉ DES CHIMISTES. Chimie. *Chimie minérale :* poteries, porcelaine, verrerie, minium; produits chimiques en général, acide sulfurique, acide hydro-chlorique, soude, chlorure de chaux, aluns, sul-

fates de fer et de cuivre, chrômates, salpêtre; art de l'essayeur; affinage des métaux précieux, etc., etc. *Chimie organique, Arts agricoles :* teinture, couleurs, vernis, acide pyro-ligneux, vinaigres, acétates, céruse, crèmes de tartre, acide tartrique, sucre de cannes et de betteraves, amidon, toiles peintes et papiers peints, distilleries, brasseries, huiles, graisses, cire, savons, tannerie, charbon animal, bleu de Prusse, gélatine, etc., etc.

13°. Des interrogations journalières sont faites par les professeurs et par des répétiteurs; les notes des examens restent en dépôt à la direction des études, où se fait le classement des élèves à interroger.

14°. Les travaux graphiques se composent de dessin architectural, de lavis, d'épures à la règle, au compas et à l'échelle, et de croquis tracés à main levée et cotés, relatifs à tous les cours. Tous les élèves sont assujétis à exécuter la totalité des dessins de leur spécialité déterminés par le Conseil des études.

Une importance extrême est attachée à ces travaux, le dessin étant pour les ingénieurs un langage indispensable, et dont l'emploi doit leur être très familier (1).

15°. Les manipulations de chimie sont assez nombreuses pour donner aux élèves une instruction positive dans cette science.

Les élèves de première année manipulent une fois par semaine dans les laboratoires, et, en outre, exécutent les expériences de physique les plus essentielles. Ils opèrent sous les yeux des répétiteurs attachés aux cours.

A partir du deuxième semestre de la deuxième année d'études, et pendant toute la troisième année, les élèves qui appartiennent aux spécialités *chimie industrielle* ou *métallurgie,* complètent leur instruction chimique en manipulant à tour de rôle dans les laboratoires d'analyse.

Les manipulations de deuxième et troisième année sont surveillées par le chef des travaux chimiques, sous la direction du professeur d'analyse chimique.

16°. Enfin, on met à la disposition des élèves tous les matériaux nécessaires à la construction de quelques appareils d'art. Ils les établissent eux-mêmes, d'après les dessins qui leur sont donnés ou d'après les projets qu'ils ont étudiés.

17°. Pour rendre complet le système d'enseignement, on a joint aux éléments précédents des problèmes à résoudre pendant la première année. A partir de la seconde, les élèves sont chargés de dresser des projets de plus en plus compliqués qui les familiarisent d'abord avec les détails

---

(1) L'accroissement important qu'a reçu depuis 1836 l'enseignement du dessin, a nécessité la suppression du cours d'anglais; tout le temps des élèves à l'École étant employé par des études et des travaux indispensables.

des constructions industrielles, et plus tard avec les dispositions d'ensemble qui sont les plus convenables dans chaque classe d'usines. Ces projets sont examinés par les professeurs dans des conférences.

18°. Indépendamment des interrogations faites pendant la durée des cours, les élèves subissent à la fin de chaque année scolaire des examens généraux sur toutes les branches de l'enseignement.

Les résultats de ces examens, combinés avec ceux des interrogations qui ont lieu dans le courant de l'année, et en outre avec les notes prises pendant les manipulations et les expériences, celles qui sont données aux dessins exécutés par l'élève, celles qui accompagnent les pièces du concours, et enfin celles qui se rapportent à la conduite de l'élève, forment un ensemble d'après lequel le Conseil des études prononce sur le passage des élèves dans une division supérieure suivant un classement par ordre de mérite, ou sur leur aptitude à recevoir le diplôme d'ingénieur ou le certificat de capacité.

19°. Les élèves des 2ᵉ et 3ᵉ année d'études ont à leur disposition une bibliothèque composée des ouvrages industriels les plus importants. Ils s'y rendent à des heures désignées pour y faire les recherches nécessaires à l'exécution des projets qui leur sont donnés pendant l'année.

20°. Les cours de l'École commencent, chaque année, le 10 novembre, et finissent dans le courant du mois de juillet.

Tous les examens généraux sont terminés du 10 au 20 août;

Et les vacances commencent après les examens généraux.

§ IV. Diplômes et certificats de capacité.

21°. Les élèves de 3ᵉ année ne sont admis au concours pour l'obtention du diplôme qu'après avoir rempli les conditions fixées par le Conseil des études.

22°. Les élèves entrent en concours dans chaque spécialité le 25 juin.

23°. Le programme d'un projet est rédigé pour chaque spécialité. Les élèves ont trente-cinq jours pour en exécuter les dessins, dans l'intérieur de l'École, et rédiger le mémoire à l'appui. Enfin ils soutiennent un examen oral sur leur projet, qu'ils sont obligés de développer et de défendre en présence de cinq professeurs au moins.

24°. Le concours terminé, les professeurs se réunissent en conseil et statuent sur les diplômes d'ingénieur et les certificats qu'il y a lieu d'accorder.

25°. Le diplôme d'*ingénieur civil* est accordé aux élèves qui ont satisfait à toutes les épreuves du concours. Le *certificat de capacité* est accordé à ceux qui n'ont satisfait qu'à certaines de ces épreuves.

26°. Tout élève admis au concours, et qui a échoué, peut s'y représenter les années suivantes aux époques fixées par le Conseil des études, en se soumettant aux autres réglements de l'École, et sans être obligé de refaire une troisième année.

27°. L'École ne reconnaît comme anciens élèves que ceux qui ont obtenu le diplôme d'ingénieur ou le certificat de capacité. Il est interdit au directeur de l'École et aux professeurs d'accorder aux autres élèves aucune espèce de certificat spécial.

28°. Tous les projets et mémoires de concours appartiennent à l'École et sont déposés à la bibliothèque pour servir à l'enseignement.

29°. Les élèves de la deuxième division doivent assister au concours. Le public peut y être admis.

§ V. Mode d'admission des élèves.

30°. L'École admet des élèves de tout âge au-dessus de seize ans : elle n'en admet pas au-dessous de cet âge. On doit même remarquer qu'il est très rare qu'à seize ans le caractère et l'intelligence aient la maturité nécessaire pour suffire aux travaux multipliés de l'École et tirer tout le fruit possible de son enseignement (1).

31°. Nul n'est admis à l'École qu'après avoir subi deux examens, l'un oral, l'autre par écrit, constatant qu'il possède les connaissances indiquées au programme ci-après § VI (page 17); qu'il exécute avec ordre et exactitude les divers genres de calcul; enfin, qu'il peut écrire lisiblement, clairement et correctement l'exposition d'une des théories les plus importantes du programme. Parmi les jeunes Français qui satisfont à ces conditions de rigueur, sont admis de préférence ceux qui par leurs études littéraires se sont rendus capables de traiter un sujet donné dans le style propre aux Mémoires et Rapports d'ingénieurs. A cet effet, une composition française est exigée de tous les candidats. Quant aux Etrangers, l'examen écrit qu'ils subissent a seulement pour objet de prouver qu'ils pourront suivre les cours, prendre des notes en français, et répondre aux examens journaliers de l'École.

32°. Les examens sont faits à Paris par des examinateurs désignés chaque année par le Conseil des études qui prescrit en même temps les formes dans lesquelles ces examinateurs rendent compte de leurs jugements. Hors de Paris, les examens peuvent être faits dans les départements par les professeurs de mathématiques des colléges royaux et communaux ;

---

(1) Une circulaire de M. le Ministre du Commerce exige que les jeunes gens qui doivent concourir en 1838, pour les places d'élèves entretenus aux frais de l'État ou des départements soient âgés de vingt ans au plus. Cette condition ne concerne pas les autres aspirants à l'École.

dans les pays étrangers, par les professeurs de mathématiques des universités.

Les examens ont lieu du 1er août au 10 novembre à Paris; dans les départements, du 1er août au 20 octobre.

33°. Les candidats aux bourses de l'État ou des départements sont tenus de venir concourir à Paris devant le jury que M. le ministre de l'agriculture et du commerce réunit à cet effet le 20 octobre de chaque année. Tout autre examen qu'ils auraient subi pour leur admission est considéré comme non avenu. Ils ne peuvent obtenir d'encouragement s'ils ne sont portés comme admissibles sur la liste de mérite que le jury remet au ministre. (*Circulaire du Ministre du* 31 *juillet* 1837.)

34°. L'examinateur dresse pour chaque candidat qu'il examine un procès-verbal portant :

1°. Les nom et prénoms du candidat;

2°. Le lieu et la date de sa naissance ;

3°. Le nom, la demeure et la profession du chef actuel de sa famille;

4°. L'indication de la personne à laquelle devra être adressée la lettre d'admission ;

5°. Une déclaration constatant que le candidat a acquitté préalablement les frais d'examen ;

6°. Une série de 12 questions, au moins, tirées des diverses parties du programme, et adressées au candidat dans l'examen oral ; chaque question étant suivie d'un *numéro* dont le maximum est 20, et qui donne l'appréciation de la réponse du candidat (1);

7°. L'énoncé de 3 questions de mathématiques, que le candidat a traitées par écrit, en une ou deux séances, *sans aucun secours* de cahiers, ni conseils, si ce n'est les indications jointes par l'examinateur à l'énoncé des questions, et sans autres livres qu'une table de logarithmes. L'une des questions consiste dans la résolution numérique d'un problème usuel de géométrie à l'aide de logarithmes; l'autre dans la résolution de deux équations à deux inconnues ; la troisième dans une des propositions les plus importantes du programme, dont l'élève doit donner la démonstration. Pour les réponses écrites, comme pour l'examen oral, le procès-verbal exprime par un numéro de mérite le jugement de l'examinateur sur chaque question traitée par le candidat.

8°. Le sujet fourni par l'examinateur pour une composition littéraire exigée du candidat.

9°. Enfin, le nombre et la nature des études de dessin présentées par le candidat (2).

---

(1) Ainsi 5 signifie mal, 10 assez bien, 15 bien, 20 parfaitement; les autres numéros expriment les degrés intermédiaires.

(2) Ces dessins pourront ne pas être joints au procès-verbal de l'examen ; mais, en cas d'admission, l'élève devra les présenter à l'École Centrale signés par l'examinateur.

A ce procès-verbal, daté et signé, sont annexées les compositions écrites portant le *visa* de l'examinateur qui atteste qu'elles ont été faites sous sa surveillance par l'élève lui-même.

Il doit également y être joint un certificat du proviseur ou principal du collége où le candidat a fait ses études, constatant sa moralité.

Toutes ces pièces sont adressées par l'examinateur au directeur de l'École qui les soumet au Conseil des études. Le Conseil se réunit toutes les semaines, à partir du 25 septembre, pour statuer sur l'admission ou l'ajournement des candidats.

35°. Les élèves reçoivent à domicile leur lettre d'admission ; ils doivent être rendus à l'École le 10 novembre. En conséquence, les candidats des départements sont invités à calculer l'époque de l'envoi de leurs pièces, de manière qu'elles parviennent au directeur au plus tard le 25 octobre.

36°. Tout élève admis doit se présenter à l'École muni d'un extrait de naissance.

37°. Les candidats non admis à l'École Polytechnique qui obtiennent des examinateurs du Gouvernement un certificat d'aptitude pour l'École Centrale, et les jeunes gens pourvus d'un diplôme de bachelier ès-sciences mathématiques peuvent être admis, sans examen, dans la division de 1re année.

38°. Le Conseil des études peut admettre dans la division de 2me année les jeunes gens qui auraient fait, hors de l'École, des études suffisantes, c'est-à-dire qui auraient acquis toutes les connaissances que possèdent les élèves de 1re année, jugés, d'après les examens généraux, en état de passer dans cette seconde division.

Mais on doit dire que l'expérience a appris qu'il est difficile que l'instruction acquise hors de l'École soit en harmonie avec l'enseignement donné aux deux divisions supérieures et ne se trouve pas en défaut sur quelques points. Pour être admissible dans la 2e division, il ne suffit pas de prouver qu'on a les connaissances théoriques dont le programme des cours de première année ne donne qu'un aperçu ; il faut encore justifier qu'on a exécuté les épures de la géométrie descriptive et de ses applications, qu'on a une pratique suffisante du dessin et du lavis, qu'enfin on a fait les principales manipulations de la chimie générale et de la physique.

Les jeunes gens qui, croyant remplir ces conditions, désireraient être admis dans la 2e division, devraient se présenter à l'École avant le 10 novembre pour subir quatre examens (1), et faire, en outre, les justifications ci-dessus indiquées.

39°. Tout élève renvoyé, soit dans le cours de l'année à raison de fautes

(1) Le directeur de l'École ne peut donner de conseils ni sur les études à faire, ni sur le choix des ouvrages à suivre pour se préparer à ces examens. Il ne peut que renvoyer au programme des cours de première année, inséré dans le prospectus.

graves, soit à la fin de la première ou de la deuxième année, comme incapable de suivre les travaux de l'École, soit à la fin de la troisième année, comme incapable d'entrer en concours, ne pourra être admis dans l'École Centrale des Arts et Manufactures que par suite d'une décision spéciale et motivée du Conseil des études.

---

§ VI.

PROGRAMME

Des connaissances exigées pour l'admission à l'École Centrale.

ARITHMÉTIQUE.

Nombres entiers. — Les quatre opérations principales sur les nombres entiers. — Emploi du complément arithmétique pour substituer l'addition à la soustraction. — Un produit est indépendant de l'ordre de ses facteurs et de la manière dont ils peuvent être groupés s'il y en a plus de trois. Exemple : $a.b.c.d.e.f = e.b(d.a)(f.c)$. Conséquences de ce principe quand un ou plusieurs facteurs sont terminés par des zéros. — Le produit de deux nombres entiers a autant de chiffres qu'il y en a dans les deux facteurs ensemble ou un de moins.

Décomposition d'un nombre en ses facteurs premiers. — Le produit de plusieurs nombres premiers n'est divisible par aucun autre nombre premier. — Caractères de la divisibilité d'un nombre par 2, 3, 5, 9, et application dite *preuve par* 9. — Recherche du plus grand commun diviseur de deux nombres et en général de plusieurs nombres. — Le plus petit multiple de deux nombres est égal à leur produit divisé par leur plus grand commun diviseur. — Détermination du plus simple multiple de plusieurs nombres facilement décomposables en facteurs premiers absolus, ou en facteurs premiers entre eux.

Fractions ordinaires. — Définition des fractions. — Définitions de la multiplication et de la division, applicables aussi bien quand le multiplicateur et le quotient sont fractionnaires que lorsqu'ils sont entiers. — Divers usages de la division.

Toute fraction multipliée par son dénominateur produit le numérateur. — Le quotient *complet* de la division d'un nombre entier par un autre est une fraction qui a pour numérateur le dividende et pour dénominateur le diviseur ; l'opération appelée division des nombres entiers donne la partie *entière* du quotient. — On ne change pas la valeur d'une fraction si on multiplie ou divise ses deux termes par un même nombre. — Réduire une fraction à sa plus simple expression. — Amener plusieurs fractions au plus simple dénominateur commun. — Addition et soustraction des fractions.

Produit de plusieurs fractions. Il est indépendant de l'ordre des facteurs. — Division d'un nombre quelconque par une fraction. On ne change pas le quotient en multipliant ou divisant le dividende et le diviseur par un même nombre entier ou fractionnaire. — La multiplication et la division des fractions se ramenant à des multiplications sur des nombres entiers, les élèves doivent être exercés à supprimer les facteurs communs aux deux termes de la fraction résultante avant d'effectuer les multiplications.

Si plusieurs fractions sont égales et qu'on les ajoute terme à terme, c'est-à-dire qu'on prenne pour numérateur la somme des numérateurs et pour dénominateur celle des dénominateurs, la nouvelle fraction est égale aux premières; mais si celles-ci sont inégales, la nouvelle fraction obtenue est comprise entre la plus petite et la plus grande des fractions primitives. Application de ce théorème au cas particulier d'une fraction et de l'unité sous la forme $\frac{m}{m}$. — Propriétés et calcul de la moyenne arithmétique de deux et en général de plusieurs nombres.

Fractions décimales. — Les quatre opérations principales sur les fractions décimales. La division d'un nombre entier ou fractionnaire décimal par un autre se ramène toujours, par le déplacement des virgules décimales, au cas où le diviseur est un nombre entier terminé par un chiffre *autre que zéro*.

Transformation d'une fraction ordinaire en fraction décimale et réciproquement. — Notions principales sur les fractions périodiques.

Détermination du degré d'exactitude certaine du résultat d'une des quatre opérations principales, quand un ou plusieurs des nombres donnés ne sont qu'approximatifs à moins d'une demi-unité près de l'ordre de leur dernier chiffre.

Système métrique décimal. — Connaissance complète du système métrique décimal. Les élèves doivent savoir tracer sur le tableau, sans l'aide d'aucune mesure, à moins d'un dixième près, la longueur d'un mètre, d'un ou de plusieurs décimètres, d'un ou de plusieurs centimètres.

Définitions de l'are, de l'hectare, du litre, du kilolitre, du gramme, du kilogramme, du tonneau de mille kilogrammes, tirées chacune immédiatement de la connaissance du mètre et de ses subdivisions. — Définition du franc.

Une quantité concrète étant rapportée à une unité quelconque du système métrique, trouver, par le simple déplacement de la virgule, l'expression de la même grandeur quand l'unité est prise parmi les multiples ou sous-multiples décimaux de la première, notamment quand le mètre carré et le mètre cube sont remplacés, comme unités, l'un par le décimètre carré, le centimètre carré..., l'autre par le décimètre cube, le centimètre cube..., et réciproquement.

Application des quatre opérations principales à des questions sur des quantités exprimées d'après le système métrique décimal.

Anciens nombres complexes. — Les quatre principales opérations sur les nombres complexes dans les cas les plus ordinaires.

ALGÈBRE.

Les quatre règles sur les monomes et les polynomes algébriques.

Résolution des problèmes déterminés du 1er degré à une ou plusieurs inconnues, en insistant sur la pratique du calcul. — Faire voir que les solutions négatives satisfont *algébriquement* aux équations d'où elles sont déduites, et indiquer par des exemples le parti qu'on en tire dans la résolution des problèmes.

Proportions. — Ce qu'on entend par deux quantités commensurables. L'expression la plus simple de leur rapport est donnée par deux nombres entiers premiers entre eux. Deux fractions abstraites ou affectant une même unité concrète sont dans ce cas. — On ne change pas un rapport en multipliant ses deux termes par un même nombre plus grand ou plus petit que 1. — Ce qu'on entend par le rapport approché (par exemple à un centième, à un millième près...) de deux quantités de même nature qui peuvent être commensurables ou incommensurables.

Toute proportion entre des quantités commensurables deux à deux peut être mise sous la forme $mA : nA :: mB : nB$, m et n étant deux nombres abstraits, A et B deux quantités de nature quelconque. On peut déduire de cette considération toutes les propriétés des proportions.

Deux quantités variables dépendant l'une de l'autre, qu'entend-on lorsqu'on dit que les valeurs de la première sont directement ou réciproquement proportionnelles aux valeurs correspondantes de la deuxième? — Règles de trois directe, inverse.

Si une quantité z varie en raison directe de certaines variables $p, q, \ldots$ et en raison inverse d'autres variables $t, u, \ldots$, faire voir qu'on a $z = k\frac{p.q\ldots}{t.u.\ldots}$, en désignant par k un coefficient constant qui se détermine quand on connaît un système de valeurs simultanées $z', p', q' \ldots t', u' \ldots$ des variables; on a alors

$$z = z' \frac{p.q\ldots}{p'.q'\ldots} \frac{t'.u'\ldots}{t.u.\ldots}.$$

Application : règle de trois composée.

Partage d'un nombre en parties proportionnelles deux à deux à des nombres entiers et fractionnaires donnés (procédé de la règle de société).

Étant connu le rapport d'une quantité à une autre, de celle-ci à une troisième, de la troisième à la quatrième, et ainsi de suite, trouver le rapport de la première à la quatrième. — Questions et procédés connus sous les noms de règles conjointe et d'arbitrage.

Extraction des racines carrée et cubique des nombres entiers ou fractionnaires avec un degré déterminé d'approximation. Si l'on opère sur un nombre entier ou décimal, à quel caractère reconnaît-on que le résultat est exact à moins d'une demi-unité près de l'ordre du dernier chiffre?

Résolution des équations du 2e degré et des équations bi-carrées à une inconnue. — Problèmes à plusieurs inconnues qui par l'élimination se ramènent aux cas précédents.

Binome de Newton, dans le cas de l'exposant entier positif, fondé sur la théorie des combinaisons.

Puissances et racines des monomes. — Théorie des exposants négatifs ou fractionnaires.

Propriétés des logarithmes considérés comme exposants variables. — Usage des tables les plus simples. — Applications diverses en insistant, dans le cas de l'extraction des racines, sur la modification à faire subir à la caractéristique lorsqu'elle est négative.

Progressions par différence et par quotient. — Relations entre le premier terme, le dernier, la raison, le nombre des termes et leur somme. — Limite de la somme des termes d'une progression décroissante. — Insertion de moyens. — Questions principales d'intérêt composé.

Notions sur l'homogénéité des équations algébriques entre des quantités concrètes.

GÉOMÉTRIE.

Mesure des droites, des arcs de même rayon, des angles à l'aide de celle des arcs ayant les sommets pour centres.

Propriétés des perpendiculaires, des obliques, des parallèles. On admet comme évident qu'une perpendiculaire et une oblique à une même droite se rencontrent.

Somme des angles d'un triangle et d'un polygone quelconque.

Condition de l'égalité des triangles et des figures rectilignes. — On distinguera pour les figures situées dans un même plan, l'égalité directe de l'égalité par renversement qui a lieu quand l'une des figures ne peut coïncider avec l'autre qu'en la détachant du plan et la retournant; deux figures planes dont les points se correspondent symétriquement par rapport à un axe, sont dans ce dernier cas.

Lignes proportionnelles qui résultent de droites coupées par des parallèles. — Similitude (directe ou par renversement) des triangles et des figures planes rectilignes. — Bissectrice d'un angle intérieur ou extérieur d'un triangle. — Deux droites antiparallèles par rapport à un angle déterminent deux triangles semblables par renversement.

Propriétés du triangle rectangle. — Relation numérique entre les trois côtés d'un triangle quelconque et la projection d'un côté sur l'un des deux autres. — Autre relation entre les trois côtés et la ligne droite qui joint un sommet au milieu du côté opposé.

Tracé de la circonférence par trois points. — Tangente. — Conditions pour que deux circonférences soient l'une extérieure ou intérieure à l'autre, pour qu'elles se touchent ou se coupent ; propriété de la corde commune et de la ligne des centres.

Détermination du nombre de degrés d'un angle par celui des arcs que ses côtés déterminent sur une circonférence qu'ils rencontrent ou touchent.

Tangente à deux cercles. — Cercle tangent à une ou plusieurs droites.

Si une droite tourne dans un plan en passant par un point fixe et rencontrant une circonférence, les deux distances du point fixe aux intersections simultanées sont deux variables réciproquement proportionnelles.

Moyenne proportionnelle entre deux droites (divers procédés). — Partage d'une droite en deux parties formant avec la ligne entière une proportion continue. Trouver l'expression numérique de chaque partie, la ligne entière étant prise pour unité.

Trouver graphiquement la longueur d'une ligne exprimée algébriquement en fonction de lignes connues soit sans radicaux, soit avec des radicaux du 2e degré.

Propriétés principales du parallélogramme, du losange, du trapèze, des polygones réguliers. — Rapports des côtés du carré, de l'hexagone régulier, du triangle équilatéral, du décagone régulier, au rayon du cercle circonscrit.

Calcul du rapport de la circonférence au diamètre.

Relation entre le nombre de degrés d'un arc, sa longueur et celle du rayon.

Calcul des aires des figures planes et rectilignes. — De l'aire du cercle, d'un secteur. — Rapport des aires des polygones semblables, de deux cercles, de deux secteurs.

Propriétés d'une ou plusieurs droites perpendiculaires à un plan. — Mesure de l'inclinaison d'une droite par rapport à un plan. — Mesure de l'angle de deux plans. — Parallélisme des droites et des plans. — Propriétés principales des angles polyèdres. — Étant données les trois faces d'un angle trièdre, déterminer ses trois angles dièdres et réciproquement... — Étant données deux faces et l'angle dièdre compris, déterminer la troisième face. — Lignes proportionnelles résultant de l'intersection de droites coupées par des plans parallèles.

Notions générales sur la similitude, comprenant comme cas particulier les figures planes (*).

Propriétés principales des polyèdres les plus simples, du cylindre et du cône de révolution, de la sphère.

(*) Un système de points M, N, P,... (formant soit des lignes, soit des surfaces, soit un ou plusieurs corps), étant situé d'une manière quelconque dans l'espace, si l'on prend un point S aussi quelconque (pouvant comme cas particulier être l'un de ceux du système) ; qu'on mène les droites SM, SN, SP,... et que sur ces droites, prolongées au besoin, on porte à partir du point S les distances SM', SN', SP',... proportionnelles à SM, SN, SP,... et dirigées respectivement dans le même sens ; les points M', N', P',... ainsi obtenus formeront un système *semblable* au système M, N, P, et *semblablement placé* par rapport au point S qui s'appelle *pôle commun de similitude.* Les points M', N', P'... sont respectivement les *homologues* des points M, N, P... Les droites telles que M'N' et MN, qui joignent deux points d'un système et leurs homologues dans l'autre, sont des *droites homologues.* Enfin deux plans passant l'un par trois points d'un système et l'autre par les trois points homologues du système semblable, sont *deux plans homologues.* Cela posé, on démontre : 1° que dans deux systèmes semblables et semblablement placés deux *droites homologues* quelconques sont parallèles, et que leurs longueurs sont entre elles dans le rapport des distances de deux points homologues quelconques au pôle commun ; 2° que les plans homologues sont parallèles ; 3° que les angles plans, dièdres ou polyèdres homologues sont égaux. — Deux systèmes peuvent être semblables sans être semblablement placés ; mais il faut pour cela qu'il soit possible d'en construire un troisième égal à l'un d'eux et en même temps semblable à l'autre et semblablement placé par rapport à un pôle commun. On démontre aisément d'après ces principes que deux systèmes semblables à un troisième sont semblables entre eux.

Somme des aires des faces latérales d'un prisme, déterminée par le périmètre de sa section droite et la longueur commune des arêtes latérales; application à la surface convexe d'un cylindre. — Surface convexe du cône droit, du cône tronqué, d'une calotte sphérique, d'une sphère.

Volume des corps terminés par des plans. — Volume d'un prisme triangulaire à bases parallèles ou non, soit en fonction de l'aire de l'une des bases et des hauteurs relatives à cette base, soit en fonction de l'aire de la section droite et des longueurs des arêtes latérales.

Volume du cylindre droit, du cône, de la sphère, d'un segment sphérique.

Rapport des volumes des corps semblables.

DESSIN.

Études de dessin au trait, faites à la règle et à main levée; études de lavis (1).

OBSERVATIONS.

Toutes les fois qu'il s'agira de démontrer l'égalité de deux rapports entre des quantités qui peuvent être incommensurables, on démontrera que leurs rapports approchés à un même degré d'approximation sont toujours égaux.

On préférera pour la géométrie curviligne les démonstrations par les infiniment petits ou par les limites.

Les élèves devront être exercés à traduire en nombres tous les théorèmes de la géométrie qui en sont susceptibles, et à en faire des applications.

Tout progrès à l'Ecole centrale est impossible sans une bonne instruction préparatoire. C'est dans l'intérêt des jeunes gens qui s'y destinent qu'on publie le programme un peu développé des connaissances *indispensables ;* mais pour ceux qui, avant leur entrée à l'Ecole, peuvent étendre leurs études au-delà du strict nécessaire, le Conseil des études les engage à acquérir quelques notions sur les projections, la trigonométrie rectiligne, la géométrie analytique en ce qui concerne la ligne droite et le plan, la physique et la chimie. Il les engage aussi à donner tous leurs soins à l'art du dessin, dont l'ingénieur civil ne saurait se passer.

Le Conseil de l'École a reconnu que beaucoup d'élèves manquaient en arrivant de l'habitude de prendre des notes à l'amphithéâtre. Il invite les jeunes gens qui se préparent pour l'École à prendre cette habitude de bonne heure, et il engage MM. les Professeurs des Écoles préparatoires à surveiller cette partie de leur éducation.

---

(1) L'importance du dessin pour toutes les spécialités (mécaniciens, constructeurs, métallurgistes ou chimistes) a décidé le Conseil des études à ajouter cette condition d'admission au programme de 1840. Ainsi préparés, les élèves se livreront avec beaucoup plus de fruit aux nombreux travaux graphiques que l'enseignement de l'Ecole exige.

Voir le Prospectus pour le Programme des Cours.

Pour offrir une preuve matérielle de la diversité des carrières que l'instruction acquise à l'École centrale permet de suivre avec succès, nous ne pouvons mieux faire que de publier une liste d'anciens Élèves, que le manque d'espace nous oblige de réduire, avec l'indication des professions qu'ils exercent.

Il arrive que des pères de famille, étrangers à l'industrie, et n'ayant en vue aucun établissement assuré pour leurs fils, redoutent les difficultés qui peut-être les attendent au commencement de la carrière, et demandent si un élève, qui a fait ses trois années d'étude avec succès, est sûr de trouver un emploi à la sortie de l'École. Un fait positif sera notre réponse : c'est que tous les anciens élèves, porteurs de diplômes ou même de certificats, se sont placés facilement, que tous ont trouvé des positions convenables, et plusieurs de très avantageuses.

L'administration de l'École, étant en rapport avec un grand nombre d'ingénieurs et de manufacturiers, se trouve quelquefois appelée par eux, à leur indiquer des sujets capables de prendre part à leurs travaux. Mais le plus souvent les Élèves, par leurs propres démarches, par leurs communications entre eux, et avec leurs anciens camarades, par les relations qu'ils ont pu se créer pendant la durée de leurs études, sont aisément informés des places qui peuvent leur convenir. Jusqu'à présent ce ne sont pas les professions qui manquent aux bons Élèves, ce sont plutôt les Élèves qui manquent aux professions ; et la marche rapidement progressive de l'industrie ne permettra pas de long-temps à l'École Centrale de remplir le besoin qui se manifeste de toutes parts.

Nota. *La lettre (D) à la suite des noms, désigne les élèves sortis avec le diplôme d'ingénieur ; la lettre (C), ceux qui ont obtenu le certificat de capacité.*

MM.

Aboilard (*D.*), a été chargé de la direction des travaux d'une section du canal de jonction de la Sambre à l'Oise, est actuellement employé à l'étude de chemins de fer.

Alcan (*D.*), ingénieur civil à Elbeuf. A dirigé un atelier de construction de machines de filature et de roues hydrauliques, à Louviers. A fait divers travaux dans les fabriques de draps. (Méd. d'argent, exposition 1839.)

Alfonso (*D.*), ingén. civil, officier de la secrétairerie du ministère de l'intérieur à Madrid.

Barrault (*D.*), a été employé à la construction de forges à Abainville et Vierzon.

De Barruel (*C.*), employé au chemin de fer de Paris à Orléans.

Baudot (*D.*), employé comme ingénieur et directeur de la fabrication aux forges de Longuerive (Moselle).

Bellecroix (*C.*), préparateur de chimie à la Faculté des sciences de Lyon, et répétiteur de mathématiques à l'école Lamartinière.

Bineau (*C.*), professeur de chimie à la Faculté des sciences de Lyon.

Blacher (*D.*), employé à la construction du chemin de fer de Mulhouse à Thann.

Bochholtz (*D.*), ingénieur aux forges de Tilling (près Sarrelouis).

Boistel (*D*), ingénieur civil à Toulouse, a monté une raffinerie en Belgique, une fabrique de sucre indigène, une huilerie, une grande briqueterie près de Toulouse.

Boudsot (*D.*), ingénieur civil à Besançon, a exécuté une distribution d'eau à Gray et fait divers autres travaux de commune.

Bouscasse (*C.*), agent voyer à Saint-Jean d'Angely.

Bricogne (*D.*), a été employé au chemin de fer de Paris à Versailles (rive gauche), et par M. de Saint-Léger, ingénieur en chef des Mines, à Rouen.

Callon (*D.*), ingénieur civil associé de son père à Paris. Il a fait des moulins à l'anglaise et des papeteries mécaniques. Il s'occupe de la filature du lin.

Camuset (*C.*), Ingénieur à Saint-Pétersbourg, où il a créé une fabrique de produits chimiques, dont il est directeur.

Cano (*D.*), officier du génie au Mexique.

Cayrol (*C.*), dirige une fabrique de produits chimiques à Carcassonne.

Chaix (*C.*), directeur de l'École industrielle de Lausanne.

Charpentier (*D.*), a dirigé la fabrique de soude, d'acide sulfurique et de savon de Septème, près Marseille ; est actuellem. sous-dir. des forges et fonderies de Montataire (Oise).

Chatelanat (*C.*), a établi une féculerie à Mondon (Suisse).

Chevallon (*D.*), employé par M. Barbier Saint-Ange à la construction du pont suspendu d'Etel (Morbihan).

Chevandier (*D.*), sous-direct. de la fabrique de glaces de Cirey, près Blamont (Meurthe).

Chobrziunski (*D.*), employé par M. Flachat, ingénieur civil.

Claudel (*D.*), employé par MM. Laurens et Thomas.

Clémandot (*D.*), a monté une fabrique de sucre de betteraves dans le département de l'Ain ; directeur de la cristallerie du pont de Sèvres (Seine).

Comte (*D.*), employé à la fabrique de M. Buran et comp., à Grenelle, près de Paris.

MM.

CONOT (*D.*), employé par M. Mary, ingénieur en chef des ponts et chaussées, à Paris.

CORTILLOT-TONY (*D.*), employé par M. Beaulieu, inspecteur des ponts et chaussées aux travaux du port de Saint-Valery (Somme).

CORTAZAR (*D.*), professeur de mathématiques à l'Université de Madrid.

COSNUEL (*C.*), employé aux hauts-fourneaux de Pommerœul en Belgique.

COSTE-FORON (*D.*), employé à l'établissement d'une route du département de l'Ardèche et à une étude de pont suspendu à Beauchastel (Ardèche).

COURNERIE (*D.*), a fait exécuter différents travaux de construction à la papeterie d'Essone (Seine-et-Oise), dirige la papeterie de Prouzel (Somme).

DECAUX (*D.*), chimiste à la manufacture royale de tapis d'Abbeville (Somme).

DE LA GARDE (*C.*), sous-dir. de l'usine à zinc de la Vieille-Montagne, près Liége (Belgique).

DELALANDE (*D.*), professeur de chimie à Paris.

DE LATHUILERIE (*D.*), régisseur des forges de Berg, près de Luxembourg.

DEVILLEZ (*D.*), professeur de mécanique rationnelle à l'école des mines de Mons.

DESMET (E.) (*D.*), } dirigent la fabrication de la manufacture de toiles peintes de leur
DESMET (C.) (*D.*), } père, à Gand.

DUFOURNEL (*D.*), maître de forges et fabricant de sucre indigène à Gray (Haute-Saône). (Méd. d'argent, exposition de 1839.)

DUPLANTYS (*D.*), a dirigé l'atelier de construction de la compagnie des bateaux à vapeur en fer du Rhône, à Beaucaire, employé actuellement au chemin de fer de Rouen.

DUPAN (*D.*), a fait exécuter six ponts suspendus pour le compte de MM. Séguin frèes; ingénieur soumissionnaire de ponts suspendus.

DUVAL (*C.*), ingén. civil, a été employé par M. Flachat à la construction d'usines à gaz.

DWORZACZEK (*D.*), employé au chemin de fer de Saint-Germain.

ÉVRARD (*D.*), professeur de chimie industrielle, à Valenciennes; ingénieur d'une exploitation de houillère.

FAURE (*D.*), ingénieur civil, répétiteur à l'Ecole centrale, adjoint par M. Walter de Saint-Ange à ses travaux d'usines.

FERAGUS (*D.*), associé de son père, entrepreneur à Paris.

FONTENAY (*D.*), directeur de la verrerie de la plaine de Valsch (Meurthe); a obtenu en 1839 trois prix de la Société d'Encouragement. (Méd. d'or, exposition 1839.)

FOREY (*D.*), a été employé au chemin de fer d'Alais; l'est maintenant à celui d'Orléans.

FORQUENOT (*D.*), employé par M. Cockerill à Seraing (Belgique).

FURIA (*D.*), ingénieur civil à Paris: a établi scieries; calorifères, appareils de séchage, chaudières à vapeur; usine pour le blanchîment et l'impression des tissus; moulins à l'anglaise, laminerie de cuivre et fabrique de clous d'épingles. Construit une verrerie près de Bordeaux.

GAUCHERY (*D.*) a été employé, sous la direction de M. Ferry, à la construction d'une usine à fer; aujourd'hui architecte dans le département du Cher.

GAUTRIN (*D.*), dir. de la fabrique de produits chimiques de M. Prat et comp., à Marseille.

GERDER (*D.*), employé par MM. Séguin à la construction des ponts suspendus.

GLASSER (*D.*), employé au canal de l'Ill au Rhin.

GODIN (*C.*), employé par M. Cockerill en Russie.

DE GRANDBUT (*D.*), ingénieur architecte à Chaumont.

GRENIER (*D.*), employé par M. de Montrichet, ingénieur des ponts et chaussées, à la construction d'un canal près de Marseille.

GROS (*C.*), chez son père, manufacturier, à Wesserling.

GUÉPIN (*D.*), ingénieur civil à Saint-Brieuc: a exécuté, dans le département des Côtes-du-Nord, des constructions diverses.

GUÉRIN (*D.*), ingénieur à Paris, construit des calorifères pour chauffage d'hôtels, des cuisines à la houille, et autres appareils de chauffage.

GUIBAL (*D.*), professeur de géométrie descriptive à l'école des mines de Mons.

GUICARRD (*D.*), ingén.-directeur de plusieurs exploitations houillières auprès de Liége.

HILD (*D.*), entrepreneur de travaux publics à Haguenau (Bas-Rhin).

HOURIER EUSÈBE (*D.*), employé au chemin de fer d'Alais.

DE JAURIAS (*D.*), employé aux usines de Tierceville pour la fabrication du zinc.

JEANNEZ (*D.*), a été employé à la construction du pont du Carrousel, au chemin de fer de Saint-Germain, et à celui de Versailles (rive droite).

JEANNENEY (*D.*), a dirigé l'exécution des hauts-fourneaux et fonderie de Tusey, et de la chaufferie à flamme perdue de la forge d'Abainville; a travaillé à des projets de chemins de fer et de docks.

JUBECOURT (*D.*), employé à la cristallerie de Baccarat (Meurthe).

KACZANOWSKI (*D.*), ingénieur, a construit et dirige une fabrique de sucre de betteraves près de Joigny (Yonne).

KARSNICKI (*D.*), ingénieur, directeur de la mine de manganèse de M. le maréchal Clausel, à Pouzange (Aude).

KNAB (*D.*), a dirigé la fabrication à la papeterie de Plainfaing (Vosges), répétiteur à l'École centrale.

MM.

LACAMBRE (*D.*), ingénieur civil à Bruxelles; a construit à Louvain l'usine de la Société des Brasseries belges.

LAMULONIÈRE (*D.*), employé à la direction des ponts et chaussées et des mines.

LARDY (*D.*), directeur des hauts-fourneaux de l'usine d'Alais.

LASSALE (*D.*), chef de section au chemin de fer d'Alais.

LASSERON (*D.*), ingénieur mécanicien, a créé à Niort des ateliers de construction de machines où il occupe 50 ouvriers

LAURENS (*D.*), ingénieur civil, répétiteur à l'École Centrale. MM. Thomas et Laurens ont établi des fabriques de sucre de betteraves; machines à vapeur à chaleur perdue des hauts-fourneaux, pour souffleries; six hauts-fourneaux et deux forges; des roues hydrauliques. (Méd. d'argent, exposition 1839.)

LECERF (*D.*), essayeur de matières d'or et d'argent, à Paris.

LEMOINE (*D.*), chef des travaux graphiques au chemin de fer d'Alais.

LIBAUDIÈRE (*D.*), employé à la construction d'un pont suspendu près d'Orléans.

LOUSTAU (*D.*), régisseur des forges de Maucourt, près de Stenay.

MARCOU (*D.*), chef de section du chemin de fer d'Alais (Gard).

MARTIN (*D.*), ingénieur architecte à Besançon: a fait divers travaux de commune.

MATHIAS (*D.*), ingénieur civil à Vienne en Autriche; a établi les appareils de plusieurs raffineries, des fabriques de noir et d'eaux gazeuses.

MATHIEU (*D.*), employé à la construction des machines au Creusot.

DE MINIAC (*D.*), employé aux forges de Salles, près Pontivy (Morbihan).

MIRIAL (*D.*), dirige une fabrique de couperose près d'Anduse (Gard).

NOBLOT (*D.*), dirige la fabrication chez son père, manufact. de toiles peintes à Héricourt.

NOZO (*D.*), employé par M. Mary, ingénieur en chef des ponts et chaussées.

PERSAC (*D.*), ingénieur civil à Bruxelles, associé de M. Lacambre.

PETIET (*D.*), a exécuté divers travaux aux forges de Luçay-le-Mâle, sous la direction de M. Ferry; a été employé à l'étude du chemin de fer d'Alais à Beaucaire, à l'exécution de travaux de desséchement, etc., et depuis, étant devenu l'associé de M. Flachat, a exécuté des constructions de forges, etc.

PINET (*D.*), chef de section au chemin de fer d'Alais.

PRIESTLEY (*D.*), répétiteur à l'École Centrale.

POLONCEAU (*D.*), employé au chemin de fer de Versailles (rive gauche).

PRISSE (*D.*), directeur gérant de la compagnie des ports et magasins des Marais, à Paris.

PROAL (*C.*), employé par MM. Thomas et Laurens à des études de canal.

PSYCHA (*C.*), professeur de Chimie en Grèce.

REBIÈRE (*C.*), agent voyer en chef dans le département de la Corrèze.

ROBIN (*C.*) a construit pour son compte un pont suspendu sur le Doubs, près de Dôle; en construit un sur le Rhône, à Cordon (Ain).

RODIGUEZ (*D.*), Professeur à l'Université de Madrid.

ROTTEMUND (*C.*), professeur de chimie à l'École de Bruxelles.

ROYET (*D.*), chimiste à la manufacture de toiles peintes de MM. Blech, à Mulhouse.

SCHLUMBERGER (*D.*), occupé dans la filature de son père, à Guebvillers.

SLAWECKI (*D.*), employé par M. Saint-Léger, ingénieur en chef des mines, à Rouen.

SOUCHAY (*D.*), ingénieur civil attaché à l'établissement de M. Danré, à Marseille (ateliers pour les usines à gaz).

THOMAS (*D.*), ingénieur civil; professeur à l'École Centrale, associé de M. Laurens (voir ci-dessus). Méd. d'arg., exposition 1839.

VALLERIO (*D.*), ingénieur civil employé par M. le comte Alexis Bobrinski (Russie).

VALLIER (*C.*), professeur à l'École royale d'arts et métiers d'Angers.

VASQUEZ, maître de forges en Gallice (Espagne), ex-député aux cortès, en mission à Cuba.

VASSEROT (*D.*), associé de M. Philippe, constructeur de machines à Paris.

VAUTHIER (*D.*), directeur de la fabrique de produits chimiques de M. Estienne, à Lyon.

VEGNI (*D.*), ingénieur au service du Grand-Duc de Toscane.

VEYVIALLE (*C.*), employé au chemin de fer d'Alais.

VUILLEMIN (*D.*), ingénieur civil dans le département de la Meuse.

WTTER (*D.*), ingénieur du canton de Soleure (Suisse).

ZEOLSKI (*D.*), a été employé par M. Flachat, à la construction de machines et d'usines.

Le prospectus de l'École Centrale se distribue à l'Établissement, et chez BACHELIER, libraire de l'École, quai des Augustins, n° 55. Il s'envoie franc de port à toutes les personnes, demeurant hors de Paris, qui en font la demande par lettre affranchie. il est déposé, dans toutes les Bibliothèques publiques des chefs-lieux de département et d'arrondissement, chez tous les professeurs de sciences exactes des colléges, et chez tous les proviseurs et principaux.

IMPRIMERIE DE BACHELIER,
rue du Jardinet, 12.